Fachbuchreihe

Netz- und umwelttechnische Berufe

Strom · Gas · Wasser

Band 11

Qualifikation der Netz- und Wassermeister

Handlungsfelder Organisation / Führung / Personal

Frank Eggers u. a.

Verlag Netztechnische Berufe

Das Fachbuch "Qualifikation der Netz- und Wassermeister – Handlungsfelder Organisation / Führung / Personal" **ist insbesondere geeignet für die:**

- **Fortbildung zum/zur Netzmeister/in**
  mit der Ergänzung des spartenspezifischen Fachbuchs
  "Qualifikation der Netzmeister – Handlungsfeld Strom / Gas / Wasser"
- **Betriebliche Weiterbildung**
  in den Versorgungsunternehmen

Impressum

Herausgeber:	Avacon Netz GmbH, Helmstedt
	Netze BW GmbH, Stuttgart
	Westnetz GmbH, Dortmund
	DVGW Deutscher Verein des Gas- und Wasserfaches e. V., Bonn
	VDE Verband der Elektrotechnik Elektronik Informationstechnik e. V., Berlin
Schriftleiter:	Dethard Ostheide, Wennigsen
Autoren:	Dirk Brunz, Klaus-Dieter Kirstein
	Frank Bürgel, Dr. Barbara Kleber
	Friedhelm Denkeler, Axel Langner
	Frank Eggers, Axel Möhring
	Christian Ehret, Volker Näther
	Gerlinde Gömmel, Sonja Rohleder
	Andreas Görig, Carmen Rosenberg
	Dr. Stefan Herb, Monika Thomas
	Guido Höcker, Manfred Wenzel
	Annett Juhnke
Layout / Satz / Verlag:	VNB Verlag Netztechnische Berufe
	Dipl.-Ing. Dethard Ostheide
	Eulenflucht 8, 30974 Wennigsen
	www.vnb-service.de
Vertrieb:	VNB Verlag, Wennigsen
	E-Mail: info@vnb-service.de
Druck:	QUBUS media GmbH, Hannover
© Copyright:	Alle Rechte liegen beim VNB Verlag Netztechnische Berufe und den Herausgebern. Nachdruck und Vervielfältigung – auch auszugsweise – sowie jegliche Art der elektronischen Speicherung und Verarbeitung sind nur mit ausdrücklicher Genehmigung des Verlages und der herausgebenden Unternehmen gestattet.
ISBN:	978-3-940423-10-8
Stand:	2. aktualisierte Auflage, August 2024

Fachbuchreihe "Netztechnische Berufe"

Die Bände der Fachbuchreihe "Netztechnische Berufe" sind entwickelt für die:

Erstausbildung
- Technologie der Netze,
- Praxiswissen der Netztechnik

Fortbildung zum/zur Verteilnetztechniker/in
- Qualifikation der Netzmonteure,
- Praxiswissen der Netztechnik

Fortbildung zum/zur Netzmeister/in
- Technologie der Netze,
- Qualifikation der Netzmeister

Betriebliche Weiterbildung
- alle Bände

Technologie der Gasnetze

Schriftleiter: Dipl.-Ing. Werner Bartsch
2. Auflage 2013, 370 Seiten, DIN A4, Softcover
ISBN 978-3-940423-01-6, € 98,–

Aus dem Inhalt:
- Physikalische, chemische Grundlagen
- Gas im energiewirtschaftlichen Umfeld
- Verteilungsnetze und Anlagen
- Werkstoffe und Materialien
- Tiefbau, Technische Regeln
- Arbeits-, Umwelt-, Gesundheitsschutz
- Messtechnik

Technologie der Wassernetze

Schriftleiter: Dipl.-Ing. Werner Bartsch
2008, 316 Seiten, DIN A4, Softcover
ISBN 978-3-940423-02-3, € 98,–

Aus dem Inhalt:
- Physikal. und chem. Grundlagen
- Wasser im wirtschaftlichen Umfeld
- Verteilungsnetze und Anlagen
- Werkstoffe und Materialien
- Tiefbau, Technische Regeln
- Arbeits-, Umwelt-, Gesundheitsschutz
- Messtechnik
- Hygiene

Praxiswissen der Netztechnik – Strom

Schriftleiter: Dipl.-Ing. Wolfgang Mües, Dipl.-Ing. Thomas Everding
2021, 380 Seiten, DIN A4, Hardcover
ISBN 978-3-940423-11-5, € 129,–

Aus dem Inhalt:
- Strom im energiewirtschaftl. Umfeld
- Grundgrößen der Elektrotechnik
- Betriebsmittel
- Planung, Bau, Betrieb von Netzen
- Asset Management u. Instandhaltung
- Messtechnik u. Verrechnungsmessung
- Technisches Sicherheitsmanagement

Qualifikation der Netzmonteure Handlungsfeld Gas

Schriftleiter: Dipl.-Ing. Werner Bartsch
2. Aufl. 2015, 222 S., DIN A4, Softcover
ISBN 978-3-940423-04-7, € 59,–

Aus dem Inhalt:
- Umsetzen von Planungsaufgaben
- Bau v. Verteilungsnetzen u. Anlagen
- Betrieb v. Verteilungsnetzen u. Anlagen
- Störungsmanagement
- Arbeiten an in Betrieb befindlichen Leitungen
- Einmessung und Dokumentation

Qualifikation der Netzmonteure Handlungsfeld Wasser

Schriftleiter: Dipl.-Ing. Werner Bartsch
2. Aufl. 2014, 120 S., DIN A4, Softcover
ISBN 978-3-940423-05-4, € 59,–

Aus dem Inhalt:
- Umsetzen von Planungsaufgaben
- Bau v. Verteilungsnetzen u. Anlagen
- Betrieb v. Verteilungsnetzen u. Anlagen
- Störungsmanagement
- Arbeiten an in Betrieb befindlichen Leitungen
- Einmessung und Dokumentation

Qualifikation der Netzmeister Handlungsfeld Strom

Schriftleiter: Dipl.-Ing. Wolfgang Mües
2008, 164 Seiten, DIN A4, Softcover
ISBN 978-3-940423-07-8, € 98,–

Aus dem Inhalt:
- Planung und Bau Stromversorgungsnetze
- Verträge und Genehmigungen
- Betrieb Stromversorgungsnetze
- Besondere Schaltzustände/-situationen
- Instandhaltung Stromversorgungsnetze
- Schadensvermeidung

Qualifikation der Netzmeister Handlungsfeld Gas

Schriftleiter: Dipl.-Ing. Werner Bartsch
2008, 206 Seiten, DIN A4, Hardcover
ISBN 978-3-940423-08-5, € 98,–

Aus dem Inhalt:
- Planung und Bau Gasversorgungsnetze
- Genehmigungsverfahren
- Betrieb Gasversorgungsnetze
- Gefährdungspotenziale
- Instandhaltung Gasversorgungsnetze
- Inspektions- und Wartungspläne

Qualifikation der Netzmeister Handlungsfeld Wasser

Schriftleiter: Dipl.-Ing. Werner Bartsch
2008, 230 Seiten, DIN A4, Hardcover
ISBN 978-3-940423-09-2, € 98,–

Aus dem Inhalt:
- Planung / Bau Wasserversorgungsnetze
- Grundstücks- und Straßenbenutzung
- Betrieb Wasserversorgungsnetze
- Überwachung der Wassergüte
- Instandhaltung Wasserversorgungsnetze
- Vergleichsmessung

Qualifikation der Netzmonteure Fachübergreifend

Schriftleiter: Frank Eggers
2007, 90 Seiten, DIN A4, Hardcover
ISBN 978-3-940423-06-1, € 59,–

Aus dem Inhalt:
- Betriebswirtschaftliches und Rechtsbewusstes Handeln
- Rechtsgrundlagen für die Versorgungswirtschaft
- Kundenorientiertes Handeln
- Organisations- und Teamfähigkeit

Qualifikation der Netz- und Wassermeister – Handlungsfelder Organisation / Führung / Personal

Schriftleiter: Dipl.-Ing. Dethard Ostheide
2024, 266 Seiten, DIN A4, Hardcover
ISBN 978-3-940423-10-8, € 108,–

Aus dem Inhalt:
- Kostenwesen, Recht
- Arbeitsplanung, Arbeitsorganisation
- Kundenorientierung
- Arbeits-, Umwelt-, Gesundheitsschutz
- Personalführung, Personalentwicklung
- Managementsysteme

Vorwort

Diese Fachbuchreihe ist als Lehr- und Handbuchreihe für die Qualifizierung zum Abschluss „Geprüfter Netzmeister / Geprüfte Netzmeisterin" und „Geprüfter Wassermeister / Geprüfte Wassermeisterin" sowie als Nachschlagewerk für das Betriebspersonal in der Energie- und Wasserwirtschaft konzipiert. Sie kann darüber hinaus bei der Erstausbildung und der betrieblichen Weiterbildung für spezielle Mitarbeitergruppen eingesetzt werden.

Das Fachbuch "Qualifikation der Netz- und Wassermeister – Handlungsfelder Organisation / Führung / Personal" präsentiert sich Ihnen in der 2. aktualisierten Auflage.

Die Grundlage für die Buchinhalte bilden die Vorgaben der aktuellen DIHK-Fortbildungsordnungen und DIHK-Rahmenpläne. Die Gliederung orientiert sich an einer praxisorientierten Wissensvermittlung.

Die Herausgebergemeinschaft besteht aus den regionalen Versorgungsunternehmen Avacon Netz GmbH, Netze BW GmbH und Westnetz GmbH sowie den Verbänden DVGW e.V. und VDE e.V. Sie leistet mit diesem Werk einen wesentlichen Beitrag zur Förderung der bundesweit einheitlichen Qualifikation der netztechnischen Fachkräfte in der Strom-, Gas- und Wasserversorgung.

Die Autoren sind erfahrene Experten, mehrheitlich aus den herausgebenden Versorgungsunternehmen. Sie haben ihr langjährig erworbenes Fachwissen der Zielgruppe entsprechend aufbereitet.

Der Dank der Herausgeber geht an alle Beteiligten, die dazu beigetragen haben, die Fachbuchreihe zu ermöglichen. Besonders zu nennen sind die Autoren, die ihr Fachwissen und ihre eigenen Berufserfahrungen in dieses Fachbuch haben einfließen lassen. Ein besonderer Dank geht auch an die Unternehmen, die durch Bildbeiträge, Produktinformationen sowie Anzeigenschaltungen diese neue Fachbuchausgabe unterstützt haben.

August 2024

Die Herausgeber

Unterstützung durch Unternehmen

Ein besonderer Dank geht an die folgenden Unternehmen, die durch ihre Anzeigen auf den folgenden Seiten die Veröffentlichung dieses Fachbuches unterstützt haben:

- Flint Bautenschutz GmbH, Detmold
- UTS Umwelttechnik Schallameier GmbH, Reichling
- Technetics GmbH, Freiburg
- Schandl GmbH, München

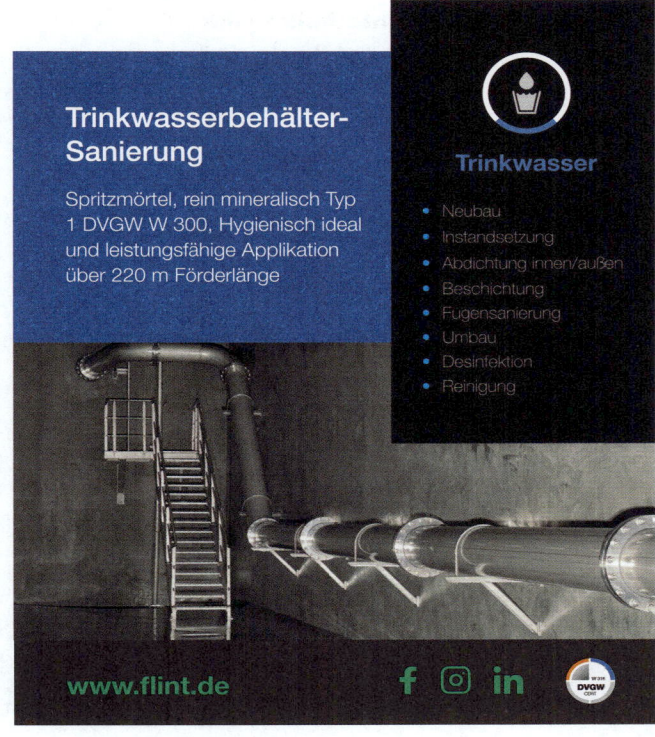

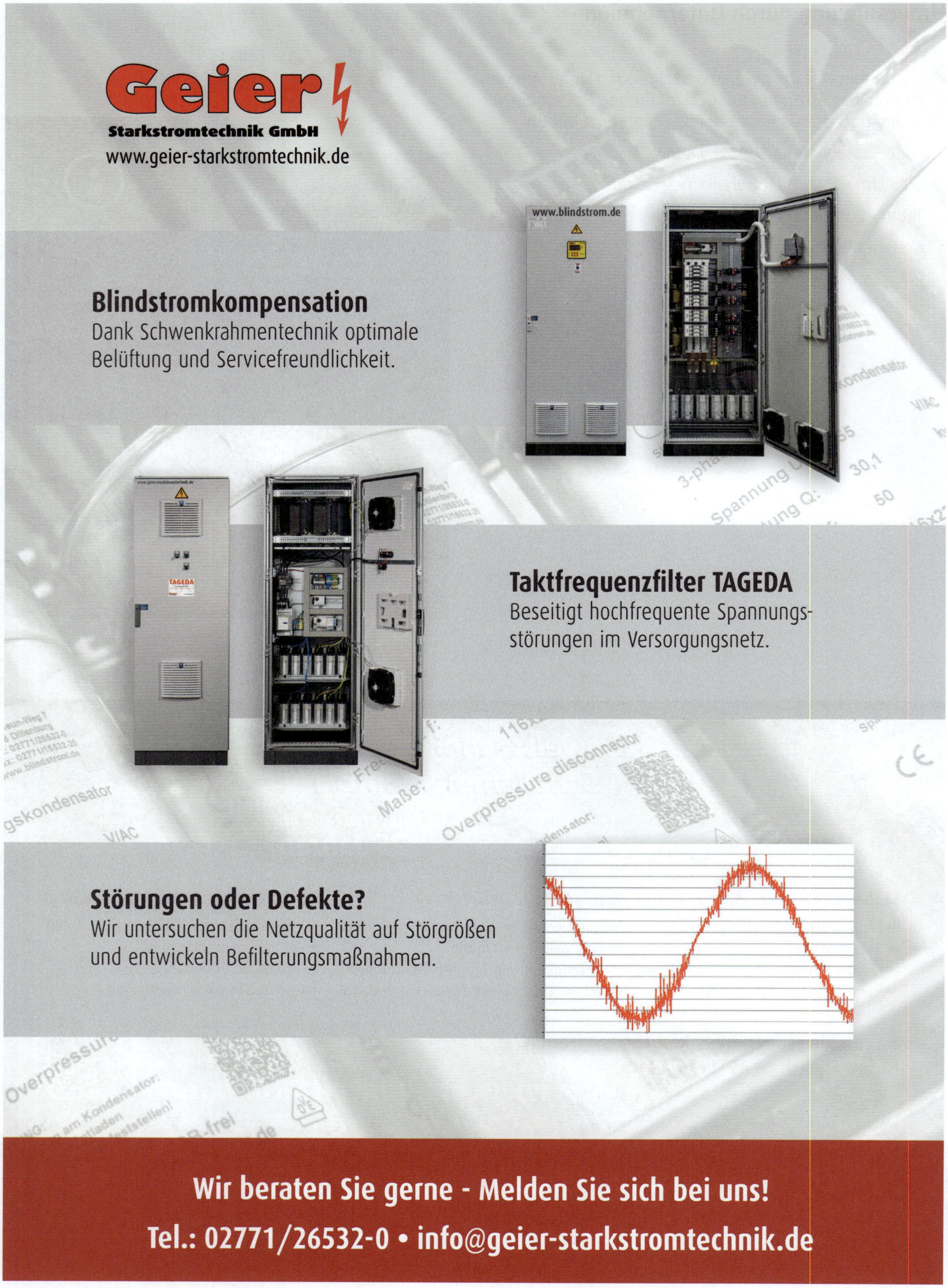

Inhaltsverzeichnis

Handlungsbereich Organisation

1	**Kostenwesen**	1
1.1	**Planen, Erfassen, Analysieren und Bewerten von Kosten**	1
1.1.1	Plankostenrechnung	1
1.1.2	Methoden der Kostenerfassung	5
1.1.3	Verrechnung der Kostenarten auf Kostenstellen im Betriebsabrechnungsbogen	6
1.1.4	Methoden der Wirtschaftlichkeitsberechnung auf der Basis von Kosten- und Erlösdaten	8
1.2	**Überwachen und Einhalten des Budgets**	10
1.2.1	Budgetarten	10
1.2.2	Budgetkontrolle	15
1.2.3	Ergebnisfeststellung	15
1.2.4	Maßnahmen	16
1.3	**Beeinflussen der Kosten, insbesondere unter Berücksichtigung alternativer Konzepte**	17
1.3.1	Kostenbeeinflussung auf Grund von Ergebnissen der Kostenrechnung	17
1.3.2	Maßnahmen zur Kostenbeeinflussung	19
1.4	Beeinflussen des Kostenbewusstseins der Mitarbeiterinnen und Mitarbeiter	22
1.4.1	Arbeitsorganisation als kostenbeeinflussender Faktor	23
1.4.2	Einbeziehung der Mitarbeiter in die Kostenbewertung	24
1.5	**Anwenden von Kalkulationsverfahren**	26
1.5.1	Kalkulationsverfahren und ihre Anwendungsbereiche	26
1.5.2	Deckungsbeitragsrechnung	27
1.5.3	Gebühren- / Preiskalkulation	29
1.6	**Anwenden von Instrumenten der Zeitwirtschaft**	30
1.6.1	Zeitarten, Leistungsgrad und Zeitgrad	30
1.6.2	Methoden der Datenermittlung	30
1.6.3	Anforderungsermittlung	31
1.6.4	Entgeltmanagement	31
1.6.5	Kennzahlen und Prozessbewertung	32
1.7	**Abwickeln von Aufträgen über Lieferungen und Leistungen**	33
1.7.1	Leistungsbeschreibung	33
1.7.2	Auftragsvergabe	34
1.7.3	Prüfung und Lieferung der Leistung	34
1.7.4	Abnahme	34
1.7.5	Abrechnung	36
2	**Arbeitsplanung, Arbeitsorganisation und Kundenorientierung**	37
2.1	**Mitwirken bei der Planung von Aufbau- und Ablaufstrukturen**	37
2.1.1	Planung der Aufbaustrukturen im betrieblichen Bereich	37
2.1.2	Planung der Ablaufstrukturen	41
2.2	Erstellen von Bereitschafts- und Notfallplänen	44
2.2.1	Bereitschaftsdienst	44
2.2.2	Vorsorgeplanung für Notfälle	46
2.3	Anwenden von Instrumenten zur Arbeitsplanung und Terminüberwachung	49
2.3.1	Methoden der Arbeitsplanung	49
2.3.2	Methoden der Terminüberwachung	52

2.4		**Planen, Steuern und Überwachen von Bau- und Betriebsabläufen**	**55**
2.4.1		Jahresplanung	55
2.4.2		Zuständigkeiten	56
2.4.3		Arbeitsfortschritt	56
2.4.4		Qualitätssicherung	56
2.4.5		Abnahme	57
2.4.6		Dokumentation	57
2.5		**Planen und Steuern des Personal-, Material- und Geräteeinsatzes**	**58**
2.5.1		Personaleinsatz	58
2.5.2		Materialbereitstellung	58
2.5.3		Geräteeinsatz	59
2.6		**Anwenden von Informations- und Kommunikationssystemen**	**59**
2.6.1		Grundlagen	59
2.6.2		IT-Netzwerke	60
2.6.3		Informationssysteme	61
2.6.4		Kommunikationssysteme	63
2.7		**Einleiten, Überwachen und Dokumentieren von Maßnahmen zur Behebung von Störungen**	**65**
2.7.1		Meldeverfahren	65
2.7.2		Störungsbearbeitung	65
2.7.3		Dokumentation und Archivierung	66
2.8		**Bearbeiten von Kundenaufträgen, Beraten und Informieren von Kunden**	**67**
2.8.1		Kundenkontakte	67
2.8.2		Kundenaufträge	68
2.8.3		Beratung und Information von Kunden	68
2.8.4		Reklamationen	69
2.8.5		Schadenregulierung	69
3		**Arbeits-, Umwelt- und Gesundheitsschutz**	**71**
3.1		**Beurteilen, Überprüfen und Gewährleisten der Arbeitssicherheit, des Arbeits-, Gesundheits- und Umweltschutzes**	**72**
3.1.1		Aufgaben und Verantwortung des Meisters	72
3.1.2		Arbeitssicherheit und Arbeitsschutz	72
3.1.3		Umweltschutz	74
3.1.4		Gesundheitsschutz	76
3.2		**Fördern des Mitarbeiterbewusstseins bezüglich der Arbeitssicherheit und des betrieblichen Arbeits-, Umwelt- und Gesundheitsschutzes**	**79**
3.2.1		Arbeits-, Umwelt- und Gesundheitsschutz	79
3.2.2		Maßnahmen zur Förderung des Mitarbeiterbewusstseins	79
3.3		**Planen und Durchführen von Unterweisungen in der Arbeitssicherheit, des Arbeits-, Umwelt- und Gesundheitsschutzes**	**81**
3.3.1		Konzepte für Unterweisungen	81
3.3.2		Unterweisungen	81
3.3.3		Dokumentation	81
3.4		**Überwachen der Lagerung und des Transportes sowie des Umgangs mit umweltbelastenden und gesundheitsgefährdenden Betriebsmitteln, Einrichtungen, Werk- und Hilfsstoffen**	**85**
3.4.1		Gefahrstoffverzeichnis – Gefahrstoffkataster	85
3.4.2		Kontrolle der baulichen, technischen und persönlichen Schutzmaßnahmen	85
3.4.3		Entsorgung von Abfällen	85
3.4.4		Transport von Gefahrgütern	87

3.5	**Planen, Vorschlagen, Einleiten und Überprüfen von Maßnahmen zur Verbesserung der Arbeitssicherheit sowie zur Reduzierung und Vermeidung von Unfällen und Umwelt- und Gesundheitsbelastungen**	87
3.5.1	Maßnahmen im Bereich des Arbeits-, Gesundheits- und Umweltschutzes	87
3.5.2	Persönliche Schutzausrüstung (PSA)	88
3.5.3	Brand- und Explosionsschutzmaßnahmen	90
3.5.4	Vorschriften zum Umgang mit elektrischen Gefahren	93
3.5.5	Maßnahmen aufgrund erkannter Unfallursachen sowie Umwelt- und Gesundheitsbelastungen	93
4	**Recht**	**95**
4.1	**Berücksichtigen der Rechtsbeziehungen zu Aufsichtsbehörden, Auftragnehmern, Installationsunternehmen und Kunden**	95
4.1.1	Rechtsbeziehung zu Aufsichtsbehörden	95
4.1.2	Rechtsbeziehung zu Auftragnehmern	96
4.1.3	Rechtsbeziehung zu Installationsunternehmen	96
4.1.4	Rechtsbeziehung zu Kunden und Kommunen	97
4.1.5	Datenschutz	99
4.2	**Berücksichtigen baurechtlicher Vorschriften**	100
4.2.1	Bestimmungen zu Baumaßnahmen	100
4.2.2	Beantragung von Genehmigungen – Die Baugenehmigung	100
4.2.3	Auflagen	101
4.3	**Berücksichtigen des Grundstücks-, Straßenbenutzungs- und Straßenverkehrsrechts**	101
4.3.1	Zivilrechtliche Gestattung der Grundstücksbenutzung	101
4.3.2	Straßen und andere öffentliche Grundstücke	104
4.3.3	Sonstige Grundstücke	106
4.4	**Energierecht**	107
4.4.1	Energiewirtschaftsgesetz (EnWG)	107
4.4.2	Wesentliche Regelungen der NAV	107
4.4.3	Wesentliche Regelungen der GVV	107
4.4.4	Einspeiseverträge	107
4.5	**Berücksichtigen des Wasserrechts**	108
4.5.1	Wasserhaushaltsgesetz	108
4.5.2	Wasserschutzgebiete	109
4.5.3	Wasserentnahme	110
4.5.4	Einleiten in ein Gewässer	110
4.6	**Berücksichtigen des Gesundheits- und Lebensmittelrechts, insbesondere der Trinkwasserverordnung**	112
4.6.1	Erhalt der Trinkwassergüte	112
4.6.2	Einbeziehung des Gesundheitsamtes	120

Handlungsbereich Führung und Personal

5	**Personalführung**	**123**
5.1	**Ermitteln und Bestimmen des qualitativen und quantitativen Personalbedarfs unter Berücksichtigung technischer und organisatorischer Veränderungen**	**123**
5.1.1	Personalbedarfsermittlung	123
5.1.2	Methoden der Bedarfsermittlung	126
5.2	**Auswahl und Einsatz der Mitarbeiter unter Berücksichtigung der betrieblichen Anforderungen sowie ihrer persönlichen Interessen, Eignung und Befähigung**	**128**
5.2.1	Verfahren und Instrumente der Personalauswahl	128
5.2.2	Einsatz der Mitarbeiter	136
5.3	**Berücksichtigen der rechtlichen Rahmenbedingungen beim Einsatz von Fremdpersonal und Fremdfirmen**	**137**
5.3.1	Rechtliche Rahmenbedingungen beim Einsatz von Fremdpersonal	137
5.3.2	Rechtliche Rahmenbedingungen beim Einsatz von Fremdfirmen	138
5.4	**Erstellen von Anforderungsprofilen, Stellenplanungen sowie von Funktions- und Stellenbeschreibungen**	**139**
5.4.1	Anforderungsprofile	139
5.4.2	Stellenplanung und -beschreibung	141
5.4.3	Funktionsbeschreibung	141
5.5	**Delegieren von Aufgaben und der damit verbundenen Verantwortung**	**142**
5.5.1	Delegieren als Führungsaufgabe und als Entwicklungsmöglichkeit des Mitarbeiters	143
5.5.2	Prozess- und Ergebniskontrolle	146
5.6	**Fördern der Kommunikations- und Kooperationsbereitschaft**	**146**
5.6.1	Bedingungen der Kommunikation und Kooperation im Betrieb	147
5.6.2	Optimierung der Kommunikation und Kooperation im Betrieb	150
5.7	**Anwenden von Führungsmethoden und -instrumenten**	**155**
5.7.1	Führungsmethoden und -mittel	156
5.7.2	Konfliktmanagement	158
5.8	**Beteiligungen der Mitarbeiter an Verbesserungsprozessen**	**164**
5.8.1	Kontinuierlicher Verbesserungsprozess (KVP)	164
5.8.2	Bewertung von Verbesserungsvorschlägen	165
5.9	**Einrichten, Moderieren und Steuern von Arbeits- und Projektgruppen**	**166**
5.9.1	Einrichtung von Arbeitsgruppen und Projektgruppen	166
5.9.2	Moderation von Arbeits- und Projektgruppen	169
5.9.3	Steuerung von Arbeits- und Projektgruppen	171
6	**Personalentwicklung**	**173**
6.1	**Ermitteln des Personalentwicklungsbedarfs sowie Festlegen der Ziele für eine kontinuierliche und innovationsorientierte Personalentwicklung sowie der Erfolgskriterien**	**174**
6.1.1	Bedeutung der Personalentwicklung für den Unternehmenserfolg	175
6.1.2	Ziele der Personalentwicklung	176
6.1.3	Erfolgskriterien für Qualifizierung und Entwicklungsprozesse	177
6.1.4	Ermitteln des Personalentwicklungsbedarfs	179
6.2	**Durchführung von Potenzialeinschätzungen nach vorgegebenen Kriterien**	**182**
6.2.1	Kriterien der Potenzialeinschätzungen	183
6.2.2	Instrumente und Methoden	183

6.3	**Veranlassen und Überprüfen von Maßnahmen der Personalentwicklung zur Qualifizierung**	**190**
6.3.1	Maßnahmen der Personalentwicklung	191
6.3.2	Entwicklungsmaßnahmen nach Vereinbarung	192
6.3.3	Erreichen der Qualifizierungsziele	193
6.4	**Beraten, Fördern, Beurteilen und Unterstützen der Mitarbeiter hinsichtlich ihrer beruflichen Entwicklung**	**195**
6.4.1	Faktoren der beruflichen Entwicklung	195
6.4.2	Fördergespräche	195
6.4.3	Maßnahmen der Mitarbeiterentwicklung	199
7	**Managementsysteme**	**205**
7.1	**Berücksichtigen des Einflusses von Managementsystemen auf das Unternehmen**	**206**
7.1.1	Bedeutung, Funktion und Aufgaben von Managementsystemen	206
7.1.2	Unterschied zwischen internen und externen Audits	215
7.2	**Fördern des Bewusstseins der Mitarbeiter bezüglich der Systemziele**	**217**
7.2.1	Qualitäts-, Umwelt- und Sicherheitsbewusstsein	217
7.2.2	Mitarbeiterbeteiligung an Maßnahmen der Verbesserung	217
7.3	**Anwenden von Methoden zur Sicherung, Verbesserung und Weiterentwicklung von Managementsystemen**	**219**
7.3.1	Werkzeuge und Methoden in Managementsystemen	219
7.3.2	Statistische Methoden in Managementsystemen	223
7.3.3	Maßnahmen zur Verbesserung und Entwicklung	225
7.4	**Kontinuierliches Umsetzen geeigneter Maßnahmen zur Erreichung von Managementzielen**	**229**
7.4.1	Planung der Erhebung und Verarbeitung qualitäts-, umwelt- und sicherheitsbezogener Daten	229
7.4.2	Lenkung von Maßnahmen	231
7.4.3	Sicherung der Managementziele	232
7.5	**Weiterentwicklung von Managementsystemen**	**233**
7.5.1	Total Quality Management – TQM	233
7.5.2	Vorbeugende Qualitätssicherung	234
7.5.3	Qualitätspreise	234

Anhang

A 1	Literaturverzeichnis	235
A 2	Sachwortverzeichnis	237

Prüfungsbereich „Organisation"

1 Kostenwesen

Im Band 7 „Qualifikation der Netzmonteure – Fachübergreifend" der Fachbuchreihe „Netztechnische Berufe" wird das Thema „Kostenwesen" grundlegend behandelt. Die Aufgaben der Kosten- und Leistungsrechnung, die wesentlichen Elemente der Kostenerfassung, die Differenzierung von Kostenarten, verschiedene Formen von Kalkulationen, die Kostenträgerrechnung sowie Ergebnisse und Abschreibungen sind dort in ihrer grundsätzlichen Funktion und Bedeutung dargestellt.

Im vorliegenden Band 11 „Qualifikation der Netzmeister" werden die einzelnen Bereiche des Kostenwesens vertiefend behandelt.

1.1 Planen, Erfassen, Analysieren und Bewerten von Kosten

Das genaue Planen und Erfassen von Kosten ermöglicht eine effiziente Kostenkontrolle. Durch die zielgerichtete Auswertung aller Daten können realistische Effektivitäts-, Kosten- und Investitionsanalysen erstellt werden. Derartige Maßnahmen beeinflussen entscheidend ein positives Betriebsergebnis (Leistungen sind größer als die Kosten).

1.1.1 Plankostenrechnung

Die Plankostenrechnung soll in erster Linie der vorausschauenden Planung der Unternehmensleitung und den Zwecken der Betriebskontrolle dienen; es gibt verschiedene Methoden (**Bild 1.1**). Sie ist als Bestandteil der Kostenrechnung zu verstehen und im Allgemeinen zukunftsorientiert. Sie erfolgt in Form einer Vollkostenrechnung.

Vollkostenrechnung

Alle Einzel- und Gemeinkosten oder fixe und variable Kosten einer Abrechnungsperiode werden direkt oder indirekt über die Kostenstellenrechnung den Kostenträgern (Produkte) zugeordnet. Sie kann als starre oder flexible Plankostenrechnung erfolgen.

Teilkostenrechnung – Grenzplankostenrechnung

Den Kostenträgern werden nur die variablen Kosten direkt oder indirekt über die Kostenstellenrechnung zugeordnet.

Die Festlegung des zu erwartenden Kostenanfalls wird vorausschauend unter folgenden Aspekten vorgenommen:

– Welche Kosten werden anfallen?
  Kostenartenrechnung
– Wo werden die Kosten anfallen?
  Kostenstellenrechnung
– Wofür werden die Kosten anfallen?
  Kostenträgerrechnung

Die Ist-Kosten und die Plan-Kosten einer Abrechnungsperiode werden miteinander verglichen, die entsprechenden Abweichungen ermittelt und analysiert. Dabei kann es sich um Abweichungen im Preis, im Materialverbrauch, in der Beschäftigung (Auslastung) sowie im Fertigungsverfahren handeln. Die Elemente einer Plankostenrechnung sind im **Bild 1.2** zusammengestellt.

Planung der Rahmendaten

Für die Planung (Disposition) der Rahmendaten sind folgende Aspekte von Bedeutung:

– Werkstoffkosten
– Personalkosten
– Betriebsmittelkosten
– Finanzierungskosten
– Fremdleistungskosten
– Abgaben mit Kostencharakter

Werkstoffkosten

Darin enthalten sind

– *Fertigungsstoffe*

  Sie gehen unmittelbar als Hauptbestandteile in die Produkte ein und werden den Erzeugnissen (Kostenträgern) direkt zugeordnet (z. B. Rohstoffe, Werkstoffe, eingekaufte Teile). Es handelt sich um Materialeinzelkosten, die folgerichtig nicht in den Plankosten der Fertigungskostenstelle enthalten sind.

– *Hilfsstoffe*

  Sie sind in den Produkten bzw. betrieblichen Leistungen nur in geringen Mengen (als Nebenbestandteile) vorhanden und werden aus wirtschaftlichen Gründen nicht den Einzelkosten, sondern den Gemeinkosten zugeordnet (z. B. Nägel, Schrauben, Leim).

– *Betriebsstoffe*

  Sie sind nicht im Erzeugnis bzw. Produkt enthalten, aber für die Herstellung notwendig und damit Gemeinkosten (z. B. Strom, Kraftstoffe, Gas, Wasser, Schmierstoffe, Schleifmittel).

Personalkosten

Darin enthalten sind

– *Fertigungslöhne*

  Als Akkord- oder Zeitlöhne einschließlich der Zuschläge. Die Tätigkeiten sind unmittelbar für den Auftrag bestimmt und durch Belege nachgewiesen (z. B. Lohn für Schweißer, Fräser u. a.).

– *Hilfslöhne*

  Als Gemeinkosten (auf den Auftrag bezogen). Sie werden nicht direkt auf das Produkt übertragen (z. B. Lohn für Transportarbeiter, Einrichter, Pförtner, Lagerarbeiter).

– *Gehalt*

  Kommt als Zeitlohn für Angestellte zur Anwendung und ist den Gemeinkosten zuzuordnen, d. h. eine direkte Be-

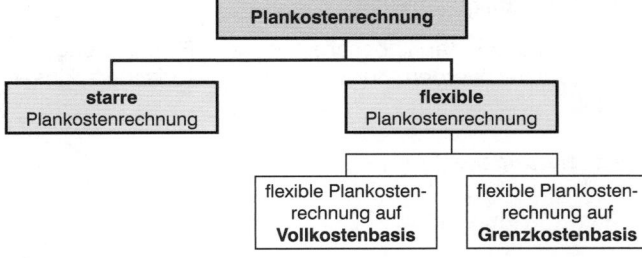

Bild 1.1: Methoden der Plankostenrechnung

Handlungsbereich | Organisation

Kostenplanung	Bildung von Kostenstellen	Eindeutige Abgrenzung betrieblicher Bereiche zur Kostenkontrolle und Zuweisung von Verantwortung
	Bestimmung der Abrechnungsperiode	Geschäftsjahr, Halbjahr, Quartal, Monat
	Festlegung der Planbeschäftigung	Ist die Beschäftigung, bei der die Kosten geplant werden, z. B. die herzustellende Menge an Produkten oder die Anzahl der Arbeitsstunden. Die Planbeschäftigung orientiert sich an den Kapazitäten der einzelnen Kostenstellen oder an betrieblichen Engpässen.
	Festlegung der Kostenarten	– Werkstoffkosten – Personalkosten – Betriebsmittelkosten – Finanzierungskosten – Fremdleistungskosten – Angaben mit Kostencharakter
	Festlegung der Planbezugsgrößen	z. B. Anzahl der Fertigungsstunden, Anzahl der Maschinenstunden, Rohstoffverbrauch usw.
	Festlegung der Planpreise	Bewertung der Mengengerüste der Kostenarten mit Verrechnungspreisen
	Ermittlung der Basisplankosten	Summe der geplanten Kosten in einer Kostenstelle bei Planbeschäftigung
	Ermittlung des Plankostenverrechnungssatzes	PVS = Basiskosten dividiert durch Planbeschäftigung der Kostenstelle
Kostenkontrolle	Feststellung der Istbeschäftigung	Nach der Abrechnungsperiode festgestellte tatsächliche Beschäftigung, z. B. gemessen an der Anzahl der hergestellten Güter
	Feststellung der Istkosten	Während der Nachkalkulation festgestellte Höhe der tatsächlichen Kosten
	Ermittlung der Sollkosten	nur bei flexibler Plankostenrechnung, Sollkosten sind auf Istbeschäftigung umgerechnete Plankosten
	Ermittlung und Interpretation der Abweichungen	Verbrauchsabweichung = Sollkosten – Istkosten Beschäftigungsabweichung = Verrechnete Plankosten – Sollkosten

Bild 1.2: Elemente einer Plankostenrechnung (Arbeitsschritte)

lastung des einzelnen Auftrages ist nicht möglich (z. B. Gehalt eines verantwortlichen Meisters).

– *Sozialkosten*

Gesetzliche Sozialkosten wie Arbeitgeberanteile zur Kranken-, Pflege-, Unfall-, Arbeitslosen- und Rentenversicherung. Gemeinkosten wie Arbeitgeberanteil bei Gehältern oder freiwillige Sozialkosten auf Grund betrieblicher Vereinbarungen (z. B. Zuschüsse für Betriebskantinen, Büchereien, Jubiläen u. a.).

Betriebsmittelkosten

Den Betriebsmitteln werden alle materiellen Güter, die zur Leistungserstellung notwendig und in den hergestellten Produkten nicht enthalten sind, zugeordnet (z. B. Gebäude, Maschinen, Arbeitsmittel, Transporteinrichtungen, Betriebsausstattungen). Kosten entstehen durch

– gebrauchs- und zeitbedingten Verschleiß an Betriebsmitteln. Die durch den Verschleiß entstehenden Wertminderungen werden in den kalkulatorischen Abschreibungen berücksichtigt.
– Instandhaltung der Betriebsmittel zur Gewährleistung der ständigen Verfügbarkeit. Nach DIN 31051 Blatt 1 bestehen die Aufgaben in der Wartung, Inspektion und Instandsetzung. Sie sind die wesentliche Voraussetzung für einen optimalen Leistungsprozess. Die mit den notwendigen Maßnahmen verbundenen Kosten werden als Instandhaltungskosten ausgewiesen. Sind kleine Reparaturen oder Wartungen durch den Mitarbeiter der Kostenstelle (z. B. Schweißer, Fräser) vorgesehen, sind die entstehenden Kosten als geplante Hilfslöhne enthalten.
– Abschreibungen und Instandhaltungen der Gebäude, deren Kosten als Raumkosten vorgegeben werden.
– Verbrauch von Werkzeugen und Vorrichtungen. Werkzeuge mit geringem Wert werden in den Material- bzw. Werkstoffkosten eingeplant. Der Verschleiß hochwertiger Werkzeuge und Vorrichtungen wird über Abschreibungen berücksichtigt.

Die Kosten der Kapitalbeschaffung zur Finanzierung der Betriebsmittel werden durch die kalkulatorischen Zinsen erfasst.

Finanzierungskosten

Als Finanzierungskosten werden alle Kosten bezeichnet, die in einem Unternehmen im Rahmen der Finanzierung eines vorhandenen Kapitalbedarfs anfallen, z. B. Vermittlungsprovisionen, Notarkosten, Grundbuchgebühren, Disagio u. Ä.

Kosten für Fremdleistungen

In diesen Kosten werden z. B. Dienstleistungen wie Pachten, Mieten, Transporte, Telekommunikation, Fremdinstandhaltung, Versicherungen und Steuerberatung erfasst.

Abgaben mit Kostencharakter

Dazu zählen die Gewerbesteuer, die Kfz-Steuer und andere betriebliche Steuern sowie Konzessionsabgaben u. Ä.

Arten der Plankostenrechnung

Starre Plankostenrechnung

Die Plankosten der Kostenstellen werden für eine bestimmte Aufgabe vorgegeben und während der Abrechnungsperioden nicht an eventuelle Schwankungen angepasst (**Bild 1.3**).

Die Vorteile bei der starren Plankostenrechnung liegen vor

werden. Dazu müssten die Kostensummen bekannt sein, die bei der Istbeschäftigung (B_i) bei wirtschaftlichem Verhalten entstehen dürfen (Sollkosten). Diese Kostensummen werden jedoch erst im Rahmen der flexiblen Plankostenrechnung ermittelt.

Aufgrund ihrer Mängel wird die starre Plankostenrechnung in der Praxis nur sehr selten angewandt.

Flexible Plankostenrechnung auf Vollkostenbasis

Die Plankosten der Kostenstellen werden dem Istzustand angepasst (**Bild 1.4**).

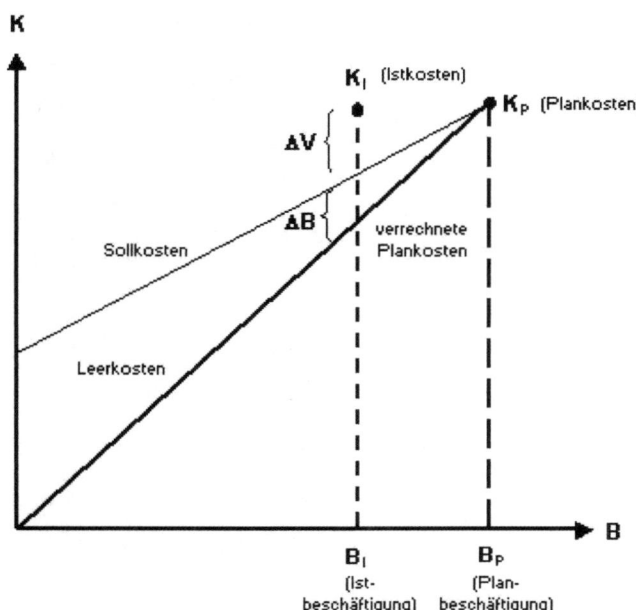

Bild 1.4: Schema der flexiblen Plankostenrechnung auf der Basis von Vollkosten

Eine flexible Plankostenrechnung muss in der Lage sein, die für den Punkt der Planbeschäftigung maßgeblichen Kosten rechnerisch in Sollkosten als Vorgabekosten für die Istbeschäftigung umzuwandeln.

Bei der flexiblen Plankostenrechnung auf der Basis von Vollkosten dient die Aufteilung der Kosten in fixe und proportionale Anteile nur der Kostenkontrolle. Die verrechneten Plankosten werden insgesamt auf die Kostenträger weiterverrechnet.

Die Abweichungsanalyse ergibt zunächst die Beschäftigungsabweichung (ΔB) als Differenz zwischen Sollkosten und verrechneten Plankosten. Diese Größe zeigt, in welchem Umfang die Änderung der Beschäftigung gegenüber der Planbeschäftigung an der gesamten Abweichung der Istkosten an den Plankosten beteiligt ist.

Die Verbrauchsabweichung (ΔV) als Differenz zwischen Ist- und Sollkosten ist der Ausdruck für den mengenmäßigen Mehr- oder Minderverbrauch an Kostengütern.

Zur Ermittlung der aktuellen Sollkostenwerte ist jedoch eine genaue Aufspaltung der Kosten nötig (**Bild 1.5**).

Man unterscheidet fixe Kosten und variable Kosten.

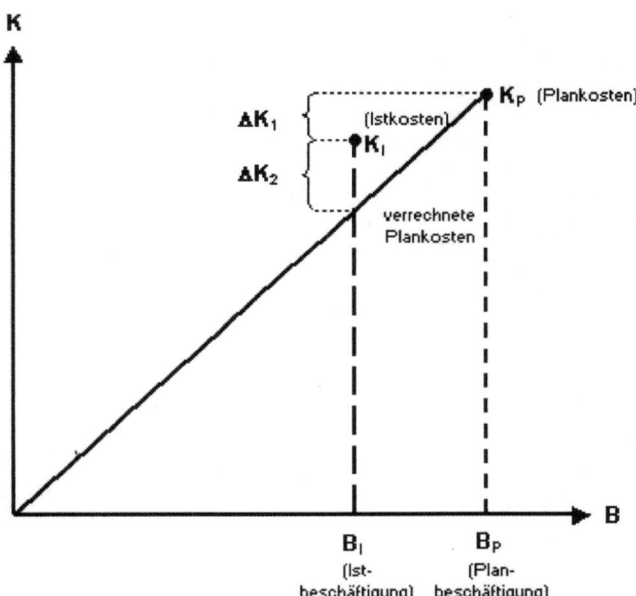

Bild 1.3: Schema der starren Plankostenrechnung

allem in der schnellen und einfachen Handhabung bei der laufenden Abrechnung. Bei einer zum Zwecke der Kostenkontrolle durchzuführenden Analyse der Abweichungen zwischen Ist- und Plankosten ist die Aussagekraft allerdings begrenzt.

Aus der Differenz der Istkosten (K_i) und der Plankosten (K_P) wird zwar eine Kostenabweichung (ΔK_1) deutlich; da aber die Istkosten und die Plankosten auf unterschiedliche Beschäftigungen beruhen, sind diese Kosten nur bedingt vergleichbar.

Ein Vergleich der Istkosten mit den verrechneten Plankosten ergibt die Gesamtabweichung (ΔK_2), die aber auch keine aussagekräftige Kostenkontrolle ermöglicht.

Ob die Ursachen überwiegend in Beschäftigungsänderungen oder in unwirtschaftlichen Arbeitsweisen liegen, kann nur mit einer aussagefähigen Abweichungsanalyse ermittelt

Handlungsbereich | Organisation

	A	B	C	D	E	F	G	H	I	J	K	L
1	Kostenstellenplan der Fertigungskostenstelle 511								Spritzgussmaschinen			
2	50 Mp des Kunststoffspritzgusswerkes Krause GmbH								Vollplankostenrechnung			
3												
4	Kunststoffspritzguss			Bensberg								
5	Krause GmbH			bei					Fertigungskostenstelle 511			
6	Kostenplanung 20..			Köln					Planmonat: Januar 20..			
7												
8	Planbezugsgröße			10 000 Fh					Istbeschäftigung			9 000 Fh
9	Kapazität								Beschäftigungsgrad			90 %
10	auf der Basis von zwei Schichten								Kostenstellenleiter			Titus Müller
11												
12-15	Einheit	Planverbrauch, Bezugsgröße	Basisplanpreis	Basisplankosten in €	Kostenart Nr.	BPK K_{fp}	BPK K_{vp}	Variator	Sollkosten	Istkosten	Verbrauchsabweichung in €	Verbrauchsabweichung in %
16	h	10 000	10,50	105 000	4100	0	105 000	10	94 500	94 616	116	0,123
17	h	200	10,50	2 100	4110	0	2 100	10	1 890	1 902	12	0,635
18	h	408	12,50	5 100	4120	2 550	2 550	5	4 845	4 856	11	0,223
19	h	200	9,50	1 900	4122	950	950	5	1 805	1 811	6	0,332
20	€	6 200		6 200	4150	6 200	0	0	6 200	6 200	0	0,000
21	€	114 100	0,80	91 280	4180	3 012	88 268	9,67	82 453	84 886	2 433	2,951
22	€	6 200	0,80	4 960	4181	4 960	0	0	4 960	4 960	0	0,000
23	l	12	8,50	102	4220	10	92	9	93	96	3	3,226
24	h	10 000	0,10	1 000	4221	0	1 000	10	900	900	0	0,000
25				325	4225	65	260	8	299	277	− 22	− 7,358
26				3 640	4560	728	2 912	8	3 349	3 413	64	1,911
27	€	295 020		2 474	4800	816	1 658	6,70	2 308	2 301	− 7	− 0,303
28	€	196 690	8 %	655	4801	655	0	0	655	655	0	0,000
29	kWh	18 300	0,11	2 013	4820	0	2 013	10	1 812	1 821	9	0,497
30	l	500	4,00	2 000	4830	0	2 000	10	1 800	1 832	32	1,778
31	qm	320	12,00	3 840	4870	3 840	0	0	3 840	3 840	0	0,000
32	€			1 200	4880	360	840	7	1 116	1 140	24	0,215
33	€			17 000	4881	11 900	5 100	3	16 490	16 469	− 21	− 0,127
34	*Stellenkosten* 100 % =			250 789		36 046	214 743		229 315	231 975	2 660	1,160
35												
36	*Basisplankostensumme* €											250 789 €
37	*Plankostenverrechnungssatz in €/Fh*											25,079 €
38	*Plankostenverrechnungssatz in €/Minute*											0,4180 €
39												
40	Verrechnete Plankosten K_{vp}					25,079 · 9 000 Fh						225 711 €
41	Verbrauchsabweichung A_v					$K_{gi} - K_{gs}$						2 660 €
42	Beschäftigungsabweichung A_b					$K_{gs} - K_{vp}$						3 604 €
43	Gesamtabweichung A_g					$A_v + A_b$						6 264 €
44												
45	Planung geprüft:			Datum:				Unterschrift:				
46	Rechnung geprüft:			Datum:				Unterschrift:				
47	Kostenstellenleiter: T. Müller			Datum:				Unterschrift:				

Legende zu den Kostenartennummern:

4100 – Fertigungslöhne; 4110 – Zusatzlöhne; 4120 – Hilfslöhne; 4122 – Hilfslöhne für die Reinigung; 4150 – Gehälter; 4180 – Sozialrate für Arbeiter; 4181 – Sozialrate für Angestellte; 4220 – Schmieröl und Fettkosten; 4221 – Werkzeugkosten; 4225 – Hilfs-und Betriebsstoffkosten; 4560 – Instandhaltungskosten; 4800 – Kalk. Abschreibungen; 4801 – Kalk. Zinsen; 4820 Stromkosten; 4830 – Kosten Hydrauliköl; 4870 – Raumkosten; 4880 – Transportkosten; 4881 – Leitungskosten.

Bild 1.5: Beispiel für einen Kostenstellenplan

- **Fixe Kosten**

Kosten, die unabhängig von der Produktionsmenge in einer Abrechnungsperiode in gleicher Höhe anfallen (Kosten der Betriebsbereitschaft).

Beispiele:

Mietkosten für eine Lagerhalle, Gehälter, Abschreibungen auf Sachanlagen

- **Variable Kosten**

Kosten, deren Höhe sich in Abhängigkeit von der Produktionsmenge in einer Abrechnungsperiode verändert.

Beispiele:

Rohstoffkosten, Hilfsstoffkosten, Fertigungslöhne

Kritik an der Plankostenrechnung auf Vollkostenbasis

Bei der Beschäftigungsabweichung handelt es sich nicht um eine „echte" Kostenabweichung, sondern nur um (auf Grund ihrer Proportionalisierung) falsch verrechnete Fixkosten.

Erläuterung: Plankosten der Kostenarten für jede Kostenstelle

- Variable Plankosten
  = Variator : 10 x Plankosten
- Variabler Plankostenverrechnungssatz
  = variable Plankosten / Planbeschäftigung
- Fixer Plankostenverrechnungssatz
  = fixe Plankosten / Planbeschäftigung
- Plankostenverrechnungssatz (gesamt)
  = Plankosten / Planbeschäftigung
  oder
  = fixer Plankostenverrechnungssatz + variabler Plankostenverrechnungssatz
- Verechnete Plankosten
  = Plankosten x Istbeschäftigung / Planbeschäftigung
  oder
  = Plankostenverrechnungssatz x Istbeschäftigung
  oder
  = Plankosten x Beschäftigungsgrad
- Gesamtabweichung
  = Istkosten ./. verrechnete Plankosten
- Verbrauchsabweichung
  = Istkosten ./. Sollkosten
- Beschäftigungsabweichung
  = Sollkosten ./. verrechnete Plankosten
- Gesamtabweichung
  = Verbrauchsabweichung + Beschäftigungsabweichung

Flexible Plankostenrechnung auf Teilkostenbasis (Grenzplankostenrechnung)

Die fixen und die variablen Kostenbestandteile werden getrennt (**Bild 1.6**).

Die Grenzplankostenrechnung dient als wichtige Entscheidungshilfe bei der Festlegung der kurzfristigen Preisuntergrenze und des Produktionsprogramms. Sie sieht sowohl in der Kostenstellenrechnung als auch in der Kostenträgerrechnung ausdrücklich eine Trennung der fixen und der variablen Kostenbestandteile vor. Die Grenzplankostenrechnung kennt keine Beschäftigungsabweichung, sondern weist lediglich die Verbrauchsabweichung als Differenz zwischen Soll- und Istkosten aus. Diese Abweichung wird dann durch weitergehende Untersuchungen (z. B. Verfahrensabweichung, Qualitätsabweichung) genau analysiert.

Bei der Grenzplankostenrechnung wird berücksichtigt, dass die fixen Kosten nach ihrer Proportionalisierung (also nach der Verrechnung auf einzelne Leistungseinheiten) nicht mehr sinnvoll kontrolliert werden können. Insofern liefert die Grenzplankostenrechnung bessere Kosteninformationen für die Vorbereitung unternehmerischer Entscheidungen. Welche konkrete Aussagefähigkeit solche Kosteninformationen haben, hängt stark davon ab, ob die Grenzplankostenrechnung als Teilkostenrechnung in ihrem Aufbau den einfachen Prinzipien des Direct Costing (Proportionalkostenrechnung, einstufige Deckungsbeitragsrechnung) folgt oder ob sie nach den modernen Grundsätzen des Rechnens mit Einzelkosten oder stufenweisen Deckungsbeiträgen gestaltet ist.

1.1.2 Methoden der Kostenerfassung

Mit der Kostenartenrechnung werden alle Kosten eines Unternehmens für eine bestimmte Zeit erfasst und entsprechend der unternehmensspezifischen Struktur im Kostenartenplan sachlich zugeordnet sowie die Kostenbeträge je Kostenart ermittelt.

Bezüglich der Materialkosten und zur Bestimmung der Verbrauchsmengen stehen der Kostenartenrechnung folgende Verfahren – je nach Kombination von Produktionsfaktoren und Betriebszweck – zur Verfügung:

- Fortschreibungsmethode (Skontrationsmethode)
- Inventurmethode (Bestandsdifferenzrechnung)
- Rückrechnungsmethode (retrograde Methode)

Fortschreibungsmethode

Bei dieser Methode werden alle Zu- und Abgänge des Lagers durch die Lagerbuchhaltung erfasst. Die Lagerzugänge werden auf Basis der Lieferscheine vereinnahmt, die Materialentnahmen auf der Basis von Materialentnahmescheinen (MES).

Jährlich durchgeführte Inventuren geben Auskunft über eventuell höhere, nicht nachgewiesene Materialentnahmen (z. B. Schwund, Verderb, Diebstahl), weil das Ergebnis der Inventur mit dem buchmäßigen Bestand verglichen werden kann. Die Anwendung dieser Methode bedeutet gegenüber den anderen Verfahren einen relativ hohen Arbeitsaufwand, hat aber viele Vorteile. So lässt sich z. B. mit der Materialentnahme eine Zuordnung der Einzelkosten auf den Kostenträger, der Gemeinkosten auf die Kostenstelle und die Verantwortlichkeit der Materialentnahmen durchgängig organisieren.

Dazu müssen die Materialentnahmescheine (MES) jedoch vollständige Angaben enthalten: Auftragsnummer, Artikelnummer, Materialart, Materialmenge je Auftrag, Werkstoffnummer, Abmessung, Gewicht, Lagerort, Kostenstellennummer, Belegnummer, Datum und Unterschrift des Ausgebenden und des Empfängers.

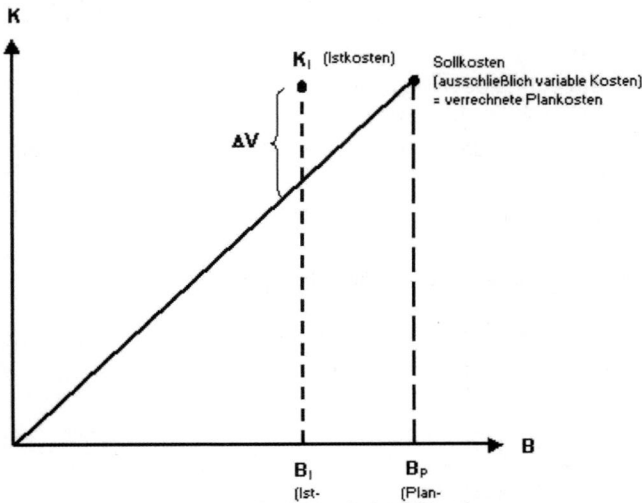

Bild 1.6: Schema der flexiblen Plankostenrechnung auf der Basis von Teilkosten

Nicht dem Kostenträger zuzuordnende Materialien werden mit MES unter Angabe der Kostenstelle aus dem Lager abgefordert.

Inventurmethode

Bei diesem Verfahren werden mit Lieferscheinen belegte Zugänge erfasst, die einzelnen Materialentnahmen jedoch nicht. Um den Verbrauch zu bestimmen, wird am Ende der Rechnungsperiode eine Inventur durchgeführt und der ermittelte Bestand mit dem Buchbestand, der sich aus der Summe des Anfangsbestandes und den Zugängen errechnet, verglichen.

Mit dem Vorteil des geringeren Verwaltungsaufwandes (MES entfällt) ist jedoch auch eine Reihe von Nachteilen verbunden. Die Zuordnung der Kosten auf Kostenstellen und Kostenträger, monatliche Inventuren, Ausweisung der nicht ordnungsgemäßen Materialentnahmen (Schwund, Verderb, Diebstahl) sind nicht möglich.

Rückrechnungsmethode

Die Grundlage für dieses Verfahren bildet die Anzahl der erstellten unfertigen und fertigen Erzeugnisse und die für die Rückrechnung erforderlichen, die Sollverbrauchsmengen pro Stück festlegenden Unterlagen (z. B. Stückliste). Die verwendeten Unterlagen müssen alle Einzelteile und Baugruppen sowie geplante Abfallmengen (Verschnitt) enthalten.

Das retrograde Verfahren (Rückrechnungsverfahren) kann nur bei einfachen, aus wenigen Teilen bestehenden Erzeugnissen angewendet werden. Durch Ungenauigkeiten bei den ermittelten Verbrauchsmengen, der Zuordnung des Gemeinkostenmaterials, den Differenzen im Materialbestand durch Schwund u. a. ist die Aussagekraft eingeschränkt.

Verlässliche Verbrauchsanalysen sind bei paralleler Anwendung der drei vorgenannten Verfahren zu erhalten.

Kostenermittlung nach der Kostenverursachung

Wenn ein Projekt geplant wird, muss zunächst eine analytische Kostenermittlung erfolgen. Die Ergebnisse sind

- Gesamtprojektkosten,
- Kosten je Arbeitsschritt,
- Kosten je Kostenart,
- Kosten im Zeitverlauf.

Eine wichtige Voraussetzung ist, dass der Leistungsumfang für die einzelnen Arbeitspakete ausreichend spezifiziert ist.

Danach werden die für das Projekt relevanten Kostenarten ermittelt und die Kostensätze bestimmt. Die Kostenarten richten sich im Allgemeinen nach den im Unternehmen vorliegenden Standards (Kontenrahmen). Hiermit wird auch die Verbindung zum Controlling geschaffen.

Zuordnung der Kosten auf Kostenstellen

Die Zuordnung der Kostenarten ist der wichtigste Schritt der Kostenplanung, denn nur die korrekte Aufteilung der Kosten auf die zutreffenden Kostenstellen ermöglicht später eine zeitnahe Steuerung der Projektkosten (**Bild 1.7**). Kostenstellen sind betrieblich abgegrenzte Verantwortungsbereiche, in denen Kosten unterschiedlich verursacht werden und für die eine Kostenbelastung festgestellt wird.

Kostenstellen können nach folgenden Kriterien gebildet werden:

- Verantwortungsbereichen,
- räumlichen Gesichtspunkten,
- Betriebsfunktionen,
- abrechnungstechnischen Aspekten.

Zu unterscheiden sind

- allgemeine Kostenstellen,
- Hilfskostenstellen und
- Hauptkostenstellen.

Zunächst werden alle direkten Kosten (Einzelkosten) gemäß ihrer Kostenart ermittelt und dem Kostenplan zugeordnet. Danach werden die Gemeinkosten ermittelt. Diese Kosten können in den Kostensätzen der jeweiligen Kostenart bereits enthalten sein oder als prozentualer Anteil der Einzelkosten bestimmt werden.

Wenn die Finanz- und die Betriebsbuchhaltung getrennt werden sollen, wird das Zweikreissystem (zwei Rechnungskreise) angewendet. Bei dieser Vorgehensweise kommt die statistisch-tabellarische Kostenstellenrechnung zur Anwendung (**Bilder 1.8** und **1.9**).

1.1.3 Verrechnung der Kostenarten auf Kostenstellen im Betriebsabrechnungsbogen

Der Betriebsabrechnungsbogen *(BAB)* ist ein Hilfsmittel der Betriebsabrechnung, das der Durchführung einer kombinierten Kostenartenrechnung und Kostenstellenrechnung dient. Er wird in tabellarischer Form erstellt und stellt eine unmittelbare Verbindung zwischen Buchführung und Kostenrechnung her. Folgende konkrete Aufgaben hat der BAB:

- Verteilung der Gemeinkosten auf die Kostenstellen
- Umlegung der allgemeinen Kostenstellen auf die Hilfskostenstellen und Hauptkostenstellen nach Leistungsempfang
- Umlegung der Hilfskostenstellen auf die Hauptkostenstellen nach Leistungsempfang
- Ermittlung der Summe der Gemeinkosten je Hauptkostenstelle
- Ermittlung von Zuschlagssätzen für die Kalkulation

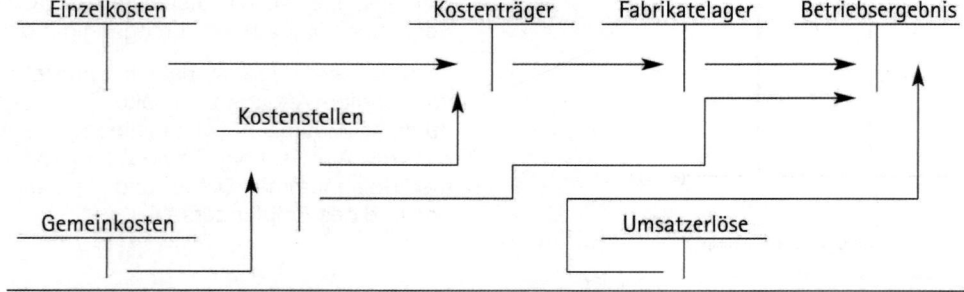

Bild 1.7: Buchhalterische Kostenartenverteilung im Rahmen der Ergebnisrechnung

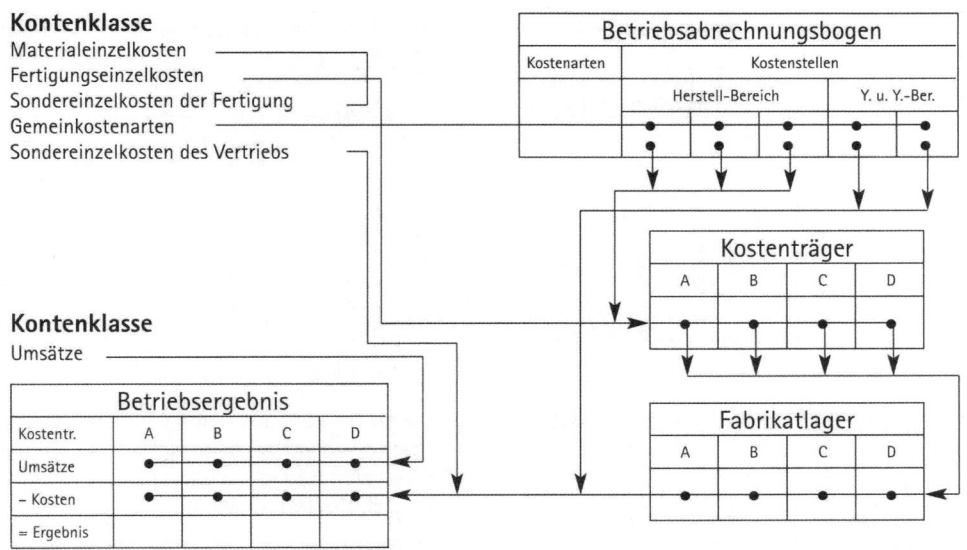

Bild 1.8: Statistisch-tabellarische Kostenartenverteilung im Rahmen der Ergebnisrechnung

Kostenstellen Kostenarten	Gesamt	Elektrizitätsversorgung	Gasversorgung	Fernwärmeversorgung	Wasserversorgung	Auftragsabrechnung Nebengeschäfte	Gemeinsame Hilfsbetriebe	Gemeinsamer Bereich
Energie- und Wasserbezug Brennstoffe Materialkosten Fremdleistungen Löhne und Gehälter Sozialkosten Betriebliche Steuern Kalkulatorische Kosten Sonstige Kosten								
Innerbetriebliche Leistungsverrechnung zu Verrechnungspreisen der einzelnen Hilfsbetriebe								
Globale innerbetriebliche Leistungsverrechnung (Umlagen durch Schlüsselung)								
Gesamtkosten der Endkostenstellen								

Bild 1.9: Gesamt-Betriebsabrechnungsbogen eines querverbundenen EVU

– Kostenkontrolle durch Ermittlung der Abweichung zwischen Istkosten und Normalkosten

Der BAB wird monatlich oder jährlich erstellt und ist nach Kostenstellen und nach Kostenarten gegliedert. Die Gemeinkosten der Kostenartenrechnung werden auf die im Betrieb vorhandenen Kostenstellen verteilt. Anschließend erfolgt die Berechnung der Zuschlagssätze als Grundlage für die Kostenträgerstück- bzw. Kostenträgerzeitrechnung.

Die Strukturierung der Kostenbereiche im BAB (**Bild 1.10**) erfolgt im Industrieunternehmen gewöhnlich in horizontaler Richtung von links beginnend in der Reihenfolge mit:

– Allgemeiner Bereich,
– Materialbereich,
– Fertigungsbereich,
– Verwaltungsbereich,
– Vertriebsbereich.

Hinsichtlich der Zurechenbarkeit der Gemeinkosten zu den Kostenstellen ist zu unterscheiden zwischen:

– Kostenstellen-Einzelkosten
  (nicht verwechseln mit dem Begriff Einzelkosten) und
– Kostenstellen-Gemeinkosten.

Direkte Zurechnung der Kostenstellen-Einzelkosten

Kostenstellen-Einzelkosten werden aufgrund von Belegen direkt den Kostenstellen zugeordnet (z. B. Gehälter anhand von Gehaltslisten).

Indirekte Zurechnung der Kostenstellen-Gemeinkosten

Kostenstellen-Gemeinkosten können nicht direkt einer Kostenstelle zugeordnet werden, weil mehrere Kostenstellen gleichzeitig von der Kostenart betroffen sind. In diesem Fall kann eine Verteilung nur indirekt mit Hilfe von Bezugsgrößen (z. B. Verteilung der Mietkosten nach den Raumgrößen

Handlungsbereich | Organisation

Kosten-stellen	Allgemeiner Bereich	Fertigungsbereich		Material-bereich	Verwaltungsbereich			Vertriebs-bereich	
	Hilfskostenstellen	Hilfskostenstellen	Hauptkostenstellen						
Kostenarten	Grundst. u. Gebäude / Sozialeinrichtungen / Energiestation	Instandhaltung / Arbeitsvorbereitung	Dreherei / Fräserei / Schleiferei	Einkauf / Lager	Leitung / Geschäftsbuchhaltung / Betriebsbuchhaltung / Personalbüro			Vertrieb / Versand	

Bild 1.10: Beispiel einer Kostenbereichsgliederung im Betriebsabrechnungsbogen (BAB)

der einzelnen Kostenstellen) oder nach Erfahrungswerten (Schlüsseln) erfolgen.

In einem Versorgungsunternehmen (Beispiel: Betriebszweig Stromversorgung) werden die Kostenbereiche den betrieblichen Gegebenheiten angepasst (**Bild 1.11**).

1.1.4 Methoden der Wirtschaftlichkeitsberechnung auf der Basis von Kosten- und Erlösdaten

Die Wirtschaftlichkeit eines Projektes wird festgestellt, indem die erbrachte Leistung (Umsatz, Ertrag) zum Aufwand bzw. zu den Kosten (Fertigungskosten, Personalkosten, Handlungskosten) in Beziehung gesetzt wird, um zu erkennen, in welchem Umfang das ökonomische Prinzip verwirklicht wurde.

Investitionsrechnung und Entscheidung

Bei der Investitionsrechnung werden zunächst die Anschaffungskosten für Produktionsmittel veranschlagt (materielle Investition). Dazu kommen die immateriellen Investitionskosten, zu der z. B. Forschung und Entwicklung, Werbung und Ausbildung zählen.

Es handelt sich um ein systematisches, formal und methodisch gesichertes Verfahren zur quantitativen und rechnerischen Beurteilung eines Projektes mit dem Ziel, einen wirtschaftlichen Vorteil zu erreichen. Die Beurteilungskriterien beziehen sich folglich ausschließlich auf wirtschaftliche Größen wie z. B. Kosten, Gewinne, Rentabilität, Kapitalwerte.

Die Entscheidung wird dementsprechend herbeigeführt unter den Gesichtspunkten

– der Liquidität,
– der Sicherheit,
– der Rentabilität,
– der Wettbewerbsfähigkeit.

Statische Investitionsrechenverfahren

Die statische Investitionsrechnung (**Bild 1.12**) bezieht sich nur auf eine Nutzungsperiode.

Die statische Investitionsrechnung wird in der Praxis vornehmlich mit folgenden Verfahren durchgeführt:

Kostenvergleichsrechnung

– hat den Zweck, die wirtschaftliche Zweckmäßigkeit von Investitionen/Verfahren zu überprüfen,

Kostenarten \ Kostenstellen	Stromerzeugung	Strombezug	60/150 kV Hochspannungsnetz einschl. Umspannung	1/60 kV Mittelspannungsnetz einschl. Umspannung	0,5 kV Niederspannungsnetz einschl. Umspannung	Trafowerkstatt	Zähler und Meßgeräte	Vertrieb	Gemeinsame*) Hilfsbetriebe	technische Verwaltung der Stromversorgung	Gemeinsamer*) Bereich
a = arbeitsabhängig l = leistungsabhängig k = kundenabhängig	a	l	a l	l	l	l	l	l	k	k	l	l
Energie- u. Wasserbezug Brennstoffe Materialkosten Fremdleistungen Löhne und Gehälter Sozialkosten Betriebliche Steuern Kalkulatorische Kosten Sonstige Kosten											
Innerbetriebliche Leistungsverrechnung zu Verrechnungspreisen der einzelnen Hilfsbetriebe											
Globale innerbetriebliche Leistungsverrechnung (Umlagen durch Schlüsselung)											
Gesamtkosten der Endkostenstellen											

Bild 1.11: Teil-Betriebsabrechnungsbogen für den Betriebszweig Stromversorgung

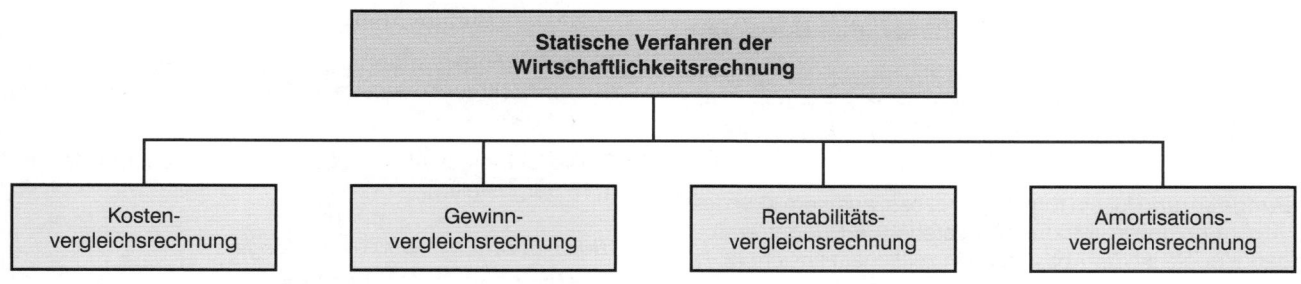

Bild 1.12: Statische Investitionsrechenverfahren

- dabei werden die Kosten der Investitionsobjekte/Verfahren gegenübergestellt,
- das Objekt / Verfahren ist vorteilhafter, bei dem die geringeren Kosten entstehen.

Gewinnvergleichsrechnung

- ist eine Erweiterung der Kostenvergleichsrechnung durch Einbeziehung der Erträge
- Gewinn = Erlöse – Kosten
- Auch die Beurteilung eines einzelnen Objektes wird möglich (G > 0)

Rentabilitätsvergleichsrechnung

- vergleicht die durchschnittliche jährliche Verzinsung des eingesetzten Kapitals alternativer Investitionsobjekte
- ermittelt die absolute Vorteilhaftigkeit:
  Rentabilität = Gewinn x 100 % : durchschnittliche Kapitaleinsatz

Amortisationsvergleichsrechnung
(auch Kapitalrückflussmethode genannt)

- die Vorteilhaftigkeit einer Investition wird an der Kapitalrückflusszeit gemessen:
  Kapitalrückflusszeit = Anschaffungswert
  – Restwert : Gewinn
  + Abschreibung

Weiterhin gibt es die **dynamischen Investitionsrechenverfahren,** die auf folgenden Verbesserungen beruhen:

- Die Durchschnittsbetrachtung der statischen Investitionsrechnung wird zu Gunsten einer exakten Erfassung der Ein- und Auszahlungen während der ganzen Nutzungsdauer aufgegeben.
- Der unterschiedliche zeitliche Anfall von Ein- und Auszahlungen wird durch die Berechnung von Zinseszinsen in die Rechnung einbezogen.

Bei der häufig genutzten **Kapitalwertmethode** (auch **Barwertmethode** genannt) werden alle Auszahlungen und Einzahlungen auf den heutigen Zeitpunkt abgezinst und unter Beachtung des negativen Vorzeichens bei den Auszahlungen summiert. Ist der so erhaltene Kapitalwert größer als null, so gilt die Investition als vorteilhaft.

Gewinnschwellenermittlung

Die Gewinnschwelle *(Break-even-Point)* liegt bei der Ausbringungsmenge (Beschäftigung), bei der die Kosten gleich den Erlösen sind (**Bild 1.13**).

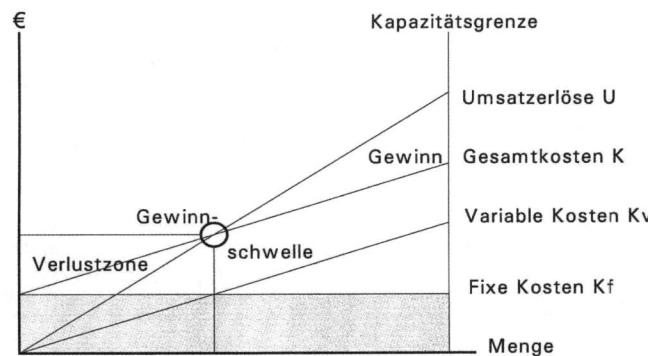

Bild 1.13: Grafische Ermittlung der Gewinnschwelle

Die Errechnung der **Gewinnschwelle** erfolgt nach folgender Formel:

Kritische Menge = Fixkosten / Stückerlös
– variable Stückkosten

Beispiel:

Die gesamten fixen Kosten für ein Produkt belaufen sich auf 60 000 €. Der Deckungsbeitrag pro Stück liegt bei 150 €. Wie viel Stück müssen verkauft werden, damit die fixen Kosten gedeckt sind?

Lösung:

60 000 € fixe Kosten : 150 € Deckungsbeitrag = 400 Stück

Die Gewinnschwelle liegt bei 400 Stück. Mit jedem Stück, das darüber hinaus verkauft wird, erzielt das Unternehmen einen Gewinn. Mit jedem Stück, das unterhalb von 400 liegt, gerät das Unternehmen in die Verlustzone.

Handlungsbereich | Organisation

1.2 Überwachen und Einhalten des Budgets

Der Begriff „Budget" kommt aus der französischen Sprache und bedeutet übersetzt *„Haushaltsplan, Voranschlag".* Im Controlling kann Budgetierung gleichgesetzt werden mit Planung.

Die *Budgetierung* ist ein formaler Prozess, aus dem sich das aus mehreren Teilen (Modulen) bestehende Budget ergibt. Ausgangspunkt ist der Absatzplan in zeitlicher Hinsicht (z. B. Monats-, Quartals-, Jahresbudget) und in sachlicher Hinsicht (z. B. Kostenbudget, Ergebnisbudget, auf einen Bereich oder eine einzelne Kostenstelle bezogen).

Budgetierung heißt:
- eine Planung für einen Zeitraum in finanziellen Wertgrößen ausdrücken
- diese Wertgrößen nach ihrer Verabschiedung mit Vorgabecharakter versehen.

1.2.1 Budgetarten

Budgets können in Abhängigkeit von der budgetierten Größe, vom Zeitraum oder vom Vorgabecharakter erstellt werden (**Bild 1.14**).

Ein vollständiges Ablaufschema der Budgetierung ist im **Bild 1.15** dargestellt.

Beispiel zur Erstellung eines Budgets:
Bestimmung der Ausgangslage

Ein Industriebetrieb verkauft drei Artikel, von denen er zwei selbst herstellt. Das vorhanden Vermögen und Kapital ist zu Beginn des Budgetierungszeitraums aus der folgenden Bilanz (**Bild 1.16**) ersichtlich.

In Abhängigkeit ...		
... von der budgetierten Größe	... vom Zeitraum	... vom Vergabecharakter
- Kostenbudget - Umsatzbudget - Investitionsbudget - Ertragsbudget - Aufwandsbudget - Finanzbudget	- Jahresbudget - Quartalsbudget - Monatsbudget - Wochenbudget - Tagesbudget	- Starres Budget - Flexibles Budget

Bild 1.14: Arten von Budgets

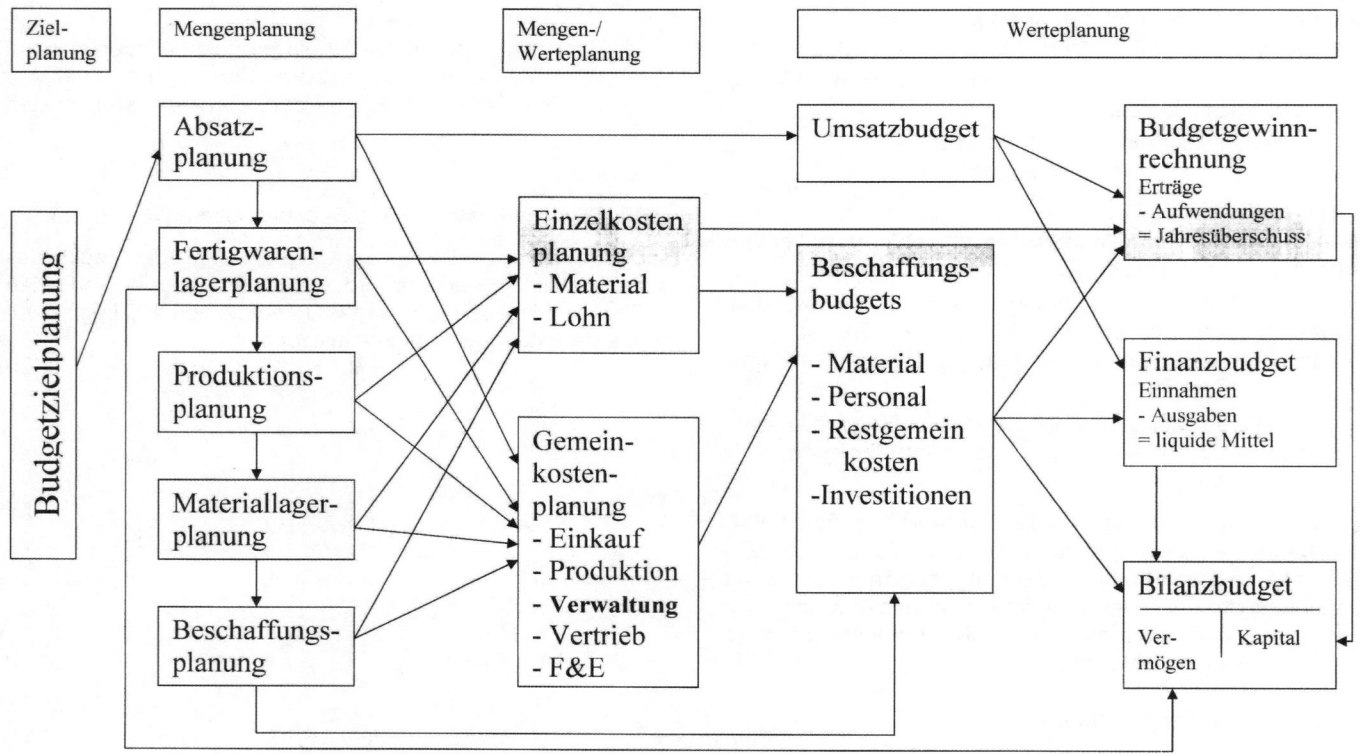

Bild 1.15: Ablaufschema der Budgetierung

Kostenwesen | Kapitel 1

Aktiva		Passiva	
Anlagevermögen	20 000	Gez. Kapital und Rücklagen	16 000
Fertigungsmaterial	1 060	Rückstellungen	5 468
Fertigungserzeugnisse	3 187	Darlehen	6 000
Handelsware	700	Verbindlichkeiten aLL	5 532
Forderungen	5 972		
Liquide Mittel	2 081		
Gesamtvermögen	**33 000**	**Gesamtkapital**	**33 000**

Bild 1.16: Bilanz zum 31.12.2007 (in TEUR)

Budgetziele
- Umsatzziel = 80.000
- Eigenkapitalrentabilität = 12 %
- Nichtfinanzielle Ziele werden in den Teilplänen berücksichtigt.

Absatzplanung (gleichzeitig Umsatzplanung)

Aus dem Budgetziel Umsatz = 80.000 ist das Absatzprogramm (**Bild 1.17**) zu planen.

Artikelart	Absatzziel in Stück	Planpreis	Umsatzerlöse
A1	3 500	8,00	28 000
A2	2 500	12,00	30 000
A3	2 000	11,00	22 000
			80 000

Bild 1.17: Absatzprogramm (gleichzeitig Umsatzbudget)

Planung des Fertigwarenlagers

Es wird mit einer Lieferbereitschaft von 36,5 Tagen geplant. Der Endbestand errechnet sich nach folgender Formel:

Endbestand = Planabsatz pro Jahr : 365 Tage x Planreichweite (Lieferbereitschaft)

Daraus ergibt sich die Fertigwarenlagerplanung gemäß **Bild 1.18**.

Produktionsplanung

Die Produktionsplanung umfasst das Produktionsprogramm, die Bereitstellung von Arbeitskräften, Maschinen und Material sowie den Produktionsablauf.

Aus den Maschinen- und Arbeitsplänen (**Bilder 1.19** bis **1.22**) wird der Bedarf an Maschinenkapazität und Lohnarbeit je Produktart und insgesamt je Fertigungskostenstelle errechnet. Wegen der Übersicht beschränkt sich das Beispiel auf zwei Kostenstellen und drei Materialsorten.

Artikel	Maschinenstunden pro Stück	
	Kostenstelle 1	Kostenstelle 2
A1	0,13	0,09
A2	0,21	0,18

Bild 1.19: Maschinen- und Arbeitsplan

Artikel	Produktionsmenge	Maschinenstunden für die gesamte Produktion	
A1	3 400	442	306
A2	2 600	546	468
Gesamtbedarf		**988**	**774**
Kapazität		1 000	800
Leer		12	26

Bild 1.20: Produktionsplanung Maschineneinsatz

Artikel	Materialverbrauch je Stück (in ME)		
	Material 1	Material 2	Material 3
A1	3	2	1
A2	1	3	3

Bild 1.21: Stückliste

Artikel	Produktionsmenge	Materialmengenverbrauch für die gesamte Produktion		
A1	3 400	10 200	6 800	3 400
A2	2 600	2 600	7 800	7 800
Gesamtbedarf		**12 800**	**14 600**	**11 200**

Bild 1.22: Produktionsplanung Materialmengenverbrauch

Artikel	Absatzziel in Stück	geplanter Endbestand	voraussichtlicher Anfangsbestand	Planzugang in Stück	Bedarfsdeckung durch	Planbestandsveränderung
A1	3 500	350	450	3 400	Produktion	− 100
A2	2 500	250	150	2 600		+ 100
A3	2 000	200	100	2 100	Einkauf	+ 100

Bild 1.18: Fertigwarenlager-Planung

Handlungsbereich | Organisation

Materiallagerplanung

Die Materiallagerplanung (**Bild 1.23**) erfolgt analog zur Planung des Fertigwarenlagers.

• Planung der Einzelkosten

Für die Ermittlung der Materialeinzelkosten (**Bild 1.24**) werden die Einsatzmengen an Fertigungsmaterial und an Handelswaren mit dem jeweiligen Standardpreis multipliziert.

Die Berechnung der Fertigungslohnkosten erfolgt anhand der Maschinenstunden aus **Bild 1.25**.

Gemeinkostenplanung

Die Gemeinkostenplanung (**Bild 1.26**) erfolgt durch die verantwortlichen Fachabteilungen.

Beschaffungsbudget

In den Beschaffungsbudgets (**Bilder 1.27** bis **1.30**) wird der Faktorbedarf wertmäßig geplant.

Budgetgewinnrechnung

In die Gewinnplanung (**Bild 1.31**) fließen alle geplanten Aufwendungen (nicht die Ausgaben) und Erträge ein.

Materialart	Verbrauch der Produktion in Stück	Geplanter Endbestand	Voraussichtlicher Endbestand	Beschaffungs-volumen	Planbestands-veränderung
M 1	12 800	1 280	2 400	11 680	− 1 120
M 2	14 600	1 460	800	15 260	+ 660
M 3	11 200	1 120	2 200	10 720	+ 1 080

Bild 1.23: Materiallagerplanung

Materialart	Verbrauch der Produktion	Preis je Mengeneinheit	Materialkosten
M 1	12 800	0,1	1 280
M 2	14 600	0,2	2 920
M 3	11 200	0,3	3 360
Summe Fertigungsmaterial			**7 560**
	Handelswareneinsatz		
A 3	2 000	7,0	14 000
Summe Materialeinzelkosten (Produktion + Ware)			**21 560**

Bild 1.24: Einzelkostenplanung Material

	Fertigungsstunden	Lohnkosten pro Stunde	Fertigungslöhne
904 Kostenstelle 1	988	8,0	7 904
Kostenstelle 2	774	5,0	3 870
Summe Fertigungslöhne			**11 774**

Bild 1.25: Einzelkostenplanung Fertigungslohn

Kostenstelle	Einkauf	Produktion	Verwaltung	Vertrieb	F&E	Summe der Kostenstellen
Mitarbeiter	18	332 (32 Angest.)	110	30	10	**500**
Personalgemeinkosten	1 030	1 700	6 900	2 080	850	**12 560**
Übrige Gemeinkosten	610	14 700	9 257	6 240	1 700	**32 507**
Gesamtgemeinkosten	1 640	16 400	16 157	8 320	2 550	**45 067**
Investitionen (Anschaffungskosten)	80	1 800	890	780	850	**4 400**

Bild 1.26: Gemeinkosten

Materialart	Beschaffungsmenge	Anschaffungspreis	Einkaufsvolumen
M 1	11 680	0,1	1 168
M 2	15 260	0,2	3 052
M 3	10 210	0,3	3 036
A 3	2 100	7,0	14 700
Gesamt Material und Wareneinkauf (ausgabewirksam)			**14 700**

Bild 1.27: Beschaffungsbudget Material

Personaleinzelkosten	300 Arbeiter	11 774
Personalgemeinkosten	200 Angestellte	12 560
Gesamt Personalaufwand		**24 334**
Davon Rückführung zu Pensionsrückstellungen (2 % der Ausgaben)		477
Gesamt Personalausgaben		**23 857**

Bild 1.28: Beschaffungsbudget Personal

Übrige Gemeinkosten	32 057
davon Abschreibungen	2 880
Restgemeinkosten (ausgabewirksam)	**29 627**
Investitionen der Kostenstellen	4 400

Bild 1.29: Übriges Beschaffungsbudget

Anlagevermögen	Ausgangsbetrag	Abschreibungssatz	Budgetierte Abschreibung	Planbuchwert zum 31.12.
Altbestand	20 000	10 %	2 000	18 000
Investitionen	4 400	20 %	880	3 520
Gesamt	**24 400**		**2 880**	**21 520**

Bild 1.30: Anlagenplanung (aus der Anlagenwirtschaft)

Umsatzerlöse	80 000
Bestandsveränderung der Erzeugnisse	+ 321
Materialaufwand	− 21 560
Personalaufwand	− 24 334
Abschreibungen	− 2 880
Sonstige betriebliche Aufwendungen	− 29 627
Jahresüberschuss	**1 920**

Bild 1.31: Budgetgewinnrechnung

Handlungsbereich | Organisation

Die Bestandsveränderung der Erzeugnisse ergibt sich wie in **Bild 1.32**.

Berechnung der Eigenkapitalrendite (EKR)

EKR = Jahresüberschuss / Eigenkapital x 100 %

Im vorliegenden Fall:

EKR = 1.920 / 16.000 · 100 % = 12 %

Die in der Ausgangslage geforderte Rendite wird also erreicht. Wird das angestrebte Ziel nicht erreicht, so müssen in einer Planrevision Kosten eingespart, der Umsatz erhöht oder die Budgetziele verändert werden.

Finanzbudget

Im Finanzbudget (**Bild 1.33**) werden die Einnahmen und Ausgaben gegenüber gestellt.

Kostenposition	Kosten pro Mengeneinheit		A 1		A 2	
(1)	(2)	(3)	(2) · (3) = (4)	(5)	(2) · (5) = (6)	(4) + (6) = (7)
Material						
M 1	0,1	3	0,3	1	0,1	
M 2	0,2	2	0,4	3	0,6	
M 3	0,3	1	0,3	4	0,9	
Materialkosten pro Stück			1,0		1,6	
Fertigungslöhne						
KSt 1	8,0	0,13	1,04	0,21	1,68	
KSt 2	5,0	0,09	0,45	0,18	0,90	
Lohnkosten pro Stück			1,49		2,58	
Fertigungsgemeinkosten						
KSt 1	10,00	0,13	1,30	0,21	2,10	
KSt 2	8,00	0,09	0,72	0,18	1,44	
Fertigungsgemeinkosten pro Stück			2,02		3,54	
Herstellkosten pro Stück			4,51		7,72	
Bestandsveränderung		– 100	– 451	+ 100	+ 772	+ 321

Bild 1.32: Berechnung der Bestandsveränderung

Anfangsbestand liquide Mittel	+ 2 081
Umsatzeinnahmen	+ 80 000
Materialausgaben	– 21 956
Personalausgaben	– 23 857
Investitionen	– 4 400
Rest Gemeinausgaben	– 29 627
Endbestand liquide Mittel	**+ 2 241**

Bild 1.33: Finanzbudget

Bilanz zum 31.12.2008 (in TEUR)					
Aktiva	*01.01.*	*31.12.*	**Passiva**	*01.01.*	*31.12.*
Anlagevermögen	20 000	21 520	Gez. Kapital und Rücklagen	16 000	16 000
Fertigungsmaterial	1 060	756	Jahresüberschuss	0	1 920
Fertigungserzeugnisse	3 187	3 508	Rückstellungen	5 468	5 945
Handelsware	700	1 400	Darlehen	6 000	6 000
Forderungen	5 972	6 575	Verbindlichkeiten aLL	5 532	6 135
Liquide Mittel	2 081	2 241			
Gesamtvermögen	**33 000**	**36 000**	**Gesamtkapital**	**33 000**	**36 000**

Bild 1.34: Bilanzbudget

Ob diese Liquidität ausreicht und ob die Liquidität zu jedem Zeitpunkt gegeben ist, kann nur ein detaillierter Liquiditätsplan zeigen.

Vermögens- und Kapitalbudget (Bilanzbudget)

Die Bilanzwerte für Fertigungsmaterial, Fertigerzeugnisse und Handelsware ergeben sich aus **Bild 1.35.**

Der geplante Forderungsbestand ist abhängig von der Kundenpolitik (Zahlungsziel, Skonto) und vom Kundenverhalten. Der Forderungsbestand lässt sich mit folgender Formel berechnen (für Zahlungsziel gleich 30 Tage):

- *Forderungsbestand*

Zahlungsziel · Jahresumsatz / 365
= 30 · 80.000 / 365 = 6.575,30

Der geplante Bestand an Verbindlichkeiten wird analog errechnet (für Lieferantenziel gleich 40 Tage):

- *Verbindlichkeiten*

Zahlungsziel · Vorleistungen / 365
= 40 · 55.983 / 365 = 6.135,10

- *Fazit:*

Auf der Grundlage des vorläufig geplanten Kapitals ist das budgetierte Vermögen abgedeckt.

1.2.2 Budgetkontrolle

Werden in der Budgetgewinnrechnung die vorgegebenen Ziele nicht erreicht, so sind folgende Maßnahmen zu prüfen:
- Kostensenkung
- Erhöhung der Umsätze
- Revision der Planziele

Für den Meister ist insbesondere die Budgetierung und Kontrolle folgender Kosten/Daten relevant:
- Materialkosten
- Kosten der Anlagen
- Energiekosten
- Instandhaltungskosten
- Kosten des Umweltschutzes
- Lohnkosten
- Werkzeugkosten
- Beschäftigungsgrad
- Sondereinzelkosten der Fertigung
- Qualitätskosten

Ein wichtiger Teil der Budgetkontrolle ist die Prüfung und Auswertung der Angebote im Vorfeld. Ziel ist die Wahl des optimalen Lieferanten und des besten Preis-Leistungs-Verhältnisses. Der erweiterte Angebotsvergleich sowie eine sorgfältige Lieferantenanalyse und -beurteilung verschaffen eine hohe Sicherheit.

1.2.3 Ergebnisfeststellung

Der Vergleich der Plandaten (Soll) mit den tatsächlich realisierten Daten (Ist) zeigt, ob das unternehmerische Ziel erreicht wurde. Die Grundlage für die Wirtschaftlichkeitskontrolle ist der Betriebsabrechnungsbogen (BAB).

Das Gesamtergebnis ergibt sich aus der Gegenüberstellung der Aufwendungen und Erträge gemäß Gewinn- und Verlustrechnung.

Für die Beurteilung der Rentabilität und Wirtschaftlichkeit der Leistungserstellung und -verwertung ist das Betriebsergebnis maßgebend. Es ist zwar im Gesamtergebnis enthalten, fasst aber die wesentlichen Bewertungskriterien bezüglich Kostenüberdeckung bzw. Kostenunterdeckung übersichtlich zusammen.

Der Soll-Ist-Vergleich wird zur besseren Transparenz in absoluten und in relativen Zahlen (in % vom Plan) durchgeführt. Bei größeren Abweichungen ist eine „Kurskorrektur" vorzunehmen.

Kostenüberdeckung

Eine Kostenüberdeckung wird erreicht, wenn die Istkosten niedriger sind als die verrechneten Plankosten.

Kostenunterdeckung

Eine Kostenunterdeckung entsteht, wenn die Istkosten die verrechneten Plankosten übersteigen.

Beispiel:

Ein Betrieb kalkuliert mit folgenden Normalzuschlagssätzen:
- Fertigungsgemeinkosten (FGKZ)   110 %
- Materialgemeinkosten (MGKZ)   50 %

Vorräte	Sorte	Plan-Endbestand	Anschaffungskosten oder Herstellungskosten	Bestandswert
Material	M 1	1 280	0,1	128
	M 2	1 460	0,2	292
	M 3	1 120	0,3	336
Fertigungsmaterial gesamt				**756**
Artikelsorte	A 1	350	4,51	1 578
	A 2	250	7,72	1 930
Fertigerzeugnisse gesamt				**3 508**
Handelsware	A 3	200	7,0	**1 400**

Bild 1.35:   Vorratsbudget

Handlungsbereich | Organisation

- Verwaltungsgemeinkosten (VwGKZ)   15 %
- Vertriebsgemeinkosten (VtGKZ)   6 %

Zuschlagsgrundlagen sind folgende Einzelkosten:
- Fertigungslöhne   120.000,00 €
- Fertigungsmaterial   45.000,00 €

Die Istgemeinkosten betragen laut Betriebsabrechnungsbogen (BAB):
- Fertigung   138.000,00 €
- Material   18.900,00 €
- Verwaltung   41.050,00 €
- Vertrieb   21.346,00 €

Lösung:

Die Lösung ergibt sich aus **Bild 1.36**.

Forecast

Beim Forecast *(Vorhersage)* werden in der Planungsphase die Vertriebschancen für ein Produkt eingeschätzt. Eine objektive Bewertung der Marktsituation und der potenziellen Zielgruppen anhand umfassender Informationen und Kenntnisse ermöglichen eine recht sichere Erfolgsprognose (einen zuverlässigen Forecast). Vordefinierte Fragen unterstützen eine objektive Betrachtung der Marktchancen. So können Fehlplanungen weitgehend vermieden und die Konzentration auf wirklich interessante Projekte gelegt werden.

Bewertung

Die korrekte Bewertung einer Bilanz gemäß Betriebsabrechnungsbogen ist für folgerichtige, wirkungsvolle unternehmerische Entscheidungen von wesentlicher Bedeutung. Im **Bild 1.37** wird deutlich, dass Kostenträger A einen Gewinn realisiert, während Kostenträger B Verluste erwirtschaftet.

1.2.4 Maßnahmen

Als Konsequenz aus der vorstehenden Bewertung sind folgende Maßnahmen denkbar und aus wirtschaftlicher Sicht sinnvoll:

- Veränderung des Fertigungsverfahrens für Erzeugnis B
- Veränderung der Konstruktion des Erzeugnisses B
- Veränderung des zu fertigenden Sortiments zugunsten des Erzeugnisses A

	Fertigung		Material		Verwaltung		Vertrieb		Summe
	EUR	%	EUR	%	EUR	%	EUR	%	EUR
Istgemeinkosten	138 000,00	115	18 900,00	42	41 050,00	12,5	21 346,00	6,5	219 296,00
Normalgemeinkosten	132 000,00	110	22 500,00	50	48 900,00	15,0	19 560,00	6,0	222 960,00
Überdeckung (+)			3 600,00		7 850,00				3 664,00
Unterdeckung (–)	6 000,00						1 786,00		

Bild 1.36:   Über- und Unterdeckung

Pos.	Berechnung		Istkosten Kostenträger gesamt (€)	Istzuschlag (%)	Normalkosten (€)	Normalzuschlag (%)	Erzeugnis A	Erzeugnis B	Deckungsdifferenzen Über-/Unterdeckg.
1		Fertigungsmaterial	170 000		170 000		110 000	60 000	
2		Materialgemeinkosten	10 200	6	11 900	7	7 700	4 200	+ 1 700
3	1+2	Materialkosten	180 200		181 900		117 700	64 200	+ 1 700
4		Fertigungslöhne	95 000		95 000		71 250	23 750	
5		Fertigungsgemeinkosten	169 100	178	172 900	182	129 675	43 225	+ 3 800
6		Sondereinzelk. d. Fertig.	10 900		10 900		6 540	4 360	
7	4+5+6	Fertigungskosten	275 000		278 800		207 465	71 335	+ 3 800
8	3+7	Herstellk. d. Erzeugung	455 200		460 700		325 165	135 535	+ 5 500
9		Mehrbest. a. unfert. Erz.	9 000		9 000		6 480	2 520	
10		Minderbest a. fert. Erz.	21 000		21 000		13 650	7 350	
11	8-9+10	Herstellkosten d. Ums.	467 200		472 700		332 335	140 365	+ 5 500
12		Verwaltungsgemeink.	49 224	10,54	56 724	12	39 880	16 844	+ 7 500
13		Vertriebsgemeinkosten	32 762	7	28 362	6	19 940	8 422	– 4 400
14	11+12+13	Selbstk. d. Umsatzes	549 186		557 786		392 155	165 631	+ 8 600
15		Umsatzerlöse	722 600		722 600		568 269	154 331	
16	15-14	Umsatzergebnis			164 814		176 114	– 11 300	+ 8600
17		Kostenüberdeckung			8 600				
18	15-14 +17	Betriebsergebnis	173 414		173 414				

Bild 1.37:   Bewertung des Umsatzergebnisses von zwei Erzeugnissen (A und B)

1.3 Beeinflussen der Kosten, insbesondere unter Berücksichtigung alternativer Konzepte

Die Kostenbeeinflussung hat eine Verbesserung des Gewinns zum Ziel (**Bild 1.38**). Zur Realisierung stehen zwei Möglichkeiten zur Verfügung:

- Beeinflussung der Erlöse
  Erhöhung des Verkaufspreises (ist durch den Wettbewerb allerdings eingeschränkt)
- Beeinflussung der Kosten
  Reduzierung des Fertigungsaufwandes (ist eng mit der Kompetenz und Innovationskraft eines Unternehmens verknüpft)

1.3.1 Kostenbeeinflussung auf Grund von Ergebnissen der Kostenrechnung

Die Auswertung der Kosten- und Leistungsrechnung liefert klare Hinweise auf die Umsatzsatzsituation und die Wirtschaftlichkeit eines Produktes. Um die Produktivität zu steigern, sind gezielte Maßnahmen in den Bereichen, wo Optimierungen und damit Kosteneinsparungen möglich erscheinen, angebracht.

Kostensenkung

Die *Vorgehensweise* bei anwendungsgerechten Kostensenkungsmaßnahmen ist im **Bild 1.39** dargestellt.

Methoden der Kostensenkung

Folgende Methoden haben sich in der Praxis bewährt:
- Katalogverfahren
- Managementmethode
- Kostenanalyse
- Wertanalytisches Verbesserungsverfahren
- Kosten-Engineering
- Betriebliches Vorschlagswesen
- Kostenmotivation

Katalogmethode

Kataloge beinhalten den Erfahrungsschatz anderer zur Kostensenkung. Es werden typische Schwachstellen und Ansatzpunkte aufgelistet. Die Abarbeitung eines Kataloges macht auf diese bisher verborgenen Schwachstellen aufmerksam. Darüber hinaus ist es Ziel der Kataloge, Impulse zu geben und bewährte Lösungen anzubieten.

Managementmethode

Auf jeder Stufe des Unternehmens werden Maßnahmen zur Kostensenkung erarbeitet, festgelegt, durchgeführt und kontrolliert.

- *Vorschlagsphase*

Der Mitarbeiter erhält die Aufgabe, innerhalb von 4 bis 6 Wochen möglichst effektive Vorschläge zur Kostensenkung zu machen. Die Meinung „In meinem Bereich gibt es keine Möglichkeiten zur Kostensenkung, weil wir schon kostenmimimal arbeiten" wird dabei nicht akzeptiert. Die Fähigkeiten eines Mitarbeiters werden zunehmend auch an seiner Mitwirkung bei Kostensenkungen gemessen.

- *Festlegungsphase*

Die vorgeschlagenen Maßnahmen werden vom Vorgesetzten und vom Controlling auf Erfolgsaussicht, Einsparung, Nebenwirkung, Kapazitätseinsatz, Termine geprüft.

- *Durchführungsphase*

Die genehmigten Maßnahmen werden umgesetzt.

- *Kontrollphase*

Die Kontrolle, die beispielsweise monatlich in einem Kostengespräch erfolgen kann, sollte beinhalten:
- Ergebnis der durchgeführten Maßnahmen
- Intensivierung und Beschleunigung der Maßnahmen
- Auswirkung der laufenden Maßnahmen

Ein Nachteil dieser Methode kann in der übermäßigen Identifikation eines Leiters mit der Kostensenkung und der Vernachlässigung anderer wichtiger Aspekte liegen.

Erlös – Kosten = Gewinn

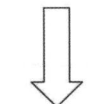

Gewinnmaximierung über

Erhöhung des Erlöses (Verkaufspreis) Wettbewerb? | Reduzierung des Aufwands (Selbstkosten) eigene Kompetenz?

Bild 1.38: Beeinflussung der Kosten durch Erlöse und Aufwand

| Ansatzpunkte finden | | Anwendungsgerechte Maßnahmen ableiten | | Maßnahmen durchführen | | Kontrolle |

Bild 1.39: Kostensenkungsmaßnahmen – Vorgehensweise

Handlungsbereich | Organisation

Kostenanalyse

Um Erfolg versprechende Maßnahmen zur Kostensenkung zu finden, ist es zweckmäßig, die Kosten aufzudecken und hinsichtlich ihrer Beeinflussbarkeit und Ausgabenwirksamkeit zu analysieren (**Bild 1.40**).

Kosten sind nur dann gleichzeitig auch Ausgaben, wenn sie zur Verringerung des Geldvermögens führen:

    Finanzielle Mittel
+ kurzfristige Forderungen
− kurzfristige Verbindlichkeiten
= Geldvermögen

Bild 1.41 zeigt einige Beispiele für Entscheidungssituationen bezüglich einer Kostenanalyse.

Die Methode der Kostenanalyse dient vornehmlich der Ermittlung der Maßnahmen, welche die schnellen Erfolge erwarten lassen.

Wertanalyse

Die Wertanalyse (**Bilder 1.42** und **1.43**) ist eine organisierte Anstrengung, die Funktionen eines Produktes für die niedrigsten Kosten zu erstellen, ohne dass die

− erforderliche Qualität,
− Zuverlässigkeit und
− Marktfähigkeit

des Produktes negativ beeinflusst werden.

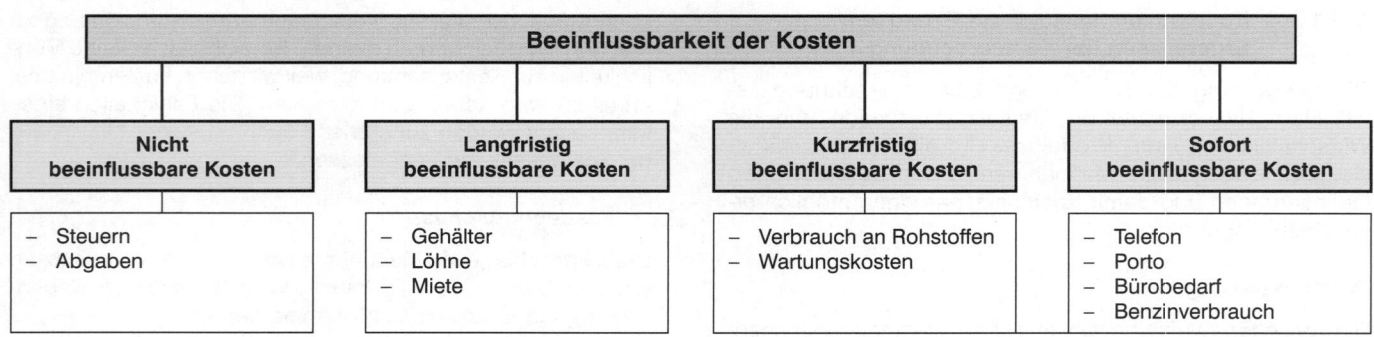

Bild 1.40: Beeinflussbarkeit der Kosten

Vorgang	Kosten	Ausgabe
Kauf einer Maschine auf Rechnung	Nein	Ja
Bezahlung dieser Rechnung per Bank	Nein	Nein
Nutzung einer Maschine in der Produktion (= Abschreibung)	Ja	Nein
Wartung einer Maschine (Rechnung)	Ja	Ja
Tilgung eines Darlehens	Nein	Ja
Zinszahlung für ein Darlehen	Ja	Ja

Bild 1.41: Beispiele für Kostenanalysen bei geschäftlichen Maßnahmen

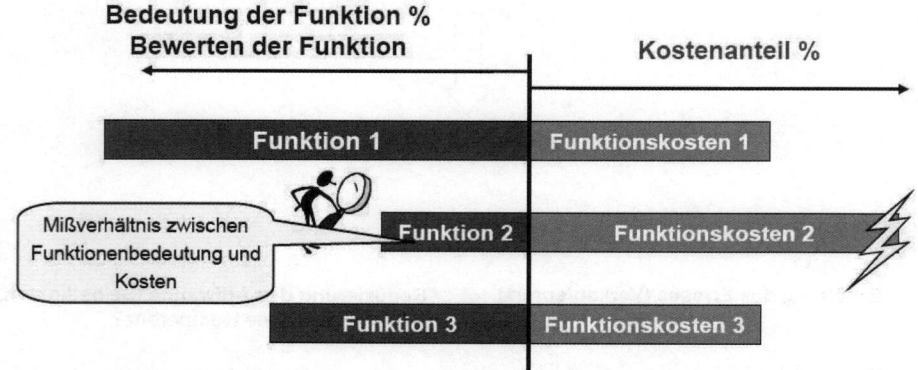

1. Schritt: Funktionenanalyse durchführen
2. Schritt: Funktionen aus Sicht der Kunden bewerten (rel. Bedeutung %)
3. Schritt: Funktionenkosten erstellen
4. Schritt: Relativen Anteil der Funktionenkosten ermitteln (%)

Bild 1.42: Wertanalyse – vier Schritte zur Ermittlung der Funktionenkosten

Funktionen / Komponenten	Funktion 1		Funktion 2		Funktion 3		Funktion 4		Funktion 5		Funktion 6 (Bedeutung der Funktion)		Summe HK
	0,10		0,15		0,35		0,08		0,02		0,30		1
K 1	10	2,50	30	7,50	5	1,25	50	12,5	5	1,25	-		25.-
K 2	5	7,50	10	15.-	5	7,50	35	52,5	5	7,50	40	60,-	150.-
K 3	10	8,-	20	16,-	10	8,-	30	24,-	-		30	24,-	80.-
K 4	10	2,50	20	5,-	-		20	5,-	20	5,-	30	7,50	25.-
K 5	5	12,5	30	75,-	5	12,5	5	12,5	5	12,5	50	125,-	250.-
K 6	30	90,-	10	30,-	-		50	150,-	10	30,-	-		300.-
K 7 Montage	50	30,-	-		-		10	6,-	-		40	24,-	60.-
Summe €	17%	153,-		148,50		29,25		262,50		56,25		240,5	890.-
Wertindex B:C %	10:17=0,6		0,9		12		0,3		0,3		1		

Bild 1.43: Wertanalyse – Funktionenkostenmatrix (Beispiel)

Kosten-Engineering

Kosten-Engineering ist die ingenieurmäßige Anwendung von Prinzipien, Methoden und Techniken zur Gestaltung und Beeinflussung von Kosten.

Betriebliches Vorschlagswesen

Zwei Arten kennzeichnen das betriebliche Vorschlagswesen:
– Kontinuierlicher Verbesserungsprozess
– Kostensenkungswettbewerb

Möglichkeiten zur Motivation zur Teilnahme am betrieblichen Vorschlagswesen:
– Plakatwerbung
– Berichte in Firmenzeitschriften über prämierte Vorschläge
– Prämienlisten
– Anerkennungsschreiben und Urkunden
– Briefkästen des Vorschlagswesens

Kostenmotivation

(siehe Überblick unter „Methoden der Kostensenkung" am Beginn des Kapitels 4)

1.3.2 Maßnahmen zur Kostenbeeinflussung

Die Maßnahmen zur Kostenbeeinflussung können sich auf einzelne bzw. mehrere Bereiche eines Unternehmens beziehen.

Es gibt folgende Arten der Verschwendung:
– Überproduktion, d. h. Produktion und Einlagerung von Gütern, für die kein Bedarf besteht. Hierdurch blockiert man Kapazitäten und erzeugt Bestände.
– Bestände; sie benötigen Platz und verursachen Kosten durch Suchen, Zwischenlagerung und Materialbewegung.
– Transport, außer notwendiger Transport durch Spediteure, der Teil der Wertschöpfung ist.
– Wartezeiten (auf Material, wegen Maschinenausfällen, auf Qualitätsprüfung, auf die folgende Arbeitsaufgabe)
– Art der Herstellung (fasche Prozessauswahl)
– Fehler, denn die Produktion fehlerhafter Teile führt zu Ausschuss oder Nacharbeit
– Nicht genutzte Kreativität. Erst mit Hilfe der Mitarbeiter wird ein ständiger Verbesserungsprozess eingeleitet, der von deren Kenntnissen und Fähigkeiten getragen wird.

Beeinflussung über Materialbestände

Eine gute Materialdisposition hat zum Ziel, eine hohe Lieferbereitschaft zu gewährleisten, aber dennoch die Lagerhaltungskosten zu minimieren. Das bedeutet: die Menge an Material, die zu einem bestimmten Termin für eine bestimmte Periode benötigt wird, muss möglichst genau ermittelt werden. Jede größere Abweichung (z. B. Vorratshaltung) verursacht unnötige Kosten.

Beeinflussung über Logistikkosten

Die Vernetzung der planerischen und ausführenden Maßnahmen (Logistik) muss so organisiert sein, dass ein optimaler Materialfluss erreicht wird. Die kürzesten Transportrouten (Arbeitswege) müssen genutzt, die zweckmäßigsten Transport- und Fördermittel eingesetzt werden. Jeder interne Transport ist unproduktiv. Beispielsweise müssen Gänge und Regale so angeordnet sein, dass kurze Wege gewährleistet sind. Die Vorhaltung von Transportkapazitäten für die Auslieferung verursacht wegen ungleichmäßiger Auslastung meist hohe Kosten. Diese Aufgabe sollte ggf. an externe Transportfirmen übertragen werden.

Im weitesten Sinne soll die Logistik die physische Versorgung eines Unternehmens mit Ressourcen sicherstellen; das umfasst Güter, Dienstleistungen und Informationen.

Handlungsbereich | Organisation

Das richtige Produkt soll in der richtigen Menge, der richtigen Qualität, am richtigen Ort, zur richtigen Zeit, zu den richtigen Kosten, für den richtigen Kunden verfügbar sein.

Logistik ist der Prozess der Planung, Realisierung und Kontrolle des effizienten, kosteneffektiven Fließens und Lagerns von Rohstoffen, Halbfabrikaten und Fertigfabrikaten und der damit zusammenhängenden Information vom Liefer- zum Empfangspunkt entsprechend den Anforderungen des Kunden.

Logistikkosten setzen sich aus folgenden Kosten zusammen:

Steuerungs- und Systemkosten

Sie umfassen die Kosten für die Planung und Steuerung des Materialflusses sowie der Fertigung, Kosten für Informationslogistik und Personaleinsatz sowie Kontrollfunktionen.

Bestandskosten

Sie entstehen durch das Vorhalten von Beständen. Dazu gehören zum Beispiel Kapitalkosten zur Finanzierung der Bestände, Versicherungen, Abwertungen und Verluste.

Lagerkosten

Sie setzen sich aus einem fixen Teil für die Bereitstellung von Lagerkapazitäten und einem variablen Teil für die Ein- und Ausgangsprozesse zusammen.

Transportkosten

Sie entstehen sowohl für externen als auch für konzerninternen Werkverkehr. Es fallen Kosten für die Bereitstellung (fix) und für die Operation der Transportmittel (variabel) an.

Handlingkosten

Sie können ebenfalls in Bereitstellungskosten und volumenabhängige Betriebskosten unterteilt werden.

Kosten mangelnder Prozesssicherheit

Sie können sich ergeben aufgrund mangelnder Qualität der Logistikprozesse, zum Beispiel für Nachbearbeitung, Stillstand, Konventionalstrafen.

Das „Magische Viereck" (**Bild 1.44**) zeigt die vier Hauptfaktoren, die Einfluss auf die Höhe der Logistikkosten in einem Unternehmen haben. Grundsätzlich ist es das Ziel der Logistik, alle jeweils durch diese vier einzelnen Faktoren individuell verursachten (Logistik-) Kosten zu minimieren. Dieses Ziel ist leider ausschließlich theoretischer Natur und in der Praxis nicht erreichbar, da hierbei untereinander Zielkonflikte auftreten. Das Bestreben, innerhalb eines Faktors das Kostenminimum zu erreichen, kann zu einer Kostensteigerung innerhalb eines anderen Faktors führen. Dieses wiederum schließt einen Anstieg der gesamten (Logistik-) Kosten nicht aus.

Aufgabe des Logistikmanagements ist somit die Optimierung der Logistikprozesse bei Minimierung der Gesamtlogistikkosten und gleichzeitiger Qualitätssteigerung.

Beeinflussung durch Auswahl des Verfahrens

Die Ausgewogenheit zwischen manueller, mechanisierter und automatisierter Fertigung ist ein wichtiger Kostenfaktor. Unangemessen hoher Personaleinsatz oder ein zu kostenaufwändiger Maschinenpark beeinflussen die Wirtschaftlichkeit ganz entscheidend. Daher ist regelmäßig zu überprüfen, ob das Fertigungsverfahren ggf. modifiziert werden muss.

Optimierung der Betriebs- und Verwaltungsabläufe

Betriebs- und Verwaltungsabläufe sind darauf ausgerichtet, die Unternehmensziele optimal zu realisieren. Es gibt
- Verwaltungsabläufe technischer Art
  (z. B. Programme erstellen, Werkstoffprüfungen durchführen, Stücklisten erarbeiten),
- Verwaltungsabläufe organisatorischer Art
  (z. B. Ausfertigung von Rechnungen, Erstellung von Angeboten, Bearbeitung von Reklamationen),
- Prozessorientierte Verwaltungsabläufe
  (z. B. Neueinstellungen von Arbeitnehmern, zentraler Einkauf).

Durch gute Hilfsmittel zur bestmöglichen Gestaltung von Abläufen und Prozessen (z. B. Stellenablaufpläne, Programmablauf- und Arbeitsflussdiagramme) können deutliche Rationalisierungseffekte erzielt werden. Ein weiteres Beispiel ist die Einführung eines Purchasing-Systems (PC-Anwendungsprogramm zur Bestellung von Verbrauchsmaterialien), das durch mehr Flexibilität im Beschaffungswesen die betrieblichen Kosten spürbar senkt.

Möglichkeiten von Fremd-/Eigenleistung

Es ist zu prüfen, ob Eigenleistungen oder Fremdbezug unter wirtschaftlichen Gesichtspunkten vorteilhaft sind. Dabei sind z. B. folgende Entscheidungskriterien wichtig: Kapazität, Qualität, Lieferbereitschaft (just in time).

Zeitwirtschaftliche Verfahren

Ein genaue Ermittlung der Vorgabezeiten ist für einen optimalen Fertigungsprozess von wesentlicher Bedeutung. Die beiden Säulen sind gemäß REFA (Verband für Arbeitsstudien):
- das WF-Verfahren (Work Faktor)
  z. B. Abmessung des Arbeitsplatzes, des Arbeitsgegenstandes und der Vorrichtung;
- das MTM-Verfahren (Methods Time Measurement)
  z. B. Körperhaltung und Arbeitswechsel.

Mitarbeiterqualifizierung

Die Förderung und Qualifizierung der Mitarbeiter ist eine zentrale Aufgabe aller Führungskräfte. Um einen fachlich ausgewogenen Prozessablauf sicherzustellen, ist zu ermitteln, wo und bei welchen Mitarbeitern direkter Qualifizierungsbedarf besteht (Bedarfsermittlung). Die Qualifizierung erfolgt meist in externen Schulungen, Kursen oder Lehrgängen. Aber auch sorgfältige, innerbetriebliche Unterweisungen durch metho-

Lagerbestand		Auslastungsgrad
	Zielkonflikte	
Lieferfähigkeit und -treue		Auftragsdurchlaufzeit

Bild 1.44: Das Magische Viereck der Zielkonflikte

disch erfahrene Mitarbeiter (z. B. Lernstattmodelle innerhalb einer Arbeitsgruppe, Coaching und Prägen durch Vorbildfunktion) haben sich durchaus bewährt.

Der konkrete Qualifizierungsbedarf kann z. B. durch folgende Maßnahmen ermittelt werden (**Bild 1.45**):

- freie Abfrage im Gespräch,
- strukturierter Fragenkatalog,
- Bildungsworkshop,
- Fördergespräche,
- Profilvergleichsanalysen.

Optimierung durch Arbeitsplatzsteuerung

Eine zweckmäßige Gestaltung des Arbeitsplatzes trägt wesentlich zum effektiven Fertigungsablauf bei. Dabei sind folgende Voraussetzungen zu schaffen:

- Die Anpassung der Arbeitsmittel an den menschlichen Körper (Ergonometrie),
- die optimale Körperhaltung (z. B. kein gebücktes Stehen oder schräges Sitzen) sicherstellen,
- die zweckmäßige Anordnung der Arbeitsmittel organisieren,
- gute Licht-, Luft-, Lärm- und Temperaturverhältnisse am Arbeitsplatz schaffen,
- eine helle, zweckmäßige Farbgestaltung am Arbeitsplatz auswählen,
- ausreichend technische Hilfsmittel (Kommunikationsgeräte, PC, Planungssystem).

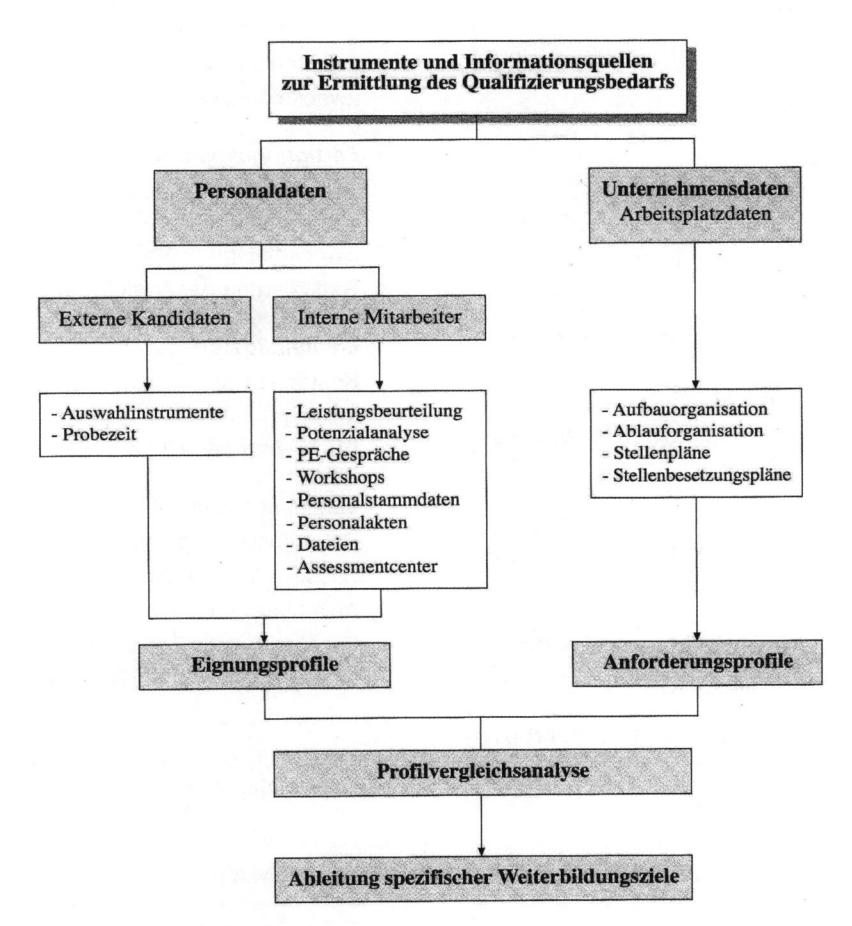

Bild 1.45: Ermittlung des Qualifizierungsbedarfs für Mitarbeiter

Handlungsbereich | Organisation

1.4 Beeinflussen des Kostenbewusstseins der Mitarbeiterinnen und Mitarbeiter

Jeder Mitarbeiter und jede Mitarbeiterin eines Unternehmens trägt durch Leistungsbereitschaft, Qualitäts- und Kostenbewusstsein zur Wirtschaftlichkeit bei. Eine loyale Einstellung und Außenwirkung unterstützt den positiven Geschäftsverlauf und damit die Erhaltung des Arbeitsplatzes.

Kostenmotivation

Bild 1.46 zeigt den Prozess der Kostenmotivation.

Motive der Mitarbeiter zur Kostensenkung ermitteln → Motivatoren ermitteln (Maßnahmen zur Nutzung der wirksamen Motive) → Maßnahmedurchführung

Bild 1.46: Prozess der Kostenmotivation

Motive zur Kostensenkung:
- Sicherung vom Arbeitsplatz
- Finanzielle Motive
- Status, Anerkennung, Nachweis von Kompetenz
- Leistungsmotiv

Die drei Motivatoren sind im **Bild 1.47** zusammengefasst.

Wirkungsfelder der Kostensenkung

Im Bereich der Kostensenkung gibt es folgende Wirkungsfelder:

- Technik
  (Stand der Wissenschaft und Technik bezüglich des Erzeugnisses, der Arbeitsmethode, der genutzten Maschinen)
- Betriebswirtschaft
  (Bindung an die Beschaffungsmärkte, den Absatzmarkt und den Kapitalmarkt, auch Berichtswesen)
- Organisation
  (Regelung der Arbeitsgliederung und des Arbeitsablaufs)
- Sozialbereich
  (Einfluss der Rechtsordnung des Staates und der Gebräuche der Gesellschaft, Führungsstil und Betriebsklima)

Kostensenkungsschwerpunkte im Bereich Technik und Betriebswirtschaft

- **Materialkosten**
- Materialverluste durch besseren Einkauf vermeiden
- Materialverluste durch organisatorische und technische Verbesserungen vermeiden, z. B. im Zuschnitt
- Austausch von Werkstoffen durch wirksamere und preiswertere Werkstoffe
- Rationellere Organisation des Einkaufs
- Sicherstellung von Lieferungsterminen
- Abschluss langfristiger Verträge
- Vermeidung von Änderungswünschen
- günstige Preis- und Zahlungsbedingungen
- regelmäßige Eingangsprüfung
- zweckmäßige Lagerhaltung, Bestandsüberwachung

- **Fertigungskosten**
- Verbesserte Ausnutzung vorhandener Betriebsmittel und Geräte, Räume
- Zweckmäßige Arbeitsverfahren
- Reduzierung der Ausführungszeiten

- **Gemeinkosten**
- Kosten, denen keine Leistungen gegenüberstehen, abbauen
- Kfz-Kosten reduzieren (Tourenplanung, Fahrtenschreiber)
- Versicherungen auf Notwendigkeit prüfen
- Raumkosten überprüfen
- Bessere Archivierung
- Anzahl der Kopien reduzieren
- Formulare optimal gestalten
- Kosten von Geschäftsreisen reduzieren
- Bürobedarf überwachen

Eine Übersicht der Kostensenkungsschwerpunkte in den einzelnen Wirkungsfeldern zeigt **Bild 1.48**.

Motivatoren-Typ	Materielle Motivatoren	Immaterielle Motivatoren	Ideelle Motivatoren
Eigenschaften	Verursachen selbst Kosten	Kein materieller Gegenwert	Überzeugung durch Logik und Sachverstand
Inhalte	– Prämien – Gutscheine – Gewinnbeteiligung – Kostenübernahme – Gehaltserhöhung	– Lob, Anerkennung, Kritik – Beförderung – Pseudobeförderung, Titel – Sonderurlaub	– Weiterbildung – Führung der Mitarbeiter – Vorbildwirkung, Autorität

Bild 1.47: Die drei Motivatoren zur Kostensenkung

Kostenwesen | Kapitel 1

Wirkungsfelder	Technische	Betriebswirtschaftliche	Organisatorische	Soziale
Werkstoffkosten	1. Materialaufwand 2. Angemessene Qualität 3. Materialprüfung 4. Ersatzstoffe 5. Werkstoffforschung	1. Materialbeschaffung 2. Materialfinanzierung 3. Werkstoffnormung 4. Abfallwirtschaft 5. Ausschussuntersuchung	1. Einkauforganisation 2. Materialprüfung 3. Lagerwesen 4. Materialdurchfluss	1. Sparsamkeit 2. Erfahrungsaustausch
Fertigungskosten	1. Kostengünstige Konstruktion 2. Teilenormung 3. Arbeitsverfahren 4. Maschineneinsatz 5. Transportmittel	1. Programmumfang 2. Spezialisierung 3. Fremd-/Eigenleistung 4. Maschinenausnutzung 5. Ausschussuntersuchung	1. Fertigungsplanung 2. Fertigungsorganisation 3. Arbeitsvorbereitung 4. Arbeitsplatzgestaltung 5. Arbeitsführung 6. Terminwesen	1. Verantwortungsbewusstsein 2. Zusammenarbeit 3. Leistungslohn 4. Ausbildung 5. Pünktlichkeit 6. Charakter
Gemeinkosten	1. Stand der Verfahrenstechnik 2. Werkstatteinrichtung	1. Gebäugepflege 2. Raumausnutzung 3. Energieverbrauch 4. Fuhrparknutzung 5. Hilfspersonal 6. Vertriebsaufwand	1. Allg. Büroorganisation	1. Soziale Einrichtungen 2. Betriebsklima 3. Eignung, Ausbildung und Leistungsbereitschaft der Mitarbeiter

Bild 1.48: Übersicht über die Kostensenkungsschwerpunkte in den einzelnen Wirkungsfeldern

1.4.1 Arbeitsorganisation als kostenbeeinflussender Faktor

Eine gezielte und methodische Vorgehensweise bei der Planung und Gestaltung von Arbeitssystemen verbessert die Wirtschaftlichkeit eines Betriebes. Die Optimierung befasst sich mit der Bestimmung von bestmöglichen Größen, Eigenschaften und zeitlichen Abläufen eines Systems unter gleichzeitiger Berücksichtigung von Nebenbedingungen. So wird z. B. durch eine bestmögliche Arbeitsplatzgestaltung die Arbeit menschengerechter (Verringerung der Beanspruchung des Menschen, Erhöhung der Arbeitssicherheit). Als Folge werden die Voraussetzungen geschaffen für hohe Leistungen bei guter Qualität mit niedrigen Kosten.

Besondere Bedeutung kommt dabei der Festlegung der Arbeitszeit zu. Im **Bild 1.49** sind verschiedene Arbeitszeitmodelle beschrieben.

Modell	Arbeitszeit pro Woche	Freizeitgewinn	Geeignet für	Besondere Merkmale für Arbeitnehmer	Besondere Merkmale für Arbeitgeber	Beispiel
Teilzeit (starr) - die tägliche Arbeitszeit wird reduziert	5 Tage	Täglich einzelne Stunden	Alle Mitarbeiter, auch Fachkräfte	Täglich mehr Freizeit, festgelegte regelmäßige Arbeitszeit	Höhere Effizienz, geringer Verwaltungsaufwand	30 – Stundenwoche Verteilung: 5X6 Std.
Teilzeit (variabel) - (die tägliche, wöchentliche oder monatliche Stundenzahl kann variieren	2-4 Tage Vollzeit oder Teilzeit (völlig flexibel)	Ganze Tage oder einzelne Stunden pro Tag	Alle Mitarbeiter, auch Fachkräfte und Führungskräfte	Ganze freie Tage pro Woche, variable Verteilung der Arbeitszeit	Höhere Effizienz, bessere Auslastung bei schwankendem Arbeitsaufkommen	3-Tage-woche Wöchentl. Arbeitszeit 15 Std. (1x6, 1x4, 1x5)
Jobsharing - zwei Arbeitnehmer teilen sich eigenverantwortlich eine Stelle	5 Tage oder 2-4 Tage Vollzeit oder Teilzeit	Ganze Tage oder einzelne Stunden pro Tag	Alle Mitarbeiter, auch Fachkräfte und Führungskräfte	Verantwortung für Projekte bleibt erhalten, hoher Entscheidungsfreiraum, persönliche Flexibilität	Bedarfsdeckung bei langen Servicezeiten	5-Tage-Woche 5x5 Stunden (beide AN)
Arbeitszeitkonto - gearbeitet wird Vollzeit, gezahlt wird Teilzeit, Die Differenz wird auf einem Langzeitkonto angespart.	5 Tage vollzeit	Ganze Wochen, Monate, Jahre	Alle Mitarbeiter, auch Fachkräfte und Führungskräfte	Längere Freizeitphasen bei Gehaltsfortzahlung, steuerliche Vorteile, Zeit für Weiterbildung	Arbeitnehmer arbeite Vollzeit, Qualifizierung	Ansparform: 1/12 des Gehalts, nach drei Jahren drei Monate Urlaub
Teamarbeit - die jeweilige persönliche Arbeitszeit wird im Team geplant	2-5 Tage Vollzeit oder Teilzeit	Ganze Tage oder einzelne Stunden pro Tag	Alle Mitarbeiter, auch Fachkräfte	Besonders variable Verteilung, kurzfristige Planbarkeit, Teamgeist gefordert	Hohe Kundenorientierung, optimale Auslastung	5 er Taem Servicezeit: Mo bis Fr 8 – 20 Uhr 2 AN von 8-10 Uhr 3 AN von 10-16Uhr
Teamarbeit - die jeweilige persönliche Arbeitszeit wird im Team geplant	2-5 Tage Vollzeit oder Teilzeit	Ganze Tage oder einzelne Stunden pro Tag	Alle Mitarbeiter, auch Fachkräfte	Besonders variable Verteilung, kurzfristige Planbarkeit, Teamgeist gefordert	Hohe Kundenorientierung, optimale Auslastung	5 er Taem Servicezeit: Mo bis Fr 8 – 20 Uhr 2 AN von 8-10 Uhr 3 AN von 10-16Uhr
Saisonarbeit	5 Tage	Außerhalb der Saison ganze	Alle Mitarbeiter,	Gleichbleibendes monatliches	Keine	4 Monate Vollzeit

Bild 1.49: Arbeitszeitmodelle

Handlungsbereich | Organisation

1.4.2 Einbeziehung der Mitarbeiter in die Kostenbewertung

Die Mitarbeiter stellen im Unternehmen ein wichtiges Kapital, aber auch einen großen Kostenfaktor dar. Die Kostenbewertung bezieht sich auf die produktive Arbeitsleistung nach Produktivstunden, Urlaub und Krankenstand und wertet den Produktgewinn pro Mitarbeiter aus.

Informationen der Mitarbeiter über die Kostenstruktur

Die Kosten-Abrechnungsbereiche werden grundsätzlich unternehmensspezifisch strukturiert. Unter Berücksichtigung der individuellen Bedingungen werden z. B. folgende Kostenstellenbereiche eingerichtet:

- Allgemeiner Bereich
- Materialbereich
- Fertigungsbereich
- Verwaltungsbereich
- Vertriebsbereich

Problemanalyse

Die wirtschaftliche Entwicklung bei jedem einzelnen Produkt muss regelmäßig überprüft werden. Grundsätzlich sind alle relevanten Merkmale für die Entwicklung des Produkts im eigenen Unternehmen und die gesamte Marktentwicklung unter Beobachtung der wichtigsten Wettbewerber einzubeziehen.

Wenn Schwächen erkennbar sind, sollten die möglichen Problemursachen nach Bereichen unterteilt (**Bild 1.50**) und in folgenden Einzelschritten analysiert werden:

- Problem definieren
- Vier Ursachenebenen unterscheiden: Mensch, Maschine, Material, Methode
- Mögliche Ursachen je Bereich erkunden (ggf. grafisch darstellen)

ABC-Analyse

Eine bekannte Methode der Problemanalyse ist die ABC-Analyse. Diese analytische Methode unterscheidet Wesentliches vom Unwesentlichen, bildet Schwerpunkte, setzt entsprechende Prioritäten und einen Maßstab für die wirtschaftliche Bedeutung.

Im Zuge der Aufgabenplanung ist zu berücksichtigen, dass es auf der einen Seite Aufgaben von primärer, zentraler Bedeutung gibt. Diese müssen hinlänglich detailliert geplant werden, um die ordnungsgemäße Auftragsabwicklung zu gewährleisten. Andere Aufgaben sind zwar auch sehr zeitintensiv, benötigen jedoch auf Grund ihrer einfachen Struktur und ihres geringen Wertbeitrages weniger Planungsaufwand.

Mit Hilfe der ABC-Analyse, welche auch in vielen anderen Bereichen Anwendung findet, können Aufgaben nach ihrem Verhältnis von zeitlichem Arbeitsaufwand zu ihrer Bedeutung oder ihrem Wertbeitrag unterteilt werden. Ziel der Analyse ist, die wesentlichen von den unwesentlichen Aufgaben zu trennen und sich auf die wesentlichen Komponenten (z. B. beim Planungsaufwand) zu konzentrieren.

Die Aufgabenprioritäten werden folgendermaßen definiert (**Bild 1.51**):

A-Aufgaben
- wichtigste Aufgaben von größten Wert,
- können nur vom betrauten Mitarbeiter selbst ausgeführt werden,
- ca. 10 – 15 % pro Tag, 65 – 80 % der Zielerreichung.

B-Aufgaben
- durchschnittlich wichtig,
- können zum Teil von Kollegen ausgeführt werden,
- ca. 20 % pro Tag, 15 – 20 % der Zielerreichung.

C-Aufgaben
- Aufgaben mit geringstem Wert (Formalitäten etc.),
- ca. 65 – 70 % pro Tag, 5 – 15 % der Zielerreichung.

Gemeinsame Erarbeitung von Lösungsvorschlägen

Aus dem Ergebnis der Problemanalyse können die Unternehmensführung und die verantwortlichen Mitarbeiter entsprechende Konsequenzen ziehen. Zur Behebung der Schwachpunkte sollte der Mitarbeiterstab vorhandene Ideen sammeln, neue Ideen entwickeln, praktisch umsetzbare Lösungsvorschläge erarbeiten und eine Entscheidungsvorlage aufbereiten. Nach Genehmigung durch die Unternehmensleitung kann die Umsetzung der Lösungsvorschläge im Detail geplant und realisiert werden.

Dabei wird in fünf logisch aufeinander folgenden Schritten vorgegangen. Dieses System wird als Problemlösungszyklus bezeichnet (**Bild 1.52**).

Formen betrieblicher Probleme	Auswirkungen
Ist das Problem einmalig oder wiederkehrend?	> generelle Lösung oder Lösung für den Einzelfall
Was ist das Problem? (Problemsachverhalt)	
– Besteht ein Informationsmangel?	> Informationssuche
– Besteht ein Ressourcenmangel?	> Suche nach weiteren Ressourcen oder Ersetzen einer Ressourcenart durch eine andere (z. B. der Faktor Arbeit wird durch den Faktor Kapital ersetzt)
– Besteht ein Mangel in der Planung?	> ungenügende Vorstellung über die Art des Vorgehens
– Liegt zwischen den Beteiligten ein Sachkonflikt oder ein Beziehungskonflikt vor?	> Streit, Kampf, Demotivation usw.

Bild 1.50: Beispiele für betriebliche Probleme und deren Auswirkungen

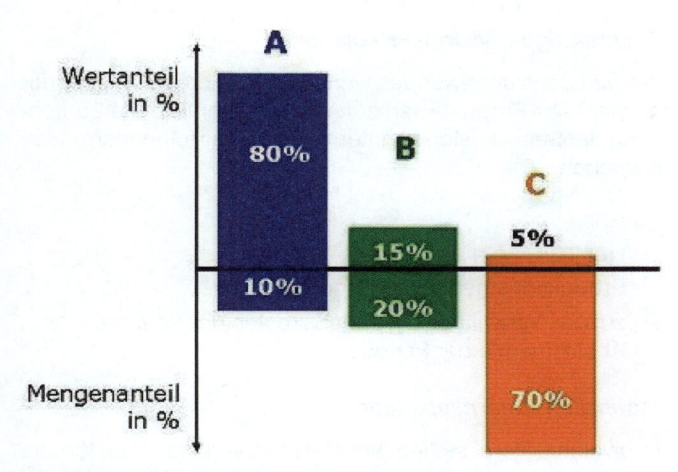

Bild 1.51: ABC-Analyse

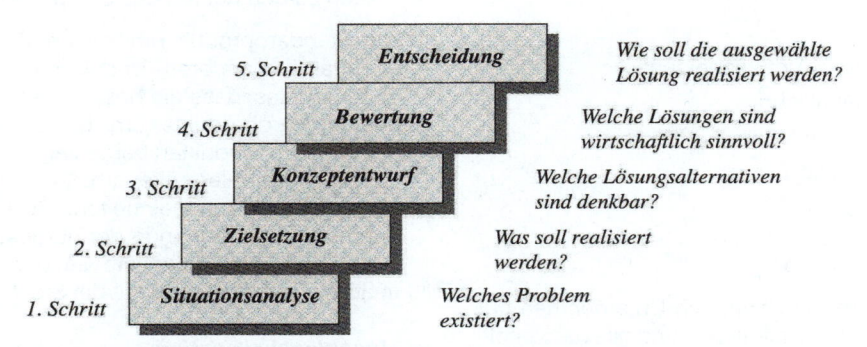

Bild 1.52: Problemlösungszyklus – fünf Schritte von der Systemanalyse bis zur Entscheidung

Handlungsbereich | Organisation

1.5 Anwenden von Kalkulationsverfahren

Bevor ein Produkt hergestellt bzw. eine Leistung erbracht wird, muss zwecks Sicherung der Wirtschaftlichkeit eine möglichst genaue Kalkulation mit Ermittlung der direkten Kosten und der Gemeinkostenzuschläge erfolgen. Die Kalkulation soll Informationen darüber liefern, ob der für das Produkt erzielbare Marktpreis ausreicht und zu welchem Preis das Produkt ohne Verluste noch verkauft werden kann (Preisuntergrenze).

1.5.1 Kalkulationsverfahren und ihre Anwendungsbereiche

Es gibt verschiedenen Kalkulationsverfahren, deren Anwendung vom jeweiligen Fertigungsverfahren abhängig ist (**Bild 1.53**).

Divisionskalkulation

Bei diesem Verfahren sind zu unterscheiden:
- Einstufige Divisionskalkulation
- Mehrstufige Divisionskalkulation
- Äquivalenzziffernkalkulation
- Zuschlagskalkulation

Einstufige Divisionskalkulation

Sie ist immer dann anwendbar, wenn ein Unternehmen nur ein Produkt herstellt (z. B. Kunststoffrohr) und alle hergestellten Produkte in einer Abrechnungsperiode auch verkauft. Die Selbstkosten für den einzelnen Kostenträger ergeben sich durch die Division der Produktionsmenge durch die Gesamtkosten.

Beispiel:
- Kosten für 1.000 m Kunststoffrohr = 30.000 €
- Selbstkosten = 30 € pro m Kunststoffrohr

Mehrstufige Divisionskalkulation

Sie wird dann angewendet, wenn in einer Abrechnungsperiode nicht alle Produkte verkauft werden konnten. Die Berechnung der Selbstkosten könnte in diesem Fall folgendermaßen aussehen.

Beispiel:
- Herstellkosten der Periode: Produktionsmenge der Periode
- zuzügl. Verwaltungs-/Vertriebskosten der Periode: Absatzmenge der Periode

Äquivalenzziffernkalkulation

Äquivalenzziffern stellen Verhältniszahlen dar, die für die jeweilige Produktart angeben, in welchem Verhältnis ihre Kosten zu den Kosten des Standardproduktes stehen.

Das Standardprodukt erhält in der Regel die Äquivalenzziffer 1. Erhält ein anderes Produkt die Äquivalenzziffer 1,1, so bedeutet dies, dass die Kosten dieses Produktes die Kosten des Standardproduktes um 10 % übersteigen. Durch Multiplikation der je Produktart hergestellten Menge mit der entsprechenden Äquivalenzziffer erhält man die durch die Produkte verursachten Kosteneinheiten. Diese werden addiert und durch die Gesamtmenge der hergestellten Produkte geteilt. Der so ermittelte Kostensatz wird nun mit der Äquivalenzziffer multipliziert und man erhält die Stückkosten der Produkte.

Zuschlagskalkulation

Bei diesem Verfahren sind zu unterscheiden:

- **Summarische Zuschlagskalkulation**

Die summarische Zuschlagskalkulation geht von den Einzelkosten der Abrechnungsperiode (Material und Löhne) aus, addiert die insgesamt angefallenen Gemeinkosten und ermittelt so die Selbstkosten der Periode.

Verfahren	Kostenträger	Kalkulationsverfahren
Einzelfertigung	ein einzelnes Erzeugnis, z. B. ein Gebäude, ein Schiff, eine Produktionsanlage	Die Kostenzurechnung ist unproblematisch, da sich alle Kosten (Ausnahme: Verwaltungskosten) dem Erzeugnis zurechnen lassen
Massenfertigung	ein einheitliches Produkt, z. B. Stahl, Strom	Divisionskalkulation: - einstufige (ohne Lagerbeständen) - mehrstufige (mit Lagerbeständen)
Sortenfertigung	mehrere ähnliche Produkte, z. B. Ziegel, Bier	Äquivalenzziffernkalkulation
Serienfertigung	mehrere verschiedenartige Produkte, z. B. Fahrzeuge, Möbel	Zuschlagskalkulation: - summarisch (ein Gemeinkostenzuschlagssatz) - differenziert (mehrere Gemeinkostenzuschlagssätze)

Bild 1.53: Kalkulationsverfahren in Abhängigkeit vom Fertigungsverfahren

Beispiel:
- Materialkosten 15 000 €
- Fertigungslöhne 25 000 €
- Summe der Einzelkosten 40 000 €
- Gemeinkosten gesamt 10 000 €
- Selbstkosten 50 000 €

Um einzelne Aufträge kalkulieren zu können, müssen die Gemeinkosten in einer Summe (daher „summarisch") auf eine geeignete Zuschlagsbasis bezogen werden.

Sind die Gemeinkosten hauptsächlich von den Fertigungszeiten abhängig, bieten die Löhne eine geeignete Zuschlagsgrundlage. Ist der Zusammenhang zu einer bestimmten Art der Einzelkosten – wie im vorstehenden Beispiel – nicht eindeutig festzustellen, können die Gemeinkosten auch auf die Summe der Einzelkosten bezogen werden.

Daraus ergibt sich ein einheitlicher Zuschlagssatz von 25 % Gemeinkosten 10 000 €: Einzelkosten 40 000 € = 0,25

Damit können nun die Selbstkosten für weitere Aufträge ermittelt werden.

- **Differenzierte Zuschlagskalkulation**

Die differenzierte Zuschlagskalkulation geht von den Einzelkosten der Abrechnungsperiode aus und berechnet durch schrittweise Einbeziehung der gesamten oder anteiligen Gemeinkosten die Selbstkosten. Sinnvoll ist eine Differenzierung der Zuschlagssätze zumindest für die Bereiche Material, Fertigung und Verwaltung/Vertrieb (VV).

Die differenzierte Zuschlagskalkulation passt sich in ihrem Aufbau der Struktur der Hauptkostenstellen des Betriebsabrechnungsbogens an.

Beispiel:

Materialkosten	3 400,00 €
+ 5 % Material-Gemeinkosten-Zuschlag (MGK)	170,00 €
= Materialkosten	3 570,00 €
+ Fertigungslöhne	1 250,00 €
+ 160 % Fertigungs-Gemeinkosten-Zuschlag (FGK)	2 000,00 €
= Herstellungskosten	6 820,00 €
+ 7 % Verwaltungs-Gemeinkosten-Zuschlag (VwGK)	477,40 €
+ 8 % Vertriebs-Gemeinkosten-Zuschlag (VtGK)	545,60 €
= Selbstkosten	7 843,00 €

Vor- und Nachkalkulation

Eine Kalkulation ist grundsätzlich nach dem Kalkulationszeitpunkt zu unterscheiden (**Bild 1.54**):

Vorkalkulation

Sie ermittelt bzw. plant die Kosten für noch zu erbringende Leistungen und schafft die Voraussetzung, ein Angebot abgeben zu können. Die Einzelkosten können ziemlich genau ermittelt werden und lassen schon Rückschlüsse zu, ob ein Auftrag angenommen werden soll oder nicht.

Nachkalkulation

Sie wird nach Fertigstellung durchgeführt und enthält die tatsächlichen Kosten. Die Abweichungen zwischen Soll- und Istkosten werden analysiert, um die Wirtschaftlichkeit festzustellen und Grundlagen für weitere Vorkalkulationen zu schaffen. Durch evtl. Korrektur der Werte lässt sich die wirtschaftliche Entwicklung für einzelne Produkte beeinflussen.

Weiterhin kann zu jedem gewünschten Zeitpunkt eine Zwischenkalkulation durchgeführt werden. Sie wird zur Kontrolle der bisher angefallenen Kosten nach Abschluss eines Teiles der zu erbringenden Leistungen durchgeführt.

1.5.2 Deckungsbeitragsrechnung

Die Deckungsbeitragsrechnung erfolgt entweder bezogen auf ein Stück oder auf einen Zeitraum. Sie dient dazu, die Deckung der fixen Kosten festzustellen. Bleibt nach deren Abzug noch etwas übrig, ist die Gewinnzone erreicht.

Mittel zur Wirtschaftlichkeitsbetrachtung

Erst die Kalkulation mit Grenzkosten (**Bilder 1.55** und **1.56**) erlaubt eine Aussage darüber, ob ein Auftrag mit Preisuntergrenze (DB=0) noch angenommen werden soll. Bei nicht gedeckten Fixkosten müssten ggf. die Deckungsbeiträge anderer Aufträge übernommen werden, um Verluste zu vermeiden.

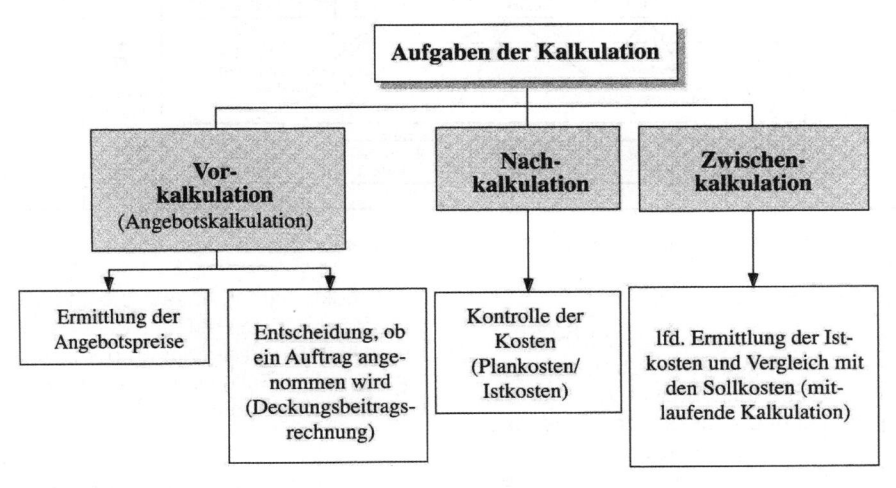

Bild 1.54: Aufgaben von Vorkalkulation, Nachkalkulation und Zwischenkalkulation

Aufgaben der Kalkulation:
- **Vorkalkulation** (Angebotskalkulation)
  - Ermittlung der Angebotspreise
  - Entscheidung, ob ein Auftrag angenommen wird (Deckungsbeitragsrechnung)
- **Nachkalkulation**
  - Kontrolle der Kosten (Plankosten/Istkosten)
- **Zwischenkalkulation**
  - lfd. Ermittlung der Istkosten und Vergleich mit den Sollkosten (mitlaufende Kalkulation)

Handlungsbereich | Organisation

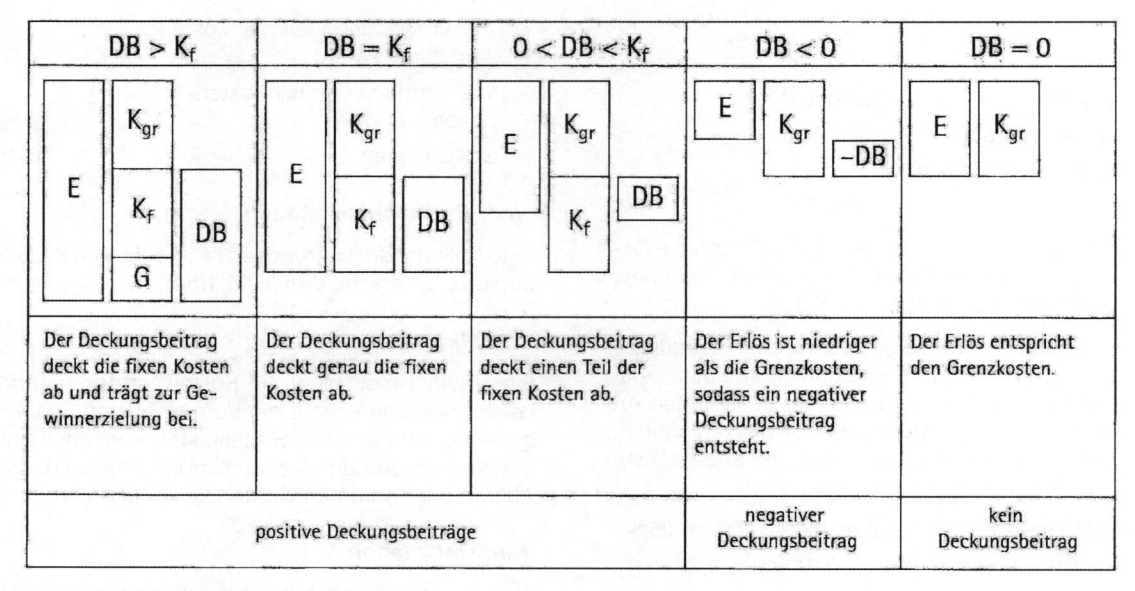

DB > K_f	DB = K_f	0 < DB < K_f	DB < 0	DB = 0
Der Deckungsbeitrag deckt die fixen Kosten ab und trägt zur Gewinnerzielung bei.	Der Deckungsbeitrag deckt genau die fixen Kosten ab.	Der Deckungsbeitrag deckt einen Teil der fixen Kosten ab.	Der Erlös ist niedriger als die Grenzkosten, sodass ein negativer Deckungsbeitrag entsteht.	Der Erlös entspricht den Grenzkosten.
positive Deckungsbeiträge			negativer Deckungsbeitrag	kein Deckungsbeitrag

Bild 1.55: Möglichkeiten des Deckungsbeitrages (DB)

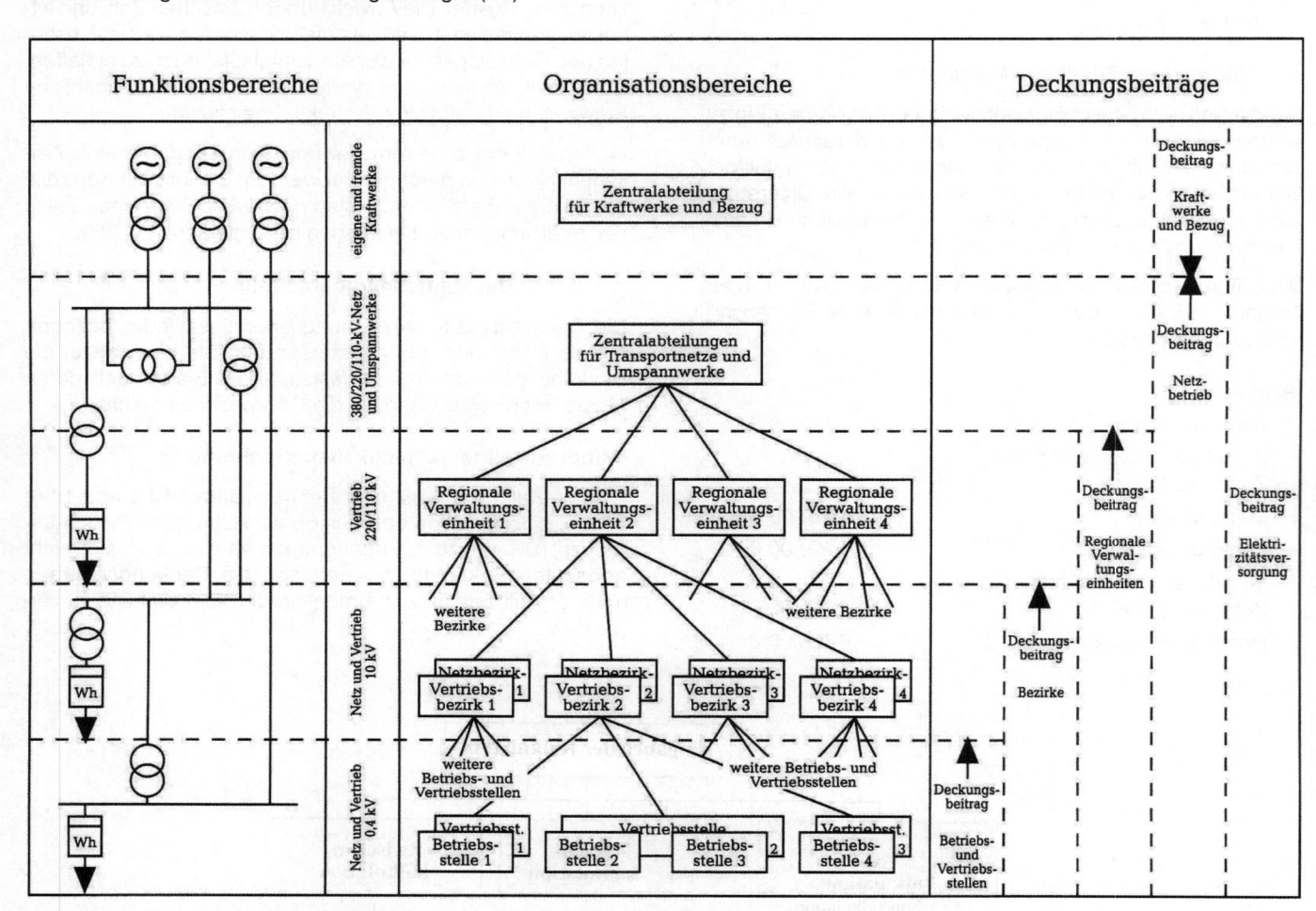

Bild 1.56: Mehrstufige Deckungsbeitragsrechnung in einem Stromversorgungsunternehmen

Abgrenzung zur Vollkostenrechnung

Die Vollkostenrechnung erfasst im Gegensatz zur Teilkostenrechnung alle Kosten eines Abrechnungszeitraumes und kennt keine differenzierte Kostendeckungskontrolle für die einzelne Leistung. Demnach können nur bedingt Preis- und Beschäftigungsveränderungen vorgenommen werden, die der Situation auf dem Absatzmarkt entsprechen. So werden bei rückläufigem Absatz die Stückkosten steigen, da sich die festen Kosten auf eine geringe Anzahl von Kostenträgern verteilen. Die Verrechnung der fixen Kosten führt bei diesem Verfahren im Falle einer Beschäftigungsveränderung zu einer nicht marktgerechten Preispolitik.

Ermittlung des Deckungsbeitrages

Zur Ermittlung des Deckungsbeitrages wird folgende Formel angewendet:

E		Umsatzerlöse aller Produkte in einer Periode
K_V	–	variable Kosten der Abrechnungsperiode
DB	=	Deckungsbeitrag
K_F	–	fixe Kosten der Abrechnungsperiode
G	=	Erfolg der Abrechnungsperiode

Beispiel:

Ein Unternehmen stellt nur ein Produkt her. Die gesamten fixen Kosten in einer Abrechnungsperiode belaufen sich auf 120 000 €, die variablen Kosten je Stück auf 80 €. Verkauft wurden 800 Stück zu einem Stückpreis von 250 € (netto). Die Kapazität beträgt normalerweise 1 000 Stück.

Deckungsbeitrag und Betriebsergebnis dieser Abrechnungsperiode:

Umsatzerlöse	800 Stück · 250 €/Stück =	200 000 €
– variable Kosten der Abrechnungsperiode	800 Stück · 80 €/Stück =	64 000 €
= Deckungsbeitrag	800 Stück · 80 €/Stück =	136 000 €
– fixe Kosten der Abrechnungsperiode		120 000 €
= Erfolg der Abrechnungsperiode		16 000 €

1.5.3 Gebühren- / Preiskalkulation

Eine Gebührenkalkulation setzt sich zusammen aus den geplanten Aufwendungen und Erträgen der Gewinn- und Verlustrechnung. Die Erträge werden von den Aufwendungen abgezogen, der verbleibende Betrag wird durch die erwartete Verkaufsmenge geteilt.

Die Marksituation spielt bei der Preiskalkulation eine besondere Rolle. Zu unterscheiden ist zwischen konkurrenzorientierten und nachfrageorientierten Vorgehensweisen.

Bei der konkurrenzorientierten Preisbestimmung wird in der Regel ein Preis festgelegt, der knapp unter dem tatsächlichen oder vermuteten Preis der Konkurrenz liegt. Hier ist der Spielraum meist recht klein, die Auskömmlichkeit (der Deckungsbeitrag) rückt in den Vordergrund der Kalkulation.

Bei der nachfrageorientierten Preisbestimmung sind neben den Preisen der Konkurrenz weitere Marktdaten (z. B. Wertvorstellungen der Abnehmer, Image, verschiedene Preis-/Absatzkombinationen) wichtige Entscheidungsparameter.

Ist kein Marktpreis vorhanden, wird eine kostenorientierte Preisbestimmung durchgeführt, d. h. der Preis wird durch Kostenaddition zuzüglich Gewinnzuschlag ermittelt.

Nachfolgend die Besonderheiten der Kalkulation von Strompreisen (**Bild 1.57**):

Etwa 26 % des Strompreises von derzeit ca. 12,8 Cent pro Kilowattstunde für private Haushalte entstehen durch diverse Abgaben und Steuern:

– Stromsteuer
  (2,05 Cent pro Kilowattstunde)
– Gesetzlich vorgeschrieben Vergütung zur Förderung von erneuerbaren Energien
  (0,417 Cent pro Kilowattstunde)
  und der Kraft-Wärme-Kopplung
  (0,357 Cent pro Kilowattstunde)
– Konzessionsabgaben an Städte und Gemeinden
  (im Durchschnitt 1,66 Cent pro Kilowattstunde)
– Mehrwertsteuer
  (ca. 7,68 Cent Pro Kilowattstunde)

Dazu kommen die Kosten für Erzeugung, Transport/Netzentgelte (werden von der Bundesnetzagentur überwacht) und Vertrieb.

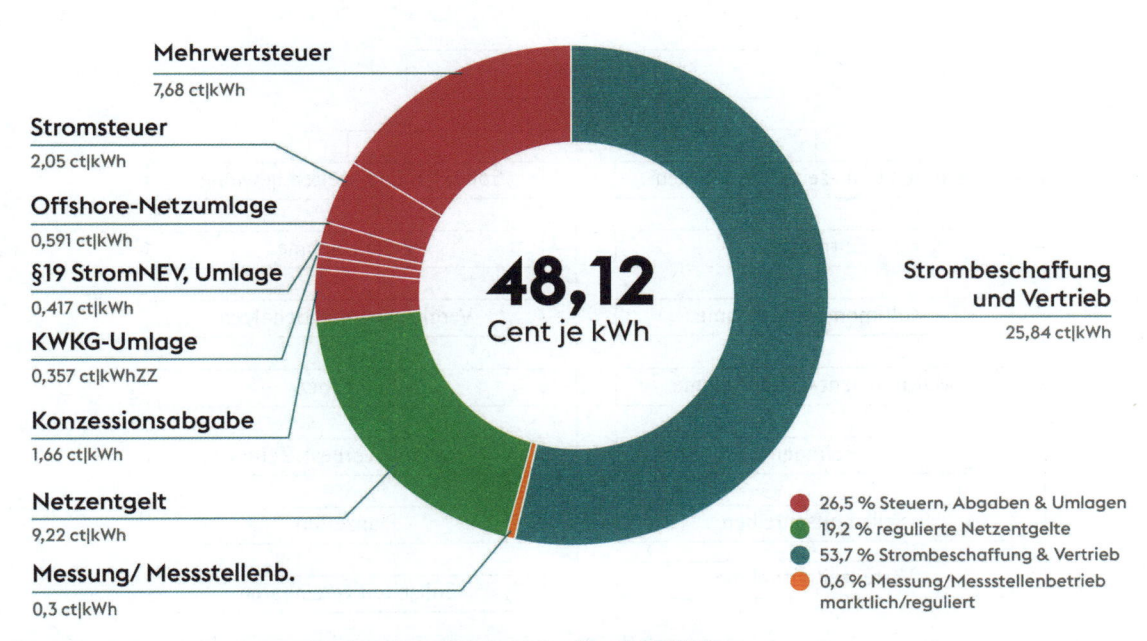

Bild 1.57: Durchschnittlicher Strompreis für einen Haushalt in 2023 (Quelle: BDEW)

Handlungsbereich | Organisation

1.6 Anwenden von Instrumenten der Zeitwirtschaft

Die Methoden zur Gewinnung von Daten und Zeiten als Instrumente der Zeitwirtschaft sind vielfältig: z. B. Zeitmessung, Planzeiten, Vergleichen und Schätzen, Solldaten und -zeiten gewinnen, Istdaten und -zeiten bestimmen. Die Methoden gemäß REFA (Verband für Arbeitsstudien) sind im **Bild 1.58** zusammengefasst.

1.6.1 Zeitarten, Leistungsgrad und Zeitgrad

Die Planung des Kostenaufwandes für ein Produkt lässt sich durch die konsequente Anwendung von Zeitarten, Leistungsgrad und Zeitgrad mit hoher Genauigkeit durchführen.

Zeitarten

Als Zeitarten werden die Zeiten bezeichnet, durch die ein Ablaufabschnitt (z. B. Vorgänge, Stufen, Elemente) näher gekennzeichnet wird.

Im Ergebnis wird zunächst die Auftragszeit für das Personal ermittelt; sie setzt sich zusammen aus der Rüstzeit und der Ausführungszeit (Zeit je Einheit).

Wichtig ist darüber hinaus die Ermittlung der Belegungszeit der Maschinen, die sich aus Betriebsmittel-Rüstzeit und aus Betriebsmittel-Ausführungszeit (Betriebsmittelzeit je Einheit) ergibt.

Leistungsgrad

Der Leistungsgrad wird während einer Zeitaufnahme nur bei beeinflussbaren Ablaufabschnitten mit deutlich erkennbarer Bewegung beurteilt bzw. geschätzt. Bei Unterbrechung der Tätigkeit und während nicht beeinflussbarer Ablaufabschnitte bzw. während statischer Haltearbeit ist die Beurteilung des Leistungsgrades unmöglich. Insofern ist er abhängig von subjektiver Bewertung und setzt voraus, dass der Mitarbeiter eingearbeitet und motiviert ist sowie geeignete Arbeitsbedingungen vorliegen. Die Höhe des Leistungsgrades hängt von der Intensität (Bewegungsgeschwindigkeit) und der Wirksamkeit (Beherrschung der qualitativ einwandfreien Ausführung) ab.

Leistungsgrad in %
= beobachtete (Ist-)Leistung / Bezugs-(Normal-)Leistung · 100

Zeitgrad

Der Zeitgrad ist das Verhältnis von Vorgabezeit (Sollzeit) zur tatsächlich erzielten Zeit (Istzeit). Er wird in der Regel für einen bestimmten, zurückliegenden Zeitraum berechnet und kann sich auf einen Auftrag, einen Mitarbeiter, eine Abteilung oder einen ganzen Betrieb beziehen.

Zeitgrad in %
= Vorgabezeiten (Normalzeiten) / Istzeiten · 100

1.6.2 Methoden der Datenermittlung

Im Rahmen der Ablaufplanung ist eine Zeitaufnahme erforderlich, d. h., die einzelnen Arbeitsabläufe sind mit Zeitwerten zu versehen. Zu einer vollständigen Zeitstudie (**Bild 1.59**) gehören:
– die Ermittlung von Vorgabezeiten (nach REFA)
– die Ermittlung von Istzeiten
– die Systeme vorbestimmter Zeiten (SvZ)

Ermittlung von Vorgabezeiten

Durch Zeitaufnahmen ermittelte Zeiten werden für die Planung, Steuerung, Kontrolle (z. B. Vor- und Nachkalkulation, Terminsteuerung, Maschinenbelegung), aber auch für Planzeiten (z. B. Zeitnormen, Richtzeiten, Vorgabezeiten) verwendet.

Ermittlung von Istzeiten

Durch Messen und Auswerten im Rahmen einer Zeitaufnahme werden Sollzeiten ermittelt. Dabei werden Arbeitssysteme

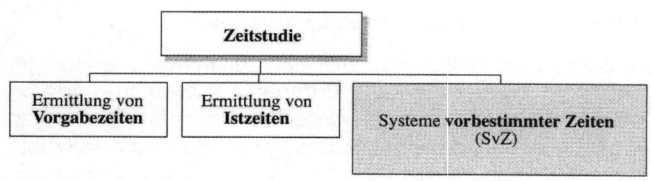

Bild 1.59: Bestandteile einer Zeitstudie

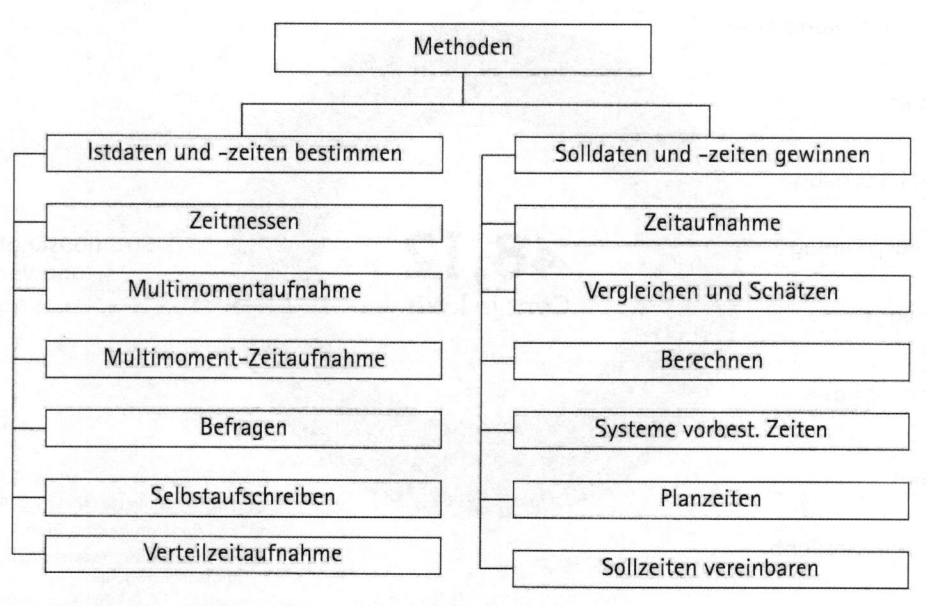

Bild 1.58: Methoden zur Gewinnung von Daten und Zeiten (nach REFA)

beschrieben, insbesondere Arbeitsverfahren, Arbeitsmethoden und Arbeitsbedingungen. Weiterhin werden die Bezugsmengen und Einflussgrößen erfasst, der Leistungsgrad beurteilt und die Istzeiten von Ablaufabschnitten gemessen. Zeitaufnahmen werden mit Zeitmessgeräten (Stoppuhren, elektronische Zeitaufnahmegeräte u. a.) vorgenommen und genau dokumentiert.

Systeme vorbestimmter Zeiten (SvZ)

Der Grundgedanke beim SvZ ist, dass manuelle Tätigkeiten des Menschen systematisch bestimmbar sind. Zunächst erfolgt eine Analyse des Bewegungsablaufs, danach werden die Zeiten zugeordnet. In Deutschland sind vor allem das Work-Factor-Verfahren (WF) und das Methods-Time-Measurement (MTM) gebräuchlich.

WF-Verfahren und MTM-Verfahren unterscheiden sich in der Art der Berücksichtigung der Einflussgrößen. Das WF-Verfahren verwendet quantitative (messbare) Einflussgrößen wie Abmessung des Arbeitsplatzes, des Arbeitsgegenstandes, des Betriebsmittels und der Vorrichtung. Das MTM-Verfahren berücksichtigt quantitative und qualitative (zu beurteilende) Einflussgrößen wie Körperhaltung und Arbeitswechsel.

1.6.3 Anforderungsermittlung

Unter Anforderungen sind die Leistungsvoraussetzungen eines Mitarbeiters zur Erledigung einer bestimmen Aufgabe zu verstehen. Zu unterscheiden ist zwischen fachlicher und persönlicher Eignung. Eine genaue Arbeitsbeschreibung (Beispiel: Netzmeister) liefert die Voraussetzungen für eine ausgewogene Anforderungsanalyse (**Bild 1.60**).

Aus der Anforderungsanalyse lässt sich eine anforderungsabhängige Differenzierung des Grundlohnes erstellen. Die Bewertung erfolgt durch:

Summarisches Vorgehen

Beim **Rangfolgeverfahren** werden die Arbeitsaufgaben an den Menschen als Ganzes erfasst und nach ihrem geschätzten Schwierigkeitsgrad in eine Rangfolge eingeordnet, die mit einfachsten Arbeiten beginnt und mit den schwierigsten endet.

Beim **Lohngruppenverfahren** wird ein Lohngruppenkatalog erstellt, in welchem unterschiedliche Schwierigkeitsgrade bestimmten Lohngruppen zugeordnet werden. Die im Betrieb vorkommenden Arbeitsaufgaben werden dann entsprechend ihrem Schwierigkeitsgrad jeweils einer dieser Lohngruppen zugeordnet.

Analytisches Vorgehen

Beim **Rangreihenverfahren** wird für jede Anforderungsart eine separate Anforderungsreihe mit unterschiedlicher Bepunktung gebildet. Jede Stelle wird mit Hilfe dieser Ränge bewertet und mit einem Gewichtungsfaktor – entsprechend der Bedeutung der Anforderungsart – multipliziert. Die Summe der Einzelbewertungen ergibt den Gesamtstellenwert.

Beim **Stufenwertzahlenverfahren** wird jedes Bewertungsmerkmal in Anforderungsstufen zerlegt, die ein Maßstab für die Höhe der Beanspruchung sind. Die Zahl der Stufen kann bei den verschieden Bewertungsmerkmalen unterschiedlich sein. Den Stufen jeder Anforderungsart werden Punktwerte oder Wertzahlen zugeordnet.

1.6.4 Entgeltmanagement

Das Entgeltmanagement hat die Aufgabe, eine möglichst gerechte Entlohnung jedes einzelnen Mitarbeiters zu erreichen. Die anforderungsabhängige Entgeltdifferenzierung berücksichtigt vier Anforderungsgruppen mit verschiedenen Anforderungsmerkmalen:

– Können
– Beanspruchung
– Verantwortung
– Arbeitsbedingungen

Die leistungsabhängige Entgeltdifferenzierung orientiert sich am tatsächlichen Ergebnis der Arbeit (realisierter Leistungsgrad). Drei Entlohnungsgrundsätze stehen zur Verfügung:

Anforderungsprofil	„Muss" (notwendig)	„Kann" (erwünscht)
Fachliche Anforderungen		
– Lehre, artverwandter Beruf	x	
– mindestens 5 Jahre Praxis	x	
– geprüfter Industriemeister		x
– Erfahrungen in der Netzplanung		x
– Netzüberwachung		x
– Qualitätsmanagement		x
– Kalkulieren von Leistungen		x
– Aufmaß		x
– Wesentliche Rechtsvorschriften		x
– Arbeitssicherheit		x
– Führungserfahrung		x
Persönliche Erfahrungen		
– Engagiert	x	
– Flexibel, belastbar	x	
– Eigenverantwortung	x	
– Kommunikationstechniken		x
– Kundenorientiertes Handeln		x

Bild 1.60: Beispiel für eine Anforderungsanalyse „Bewerber für Netzmeisterposition"

Handlungsbereich | Organisation

- *Zeitlohn*
  Der Lohn wird unabhängig von der Arbeitsleistung nur nach Zeit bemessen.
- *Akkordlohn*
  Der Lohn steht in unmittelbarer Beziehung zur Arbeitsleistung.
- *Prämienlohn*

Wird zusätzlich gezahlt z. B. beim Unterschreiten von Vorgabezeiten oder für die Einhaltung dringender Termine.

1.6.5 Kennzahlen und Prozessbewertung

Die Überprüfung der Leistungsmerkmale von einzelnen Prozessen haben das Ziel, Verbesserungsmöglichkeiten zu erkennen und umzusetzen. Dabei können verschiedene Instrumente angewendet werden.

Um einen sinnvollen Ablauf zu gewährleisten, müssen allerdings gewisse Voraussetzungen erfüllt sein. Der zu prüfende Prozess muss klar abgegrenzt, verständlich beschrieben und unter eindeutigen Rahmenbedingungen ausgeführt werden. Bewährt hat sich ein Prozess-Steckbrief, aus dem die Grundelemente hervorgehen (**Bild 1.61**).

Benchmarking

Benchmarking ist die Suche nach besseren Problemlösungen durch systematischen Vergleich mit Best-Praktiken im eigenen Unternehmen, der Branche, aber auch branchenfremden Unternehmen. Benchmarks sind Spitzenleistungen, die Maßstab für Verbesserungen sind.

Benchmarking ist zu unterscheiden von:
- Betriebsvergleich
  (kein Hinweis auf Schwachstellen oder Verbesserungsmöglichkeiten)
- Wettbewerbsanalyse
- Kontinuierlicher Verbesserungsprozess
  (beschränkt auf das Mitarbeiterpotenzial)

Formen des Benchmarkings
- Internes Benchmarking (Filial-Benchmarking)
- Wettbewerbs-Benchmarking
- Funktionales Benchmarking
- Generisches Benchmarking

Der Benchmarking-Prozess geht aus **Bild 1.62** hervor.

Benchmarking für Stromnetze

Stromnetze sind natürliche Monopole, daher unterliegen die Netzpreise einer Regulierung. Es gibt Renditeregulierung und Anreizregulierung.

Bei der Renditeregulierung dürfen die Netzentgelte nicht höher als die erforderlichen Kosten sein. Bei der Anreizregulierung werden finanzielle Vorteile gewährt, wenn die Kosten gesenkt werden (**Bild 1.63**).

Formel:

neuer Preis = alter Preis $\cdot (1 + \Delta PI - X_{allg} - X_{ind}) + Z$

mit: ΔPI Veränderung eines Preisindex
X_{allg} Faktor, der den zu erwartenden Produktionsfortschritt der Branche entspricht

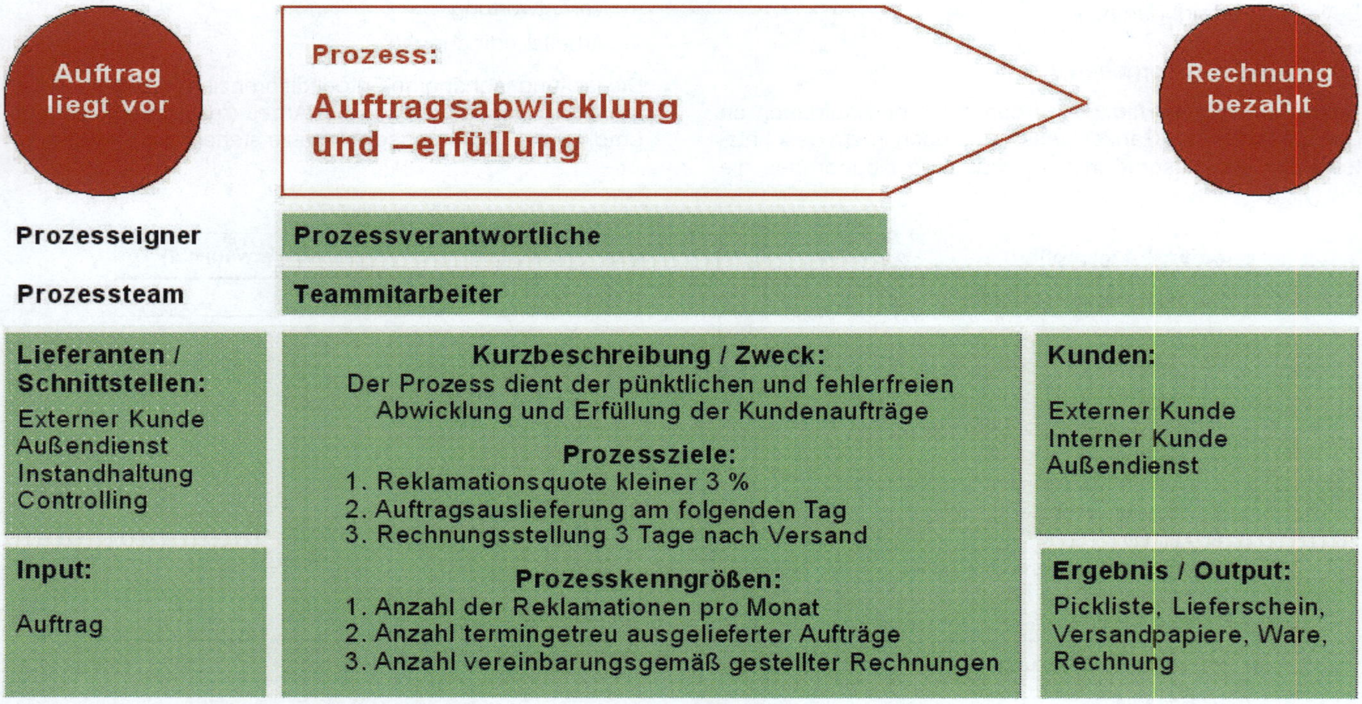

Prozess: Auftragsabwicklung und -erfüllung

Auftrag liegt vor → Rechnung bezahlt

Prozesseigner	Prozessverantwortliche
Prozessteam	Teammitarbeiter

Lieferanten / Schnittstellen:
Externer Kunde
Außendienst
Instandhaltung
Controlling

Kurzbeschreibung / Zweck:
Der Prozess dient der pünktlichen und fehlerfreien Abwicklung und Erfüllung der Kundenaufträge

Prozessziele:
1. Reklamationsquote kleiner 3 %
2. Auftragsauslieferung am folgenden Tag
3. Rechnungsstellung 3 Tage nach Versand

Kunden:
Externer Kunde
Interner Kunde
Außendienst

Input:
Auftrag

Prozesskenngrößen:
1. Anzahl der Reklamationen pro Monat
2. Anzahl termingetreu ausgelieferter Aufträge
3. Anzahl vereinbarungsgemäß gestellter Rechnungen

Ergebnis / Output:
Pickliste, Lieferschein, Versandpapiere, Ware, Rechnung

Bild 1.61: Beispiel für einen Prozess-Steckbrief „Auftragsabwicklung und -erfüllung"

Planungsphase → Analysephase → Integration → Aktionsphase → Reifephase

Bild 1.62: Benchmarking-Prozess

X_{ind} Vorgabe für individuelle Kostensenkungen des Unternehmens

Z Kostenpositionen, die nicht beeinflusst werden können (Konzessionsabgabe)

Effizienz lässt sich unterschiedlich definieren:
- niedrige Gesamtkosten pro Netzanschluss
- niedrige Gesamtkosten pro Energiemenge

Die Gesamtkosten können auf die Zahl der angeschlossenen Kunden, die verteilte Energiemenge, die Leitungslänge, die Höchstlast, die Anzahl de Transformatoren, die Transformatorenkapazität oder auf Indikatoren der Versorgungsqualität (differenziert nach Spannungsebenen) bezogen werden.

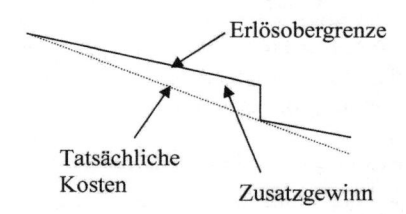

Bild 1.63: Zusatzgewinn durch Senkung der tatsächlichen Kosten

Bildung von Prozesskennzahlen

Der Aussagegehalt und die Bewertung der Unternehmensprozesse kann durch die systematische Bildung von Prozesskennzahlen deutlich unterstützt werden. Die Kennzahlen werden auf der Basis von Statistiken z. B. für die Produktionsmenge, den Ausschuss, den Absatz, den Krankenstand und die Personalfluktuation gebildet. Mittels dieser Kennzahlen kann sowohl die Wirtschaftlichkeit (Effizienzkennzahl) als auch die Qualität der Prozesse (Effektivitätskennzahl) erfasst und beschrieben werden.

Bewertung

Um Prozesse zu vergleichen und zu bewerten, müssen geeignete, messbare Kennzahlen bestimmt und ermittelt werden. Hier ist vor allem wichtig, auf die Vergleichbarkeit der Kennzahlen zu achten.

Darüber hinaus sollten auch qualitative Kriterien betrachtet werden, die Stärken und Verbesserungspotenziale verdeutlichen. So lässt sich schon ein direkter Nutzen für einen kooperativen Erfahrungsaustausch ziehen, denn die Stärken anderer Unternehmen können als Ideengeber für eigene Verbesserungen dienen. So erfährt das überprüfende Unternehmen nicht nur, wie gut oder wie schlecht es ist, sondern auch, warum das so ist.

1.7 Abwickeln von Aufträgen über Lieferungen und Leistungen

Zu unterscheiden ist zwischen eingehenden Aufträgen (Anfragebearbeitung) und der Auftragsvergabe an externe Anbieter. Bei einem eingehenden Auftrag ist nach dem Eingang einer Kundenanfrage zunächst zu entscheiden, ob ein Angebot erstellt wird. Dabei sind folgende Sachverhalte zu prüfen:
- Kreditwürdigkeit bei neuen Kunden
- Zahlungsverhalten bei Altkunden
- Prüfung, ob die gewünschte Ware vorrätig ist bzw. ob das Produkt in der gewünschten Zeit hergestellt werden kann
- Vorkalkulation

Sowohl bei der Auftragsannahme als auch bei der Auftragsvergabe an externe Lieferanten ist eine genaue Beschreibung der Leistung erforderlich.

1.7.1 Leistungsbeschreibung

Die Leistungsbeschreibung enthält alle wichtigen Bestandteile eines Auftrages und hat den Zweck, allen evtl. Missverständnissen vorzubeugen. Daher ist eine standardisierte Leistungsbeschreibung sinnvoll. Sie sollte folgende Bestandteile enthalten:
- Produkt
- Typ
- Material (Qualität)
- Ausführung
- Abmessungen
- Anzahl
- Preis
- Termin

Für Netzmeister haben über die Leistungsbeschreibung hinaus Nebenleistungen bzw. besondere Leistungen eine zentrale Bedeutung. Oftmals müssen Baustellen eingerichtet werden, die spezielle Vorkehrungen erfordern. Die Nebenleistungen zählen, wenn sie nicht besonders erwähnt werden, zur vertraglichen Leistung, z. B.
- Einrichten und Räumen einer Baustelle,
- Schutz- und Sicherheitsmaßnahmen nach UVV,
- Liefern der Betriebsstoffe und Entsorgung.

Die besonderen Leistungen müssen gemäß VOB Teil C (Verdingungsordnung für Bauleistungen) jedoch ausdrücklich erwähnt werden, z. B.
- besondere Schutzmaßnahmen gegen Frost und Hochwasser,
- Beseitigen von Hindernissen (alte Leitungen, Kabel),
- Sichern von Leitungen, Kabeln, Grenzsteinen, Pflanzen.

Vertragsbedingungen

Die Vertragsbedingungen müssen eindeutig definiert werden, um spätere Rechtsstreitigkeiten möglichst zu vermeiden. Sie beziehen sich zunächst auf Qualität und Ausführung des Produktes, müssen aber vor allem auch verbindliche Angaben zum Liefertermin enthalten. Bei minderer Qualität ist ggf. ein Preisnachlass oder eine Rückgabe der Ware festzulegen, bei Terminverzögerungen können sogar Konventionalstrafen anfallen.

Handlungsbereich | Organisation

Massen- und Mengenermittlung

Bei der Massen- und Mengenermittlung werden die erforderlichen Materialien für die Fertigung eines Produktes ermittelt. Sie bilden die Grundlage für die Kalkulation und die Abgabe eines Angebotspreises.

Wegen der Komplexität dieses Verfahrens kommt es nicht selten vor, dass einzelne Parameter übersehen oder nicht genau bestimmt werden. Heute werden überwiegend ausgereifte EDV-Programme für die Mengen- und Massenermittlung eingesetzt, um das Vergessen kostenrelevanter Elemente auszuschließen und darüber hinaus deutlich Zeit einzusparen.

Bildung von Einheitspreisen

Um ein Angebot auf der Grundlage von geprüften Standards erstellen zu können, werden Einheitspreise für Material und Lohn gebildet. In den Einheitspreisen werden alle zusätzlichen Faktoren wie z. B. Gemeinkosten berücksichtigt. Ein mit Einheitspreisen erstelltes Angebot hat den Vorteil, dass es für den Auftraggeber wesentlich besser nachvollziehbar ist.

1.7.2 Auftragsvergabe

Vor der Auftragsvergabe findet zunächst eine Budgetierung (Einkaufsplanung) statt. Zur Auftragsvergabe kann nach § 3 VOB/A eine der folgenden Vergabearten genutzt werden.

Öffentliche Ausschreibung

Vergabe von Bauleistungen im vorgeschriebenen Verfahren nach öffentlicher Aufforderung einer unbeschränkten Zahl von Unternehmen zur Einreichung von Angeboten

Beschränkte Ausschreibung

Sie ist zulässig, wenn
- die öffentliche Ausschreibung für den Auftraggeber oder die Bewerber einen Aufwand verursachen würde, der zu dem erreichbaren Vorteil oder dem Wert der Leistung im Missverhältnis stehen würde;
- eine öffentliche Ausschreibung kein annehmbares Ergebnis gehabt hat;
- eine öffentliche Ausschreibung aus anderen Gründen (z. B. Dringlichkeit, Geheimhaltung) unzweckmäßig ist.

Beschränkte Ausschreibung nach öffentlichem Teilnahmewettbewerb

Sie ist zulässig, wenn
- Bauleistungen nach ihrer Eigenart nur von einem beschränkten Kreis von Unternehmern in geeigneter Weise ausgeführt werden können;
- die Bearbeitung des Angebotes wegen der Eigenart der Leistung einen außergewöhnlich hohen Aufwand erfordert.

Freihändige Vergabe

Die freihändige Vergabe ist die Vergabe von Leistungen ohne förmliches Verfahren.

Dieses Verfahren ist zulässig, wenn
- für die Leistung aus besonderen Gründen nur ein Unternehmen in Betracht kommt,
- die Beurteilung nach Art und Umfang von der Erteilung des Auftrages nicht eindeutig und erschöpfend festgelegt werden kann,
- die Leistung besonders dringlich ist,
- die öffentliche oder beschränkte Ausschreibung bereits in die Wege geleitet oder aufgehoben wurde und eine erneute Ausschreibung kein annehmbares Ergebnis verspricht,
- die auszuführende Leistung Geheimhaltungsvorschriften unterworfen ist.

Nach dem Eingang mehrerer Angebote erfolgt ein Angebotsvergleich gemäß **Bild 1.64**.

Der Auftrag muss eine genaue Leistungsbeschreibung und terminliche Vorgaben enthalten. Durch die detaillierte Auftragsbestätigung des Lieferanten wird der Auftrag endgültig und verbindlich. Der Auftraggeber stellt eine gewissenhafte Terminüberwachung bezüglich pünktlicher Lieferung sicher.

1.7.3 Prüfung und Lieferung der Leistung

Beim Eingang der Ware erfolgt eine Prüfung auf Pünktlichkeit, Vollständigkeit und evtl. Mängel. Der Empfang wird dem Überbringer (z. B. Spedition) quittiert. Evtl. Mängel werden festgehalten, die Annahme kann unter Vorbehalt erfolgen oder auch ganz verweigert werden.

1.7.4 Abnahme

Wenn eine Leistung bzw. ein Produkt abgeliefert wird, muss innerhalb einer angemessenen Frist eine Abnahme erfolgen. Evtl. fehlerhafte Leistungen können innerhalb dieser Frist korrigiert, fehlerhafte Produkte nachgeliefert werden. Wenn die Frist abgelaufen ist, wird die Rechnung auf jeden Fall fällig.

Die Begriffe „Garantie", „Gewährleistung" und „Produkthaftung" spielen in der Praxis eine große Rolle, jedoch werden sie immer wieder verwechselt oder nicht richtig angewendet. Da sowohl die Garantie als auch die Gewährleistung und die Produkthaftung insbesondere die Rechte des Verbrauchers stärken sollen, ist es wichtig, diese genau zu unterscheiden und richtig anzuwenden.

Garantie

Bei einer Garantie verpflichtet sich der Garantiegeber grundsätzlich zu einem bestimmten Handeln in einem bestimmten Fall. Nicht zu verwechseln ist diese mit der gesetzlichen verankerten Mängelgewährleistung. Die Erklärung einer Garantie ist freiwillig und dient dazu, das Vertrauen des Kunden in das Produkt oder die Herstellerfirma zu stärken. Die Garantie beinhaltet also eine freiwillige Selbstverpflichtung des Händlers oder Herstellers, die über den Kaufvertrag hinausgeht. Es gibt dabei die unterschiedlichsten Formen von Garantien:

- Preisgarantie (Rücknahme oder Preisangleichung wenn die Konkurrenz billiger ist)
- Zufriedenheitsgarantie (befristetes Rückgaberecht bei Unzufriedenheit mit dem Produkt)
- Reparaturgarantie
- Haltbarkeitsgarantie
- Vor-Ort-Garantie (Verkäufer oder Hersteller repariert vor Ort beim Käufer)
- Bring-In-Garantie (Käufer muss Ware zur Reparatur zum Verkäufer bringen)

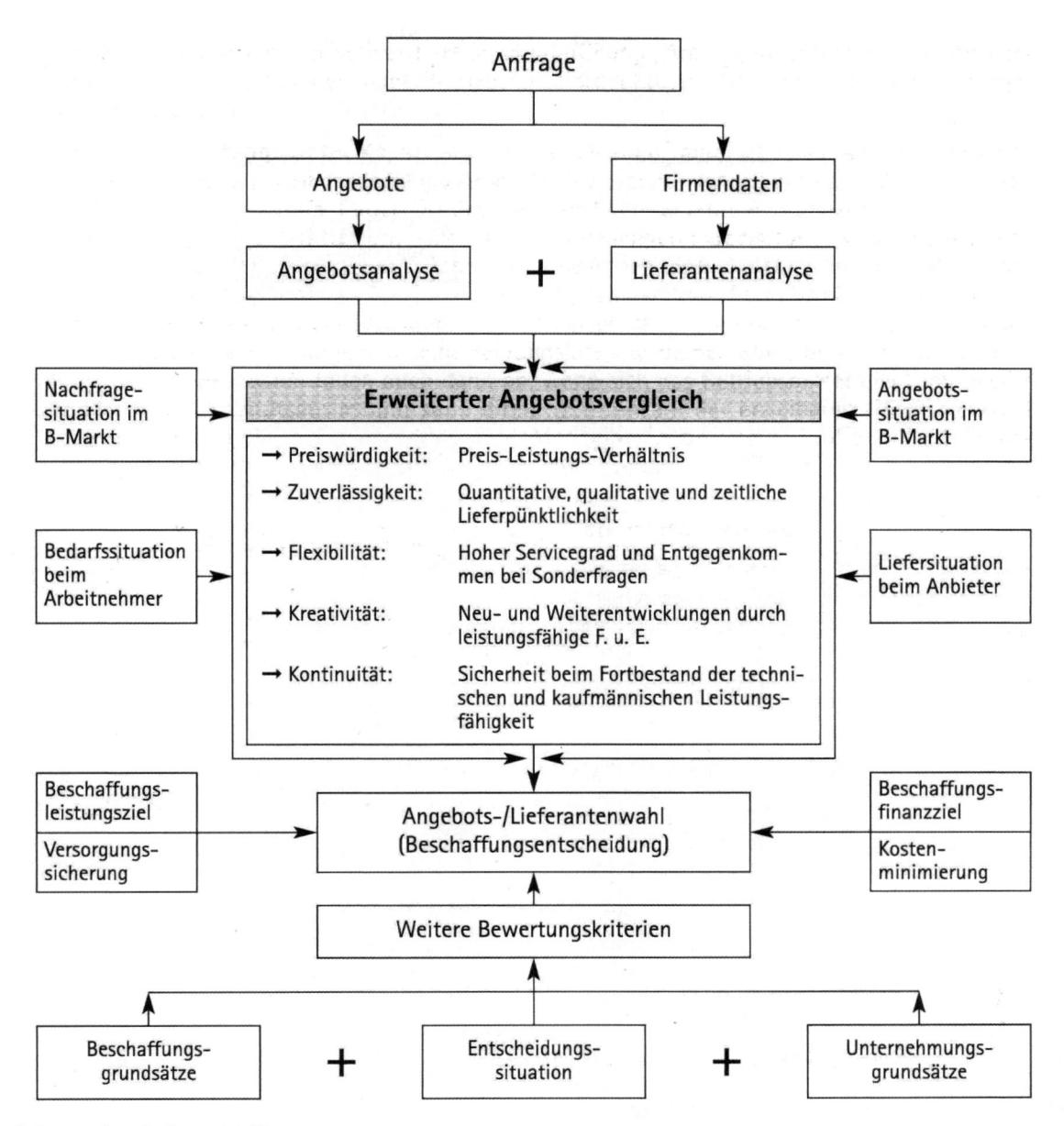

Bild 1.64: Schema „Angebotsvergleich"

Grundsätzlich existieren als übergeordnete Kategorien die Beschaffenheits- und die Haltbarkeitsgarantie. Damit eine Garantie wirksam ist, muss diese zunächst erklärt werden. Durch die einseitige Erklärung der Garantie wird der Garantiegeber rechtlich an diese gebunden. Wichtig ist, dass Garantieansprüche unabhängig von gesetzlichen Mängelansprüchen bestehen. Bei einer Haltbarkeitsgarantie besteht eine Vermutung zugunsten des Käufers. Wenn also der Garantiefall im Garantiezeitraum auftritt, wird automatisch die Garantie ausgelöst, ohne dass der Käufer dies nochmals gesondert nachweisen muss. Es wird vermutet, dass der Mangel schon bei Übergabe der Ware (Gefahrübergang) vorhanden war.

Um zu vermeiden, dass sich der Garantiegeber im Garantiefall von seiner Ersatzpflicht befreit, wurde in § 444 BGB festgelegt, dass ein Haftungsausschluss bei Erklärung einer Garantie nicht wirksam ist. Die Beschaffenheits- oder Haltbarkeitsgarantie führt nach Erklärung zu einem vertraglichen Erfüllungsanspruch. Dieser verjährt nach überwiegender Meinung nach 3 Jahren (§ 195 BGB). Fristbeginn ist der Schluss des Jahres in dem der Käufer den Mangel entdeckt hat, beziehungsweise ihn hätte entdecken müssen.

Gewährleistung

Die Gewährleistung sichert den Käufer im Rahmen eines Kaufvertrages für den Fall ab, dass ein mangelhaftes Produkt geliefert wird.

Im Unterschied zur Garantie entstammen Ansprüche des Käufers aus Mängelgewährleistung direkt aus dem Kaufvertrag selbst. Selbst wenn diese nicht gesondert im Vertrag aufgeführt sind, bestehen Gewährleistungsansprüche Kraft Gesetzes. Voraussetzung ist allerdings, dass tatsächlich ein Mangel an der Sache vorhanden ist. Die §§ 434, 435 BGB bestimmen beispielsweise für den Kaufvertrag, was ein **Mangel** (Sach- oder Rechtsmangel) ist. Ein Mangel liegt z. B. vor, wenn die Sache nicht die vereinbarte Beschaffenheit hat, sich nicht für die gewöhnliche Verwendung eignet oder eine zu geringe Menge geliefert wird.

Liegt ein **Sachmangel** vor, so stehen dem Anspruchsinhaber verschiedene Mängelrechte zur Verfügung. Zunächst besteht ein sog. Vorrang der Nacherfüllung (§ 439 BGB). Dem Vertragspartner soll so die Möglichkeit gegeben werden, durch Reparatur oder Nachlieferung der Sache am Vertrag festzuhalten. Verweigert er dies oder schlägt die Nacherfüllung mehrmals fehl, so kann der Käufer den Kaufpreis mindern (§ 441 BGB), vom Vertrag zurücktreten (§ 437 Nr.2 BGB) oder kann Schadensersatz (§ 437 Nr. 3 BGB) geltend machen.

Der Verkäufer haftet für alle Mängel, die zum Zeitpunkt des Verkaufs bestanden haben. Darunter fallen auch sog. versteckte Mängel, die bereits vorhanden waren, jedoch erst später entdeckt wurden. Liegt ein Mangel vor, muss immer bei demjenigen reklamiert werden, bei dem man die Sache gekauft hat.

Die gesetzliche *Verjährungspflicht* beträgt grundsätzlich zwei Jahre (§ 438 Abs.1 Nr. 3 BGB). Beim Verkauf von Gebrauchtwaren kann die Frist zur Geltendmachung von Ansprüchen auf zwölf Monate verkürzt werden. Besonders wichtig ist, dass die Frist bei reinen Privatverkäufen komplett durch einen Haftungsausschluss ausgeschlossen werden kann.

Produkthaftung

Unter Haftung versteht man die Pflicht zum Einstehen für eine Schuld. Die Haftung kann sich aus einem Vertragsverhältnis ergeben, kann aber auch ohne Vertrag gesetzlich begründet sein. Die vertraglichen Haftungsregelungen findet man üblicherweise als solche bezeichnet in den jeweiligen Vereinbarungen. Dort stehen auch die Bedingungen, die die Haftung begründen.

In vielfältigen Nebengesetzen finden sich weitere Regelungen zur Haftung in speziellen Anwendungsfällen. So ist noch das Produkthaftungsgesetz hervorzuheben. Das Produkthaftungsgesetz (PHG) auf der Grundlage der EG-Richtlinie 85/374 (Haftung für fehlerhafte Produkte) schützt private Endverbraucher. Es regelt die Haftung des Herstellers für Folgeschäden aus der Benutzung eines Produktes, und zwar für Personen- und Sachschäden, die infolge eines Fehlers des Erzeugnisses entstehen. Sie betrifft die Sicherheit des Produktes, wie sie von der Allgemeinheit berechtigterweise erwartet werden kann.

Bei der Mängelhaftung richtet man seine Ansprüche direkt an seinen Händler. Sie umfassen die mangelbedingte eingeschränkte Nutzungsmöglichkeit der Sache. Die Produkthaftung dagegen umfasst weitere Schäden an Leben, Gesundheit, Eigentum und weiteren Rechtsgütern, die gerade durch die Mangelhaftigkeit der Sache entstanden sind. Hier bestehen Ansprüche direkt gegen den Hersteller oder Produzenten. Bei privater Nutzung sieht das Produkthaftungsgesetz Schadensersatzansprüche vor. Liegt eine gewerbliche Nutzung vor, können diese aus § 823 BGB abgeleitet werden.

Bei der Produkthaftung besteht im Gegensatz zu den Mängelgewährleistungsrechten nicht die Möglichkeit der Nachbesserung.

Sicherheitsleistung

Bei größeren Aufträgen können vom Auftragnehmer besondere Sicherheitsleistungen verlangt werden. Üblich sind Bankbürgschaften, Einzahlungen auf ein Sperrkonto oder besonders vereinbarte Abschlagszahlungen. Allerdings sind Sicherheitsleistungen von über 10 % der Auftragssumme ohne ausführliche Begründung rechtlich unwirksam.

1.7.5 Abrechnung

Nach Lieferung der Ware wird umgehend eine Ausgangsrechnung erstellt und die Zahlungsfrist vermerkt. Die Prüfung auf sachliche und rechnerische Richtigkeit, der Versand, die Buchung und die Überwachung des Zahlungsgangs (ggf. Mahnverfahren) schließen sich an.

Die Abrechnungsgrundlagen liefert meist das Angebot. In jedem Fall sollten Pauschalpreise für bereits kalkulierte Leistungen zu Grunde gelegt werden. Eine Abrechnung auf der Basis von Stundenlohnpreisen oder Selbstkosten ist fast immer bedenklich, weil sie nicht sicher nachvollziehbar sind.

2 Arbeitsplanung, Arbeitsorganisation und Kundenorientierung

Der komplexe Bereich der Arbeitsplanung und -organisation wurde in früheren Zeiten pauschal als Arbeitsvorbereitung (AV) bezeichnet, hat in den vergangenen Jahren aber deutlich optimierte Strukturen erhalten und ist daher heute in modern organisierten Unternehmen wesentlich differenzierter zu betrachten.

2.1 Mitwirken bei der Planung von Aufbau- und Ablaufstrukturen

Der Mensch hat die Fähigkeit, seine Handlungen bewusst oder unbewusst so vorzubereiten und zu gestalten, dass der angestrebte Erfolg entscheidend nähergebracht wird. Dabei werden Erfahrungen der Vergangenheit und Erkenntnisse der Gegenwart gemeinsam einbezogen. Je komplizierter die Aufgabenstellungen und Rahmenbedingungen sind, umso notwendiger wird eine bewusste und gezielte Planung sowie deren Umsetzung.

Planung bedeutet demnach das Treffen von Entscheidungen, die in die Zukunft gerichtet sind und durch die der betriebliche Prozessablauf im Unternehmen als Ganzes und in allen seinen Teilbereichen festgelegt wird. Die Zukunftsbezogenheit stellt damit auch eines der größten Probleme der betrieblichen Planung dar.

Schwerpunkte der betrieblichen Planung sind u. a. Aufbaustrukturen, Prozesse/Abläufe, Personal-, Mittel- und Geräteeinsatz bis hin zu den Finanzen eines Unternehmens. Nur wenn alle Bereiche in den unterschiedlichsten Planungsaktivitäten Berücksichtigung finden, kann ein dauerhafter Erfolg eines Unternehmens gewährleistet werden.

Das Ziel einer exakten Planung ist es, die bestmögliche Gestaltung der technischen und wirtschaftlichen Prozesse – auch im Vergleich mit ähnlich gelagerten Unternehmen (Benchmark) – zu erreichen. Benchmarks dienen übrigens dazu, die Schwächen eines Unternehmens, seiner Prozesse und seiner Produkte durch den Vergleich mit anderen Unternehmen aufzudecken und Verbesserungspotenziale aufzuzeigen.

2.1.1 Planung der Aufbaustrukturen im betrieblichen Bereich

Organisationsstrukturen

Die Strukturen eines Systems – die Aufbauorganisation – sind dauerhaft so anzulegen, dass mittels der sich darin planvoll organisierten Abläufe – die Ablauforganisation – die angestrebten Ziele möglichst gut erreicht werden können.

Sobald eine Produktion (Herstellung) oder die Erbringung einer Dienstleistung (z. B. Banken und Versicherungen) nicht mehr durch eine Person erledigt werden kann, stellt sich die Frage nach der Organisation der Arbeitsteilung. Mit zunehmender Größe eines Unternehmens wächst der Organisationsgrad, d. h. die Anzahl von Abteilungen, Stellen und Aufgaben sowie die Notwendigkeit von Regelungen und Instanzen nehmen zu.

Um zu sinnvollen Organisationsstrukturen zu gelangen, ist unerlässlich:

- entweder der Weg über die Analyse der Aufgaben, der daraus abzuleitenden Stellenbildung und die Zusammenfassung von Stellen zu Organisationseinheiten
- oder die Analyse von Prozessen, der daraus abzuleitenden Stellenbildung und die Ableitung organisatorischer Strukturen.

Folgende Schritte sind beim Aufbau einer Organisationsstruktur bzw. eines Arbeitssystems erforderlich:

- Untersuchen und Gliedern von Aufgaben in Teilaufgaben (Aufgabenanalyse)
- Zusammenfassen von (Teil-)Aufgaben zu sinnvollen Aufgabenbündeln, die einer Stelle zugeordnet werden können (Aufgabensynthese / Stellenbildung)
- Festlegen aller für die Aufgabenerledigung erforderlichen Befugnisse und der entsprechenden Verantwortung bei jeder Stelle
- Gestalten der Beziehungszusammenhänge – insbesondere Arbeits-, Kommunikations- und Leitungsbeziehungen – zwischen den Stellen
- Zusammenfassen von Stellen zu Organisationseinheiten oder Fachbereichen

Bei der Bildung von Stellen – hier erfolgt die Zusammenfassung von Teilaufgaben und/oder Prozessen – wird zwischen Stellen mit Weisungsrecht, den sogenannten Leitungsstellen, und Stellen ohne Weisungsrecht, den sogenannten Ausführungsstellen, unterschieden.

Die so geschaffenen Stellen müssen durch Weisungsbeziehungen verbunden werden. Die Gesamtheit der Stellen in ihrem Beziehungsgeflecht wird als Leitungs- oder Liniensystem verstanden. Man unterscheidet grundsätzlich in

- Einliniensysteme,
- Mehrliniensysteme und
- Stab-Linien-Systeme.

Einliniensystem

Es ist ein Leitungssystem, in dem jede nachgeordnete Stelle nur von einer vorgesetzten Stelle Weisungen erhält – grundsätzliche Organisationsformen sind Funktionalorganisation und Spartenorganisation.

Mehrliniensystem

Es ist ein Leitungssystem, bei dem nachgeordnete Stellen von mehreren vorgesetzten Stellen Weisungen erhalten können – grundsätzliche Organisationsform ist die Matrixorganisation.

Stab-Linien-System

Es ist eine Besonderheit sowohl des Einlinien- als auch des Mehrliniensystems, bei dem ergänzend zur bestehenden Hierarchie Stabsstellen – sie haben keine Entscheidungsbefugnisse – zugeordnet werden.

Die grundsätzlichen Organisationsformen, die sich durch ein Einliniensystem auszeichnen, sind im Einzelnen:

Funktionale Organisation – hierbei werden auf der Ebene unterhalb der Leitung Stellen nach dem Merkmal der Verrichtungen/Funktionen zusammengefasst (**Bild 2.1**).

Handlungsbereich | Organisation

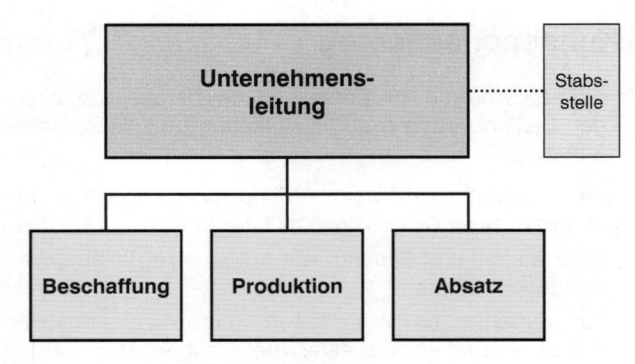

Bild 2.1: Funktionale Organisation

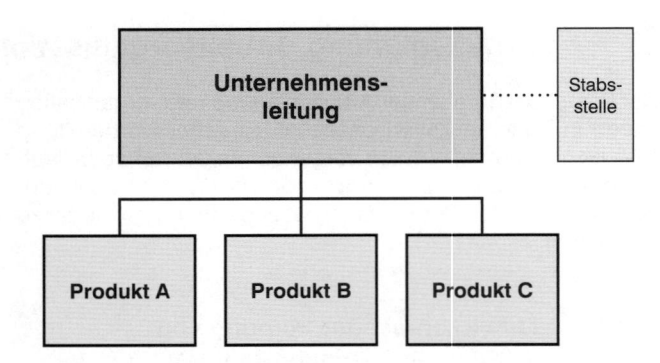

Bild 2.2: Spartenorganisation

Bei **Spartenorganisationen** (auch divisionale Organisation genannt) werden unterhalb einer Leitung Stellen nach dem Objekt-Merkmal Produktgruppen, Kundengruppen oder Regionen gebündelt (**Bild 2.2**).

Vorteile des **Einliniensystems** sind:
- klare Anweisungen,
- eindeutige Kompetenzregelung,
- klar zugeordnete Verantwortung,
- genaue Verteilung der Rollen innerhalb der Aufbaustruktur.

Nachteile des Einliniensystems sind:
- große Beanspruchung der Hierarchie,
- hohe arbeitsteilige Organisationsstruktur,
- lange Informations- und Entscheidungswege.

Die Organisationsform, die ein **Mehrliniensystem** darstellt, ist die **Matrixorganisation.** Bei dieser Struktur werden unterhalb der Leitung gleichzeitig nach zwei unterschiedlichen Kriterien Organisationseinheiten gebildet und zueinander in Beziehung gebracht (**Bild 2.3**).

Vorteile des Mehrliniensystems sind:
- kurze Informationswege,
- schnelle Kommunikation,
- direkte Umsetzung von Weisungen.

Nachteile des Mehrliniensystems sind:
- Mitarbeiter erhält von mehreren Vorgesetzten seine Weisungen,
- Probleme bei der Zuordnung von Zuständigkeiten,
- Kompetenzgerangel,
- Absprachen bzw. Abstimmungen sind unerlässlich,
- Schwerfälligkeit.

Bei der Planung und Realisierung von organisatorischen Aufbaustrukturen in Versorgungsunternehmen ist eine Reihe von Gesetzen und Verordnungen, die gesetzesähnlichen Charakter haben, unbedingt zu berücksichtigen. In den **Verord-**

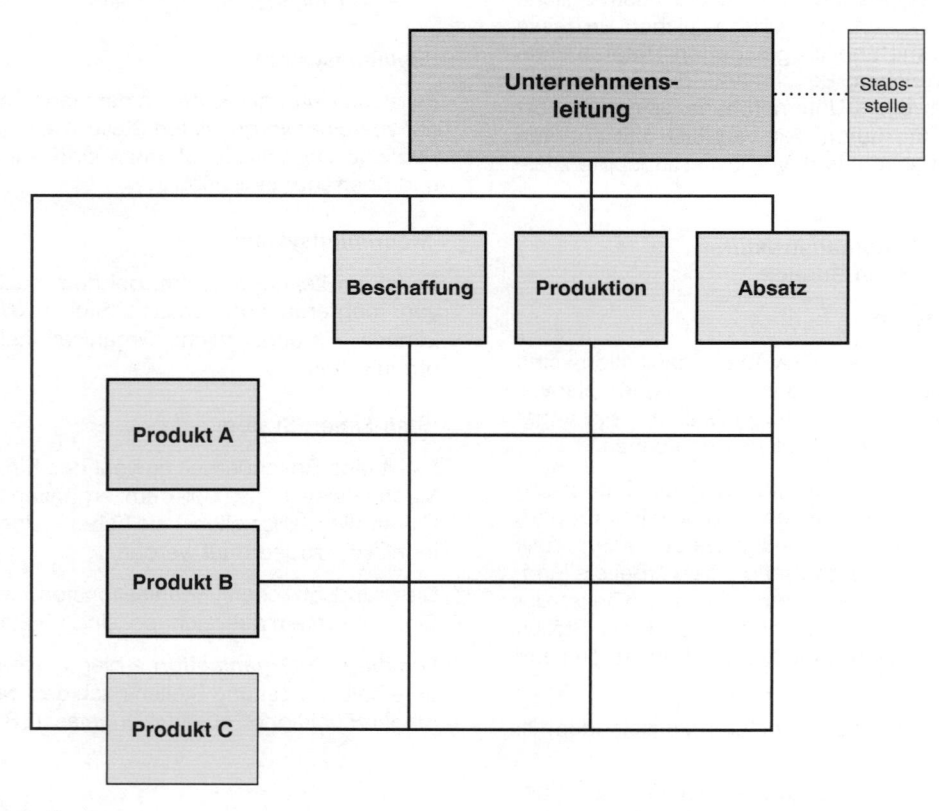

Bild 2.3: Matrixorganisation

nungen des DVGW und des VDN e.V. beim VDEW sind alle wesentlichen Hinweise zusammengefasst:

G 1000

„Anforderungen an die Qualifikation und Organisation von Unternehmen für den Betrieb von Anlagen zur leitungsgebundenen Versorgung der Allgemeinheit mit Gas (Gasversorgungsunternehmen)"

S 1000

„Anforderungen an die Qualifikation und die Organisation von Unternehmen für den Betrieb elektrischer Energieversorgungsnetze (Stromversorger)"

W 1000

„Anforderungen an die Qualifikation und Organisation von Trinkwasserversorgern"

Das Energieversorgungsunternehmen muss für seine Aufbauorganisation im technischen Bereich in transparenter und überschneidungsfreier Form schriftlich festlegen:

- die Aufgabenverteilung, z. B. in einem Organisationsplan,
- die Aufgaben, Kompetenzen und Verantwortlichkeiten insbesondere der Führungskräfte,
- die Vertretungsregelungen,
- die Organisation des Bereitschaftsdienstes,
- das Beauftragtenwesen.

Gemäß z. B. der S 1000 muss der Energieversorger für Planung, Bau, Betrieb und Instandhaltung der Energieversorgungsanlagen geeignete ablauforganisatorische Maßnahmen nachweisbar festlegen. Das gilt insbesondere für Abweichungen vom bestimmungsgemäßen Betrieb, z. B. bei Störungen. Das Unternehmen muss Verhaltensregeln erstellen, die eine Behebung der Störung und die Wiederherstellung des bestimmungsgemäßen Betriebes gewährleisten. Zudem ist das Unternehmen verpflichtet, Störungen des bestimmungsgemäßen Betriebes zu dokumentieren.

Aufgaben, Befugnisse und Verantwortlichkeiten der Führungskräfte und Mitarbeiter (des Betriebspersonals)

Die Aufgaben, die Befugnisse und die Verantwortlichkeiten für bestimmte Aufgaben müssen klar geregelt sein und mit den notwendigen Leitungs- und Führungskompetenzen übereinstimmen. Nur wenn diese Voraussetzungen gegeben sind, kann der betreffende Mitarbeiter für die Umsetzung der vorgegebenen Ergebnisse in die Pflicht genommen werden.

Generell ist die Übertragung von Aufgaben und Befugnissen, die eine weitgehende Selbstständigkeit voraussetzen, schon im Sinne jedes einzelnen Mitarbeiters wünschenswert. Daraus ergeben sich positive Auswirkungen auf die Selbstverwirklichung und die Motivation. Das Vertrauen des Führungspersonals und die eigene Handlungsverantwortung steigern den Identifikationsgrad mit dem Unternehmen in erheblichem Maße.

Der Meister als Führungskraft unterliegt denselben Grundsätzen wie andere Führungskräfte auf arbeitsvertraglicher Grundlage. Dieser Arbeitsvertrag legt die Rechte und Pflichten der Vertragsparteien fest, definiert also im konkreten Fall für den Meister die Aufgaben, die ihm das Unternehmen überträgt. Auch die beruflichen Pflichten des Meisters ergeben sich grundsätzlich aus dem Arbeitsverhältnis und nicht aus festgelegten Berufsbildern und Qualifikationen.

Im Rahmen dieser Aufgaben werden dem Meister in aller Regel auch Rechtspflichten übertragen, die prinzipiell das Unternehmen treffen, z. B. energiewirtschaftsrechtliche Voraussetzungen oder immissionsrechtliche Vorgaben. Selbstverständlich müssen die betrauten Mitarbeiter für ihre Tätigkeit persönlich und fachlich geeignet sein.

Im **Bild 2.4** (Seite 40) sind die zentralen Aufgaben des Meisters vor dem Hintergrund der Unternehmenszielsetzung und Wertschöpfung dargestellt.

Vertretungsregelungen

In der täglichen Arbeit wird es immer wieder vorkommen, dass auf Grund der Fehlzeiten von Mitarbeitern (Krankheit, Urlaub, Dienstreise, Weiterbildung etc.) dienstliche Vertretungen eingesetzt werden müssen. Eine gut organisierte Vertretungsregelung ist aus folgenden Gründen wichtig bzw. zwingend notwendig:

- die uneingeschränkte Fortsetzung der fachlichen Qualität und der Sicherheit des betrieblichen Arbeitsprozesses muss gewährleistet sein,
- die Versorgungssicherheit der Kunden muss in vollem Umfang garantiert werden,
- der „Stamm-Mitarbeiter" muss seine dienstlichen Aufgaben nach seiner Rückkehr ohne große Probleme weiterführen können, d. h. es kann nicht die ganze Arbeit liegen bleiben.

Um diese teilweise zwingend notwendigen Maßnahmen realisieren zu können, ist es notwendig, dass frühzeitig Mitarbeiter für Vertretungsregelungen bereitstehen und die hierfür notwendige Vorbereitung zur Erlangung der Fachkompetenz erfolgt.

Bereitschaftsdienst

Versorgungsunternehmen sind dazu verpflichtet, organisatorische Maßnahmen zu treffen, um Störfällen sofort wirksam begegnen zu können. Dazu gehört ein Bereitschaftsdienst, der bei Schäden an Anlagen und Versorgungsleitungen sowohl der öffentlichen Versorgung als auch an Kundenanlagen auch außerhalb der normalen Arbeitszeit eine schnellstmögliche und sachkundige Behebung gewährleisten soll. Detaillierte Regelungen finden sich in den einschlägigen Gesetzen und Verordnungen der Verbände.

Damit ein Bereitschaftsdienst reibungslos und effektiv funktionieren kann, sind entsprechende organisatorische Maßnahmen zu treffen wie das Einrichten einer Meldestelle, gültige Bereitschaftspläne, die richtig dimensionierte Vorhaltung von Fachkräften bis hin zur richtigen technischen Ausrüstung von Einsatzfahrzeugen.

Die Planung, Einführung und Ausübung des Bereitschaftsdienstes bis hin zum Meldeverfahren sowie der Störungsbearbeitung und der Dokumentation werden in den Kapiteln 2.2 und 2.7 näher beschrieben.

Notfallorganisation

Um die Risiken für Mensch und Umwelt im Falle eines (großen) Störfalls zu minimieren, ist eine umfassende Notfallorganisation aufzubauen, die ein schnelles Eingreifen sicherstellt (**Bild 2.5**).

Handlungsbereich | Organisation

Die zielorientierte Aufgabenerfüllung verlangt ...
- Voraussetzungen, Maßnahmen, Instrumente -

Fähigkeiten der Mitarbeiter „Können"

Seine Fähigkeiten
- erkennen
- bewerten
- fördern
- richtig einsetzen

Personalanpassung vornehmen durch
- Abbau
- Beschaffung
- Einsatz
- Entwicklung

Gezielte Verhaltensbeeinflussung steuern durch
- Anerkennung
- Kritik
- Delegation
- Grad der Zielerreichung

Bereitschaft der Mitarbeiter „Wollen"

Motive erkennen und mit den Unternehmenszielen in Einklang bringen (soweit wie möglich).

Werteorientierte Anreize schaffen.

Am Erfolg teilhaben lassen:
- Anerkennung
- Geld
- Beteiligung

Möglichkeit der Mitarbeiter „Erlauben/Zulassen"

Einfache, klare Aufbau-/Ablauforganisation ohne Hemmnisse.

Freiräume schaffen - soweit wie möglich.

Ressourcenzuteilung nach Zielen.

Arbeitsbedingungen/-mittel müssen geeignet sein.

Maßstab des Handels ist die Zielerreichung und nicht der persönliche Egoismus/das persönliche Machtstreben.

Bild 2.4: Zielorientierte Aufgabenerfüllung durch betriebliche Mitarbeiter

---

Leiter Unternehmenskrisenstab

- Juristische Dienste
- Arbeitssicherheit
- Öffentlichkeitsarbeit
- Materialwirtschaft
- Infrastruktur
- Personalmanagement
- Betriebsrat

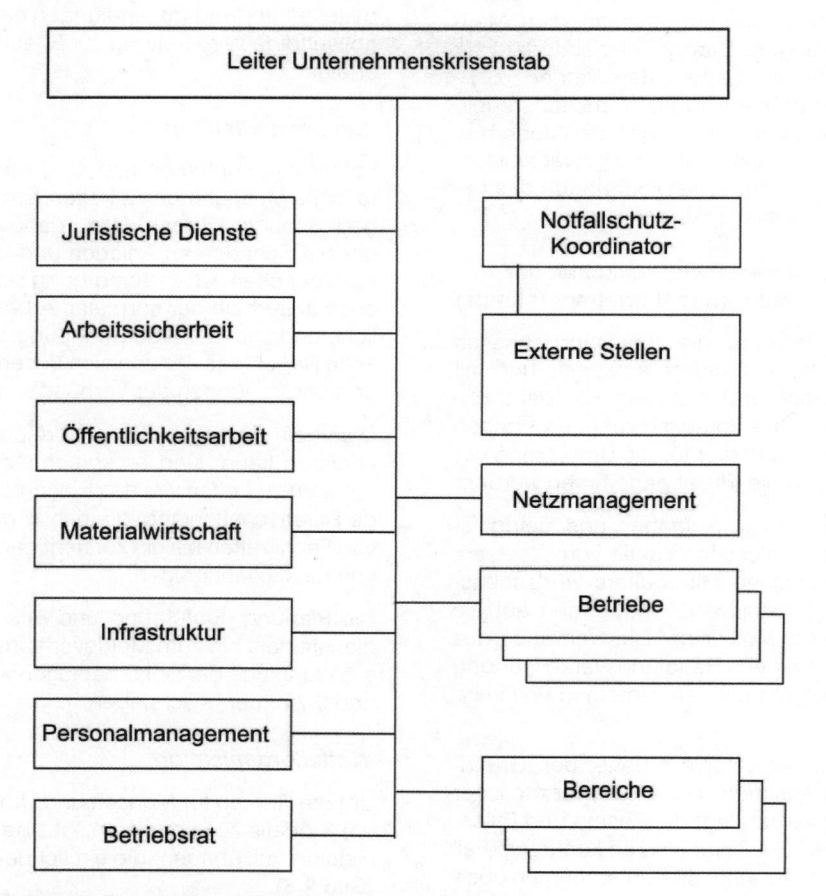

- Notfallschutz-Koordinator
- Externe Stellen
- Netzmanagement
- Betriebe
- Bereiche

Bild 2.5: Aufbau eines Unternehmenskrisenstabes (Beispiel: E.ON Avacon)

Ein Konzept für den Notfallschutz muss zwingend folgende Bestandteile enthalten:
- Ziel
- Geltungsbereich
- Zuständigkeit
- Beschreibung

Die Beschreibung gibt detaillierte Hinweise auf die Einzelheiten des **Notfallschutz-Konzeptes** hinsichtlich:

- **Notfallorganisation**
  - frühzeitiges Erkennen von Ereignissen mit Krisenpotenzial
  - unverzügliche Weiterleitung von Informationen
  - Einleiten und Umsetzen erforderlicher Maßnahmen
- **Notfallkoordinator**
  - Harmonisierung der Notfallschutz-Vorkehrungen
  - Unterstützung bei der Ausarbeitung von Notfallschutz-Übungen
  - Unterstützung des Krisenstabes im Notfall
- Pflege von Krisenstabsunterlagen
- Ausstattung und Position des Krisenstabraumes
- Feststellung des Notfalles und Einberufung des Krisenstabes
- Definition der Aufgaben des Krisenstabes
- Geltende Unterlagen (Vorschriften, Richtlinien)

Die ständige Beachtung und Verbesserung der Arbeitssicherheit sowie die Verhütung von Unfällen ist in den Grundsätzen und Leitlinien zur Arbeitssicherheit der Berufsgenossenschaften dokumentiert. Sie muss in den Unternehmen durch spezielle Programme umgesetzt werden, die z. B. folgende Grundvoraussetzungen erfüllen müssen:

- Ermittlung des benötigten Personals
- Tages-, Schicht- und Bereitschaftspläne
- Standardisierte Benachrichtigungen (Notfallmeldungen)
- Zeitgenaue Dokumentation

Beauftragtenwesen

Ein Unternehmen kann bzw. muss in vielen Teilbereichen spezialisierte Beauftragte bestellen (**Bild 2.6**). Beispiele hierzu finden sich in vielfältiger Hinsicht wie z. B.

- Sicherheitsbeauftragter
  nach § 22 Sozialgesetzbuch VII (Unfallversicherungseingliederungsgesetz)
- Umweltschutzbeauftragter
  freiwillig nach DIN EN ISO 1400 ff. oder EU-Öko-Audit-Verordnung
- Brandschutzbeauftragter
  nach § 13 Abs. 2 Arbeitsschutzgesetz
- Beauftragter für Datenschutz
  nach §§ 36 und 37 Bundesdatenschutzgesetz
- Betriebsbeauftragter für Gewässerschutz
  nach § 21 Wasserhaushaltsgesetz
- Qualitätsbeauftragter
  freiwillig nach DIN EN 45001 und DIN EN ISO 9000

Für die vielen gesetzlich geforderten oder freiwilligen Beauftragten müssen entsprechende organisatorische Rahmenbedingungen (Aufgabenbeschreibungen, personelle Kapazitäten, evt. technische und räumliche Voraussetzungen etc.) geschaffen werden, damit sie ihrer Tätigkeit im geforderten Umfang nachkommen können.

2.1.2 Planung der Ablaufstrukturen

Zwischen der Aufbauorganisation (Struktur eines Unternehmens) sowie der Ablauforganisation – Organisation der **(Arbeits-)Prozesse** eines Unternehmens – besteht ein untrennbarer Zusammenhang, denn die Art und Weise, in der ein System gestaltet ist, wirkt sich unmittelbar auf die sich darin vollziehenden Prozesse/Abläufe aus.

Häufig tritt das Problem einer nicht qualitätskonformen, ziel- und zeitgerechten Erledigung von Aufgaben im (täglichen) Arbeitsprozess auf. Die Ursachen hierfür liegen einerseits in einer ungenügenden Definition und Abbildung der Arbeitsprozesse plus deren Steuerung wie auch -kontrolle innerhalb des Unternehmens sowie den vielfältigen Schnittstellen zwischen Fachbereichen, andererseits in der Arbeitsorganisation des einzelnen Mitarbeiters.

Eine klassische Definition beschreibt den Prozess (oder Ablauf) „als Folge logisch zusammenhängender Aktivitäten zur Erstellung einer Leistung oder Veränderung eines Objektes".

In der Praxis wird der Prozessbegriff üblicherweise synonym mit Arbeitsablauf oder Geschäftsvorgang verwendet. Bei der Untersuchung und Gestaltung von Prozessen betrachtet man sowohl die zeitlichen als auch die räumlichen Beziehungen.

Beauftragte	Rechtsgrundlagen
– Immissionsschutzbeauftragte	§ 53 BImSchG (seit 1974)
– Gewässerschutzbeauftragte	§ 21a WHG (seit 1976)
– Abfallbeauftragte	§ 11a AfG (seit 1977) bzw.
	§ 54 KrW-AbfG
– Störfallbeauftragte	§ 58a BImSchG (seit 1994)
– Gefahrgutbeauftragte	GbV 1989 i.V.m. GBefGG
Die Rechtsgrundlagen enthalten:	
– gesetzliche Aufgabendefinitionen	
– allgemeine Anforderungen an geeignete Organisationen (z. B. Vortragsrecht)	
– keine zwingende Vorgabe für organisatorische Eingliederung	

Bild 2.6: Beispiele für die Bestellung von Betriebsbeauftragten

Handlungsbereich | Organisation

Die Gesamtheit aller betrachteten Prozesse eines Unternehmens oder eines Teilbereichs stellt dann ein Prozessmodell dar.

Die Darstellung von Prozessen erfolgt aus Gründen der Übersichtlichkeit, der Handhabbarkeit und des besseren Verständnisses in Form von Grafiken. Die gebräuchlichste Darstellungsform ist das **Flussdiagramm**. Es ermöglicht die schnelle und gut verständliche Darstellung der Prozessschritte sowie möglicher Schnittstellen zwischen Fachbereichen. Sämtliche Prozessschritte werden in der Regel mit den Zusatzinformationen unterlegt, wer (Fachbereich oder Stelle) mit welchen Hilfsmitteln (IT-Unterstützung, Akte, Maschine, Werkzeug etc.) in welcher Zeit einen Prozess- oder Arbeitsschritt bedient. Diese Darstellungsform ist weit verbreitet (**Bild 2.7**).

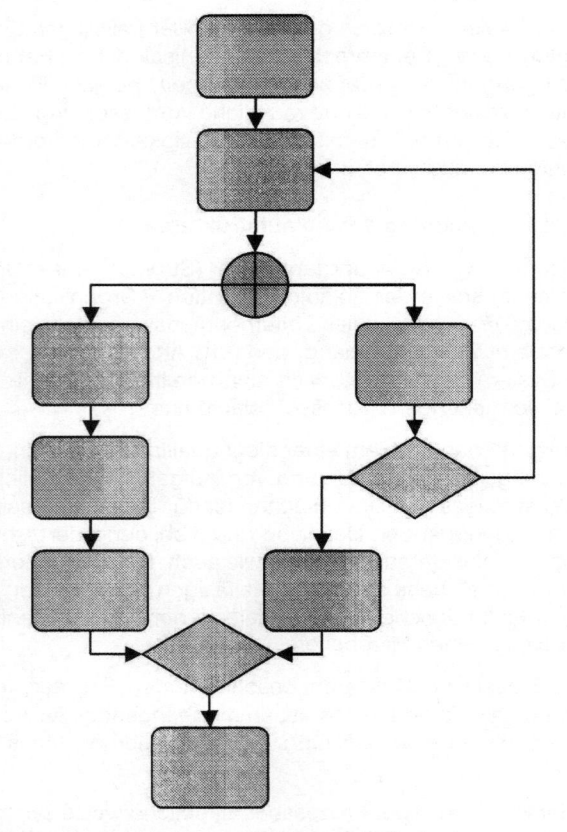

Bild 2.7: Prozess in Form eines Flussdiagrammes

Die Beschreibung eines Arbeitsablaufes kann auch in **Tabellenform** erfolgen (**Bild 2.8**). Welcher Form der Darstellung eines Prozesses der Vorzug zu geben ist, hängt in erster Linie davon ab, welche Informationen im Vordergrund stehen sollen. Ist nur die reine schrittweise Reihenfolge der Arbeitsschritte von Interesse, sollte dem Flussdiagramm immer der Vorzug gegeben werden.

Häufig wird in diesem Zusammenhang auch der Begriff der **Arbeitsanweisung** genannt. Sie regelt detailliert, wie bestimmte, regelmäßig wiederkehrende Arbeitsabläufe bzw. auch einzelne Arbeitsschritte durchzuführen sind. Arbeitsanweisungen sind an einen bestimmten Prozess bzw. ein Produkt oder einen Arbeitsplatz gebunden. Sie sind ein Hilfswerkzeug für jeden Mitarbeiter, damit er seine Aufgaben qualitätsgerecht erfüllen kann. Die einzelnen Arbeitsschritte werden, wie bereits angedeutet, häufig in Flussdiagrammen oder in einer Art Checkliste festgehalten.

Der Einsatz einer Arbeitsanweisung ist z. B. dann sinnvoll, wenn trotz Erfahrung und Qualifikation des Mitarbeiters wiederholt dieselben Fehler gemacht werden oder wenn gesetzliche Anforderungen das Vorhandensein von Arbeitsanweisungen zwingend vorschreiben – z. B. das Meldeverfahren und die einzelnen notwendigen Schritte der Abwicklung von Störfällen.

Üblich sind Arbeitsanweisungen auch im Rahmen eines Qualitätsmanagements, damit bestimmte Abläufe einheitlich und möglichst fehlerfrei durchgeführt werden. Arbeitsanweisungen eignen sich zudem als gute Grundlage für die Einarbeitung neuer Mitarbeiter.

Ein immer wiederkehrendes Beispiel für einen Prozess, der in Form eines Flussdiagramms dargestellt wird, ist die „Erstellung eines Hausanschlusses" (**Bild 2.9**).

Schnittstellen

Häufig zeigt die betriebliche Praxis, dass einzelne Prozesse/Arbeitsabläufe nicht nur in einem Fachbereich abgewickelt werden. Neben dem Phänomen der Doppelarbeit führt oftmals die arbeitsteilige Welt dazu, dass Prozesse bzw. einzelne Prozessschritte von unterschiedlichen Fachbereichen bedient werden.

Man spricht in diesem Zusammenhang von sogenannten Schnittstellen. Hier ist eine klare Regelung, wer welchen Schritt zu leisten hat, welche Informationen, Daten, Werkzeuge, Produkte etc. zu übergeben sind, unabdingbar. Nur so kann gewährleistet werden, dass Prozesse im Unternehmen reibungslos ablaufen, mögliche Synergien genutzt werden können und somit das betriebswirtschaftliche Ergebnis positiv beeinflusst wird.

Zusammenarbeit mit Dienstleistern

Eine spezielle Ausprägung von Schnittstellen in Prozessen stellt die Zusammenarbeit mit Dienstleistern dar. Für einzelne Dienstleistungen bzw. bestimmte Arbeitsschritte stehen Energieversorgern oftmals spezialisierte Anbieter zur Verfügung wie z. B.

– Reparaturen
  (z. B. Störungsbeseitigung)
– Serviceleistungen
  (z. B. Rohrreinigung, Lecksuche)

Arbeitsgang	Stelle	Arbeitsmenge Stück je Tag	Arbeitszeit Stunden
Auswählen des benötigten Materials	Fachbereich	10	2,0
Schreiben Bedarfsanmeldung	Schreibbüro	10	1,0
Prüfen der Bedarfsanmeldung	Fachbereich	10	1,0
Ablegen einer Kopie	Sachbearbeiter	10	0,5
Versenden Original an Abt. Einkauf	Bürobote	10	0,5

Bild 2.8: Ablaufdaten in Tabellenform

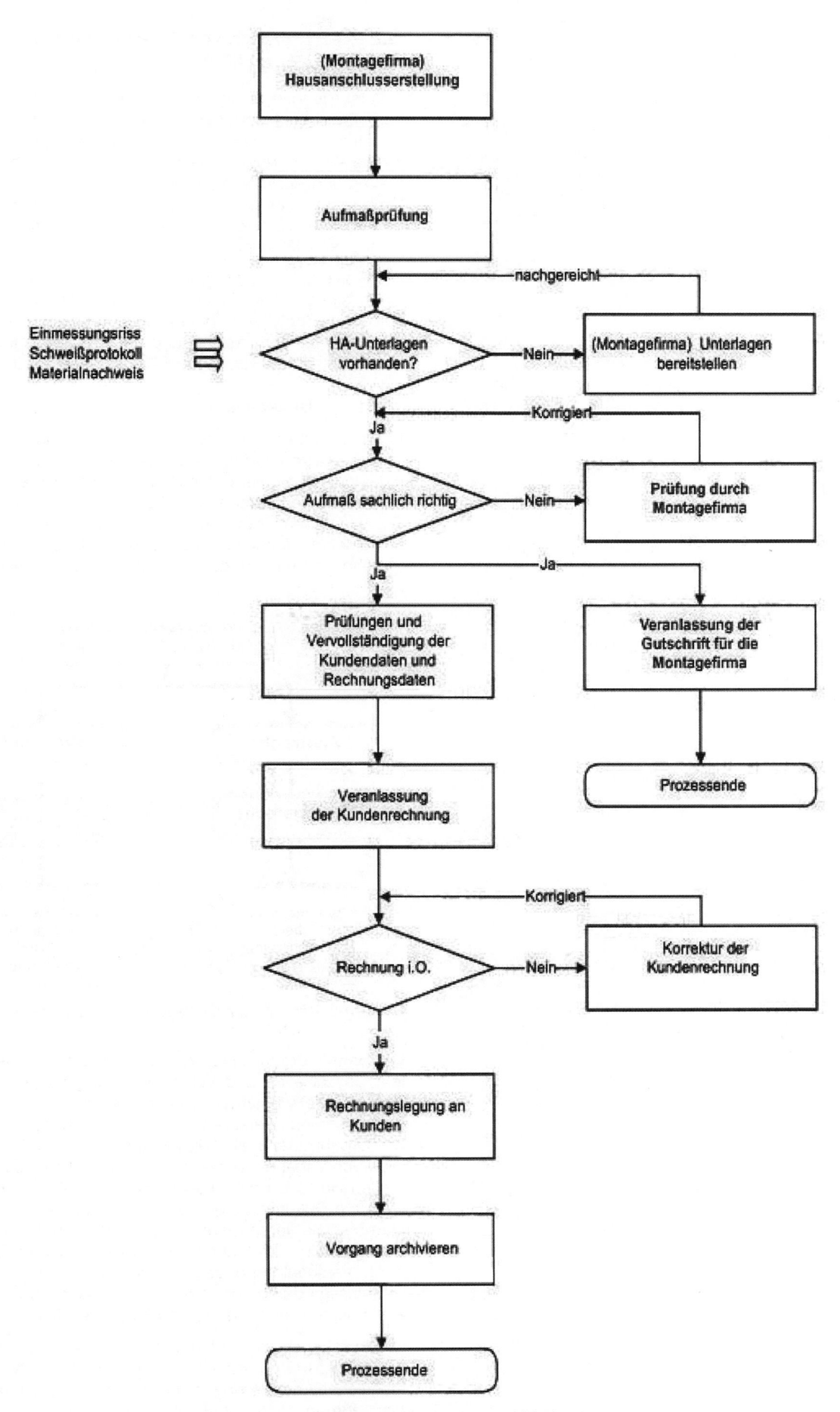

Arbeitsplanung, Arbeitsorganisation und Kundenorientierung | **Kapitel 2**

Bild 2.9: Prozessablauf Standard-Hausanschluss: Errichten, Inbetriebnehmen, Abrechnen

Handlungsbereich | Organisation

- Beratungen
  (z. B. Planen, Vermessen)
- Handelsvertretungen
  (z. B. Lagerhaltung, Logistik)

Wenn Energieversorgungsunternehmen für eine termin- und ordnungsgemäße Abwicklung von Aufträgen wie z. B. Störungsbeseitigung personell und/oder fachlich nicht über ausreichende Ressourcen verfügen, werden externe Dienstleistungen – Fremdleistungen – in Anspruch genommen.

2.2 Erstellen von Bereitschafts- und Notfallplänen

In Versorgungsunternehmen können – meist nicht vorhersehbar – Ereignisse eintreten, die die Versorgungssicherheit der Bevölkerung und der Industrie beeinträchtigen. Man spricht hierbei von Störungen. Sie können bei entsprechenden Ausmaßen und Auswirkungen durchaus sogar die Existenz des Versorgers gefährden. Schon deshalb muss eine wirksame betriebliche Organisation zur bestmöglichen Gefahrenabwehr geschaffen werden.

Die Praxis hat gezeigt, dass Bereitschaftsdienste nicht nach einem einheitlichen Muster eingerichtet werden können. Deshalb ist es den Unternehmen weitgehend selbst überlassen, wie sie unter Berücksichtigung gesetzlicher Anforderungen einen wirksamen Bereitschaftsdienst planen und realisieren.

2.2.1 Bereitschaftsdienst

Vor dem Hintergrund einer erweiterten Rechtsprechung zum Thema *"Organisationsverschulden"* hat die Bereitstellung eines gut funktionierenden Bereitschaftsdienstes für die Versorgungsunternehmen eine elementare Bedeutung. Ist die Organisation nachweislich mangelhaft und hat eine Person aus diesem Grunde einen Schaden erlitten, so kann das Unternehmen zum Schadenersatz herangezogen werden (**Bild 2.10**).

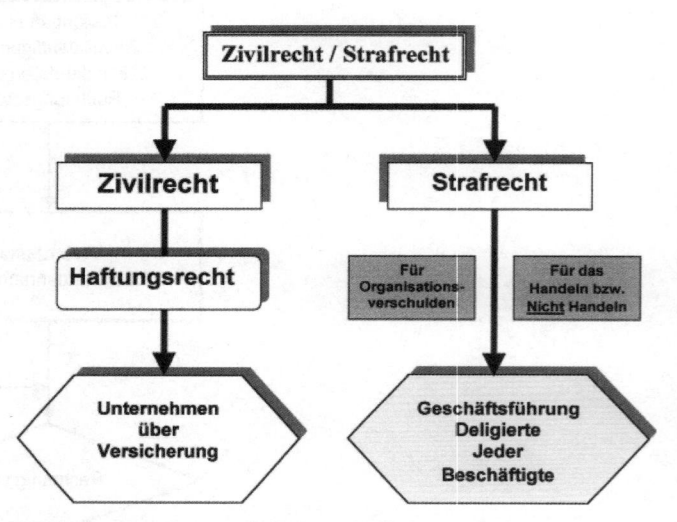

Bild 2.10: Rechtsfolgen bei Organisationsverschulden

Der Begriff Organisationsverschulden besteht aus zwei Teilen: Organisation und Verschulden. Organisation bedeutet dabei so viel wie ein Zusammenschluss von Menschen mit gemeinsamen Interessen oder aber beinhaltet den Prozess des Organisierens, also die Gestaltung betrieblicher Abläufe wie auch Verfahrensweisen mit dem Ziel möglichst sachgemäßen Handelns bzw. Funktionierens. Dazu gehören dann auch die Dokumentation der Struktur, der Abläufe und Verfahren sowie deren regelmäßige Praktizierung und Überwachung hinsichtlich Richtigkeit, Vollständigkeit sowie Anwendung. Verschulden bedeutet dabei rechtswidriges Tun oder Unterlassen durch vorsätzliches oder fahrlässiges Handeln, ein Verletzen von sogenannten Sorgfaltspflichten.

Organisationsverschulden ist somit die schuldhafte Verletzung von Organisationspflichten oder das Nichterfüllen rechtlicher Anforderungen an betriebliche organisatorische Maßnahmen.

Ein Gericht, das sich mit der Frage befassen muss, ob die Organisation des Bereitschaftsdienstes des betreffenden Unternehmens ordnungsgemäß ist, wird sich zunächst informieren, ob bestehende Gesetze (z. B. BGB §§ 823 ff.; §§ 13 und 15 StGB; § 130 OWiG; § 52a BimSchG; § 11 ff. EnWG) oder Verordnungen, Unfallverhütungsvorschriften und anerkannte Regeln der Technik (Arbeitsblätter von DVGW; VDE; VDN) beachtet worden sind.

Ein Bereitschaftsdienst muss in der Lage sein, rund um die Uhr Störungsmeldungen entgegenzunehmen und sofort die notwendigen Maßnahmen zu veranlassen, um jede Unterbrechung, Unregelmäßigkeit und/oder Gefährdung, unverzüglich zu beheben bzw. abzuwehren. Ist dabei voraussehbar, dass durch höhere Gewalt oder nicht schuldhaftes Verzögern der Ort der Störung nicht rechtzeitig zu erreichen ist, muss weitere Hilfe z. B. seitens der Feuerwehr angefordert werden.

Personaleinsatz

Beim Einsatz des Betriebspersonals müssen folgende Aspekte gewährleitest sein:

– Klare Zuweisung von Verantwortungsbereichen
– Einsatz qualifizierten und zuverlässigen Personals
– Leitung, Kontrolle und Schulung der Mitarbeiter

Die Bereitschaft ist personell so zu besetzen, dass die notwendigen Maßnahmen ausgeführt werden können. Zur Entgegennahme muss mindestens eine reale Person mit ausreichender Qualifikation erreichbar sein, d. h. sie muss zu einem Fachdialog fähig sein, um ggf. erste Maßnahmen ereignisorientiert empfehlen zu können.

Das Bereitschaftspersonal muss in der Lage sein, jederzeit Störungsmeldungen entgegenzunehmen und das Erforderliche zu veranlassen. Darüber hinaus sind zur Störungsbeseitigung Tag und Nacht spezialisierte Arbeitstrupps in Arbeitsbereitschaft bzw. in Rufbereitschaft zu halten:

– *Arbeitsbereitschaft*

   ständige Anwesenheit innerhalb des Unternehmens oder ständige Arbeitsbereitschaft einer anderen, vom Arbeitgeber bestimmten Stelle (z. B. auch externe Dienstleister).

– *Rufbereitschaft*

   vom Mitarbeiter selbst gewählter Aufenthaltsort in räumlicher Nähe des Versorgungsgebietes (z. B. eigene Häuslichkeit), der auch gewechselt werden kann. Die Handlungsbereitschaft muss jedoch ständig gesichert sein (z. B. dringender Einsatz bei Gasstörfällen) und der Arbeitgeber über den aktuellen Aufenthaltsort unterrichtet werden. Diese Bereitschaft – sie kann als Tages- oder Wochenbereitschaft oder in seltenen Fällen auch als Monatsbereitschaft erfolgen – wird zu Beginn des Jahres in einem Bereitschaftsplan fixiert (**Bild 2.11**).

Auch durch einen Schichtwechsel darf die Einsatzfähigkeit nicht gestört werden. Hierzu ist auch ein lückenloser Informationsfluss über laufende Maßnahmen oder bisherige Einsätze an die nächste Schicht zu gewährleisten.

Weiterhin muss das Bereitschaftspersonal nicht nur ausgewählt, sondern auch auf seine Aufgaben hin mindestens einmal im Jahr unterwiesen werden, wobei die Unterweisungs-/Schulungsmaßnahmen zu dokumentieren sind.

Unterweisungen

Dem Melder von Störungen, Schäden, Gerüchen usw. sind anhand eines vorbereiteten Maßnahmekataloges entsprechende Verhaltensweisen zu übermitteln. Die Betriebs-, Arbeits- und Kontrollanweisungen müssen kurz, sachlich, unmissverständlich und möglichst schriftlich sein; eine fortlaufende Aktualisierung ist sicherzustellen.

Bei unklaren Meldungen – dies ist in der Praxis häufig der Fall – ist immer vom schlimmsten Fall auszugehen, denn der/die Melder/-in ist in der Regel technischer Laie im fachspezi-

Januar	20	21	22	23	24	25	26	27	28	29	30	31			1	2	3	4	5	6	7	8	9	10	11	12					
Februar	24	25	26	27	28				1	2	3	4	5	6	7	8	9	10	11	12	13	14	15	16							
März	31				1	2	3	4	5	6	7	8	9	10	11	12	13	14	15	16	17	18	19	20	21	22	23				
April		1	2	3	4	5	6	7	8	9	10	11	12	13	14	15	16	17	18	19	20	21	22	23	24	25	26	27			
Mai	5	6	7	8	9	10	11	12	13	14	15	16	17	18	19	20	21	22	23	24	25	26	27	28	29	30	31				
Juni	9	10	11	12	13	14	15	16	17	18	19	20	21	22	23	24	25	26	27	28	29	30					1				
Juli	14	15	16	17	18	19	20	21	22	23	24	25	26	27	28	29	30	31				1	2	3	4	5	6				
August	18	19	20	21	22	23	24	25	26	27	28	29	30	31			1	2	3	4	5	6	7	8	9	10					
September	22	23	24	25	26	27	28	29	30		1	2	3	4	5	6	7	8	9	10	11	12	13	14							
Oktober	27	28	29	30	31		1	2	3	4	5	6	7	8	9	10	11	12	13	14	15	16	17	18	19						
November				1	2	3	4	5	6	7	8	9	10	11	12	13	14	15	16	17	18	19	20	21	22	23					
Dezember	1	2	3	4	5	6	7	8	9	10	11	12	13	14	15	16	17	18	19	20	21	22	23	24	25	26	27	28			
Wochentag	Mo	Di	Mi	Do	Fr	Sa	So	Mo	Di	Mi	Do	Fr	Sa	So	Mo	Di	Mi	Do	Fr	Sa	So	Mo	Di	Mi	Do	Fr	Sa	So			
Turnus 1															R	R	R	R	R	R	R										
Turnus 2																						R	R	R	R	R	R	R			
Turnus 3	R																														
Turnus 4	R	R	R	R	R	R	R	R																							
Turnus 5								R	R	R	R	R	R	R																	

Turnus Name
  1 Monteur 1 und 2
  2 Monteur 3 und 4
  3 Monteur 5 und 6
  4 Monteur 7 und 8
  5 Monteur 9 und 10

Monteur 11 und 12 Springer für Krankheits- und Urlaubsvertretung

Bild 2.11: Beispiel für einen Jahresbereitschaftsplan

fischen Sinne und befindet sich darüber hinaus oftmals in einer psychologischen Ausnahmesituation.

Nach einer klar formulierten Anrede (Versorgungsunternehmen, Stadt, Störungsannahmestelle, Name) sind folgende Daten zu erfragen:
- genauer Ort der Störung,
- Art und Umfang der Störung,
- vermutete Ursache der Störung,
- Name, Anschrift und Telefonnummer des Melders,
- Standardfragen zur Klärung des Sachverhaltes,
- kurze und sachliche Anweisungen an den Melder zur Gefahrenabwehr (z. B. kein Licht einschalten bei Gasstörfall).

Technische Ausrüstung

Unter Berücksichtigung der örtlichen Verhältnisse ist der Bereitschaftsdienst so mit Fahrzeugen, Geräten, Werkzeugen und Sicherheitseinrichtungen auszurüsten, dass er in der Lage ist, Folgeschäden zu verhindern oder zu beseitigen und notwendige Ausbesserungen nach Möglichkeit sofort vorzunehmen. Neben einer dem Einsatz angemessenen Schutzkleidung können zur Grundausstattung beispielsweise gehören:
- Funkenfreies Werkzeug
- Isoliertes Werkzeug
- ex-geschützte Lampe
- Schieberschlüssel
- Armaturenschlüssel
- Absperrmaterial
- Feuerlöscher
- Atemschutzgerät
- Aufbruchgeschirr
- Schweißeinrichtung
- Notstromaggregat
- Erdungsstangen
- Scheinwerfer

Außerdem sind vom Entstörungsdienst geeignetes Kartenmaterial bzw. technische Hilfsmittel (z. B. im mobilen PC gespeicherte Pläne, GPS-Navigation) mitzuführen, damit am jeweiligen Einsatzort eine schnelle Orientierung möglich ist und die evtl. von der Störung betroffenen Leitungsteile und Anlagen ohne Zeitverzögerung aufgefunden werden können.

Die Störungsfälle sind nach den Vorgaben der Technischen Vorschriften und der Unfallverhütungsvorschriften zu bearbeiten. Darüber hinaus ist der Bereitschaftsdienst mit den entsprechenden Nachrichten- und Betriebsinformationsmitteln auszustatten. Für eine unmittelbare, schnelle Nachrichtenübermittlung (z. B. Handy, Betriebsfunk) ist zu sorgen.

Für die Fahrt zur gemeldeten Störungsstelle sind der schnellste Weg zu wählen und unverzüglich erste Sicherungsmaßnahmen einzuleiten. Danach sind die erforderlichen Reparaturen zu veranlassen. Der Schadensort darf erst verlassen werden, wenn keine Gefahr mehr besteht.

2.2.2 Vorsorgeplanung für Notfälle

Die Vorsorgeplanung für Stör-/Notfälle muss nach einem für alle Betroffenen nachvollziehbaren, festen Schema organisiert und dokumentiert werden. Solch ein Schema könnte wie in **Bild 2.12** dargestellt aussehen.

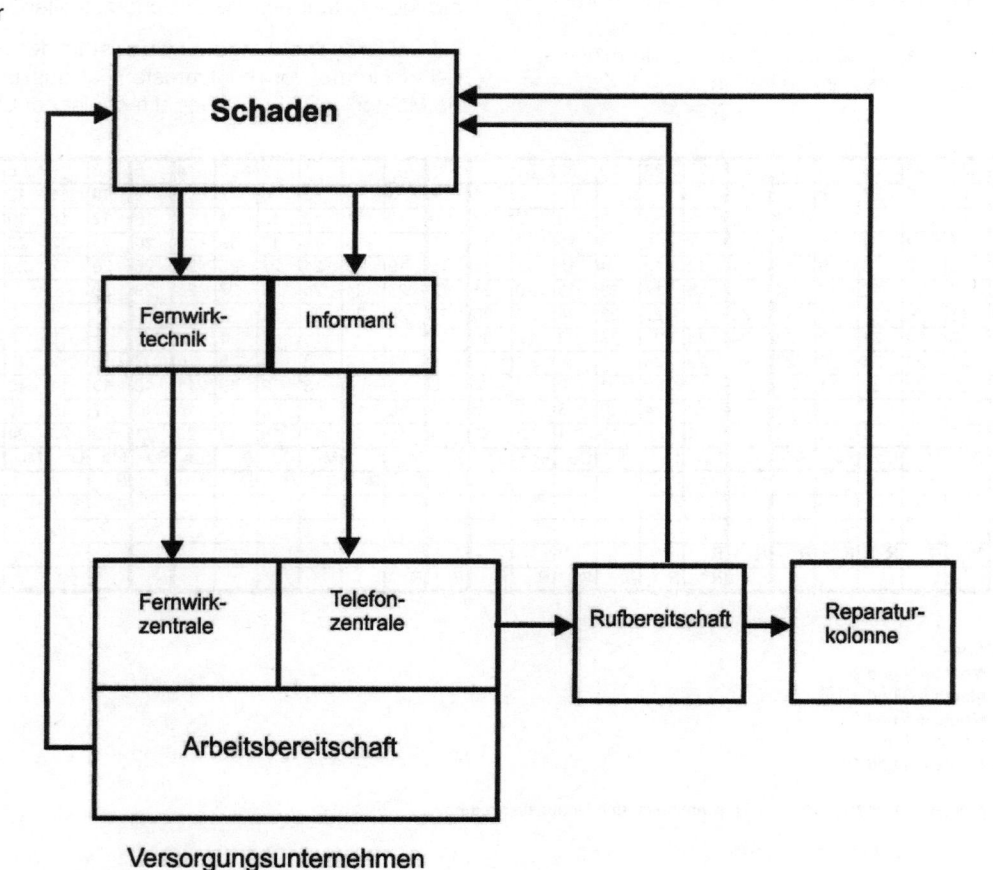

Bild 2.12: Schema für eine Vorsorgeplanung (Beispiel)

Störungsdefinition

Eine Störung ist jede ungewollte oder fehlerbedingte oder gefahrenbedingte Änderung des bestehenden Schaltzustandes in Elektroenergieanlagen.

Als Störung wird der gesamte Vorgange bezeichnet, der mit einem Fehler beginnt und mit der Wiederherstellung normaler Betriebs- bzw. Versorgungsverhältnisse endet.

Er ist gekennzeichnet durch Störungsanlass, -auswirkung, Fehlerart, -ursache und etwaige Schäden.

Das Verhalten des Bereitschaftsdienstes in Störfällen muss in schriftlichen Anweisungen festgelegt werden. Solche Betriebsanweisungen sollen das richtige Vorgehen vom Eingang der Störungsmeldung über deren Weitergabe bis zur Beseitigung der Störung beschreiben.

Hierbei steht die Unternehmensleitung vor der schwierigen Aufgabe, die gebotenen Maßnahmen für verschiedene denkbare Notfälle möglichst detailliert festzulegen, ohne dem Personal den unentbehrlichen Handlungsspielraum für eigene Entscheidungen zu nehmen. Da kaum ein Störfall exakt wie der andere abläuft, kann die jeweils angemessene Reaktion nicht in allen Einzelheiten allgemeingültig vorgegeben werden. Die Handlungsweise der Mitarbeiter wird zu einem nicht unerheblichen Teil durch deren persönliche Sachkunde und fachliche Erfahrung bestimmt. Dies sollte auch in der Betriebsanweisung zum Ausdruck gebracht werden.

Die Rechtsprechung räumt zwar ein, dass eine Betriebsanweisung nicht vorausschauend jeden Fall erfassen und hierfür Einzelanweisungen geben kann. Es wird jedoch verlangt, für bestimmte, von der Art vorausehbare Störfälle das Verhalten des Bereitschaftsdienstes verbindlich zu regeln.

Einsatzpläne

Betriebsanweisungen können durch Alarmpläne bzw. detaillierte Einsatzpläne ergänzt werden, in denen die verschiedenen Einsätze Schritt für Schritt beschrieben werden. Dieser Plan soll helfen, bei der möglichen Hektik eines Störungsfalles die in der jeweiligen Situation gebotenen Maßnahmen zuverlässig herauszufinden. Er sollte daher übersichtlich gestaltet sein und sicherstellen, das Wesentliche in kürzester Zeit zu erfassen. Hierzu sind schematische Darstellungen – z. B. als Flussdiagramm oder in Tabellenübersichten – besonders geeignet (**Bild 2.13** auf der nächsten Seite).

Detaillierte und strukturierte Einsatzpläne sollen einen reibungslosen betrieblichen Ablauf in Störfällen sicherstellen. Weiterhin sollen sie verhindern, dass Dritte, das Unternehmen oder seine Mitarbeiter geschädigt werden.

Sowohl während als auch außerhalb der Regelarbeitszeit ist ein durchgehender Einsatz mit geeignetem Fachpersonal zu organisieren und sicherzustellen. Auf keinen Fall darf die Situation entstehen, dass z. B. eine Störannahmestelle längere Zeit nicht erreichbar ist oder Bereitschaftspersonal nicht oder in zu geringer Zahl zur Verfügung steht.

Benachrichtigungspläne

Um im Schadensfall nachweisen zu können, dass der Bereitschaftsdienst ordnungsgemäß organisiert war, sollten die Unternehmen nicht nur ihre Organisationsform schriftlich festlegen und geeignete Betriebsanweisungen erlassen, sondern auch die wesentlichen Aktionen vom Eingang einer Störungsmeldung bis zur Störungsbeseitigung dokumentieren, wozu zweckmäßigerweise spezielle Vordrucke bzw. standardisierte PC-Eintragungen verwendet werden sollten. Dabei ist besonderer Wert auf die Erfassung relevanter Uhrzeiten (z. B. Ausrücken des Entstörungsfahrzeuges, Ankunft an der Störungsstelle) zu legen.

Um im Störfall, welcher vielleicht auch Schäden zur Folge hatte, nachweisen zu können, dass der Bereitschaftsdienst ordnungsgemäß organisiert ist und nach verbindlichen Vorgaben gehandelt hat, sollten die Unternehmen nicht nur ihre Organisationsform schriftlich festlegen und geeignete Betriebsanweisungen erlassen, sondern auch die wesentlichen Aktionen vom Eingang einer Störmeldung bis zur Störungsbeseitigung dokumentieren, wozu zweckmäßigerweise spezielle Vordrucke bzw. heute im Regelfall standardisierte PC-Eintragungen verwendet werden. Dabei ist besonderer Wert auf die Erfassung relevanter Uhrzeiten (z. B. Ausrücken des Entstörungsfahrzeuges, Ankunft an der Störungsstelle) zu legen.

Der *interne Meldeweg* bei Störfällen sieht zwingend vor, dass jeder Einsatz zeitlich und inhaltlich genau zu dokumentieren ist, damit auf einen lückenlosen Sach- und Informationsstand für spätere Recherchen bzw. Beweissicherung oder Revisionsmaßnahmen zurückgegriffen werden kann (vgl. auch Abschnitt 2.7). Als nützliches Mittel zur zusätzlichen Beweissicherung können sich Tonbandaufzeichnungen erweisen. Sie gestatten es zudem, etwaige Zweifel über einzelne Angaben des Anrufers durch nochmaliges Abhören zu beseitigen.

Außer den Informationen über die vom Bereitschaftsdienst zu ergreifenden Schritte von der Entgegennahme über die Weitergabe der Meldung bis zur Störungsbeseitigung sollte der Benachrichtigungsplan auch Angaben darüber enthalten, wann und wie die Geschäftsleitung zu verständigen ist und in welchen Fällen externe Stellen einzuschalten sind (siehe auch Notfallorganisation Abschnitt 2.1.1). Ein aktuelles Verzeichnis mit den wichtigsten Anschriften und Telefonnummern gehört selbstverständlich dazu.

Die *externen Informationswege* können folgende Einrichtungen berühren:

– Polizei
  Wer geht in verschlossene Wohnungen?
– Feuerwehr
  Brandlöschung
– Technisches Hilfswerk (THW)
  Hilfeleistung mit Personal und/oder technischen Geräten
– Tiefbaufirmen
  Straßeninstandsetzung bzw. -aufbruch
– Presse
  Information über Abschaltungen von Versorgungsleitungen

Handlungsbereich | Organisation

Gas-Störfall im Freien

Wo riecht es nach Gas?
Strömt Gas aus?
Ist ein Gebäude in der Nähe?
Fahrbahn? Gehweg?
Anrufer erfassen, Uhrzeit!

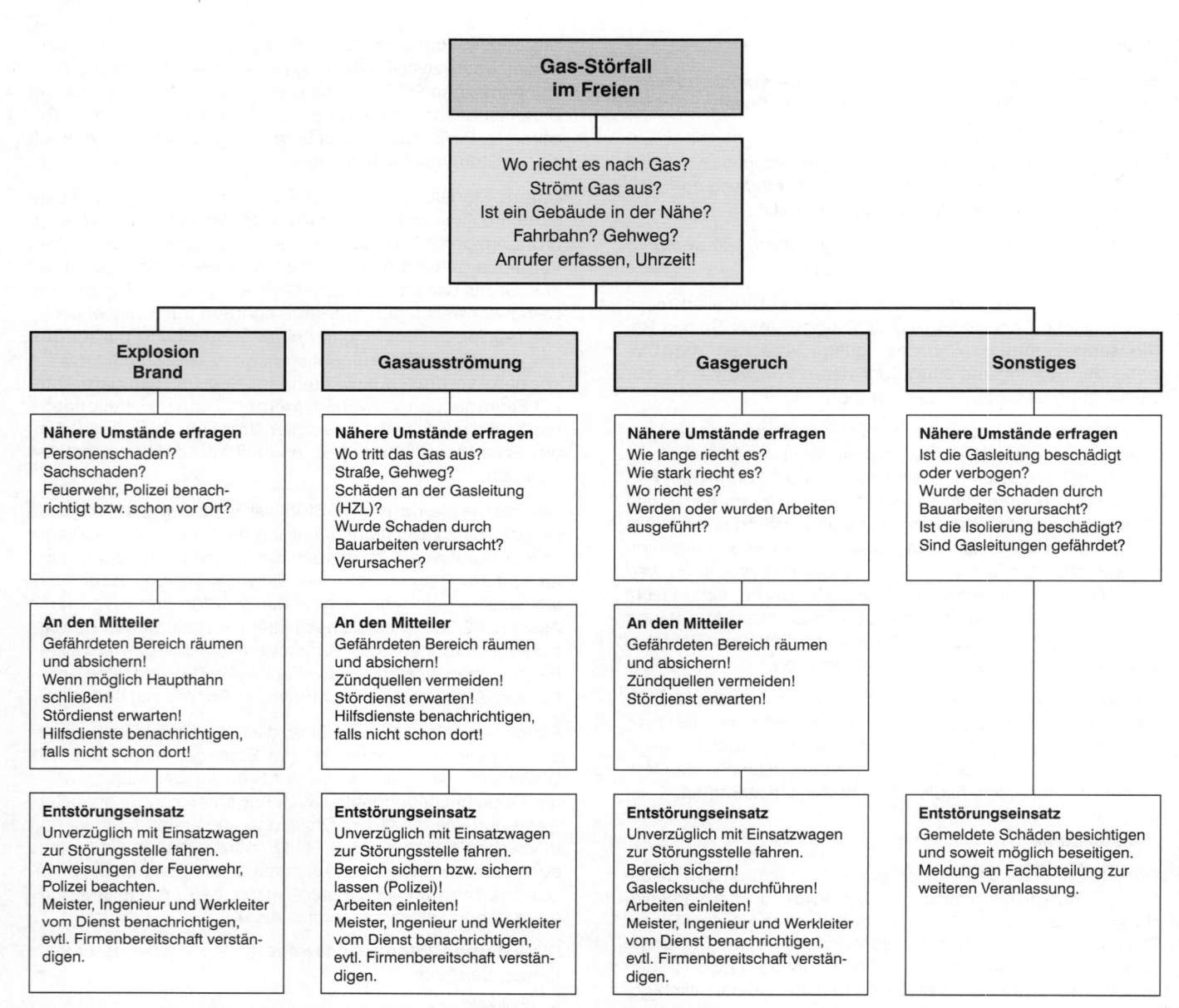

Explosion Brand

Nähere Umstände erfragen
Personenschaden?
Sachschaden?
Feuerwehr, Polizei benachrichtigt bzw. schon vor Ort?

An den Mitteiler
Gefährdeten Bereich räumen und absichern!
Wenn möglich Haupthahn schließen!
Stördienst erwarten!
Hilfsdienste benachrichtigen, falls nicht schon dort!

Entstörungseinsatz
Unverzüglich mit Einsatzwagen zur Störungsstelle fahren.
Anweisungen der Feuerwehr, Polizei beachten.
Meister, Ingenieur und Werkleiter vom Dienst benachrichtigen, evtl. Firmenbereitschaft verständigen.

Gasausströmung

Nähere Umstände erfragen
Wo tritt das Gas aus?
Straße, Gehweg?
Schäden an der Gasleitung (HZL)?
Wurde Schaden durch Bauarbeiten verursacht?
Verursacher?

An den Mitteiler
Gefährdeten Bereich räumen und absichern!
Zündquellen vermeiden!
Stördienst erwarten!
Hilfsdienste benachrichtigen, falls nicht schon dort!

Entstörungseinsatz
Unverzüglich mit Einsatzwagen zur Störungsstelle fahren.
Bereich sichern bzw. sichern lassen (Polizei)!
Arbeiten einleiten!
Meister, Ingenieur und Werkleiter vom Dienst benachrichtigen, evtl. Firmenbereitschaft verständigen.

Gasgeruch

Nähere Umstände erfragen
Wie lange riecht es?
Wie stark riecht es?
Wo riecht es?
Werden oder wurden Arbeiten ausgeführt?

An den Mitteiler
Gefährdeten Bereich räumen und absichern!
Zündquellen vermeiden!
Stördienst erwarten!

Entstörungseinsatz
Unverzüglich mit Einsatzwagen zur Störungsstelle fahren.
Bereich sichern!
Gaslecksuche durchführen!
Arbeiten einleiten!
Meister, Ingenieur und Werkleiter vom Dienst benachrichtigen, evtl. Firmenbereitschaft verständigen.

Sonstiges

Nähere Umstände erfragen
Ist die Gasleitung beschädigt oder verbogen?
Wurde der Schaden durch Bauarbeiten verursacht?
Ist die Isolierung beschädigt?
Sind Gasleitungen gefährdet?

Entstörungseinsatz
Gemeldete Schäden besichtigen und soweit möglich beseitigen.
Meldung an Fachabteilung zur weiteren Veranlassung.

Bild 2.13: Muster eines Alarm- und Einsatzplanes bei einem Gas-Störfall im Freien

2.3 Anwenden von Instrumenten zur Arbeitsplanung und Terminüberwachung

Die Arbeitsplanung sorgt für alle den Arbeitsablauf betreffenden Festlegungen hinsichtlich der Arbeitsvorgänge und ihrer Reihenfolge, der einzusetzenden Mittel und der benötigten Zeiten für ein bestimmtes Produkt bzw. zur Erbringung von Leistungen. Grundlage für die effektive Realisierung einer geplanten Arbeit bildet eine gute Aufbau- und Ablauforganisation.

Der Begriff der Arbeitsplanung ist allerdings nicht eindeutig. Er wird für die Einsatzplanung von Arbeitskräften und Ressourcen genauso verwendet wie für die Fertigungsplanung anhand von Fertigungszeichnungen und Konstruktionsplänen sowie für die Produktionsplanung allgemein, also für alle Vorgänge, die im Produktionsbereich eines Unternehmens von Bedeutung sind. Die Hauptbedeutung liegt heute aber auf der Planung konkreter personenbezogener Arbeitsschritte.

2.3.1 Methoden der Arbeitsplanung

Im *Arbeitsplan* werden die verschiedenen Arbeitsgänge in der richtigen Reihenfolge ihrer Durchführung aufgelistet, wobei für jeden Arbeitsgang angegeben wird, in welcher Kostenstelle er auszuführen ist und welche Vorgabeleistung (Vorgabezeit) dafür vorgesehen ist. Der Arbeitsplan bildet somit auch die Basis für die Kalkulation der Fertigungskosten.

Ein Arbeitsplan muss vollständig und eindeutig verfasst sein. Das bedeutet, dass sämtliche planbaren Arbeitsvorgänge enthalten sein müssen. Durch eine klare, unmissverständliche Formulierung und Beschreibung wird die notwendige Eindeutigkeit erreicht. Folgende Aussagen müssen demnach im Arbeitsplan enthalten sein:

- Wie wird gefertigt?
  (Ablaufplanung und Arbeitsfolgen)
- Wo wird gefertigt?
  (z. B. Werkstätte, Arbeitsplatz, Kostenstelle)
- Womit wird gefertigt?
  (notwendige Betriebsmittel)
- Wer fertigt?
  (Qualifikation des/der Ausführenden)
- Wie lange wird gefertigt?
  (Vorgabezeiten für Einrichten und Ausführen)

Sein innerer Aufbau besteht aus den einmalig angegebenen Steuerdaten im Kopffeld und den Ablaufdaten zu jedem Arbeitsgang:

Kopfdaten

- Sachnummer
- Benennung
- Werkstoffangaben
- Werkstoffabmessungen
- Anlieferungsdaten (nach Abschluss)

Ablaufdaten (AFO-Arbeitsfolge und AVO-Arbeitsvorgang)

- Lfd. Nummer der AFO bzw. AVO (zweckmäßigerweise in 10er-Sprüngen für Ergänzungen)
- Benennung der Arbeitsfolge bzw. des Arbeitsvorgangs
- Ausführende Kostenstelle
- Einzusetzende Betriebsmittel
- Zeitbasis (Minuten, Stunden etc.)
- Vorgabezeit je Einheit
- Einrichtungs- bzw. Rüstzeit
- Entlohnungsgrundsatz (Zeit- oder Akkordlohn)
- Lohn- oder Tätigkeitsgruppe
- Zulagen (z. B. Erschwerniszulagen, Schmutzzulagen)
- Durchlaufzeit der Arbeitsfolge bzw. des Arbeitsvorgangs
- Hinweise zu überlappender oder paralleler Fertigung

Arbeitspläne werden heutzutage meist mit Hilfe IT-technischer Anwendungen im PC erstellt, wenn notwendig angepasst, fortgeführt und verwaltet. In hoch technisierten Unternehmen findet man häufig eine direkte Kopplung von Arbeitsplänen mit automatisierten Produktionsschritten (**Bild 2.14**).

Arbeitspläne finden jedoch genauso Anwendung bei der Abwicklung von Projekten aller Art wie z. B. einer kompletten Abrüstung einer 10-kV-Freileitung bei gleichzeitiger Verlegung eines 10-kV-Erdkabels.

Die gesamte Auftragsplanung unterteilt sich grob in die Schritte der Auftragsvorbereitung, der Materialdisposition, der Kapazitäts- und der Terminplanung (**Bild 2.16**).

Auftragsvorbereitung

Die Auftragsvorbereitung erschließt alle im Vorfeld der Auftragsabwicklung anstehenden Fragen und erleichtert somit eine koordinierte, erfolgreiche Auftragsabwicklung.

Die Auftragsvorbereitung kann beginnen, wenn nach Kalkulation und Angebotserstellung ein schriftlicher Kundenauftrag vorliegt. Die Auftragsdaten für die Ausführung der Arbeiten müssen aufbereitet werden, wie z. B. Beschaffen, Sammeln, Zusammentragen, Ordnen von Informationen und Unterlagen. Dazu gehören z. B. Auftragsbegleitpapiere, Pläne, Zeichnungen, Materiallisten und Termine. In der Regel findet hier häufig eine IT-Unterstützung mittels branchenspezifischer Software statt.

Alle technischen, personellen und zeitlichen Gegebenheiten sind zu berücksichtigen sowie in Zusammenarbeit mit den beteiligten Stellen wie z. B. Produktion, Lager, Personalabteilung und Buchhaltung abschließend zu planen – also die Festlegung von Vorgehensweise und Arbeitsabläufen.

Materialdisposition

Die Planung eines Projektes oder eines Produktionsprogramms zieht immer eine Disposition des erforderlichen Materials nach sich. Unter Materialdisposition werden alle Entscheidungen zusammengefasst, die darauf gerichtet sind, das Unternehmen mengen- und termingerecht mit den benötigten Materialien zu versorgen.

Bezieht sich die Materialdisposition auf ein festgelegtes Produktionsprogramm, so richtet sich diese in erster Linie nach der Art der Fertigung. Man unterscheidet:

Einzelfertigung

Aus den vorliegenden Aufträgen ergeben sich die Bestellmengen und -termine (auftragsgesteuerte Disposition)

Serien- und Massenfertigung

Entweder wird der Bedarf auf der Basis von Erfahrungswerten, Schätzungen und erwarteten Kundenaufträgen er-

Handlungsbereich | Organisation

	Sachnummer 536561	Planart S1	Benennung Ölscheibe		Änd. Index 1	Datum 28.05.2008	Blatt 1 von 2
K O P F T E I L	Zeichnungsnummer 536561		Zeichnungsindex 1		Anford Abt. TF	Hinweis	
	Losgröße MIN 1 Losgröße MAX 20 Schrittweite 1		Abteilung AP Fachgruppe AP TF Planername Maier		Freigabe KZ F 3888 Plan Freigabe- Name Maier Freigabe- Datum 26.11.2004		Freigegeben
M A T E R I A L T E I L	Werkstoff DIN EN10083 C45 1.0503		Halbzeug: rd 65, 17 lang				
A R B E I T S V O R G A N G S T E I L	AVO 10	Arbeitsplatz Nr. 1412 11022	Benennung TUR 50 x 1500 Drehmaschine				
		T_{rB} 30 t_r 30	t_{eB} 18 t_e 18				
					Zuordn. Nr. Menge	Bem. Sachnummer Benennung Beschreibung	
		10 Drehen und Bohren, Schleifen, Einstich 20 Fertig drehen, Zugabe beachten			10 1	TT 401	
	AVO 20	Arbeitsplatz Nr. 1432 12244	Benennung GKR 25 x 4 Bohrmaschine				
		t_{rB} 15 t_r 15	t_{eB} 6 t_e 6				
		10 Anreißen und Bohren 1 x d = 3					
	AVO 30	Arbeitsplatz Nr. 1433 17402	Benennung 3 D 741 Rundtischschleifmaschine				
		t_{rB} 10 t_r 10	t_{eB} 5 t_e 5				
		10 Schleifen 2 x Planseite					
	AVO 40	Arbeitsplatz Nr. 1441 77316	Benennung SI AAI CNC Innenrundschleifmaschine				
		t_{rB} 50 t_r 50	t_{eB} 8 t_e 8				
		10 Schleifen Bohrung U 2 x d = 60					
	AVO 50	Arbeitsplatz Nr. 5010 09061	Benennung Komplexlager (Konservieren)				
		10 Konservieren					

Bild 2.14: Beispiel für einen Arbeitsplan aus der Fertigungsindustrie

mittelt (plangesteuerte Disposition) oder aus den Verbrauchsdaten der Vergangenheit der zukünftige Bedarf abgeleitet (verbrauchsgesteuerte Disposition)

Eine gut funktionierende Materialdisposition setzt ein komplexes Logistiksystem voraus, denn ein modernes Bereitstellungsmanagement hat die produktionssynchrone Beschaffung (JIT – just in time) zum Ziel, um nicht vorab große Kapitaleinsätze vornehmen zu müssen (**Bild 2.15**).

Allerdings macht eine produktionssynchrone Beschaffung nur Sinn, wenn eine termingerechte Anlieferung und eine gleichbleibende Qualität gewährleistet ist. Wenn kein „Notfall-Lager" vorhanden ist, kann bei verzögerter Lieferung oder bei festgestellten Materialmängeln nur mit Produktions-Stilllegung reagiert werden – sicher ein unannehmbarer Zustand.

Kapazitätsplanung

Jeder Kundenauftrag muss mit der innerbetrieblichen Kapazität bezüglich Maschinen und Personal (vereinfacht: das Leistungsvermögen in einem bestimmten Zeitabschnitt) in Einklang gebracht werden. Dabei handelt es sich insbesondere um Betriebsmittel, Betriebsstätten und zur Verfügung stehende Mitarbeiter. Eine optimale und wirtschaftliche Verplanung der betrieblichen Kapazitäten schafft die Voraussetzungen, dass die betrieblichen Aufgaben sowohl gewinnbringend als auch menschengerecht durchgeführt werden können.

In der Kapazitätsplanung wird zwischen kurzfristiger und längerfristiger Betrachtungsweise unterschieden (**Bild 2.17**).

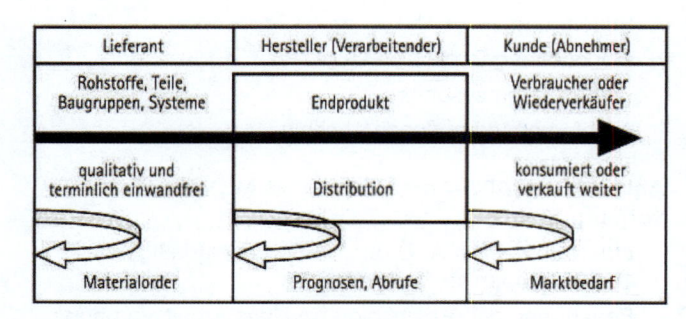

Lieferant	Hersteller (Verarbeitender)	Kunde (Abnehmer)
Rohstoffe, Teile, Baugruppen, Systeme	Endprodukt	Verbraucher oder Wiederverkäufer
qualitativ und terminlich einwandfrei	Distribution	konsumiert oder verkauft weiter
Materialorder	Prognosen, Abrufe	Marktbedarf

Bild 2.15: Logistische Zusammenhänge bei der produktionssynchronen Beschaffung

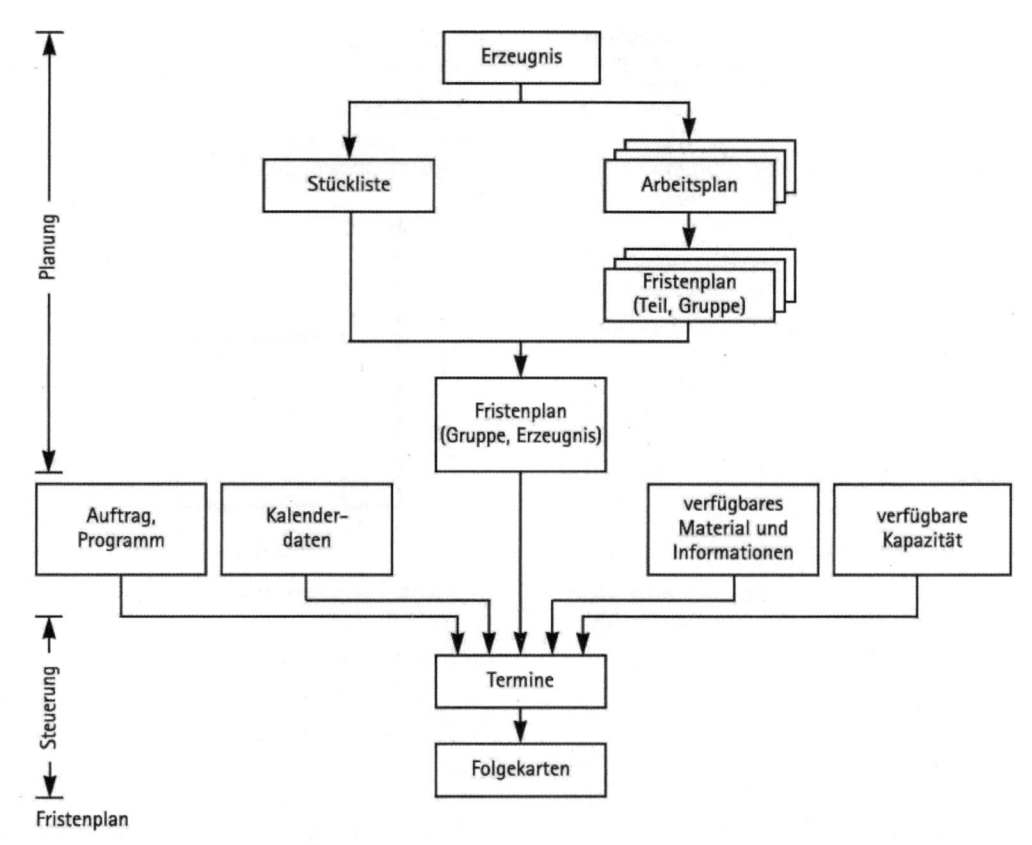

Arbeitsplanung, Arbeitsorganisation und Kundenorientierung | Kapitel 2

Bild 2.16: Aus dem Arbeitsplan entspringende Positionen (Beispiel nach REFA)

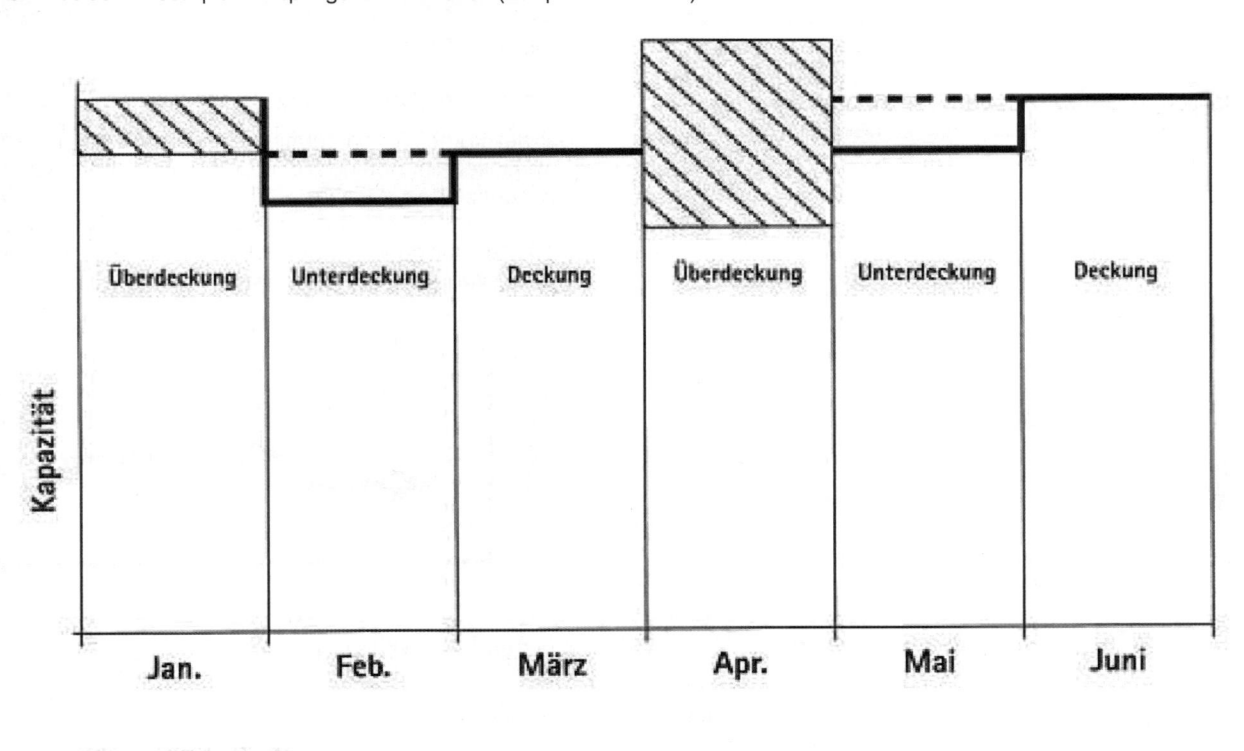

Bild 2.17: Längerfristige Planung mit Über- und Unterdeckung der Kapazitäten

Handlungsbereich | Organisation

Um eine sinnvolle Kapazitätsplanung sicherzustellen, müssen die folgenden Aspekte berücksichtigt werden:

Leistung

Sie bezieht sich insbesondere auf die Kapazität der vorhandenen Betriebsmittel in Bezug auf das vorhandene Leistungsvermögen (Geometrie, Ausstattung, Genauigkeit).

Einrichtungs- bzw. Rüstzeiten

Sie beziehen sich auf die Summe der Sollzeiten, die notwendig sind, ein Betriebsmittel auf- und abzurüsten. Ziel muss es sein, diese Zeiten möglichst kurz zu halten. Dabei ergibt sich die Forderung für die Kapazitätsplanung, die Reihenfolge der zu bearbeitenden Erzeugnisse so zu veranlassen, dass die Einrichtung möglichst für einen nachfolgenden Auftrag genutzt werden kann.

Personalbedarf und Qualitätsanforderungen

Die Anzahl der notwendigen Mitarbeiter, die bestimmte Qualifikationen besitzen (Facharbeiter, an- oder ungelernte Mitarbeiter) muss festgelegt werden.

Terminplanung

Die Aufgabe der Terminplanung ist es, die sich aus den einzelnen Aufträgen ergebenden zeitlichen Abläufe so abzustimmen, dass der Endtermin eingehalten werden kann. Der genaue Zeitbedarf wird mit Hilfe der Angaben über die Dauer der einzelnen Produktionsvorgänge (ausgedrückt in gleichen Zeiteinheiten) errechnet. Die Endtermine sind durch die Programmplanung vorgegeben. Aus den Arbeitsplänen werden die Arbeits- und Durchlaufzeiten ermittelt; einzurechnen sind Zeitreserven (Pufferzeiten). Als Hilfsmittel zur Terminplanung kommt häufig die Netzplantechnik zum Einsatz (**Bild 2.18**).

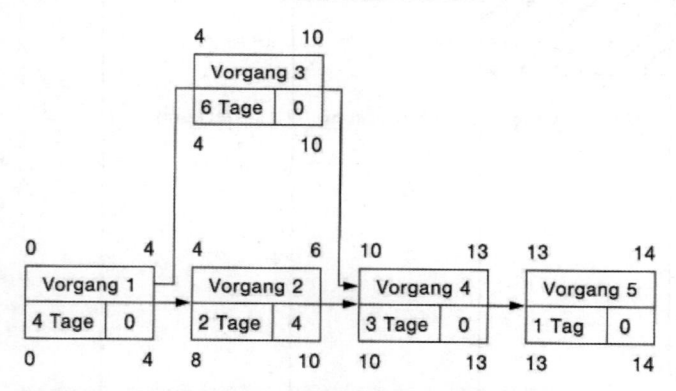

Bild 2.18: Beispiel für die grafische Darstellung einer Terminplanung – unterteilt in fünf Vorgänge

2.3.2 Methoden der Terminüberwachung

Für die sichere und transparente Terminüberwachung müssen Anfangstermine sowie Ziel-, End- oder Liefertermine ermittelt werden. In der Praxis kommen folgende Methoden häufig zur Anwendung:

Vorwärtsterminierung

Das ist die Methode, ein Projekt von dem Ist-Zeitpunkt ausgehend in die Zukunft zu planen. Hat man z. B. einen Termin, an dem ein Produkt oder Projekt fertiggestellt sein soll, so plant man von heute ausgehend, wann man mit welchen logisch nacheinander liegenden Arbeitsschritten beginnen und enden muss, um das Projekt oder Produkt fertigzustellen.

Ausgehend vom Starttermin werden alle Anfangstermine sowie die Zieltermine berechnet. Grundlage sind die Vorgabezeiten, die Zwischenzeiten und die Zusatzzeiten (**Bild 2.19**).

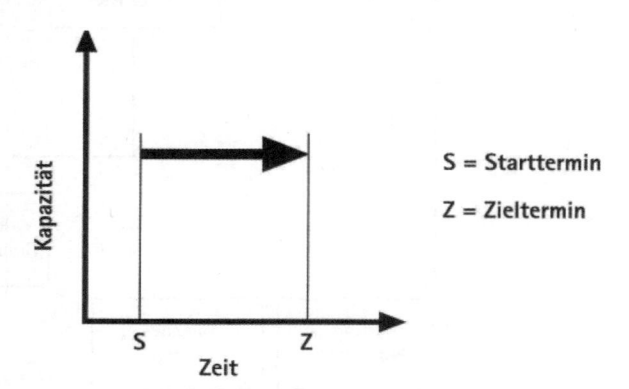

Bild 2.19: Vorwärtsterminierung

Rückwärtsterminierung

Das ist die Methode, ein Projekt von seinem terminlichen Ende ausgehend zu planen.

Beispiel: Man hat wiederum einen Termin, an dem eine Abfolge von Aktivitäten erledigt oder ein Produkt fertiggestellt sein soll. Man plant nun bei der Rückwärtsterminierung vom Ende her, wann man mit welchen logisch jeweils davor liegenden Arbeitsschritten beginnen und enden muss, um rechtzeitig fertig zu werden.

Kombinierte Terminierung

Bei der kombinierten Terminermittlung werden, ausgehend vom Zieltermin, Anfangs- und Endtermine schrittweise durch abwechselndes Vorwärts- und Rückwärtsrechnen ermittelt (**Bild 2.20**). Bei Verzögerungen sind Maßnahmen wie Überlappung einzelner Arbeitsgänge, Losgrößenverkleinerung, Splitten von Arbeitsgängen usw. möglich.

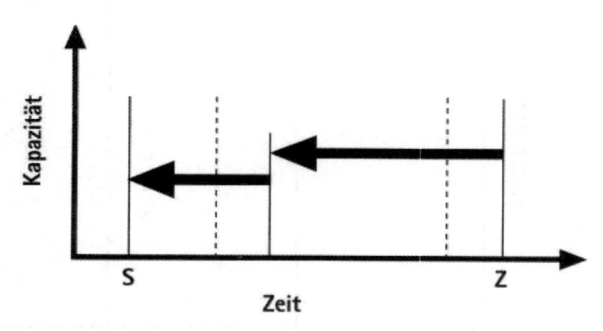

Bild 2.20: Kombinierte Terminierung

Integrierte Terminierung

Bei diesem System der Terminüberwachung wird zusätzlich zur kombinierten Terminierung die Verfügbarkeit des Materials berücksichtigt.

CPM-System

Dieses System wird im Rahmen der Netzplantechnik eingesetzt, die vorstehend bereits kurz erwähnt wurde. Das CPM-System *(Critical Path Method)* ist nun eine Methode zur Ermittlung des „kritischen Weges". Es handelt sich um eine

Nr.	Vorgang	Dauer in Arbeitstagen	unmittelbar vorher	unmittelbar nachher
1	Plan ausarbeiten	5	—	2, 3, 4, 5
2	Heizkörper und Rohre bei Heizkörperfabrik bestellen	1	1	8
3	Heizkessel mit Steuersystem und Brenner bei Kesselbau AG bestellen	1	1	9
4	Tank bei Tankbau AG bestellen	1	1	7
5	Fundament für Kessel erstellen	4	1	6
6	Stromanschluß legen lassen	2	5	14
7	Tank liefern	8	4	13
8	Heizkörper und Rohre liefern	10	2	10
9	Kessel m. Brenner u. Steuersystem liefern	25	3	12
10	Rohre verlegen	6	8	11
11	Heizkörper setzen und anschließen	7	10	12
12	Kessel und Brenner setzen, Hauptrohre anschließen	6	9, 11	13
13	Tank an Brenner anschließen	1	7, 12	14
14	Steuersystem und Brenner elektrisch anschließen	3	6, 13	15, 16
15	System mit Wasser füllen, entlüften und Druckprüfung durchführen	2	14	17
16	Tank füllen	1	14	17
17	Probelauf durchführen	1	15, 16	—

Bild 2.21: Vorgangs- oder Aktivitätenliste (Beispiel: Einbau einer Ölzentralheizung)

spezielle Planungstechnik innerhalb der Netzplantechnik, die 1957 von den Amerikanern M. R. Walker und I. E. Kelly zur Darstellung von Arbeitsabläufen entwickelt und erfolgreich erprobt wurde.

Für die Erstellung eines Netzplanes inkl. des kritischen Weges muss in einem ersten Schritt eine Vorgangs- oder Aktivitätenliste erstellt werden. Hierbei werden Vorgangsdauer und Reihenfolge der einzelnen Schritte ausgewiesen (**Bild 2.21**).

Im zweiten Schritt ist der Weg der Arbeitsschritte zu identifizieren, der die längste Zeit benötigt – der kritische Weg.

Mathematische Grundlagen der Netzplantechnik

Graphen-Theorie

Die mathematischen Grundlagen der **Netzplantechnik (NPT)** basieren auf der Graphen-Theorie. Unter einem Graph ist eine (endliche oder unendliche) Menge von Knoten zu verstehen, die durch eine Menge von Kanten einander zugeordnet sind. Die Knoten werden meist als Punkte, die Kanten als Linien dargestellt.

Zwei Knoten, die nur durch einen Pfeil miteinander verbunden sind, heißen „Digraph". Wird diesen Pfeilen ein Wert zugeordnet, so wird aus dem Digraph ein „bewerteter Digraph", der dann „Netz" heißt (**Bild 2.22**).

Zeichnen eines Netzplanes

Es wird eine **Vorgangsliste (Aktivitätenliste)** erstellt, die Liste codiert und der Vorgang bezeichnet. Die Vorgangsdauer und die Reihenfolge der Vorgänge werden ausgewiesen (Vorgänger-Nachfolger). Im **Bild 2.23** sind in einem einfachen Beispiel die Besonderheiten des CPM-Netzplanes erläutert.

Den „kritischen Weg" im vorgenannten Beispiel bilden offenbar Code A, B, C und F. Diese Positionen sind im **Bild 2.24** als Nr. 0 – 1 – 2 – 3 – 6 dargestellt. Dieser Weg benötigt die längste Zeit, nämlich 67 Tage. Kritisch bezeichnet man diesen Weg deshalb, weil jede Panne (Störung) auf diesem „Pfad" die Gesamtprojektdauer verlängert. Der Pfad bzw. Weg heißt auf englisch „Path", daher der Name „Critical Path Method (CPM)".

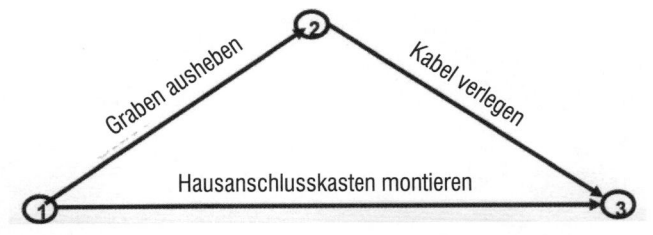

Bild 2.22: Beispiel für ein Netz – bewerteter und zusammenhängender Graph

Handlungsbereich | Organisation

Code	Bezeichnung des Vorganges	Dauer in Tage	Vorgänger	Nachfolger
A	Erwerb eines Stationsgrundstückes	3	-	B,D
B	Errichtung des Stationsgebäudes	55	A	C
C	Einrichtung der Station	8	B	F
D	Projektierung der Anschlussleitungen	5	A	E
E	Bau der Leitung	8	D	-
F	Inbetriebnahme der Station	1	E,C	-

Bild 2.23: Erläuterung der Besonderheiten des CPM-Netzplanes

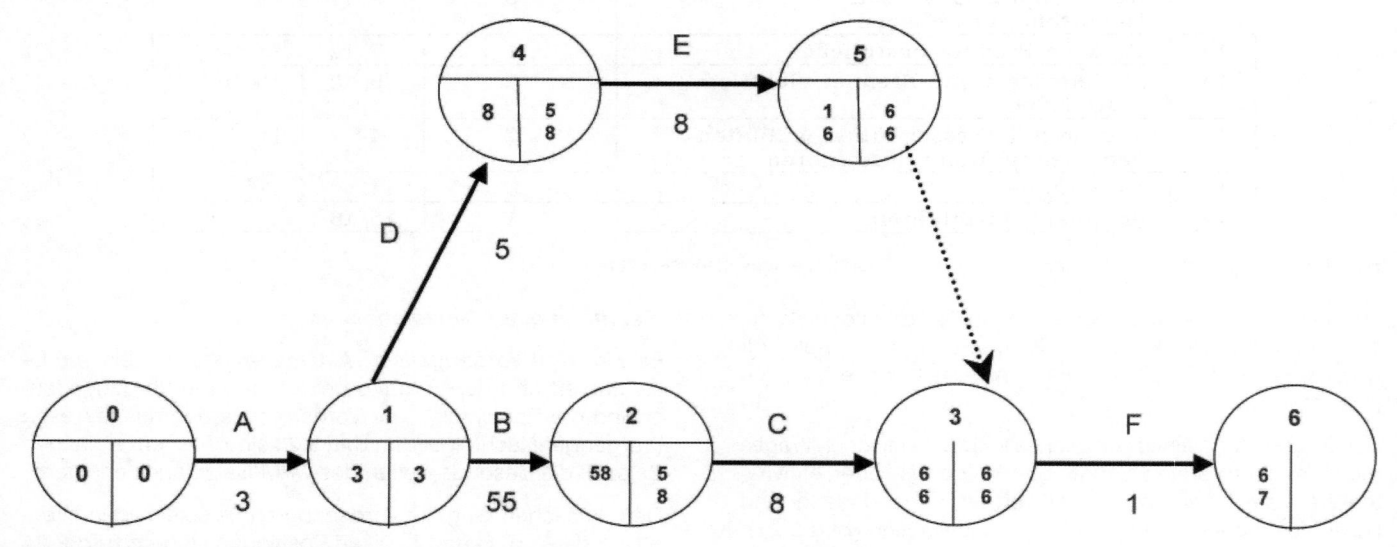

Bild 2.24: Grafische Darstellung des „kritischen Weges"

2.4 Planen, Steuern und Überwachen von Bau- und Betriebsabläufen

Das systematische und effektive Planen, Steuern und Überwachen von Bau- und Betriebsabläufen stellt eine wichtige strategische Grundlage für die fachlich einwandfreie und termingerechte Umsetzung der Kundenaufträge dar. Dabei sind die Ziele und Aufgaben einer systematischen Ablauforganisation zu berücksichtigen (**Bild 2.25**).

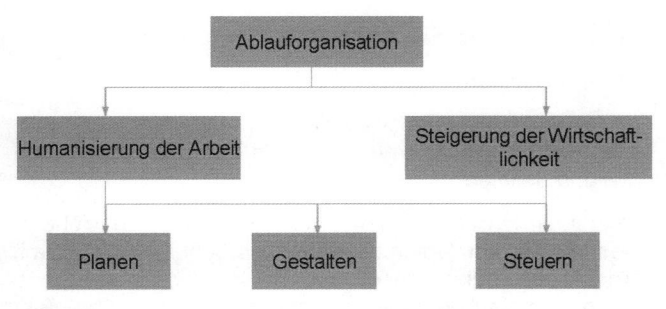

Bild 2.25: Ziele und Aufgaben der Ablauforganisation

Darauf aufbauend müssen die Ziele, Abläufe und Mittel in allen Bestandteilen geplant werden (**Bild 2.26**).

Aus diesen Aufgabenstellungen und den wirtschaftlich orientierten Unternehmenszielen leiten sich folgende Wirkungen ab:

– kurze Durchlaufzeiten,
– hohe Auslastung der betrieblichen Kapazitäten,
– zeitnahe Lieferbereitschaft,
– ausgewogene Lagerbestände,
– Einhaltung der Termine.

2.4.1 Jahresplanung

Kein erfolgreich geführtes Unternehmen kommt heute ohne eine aussagekräftige Jahresplanung aus; wesentliche Bestandteile sind die Budgetplanung und die Produktionsplanung.

Alle konstruktiven, strategischen Entscheidungen erfordern ein zielgerichtetes und planvolles Handeln – dazu gehören z. B. auch fundierte Prognosen zu den Umsatzerwartungen und zu den Wachstumschancen. Die Jahresplanung bietet für das Unternehmen wichtige Entscheidungsgrundlagen, um auch in kritischen Situationen schnell und flexibel auf unvorhergesehene Ereignisse (z. B. Produktionsabweichungen, Marktveränderungen) reagieren zu können, denn sie ermöglicht eine ständige Kontrolle über Rentabilität und Liquidität.

Auftragsvolumen

Das Auftragsvolumen bestimmt die personelle und maschinelle Auslastung eines Unternehmens. Daran orientiert sich folglich auch jede unternehmerische Entscheidung bezüglich Aufstockung bzw. Reduzierung von Personal bzw. Maschinenpark.

Geplante Maßnahmen

Der vorliegende Auftragsbestand ermöglicht die Einleitung von geplanten Maßnahmen. Es kann sich um Einzelaufträge oder um regelmäßig wiederkehrende Kundenaufträge handeln.

Ungeplante Maßnahmen

Ein Unternehmen muss darauf vorbereitet sein, auch ungeplante Maßnahmen problemlos zu realisieren. Schließlich entsteht in der Praxis häufig die Situation, dass ein Kunde die Leistungen des Unternehmens relativ kurzfristig in Anspruch nehmen möchte. Die personellen und maschinellen Ressourcen müssen so aufgestellt sein, dass eingehende Aufträge in jedem Fall zügig abgewickelt werden können.

Personal-, Material- und Geräteeinsatz

Ein sachgerechter Personal-, Material- und Geräteeinsatz ist für die reibungslose Auftragsabwicklung von entscheidender Bedeutung.

Personaleinsatz

Das verfügbare Personal ist so einzusetzen, dass

– die vorliegenden Aufträge termingerecht durchgeführt werden können,
– die Mitarbeiter ihrer Qualifikation entsprechend eingesetzt werden,
– die ständige Aktualisierung des Wissens sichergestellt ist.

Die Personaleinsatzplanung wird im Allgemeinen vom Meister vorgenommen, der sowohl Informationen über die Art und die Anforderungen der Arbeitsaufgabe als auch über die

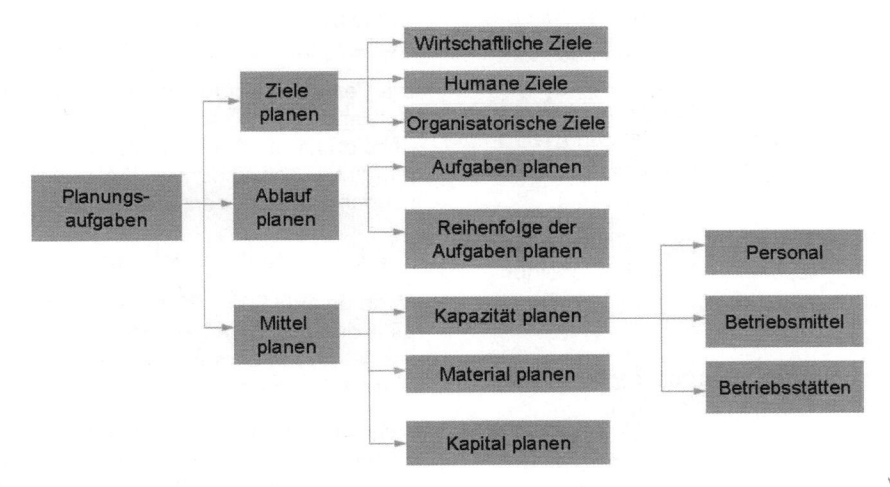

Bild 2.26: Wesentliche Bestandteile der Planung

Handlungsbereich | Organisation

speziellen Qualifikationen der Mitarbeiter besitzt. Sein Ziel muss es sein, eine größtmögliche Deckung zwischen Aufgaben- und Mitarbeiterprofil zu erwirken.

Materialeinsatz

Der Materialeinsatz kann unter verschiedenen Prinzipien verwirklicht werden:

- *Einzelbeschaffung*

  Dieses Verfahren ist nur praktizierbar, wenn das benötigte Material ohne Zeitverlust am Markt zu beschaffen ist.

- *Vorratshaltung*

  Dieses Verfahren ist unumgänglich für Material, das in relativ kurzen Abständen benötigt wird und nicht ohne Zeitverlust beschaffbar ist. Es erfordert die Betreibung eines Lagers sowie die Überwachung von Mindest- und Höchstbeständen. Nachteile sind, dass dieses Verfahren nur für solche Güter praktiziert werden kann, die durch Lagerung keine Qualitätseinbußen erleiden, und dass eine hohe Kapitalbindung entsteht.

- *Auftragssynchroner Materialeinsatz (just-in-time)*

  Das benötigte Material wird dann im Betrieb angeliefert, wenn es benötigt wird; dadurch werden große Lagerkapazitäten eingespart. Es bedingt die (meist langfristige) vertragliche Bindung von Lieferanten an Liefertermine und -mengen.

Geräteeinsatz

Für die Auftragsabwicklung müssen die erforderlichen Geräte bzw. Betriebsmittel (Maschinen, Anlagen, Werkzeuge) zur Verfügung stehen. Entscheidend sind

- die zeitgerechte Verfügbarkeit,
- eine ausreichende Anzahl,
- ein angemessenes Leistungsvermögen.

2.4.2 Zuständigkeiten

Die Zuständigkeiten im Unternehmen müssen klar geregelt sein. Hier soll auf die wesentlichen Aufgaben und Kompetenzen (Zuständigkeiten) des Meisters eingegangen werden:

- Planen (Organisieren)
- Einteilen (Disponieren)
- Einsetzen der Mitarbeiter (Weisungen und Unterweisen)
- Überwachen und Kontrollieren
- Informieren, Beurteilen und Führen (der Mitarbeiter)

Erste Voraussetzung für den Meister ist Sach- und Fachkompetenz, d. h. er muss die fachlichen Kenntnisse, Fähigkeiten und Fertigkeiten für die Erfüllung seiner Aufgaben besitzen. Sie bilden die Grundlagen für weitere Kompetenzen (Befugnisse) und die selbstständige Übernahme von Zuständigkeiten. Dazu gehören im Wesentlichen:

- *Entscheidungskompetenz*

  Die Erlaubnis bzw. Befugnis, selbstständig Entscheidungen im definierten Rahmen zu treffen.

- *Weisungskompetenz*

  Die Befugnis, den unterstellten Mitarbeitern Verhaltensregeln, Aufträge und Anweisungen zu erteilen.

- *Verfügungskompetenz*

  Die Erlaubnis, über definierte Sachen, Mittel und Rechte zu verfügen.

Bei der Erfüllung seiner Aufgaben muss der Meister alle erforderlichen aufbau- und ablauforganisatorischen Maßnahmen treffen und seinerseits fachlich und persönlich geeignete Mitarbeiter einsetzen. Insofern hat er eine Doppelverantwortung; als Führungskraft muss er sowohl für sein eigenes Verhalten als auch für das seiner Mitarbeiter einstehen.

Interner und externer Bereich

Interner Bereich

Der Zuständigkeitsbereich des Meisters wird intern durch die Unternehmensleitung bzw. durch die übergeordnete Fachabteilung definiert.

Um den innerbetrieblichen Informationsfluss zu sichern, muss der Meister regelmäßig für Besprechungen (z. B. mit vorgesetzten Stellen oder mit dem Betriebsrat) zur Verfügung stehen und das betriebliche Berichtswesen gewissenhaft umsetzen. Auch das Mitwirken am innerbetrieblichen Kostenwesen (z. B. Betriebsabrechnungsbogen) fällt in seinen Zuständigkeitsbereich.

Externer Bereich

Extern ist der Meister dafür zuständig, seinen Aufgabenbereich bei Kundenaufträgen und im Kontakt mit öffentlichen Stellen, Ingenieurbüros und sonstigen Spezialfirmen sowohl fachlich qualifiziert als auch persönlich korrekt auszufüllen.

Abstimmung mit Dritten

Der Meister muss einen Auftrag in seiner ganzen Komplexität überblicken und ist dafür zuständig, ggf. notwendige Informationen an Dritte weiterzuleiten, z. B.

- Abstimmung mit anderen Gewerken,
- Lagepläne zur Verfügung stellen bzw. einholen,
- Termine abstimmen.

Durch eine gute Koordination kann er den reibungslosen Fortgang der Arbeiten wesentlich unterstützen.

2.4.3 Arbeitsfortschritt

Nach Auftragserfassung und Arbeitsplanerstellung ist der Arbeitsfortschritt zu ermitteln. Dieser Vorgang kann manuell oder per Betriebsdatenermittlung erfolgen. Die gewonnenen Daten fließen in die Vor- und Nachkalkulation sowie in statistische Auswertungen und Kostenanalysen ein.

Die Fertigmeldung eines teilbearbeiteten Auftrages und ein Soll-Ist-Vergleich geben unmittelbar Auskunft über den Arbeitsfortschritt. Durch fortlaufende Terminkontrolle werden mögliche Abweichungen im geplanten Fertigungsprozess schnell und sicher erkannt.

2.4.4 Qualitätssicherung

Nach EN ISO 9001 (2000) ist Qualitätssicherung definiert als „Teil des Qualitätsmanagements, der durch das Erzeugen von Vertrauen darauf gerichtet ist, dass Qualitätsanforderungen erfüllt werden".

Qualitätssicherung ist der unternehmerische Prozess, der sicherstellen soll, dass ein hergestelltes Produkt ein festgelegtes Qualitätsniveau erreicht. Dabei geht es nicht um die

Optimierung der Qualität eines Produktes (materiell bzw. Verfahrensweise bzw. Dienstleistung), sondern um die Haltung eines vorgegebenen Niveaus.

Die Qualität ist bekanntlich ein wesentlicher Faktor im Wettbewerb. Sie prägt das Image des Unternehmens und sichert seine langfristige Akzeptanz am Markt. Die Haftungsrisiken aus fehlerhaften Produkten können groß sein und im ungünstigsten Fall die Existenz des Unternehmens in Frage stellen.

Der *Arbeitsplan* stellt ein Instrument der Qualitätssicherung dar. Durch die für alle gleichartigen Aufträge bindenden Vorgaben ist er zugleich Grundlage für die Bestimmung geeigneter Prüfungen.

Die Qualitätssicherung erhält bereits mit der Entwicklung eines Projektes zentrale Bedeutung. Hier sind z. B. folgende Aufgaben zu realisieren:
- Gestaltung eines Pflichtenheftes
- Auswahl von Lieferanten, Materialien und Bauteilen
- Produktgestaltung
- Auswahl des Fertigungsverfahrens
- ggf. Entwurf und Prüfung einer Neuentwicklung (z. B. Versuchsleitung, Testreihe in Trafostation, Gasbehälter-Prüfung)

In der Produktionsphase sind zur Qualitätssicherung z. B. folgende Maßnahmen zu treffen:
- Erstellen der Prüfablaufpläne
- Auswahl und Schulung des prüfenden Personals
- Durchführung der Wareneingangs-, Fertigungs- und Endprüfungen
- Fehlererfassung und -analyse
- Überwachung der Korrekturmaßnahmen
- Wartung der Prüf- und Messmittel

Nach abgeschlossener Produktion erfolgt die Qualitätssicherung durch die Überwachung folgender Maßnahmen (**Bild 2.27**):
- Fehleranalyse im Schadensfall
- Wartung und Reparatur

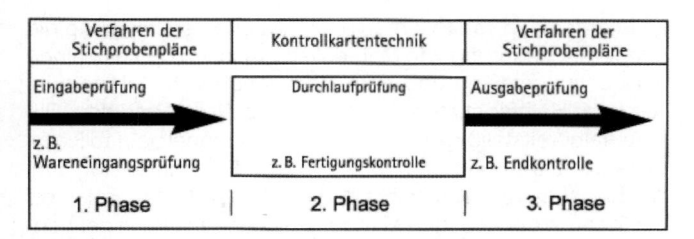

Bild 2.27: Prüfmöglichkeiten zur Qualitätssicherung

In größeren Unternehmen ist die Qualitätssicherung meist arbeitsteilig organisiert. Die prüfende Abteilung oder Person darf jedoch in keinem Falle in einer abhängigen Beziehung zur Fertigung stehen, da hieraus zwangsläufig Interessenkonflikte resultieren würden. Deshalb ist die Qualitätssicherung zweckmäßigerweise meist der Geschäftsleitung direkt (ggf. als Stabsstelle) unterstellt.

2.4.5 Abnahme

Ein Produkt kann erst freigegeben werden, wenn die Ergebnisüberprüfung ergeben hat, dass die angestrebte Qualität innerhalb der vorab definierten Toleranzgrenzen erreicht wurde. Die Abnahme kann durch das betriebliche Qualitätswesen, einen innerbetrieblichen Auftraggeber (etwa die Geschäftsleitung) oder einen externen Prüfer erfolgen. Zur Qualitätskontrolle werden hauptsächlich drei Prüfmethoden eingesetzt; bei erfolgreichem Ergebnis kann die Abnahme erfolgen (**Bild 2.28**).

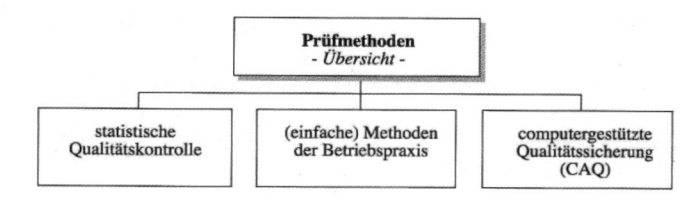

Bild 2.28: Methoden zur Prüfung der Qualität

Grundsätzlich ist zwischen zwei Arten der Qualitätskontrolle zu unterscheiden:

- *100 %-Kontrolle (Vollprüfung)*
  Da diese Methode sehr kostspielig ist, wird sie nur bei technisch besonders hochwertigen Gütern umgesetzt (z. B. Auto, TV)

- *Stichprobenkontrolle*
  Sie muss zufällig erfolgen und von der Menge her groß genug sein, um die wirklichen Eigenschaften widerzuspiegeln.

2.4.6 Dokumentation

Bei Erreichen des Projektzieles wird im Allgemeinen ein ausführlicher Abschlussbericht erstellt. Dieser besteht in Schriftform in der vollständigen Dokumentation des Projektes mit den erzielten Ergebnissen sowie meist auch in einer Präsentation vor den Auftraggebern bzw. der Geschäftsleitung.

Die Dokumentation sollte aber nicht nur als nachträgliche Darstellung von Abläufen und Ergebnissen verstanden und somit an das Ende eines Projektes gestellt werden. Vielmehr ist die Dokumentation eine projektbegleitende Aktivität, in der die Anfertigung, Sammlung und Archivierung aller schriftlichen Niederlegungen, die im Verlaufe des Projektes anfallen, vorgenommen werden.

Zur Dokumentation gehören unter anderem:
- Problemformulierung
- Ist-Analyse und Soll-Vorschlag
- Pflichtenhefte
- Pläne einschließlich Anpassungen (mitlaufende Aktualisierung)
- Zwischenberichte
- Testbedingungen
- Testdaten und -ergebnisse.

2.5 Planen und Steuern des Personal-, Material- und Geräteeinsatzes

Das vorrangige Ziel der Planung und Steuerung von Personal, Material, Geräten sowie Betriebsmitteln ist es, eine genügende, aber nicht unnötig hohe Anzahl zur richtigen Zeit bereitzustellen. Wird dieses Ziel nicht verwirklicht, entstehen

- Engpässe, die eine fach- und zeitgerechte Produktion gefährden,
- Überhänge, die eine zusätzliche wirtschaftliche Belastung darstellen.

2.5.1 Personaleinsatz

Neben dem quantitativen Aspekt (wie viele Arbeitskräfte benötige ich wann?) ist immer auch der qualitative Aspekt (welche Qualifikation ist zur Ausführung der Aufgabe erforderlich?) zu berücksichtigen.

Die Personaleinsatzplanung muss die Zuordnung des verfügbaren Personals zu den anstehenden Aufgaben vorbereiten, damit diese

- termingerecht durchgeführt werden können,
- die Mitarbeiter ihrer Qualifikation entsprechend eingesetzt werden,
- und die Betriebsmittel bestmöglich ausgelastet werden.

Die Personaleinsatzplanung wird meistens vom Meister vorgenommen, da er gewöhnlich fundierte Informationen sowohl über die Arbeitsaufgabe als auch über die speziellen Qualifikationen der Mitarbeiter besitzt.

Bei kurzfristigen Bedarfslücken kommen vorübergehende Umbesetzungen, zusätzliche Zeitarbeitskräfte oder die zeitlich begrenzte Einführung von Schichtarbeit in Betracht. Langfristige Bedarfslücken können nur durch dauerhafte Umbesetzungen oder Neueinstellungen abgedeckt werden.

Die Personalbedarfsplanung erfolgt nach individuellen Gegebenheiten des Unternehmens langfristig, mittelfristig oder kurzfristig.

Langfristige Personalbedarfsplanung

Sie berücksichtigt die für die Zukunft angestrebte oder erwartete Entwicklung des Unternehmens (im Rahmen einer Bedarfsanalyse und -prognose) und behält dabei vor allem folgende Einflussfaktoren im Auge:

- die geplante Expansion (Ausweitung) oder Schrumpfung der Produktion bzw. des Dienstleistungsangebotes,
- Veränderungen der Produktpalette,
- organisatorische Veränderungen im Unternehmen (z. B. Verlegung von Betriebsstätten),
- technologische Entwicklung und damit ggf. einhergehende Änderungen der Fertigungsverfahren (evtl. auch geänderter Qualifikationsanforderungen),
- politische, rechtliche und soziale Rahmenbedingungen: z. B. gesetzliche Auflagen, Marktentwicklung, Altersstruktur, Fluktuation, Qualitätsniveau der Belegschaft.

Mittelfristige Personalbedarfsplanung

Sie bezieht sich auf die nähere Zukunft und plant den Mitarbeitereinsatz auf Basis der vorhandenen Stellen. Dabei sind zu berücksichtigen:

- Urlaube,
- mittelfristig bekannte Ausfälle (z. B. längere Erkrankungen, Mutterschaft, Kuren, Besuch von Fortbildungsmaßnahmen),
- Sonderaufgaben einzelner Mitarbeiter oder Arbeitsgruppen,
- zur Erledigung anstehende Großaufträge oder Sondermaßnahmen (z. B. Revision).

Kurzfristige Personalbedarfsplanung

Sie reagiert kurzfristig und muss teilweise improvisieren bei folgenden Vorgängen:

- unerwartete Ausfälle von Mitarbeitern,
- unerwartet anstehende Sonderaufträge (z. B. Eilanforderungen von Kunden),
- Reparaturen oder notwendige Korrekturen im Fertigungsablauf.

Außerdem ist zwischen quantitativem und qualitativem Personalbedarf zu unterscheiden. **Bild 2.29** zeigt eine Übersicht der einzelnen Personalbedarfsarten.

Bedarfsarten	Beispiele
Einsatzbedarf	Bedarf an Mitarbeitern, der für die tägliche Arbeit erforderlich ist
Reservebedarf	Personal bei Abwesenheit, z. B. Dienstreisen, Urlaub, Krankheit oder anderen Fehlzeiten
Neubedarf	Neues Personal bei Expansion oder neuen Aufgabengebieten
Ersatzbedarf	Mitarbeiter, die ersetzt werden müssen bei Kündigung, Elternzeit, Ruhestand
Freistellungsbedarf	Abbau von Mitarbeitern bei fehlenden Aufträgen oder Rationalisierung

Bild 2.29: Beispiele für Personalbedarfsarten

2.5.2 Materialbereitstellung

Im Allgemeinen versteht man unter Materialbereitstellung die temporäre Lagerung von Materialien zwischen den einzelnen Verarbeitungsstufen und dem Nachschub von Rohmaterialien oder Halbfabrikaten zur Herstellung eines Produkts. Die Materialbereitstellung umfasst somit den innerbetrieblichen Materialfluss und gehört deshalb zur Produktionslogistik. Hierbei ist es vor allem wichtig, die richtigen Güter und Informationen in der richtigen Menge, am richtigen Ort, in der richtigen Qualität, zum richtigen Zeitpunkt und zu den richtigen Kosten für den Produktionsprozess bereitzustellen.

Die Materialbereitstellung muss unter wirtschaftlichen Zielsetzungen erfolgen. Sie sollte die optimale Kombination von hoher Lieferbereitschaft und niedrigen Lagerhaltungskosten darstellen, also eine möglichst geringe Lagerdauer verwirklichen. Das in Lagervorräten gebundene Kapital bedeutet eine erhebliche wirtschaftliche Belastung für das Unternehmen.

Die Materialbereitstellung lässt sich in kurz- und langfristige Aufgaben unterteilen:

Kurzfristige Materialbereitstellungsplanung
- Überwachung von Lagerbeständen
- Abstimmung zwischen Auftragserfordernissen und Materialverfügbarkeiten
- Materialbereitstellung am Einsatzort

Langfristige Materialbereitstellungsplanung
- Lieferantenauswahl
- Erteilung von Jahresaufträgen mit Aushandeln von Sonderkonditionen (Lieferung auf Abruf)
- Festlegungen bezüglich der Bereitstellungs- und Bestellpolitik (z. B. Bestellrhythmen, Bestellzeitpunkte, Bestellmengen)

2.5.3 Geräteeinsatz

Die für eine Fertigungsaufgabe erforderlichen Geräte (Maschinen, Anlagen, Werkzeuge, Prüfmittel) sind nach Art, Leistungsvermögen, Anzahl, Zeitpunkt, Einsatzort und Dauer einzuplanen. Auch diese Aufgabe hat eine langfristige und eine kurzfristige Ausprägung:

Langfristiger Geräteeinsatz

Langfristig wird der Geräteeinsatz aus dem Produktionsprogramm, dem gewählten Fertigungsverfahren und den prognostizierten bzw. angestrebten Absätzen abgeleitet. Bei dauerhafter Unterdeckung (Überlastung) muss eine Beschaffung erfolgen, bei dauerhafter Minderauslastung muss über alternative Einsatzmöglichkeiten nachgedacht werden und ggf. eine Stilllegung erfolgen, damit Leerkosten vermieden werden.

Kurzfristiger Geräteeinsatz

Es ist festzulegen, welche der vorhandenen Geräte zu welchem Zeitpunkt und für welche Zeitdauer bereitzustellen sind. Bei dieser Planungsaufgabe werden demnach die Geräte den Aufträgen zugeordnet. Häufig stellt sich das Problem, dass ein Produkt auf mehreren Maschinen bearbeitet werden muss; dementsprechend muss eine genaue Maschinenbelegungsplanung (Scheduling = Zeitplanerstellung) erfolgen.

2.6 Anwenden von Informations- und Kommunikationssystemen

2.6.1 Grundlagen

Informationen werden im beruflichen Umfeld nicht als Selbstzweck ausgetauscht. Derjenige, der „seinen Job" erledigt und damit erfolgreich sein möchte, benötigt hierzu die richtigen Informationen, die er zielgerichtet anwendet.

Stets stehen mehr Informationen (in Gestalt von Nachrichten) bereit, als für eine spezielle Aufgabe gerade notwendig wären. Im Gegenteil: die Anzahl von Informationen wächst kontinuierlich. So wird die passende Auswahl von gerade benötigten Informationen aus der Flut der gerade nicht benötigten immer wichtiger. Mit fortschreitender Erfahrung wird diese Auswahl immer sicherer. Insbesondere die Informationen für einen Überblick über das Arbeitsgebiet können erst mit Erfahrung erkannt und aufgenommen werden. Neben der Masse an Informationen, die durch die steigende Flut der Nachrichten bereitgestellt werden (Quantität der Nachrichten), ist die Qualität der Information wesentlich für ein erfolgreiches Wirken der Mitarbeiter in einem Unternehmen. Die Qualität von Informationen ist gekennzeichnet durch:

- Vollständigkeit zu einem Sachverhalt
  (z. B. sind alle notwendigen Wartungsschritte beschrieben?)
- Eindeutigkeit
  (z. B. ist die Wartung so vage beschrieben, dass alles missverständlich interpretiert werden kann?)
- Verständlichkeit
  (z. B. ist die Wartungsvorschrift mit den zutreffenden Fachvokabeln versehen?)
- Verfügbarkeit
  (z. B. ist der Aufbewahrungsort der Wartungsvorschrift bekannt?)

Informationen werden heute in der betrieblichen Praxis nicht mehr allein auf dem Papier bearbeitet. So sind z. B. Wartungsbücher, in der die an Anlagen vorgenommenen Wartungstätigkeiten protokolliert werden, längst nicht mehr „gebundene Ansammlungen von Papier", sondern werden durch die Werkzeuge der **IT (Information Technology)** oder **Informationstechnik)** geführt. Auch die Gehaltsabrechnung und die Gehaltszahlung laufen schon längst nicht mehr über Papierabrechnung und Lohntüte, sondern ebenfalls durch die IT und bargeldlose Zahlungsüberweisung.

Beim Einsatz moderner Informationstechnik (IT) unterscheidet man zuallererst zwischen Hardware (Geräteausstattung) und Software (Programme).

Die **Hardware** der IT unterteilt sich grob in die

- Eingabegeräte
  (z. B. Tastatur, Maus, Zeichentablett, Joystick, Scanner, Mikrofon)
- Ausgabegeräte
  (z. B. Bildschirm, LCD, Drucker, Plotter, Lautsprecher)
- Ein-/Ausgabegeräte
  (z. B. Modem, Netzwerkanschluss, DFÜ-Geräte)
- Speicher
  (z. B. Festplatte, CD-Laufwerk, Diskette)
- Zentraleinheit
  (z. B. Prozessor, Haupt- und Arbeitsspeicher)
- Interfaces (Schnittstellen), welche die einzelnen Bauteile untereinander verbinden

Handlungsbereich | Organisation

Die *Software* ist notwendig, damit die vorgenannten Funktionsgruppen koordiniert ihre Aufgabe erledigen können. Man unterscheidet dabei:

- *Firmware*

  Das Programm, welches als erstes nach dem Stromeinschalten im Rechner „da" ist. Dieses Programm ist unveränderbar in einem Baustein des Rechners abgelegt. Im Zusammenhang mit dem PC ist das BIOS (Basic Input/Output System – Basis Ein-/Ausgabe-System) die bekannteste Firmware. Die Firmware sorgt dafür, dass das Betriebssystem in den Rechner geladen werden kann, sorgt beim Start ggf. für die Überprüfung der einzelnen Hardwarekomponenten, lädt das Betriebssystem und sorgt dafür, dass das Betriebssystem die Arbeit aufnimmt.

- *Betriebssystem*

  Programm als Grundvoraussetzung, dass Daten über die Eingabegeräte eingelesen, durch die Zentraleinheit verarbeitet werden und über die Ausgabegeräte ausgegeben werden können.

- *Anwendungsprogramme*

  Alle Programme, die Daten in der Form verarbeiten, wie wir sie haben wollen. Bekannte Anwendungsprogramme sind z. B. Excel, Word, SAP, grafische Informationssysteme wie z. B. Gausz oder Smallworld.

2.6.2 IT-Netzwerke

In der betrieblichen Praxis werden bereits seit über 40 Jahren Computer miteinander verbunden, sodass diese Computer Daten automatisiert untereinander austauschen können. Die Verbindung von Computern untereinander wird als „Vernetzung von Computern" bezeichnet.

Das Thema „technische Netzwerke" an sich ist keine Erfindung der IT. Strom, Gas und Wasser können ausschließlich durch „Vernetzen der Quelle mit dem Verbraucher" verteilt und somit genutzt werden. Schon immer wird von „Strom-, Gas- und Wassernetzen" gesprochen.

Deshalb sind IT-Netzwerke an sich nichts wirklich Neues. Hier wie dort wurden und werden vergleichbare Vernetzungsstrukturen angewendet.

Diese sind:

- Bus-Struktur
- Stern-Struktur
- Ring-Struktur
- Hierarchische oder Baum-Struktur
- Vermaschte Strukturen
  (Kombination aus den vorgenannten vier Strukturen, im Allgemeinen zur Erhöhung der Ausfallsicherheit)

Bus-Struktur

Alle Computer / PC sind an das gleiche Kabel angeschlossen (**Bild 2.30**). Über dieses Kabel wird die Informationen von einem Sender-Computer gesendet und von allen anderen Computern „quasi parallel" empfangen. Alle Teilnehmer sind grundsätzlich gleichberechtigt, d. h. können sowohl an alle anderen Computer senden als auch von allen anderen Computern empfangen. Ein Informations-Austausch zwischen zwei Computern findet direkt statt, wobei alle Computer „mithören" können.

Stern-Struktur

In einer Stern-Struktur bildet der Server „in der Mitte" die Informations-Drehscheibe für den Informations-Austausch (**Bild 2.31**). Alle anderen Computer sind mit eigenen Leitungen, an die keine weiteren Computer angeschlossen sind, ausschließlich mit der Informations-Drehscheibe verbunden. Ein Informations-Austausch zwischen zwei Computern findet immer über die Informations-Drehscheibe statt. Die anderen Computer sind in dem Informationsaustausch nicht eingebunden, können also auch „nicht mithören".

Ring-Struktur

Die Computer in einer Ringstruktur (**Bild 2.32**) besitzen je einen Eingang und einen Ausgang für die Vernetzung (bei den beiden vorgenannten Strukturen sind die Funktionen Ein- und Ausgang nicht getrennt). Dabei ist der Ausgang des 1. Computers nur mit dem Eingang des 2. Computers verbunden. Der Ausgang des 2. Computers ist nur mit dem Eingang des 3. Computers verbunden, der Ausgang dieses mit dem Eingang des nächsten Computers. Der Ausgang des letzten Computers ist wiederum mit dem Eingang des 1. Computers verbunden. Eine Information wird vom Sender an den nächsten Computer geleitet, dieser leitet die Information

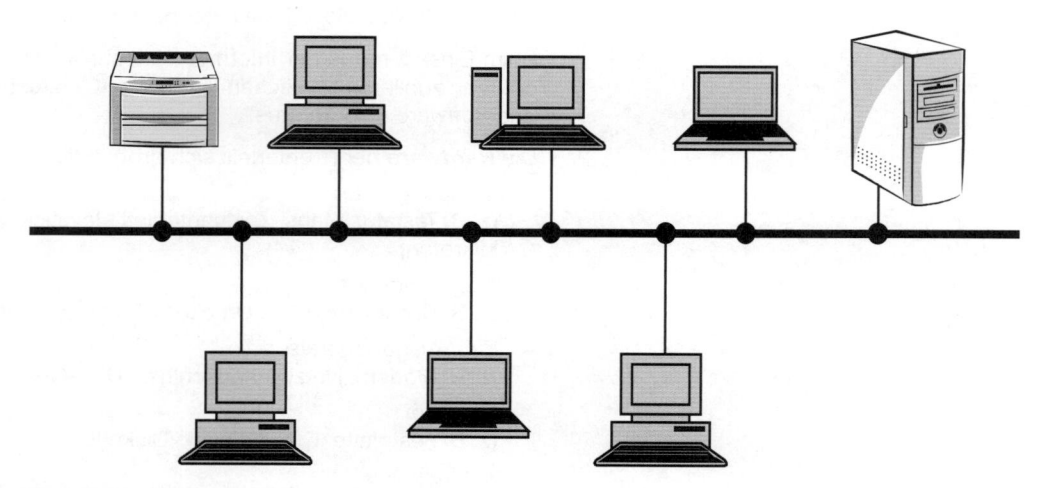

Bild 2.30: Netzwerk mit Bus-Struktur

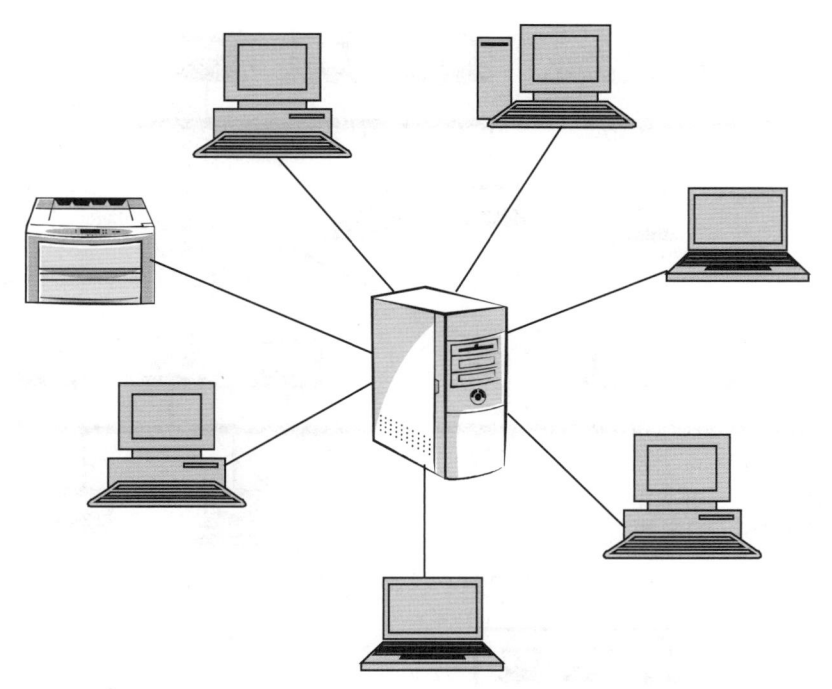

Bild 2.31: Netzwerk mit Stern-Struktur

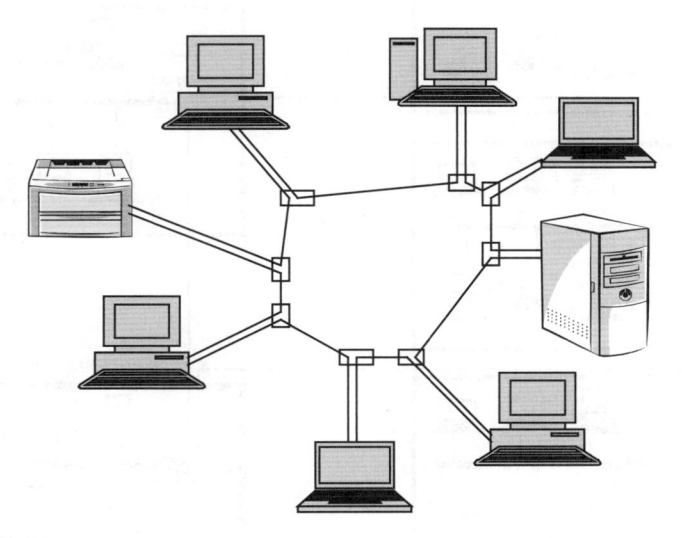

Bild 2.32: PC-Netzwerk mit Ring-Struktur

weiter und so fort, bis der Empfänger erreicht wurde. Dieser leitet die Information dann wieder an den nächsten Computer weiter usf., bis der Kreis geschlossen ist und die Information wieder beim Sender ankommt.

Hierarchische oder Baum-Struktur

In dieser Struktur (**Bild 2.33**) sind den einzelnen Computern verschiedene Hierarchien zugeordnet. Ausgehend von einem zentralen Computer, sind die Computer der nächst folgenden Ebene an diesen über eine Bus- oder Stern-Struktur angeschlossen. Einer dieser nachgeordneten Computer ist wiederum für die darauf folgende Hierarchie der „Leit-Computer" usw.

Der Informations-Austausch der Computer einer Hierarchie-Ebene erfolgt wie bei den Computern in der Bus-Struktur. Der Informations-Austausch zwischen den Ebenen gleicht dem von hintereinander geschalteten Stern-Strukturen.

Vermaschte Struktur

Durch die Mischung verschiedener IT-Netzwerkstrukturen werden vermaschte IT-Netzwerke aufgebaut (**Bild 2.34**). So können Ausfallsicherheit einerseits und kostengünstige Erstellung des Netzwerkes andererseits realisiert werden.

2.6.3 Informationssysteme

Die Gewinnung neuer Informationen durch die Verknüpfung verschiedenster Daten (z. B. die automatische Anzeige einer gestörten Schaltanlage in einer Karte) wird durch speziell entwickelte Informationssysteme ermöglicht.

Geografische Informationssysteme (GIS)

Mit Hilfe eines Grafischen Informationssystems (GIS) wird die „lagerichtige" Dokumentation von (Strom- und Gas-) Netzen sowie den benötigten Anlagen erreicht. Dabei werden die eingemessenen Netze in vorhandene (offizielle) Karten eingeblendet. Verschiedene Maßstäbe können dabei verar-

Handlungsbereich | Organisation

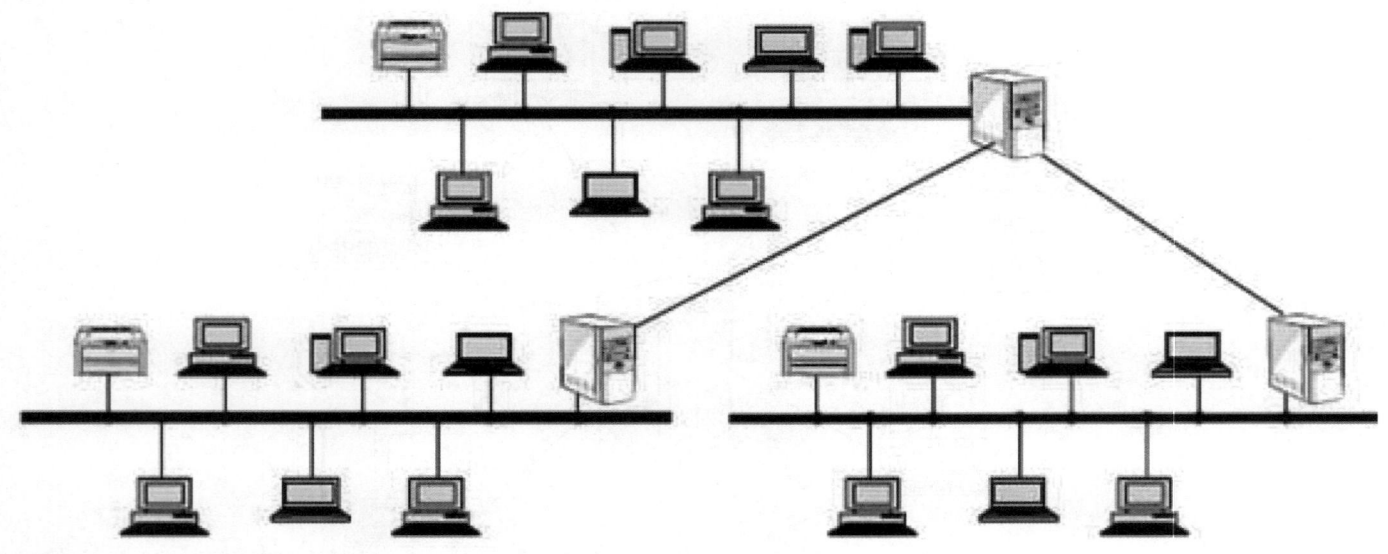

Bild 2.33: PC-Netzwerk mit hierarchischer Struktur bzw. Baumstruktur

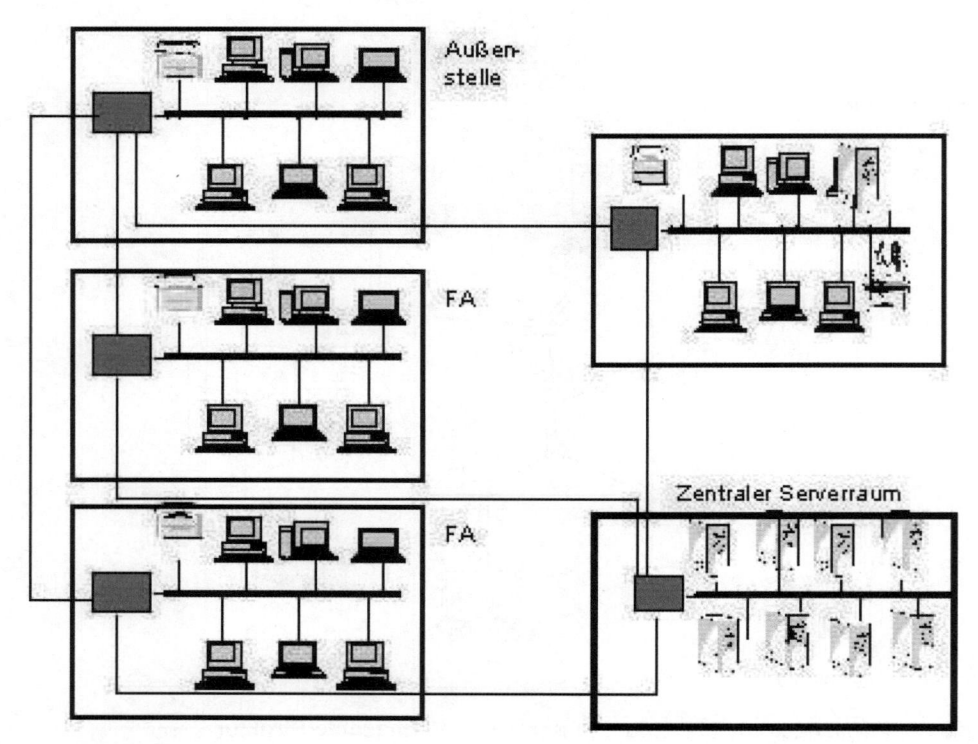

Bild 2.34: Netzwerk mit Maschen-Struktur

beitet werden. Die Darstellung der Anlagen auf Basis ihrer kartenmäßig richtigen Lage (Koordinaten) heißt „georeferenzierte Darstellung". Mit dem GIS wird das digitale Planwerk realisiert.

Im Ortsversorgungsbereich Niederspannung / Niederdruck wird ein kleinerer Maßstab (z. B. 1 : 5.000) der Karte benötigt, um z. B. eine Hauszuleitung darstellen zu können. Im Transportnetzbereich wird der Maßstab größer (1 : 100.000) sein, um die Lage einer bestimmten Leitung sehen zu können. Mit den im GIS vorhandenen Informationen lassen sich Übersichtspläne entsprechend der gegebenen Notwendigkeiten bereitstellen.

Auch Katasterinformationen (Grundbuch, Gemarkung, Flur, Flurstück) können vom GIS bereitgestellt werden. So lässt sich der Leitungsverlauf mit Darstellung der Grundstücksgrenzen auf einer Karte zeigen (**Bild 2.35**).

Auch die Frage „Welche Haushalte sind von einer (Strom- bzw. Gas-) Abschaltung betroffen, wenn die Station ABC abgeschaltet wird", lässt sich über ein GIS in Kartendarstellung beantworten. Dabei kann dann auch dargestellt werden, welche Station dann die Versorgung des von der Abschaltung betroffenen Bereiches übernimmt, können die abgerufenen Lasten bewältigt werden usw.

So ist z. B. im Gas-Bereich eine schnelle Beantwortung im Störfall „Gasgeruchsmeldung" notwendig: Wo liegt der nächste Abschieber, welche Haushalte sind betroffen, wo in der Straße liegt die Leitung, wo wurde Gasgeruch gemeldet.

Über einen Verbund der GIS-Auskunft mit einem Sachdaten haltenden Programm, z. B. SAP, könnten dann zudem über die Kartendarstellung zu den betroffenen Hausanschlüssen/Stationen/Schiebern aktuelle Instandhaltungsinformationen bereitgestellt werden.

Bild 2.35: Darstellung von Leitungsinformationen in einer Übersichtskarte

In einem weiteren Verbund mit PDV-Systemen (Komplettlösung, welche alle Geschäftsprozesse abbildet und unterstützt) sowie CAD (Computer Aided Design, computerunterstütztes Konstruieren) ließen sich dann zusätzlich aktuelle Betriebszustände (aktueller Druck, aktuelle Spannung, aktuelle Schaltzustände) in einer übersichtlichen Information ohne Wechsel der Anwendung darstellen (**Bild 2.36**).

Netzführungssysteme

Ausgereifte Netzführungssysteme bieten moderne, computergesteuerte Anwendungen zur leichteren und zuverlässigen Führung von Transportnetzen. Dazu gehören z. B.:

– *Fernwirksysteme*

  Flexible Kommunikationsstruktur (Verknüpfung mit LANs/lokalen Netzen und WANs/Weltverkehrsnetzen) und die Fähigkeit, mehrere Leitsysteme anzusprechen

– *Netzplanungssysteme*

  Planung, Analyse, Optimierung und Verwaltung aller Versorgungsnetze

Fachinformationssysteme

Als Fachinformationssysteme werden Datenbanken mit formatierten Datenbeständen bezeichnet. Sie unterliegen einer strikten Erfassungssystematik und werden vorwiegend in den Bereichen Verwaltung (z. B. Personal, Kunden, Lieferdatei) und Fertigung (z. B. Materialverwaltung, Stücklisten) eingesetzt.

Unterschieden wird zwischen hierarchischen Datenbanken (relativ statisch und schwer veränderbar) und relationalen Datenbanken (Organisation in Tabellen, die voneinander weitgehend unabhängig sind und miteinander verknüpft werden). Der Aufbau einer solchen Datenbank ist im **Bild 2.37** dargestellt.

2.6.4 Kommunikationssysteme

Durch den ständigen Ausbau und die Weiterentwicklung der Funk- und Satellitentechnik entstehen immer schnellere, komfortablere Kommunikationssysteme. Eine besondere Bedeutung dabei hat die Mobilkommunikation (vorwiegend auf Basis von drahtlosen Netzen) erhalten, die durch höhere Bandbreiten, durch leistungsfähigere Standards und durch Bereitstellung einer wachsenden Vielfalt von Diensten ständig steigende Nutzung erfährt.

Neue Technologien und Dienste sind unverzichtbare Grundlage für die Akzeptanz neuer Anwendungen. Zu den wichtigsten Anwendungsbereichen gehören z. B. elektronischer Geschäftsverkehr (E-Mail) und neue Arbeitsformen (komfortable PC-Software) sowie Konzepte wie „E-Learning" (elektronisch unterstütztes Lernen) oder „E-Home" (elektronisch unterstütztes Wohnen).

Künftig werden die Anforderungen der Nutzer im Vordergrund stehen. Es zeichnet sich ab, dass die Mobilität der Benutzer zunimmt und dass drahtlose Netze in zunehmendem Umfang als Infrastruktur dienen werden.

Bürokommunikation

Durch die Vernetzung der PC hat sich auch der IT-Einsatz im Büro verändert. So werden die Büro- oder Office-Programme immer leistungsfähiger. Tabellarische Berichte werden mit der

Handlungsbereich | Organisation

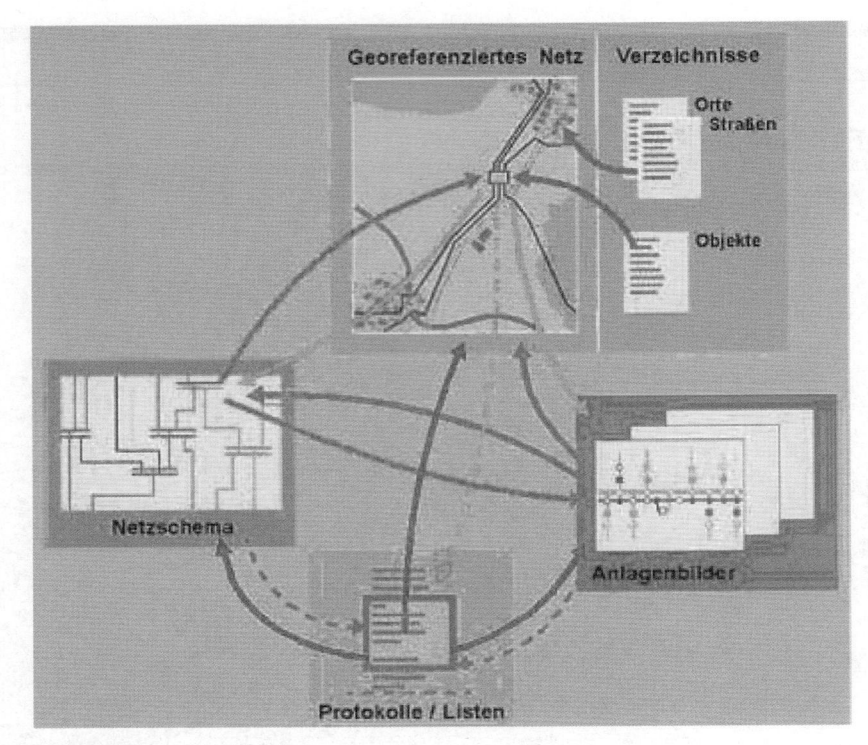

Bild 2.36: Zusammenwirken von PDV, GIS und CAD

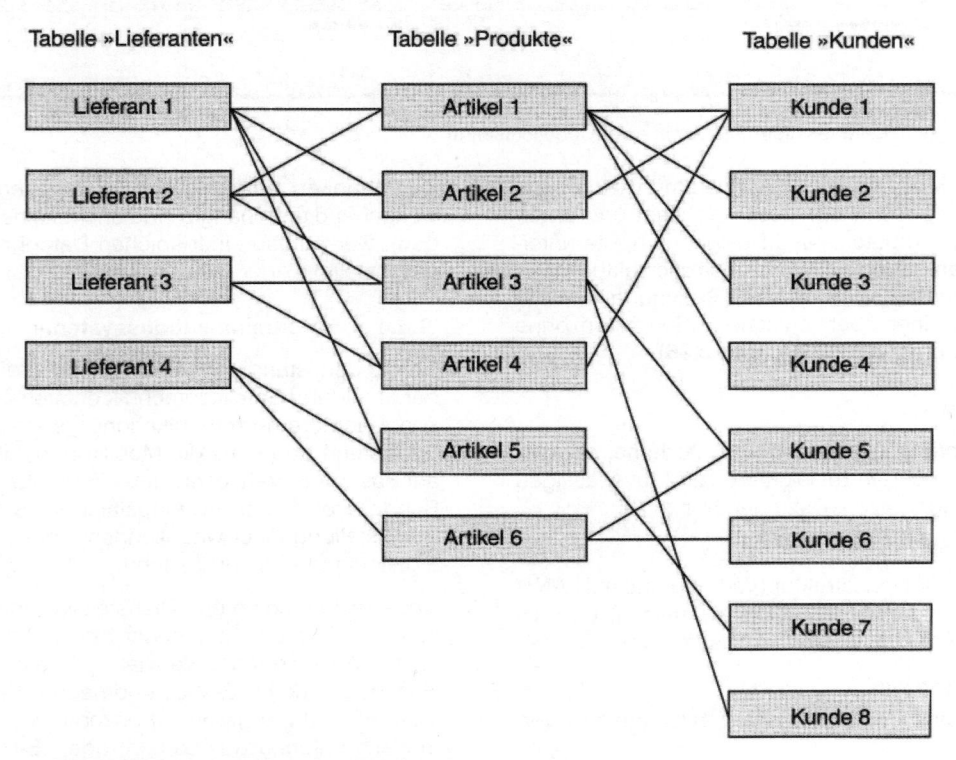

Bild 2.37: Tabellen und Verknüpfungen in einer relationalen Datenbank

Tabellenkalkulation (z. B. MS Excel) erstellt. Jedoch auch die Textverarbeitung kann mit Tabellen „umgehen" und Tabellenwerte berechnen. So lassen sich vielfältig Berichte anfertigen. Daneben besitzt die Tabellenkalkulation auch die Fähigkeit, Diagramme und Zeichnungen zu erstellen, die die berechneten Zahlen einfacher erfassbar machen sollen.

Das Präsentationsprogramm (z. B. MS Power Point) hat Textbearbeitungsfunktionen der Textverarbeitung integriert, sodass Texte in Präsentationen ansehnlich erstellt und formatiert werden können. Mit einem Beamer kann dann z. B. eine großflächige Projektion direkt vom PC oder Notebook erfolgen.

Zusätzlich wird durch die Verfügbarkeit von E-Mail (z. B. über MS Outlook) am Arbeitsplatz und gemeinsamer Datenbestände auf einem Server (z. B. Abteilungs- und Projektverzeichnisse) der elektronische Datenaustausch immer umfangreicher. Über den Faxversand aus dem PC und Faxempfang mit dem PC werden weitere Kommunikationsmöglichkeiten mit dem PC eingesetzt. Weiterhin kann heute in Verbindung mit dem Telefon der Computer aus einem Adressbuch die Anwahl eines Gesprächsteilnehmers durchführen.

Ortungssysteme

Die bekannteste Ortungssysteme sind GSM und GPS.

GSM

Mit einem Mobilfunksignal (über ein Mobilfunk-Netz wie z. B. D1, D2, e-plus) können Daten direkt zum Rechenzentrum übertragen werden. Ein Ortungsmodul mit integriertem Peilsender kann an festen oder beweglichen Gütern wie z. B. Container, Pkw, Lkw und Baufahrzeugen angebracht werden.

Global Positioning System (GPS)

Über einen oder mehrere Satelliten werden Signale über den Standort gesendet, die Position wird bis auf wenige Meter genau bestimmt. Eine Navigation zu vorher eingegebenen Fahrzielen ist mit geeigneter Software problemlos möglich. Weitere Anwendungen sind mit GPS überaus komfortabel abzuwickeln, wie z. B. Arbeitszeiterfassung im Außendienst und Fernprogrammierung von Baumaschinen.

2.7 Einleiten, Überwachen und Dokumentieren von Maßnahmen zur Behebung von Störungen

Jedes Versorgungsunternehmen ist dazu verpflichtet, organisatorische Maßnahmen zu treffen, um Störfällen sofort wirksam begegnen zu können. In den einschlägigen Rechtsvorschriften (z. B. AVB, G 1000 und W 1000, BGB § 823) ist die Verpflichtung zur Behebung von Störungen eindeutig geregelt:

Das Versorgungsunternehmen hat jede Unterbrechung oder Unregelmäßigkeit unverzüglich zu beheben.

2.7.1 Meldeverfahren

Energieversorgungsunternehmen müssen Einrichtungen vorhalten, welche Tag und Nacht (rund um die Uhr, 365 Tage im Jahr) zur Entgegennahme von Störungsmeldungen erreichbar sind und welche unverzüglich alle notwendigen Schritte zur Gefahrenabwehr einleiten. Das bedeutet, dass ein „Entstörungsdienst" sowohl während als auch außerhalb der Regelarbeitszeit zu organisieren und zu gewährleisten ist. Dieser muss unter Berücksichtigung aller örtlichen Gegebenheiten mit entsprechenden Werkzeugen und Informationsmitteln ausgestattet sein.

Wichtig bei Meldeverfahren (**Bild 2.38**) ist grundsätzlich, dass sie alle Eventualitäten berücksichtigen und abdecken. Dem Störungsmeldenden müssen entsprechende Rufnummern bekannt sein bzw. müssen leicht auffindbar (Telefonbuch, Rufnummer am Zähler o. Ä.) sein.

2.7.2 Störungsbearbeitung

Meldungen über Strom-/Gas-Störungen gehen in der Regel telefonisch beim Versorgungsunternehmen ein. Die Störungsmeldungen kommen vom Haushaltskunden (z. B. Gerätestörung), von anderen Bürgern (z. B. Gasgeruch auf

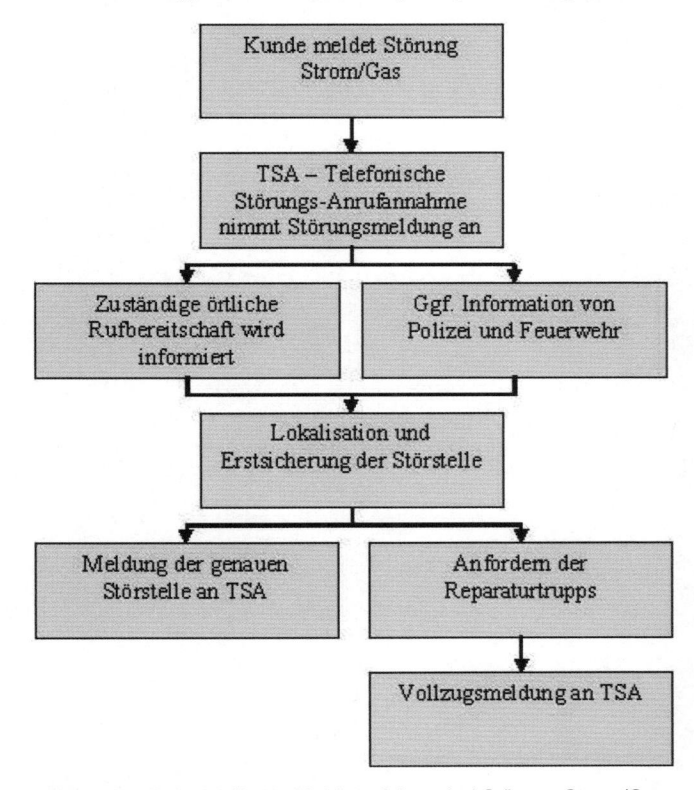

Bild 2.38: Beispiel für ein Meldeverfahren bei Störung Strom/Gas

Handlungsbereich | Organisation

der Straße), von Firmenkunden (z. B. Störungen in Kundenanlagen), von Polizei und Feuerwehr (z. B. Wohnungsbrand) oder vom Tiefbauunternehmen (z. B. Beschädigung von Versorgungsleitungen).

Die telefonische Störungs-Annahmestelle ist bestrebt, die erforderlichen Angaben zu erhalten, um sich ein möglichst genaues Bild über Ort, Art und Umfang der Störung machen zu können. Hierzu sollten an den Melder bestimmte, inhaltlich festgelegte Fragen gerichtet werden, z. B.:
- genauer Ort der Störung,
- Art und vermutete Ursache der Störung,
- innerhalb oder außerhalb eines Gebäudes,
- Name, Anschrift und Telefonnummer des Melders.

Ggf. sollten bereits erste Hinweise zur Gefahrenabwehr gegeben werden; eine wirklich zuverlässige Lagebeurteilung ist in der Regel allerdings nur dem Fachmann vor Ort möglich. Daher sollte der Anrufer zunächst nur kurze und sachliche Verhaltensanweisungen erhalten (z. B. Entfernung aller Personen aus dem Gefahrenbereich, Öffnen von Fenstern bei Gasgeruch, Vermeidung offenen Feuers).

Danach ist sofort die Arbeits- bzw. Rufbereitschaft zu benachrichtigen, die unverzüglich mit einem oder mehreren vollständig ausgestatteten Fahrzeugen und ggf. zusätzlich notwendigen Gerätschaften zum Entstörungseinsatz aufbricht. Je nach Art und Umfang der Störung sind weitere Fachleute (z. B. Meister, Ingenieur) sowie evtl. Vorgesetzte (z. B. Meldekette im Krisenfall) zu verständigen.

Vor Ort muss dann entschieden werden, welche geeigneten Sofortmaßnahmen und welche Reparaturmaßnahmen einzuleiten sind, um die Versorgungsunterbrechung so schnell wie möglich wieder zu beheben.

2.7.3 Dokumentation und Archivierung

Alle wesentlichen Aktionen vom Eingang einer Störungsmeldung bis zur Störungsbeseitigung sind zu dokumentieren, wozu zweckmäßigerweise spezielle Vordrucke verwendet werden bzw. inzwischen verstärkt IT-Anwendungen zum Einsatz kommen sollten. Die einschlägigen Vorschriften (z. B. DVGW-Arbeitsblätter) sagen aus, dass über gemeldete Störungen, Schäden und die veranlassten Maßnahmen ein lückenloser Nachweis zu führen ist. Damit kann z. B. auch in einem evtl. Streitfall mit Geschädigten seitens des Energieversorgers der Nachweis erbracht werden, dass alle notwendigen und richtigen Maßnahmen eingeleitet/ergriffen wurden.

Besonderer Wert ist auf die Erfassung relevanter Uhrzeiten (z. B. Ausrücken des Entstörungsfahrzeuges, Beginn und Ende der Entstörungsarbeiten) zu legen. Über Störfälle mit Personenschäden und/oder größeren Sachschäden sollten ausführliche Protokolle angefertigt werden. So kann jederzeit nachgewiesen werden, dass der Entstörungsdienst ordnungsgemäß organisiert war. Ist dieser Nachweis nicht möglich, kann das Unternehmen wegen sogenannten Organisationsschuldens zum Schadenersatz herangezogen werden.

Alle ausgefüllten und unterschriebenen Formulare sowie Protokolle sollten zu Beweiszwecken über längere Zeit aufbewahrt werden, z. B. fünf Jahre. Bestimmte Aufbewahrungsfristen sind allerdings nicht vorgeschrieben.

Des Weiteren macht es Sinn, Störungen und deren Abwicklung zu dokumentieren, um mit Hilfe statistischer Auswertungen (Nichtverfügbarkeiten, Störungsdauer, Häufigkeiten, Häufigkeiten an bestimmten Betriebsmitteln etc.) Rückschlüsse zu ziehen, wie in Zukunft mögliche Störungsursachen reduziert oder vermieden werden könnten.

Auch seitens der Bundesnetzagentur kommen inzwischen verstärkt Anfragen hinsichtlich Störungsart, -dauer, -häufigkeit und dergleichen, die nur unter Zuhilfenahme einer umfassenden Störungsdokumentation zufriedenstellend zu beantworten sind.

2.8 Bearbeiten von Kundenaufträgen, Beraten und Informieren von Kunden

Ein Auftrag kann grundsätzlich unterschiedliche Auslöser haben. So kann ein Auftrag z. B. durch die notwendige Beseitigung einer Störung ausgelöst werden oder durch die Bestellung eines Kunden – z. B. Montage eines Hausanschlusses Strom und Gas in einem Neubau. Grundsätzlich kann man zwischen folgenden Auftragsarten unterscheiden:

- Bauauftrag, z. B. zur Erstellung einer Anlage/eines Anlagenteils
- Einkaufsauftrag, d. h., die Ware ist nicht vorrätig und muss beim Lieferanten eingekauft werden
- Instandhaltungsauftrag, z. B. zur Instandsetzung eines Betriebsmittels
- Dauerauftrag, Auftrag zur eigenständigen Ausführung fortlaufender Arbeiten wie z. B. Wartungen, Hausanschlussmontagen usw.
- Lagerversandauftrag, d. h., bestellte Ware ist zu einem bestimmten Preis vorrätig und kann direkt an den Kunden versandt werden
- Fertigungsauftrag, sprich das Erzeugnis wird im Betrieb selbst hergestellt

Mögliche Auftragsverhältnisse in Versorgungsunternehmen sind im **Bild 2.39** dargestellt.

Um kontinuierlich einen guten Auftragsbestand bei unseren Kunden sicherzustellen, ist im Vorfeld eine systematisch organisierte, fachlich qualifizierte Beratung und Information der potenziellen Kunden unerlässlich. Das bedeutet im Klartext: nur bestens geschulte und motivierte Mitarbeiter sichern Umsätze und somit die Wettbewerbsfähigkeit eines Unternehmens.

2.8.1 Kundenkontakte

Die Fähigkeit, gute Kundenkontakte aufzubauen, ist unbestritten einer der zentralen Erfolgsfaktoren für die wirtschaftliche Entwicklung eines Unternehmens. Jeder Mitarbeiter muss die Auswirkungen seines Handelns mit den Augen des Kunden sehen, z. B.

- Was erwarten Kunden von mir und meinem Unternehmen?
- Was macht den Kunden wirklich zufrieden?
- Was können wir tun, um Kunden zu gewinnen und zu begeistern?
- Was müssen wir tun, dass der Kunde uns dauerhaft die Treue hält?

Nur zufriedene Kunden sind letztlich in der Regel auch treue Kunden. Diese Kundenzufriedenheit wird sich immer dann einstellen, wenn die Erwartungen und Bedürfnisse des Kunden durch entsprechende Angebote und Leistungen erfüllt werden. Dafür ist das Verhalten der Mitarbeiter im Kundenkontakt ausschlaggebend. Sie müssen grundsätzlich begreifen und davon überzeugt sein, dass

- gute Kundenkontakte zum Erfolg des Unternehmens entscheidend beitragen und damit Arbeitsplätze sichern,
- zufriedene Kunden weniger Druck und Stress am Arbeitsplatz bedeuten,
- der Kundenkontakt durch Freundlichkeit erleichtert wird,
- Kundenkontakte keine Unterbrechung, sondern positiver Inhalt der eigenen Arbeit sind.

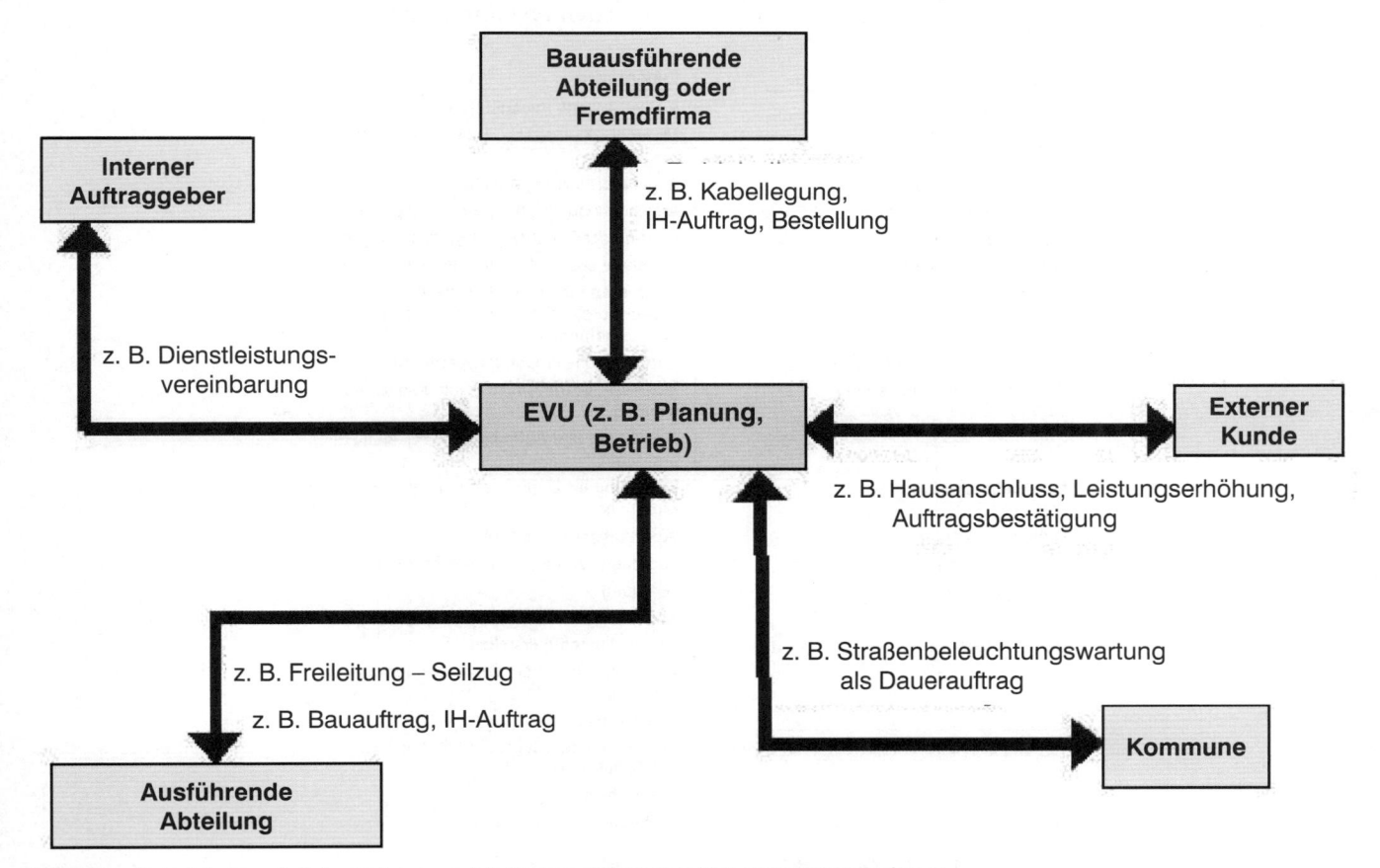

Bild 2.39: Beispiele für mögliche Vertrags- und Auftragsverhältnisse in Versorgungsunternehmen

Handlungsbereich | Organisation

Es ist demnach anzustreben, dass die Mitarbeiter dem Kontakt mit Kunden grundsätzlich positiv gegenüberstehen und somit zu Sympathieträgern des Unternehmens werden. Mögliche Verhaltensweisen sind:

- Überzeugen durch die Fähigkeit, sich in die Situation des Kunden zu versetzen.
- Freundlicher Gesichtsausdruck und Blickkontakt.
- Ansicht des Kunden achten (der Kunde hat zunächst immer „Recht").
- Interesse an der Person, den Problemen und Wünschen des Kunden zeigen.
- Gut zuhören können.
- Fragen und erläutern anstatt die Argumente des Kunden zu bekämpfen.
- Mit Namen ansprechen – der eigene Name ist das bedeutungsvollste Wort jedes Menschen.

2.8.2 Kundenaufträge

Kundenaufträge sind, wie bereits angedeutet, die Grundlage für die Durchführung von Aufgaben und Leistungen in einem Unternehmen. Dementsprechend hat jeder Kundenauftrag hohe Priorität, muss also termingerecht und sorgfältig bearbeitet werden.

Entgegennahme

Nach dem Eingang eines Kundenauftrages ist zunächst die Übereinstimmung der Bestellung mit dem eigenen Angebot zu prüfen.

Während bei einem Lagerversandauftrag lediglich der Versand veranlasst werden muss, ist bei einem Einkaufsauftrag ein individuelles Angebot erforderlich. Ein weitaus größerer Aufwand entsteht bei einem Fertigungsauftrag, denn über die Auftragsbearbeitung hinaus muss die innerbetriebliche Arbeitssteuerung aktiviert werden.

Bearbeitung

Die innerbetriebliche Bearbeitung eines Kundenauftrages verlangt eine systematische Detailplanung (**Bild 2.40**). Ein vollständiger Auftrag von der kaufmännischen Disposition an die ausführende Fachabteilung muss mindestens folgende Daten enthalten:

- Art der zu erbringenden Leistung
- Menge und Umfang
- Ort der Durchführung
- Beginn der Fertigung, evtl. Zwischentermine und Liefertermin
- erforderliche Kapazitäten zur Ausführung
- Ordnungsmerkmale (Auftragsnummer, Bestellnummer, Kundennummer)
- zu berücksichtigende Besonderheiten (kundenspezifisch oder fertigungsbedingt)

2.8.3 Beratung und Information von Kunden

Information bedeutet zielgerichtetes Wissen (über Personen, Sachen oder Sachverhalte) bzw. informieren und die zielgerichtete Weitergabe von Wissen. Allerdings ist ebenso der Prozess der Wissenserlangung unter dem Oberbegriff Information zu verstehen. Zu unterscheiden ist hierbei zwischen

- ***internen Informationen***
  Informationen, die aus dem eigenen Unternehmen stammen – z. B. Mitteilungen, Anweisungen, Kontrollmeldungen bzw. Vollzugsmeldungen – und
- ***externen Informationen***

Ablaufschritte	Erklärungen
Kundenanfrage	Artikel, Anzahl, Bedarfstermin
Angebotsbearbeitung	Material-, Kapazitäts-, Termin- und Preisprüfung
Angebotserstellung	Angebotsentwürfe, Angebote
Angebotsüberwachung	Angebotsaktualisierung, Angebotspflege
Bestellprüfung	Prüfung der Angaben und Kreditwürdigkeit
Bestellungserfassung	Annahme oder Ablehnung der Bestellung
Auftragsbestätigung	Auftragsannahme durch Bestätigung des Artikels, des Preises sowie der Liefertermin und -konditionen
Produktionsprogrammplanung	Aufnahme ins Produktionsprogramm
Fertigungsprogrammplanung	Material-, Betriebsmittel- und Kapazitätsplanung
	Einplanung und Aufnahme ins Fertigungsprogramm
Materialbeschaffung	Bestellung bis Lieferung und Kontrolle der Materialien
Fertigungsaufträge bilden	Werksaufträge erzeugen
Arbeitszuteilung	Zuordnung zu den Fertigungsbereichen
Auftragserfüllung	Fertigung
Fertigmeldung	Anlieferung an Fertigerzeugnislager
Lieferfreigabe	Lieferdokumente erstellen
	Zusammenstellen der Gesamt- oder Teillieferung
	Verpacken
Planung zusätzlicher Arbeiten beim Kunden	Aufstellung, Montage, Einrichtung, MA-Schulung
Versandauslösung	Lieferschein
Fakturierung	Rechnung

Bild 2.40: Schritte bei der Bearbeitung von Kundenaufträgen

Informationen, die das Unternehmen von der Außenwelt – z. B. von Kunden – erhält.

Technische Informationen

Zur Übermittlung von technischen Informationen werden in der Regel verschiedene Medien eingesetzt, z. B.
- Anleitungen,
- Stücklisten,
- Tabellenbücher,
- Normen und Richtlinien,
- Entwürfe und Zeichnungen,
- statistische Daten (Tabellen, Diagramme).

Die Erstellung technischer Informationen muss auf der Grundlage von gesetzlichen Auflagen, Normen und Richtlinien (national, europäisch oder international) erfolgen, um Haftungsrisiken im Vorfeld zu begegnen.

Die internen technischen Informationen halten die Entwicklung eines Produktes von der Fertigung bis zur Demontage bzw. Entsorgung fest, während z. B. Bedienungsanleitungen (Gebrauchsanweisungen) externe technische Informationen darstellen. Dabei ist besonders auf Klarheit und Eindeutigkeit der Darstellung zu achten, denn es lauert die Gefahr von Haftungsrisiken (Produkthaftung).

Anwendungsberatung

Die schnelle Einführung und Nutzung eines neuen Systems bzw. Produktes muss im Interesse beider Geschäftspartner (Kunde und Lieferant) liegen. Es gibt also gute Gründe, die Voraussetzungen für eine gute Anwendungsberatung zu schaffen, z. B. durch folgende Maßnahmen:
- Einführungsunterstützung,
- Erarbeitung von Detailkonzepten,
- kundenspezifische Anpassungen an ein System,
- Lösungsvorschläge für eine leistungsfähige, wirtschaftliche Bearbeitung,
- Optimierung der Arbeitsschritte.

Um diese Maßnahmen effektiv umsetzen zu können (Support), muss ein Team von kompetenten, bestens geschulten Fachleuten aufgebaut werden. Ein qualifizierter Berater muss immer in der Lage sein,
- Antworten auf individuelle Fragestellungen im persönlichen Dialog zu erarbeiten,
- die optimale Methode oder das am besten geeignete Verfahren herauszuarbeiten,
- Empfehlungen für eine bestmögliche Geräteauswahl zu geben,
- qualifizierte Schulungsmaßnahmen durchzuführen.

2.8.4 Reklamationen

Auch bei noch so sorgfältiger Auftragsbearbeitung und -abwicklung wird es auf Grund von Missverständnissen, menschlichen Versehen oder Maschinenproblemen bisweilen vorkommen, dass sich ein Kunde zu einer Reklamation veranlasst sieht.

In derartigen Situationen ist ein angemessenes *„Reklamationsverhalten" (Beschwerdemanagement)* gefordert. Ein professionelles Beschwerdemanagement gliedert sich in folgende drei Stufen:

- *Stimulierung*
  Das Unternehmen muss die Voraussetzungen für eine leichte und unbürokratische Abwicklung von Reklamationen schaffen und das Bewusstsein der Mitarbeiter hinsichtlich des Informationswertes einer Reklamation stärken.

- *Annahme*
  Systematische und vollständige Erfassung der Kundeninformation und adäquates Verhalten der Mitarbeiter (bei einer mündlichen oder telefonischen Reklamation), Kunden direkt befragen.

- *Bearbeitung / Reaktion*
  Analyse der Reklamationsursachen, unverzügliche Weiterleitung an die betreffende Abteilung bzw. Mitarbeiter, Festlegung von zeitlichen und formellen (inhaltlichen und kostenbezogenen) Standards zur Bearbeitung sowie Festlegung eines angemessenen Ausgleichs.

Reklamationen enthalten wichtige Informationen, die für das Unternehmen ausgewertet und genutzt werden können. Beschwerden fallen nicht vom Himmel. Sie haben nun einmal im Regelfall durchaus Ursachen. Manchmal handfeste Ursachen, manchmal auch nur „eingebildete". Beschwerden müssen als Ausdruck von Kundenunzufriedenheit angesehen werden. Wann der Kunde zufrieden ist und wann nicht, kann letztlich nur er selbst entscheiden. Wenn er – der Kunde – meint, er sei unfair oder unhöflich behandelt worden, wird er sich beschweren. Beschwerden gründen sich also beileibe nicht nur auf einen tatsächlichen Mangel, sie resultieren auch aus der subjektiven Beurteilung und Einschätzung des Kunden.

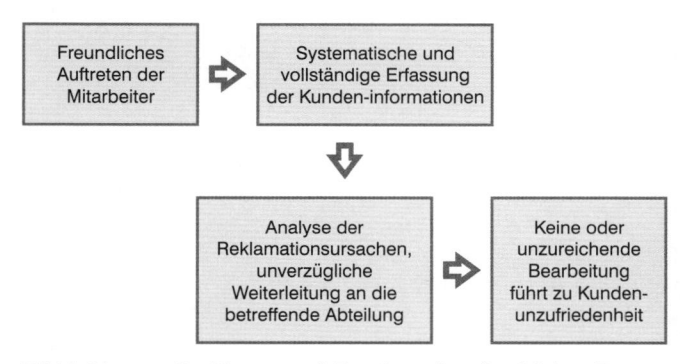

Bild 2.41: Der Umgang mit Beschwerden als wichtiger Bestandteil der Kundenorientierung

Egal, was oder wer eine Beschwerde hervorgerufen hat – sie muss ernst genommen werden. Jede Beschwerde verdient Bearbeitung durch das Unternehmen (**Bild 2.41**).

Der Kunde erwartet eine Antwort. Sonst werden die Ursachen, die letztlich zu einer Beschwerde geführt haben, nicht ausreichend gewürdigt und der Kunde bleibt unzufrieden. Insofern sind Beschwerden eine echte Chance.

Fazit: Je mehr Informationen über die Umstände einer Reklamation im Unternehmen ankommen, umso besser kann auf Kundenerwartungen und -wünsche reagiert werden.

2.8.5 Schadenregulierung

Wenn bei einer Lieferung ein Sachmangel vorliegt, wird eine Schadenregulierung fällig. Ein Sachmangel liegt z. B. vor, wenn der Verkäufer

Handlungsbereich | Organisation

- eine mangelhafte Ware liefert (Mängellieferung)
- eine andere Ware liefert (Falschlieferung)
- eine zu geringe Menge liefert (Mankolieferung)

Bei der Mängellieferung wird unterschieden:

- ***Pflichtverletzung***

  Es wird eine Ware geliefert, die einen Mangel aufweist, der behebbar ist.

- ***Unmöglichkeit***

  Es wird eine Ware geliefert, die derart schwerwiegende Mängel aufweist, dass sie nicht behebbar sind.

Daraus ergeben sich folgende Konsequenzen:

- Bei einer Pflichtverletzung kann der Mangel beseitigt werden (Nachbesserung)
- Bei einer Unmöglichkeit muss die Lieferung einer mangelfreien Ware erfolgen (Nachlieferung).

Sind sich die Vertragsparteien bezüglich der Schadenregulierung nicht einig, wird in der Regel ein Sachverständigen-Gutachten eingeholt. Dabei werden der Schadensumfang und die Schadenshöhe von neutraler Seite bewertet. Ist auf der Grundlage dieses Gutachtens noch immer keine einvernehmliche Schadenregulierung möglich, muss ein Gericht über den Umfang der Schadenregulierung entscheiden.

3 Arbeits-, Umwelt- und Gesundheitsschutz

Bereiche für die Unversehrtheit am Arbeitsplatz

Im Grundgesetz ist das Recht auf Leben und körperliche Unversehrtheit ausdrücklich verankert. Diese staatliche Garantie muss immer im Zusammenhang mit dem Lebensraum und den Lebensbedingungen gesehen werden. Die gesellschaftliche Verantwortung bewegt sich im Dreieck zwischen Ökologie, Ökonomie und Sozialverträglichkeit (**Bild 3.1**).

Bild 3.1: Gesellschaftliche Verantwortung im Arbeits-, Umwelt- und Gesundheitsschutz

Das Ziel, den Menschen auch am Arbeitsplatz zu schützen, ist insofern nur ein Teil des größeren Zieles. Nachfolgend soll auf die drei für die Unversehrtheit am Arbeitsplatz wesentlichen Bereiche eingegangen werden:

Arbeitsschutz

Das Ziel von Arbeitsschutz ist dann erreicht, wenn die Sicherheit am Arbeitsplatz einem Stand entspricht, bei dem eine Gefährdung für den Menschen nicht gegeben ist und die Gestaltung der Arbeitsabläufe, der Arbeitsplätze, der Arbeitsumgebung usw. dem Menschen gerecht werden.

Die Verbesserung der Sicherheit und des Gesundheitsschutzes der Beschäftigten bei der Arbeit stehen im Mittelpunkt aller Aktivitäten zur Arbeitssicherheit und zum Arbeitsschutz. Die rechtlichen Grundlagen sind in einer Vielzahl von Vorschriften festgelegt.

In Deutschland wurde das Duale System mit einer staatlichen Kontrolle
- den staatlichen Gewerbeaufsichtsämtern und
- den Berufsgenossenschaften als Versicherungsträger

übertragen, die ein autonomes Recht haben, Vorschriften zu erlassen und deren Umsetzung zu überprüfen. Zur Nutzung von Synergieeffekten ergänzen diese Institutionen sich heute mehr, als dass sie die gleichen Kontrollen durchführen.

Die Form dieses Systems hat eine geschichtliche Bedeutung mit folgenden Eckdaten:

1800	Arbeitsschutz ist Thema gesellschaftlicher Auseinandersetzungen
1853	Fabrikinspektion: Staatliche Kontrollinstanz für den Arbeitsschutz
1891	Arbeitsschutz als Grundlage der staatlichen Gewerbeaufsicht – Duales System
1973	***Arbeitssicherheitsgesetz (ArbSichG):*** Aufgaben der Fachkraft für Arbeitssicherheit
1985	Artikel 118a des EWG-Vertrages: Internationalisierung des Arbeitsschutz
1996	***Arbeitsschutzgesetz (ArbSchG)*** und ***Sozialgesetzbuch VII*** verabschiedet

Umweltschutz

Im Umweltschutz sind für Anlagen mit hohem Risikopotenzial den Behörden Betriebsbeauftragte für Umweltschutz zu benennen und diese entsprechend zu schulen oder schulen zu lassen. Beauftragtenfunktionen sind:

- Gewässerschutzbeauftragte
- Abfallbeauftragte
- Immissionsschutzbeauftragte
- Störfallbeauftragte
- Gefahrgutbeauftragte
- Gefahrstoffbeauftragte
- Strahlenschutzbeauftragte

Naturschutzbeauftragte sind in der kommunalen Verwaltung angesiedelt. Beauftragte mit Kenntnissen über Naturschutz sind gerade in einem regionalen Versorgungsunternehmen eine zusätzlich sinnvolle Einrichtung.

Betriebe mit geringerem Gefährdungspotenzial benennen diese Beauftragten nur innerbetrieblich und sind meist in einer Person vereint. Sie werden auch Umweltschutzkoordinatoren genannt.

Für eine bessere Kommunikation, effektivere Koordinierung, Vermeidung von doppelter Arbeit und Erhöhung der Rechtssicherheit sind **SGU-Managementsysteme** (Grundsätze für Sicherheit, Gesundheits- und Umweltschutz) eine sinnvolle Grundlage. Sie legen die Verantwortung in der Linie fest und zeigen die Kompetenzen der Fachleute auf. Die Darstellung erfolgt in einer Funktionsmatrix. Hier sind Begriffe wie Technisches Sicherheitsmanagement, Gesundheitsmanagement oder Öko-Audit bzw. EMAS (Kurzbezeichnung für Eco-Management und Audit-Schema) zu nennen. Auch Qualitätsmanagementsystem beinhalten Elemente der Arbeitssicherheit, des Gesundheitsschutzes und des Umweltschutzes.

Grundsätzlich ist festzustellen, dass alle Maßnahmen und Präventionen nur eine Reduzierung bzw. Minimierung von Risiken bedeuten können. Ein Leben ohne jegliche Risiken ist nicht denkbar, wobei häufig der Mensch das größere Risiko darstellt.

Gesundheitsschutz

Alle Maßnahmen, die den Menschen vor arbeitsbedingten Gesundheitsgefahren (also auch vor Berufskrankheiten) schützen sollen, werden als Gesundheitsschutz bezeichnet. Das Ziel ist, dass der Mensch seinen Arbeitsplatz nach Arbeitsende so gesund verlässt, wie er ihn zu Arbeitsbeginn betreten hat. Gesundheit ist weit mehr als das Fehlen von Krankheit. Sie umfasst körperliches, seelisches, geistiges und soziales Wohlbefinden.

Handlungsbereich | Organisation

„Gesundheitliche Probleme müssen an ihrer Quelle bekämpft werden. Der Arbeitswelt kommt dabei – auch wegen ihrer Rückwirkung auf Privatleben und Freizeitverhalten – eine herausragende Bedeutung zu. Das Hauptgewicht sollte bei der Verhütung gesundheitlicher Probleme liegen und nicht bei ihrer nachgehenden Bewältigung. Gesundheitsförderung und Prävention müssen als Führungsaufgabe wahrgenommen und nicht nur von nachgeordneten Fachabteilungen bearbeitet werden. Betriebliche Gesundheitspolitik muss unter Einbeziehung der Betroffenen praktiziert und nicht nur von oben nach unten verordnet werden. Und sie muss in ihrer Ausgestaltung vielfältig sein, d. h. den unterschiedlichen Bedürfnissen einzelner Branchen und Betriebsgrößen entsprechen. Betriebe, die so verfahren, fördern die Gesundheit ihrer Mitarbeiter und verbessern ihr Wettbewerbsfähigkeit. Sie tragen zudem zur Vermeidung von Sozialversicherungsunfällen (Unfälle, Behandlung, Berentung, Arbeitslosigkeit), d. h. zur finanziellen Stabilisierung der sozialen Sicherungssysteme bei, was ihnen selbst wiederum in Form begrenzter Lohnnebenkosten zugute kommt." (Bertelsmann-Stiftung / Hans-Böckler-Stiftung 2004, S. 21).

3.1 Beurteilen, Überprüfen und Gewährleisten der Arbeitssicherheit, des Arbeits-, Gesundheits- und Umweltschutzes

Jedes Unternehmen hat gemäß Arbeitsschutzgesetz die Pflicht, die mit der Arbeit verbundenen Gefährdungen für die Beschäftigten zu ermitteln und (schriftlich) festzuhalten, welche Maßnahmen des Arbeits- und Gesundheitsschutzes erforderlich sind. Der Einsatz von fachlich geeigneten Sicherheitsfachkräften muss gewährleistet sein. Bei Verstößen gegen das Arbeitsschutzgesetz liegt die Haftung beim Unternehmen.

3.1.1 Aufgaben und Verantwortung des Meisters

Der Meister hat die Aufgabe, sich mit den Entscheidungsmustern sowie den Werten und Normen seines Betriebes aktiv auseinanderzusetzen und sie seinen Mitarbeitern zu vermitteln. Auf diese Weise wird eine positive Unternehmenskultur gestützt und weiterentwickelt.

Der Meister kann ein wesentlicher Erfolgsfaktor für die Bestandssicherung des Betriebes werden. Dazu benötigt er z. B. die Fähigkeit eines effizienten Selbstmanagements, denn nur wer sich selbst führen kann, kann auch andere führen. Soziale Kompetenz und Teamfähigkeit sind gefordert.

Der Unternehmer kann zuverlässige und fachkundige Personen, wie z. B. den Meister, schriftlich damit beauftragen, bestimmte Aufgaben in eigener Verantwortung wahrzunehmen. Bei der Übertragung von Aufgaben hat der Unternehmer je nach Art der Tätigkeiten zu berücksichtigen, ob der Mitarbeiter befähigt ist, die für die Sicherheit und den Gesundheitsschutz bei der Aufgabenerfüllung zu beachtenden Bestimmungen und Maßnahmen einzuhalten.

Der Unternehmer darf Mitarbeiter, die erkennbar nicht in der Lage sind, eine Arbeit ohne Gefahr für sich oder andere auszuführen, mit dieser Arbeit nicht beschäftigen (z. B. Jugendliche). Bei Verstoß kann ggf. ein Ordnungswidrigkeitsverfahren eingeleitet werden.

Die Beauftragung muss den Verantwortungsbereich und Befugnisse festlegen und ist vom Beauftragten zu unterzeichnen. Eine Ausfertigung der Beauftragung ist ihm auszuhändigen.

3.1.2 Arbeitssicherheit und Arbeitsschutz

Die Verbesserung der Sicherheit und des Gesundheitsschutzes der Beschäftigten bei der Arbeit stehen im Mittelpunkt aller Aktivitäten zur Arbeitssicherheit und zum Arbeitsschutz. Die rechtlichen Grundlagen sind in einer Vielzahl von Vorschriften festgelegt (**Bild 3.2**).

Beauftragte Personen – Funktionen und Aufgaben

Der Leitgedanke ist die Prävention im betrieblichen Arbeits- und Gesundheitsschutz. Der Arbeitgeber ist zur Bestellung von Fachkräften für Arbeitssicherheit und von Betriebsärzten verpflichtet. Die grundsätzlichen Strukturen der Organisation – wie z. B. verantwortliche Mitarbeiter, ihre Aufgaben und die Zusammenarbeit – sind im ***Arbeitssicherheitsgesetz (ArbSichG)*** festgelegt.

Arbeits-, Umwelt- und Gesundheitsschutz | **Kapitel 3**

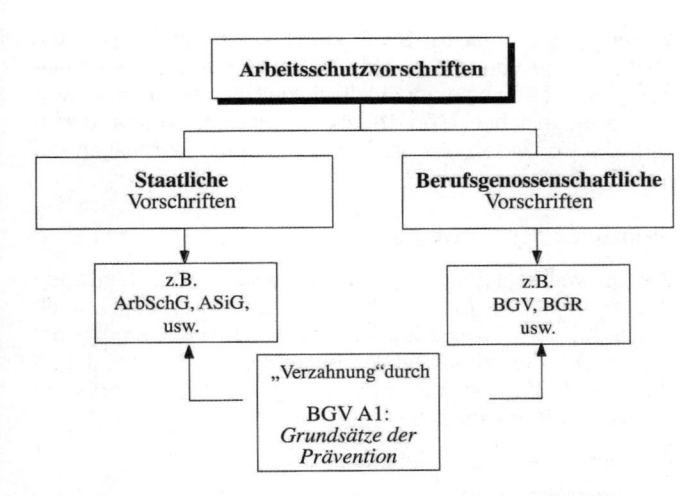

Bild 3.2: Unterteilung der vielfältigen Arbeitsschutzvorschriften

Die *Fachkräfte für Arbeitssicherheit* haben z. B. folgende Aufgaben:

– Darauf hinwirken und ständig beobachten, dass sich alle im Betrieb Beschäftigten den Anforderungen des Arbeitsschutzes und der Unfallverhütung entsprechend verhalten.
– Arbeitgeber und sonstige für den Arbeitsschutz und die Unfallverhütung verantwortliche Personen beraten.

– Sicherheitstechnische Überprüfung der Betriebsanlagen und der technischen Arbeitsmittel insbesondere vor der Inbetriebnahme.
– Sicherheitstechnische Überprüfung und Prüfung möglicher gesundheitlicher Beeinträchtigungen von Arbeitsverfahren insbesondere vor ihrer Einführung.

Gefährdungsbeurteilung

In einem Unternehmen gibt es vielfältige Gefährdungsfaktoren, denen mit gezielten Schutzmaßnahmen zum Ausschluss von Gefahren und Risiken zu begegnen ist. Nachfolgend eine Auswahl von wichtigen **Gefährdungsfaktoren:**

– Mechanische Gefährdungen
– Elektrische Gefährdungen
– Biologische Gefährdungen
– Gefährliche Betriebsstoffe (Gefahrstoffe)
– Gefährdungen durch die Arbeitsumgebungsbedingungen
– Physische Belastungen (Arbeitsschwere)
– Psychische Belastungen
– Organisation

In den **Berufsgenossenschaften** liegt eine Liste mit den Gefährdungsarten vor (s. Abschnitt 3.5.1).

Durch eine systematische Ermittlung der Gefährdungspotenziale (direkte Gefährdungsbeurteilung) ist festzustellen, welche Maßnahmen zu ergreifen sind (**Bild 3.3**).

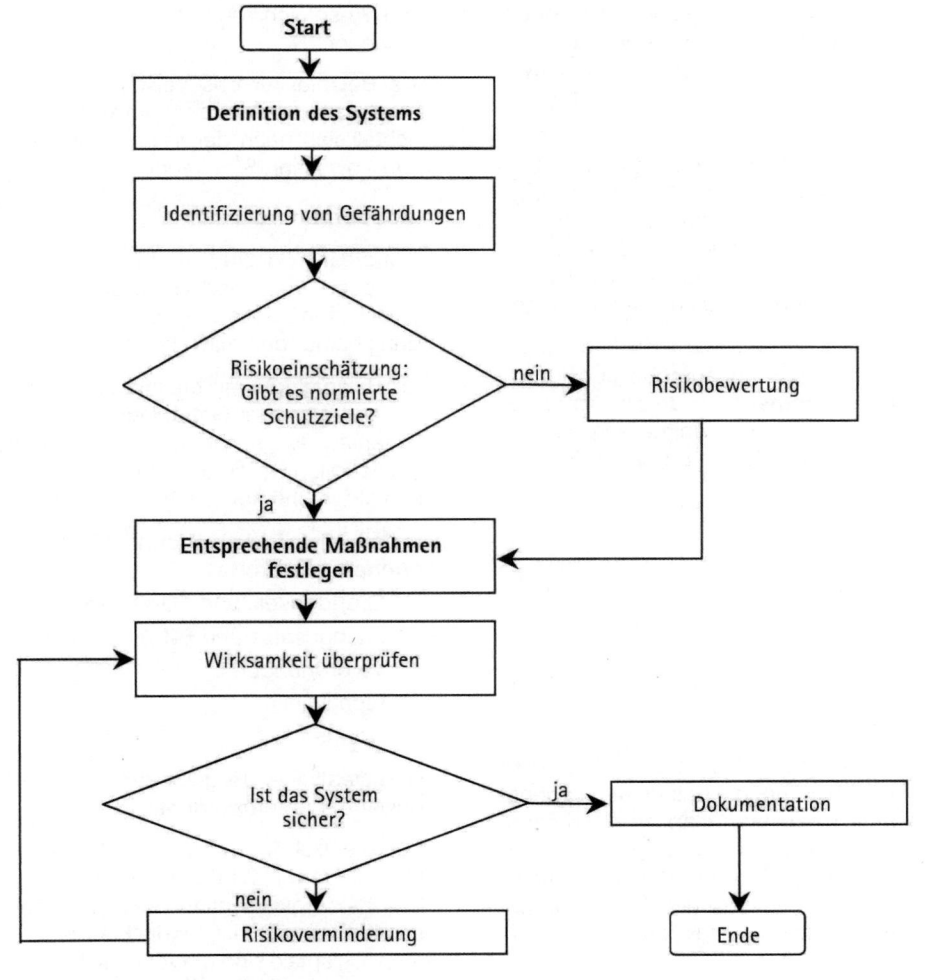

Bild 3.3: Gefährdungs- und Risikobeurteilung als Flussdiagramm

Handlungsbereich | Organisation

Gefährdungsanalysen sollen vorrangig durchgeführt werden, wenn
- sicherheitstechnische Entscheidungshilfen für die Planung von Arbeitsplätzen, Anlagen und Verfahren benötigt werden;
- durch bekannt gewordene Beinahe-Unfälle auf besondere Gefahren zu schließen ist;
- an bestimmten Arbeitsplätzen, bei bestimmten Arbeiten oder Arbeitsverfahren eine besondere Unfallbelastung gegeben ist.

In der Praxis haben sich die von den Arbeitsschutzinstitutionen erstellten „Handlungsanleitungen zur Gefährdungsbeurteilung" bewährt.

Nach der Festlegung bzw. Durchführung von Schutzmaßnahmen ist eine Überprüfung von deren Wirksamkeit erforderlich *(indirekte Gefährdungsbeurteilung).* Die Schlüsselfragen hierzu lauten:
- Haben die Maßnahmen tatsächlich zu einer Verbesserung der Sicherheit geführt?
- Sind die Maßnahmen auch auf Dauer wirksam und sinnvoll?

Die Antworten auf diese Fragen geben Informationen von Mitarbeitern sowie statistische Methoden (Statistiken, Analysen, Auswertungen).

3.1.3 Umweltschutz

1994 wurde im Grundgesetz das Staatsziel „Schutz der natürlichen Lebensgrundlagen des Menschen" verankert. Damit die Umwelt nicht mehr als nötig belastet wird (z. B. durch Verunreinigungen von Boden, Wasser und Luft sowie Lärmbelastungen), müssen also geeignete Maßnahmen getroffen werden.

Eine Vielzahl von gesetzlichen Vorschriften regeln den Umgang mit der Umwelt. Dabei sind sowohl das nationale Umweltrecht als auch das EU-Umweltrecht zu berücksichtigen. Dem liegt die Erkenntnis zu Grunde, dass sich Umweltschäden nur dann wirksam verhindern oder beseitigen lassen, wenn sie grenzüberschreitend und international angegangen werden.

Umweltschutz ist heute eine Führungsaufgabe und fordert ein geeignetes **Umweltmanagement** im Unternehmen. Er vollzieht sich zunehmend auf der Basis konkreter Rechtsvorschriften sowie Haftung und Sanktionen bei Verstößen. Zu nennen sind z. B.
- Gewässer- und Bodenschutz
- Abfallbehandlung
- Gefahrguttransport
- Luftreinhaltung
- Naturschutz

Definition Umweltschutz

Unter Umweltschutz ist die Gesamtheit aller Maßnahmen und Bestrebungen zu verstehen, um die natürlichen Lebensgrundlagen von Menschen, Tieren und Pflanzen zu erhalten. Im engeren Sinne bedeutet dies den Schutz vor negativen Auswirkungen, die von der ökonomischen Tätigkeit des Menschen (der Arbeitswelt), seinen technischen Einrichtungen und zivilisatorischen Gegebenheiten ausgehen.

Vorrangiges Ziel ist es, Schädigungen der Umwelt vorausschauend zu vermeiden. Das Entstehen von Umweltbelastungen ist bereits an der Quelle soweit einzuschränken, wie es die technischen Möglichkeiten erlauben; anders formuliert: Die Konflikte zwischen Natur und Technik müssen minimiert werden.

Prinzipien des Umweltrechts

Das Umweltrecht gehört fast ausschließlich zum „Öffentlichen Recht". In ihm besteht ein Über- und Unterordnungsverhältnis, d. h., der Einzelne ist dem Staat, der das Gemeinwohl vertritt, untergeordnet. Bei Verstoß erfolgt ein Zwangseingriff (Sanktion); dabei wird je nach Delikt mit Geldstrafe oder mit Freiheitsstrafe geahndet.

Das Umweltrecht baut auf drei Prinzipien auf:
- Vorsorgeprinzip
- Verursacherprinzip
- Kooperationsprinzip

Vorsorgeprinzip

Dabei ist es vorrangig, Umweltbelastungen ohne Berücksichtigung eventueller Schädigungen grundsätzlich zu vermeiden oder auf ein nach dem Stand der Technik erreichbares Mindestmaß zu beschränken.

Verursacherprinzip

Darunter ist der Grundsatz der direkten Kostenzurechnung zu verstehen. Die Kosten zur Vermeidung, Beseitigung oder zum Ausgleich von Umweltbeeinträchtigungen trägt der Verursacher.

Als Beispiel für das Verursacherprinzip kann das Abwasserabgabengesetz genannt werden. Die Höhe der Abgabe richtet sich nach der in ein Gewässer eingeleiteten Menge von Abwasser (Stofffracht).

Kooperationsprinzip

Ziel dieses Prinzips ist eine bestmögliche Zusammenarbeit zwischen Staat und Gesellschaft im Bereich der Umweltpolitik, d. h., dass die Betroffenen bei umweltbedeutsamen Entscheidungen mitwirken sollen.

Als Beispiel können die langen Verhandlungen der Bundesregierung mit der Getränkeindustrie in Bezug auf Einwegflaschen aus Kunststoff und Getränkedosen angeführt werden. Letztendlich wurde das Pfand für Kunststoffflaschen und Dosen eingeführt sowie die Flaschenrücknahme angeordnet.

In der Umweltgesetzgebung gibt es die folgenden **Gesetzesebenen** (Hierarchie):
- Grundgesetz und EU-Verordnungen
- Fachgesetze und EU-Richtlinien
- Verordnungen
- Richtlinien
- Normen

Den staatlichen Regelungen sind die Regelungen der Bundesländer untergeordnet.

Für die Behörden sind die **Verwaltungsvorschriften** die Grundlage für die Entscheidungen, die im Genehmigungsbescheid dokumentiert werden. Daher sind Verwaltungsvorschriften eine Quelle für die Planungen im eigenen Unternehmen. Beispiele sind die Technische Anleitung zur Reinhaltung der Luft und die Technische Anleitung Siedlungsabfall.

Die **Umweltschutzbereiche**, die eine besondere Bedeutung für ein Energieversorgungsunternehmen haben, sind:
- Gewässerschutz
- Luftreinhaltung
- Bodenschutz / Altlasten
- Naturschutz
- Gefahrguttransport und
- der Umgang mit Gefahrstoffen (als Schnittstelle zu Arbeitssicherheit und Gesundheitsschutz)

Für die Umsetzung in die Praxis gilt folgende Aussage:

Es ist wichtig, den Text eines Gesetzes zu kennen, aber wichtiger ist es, seinen Sinn zu erkennen.

Funktionen und Aufgaben der Beauftragten

Unter bestimmten Bedingungen sind im Unternehmen speziell ausgebildete Beauftragte (**Bild 3.4**) zur Wahrnehmung der Umweltschutzpflichten vorgeschrieben, z. B.

- *Gefahrgutbeauftragter (Sicherheitsberater)*
  Er ist zu bestellen, wenn regelmäßig Gefahrgüter versandt werden oder Gefahrgüter auch unternehmensintern in größeren Mengen über öffentliche Straßen transportiert werden.

- *Gewässerschutzbeauftragter*
  Er ist zu bestellen, wenn täglich mehr als 750 m³ Abwässer in öffentliche Gewässer eingeleitet werden.

- *Abfallbeauftragter*
  Er ist zu bestellen, wenn im Betrieb regelmäßig gefährliche Abfälle anfallen (z. B. brennbar, luft- oder wassergefährdend).

- *Immissionsschutzbeauftragter*
  Er muss bestellt werden, wenn eine gemäß 5. BImSchV (Bundesimmissionsschutzverordnung) genehmigungsbedürftige Anlage betrieben wird.

- *Störfallbeauftragter*
  Er ist zu bestellen, wenn in einer genehmigungsbedürftigen Anlage ein Störfall entstehen kann.

Der **Betriebsbeauftragte** hat insbesondere folgende Aufgaben:
- den Unternehmer und die Mitarbeiter in allen bedeutsamen Angelegenheiten seines Fachbereiches zu beraten;
- das Einhalten der Vorschriften, Bedingungen und Auflagen zu überwachen;
- festgestellte Mängel dem Unternehmer mitzuteilen und Maßnahmen zur Beseitigung vorzuschlagen;
- auf die Entwicklung und Einführung von Verfahren zur Vermeidung oder Verminderung von Gefahren und auf umweltfreundliche Produkte hinzuwirken;
- die Betriebsangehörigen über die betrieblich verursachten Belastungen aufzuklären sowie über Einrichtungen und Maßnahmen zu ihrer Verhinderung unter Berücksichtigung der einschlägigen Vorschriften zu informieren;
- dem Unternehmer jährlich einen Bericht über die getroffenen und beabsichtigten Maßnahmen zu erstatten.

Der Betriebsbeauftragte ist schriftlich zu bestellen, wobei die ihm obliegenden Aufgaben genau zu bezeichnen sind. Die Bestellung ist den zuständigen Behörden anzuzeigen. Als Betriebsbeauftragter darf nur bestellt werden, wer die zur Erfüllung der Aufgaben erforderliche Fachkunde und Zuverlässigkeit besitzt.

Ermittlung von möglichen Umweltgefährdungen im Arbeitsbereich

Bei allen betrieblichen Vorhaben mit einem hohen Risikopotenzial oder wesentlichen Veränderungen ist eine **Umweltverträglichkeitsprüfung (UVP)** durchzuführen. Sie hat zum Ziel, die Umweltauswirkungen des Vorhabens frühzeitig zu prüfen und angemessen zu berücksichtigen (Vorsorgeprinzip).

Im Arbeitsbereich spielen die Auswirkungen von **Arbeitslärm** auf den Menschen eine besondere Rolle. Lärm kann nicht nur das seelische Empfinden beeinträchtigen, sondern auch Gehörschäden hervorrufen. Dementsprechend wurden für den Hörschallbereich, der von dem Ohr eines Menschen wahrgenommen wird, entsprechende Richtlinien aufgestellt. Der Schallpegel wird in Dezibel dB (A) angegeben. Die Werte reichen von 0 dB (A) (Hörschwelle) bis 120 dB (A) (Schmerzschwelle) (**Bild 3.5**).

Im Umweltschutz stellt nicht gewollter Schall (Rasenmäher, Musik des Nachbarn) häufig eine Störung des Wohlbefindens dar. Daher sind die Grenzwerte für den Umweltbereich wesentlich niedriger angesetzt als für den Bereich der Arbeitssicherheit.

Ausnahmen von den Regelungen für Wohn-, Gewerbe- und Industriegebiete gibt es für zeitlich begrenzte Ereignisse, wie z. B. Behebung von Störungen im Versorgungsnetz (ca. 1 Tag) oder zeitlich begrenzte Baustellen (ca. 1 Jahr).

Weitere Umweltgefährdungen bzw. Störungen können z. B. auch durch folgende Emissionen verursacht werden (**Bild 3.6**):

- *Gefahrstoffe*
  in Form von Nebel, Rauch, Staub, Geruchsstoffe

- *Brand- und Explosionsgefährdung*
  Feststoffe, Flüssigkeiten und Gase

- *Strahlenbelastung*

- *Erschütterungen / Klima*
  Raumtemperatur, Luftfeuchtigkeit

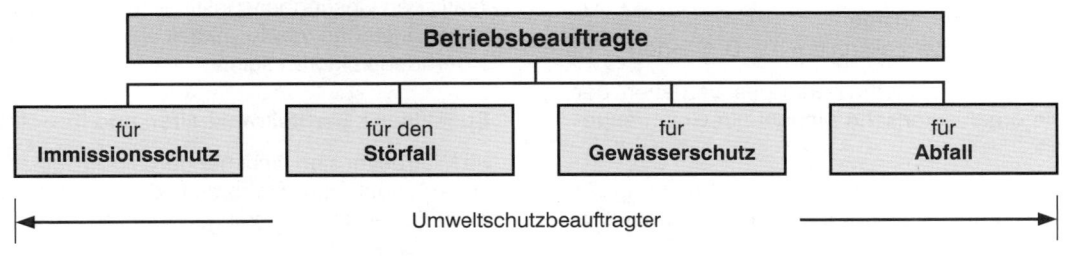

Bild 3.4: Betriebsbeauftragte im Rahmen des Umweltschutzes

Handlungsbereich | Organisation

Typische Schallpegel		Wirkung auf den Menschen
0 dB(A)	Hörschwelle	keine Schallwahrnehmung
30 dB(A)	Flüstern, Blätterrauschen	beruhigend
60 dB(A)	Normales Gespräch	Konzentrationsbeeinträchtigung
80 dB(A)	Starker Straßenlärm, Dreherei	Verständigung nur mit lauter Stimme
85 dB(A)	Fräsmaschinen, Schwerverkehr	**Gefährdung des Gehörs**
100 dB(A)	Kreissäge, Diskothek	Verständigung nur durch lautes Rufen
115 dB(A)	Bleche hämmern	Verständigung nicht mehr möglich
120 dB(A)	unerträglich laut	**Schmerzschwelle**
130 dB(A)	Niethammer	
140 dB(A)	Flugzeugstart	**akute mechanische Gefährdung**
160 dB(A)	Geschützknall	

Bild 3.5: Schallpegel von Lärmquellen und deren Wirkung auf den Menschen

Faktoren der Gefahrenpotenziale	Praktische Fragen und Beispiele
1. Art und Menge des Gefahrstoffes	1. Chlor zur Desinfektion 2. Entsorgung von Reinigungsmitteln 3. Umgang mit Asbestzement
2. Art des Verfahrens	1. Können giftige Gase entstehen? 2. Besteht Brandgefahr (bei Gasanlagen)? 3. Gibt es Grubengase (bei Begehung von unterirdischen Kanälen)?
3. Art der Verfahrensausführung	1. Wird eine Dosierung kontinuierlich vorgenommen oder diskontinuierlich? 2. Fallen Gefahrstoffe in unterschiedlichen Mengen an?
4. Art und Ausrüstung der Anlage (Betriebszustand)	1. Gibt es automatische Überwachungen? 2. Werden alle wichtigen physikalischen Werte regelmäßig ermittelt? 3. Wird die Anlage regelmäßig gewartet?

Bild 3.6: Gefahrenpotenziale

– *Beleuchtung*
  ausreichende Stärke, Blendquellen

Gefahrenpotenzial im Zusammenspiel von Mensch, Betriebsmittel und Arbeitsstoff

Am Arbeitsplatz können für die Mitarbeiter erhebliche Gefahrenpotenziale entstehen (z. B. Freisetzung von schädlichen Stoffen, Brände, Explosionen). Beim Umgang mit Anlagen sowie bei der Umsetzung von Arbeitsverfahren ist das Gefahrenpotenzial z. B. von folgenden Faktoren abhängig:

– Art und Menge des Gefahrstoffes
  (z. B. Tube Kleber oder Tanklager Lösemittel)
– Art des Verfahrens
  (z. B. Versprühen von Farbe oder geschlossene Dosiersysteme)
– Art der Verfahrensführung
  (fortlaufend oder unterbrochen)
– Art und Ausrüstung der Anlage
  (Instandhaltung von Hydraulikanlagen z. B. Steiger)

Darüber hinaus können sicherheitswidriges Verhalten der Mitarbeiter sowie organisatorische Mängel ein Gefahrenpotenzial darstellen.

Bereits im Vorfeld sollten in einer Sicherheitsbetrachtung die Gefahrenpotenziale ermittelt werden. Durch die Anwendung einer systematischen, bereits bewährten Methode *(Sicherheits-Check)* kann die weitgehende Vollständigkeit der Ermittlungsergebnisse sichergestellt werden.

3.1.4 Gesundheitsschutz

Die Gesundheit der Mitarbeiter kann sowohl durch Arbeitsunfälle als auch durch hohe physische und psychische Belastungen, durch chemische und biologische Stoffe sowie durch physikalische Einflüsse am Arbeitsplatz gefährdet werden. Durch die Veränderungen der Arbeitsbedingungen in den vergangenen Jahrzehnten hat die übermäßige körperliche Anstrengung an Bedeutung verloren, während einseitige Beanspruchungen durch ständig wiederholende Tätigkeiten und geistig-mentale Anforderungen gestiegen sind.

Die Zahl der tödlichen Arbeits- und Wegeunfälle ist laut Statistiken der Berufsgenossenschaften in den letzten 20 Jahren zwar um etwa 50 % gesunken; dennoch muss das Ziel der staatlichen Gesundheitspolitik eine weitere Verringerung von Unfallrisiken und von Krankheit auslösenden und Verschleiß fördernden Faktoren sein.

Spezifische Berufskrankheiten und ihre Ursachen

Die Mitarbeiter sind nicht nur durch Unfallgefahren gefährdet, sondern auch durch unterschiedliche andere Einwirkungen, deren Folgen sich oft erst nach Jahren zeigen, z. B.

- **Lärmschwerhörigkeit**
  durch ständiges Arbeiten in Lärmbereichen ohne ausreichenden Lärmschutz (mit Abstand die häufigste Berufskrankheit)

- **Asbestose**
  durch Arbeiten, bei denen Asbestfasern über die Atemwege in den Körper gelangen (schwere Atemwegserkrankungen und häufig Lungenkrebs)

Auf Grund langjähriger Erkenntnisse wurde die **Berufskrankheiten-Verordnung (BKV)** verfasst, in der alle anerkannten Berufskrankheiten aufgelistet sind (**Bild 3.7**). Ist eine Erkrankung nicht in der BKV aufgeführt, kann sie im Einzelfall nach neuen medizinischen Erkenntnissen anerkannt werden.

Funktionen und Aufgaben der BKV

Die Berufskrankheiten-Verordnung setzt sich mit den Beweggründen von Berufskrankheiten auseinander. Es handelt sich um Krankheiten, die nach den Erkenntnissen der medizinischen Wissenschaft durch besondere Einwirkungen verursacht werden und denen bestimmte Personengruppen durch ihre berufliche Tätigkeit in erheblich höherem Maße ausgesetzt sind als die übrige Bevölkerung.

Dazu gibt es in der BKV eine Liste mit den häufigsten und folgenschwersten Ursachen (**Bild 3.8**).

Berufskrankheit	Anzahl
Übrige Berufskrankheiten	1 468
Lendenwirbelsäule	186
Meniskusschäden	300
Bronchitis	363
Allergische Atemwegserkrankungen	503
Infektionserkrankungen	523
Asbestose mit Krebs	841
Mesotheliom (Asbest)	880
Silikose	1 178
Hauterkrankungen	1 197
Asbestose	2 051
Lärmschwerhörigkeit	6 274

Bild 3.7: Die häufigsten, anerkannten Berufskrankheiten nach BKV-Liste (2004)

	Häufige Berufskrankheiten und ihre Ursachen
1	**Durch chemische Einwirkungen verursachte Krankheiten**
11	Metalle und Metalloxide
1103	Erkrankungen durch Chrom und seine Verbindungen
12	Erstickungsgase
1201	Erkrankungen durch Kohlenmonoxid
13	Lösemittel, Schädlingsbekämpfungsmittel (Petside) und sonstige chemische Stoffe
1308	Erkrankungen durch Fluor oder seine Verbindungen
2	**Durch physikalische Einwirkungen verursachte Krankheiten**
21	Mechanische Einwirkungen
2103	Erkrankungen durch Erschütterung bei Arbeit mit Druckluftwerkzeugen oder gleichartig wirkenden Werkzeugen oder Maschinen
22	Druckluft
2201	Erkrankungen durch Arbeit in Druckluft
23	Lärm
2301	Lärmschwerhörigkeit
24	Strahlen
2401	Grauer Star durch Wärmestrahlung
3	**Infektionskrankheiten sowie Tropenkrankheiten**
4	**Erkrankungen der Atemwege und der Lungen, des Rippenfells und Bauchfells**
41	Erkrankungen durch anorganische Stäube
4101	Quarzstaublungenerkrankung (Silikose)
4107	Erkrankungen an Lungenfibrose durch Metallstäube bei der Herstellung und Verarbeitung von Hartmetallen
42	Erkrankungen durch organische Stäube
4203	Adenokarzinome der Nasenhaupt- und Nasennebenhöhlen durch Eichen- und Buchenholz
5	**Hautkrankheiten**
6	**Krankheiten sonstiger Ursache**

Bild 3.8: Ursachen von Berufskrankheiten (Auszug)

Handlungsbereich | Organisation

Arbeitsmedizinische Vorsorge

Durch Einhaltung der Arbeitsschutzbedingungen und der jeweils geltenden Grenzwerte soll sichergestellt werden, dass Mitarbeiter nicht arbeitsbedingt erkranken. Dazu gehören eine gut organisierte

- Gesundheitsfürsorge (Betriebsarzt),
- Arbeitsplatzgestaltung (Ergonomie),
- Raumgestaltung,
- gut organisierter Klima-, Licht- und Lärmschutz sowie
- Hautschutz.

Einen vollständigen Überblick gibt **Bild 3.9** zur Unterteilung des Arbeitsschutzes.

Eine weitere, wesentliche Maßnahme zur arbeitsmedizinischen Vorsorge ist die Vermeidung von überlangen und ungeeigneten Beschäftigungszeiten (z. B. ständige Nachtarbeit). Normale *Ermüdung* ist schnell zu überwinden (z. B. durch mehrere Kurzpausen), während *Erschöpfung* eine echte Gesundheits- und Unfallgefahr darstellt.

Bei zunehmender Arbeitverdichtung ist die psychische Belastung – auch Stress genannt – häufig Ursachen von Erkrankungen. Hierbei ist das gesamte Umfeld eines Menschen zu betrachten.

Arbeitsschutz in Deutschland
– Gliederung –

Unfallverhütung	Gesundheitsschutz	Sozialer Arbeitsschutz

- Allgemeine Maschinensicherheit
- Technischer Arbeitsschutz / Maschinensicherheit
- Brandschutz
- Explosionsschutz
	- Arbeitsmedizinische Vorsorge
	- Gesundheitsfürsorge
	- Arbeitsgestaltung
	- Ergonomie
	- Raumgestaltung
	- Klima-, Licht- und Lärmschutz
		- Arbeitszeitschutz,
		  z. B. Arbeitspausen, Nachtarbeit
		- Schutz für besondere Gruppen von Beschäftigten
		  wie z. B. Kindern, Jugendlichen, Frauen, behinderten Menschen

Bild 3.9: Gesundheitsschutz als wichtiger Bestandteil des Arbeitsschutzes

3.2 Fördern des Mitarbeiterbewusstseins bezüglich der Arbeitssicherheit und des betrieblichen Arbeits-, Umwelt- und Gesundheitsschutzes

Es muss für jeden Mitarbeiter selbstverständlich sein, dass er im Rahmen der Gesamtverantwortung im Betrieb für seinen unmittelbaren Arbeitsbereich ganz bewusst Eigenverantwortung übernimmt. Neben dem fachlichen und persönlichen Verantwortungsbewusstsein ist ein gewissenhafter Umgang mit dem betrieblichen Arbeits-, Umwelt- und Gesundheitsschutz erforderlich.

3.2.1 Arbeits-, Umwelt- und Gesundheitsschutz

Im § 15 des **Arbeitsschutzgesetzes (ArbSchG)** ist festgelegt, dass die Mitarbeiterinnen und Mitarbeiter verpflichtet sind,

- für ihre eigene Sicherheit und Gesundheit bei der Arbeit zu sorgen;
- für die Sicherheit und Gesundheit der Personen zu sorgen, die von ihren Handlungen oder Unterlassungen bei der Arbeit betroffen sind;
- die ihnen zur Verfügung gestellten Arbeitsmittel (z. B. Maschinen, Geräte, Werkzeuge, Transportmittel) und persönlichen Schutzausrüstungen bestimmungsgemäß zu verwenden.

Volks- und betriebswirtschaftliche Bedeutung

Fast täglich wird in den Medien über Umweltkatastrophen, Umweltverschmutzung sowie -gefährdung infolge menschlichen Einwirkens berichtet. Diese Bilder und Meldungen sollten jeden Menschen dazu veranlassen, durch entsprechende Verhaltensweisen aktiv für eine möglichst unbelastete Umwelt einzutreten und diese Einstellung im persönlichen sowie betrieblichen Umfeld zu vermitteln.

Der technische Fortschritt und die gleichzeitige Entwicklung der wissenschaftlichen Erkenntnisse bezüglich Arbeitssicherheit, Umweltbedingungen aber auch möglicher Gesundheitsgefahren bedürfen einer angemessenen Berücksichtigung.

Das öffentlich-rechtliche Arbeitsschutzrecht dient dazu, den Arbeitnehmer gegen Gefahren für Leben und Gesundheit bei der Arbeit sowie durch die Arbeit zu schützen. Der Staat hat zwei Möglichkeiten der Einwirkung:

- er handelt unmittelbar durch Gesetze wie auch Verordnungen (z. B. Gewerbeaufsicht);
- er erklärt die Träger der gesetzlichen Unfallversicherung zu öffentlich-rechtlichen Körperschaften und überträgt ihnen hoheitliche Aufgaben (z. B. Berufsgenossenschaften).

Soziale Bedeutung

Die Sicherheit jedes einzelnen Menschen in unserer Bevölkerung ist nur dann gegeben, wenn die Kernbereiche für ein verantwortungsvolles Zusammenleben, die z. B. im Arbeits-, Umwelt- und Gesundheitsrecht geregelt sind, als lebensnotwendige Grundlagen verstanden werden.

Die soziale Bedeutung ergibt sich, wenn alle Beteiligten (Gesetzgeber, Arbeitgeber und Arbeitnehmer) gemeinsam für ein Ziel arbeiten: Durch einen gut organisierten Arbeits-, Umwelt- und Gesundheitsschutz bestmögliche Lebensbedingungen zu schaffen, aber auch ständig zu verbessern. Dabei nehmen schutzbedürftige Personen (z. B. schwerbehinderte Menschen, Jugendliche, werdende oder stillende Mütter) eine besondere Fürsorge in Anspruch (z. B. spezielle Einrichtung des Arbeitsplatzes).

Gefahrenpotenzial im Zusammenspiel von Mensch, Betriebsmittel und Arbeitsstoff

Am Arbeitsplatz können für die Mitarbeiter erhebliche Gefahrenpotenziale entstehen (z. B. Freisetzung von schädlichen Stoffen, Brände, Explosionen). Beim Umgang mit Anlagen sowie bei der Umsetzung von Arbeitsverfahren ist das Gefahrenpotenzial z. B. von folgenden Faktoren abhängig:

- Art und Menge des Gefahrstoffes
- Art des Verfahrens
- Art der Verfahrensführung (fortlaufend oder unterbrochen)
- Art und Ausrüstung der Anlage (Betriebszustand)

Darüber hinaus können sicherheitswidriges Verhalten der Mitarbeiter sowie organisatorische Mängel ein Gefahrenpotenzial darstellen.

Bereits im Vorfeld sollten in einer Sicherheitsbetrachtung die Gefahrenpotenziale ermittelt werden. Durch die Anwendung einer systematischen, bereits bewährten Methode (Sicherheits-Check) kann die weitgehende Vollständigkeit der Ermittlungsergebnisse sichergestellt werden.

3.2.2 Maßnahmen zur Förderung des Mitarbeiterbewusstseins

Die Unternehmen müssen darauf hinwirken, das Mitarbeiterbewusstsein bezüglich Arbeits-, Umwelt- und Gesundheitsschutz zu fördern. Zum Einsatz bei Störfällen sind z. B. folgende Maßnahmen angezeigt:

- Betriebsanweisungen
- Alarm- und Rettungspläne
- Brandschutzverordnungen
- Erste-Hilfe-Anleitungen

Das Bewusstsein der Mitarbeiter muss durch solide fachliche Grundlagen unterstützt werden. Dementsprechend sind geeignete Aus- und Fortbildungsmaßnahmen zu organisieren.

Verantwortung und Pflichten der Mitarbeiter

Alle Mitarbeiter sind verpflichtet, aktiv am innerbetrieblichen Arbeits-, Umwelt- und Gesundheitsschutz mitzuwirken. Daraus ergeben sich nach BGV A 1 insbesondere folgende Verhaltensregeln:

- Befolgen und Unterstützen von Weisungen des Unternehmens gemäß § 15 BGV A1

  Die Mitarbeiter haben für ihre Sicherheit und Gesundheit bei der Arbeit sowie für Sicherheit und Gesundheitsschutz derjenigen zu sorgen, die von ihren Handlungen betroffen sind. Sie müssen die Maßnahmen zur Verhütung von Arbeitsunfällen, Berufskrankheiten, aber auch arbeitsbedingten Gesundheitsgefahren sowie für eine wirksame Erste Hilfe aktiv unterstützen.

- Besondere Unterstützungspflichten gemäß § 16 BGV A1 (s. S. 23 IHK)

- Bestimmungsgemäße Benutzung von Arbeitsmitteln und Schutzvorrichtungen gemäß § 17 BGV A1

  Die Mitarbeiter haben Einrichtungen, Arbeitsmittel und Arbeitsstoffe sowie Schutzvorrichtungen bestimmungs-

Handlungsbereich | Organisation

gemäß und im Rahmen der ihnen übertragenen Arbeitsaufgaben zu benutzen.
- Verhinderung von Eigen- und Fremdgefährdung (z. B. durch Konsum von Alkohol, Drogen, Medikamentenmissbrauch)

Vorbildfunktion des Meisters

Der Meister hat wie alle Vorgesetzten einen wesentlichen Einfluss auf das Verhalten der Mitarbeiter. Er muss sich seiner Vorbildfunktion bewusst sein und darf von seinen Mitarbeitern nichts verlangen, was er nicht selbst vorlebt. Dementsprechend muss der Meister alle Anweisungen konsequent befolgen, vertreten (motivieren) und durchsetzen (z. B. Tragen der vorgeschriebenen Schutzkleidung).

Darüber hinaus muss der Meister fachlich in der Lage sein, mögliche Ursachen für ablehnendes Verhalten einzelner Mitarbeiter zu analysieren (z. B. persönliche, private, betriebliche Gründe). Darauf aufbauend kann der Meister seine Vertrauensbasis nutzen, um die Umsetzung von Schutzmaßnahmen zu erreichen. Falls Defizite festzustellen sind, kann eine Weiterbildung zum Thema „Mitarbeiterführung" nützlich sein.

Medien und Kommunikationsmittel

Für eine gute **Ausbildung** sowie eine kontinuierliche **Fortbildung** durch die rasche Entwicklung in allen technischen Disziplinen stehen vielfältige Maßnahmen, Medien und Kommunikationsmittel zur Verfügung, z. B.
- Veranstaltungen der Berufsgenossenschaften, der Gewerbeaufsicht, von TÜV oder DEKRA
- Betriebliche Seminare und Lehrgänge
- Aushang von Plakaten
- Fachliteratur
- AV-Medien (Video, DVD, Beamer)
- Internet, z. B. Deutsche Gesetzliche Unfallversicherung (www.hvbg.de)
- Messebesuche

Auswertung von Arbeitsunfällen

Arbeitsunfälle sind Unfälle, die ein Arbeitnehmer im unmittelbaren Zusammenhang mit seiner versicherten Tätigkeit erleidet. Dabei liegt ein von außen auf den Menschen einwirkendes, körperlich schädigendes, plötzliches und zeitlich begrenztes Ereignis zu Grunde.

Um nach einem derartigen Ereignis einen erträglichen Ausgleich für alle Beteiligten zu erreichen und aus dem Missgeschick sinnvolle Konsequenzen für die Zukunft zu ziehen, ist die gründliche Untersuchung von Arbeitsunfällen erforderlich.

Dabei ist auf eine Versachlichung der Diskussion zu achten. Ein Grundübel vieler Unfalluntersuchungen ist die Akzentverschiebung von der Ursachenanalyse auf die Schuldfrage. In diesem Zusammenhang ist der undifferenzierten Formulierung von „menschlichem Versagen" entschieden entgegenzutreten. Nur durch gute zwischenmenschliche Kontakte und fairen, vertrauensvollen Umgang ist eine Bewältigung der angespannten Situation bei Unfalluntersuchungen zu erreichen.

Problemlösungen durch Mitarbeiter

Um bei den Mitarbeitern das Vertrauen in die Ernsthaftigkeit der Arbeitsschutzmaßnahmen zu stärken, muss das Unternehmen die Beschäftigten an Problemlösungen beteiligen. Die Gefährdungsbeurteilung aller Arbeiten im Betrieb sollte durch Fachkräfte ermittelt werden. Sie können durch ihre praktische Erfahrung und ihre fachlichen Kenntnisse mögliche Gefahren am besten erkennen und beurteilen.

3.3 Planen und Durchführen von Unterweisungen in der Arbeitssicherheit, des Arbeits-, Umwelt- und Gesundheitsschutzes

Die *Unterweisungspflicht des Unternehmens* erfolgt auf der Grundlage verschiedener Vorschriften. Insbesondere sind zu nennen:

- Arbeitsschutzgesetz
- Unfallverhütungsvorschrift BGV A1 „Grundsätze der Prävention"
- Betriebssicherheitsverordnung
- Jugendarbeitsschutzgesetz
- Gefahrstoffverordnung
- Betriebsverfassungsgesetz
- Ausbilder-Eignungsverordnung (AEVO)

3.3.1 Konzepte für Unterweisungen

Die Einbindung der Unterweisung in die Struktur der betrieblichen Maßnahmen ist Pflicht des verantwortlich handelnden Vorgesetzten, der insbesondere nach den Vorgaben der *Ausbilder-Eignungsverordnung (AEVO)* zu handeln hat.

Der Hintergrund ist die Tatsache, dass nicht alle Gefahren durch technische Maßnahmen vollständig vermieden werden können. Oft hat das – korrekte oder fehlerhafte – Verhalten der Mitarbeiter wesentlichen Einfluss auf einen sicheren Umgang mit der Technik.

Bei der Konzeption muss zunächst erfasst werden, welche Tätigkeiten und Arbeitsplätze eine Unterweisung erfordern. Danach müssen konkrete Vorüberlegungen getroffen werden.

Unterweisungsbedarf

Bei der Ermittlung des Unterweisungsbedarfs ist folgender Fragenkatalog hilfreich:
- Welcher Personenkreis muss unterwiesen werden?
- Welche Inhalte sollen vermittelt werden (Schwerpunktthemen)?
- Wer soll die Unterweisungen durchführen?
- Wie und in welcher Form soll unterwiesen werden?
- Wann soll unterwiesen werden?
- Erst- oder Wiederholungsunterweisung?
- Wie soll unterwiesen werden (Didaktik, Akzeptanz bei den Mitarbeitern)?

Unterweisungsinhalte

Die Unterweisungsinhalte ergeben sich aus den aktuellen betrieblichen Gegebenheiten. Generell kann davon ausgegangen werden, dass von zwei Bereichen potenzielle Gesundheits- und Unfallgefahren ausgehen können und ein Unterweisungsbedarf besteht:
- Maschinen
- Instandhaltungsarbeiten (Wartung, Inspektion, Reinigung)

Darüber hinaus gibt es individuellen Unterweisungsbedarf an besonders gefährdeten Arbeitsplätzen, wie z. B.
- Baustelle (RSA – Richtlinien zur Sicherung von Arbeitsstellen an Straßen),
- Lärmschutz,
- Schutz des Bodens und der Gewässer (bei Entsorgungsfragen),
- Verhalten bei Brandfällen und notwendige Maßnahmen zur Ersten Hilfe.

3.3.2 Unterweisungen

Unterwiesen werden müssen alle Beschäftigten an den entsprechenden Arbeitsplätzen (einschließlich Vertretungen für Urlaub und Krankheit).

Ein größeres Unternehmen wird Unterweisungen in der Regel an einen fachlich kompetenten Mitarbeiter delegieren. Wichtig ist, dass die Unterweisungen als „zwingende Regel" für die Beschäftigten gesehen werden. Diese Vorgabe setzt bei der unterweisenden Person eine entsprechende Weisungsbefugnis voraus.

Werden die Unterweisungen von innerbetrieblichen Stabsstellen (ohne unmittelbare Weisungsbefugnis) oder von einer externen Sicherheitsfachkraft vorgenommen, sollte der Unterweisung auf anderem Weg entsprechendes Gewicht verliehen werden (z. B. Anwesenheit oder einführende Worte eines Vorgesetzten).

Die Unterweisungen (Beispiele siehe **Bilder 3.10** und **3.11**) müssen vor Aufnahme einer Tätigkeit erfolgen und sind in angemessenen Zeitabständen zu wiederholen bzw. zu aktualisieren. Sie sollten möglichst vor Ort stattfinden (praktische Vorführung) und nur unter besonderen Bedingungen in einen Schulungsraum verlegt werden (z. B. Lärm, große Arbeitsgruppe, Einsatz von didaktischen Hilfsmitteln).

3.3.3 Dokumentation

Die einzelnen Bestandteile einer Unterweisung sind genau zu dokumentieren und zu archivieren. Veröffentlicht werden sollten jedoch nur die wichtigsten Inhalte in Form einer Betriebsanweisung, die auf die konkrete Situation am Arbeitsplatz eingehen und auf technische Details verzichten. Ganz wichtig ist, dass Betriebsanweisungen plakativ und in verständlicher Sprache abgefasst werden (**Bild 3.12** auf Seite 84).

Handlungsbereich | Organisation

| Unternehmen | **Betriebsanweisung** Gem. § 14 GefStoffV | Anhang E-604 |

Geltungsbereich:
Gebäude: Schaltanlagen
Arbeitsplatz: Schaltanlagenbau
Tätigkeit: Demontage von Asbestzementplatten

Gefahrstoffbezeichnung
Asbestzementplatten
enthalten Weiß- oder Blauasbest

Hohe Gefährdung

Gefahren für Mensch und Umwelt
- Beim Schneiden, Bohren, Sägen mit schnelllaufenden Maschinen oder durch Abrieb entsteht Asbestfeinstaub.
- Wird dieser Staub eingeatmet kann es zur Asbestose bzw. zum Lungen-, Bauchfell-, oder Rippenfellkrebs führen

Krebserzeugend

Schutzmaßnahmen und Verhaltensregeln
- Die Arbeiten sind nur durch unterwiesene Personen durchzuführen.
- Die erstmalige Durchführung ist durch einen Sachkundigen zu überwachen
- **Die Arbeiten sind nach der Arbeitsanweisung für den Umgang mit Asbest nach der TRGS 519 durchzuführen.**
- Langsam laufende, groben Staub erzeugende Maschinen einsetzen.
- Einwegarbeitsanzug, Gummihandschuh, Einwegatemfilter P2 tragen. (nach Gebrauch in gekennzeichneten Kunststoffsack ablegen und gut verschließen.)
- Schnittstellen mit Wasser ausreichend anfeuchten.
- Bei Arbeitsunterbrechung freie Körperteile gründlich nass reinigen.
- Der Aufenthalt unbefugter Personen im Arbeitsbereich ist verboten.

Verhalten im Gefahrfall   Notruf   112
- Bei Unregelmäßigkeiten ist die Arbeit einzustellen und umgehend der Aufsichtsführende zu verständigen.

Erste Hilfe   Notruf   112
- Bei Verletzungen Erste Hilfe leisten bzw. Rettungsmaßnahmen einleiten

SACHGERECHTE ENTSORGUNG
- Platten und Atemschutzmaske bzw. Filter gut befeuchtet in reißfesten Kunststoffsack ablegen und verschließen. Mit Asbestschild kennzeichnen.
- Auf Hausmülldeponie oder über beauftragte Firma entsorgen.
- AVV- Abfallschlüsselnummer 17 06 05 „astbesthaltige Baustoffe"

Bearbeiter: Müller | genehmigt: Vorgesetzter

Bild 3.10: Muster einer Betriebsanweisung für Gefahrstoffe – Asbestzementplatten

Betriebsanweisung
Gem. § 14 GefStoffV

Anhang A-504-02

Geltungsbereich:
Gebäude: Tankstelle im Freien

Arbeitsplatz: Fahrzeug, Aggregate
Tätigkeit: betanken

Gefahrstoffbezeichnung

Ottokraftstoff - bleifrei (Normal- und Superbenzin)
Gefährliche Inhaltsstoffe: Methanol, Benzol, Toluol, Xylol, n-Hexan

Hohe Gefährdung — Brand- u. Explosionsgefahr beachten

Gefahren für Mensch und Umwelt

- Produkt ist hochentzündlich, giftig und kann Krebs erzeugen
- Verdunstet leicht und bildet explosionsfähige Dampf-Luft-Gemische
- Flüssigkeit wirkt entfettend und dringt durch die Haut in den Körper ein
- Führt zum Austrocknen der Haut sowie zu Hautreizungen.
- Dämpfe können zur Reizung der Augen, Nase und des Rachens führen
- Stark wassergefährdend - WGK 3

Schutzmaßnahmen und Verhaltensregeln

- Von Zündquellen und offenen Flammen fernhalten - NICHT RAUCHEN!
- Einatmen der Dämpfe und Flüssigkeitskontakt mit der Haut und den Augen vermeiden.
- Zur Vermeidung von Hautkontakt werden Schutzhandschuhe empfohlen
- Besteht Spritzgefahr Schutzbrille tragen.
- Nur in gut belüfteten Bereichen verwenden.
- Behälter geschlossen, kühl, ausreichend belüftet lagern.
- Nicht zu Reinigungszwecken verwenden.
- Benzinmotoren nur im Freien betreiben, in Räumen grundsätzlich eine Absaugung der entstehenden Abgase erforderlich.
- Nicht in den Boden oder die Kanalisation gelangen lassen.

Verhalten im Gefahrfall — Notruf 112

- Beim Verschütten: Tankstellenpersonal benachrichtigen.
- Mit flüssigkeitsbindendem Material (Sand o.ä.) und nur in zugelassenen Behältern aufnehmen.
- Entstehende Dämpfe sind schwerer als Luft, können in Gullys und Kanalsystem einströmen und auch durch entfernte Zündquelle gezündet werden.
- Brände nicht mit Wasser löschen, ggfs. kontrolliert ausbrennen lassen bzw. mit Pulver oder CO_2- Löscher löschen

Erste Hilfe — Notruf 112

- Arzt/Feuerwehr/Rettungsdienst verständigen.
- Augenkontakt: bei geöffneten Lidspalt mehrere Minuten ausspülen - Augenarzt aufsuchen
- Hautkontakt: benetzte Kleidung entfernen Hautreinigung mit Wasser und Seife, anschließend Hautpflegemittel eincremen
- Einatmen: an die frische Luft bringen - bei Atemstillstand künstliche Beatmung.
- Verschlucken: kein Erbrechen herbeiführen, Betroffenen ruhig stellen - Arzt aufsuchen.

Sachgerechte Entsorgung

- Einweghandschuhe bei Tankstelle belassen
- Verunreinigtes Benzin der Wiederaufarbeitung zuführen
- Putzlappen und gebrauchte Ölbindemittel, nur in selbstschließenden Metallbehältern sammeln
- Als Aufsaug- und Filtermaterialien AVV-Schl. 15 02 02 über Fachfirma entsorgen

Bearbeiter: Müller | genehmigt: Vorgesetzten

Bild 3.11: Muster einer Betriebsanweisung für Gefahrstoffe – Ottokraftstoff

Handlungsbereich | Organisation

Arbeitsbereich: Lackiererei
Gefahrstoff
2K-Acryl-Lack
Gefahren für Mensch und Umwelt
Gesundheitsschädlich beim Einatmen, bei Hautkontakt und Verschlucken; bleibende Schäden durch Einatmen und Verschlucken möglich; Schadstoffanreicherung im Körper; entzündlich; reizt Atemwege und Haut; Zersetzungsprodukte im Brandfall: Gefahr von Gesundheitsschäden
Schutzmaßnahmen und Verhaltensregeln
Am Arbeitsplatz nicht rauchen, trinken, essen; nur bei eingeschalteter Lüftungsanlage einsetzen; Lackiererei nur mit Sicherheitsschuhen betreten (elektrostatische Aufladung); Kontakt mit Haut und Augen vermeiden; Behälter immer geschlossen halten; Lagerung im Lager für brennbare Flüssigkeiten; Schutzhandschuhe, Schutzbrille tragen
Verhalten im Gefahrfall
Entstehungsbrand: Pulverlöscher am Eingang zur Lackiererei verwenden Gegebenenfalls: Geschlossene Behälter neben dem Brandherd mit Wasser kühlen Größerer Brandherd: Sofort Zentrale, Herrn Schmidt, Tel. 334, verständigen. Alle Beschäftigten der Lackiererei verlassen entsprechend dem Notfallplan die Betriebsräume.
Erste Hilfe
Nach Einatmen: Betroffenen warm halten, in Ruhelage bringen Nach Hautkontakt: Benetzte Kleidung ausziehen; Haut mit Wasser und Seife waschen; kein Lösemittel/Verdünnung verwenden Nach Augenkontakt: Mit geöffneten Augenlidern mindestens 10 min. lang mit Wasser spülen Nach Verschlucken: Kein Erbrechen herbeiführen; Arzt holen In Zweifelsfällen: Arzt holen **Ersthelfer: Herr Müller, Tel. 749** Betriebsarzt: Dr. Meier, Tel. 104
Sachgerechte Entsorgung
Nicht in Kanalisation gelangen lassen; Leckagen mit Bindemittel (im Nebenraum) aufsaugen und in blauer Tonne entsorgen; Deckel schließen

Bild 3.12: Beispiel für eine Betriebsanweisung „Gefahrstoffverordnung"

3.4 Überwachen der Lagerung und des Transportes sowie des Umgangs mit umweltbelastenden und gesundheitsgefährdenden Betriebsmitteln, Einrichtungen, Werk- und Hilfsstoffen

Die **Verordnung über gefährliche Stoffe (GefStoffV)** – gestützt auf das **Chemikaliengesetz** § 19 – zielt darauf ab, den Schutz vor Gefahren durch gefährliche Chemikalien, auch bei der Aufbewahrung, Lagerung, Entsorgung und Vernichtung, zu verbessern. Durch diese aktualisierte Verordnung wird das Recht für gefährliche Stoffe vereinheitlicht und die europäische Harmonisierung verstärkt.

3.4.1 Gefahrstoffverzeichnis – Gefahrstoffkataster

Die Hersteller oder Einführer müssen dem Empfänger von Gefahrstoffen sogenannte Sicherheitsdatenblätter mitgeben, die alle wichtigen stoffbezogenen Informationen enthalten. Der Inhalt der Sicherheitsdatenblätter ist gemäß **TRGS 220 (Technische Regeln für Gefahrstoffe)** vorgeschrieben; wesentliche Teile dieser Informationen werden für die Kennzeichnung sowie für die Betriebsanweisungen benötigt. Den meisten gefährlichen Eigenschaften sind Gefahrsymbole und Kennbuchstaben zugeordnet (siehe **Bild 3.14** auf Seite 86).

Die Verantwortlichen im Betrieb erfassen und dokumentieren, welche gefährlichen Zubereitungen, wo, in welchen Mengen und zu welchen Bedingungen nach welchem Verfahren verwendet werden.

3.4.2 Kontrolle der baulichen, technischen und persönlichen Schutzmaßnahmen

Nach § 7 Abs.1 der **Gefahrstoffverordnung** darf eine Tätigkeit mit Gefahrstoffen erst aufgenommen werden, wenn eine Gefährdungsbeurteilung erfolgt ist und die erforderlichen Schutzmaßnahmen getroffen wurden. Ein Schutzstufenkonzept (Schutzstufe 1 bis 4) legt fest, welche Schutzmaßnahmen umgesetzt werden müssen (**Bild 3.13**). Die Einteilung in die einzelnen Schutzstufen wird von der Fachkraft für Arbeitssicherheit (in Zusammenarbeit mit den Arbeitsmedizinern) vorgenommen.

Schutzstufenkonzept
Die Schutzmaßnahmen sind abhängig von der Gefährdung.
Schutzstufe 1: geringe Gefährdungen (§ 8)
Schutzstufe 2: Grundmaßnahmen (§ 9)
Schutzstufe 3: Ergänzende Schutzmaßnahmen bei Tätigkeiten mit hoher Gefährdung (§ 10) (giftig und sehr giftig = „Totenkopfstoffe")
Schutzstufe 4: Ergänzende Schutzmaßnahmen bei Tätigkeiten mit KMR-Stoffen (§ 11) (krebserregend – **k**arzinogen, erbgutverändernd – **m**utagen, fruchtschädigend – **r**eproduktionsschädigend)
Die Schutzmaßnahmen bauen aufeinander auf. Das heißt, je höher die Schutzstufe, desto höher sind die Anforderun-gen an die Schutzmaßnahmen.

Bild 3.13: Schutzstufenkonzept

Alle im Betrieb verwendeten Gefahrstoffe müssen in einem Verzeichnis (Gefahrstoffkataster) erfasst werden. Darin enthalten sind die Bezeichnung des Stoffes, die Einstufung (gefährliche Eigenschaften), die Gefahrstoffmenge im Betrieb und der Arbeitsbereich.

Die **Verpackung** von Gefahrstoffen muss so erfolgen, dass vom Inhalt nichts nach außen gelangen kann. Der Werkstoff der Verpackung (z. B. chemisch beständig, keine gefährlichen Reaktionen) muss so beschaffen sein, dass er den zu erwartenden Beanspruchungen widerstehen kann.

Die **Kennzeichnung** muss haltbar und deutlich lesbar angebracht sein. Die Größe und der Inhalt der Kennzeichnung sind vorgeschrieben.

Wenn nicht ausgeschlossen werden kann, dass Gefahrstoffe in die Luft am Arbeitsplatz gelangen, muss das Unternehmen feststellen, ob die zulässigen Grenzwerte eingehalten werden. Um eine korrekte Erfassung des Arbeitsplatz-Grenzwertes (AGW, früher MAK-Wert / höchstzulässige Konzentration eines giftigen Stoffes in der Luft) durchzuführen, sind genaue Messungen und Berechnungen vorzunehmen. Dabei sind verschiedene Einflussgrößen und Randbedingungen zu berücksichtigen, z. B.

- Dauer der Arbeiten mit Gefahrstoffen,
- Lüftungsverhältnisse,
- Art der Arbeiten,
- Temperaturniveau.

Für eine Reihe von Gefahrstoffen gelten **Beschäftigungsbeschränkungen.** Der Umgang mit besonders gefährlichen Stoffen (z. B. Asbest) ist teilweise nur noch im Rahmen von Abbruch-, Sanierungs- oder Instandhaltungsarbeiten zulässig. Darüber hinaus gibt es personenbezogene Beschäftigungsbeschränkungen für Jugendliche sowie für werdende bzw. stillende Mütter.

Generell müssen Mitarbeiter, die Tätigkeiten mit Gefahrstoffen durchführen, von einem Arbeitsmediziner untersucht werden. Nach einer ersten Vorsorgeuntersuchung vor Beginn der Beschäftigung sind in regelmäßigen Abständen während oder nach Beendigung der Tätigkeit spezielle Nachuntersuchungen durchzuführen.

3.4.3 Entsorgung von Abfällen

Der oberste Grundsatz im **„Gesetz zur Vermeidung und Entsorgung von Abfällen (AbfG)"** lautet: Abfälle vermeiden (z. B. durch abfallarme Produktionsverfahren oder die Auswahl umweltschonender Werkstoffe). Falls dies nicht möglich ist: Abfälle verwerten (insbesondere durch Recycling). Erst dann sind die nicht verwertbaren Abfälle, d. h. nicht unmittelbar und auch nicht als Sekundärrohstoffe weiterverwendbare Rückstände, zu beseitigen.

Abfälle werden unterteilt in

- nicht gefährliche und
- gefährliche

sowie jeweils in

- Abfälle zur Beseitigung (Deponien) und
- Abfälle zur Verwertung (auch thermische Verwertung, z. B. Müllverbrennung).

Die einzelnen Abfallarten sind in **Bild 3.15** dargestellt.

Handlungsbereich | Organisation

Eigenschaft/ Gefahrbezeichnung (Beispiel)	Gefahrsymbol und Kennbuchstabe	Hinweise
Explosionsgefährlich (Sprengstoff TNT)	E	Explosionsgefahr durch Schlag, Reibung, Feuer oder andere Zündquellen
Brand fördernd (Chromsäure in der Galvanik)	O	Organische Peroxide, sonstige Stoffe und Zubereitungen, die bei Berührung mit brennbaren Materialien diese entzünden bzw. die Feuergefahr vergrößern können
Hoch entzündlich (Diethylether in Lösemittel)	F+	Flüssigkeiten mit einem Flammpunkt unter 0 °C und einem Siedepunkt von maximal 35 °C; Gase, die bei normalen Umgebungsbedingungen, bei Luftkontakt entzündlich sind
Leicht entzündlich (Nitroverdünnung in Lackiererei)	F	Flüssigkeiten mit einem Flammpunkt unter 21 °C; Feststoffe, die nach einem kurzen Kontakt mit einer Zündquelle entzündet werden und danach weiterglimmen/weiterbrennen
Entzündlich (Xylolhaltige Lösemittel)	Ohne Symbol und Kennbuchstabe	Flüssigkeiten mit einem Flammpunkt zwischen 21 °C und 55 °C
Sehr giftig (Cyanwasserstoff bei Oberflächenbehandlung)	T+	Als Grad für die Giftigkeit werden bestimmte Dosiswerte herangezogen, die Vergiftungserscheinungen bis hin zum Tod von Versuchstieren herbeiführen (LD_{50}-, LC_{50}-Werte).
Giftig (Phenolharze in Gießereien)	T	
Gesundheitsschädlich (Terpentin als Reinigungsmittel)	Xn	
Reizend (Amonikawasser beim Lichtpausen)	Xi	Entzündungen, Rötungen usw. bei entsprechender Einwirkung auf den Körper
Sensibilisierend (unterschiedlichste chemische und natürliche Stoffe)	Gefahrsymbol Xn oder Xi	Veränderung der Reaktionslage des Körpers (individuell unterschiedlich; Reaktionen bereits bei sehr niedrigen Konzentrationen möglich)
Ätzend (Laugen, Säuren in der Galvanik)	C	Zerstörung des gesamten Hautgewebes bei entsprechender Einwirkung auf den Körper
Umweltgefährlich (manche Schädlingsbekämpfungsmittel)	N	Gefährdung von Wasser, Pflanzen, Tieren, Mikroorganismen, Klima usw.
Krebs erzeugend (Benzol im Kraftstoff)	Keine eigenen Gefahrsymbole und Kennbuchstaben, nur R-Sätze	Eigenschaften nach dem derzeitigen Kenntnisstand der Arbeitsmedizin Kennzeichnung wie giftige bzw. gesundheitsschädliche Gefahrstoffe
Fortpflanzungsgefährdend (Bleiverbindungen)		
Erbgutverändernd (Ethylenoxid zur Sterilisation)		
Sonstig chronisch schädigend		

Bild 3.14: Eigenschaften von Gefahrstoffen

Abfallarten	Beispiele
nicht gefährlich	Gartenabfälle, natürliche Steine, Sand
gefährlich	Asbestrohre, Bitumenplatten, Benzin, Öl, Desinfektionsmittel

Bild 3.15: Abfallarten mit Beispielen

Die schadlose **Abfallverwertung** ist eine wesentliche Pflicht des Abfallerzeugers oder -besitzers. Grundsätzlich muss die Wirtschaft die Entsorgung von Abfällen in eigener Verantwortung und auf eigene Kosten erfüllen. Dabei können spezialisierte, gewerbliche Entsorgungsbetriebe eingebunden werden, die über besondere Fach- und Sachkunde sowie über eine moderne technische Ausstattung verfügen müssen. Ihre Leistungsfähigkeit ist durch ein Abfallwirtschaftskonzept – als Grundlage gelten die aktuellen gesetzlichen Regelungen – nachzuweisen.

3.4.4 Transport von Gefahrgütern

Der Transport von gefährlichen Betriebsstoffen, in diesem Fall Gefahrgüter genannt, unterliegt je nach Höhe des Gefahrenpotenzials besonderen Vorschriften. Die Vorschriften sind in der **GGVSE (Gefahrgutverordnung Straße und Eisenbahnen** – international: **ADR** und **RID)** formuliert und dienen dem sicheren Transport und der Vermeidung der Freisetzung von Stoffen insbesondere bei Unfällen sowie der deutlichen Kennzeichnung der Ladung und des Fahrzeugs. Damit ist für die Einsatzkräfte (Polizei und Feuerwehr) eine frühzeitige Erkennung der Gefahren und somit eine für die Personen sichere Vorgehensweise bei der Fahrzeugbergung gewährleistet.

Das Gefahrenpotenzial errechnet sich aus Gefahrfaktor (1 bis 20) und der Menge des zu transportierenden Stoffes in Liter bzw. Kilogramm. Beispiel: 300 l Ottokraftstoff (Gefahrfaktor 3) ergeben 900 Punkte. Ab 1 000 Punkte muss der Fahrzeugführer eine besondere Schulung nachweisen, dem sogenannten **ADR-Führerschein.**

3.5 Planen, Vorschlagen, Einleiten und Überprüfen von Maßnahmen zur Verbesserung der Arbeitssicherheit sowie zur Reduzierung und Vermeidung von Unfällen und Umwelt- und Gesundheitsbelastungen

Alle Aktivitäten zur Verbesserung der Arbeitssicherheit sowie zur Reduzierung und Vermeidung von Unfällen sowie von Umwelt- und Gesundheitsbelastungen sind darauf ausgerichtet, Gefahren zu vermeiden oder zu reduzieren. Das bedeutet, nach gründlichen Gefährdungsanalysen vorausschauend alle potentiellen Gefährdungen zu beseitigen und Vorkehrungen zum Schutz vor Gefahren zu treffen.

3.5.1 Maßnahmen im Bereich des Arbeits-, Gesundheits- und Umweltschutzes

Folgende Maßnahmen müssen realisiert werden:
– Verbesserung der Sicherheit am Arbeitsplatz
– Sicherstellung des Gesundheitsschutzes am Arbeitsplatz
– Minimierung der Belastungen für die Umwelt

Dabei ist eine grundsätzliche Rangfolge von Maßnahmen zu beachten:
– Gestaltung von Arbeitsmitteln, Verfahren usw. derart, dass keine Gefahren auftreten
– Risikominimierung (z. B. durch sicherheitsgerechte Konstruktion)
– Ergreifen von technischen und organisatorischen Schutzmaßnahmen
– Ergreifen von persönlichen Schutzmaßnahmen (PSA – Persönliche Schutzausrüstung)

Die Reihenfolge der zu ergreifenden Maßnahmen orientiert sich an dem Prinzip **TOP (Technische-Organisatorische-Persönliche Schutzmaßnahmen).**

Bevor konkrete Maßnahmen ergriffen werden können, muss das Ergebnis der Beurteilung der Arbeitsbedingungen (gemäß § 5 Arbeitsschutzgesetz) vorliegen. Geeignete Leitfäden mit den einzelnen Gefährdungsfaktoren sind in der DIN EN 292 und in speziellen Katalogen der Berufsgenossenschaften zu finden (**Bild 3.16**).

Nachfolgend eine Auswahl möglicher Maßnahmen zur Beseitigung oder zumindest zur Verringerung von Gefahren und Risiken:

- **Risikominderung**, z. B. durch
  – Form und Anordnung von Maschinen
  – Verwendung geeigneter Geräte zur Überwindung großer Höhen (Leitern, Steigen)
  – Begrenzung von Kraft, Geschwindigkeit, Lärm und Vibration
  – eigensichere elektrische Betriebsmittel
  – Verwenden von Betriebsstoffen mit geringerem Gefährdungspotenzial (Diesel statt Benzin)

- **Berücksichtigung von Konstruktionsvorgaben,** z. B.
  – mechanische Beanspruchungsarten (Begrenzung der Beanspruchung durch Sollbruchstellen, Vermeiden von Ermüdungszuständen, Wuchten rotierender Teile usw.)

Handlungsbereich | Organisation

Art der Gefährdung	Konkrete Gefährdungen	Praktische Beispiele
1. Mechanische Gefährdungen	1. Quetsch- und Scherstellen 2. Fangstellen, offen bewegte Maschinenteile 3. Ungesicherte Ladung 4. Sturz und Stolpern 5. Absturz	1. Gerüstmontage 2. Fehlen von Absperrgeräten 3. Nicht gesicherte Rohrleitungen 4. Ausrutschen (auf Eis, Wasser o.Ä.) 5. Fehlende Absicherung
2. Elektrische Gefährdungen	1. Gefährliche Körperströme 2. Lichtbögen	1. Schadhafte Isolierung 2. Schweißunfälle
3. Gefahrstoffe	1. Giftige und krebserregende chemische Stoffe 2. Gesundheitsschädliche Stoffe	1. Chlor, Chlorgase, Benzol, Nitrosamine 2. Reiniger, Benzin, Säuren
4. Biologische Belastungen	1. Mikroorganismen, Viren 2. Bakterien und Pilze	1. Krankheitserreger 2. Pilzinfektionen
5. Brand- und Explosionsgefährdungen	1. Feuer, Flamme, Glut, Funken 2. Oxidation, oft mit Druckwelle	1. Unachtsame Schweißarbeiten 2. Gasexplosion
6. Thermische Gefährdungen	1. Heiße Medien 2. Kalte Medien	1. Verbrennungen 2. Kältebrand
7. Physikalische Belastungen	1. Lärm 2. Schweres Heben und Tragen 3. Strahlung	1. Zu laute Maschinen 2. Fehlende Krananlagen 3. Fehlender Schutz
8. Arbeitsumgebungsbedingungen	1. Klima 2. Beleuchtung 3. Raumbedarf, Verkehrswege	1. Falsche Kleidung 2. Schlechte Ausleuchtung 3. Zu enge Verkehrswege
9. Arbeitsbedingungen	1. Ergonomie	1. Menschenfreundliche Arbeitsplätze
10. Wahrnehmung, Bedienbarkeit	1. Verminderte Wahrnehmung	1. Schlechte Kennzeichnung, ungünstige Bedienung
11. Sonstige Gefährdungen	1. Persönliche Schutzausrüstung (PSA) 2. Hautbelastung	1. Fehlende oder alte PSA 2. Umgang mit Reinigungsmitteln, Säuren
12. Organisatorische Mängel	1. Arbeitsablauf 2. Arbeitszeit 3. Qualifikation 4. Unterweisung 5. Fehlende Sicherheitskräfte	1. Nicht optimal geplant 2. Schichtarbeit, Überstunden 3. Überforderte Mitarbeiter 4. Geringe Schulung 5. Ungenügende Sicherheitskontrollen

Bild 3.16: Auszug aus der Liste „Gefährdungen" bei den Berufsgenossenschaften

- Werkstoffe (Materialeigenschaften, Korrosion, Verschleiß, Giftigkeit usw.)
- **Beachtung ergonomischer Grundsätze,** z. B.
  - Form, Größe und Position von Anzeigeinstrumenten
  - Berücksichtigung der Körpermaße des Mitarbeiters bei der Arbeitsplatzgestaltung
  - Gestaltung der Arbeitsumgebung (Licht, Klima, Lärm usw.)
- **Verhütung elektrischer Gefahren,** z. B.
  - Schutz vor Berührung elektrisch leitender Teile
  - Schutz vor Überlastung von Maschinen und Leistungssystemen
  - Explosionsschutz
  - Schutz vor Kurzschlüssen
- **Begrenzung der Gefahr durch Automatisieren,** z. B.
  - EDV-gesteuerte Dosiereinrichtung

3.5.2 Persönliche Schutzausrüstung (PSA)

Die Verwendung von persönlicher Schutzausrüstung (PSA) kommt dann zum Tragen, wenn technische und organisatorische Maßnahmen (s. vorstehender Abschnitt) keinen ausreichenden Schutz gewährleisten. Gemäß der Unfallverhütungsvorschrift BGV muss das Unternehmen auf die Tragepflicht der PSA durch Kennzeichnung hinweisen (**Bild 3.17**).

Das Tragen von persönlicher Schutzausrüstung zur Abwehr von Risiken für Sicherheit und Gesundheitsschutz am Arbeitsplatz ist in drei Kategorien unterteilt (**Bild 3.18**):

- Kategorie I

  Geringfügige Risiken (z. B. Handschuhe, Arbeitsschürzen, Kopfbedeckungen)

- Kategorie II

  Erhebliche Risiken (z. B. Gehörschutz, Schutzanzüge, Schutzhelme, Sicherheitsschuhe)

- Kategorie III

  Ernste bzw. tödliche Risiken (z. B. Atemschutzgeräte, Schutz gegen chemische Einwirkungen oder schädliche Strahlungen, Schutz gegen extreme Umgebungstemperaturen, Schutz gegen Stürze aus der Höhe, Schutz gegen gefährliche elektrische Spannungen)

PSA	Kennzeichnung
Kopfschutz, wenn mit Kopfverletzungen durch Anstoßen, durch pendelnde, herabfallende, umfallende oder wegfliegende Gegenstände oder durch lose hängende Haare zu rechnen ist.	
Fußschutz, wenn mit Fußverletzungen durch Stoßen, Einklemmen, umfallende, herabfallende oder abrollende Gegenstände, durch Hineintreten in spitze und scharfe Gegenstände oder durch heiße Stoffe oder ätzende Flüssigkeiten zu rechnen ist.	
Augen- und Gesichtsschutz, wenn mit Augen- oder Gesichtsverletzungen durch wegfliegende Teile, Verspritzen von Flüssigkeiten oder durch gefährliche Strahlung zu rechnen ist.	
Atemschutz, wenn Arbeitnehmer gesundheitsschädlichen, insbesondere giftigen, ätzenden oder reizenden Gasen, Dämpfen, Nebeln oder Stäuben ausgesetzt sein können oder wenn Sauerstoffmangel auftreten kann.	
Körperschutz, wenn mit oder in der Nähe von Stoffen gearbeitet wird, die zu Hautverletzungen führen oder durch die Haut in den menschlichen Körper eindringen können, sowie bei Gefahr von Verbrennungen, Verätzungen, Verbrühungen, Unterkühlung, elektrischen Durchströmungen, Stich- oder Schnittverletzungen.	

Bild 3.17: Beispiele für die Kennzeichnung von PSA

Kategorie I	Kategorie II	Kategorie III
PSA, die gegen geringfügige Risiken schützen soll, bei der der Benutzer selbst die Wirksamkeit beurteilen kann.	PSA, die weder zu Kategorie I noch zu Kategorie III gehört.	PSA, die gegen tödliche Gefahren oder Gefahr bleibender Schäden schützen soll. Man geht davon aus, dass der Benutzer die Wirksamkeit bzw. Unwirksamkeit der PSA nicht rechtzeitig erkennen kann.
CE-Kennzeichen erforderlich (Übereinstimmung mit den vorgeschrieben Anforderungen wird dadurch dokumentiert)		
	Bauartzulassung erforderlich (Überprüfung der vorgeschriebenen Eigenschaften durch Prüfstelle)	
		Qualitätssicherung erforderlich (Anforderungen an die Herstellung der PSA)

Bild 3.18: Unterteilung der PSA in drei Kategorien

In allen drei Kategorien darf nur PSA in Verkehr gebracht werden, die gemäß der „EU-Richtlinie über persönliche Schutzausrüstung" beschaffen und mit dem CE-Zeichen gekennzeichnet ist.

Handlungsbereich | Organisation

3.5.3 Brand- und Explosionsschutzmaßnahmen

Der Brand- und Explosionsschutz umfasst Maßnahmen zur Verhütung von Bränden und Explosionen sowie deren Bekämpfung.

Für einen Verbrennungsvorgang müssen drei Voraussetzungen gleichzeitig erfüllt sein:
- Sauerstoff
- Brennbarer Stoff
- Zündquelle

Im **Bild 3.19** sind die Begriffe „Flammpunkt, Brennpunkt und Zündpunkt" näher erläutert.

Die Luft enthält etwa 21 % Sauerstoff, der zur Verbrennung benötigt wird (der Rest sind Stickstoff, Edelgase und Verunreinigungen). Ob es sich beim Verbrennungsvorgang um eine **Verbrennung** oder eine **Explosion** handelt, hängt von der Geschwindigkeit ab, in der Luftsauerstoff mit dem brennbaren Stoff reagiert.

Beispiel:

Ein Stück Holz brennt relativ langsam ab (Verbrennung).

Liegt Holz in Form von Holzstaub vor, ist eine feinere „Durchmischung" mit Sauerstoffteilchen möglich. Der Verbrennungsvorgang verläuft wesentlich schneller (Explosion).

Um wirkungsvolle Brandschutzmaßnahmen ergreifen zu können, muss die **Brennbarkeit** der verschiedenen Stoffe bzw. Gase bekannt sein (**Bild 3.20**):

- Brennbarkeit fester Stoffe

    Sie wird nach der Entzündungstemperatur beurteilt. Dieser Wert sagt aus, ab welcher Temperatur der Stoff in Verbindung mit vorhandenem Luftsauerstoff von selbst zu brennen anfängt (z. B. Phosphor ca. 60 °C, Fichtenholz ca. 280 °C, Roggenmehl ca. 500 °C).

- Brennbarkeit flüssiger Stoffe

    Sie wird nach dem **Flammpunkt** beurteilt. Der Flammpunkt ist eine Temperaturangabe, die aussagt, ab welcher Temperatur so viel brennbare Flüssigkeit verdunstet, dass – zusammen mit Luft – eine explosionsfähige Atmosphäre entstehen kann. Entzündet wird dieses Gemisch aber erst dann, wenn eine ausreichende Zündtemperatur (z. B. bei einer heißen Oberfläche) erreicht wird.

- Brennbarkeit von Gasen

    Sie wird ebenfalls nach der Zündtemperatur beurteilt. Besonders gefährlich ist, dass sich brennbare Gase sehr leicht mit dem Luftsauerstoff vermischen und der Verbrennungsvorgang explosionsartig verläuft.

Brennstoff	Flammpunkt (°C)	Zündtemperatur (°C)
Butan	< – 40	430
Benzol	< – 10	580
Toluol	6	549
Methanol	10	426
Benzin	– 20	230 ... 260

Bild 3.20: Flammpunkt und Zündtemperatur verschiedener Brennstoffe (Beispiele)

Brennbare Flüssigkeiten werden nach der Gefahrstoffverordnung auf der Basis des Flammpunktes eingeteilt:
- hoch entzündlich (Flammpunkt unter 0 °C)
- leicht entzündlich (Flammpunkt von 0 bis 20 °C)
- entzündlich (Flammpunkt von 21 bis 54 °C)
- nicht entzündlich (Flammpunkt 55 bis 99 °C)

Wenn der Flammpunkt unter 21 °C liegt, kann mit Wasser gelöscht werden. Liegt der Flammpunkt höher, löst sich die brennbare Flüssigkeit nicht im Löschwasser, sondern „schwimmt" auf dem Wasser und brennt weiter; dementsprechend muss ein anderes Löschmittel (z. B. Pulver) gewählt werden.

Für Betriebsmittel sind sogenannte **Temperaturklassen** festgelegt, die maximale Oberflächentemperaturen zulassen (von Temperaturklasse 1 = max. 450 °C bis Temperaturklasse 6 = max. 85 °C). Sie stellen sicher, dass eine mögliche brennbare Atmosphäre nicht gezündet werden kann.

Eine **Explosionsgefahr** besteht bei einem Gemisch aus den Dämpfen brennbarer Flüssigkeiten oder Gasen – jeweils mit Luft – nur innerhalb der Explosionsgrenzen (**Bild 3.21**). Es handelt sich um Angaben über die Konzentration von brennbaren Gasen in der Luft. Beim Unterschreiten der unteren Explosionsgrenze ist das Gemisch „zu mager", beim Über-

Gas	Untere Explosionsgrenze	Obere Explosionsgrenze
Acetylen	2,4 %	83,0 %
Wasserstoff	4,0 %	75,6 %
Propan	2,1 %	9,5 %
Butan	1,5 %	8,5 %

Bild 3.21: Die Explosionsgrenzen einiger Gase

Temperaturpunkt	Definition	Temperatur in °C
Flammpunkt	Temperatur, bei der die Dämpfe – z. B. von leichtem Heizöl – mit einer Fremdflamme kurz aufflammen und dann wieder erlöschen	Benzin < 21 °C Heizöl > 55 °C
Brennpunkt	Temperatur, bei der sich die Dämpfe mit einer Fremdflamme entzünden und weiterbrennen	Einige Grade über dem Flammpunkt
Zündpunkt	Temperatur, bei der sich eine Flüssigkeit selbst entzündet (ohne Fremdflamme)	Benzin ca. 220 °C Heizöl ca. 220 °C

Bild 3.19: Definition der Begriffe Flammpunkt, Brennpunkt und Zündpunkt

schreiten der oberen Explosionsgrenze „zu fett" – es kommt nicht zu einer Explosion. Hier sind besonders die Gase Wasserstoff und Acetylen mit einer hohen oberen Explosionsgrenze zu nennen.

Für die Entstehung einer Verbrennung bzw. einer Explosion ist immer eine **Zündquelle** verantwortlich, z. B.

- heiße Oberflächen (z. B. Elektromotoren, Anlagenteile)
- heiße Gase oder Flüssigkeiten
- Wärmestrahlung
- Feuer, Flammen, Glut
- mechanisch erzeugte Funken
- elektrische Anlagen oder elektrostatische Entladung
- chemische Prozesse (Oxidation)
- Blitzschlag
- Ultraschall

Nähere Hinweise sind im Band 9 „Qualifikation der Netzmeister – Handlungsfeld Gas" zu finden.

Vorbeugende Maßnahmen

Eine gewissenhafte Einhaltung der Brandschutzbestimmungen kann Gefahren für Mensch und Material durch Brände weitgehend vermeiden. Zum **Brandschutz** gehören z. B. folgende Maßnahmen:

- Sichtbares Anbringen bzw. Aufstellen von Feuerlöschern
- Erstellen eines Alarmplanes (**Bild 3.22**)
- Unterweisung im Umgang mit Feuerlöschern (**Bild 3.23**)
- Hinweise auf Rauchverbot und besondere Gefahrenquellen
- Gelegentliche Übungen mit der Belegschaft

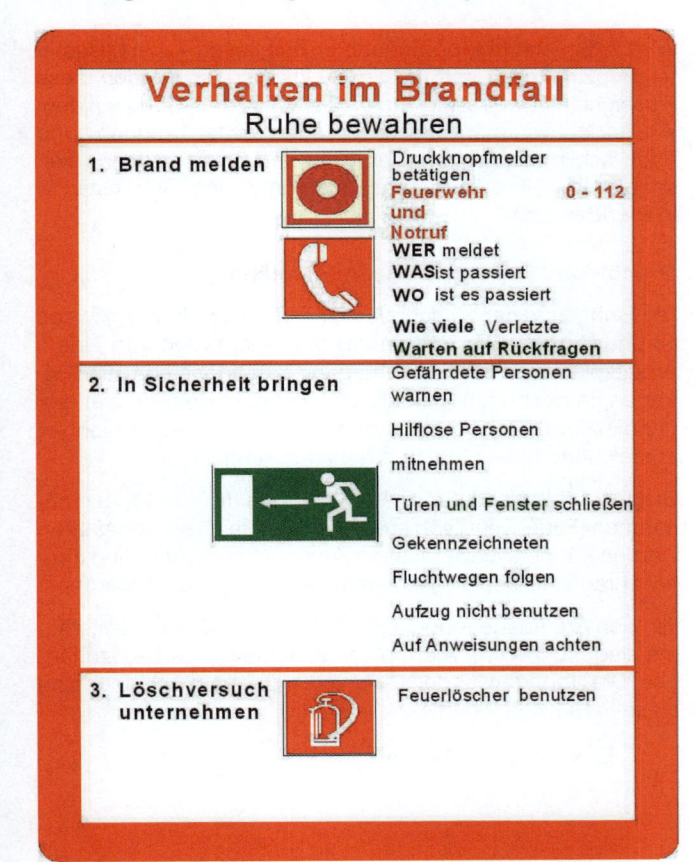

Bild 3.22: Alarmplan „Verhalten im Brandfall" (Muster)

Feuer in Windrichtung angreifen

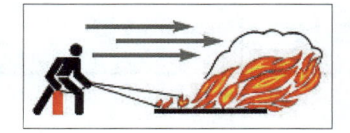

Flächenbrände vorn beginnend ablöschen

aber: Tropf- und Fließbrände von oben nach unten löschen

genügend Löscher auf einmal einsetzen – nicht nacheinander

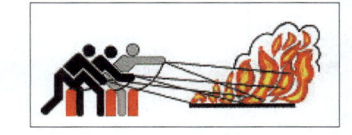

Vorsicht vor Wiederentzündung

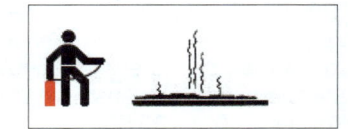

eingesetzte Feuerlöscher nicht mehr aufhängen, Feuerlöscher neu füllen lassen

Bild 3.23: Regeln für den Einsatz von Handfeuerlöschern

Darüber hinaus hat die sorgfältige **Sicherheitskennzeichnung** von Rettungswegen und Gefahrenstellen eine besondere Bedeutung. Die Verwendung von fest vorgegebenen Farben für bestimmte Zwecke hat sich dabei bewährt:

- rot : Gefahr, Verbot, Brandschutz
- gelb : Warnung, Vorsicht
- blau : Gebot
- grün : Hilfe, Rettung

Für die Markierung auf Hinweisschildern hat sich folgender Standard durchgesetzt:

- grün : Rettungswege
- gelb-schwarz : Verkehrs- bzw. Transportwege
- rot-weiß : kleinere Baustellen
- rot : Brandschutzmittel

Verhalten im Brandfall

Der Aufsicht führende Mitarbeiter entscheidet, welche Brandbekämpfungsmaßnahmen zu treffen sind. Zu den Maßnahmen, die getroffen werden müssen, zählt das Bereitstellen geeigneter Brandbekämpfungsmittel entsprechend der in der Feuerlöschtechnik gebräuchlichen Löschmittel nach DIN EN 2 „Brandklassen". Die Wahl der Art der **Feuerlöscher** wird ausschließlich von Brandgut bestimmt.

Nach der Norm werden Brände in vier **Brandklassen** (A bis D) eingeteilt (**Bild 3.24**).

Handlungsbereich | Organisation

Brand-klasse	Materialien	Beispiele
A	Brände fester Stoffe, hauptsächlich organischer Natur, die normalerweise unter Glutbildung verbrennen	Autoreifen, Holz, Kohle, einige Kunststoffe, Papier, Stroh, Textilien
B	Brände von flüssigen oder flüssig werdenden Stoffen	Äther, Alkohole, Benzin, Lacke, Öle, Fette, Harze, die Mehrzahl der Kunststoffe, Teer, Wachse
C	Brände von Gasen	Acetylen, Methan, Propan, Stadtgas, Wasserstoff
D	Brände von Metallen	Aluminium, Kalium, Lithium, Magnesium, Natrium und deren Legierungen

Bild 3.24: Die Einteilung in Brandklassen gemäß DIN EN 2

Geeignetes *Löschmittel* für Gasbrände ist z. B. ABC- oder BC-Pulver. Informationen über Bauarten und Eignung der zugelassenen tragbaren Feuerlöscher sowie Richtlinien für die Anzahl der bereitzustellenden Geräte geben die „Sicherheitsregeln für die Ausrüstung von Arbeitsstätten mit Feuerlöschern" (ZH 1/201).

Für die einzelnen Brandklassen gemäß Bild 3.24 werden in Abhängigkeit von ihrem chemischen bzw. physikalischen Verhalten verschiedene Löschmittel eingesetzt (**Bild 3.25**).

Löschmittel	Brandklassen
Wasser	A
Schaum	A, B
BC-Pulver	B, C
ABC-Pulver	A, B, C
D-Pulver	D
Kohlendioxid (CO_2)	B

Bild 3.25: Einsatz von Löschmitteln für die einzelnen Brandklassen

Bei größeren Baustellen muss die Größe der zum Einsatz kommenden Feuerlöscher vorher abgeschätzt werden. Die Löscher müssen an der Baustelle betriebsbereit sein. Die eingesetzten Mitarbeiter müssen im Umgang mit Feuerlöschern unterwiesen sein. Sie müssen bereits notwendige Feuerlöschübungen absolviert haben und dadurch in der Lage sein, ohne Ängste einen Brand zu löschen (s. Bild 3.23).

Den Löschmittelstrahl niemals gegen die Windrichtung einsetzen, sondern stets mit der Windrichtung vorn und unten beginnend. Die Löschmittelwolke ist über das Brandobjekt zu legen. Ziel ist, dem Feuer den Sauerstoff zu nehmen. Brände mit größerer Ausdehnung niemals mit einem einzelnen Feuerlöscher angreifen, sondern stets mit größerem Feuerlöschgerät bzw. mehreren Personen und Löschgeräten gleichzeitig den Löschangriff vortragen.

Benutzte oder in Betrieb gesetzte Feuerlöscher niemals sofort wieder an den Bereitstellungsort bringen, sondern unverzüglich den geschulten und mit Original-Ersatzteilen ausgerüsteten Kundendienst überprüfen und einsatzbereit machen lassen. Feuerlöscher müssen mind. alle zwei Jahre durch Sachkundige auf ihre Einsatzbereitschaft überprüft werden. Sind sie täglich im Einsatz, empfiehlt sich eine jährliche Überprüfung. Im Betrieb sollten nur Feuerlöscher gleicher Bauart verwendet werden. Die betrauten Mitarbeiter sollten regelmäßig (mind. alle 2 Jahre) im Brandschutz unterwiesen werden. Dabei sind praktische Löschübungen im Umgang mit Löschern durchzuführen.

Beim *Einsatz von Wasser* ist besondere Vorsicht geboten. Im Allgemeinen ist Wasser ein gutes Löschmittel. Zum direkten Löschen z. B. von Gasbränden ist Wasser ungeeignet. Aber es kann zum Ablöschen von Folgebränden (Glutnestern) und zum Kühlen zusätzlich sinnvoll sein. Darüber hinaus gibt es Fälle, in denen der Einsatz von Wasser völlig falsch ist, weil es nutzlos wäre oder sogar die Gefahr vergrößern würde. Ein entsprechendes Verbotszeichen weist auf solche Stellen hin (**Bild 3.26**).

Bild 3.26: Verbotszeichen „Wasser halt"

Wird z. B. versucht, brennende Flüssigkeiten – wie Lösemittel, Benzin, Fette – mit Wasser zu löschen, so werden diese Flüssigkeiten, weil sie leichter als Wasser sind, oben auf dem Wasser schwimmen und unverändert weiter brennen. Und noch schlimmer: sie werden bei den Löschversuchen verspritzen und ihre Umgebung, Personen und Gegenstände in Brand setzen.

Flucht- und Rettungswege, Alarmpläne

Die Einhaltung der Vorschriften für Flucht- und Rettungswege ist unerlässlich. Die Entfernung der Fluchtwege von einem Arbeitsplatz zum nächsten Ausgang darf höchstens 35 m betragen, in besonders gefährdeten Räumen deutlich weniger (10 bis 25 m). Die Fluchtwege müssen immer frei begehbar, ausreichend beleuchtet und gekennzeichnet sein.

Umgekehrt müssen die Arbeitsstätten für Rettungsmaßnahmen (Feuerwehr) von außen frei betreten bzw. angefahren werden können. Dazu müssen Feuerwehrzufahrten und Feuerwehraufstellflächen geschaffen und frei gehalten werden.

Je nach Art, Ausdehnung, Lage und Nutzung der Arbeitsräume sind Flucht- und Alarmpläne zu erstellen und auszuhängen. Die Übungen für den Gefahrfall müssen in Anlehnung an diese Pläne stattfinden.

3.5.4 Vorschriften zum Umgang mit elektrischen Gefahren

Die Arbeit an elektrischen Anlagen darf grundsätzlich nur von geschultem Fachpersonal ausgeführt werden. Die Einhaltung der entsprechenden Sicherheitsbestimmungen und Vorschriften ist zu gewährleisten.

Besonders zu beachten ist der *„Schutz gegen gefährliche Körperströme"* gemäß DIN VDE:

- Schutz sowohl gegen direktes als auch gegen indirektes Berühren
  durch Schutzkleinspannung bzw. Funktionskleinspannung
- Schutz gegen direktes Berühren
  durch Isolierung aktiver Teile, Abdeckungen und Umhüllungen, Hindernisse (z. B. Barrieren, Schranken), Abstand, Fehlerstrom-Schutzeinrichtungen
- Schutz bei indirekten Berühren
  durch Hauptpotenzialausgleich, nicht leitende Räume, Schutzisolierung, Schutztrennung

Bei einem *Elektrounfall* können direkte Durchströmung, Lichtbogeneinwirkung oder Sekundarunfälle eine Rolle spielen (**Bild 3.27**).

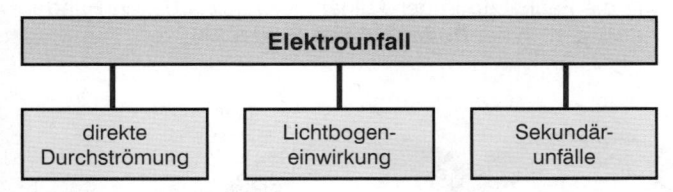

Bild 3.27: Der Elektrounfall

Bei Stromunfällen muss die verunglückte Person zunächst aus dem Stromkreis befreit und die Stromzufuhr sofort unterbrochen werden. Bei Atem- und Kreislaufstillstand ist unverzüglich mit der Herz-Lungen-Wiederbelebung zu beginnen. Liegt kein Atem- und Kreislaufstillstand vor, ist der Verunglückte in die stabile Seitenlage zu bringen.

Bei *Bränden in elektrischen Anlagen* besteht Gefahr für die mit Wasser löschende Person; Leben und Gesundheit sind unmittelbar gefährdet. Bekanntlich ist Wasser ein guter Leiter für elektrischen Strom. Wirkungslos ist Wasser auch bei brennenden Leichtmetallen, z. B. Natrium, Lithium oder Magnesium.

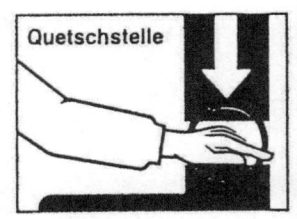

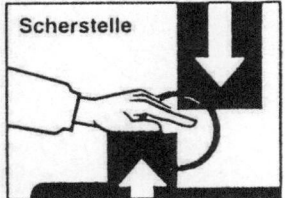

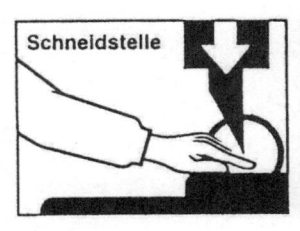

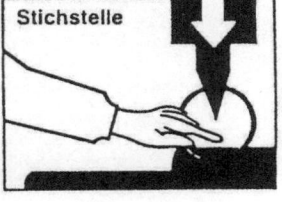

Wo das *Wasser-Verbotszeichen* angebracht ist, muss ein anderes Löschmittel bereitgehalten und eingesetzt werden. Sand, Löschgas oder Löschpulver sind je nach Einzelfall richtig. Geeignete Feuerlöscher oder andere Hilfsmittel müssen in der Nähe griffbereit sein.

3.5.5 Maßnahmen aufgrund erkannter Unfallursachen sowie Umwelt- und Gesundheitsbelastungen

Konkrete Maßnahmen ergeben sich aus der Gefährdungsbeurteilung für einzelne Arbeitsbereiche oder Arbeitsplätze; dabei hat sich der Einsatz von sorgfältig ausgearbeiteten Checklisten bewährt. Nachfolgend einige Beispiele von Gefahrenquellen (**Bild 3.28**) und entsprechenden Schutzmaßnahmen:

- *Absturzsicherung*

  Grundsätzlich ab einer Absturzhöhe von 1 m mit dreiteiligem Seitenschutz, zusätzlich Schutz vor herabfallenden Gegenständen.

- *Gefahrstellen*

  Begrenzung der Gefahr durch Schutzeinrichtungen (z. B. Verkleidungen, Handabweiser, Zweihandschaltung, Lichtschranken).

- *Schutz gegen Hinaufreichen, Herumreichen, Hindurchreichen, Hinübereichen*

  Einhalten von Sicherheitsabständen gegen das Erreichen von Gefahrstellen gemäß DIN EN 294.

- *Gefahrquellen*

  Es handelt sich um Stellen, von denen aus Teile (z. B. Arbeitsmittel, Werkzeuge, Abfälle) unkontrolliert herabfallen oder wegfliegen und dabei Personen verletzen können. Geeignete Schutzmaßnahmen sind z. B.
  - sicheres Spannen, Halten, Führen,
  - Fanghauben, Fangbleche, Rückschlagsicherungen,
  - Begrenzung der Beanspruchung.

- *Sicherheit von Steuerungen*

  Neben sicheren Schutzelementen (z. B. ausreichend große und stabile Schutzhaube) ist eine sichere Steuerung erforderlich, z. B. durch Einbau eines Endschalters. Dieser Endschalter kann derart auf die Steuerung (den Antrieb) einer Maschine einwirken, dass der Betrieb nur bei geschlossener Schutzeinrichtung möglich ist.

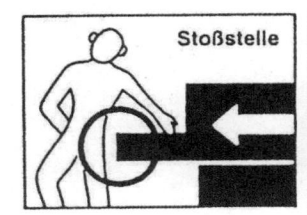

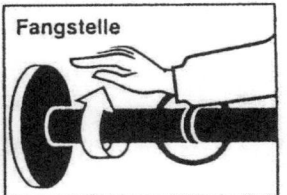

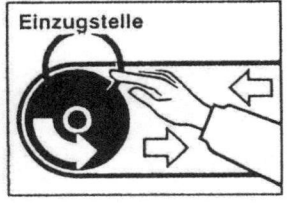

Bild 3.28: Gefahrstellen

Handlungsbereich | Organisation

- *Schutz vor elektrischen Gefährdungen*

  Durch das Einwirken von elektrischem Strom auf den Menschen gibt es physikalische Einwirkungen (Wärmeentwicklung und als Folge innere und äußere Verbrennungen) sowie physiologische Einwirkungen (Verkrampfung der Muskulatur, auch des Herzmuskels bis hin zum Herzstillstand). Bis 12 mA zeigt sich nur eine leichte Muskelreizung, darüber kommt es zu Verkrampfungen, ab 30 mA kommt es zum Herzkammerflimmern. Die Schutzmaßnahmen sind im Abschnitt 3.5.4 beschrieben.

- *Schutz vor thermischen Gefährdungen*

  Thermische Gefährdungen können entstehen, wenn heiße Oberflächen vorhanden sind (z. B. Heizanlagen, Fertigungsprozesse und -verfahren wie Schweißen oder Glühöfen, Kraft- und Arbeitsmaschinen wie Verdichter oder Verbrennungsmotoren). Die Schutzmaßnahmen bestehen in einer entsprechenden Isolierung bzw. in einem geeigneten Berührungsschutz.

- *Lastenhandhabungsverordnung*

  Das Unternehmen muss durch geeignete Arbeitsmittel oder organisatorische Maßnahmen dafür sorgen, dass für die Mitarbeiter keine Gefährdungen für Sicherheit und Gesundheit (insbesondere für den Bereich den Lendenwirbelsäule) vorhanden sind. Es liegen arbeitswissenschaftliche Erkenntnisse bezüglich der zulässigen Belastungen für das Heben und Tragen vor. Unterschieden wird nach Alter und Geschlecht des Mitarbeiters/der Mitarbeiterin sowie nach der Häufigkeit der Belastung (Männer 20 – 55 kg, Frauen 10 – 15 kg).

  Besondere Einflussgrößen sind z. B. der individuelle Körperbau, das Körpergewicht, Übermüdungszustände, psychische Einflüsse, Alkoholgenuss, äußere Bedingungen wie Klima und Umgebung.

Zusätzlich zu den vorstehenden Schutzmaßnahmen ist immer auf den vorgeschriebenen Körperschutz *(PSA – Persönliche Schutzausrüstung)* zu achten.

Zu den **besonders schutzbedürftigen Arbeitnehmern** gehören die Jugendlichen und werdende bzw. stillende Mütter; hier greifen das Jugendarbeitsschutzgesetz (JArbSchG) und die Mutterschutzrichtlinienverordnung (MuSchRiV).

Kommt es trotz umfangreicher Sicherheitsvorkehrungen zu Unfällen, ist eine gute *arbeitsmedizinische Versorgung* unerlässlich; für die Rettung eines Notfallpatienten können Sekunden entscheidend sein. Der Größe der Belegschaft entsprechend müssen ausreichend Betriebssanitäter bzw. Ersthelfer zur Verfügung stehen sowie das notwendige Erste-Hilfe-Material (Verbandskästen, Rettungsgeräte, Transportmittel) ordnungsgemäß gelagert und schnell greifbar sein. Der Ersthelfer, das Rettungsdienstpersonal, die Notärzte sowie die Fachärzte in der Aufnahmestation arbeiten Hand in Hand, d. h. in der *Rettungskette* (Bild 3.29).

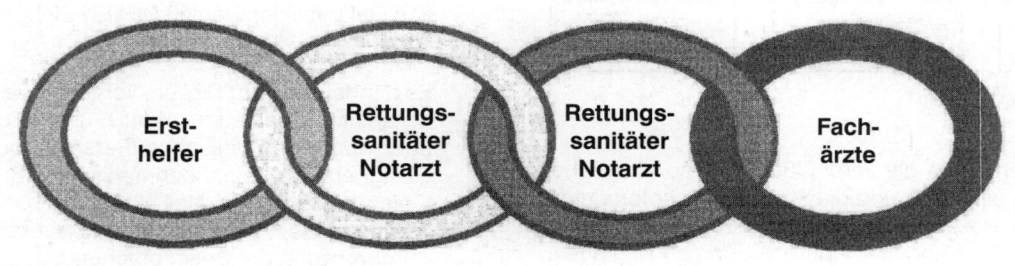

Bild 3.29: Die Rettungskette

4 Recht

4.1 Berücksichtigen der Rechtsbeziehungen zu Aufsichtsbehörden, Auftragnehmern, Installationsunternehmen und Kunden

Für die Versorgung der Bevölkerung mit Fernwärme, Gas, Strom und Wasser müssen die Versorgungsunternehmen ein umfangreiches Netz an Betriebsanlagen betreiben. Die reibungslose Durchführung der leitungsgebundenen Versorgungsaufgaben kann allerdings nur dann gewährleistet werden, wenn das Unternehmen über die erforderlichen Genehmigungen zur Nutzung von betroffenen Privatgrundstücken und Straßen sowie Grundstücken im öffentlichen Verkehrsraum verfügt.

Nachfolgend werden die für die Versorgungstechnik relevanten Rechtsvorschriften behandelt.

4.1.1 Rechtsbeziehung zu Aufsichtsbehörden

Gewisse Maßnahmen und Tätigkeiten unterliegen der Aufsicht von Behörden (gewöhnlich der Gemeinde). Der Grund hierfür kann die prinzipielle Relevanz eines Vorhabens für den öffentlichen Raum (Baumaßnahmen) oder eine potenzielle Gefahr sein, die von der Maßnahme ausgeht (Betrieb bestimmter Anlagen).

Die Behörden nehmen daher vor Beginn der Tätigkeit eine umfassende Prüfung der geplanten Maßnahme vor und beurteilen auf dieser Grundlage, ob eine Erlaubnis bzw. Genehmigung überhaupt erteilt werden kann oder die Maßnahme mit Einschränkungen versehen werden muss.

Die Grundlagen für solche **Genehmigungsverfahren** sind vielfältig und in der Fülle kaum übersehbar (z. B. Gewerbeordnung, Abfallgesetz, Immissionsschutzgesetz, Baugesetze, Wassergesetze, Waffengesetze etc.). Das zugrunde liegende Verfahren jedoch gleicht sich meistens bis auf wenige Besonderheiten.

Der übliche Ablauf eines Verfahrens gliedert sich grob wie folgt:
- Anfrage / Antrag
- Anhörung / Bewertung
- Entscheidung
- Rechtsmittel

Anfrage / Antrag

Das Verfahren beginnt üblicherweise mit einer Anfrage oder einem Antrag bei der zuständigen Behörde. Die Zuständigkeit der Behörde kann nicht pauschal benannt werden, je nach dem betroffenen Rechtsgebiet können dieses die Städte und Gemeinden, die Landkreise, Länder oder sogar der Bund sein.

Je nach Art des Verfahrens bzw. der beantragten Genehmigung sind verschiedene Unterlagen und Nachweise beizufügen (Bauzeichnungen, Herstellernachweise, Führungszeugnisse etc.).

Anhörung / Bewertung

Aufgrund der vorhandenen Unterlagen und sonstigen Erkenntnisse beurteilt die Behörde, ob die Maßnahme den gesetzlichen Vorgaben entspricht und genehmigt werden kann. Fehlen Informationen, kann es vorkommen, dass die Behörde weitere Unterlagen anfordert.

Entscheidung

Die Entscheidung der Behörde erfolgt als Verwaltungsakt. Dieser kann grundsätzlich formlos ergehen, wird aber üblicherweise Schriftform haben. Je nach Sachverhalt kann die Entscheidung anders benannt sein (Bescheid, Genehmigung, Erlaubnis), an der rechtlichen Behandlung ändert sich dadurch nichts.

Die Entscheidung muss zudem auch nicht in der beantragten Form ergehen, sie kann Einschränkungen enthalten (Bedingungen, Befristungen, Auflagen).

Die Entscheidung sollte am Ende eine Rechtsbehelfsbelehrung enthalten. Dort kann der Empfänger entnehmen, innerhalb welcher Frist er bei welcher Stelle Rechtsmittel einlegen kann.

Rechtsmittel

Der Adressat des Verwaltungsaktes hat die Möglichkeit, gegen die behördliche Entscheidung vorzugehen. Dafür ist ihm meistens eine Frist gesetzt (in den meisten Verfahren 1 Monat). Bei welcher Stelle das Rechtsmittel erhoben werden muss, ist dabei je nach Verwaltungsorganisation und betroffener Materie unterschiedlich (z. B. Klage, Widerspruch, Einspruch an Ausgangsbehörde, nächsthöhere Behörde oder [Verwaltungs-]Gericht).

Daneben kann eine erlassene Entscheidung auch von der Behörde selbst unter bestimmten Bedingungen aufgehoben werden (Rücknahme, Widerruf). Ein solcher Vorgang ist dann aber auch seinerseits anfechtbar.

Im Rahmen des gewählten Rechtsmittels wird überprüft, ob die behördliche Entscheidung aus rechtlicher Sicht einwandfrei ist, insbesondere ob die Rechtsvorschriften eingehalten wurden, die Entscheidung angemessen ist und ob das Ermessen der Behörde richtig ausgeübt wurde.

Die Rechtsbeziehung zu den Aufsichtsbehörden ist gekennzeichnet durch eine Vielzahl von Vorschriften. In Abschnitt 4.2 werden baurechtliche Bestimmungen behandelt.

Sonstige Rechtsbeziehungen zur öffentlichen Hand: Die Auftragsvergabe

Bestimmte Auftraggeber, insbesondere die öffentliche Hand, sind gesetzlich verpflichtet (§ 98 ff GWB, VgV, VOB/VOL/VOF) bei der Beschaffung von Gütern und Leistungen nach einem streng reglementierten Verfahren vorzugehen, sofern die Beschaffungssumme einen bestimmten Schwellenwert übersteigt:

GWB – Gesetz gegen Wettbewerbsbeschränkungen (Kartellgesetz)
VgV – Verordnung über die Vergabe öffentlicher Aufträge
VOB – Vergabe- und Vertragsordnung für Bauleistungen
VOL – Verdingungsordnung für Leistungen
VOF – Verdingungsordnung für freiberufliche Leistungen

Handlungsbereich | Organisation

Die Regeln hierzu werden unter dem Begriff **Vergaberecht** zusammengefasst. Grundlage eines solchen Verfahrens ist die (öffentliche) Aufforderung des Auftraggebers, ein Angebot auf der Basis einer Leistungsbeschreibung zu erstellen **(Ausschreibung).** In der Regel erfolgt diese Leistungsbeschreibung durch eine textliche und zeichnerische Darstellung der Bauaufgabe. Auch zeitliche Vorgaben über Angebotsfrist, Preisbindefrist, Ausführungszeitpunkt u. ä. sind zu benennen. Es gibt drei Arten von Ausschreibungen:

- *Öffentliche Ausschreibung*

  Die Leistungen werden nach öffentlicher Aufforderung einer unbeschränkten Zahl von Unternehmen zur Einreichung von Angeboten vergeben. Die Bekanntmachung erfolgt in Tageszeitungen, Amtsblättern oder Fachzeitschriften. Diese Form der Ausschreibung ist bei öffentlichen Bauvorhaben der Regelfall.

- *Beschränkte Ausschreibung*

  Es wird nur eine beschränkte Zahl von Unternehmen zur Einreichung von Angeboten aufgefordert.

  Diese Form der Ausschreibung kommt in Betracht, wenn die ausgeschriebene Leistung nur von einem begrenzten Kreis von Bewerbern erbracht werden kann.

- *Freihändige Vergabe*

  Die Leistungen werden ohne förmliches Verfahren vergeben. In der Regel genügt es dabei, drei Angebote zum Preisvergleich einzuholen (auch telefonisch). Diese Form ist nur in seltenen Fällen vertretbar, denn der Preiswettbewerb wird weitgehend ausgeschaltet.

Die in den Verdingungsunterlagen dargestellten Anforderungen an das Angebot können je nach Verfahren stark variieren. Teilweise sind die Bieter auch berechtigt, so genannte Nebenangebote abzugeben. Hierunter versteht man „Alternativen" zu der geforderten Leistung.

Je nach Art der Ausschreibung wird dann der Auftrag auf das wirtschaftlich günstigste Angebot erteilt. Den unterlegenen Bietern ist mitzuteilen, dass ein anderes Angebot angenommen wird. Diese haben dann bis zur Vertragsunterzeichnung (14 Tage) Zeit, die Entscheidung von der Vergabekammer überprüfen zu lassen.

4.1.2 Rechtsbeziehung zu Auftragnehmern

Dienstvertrag

Der Dienstvertrag, der hin und wieder auch als **Dienstleistungsvertrag** bezeichnet wird, findet seine Regelung in den §§ 611 ff. BGB.

Dieser ist ein gegenseitiger Vertrag, durch den sich die eine Partei zur Erbringung einer Tätigkeit und die andere Partei zur Zahlung einer Vergütung verpflichtet. Gegenstand des Vertrages ist also ein Dienst, d. h. eine „reine" Tätigkeit. Anders als beim Werkvertrag ist dabei kein Erfolg geschuldet, es kommt nur auf das Tätigwerden und die Durchführung dieser Tätigkeit an.

Typische Dienstverträge werden beispielsweise mit Geschäftsführern, Wirtschaftsprüfern, Privatlehrern, Dolmetschern oder Detektiven abgeschlossen.

Ein besonderer Fall des Dienstvertrages ist der **Arbeitsvertrag** zwischen Arbeitgeber und Arbeitnehmer. Das Arbeitsrecht wird dabei nicht allein durch die Regelungen in den §§ 611 ff. BGB gestaltet, sondern wird durch zahlreiche weitere Gesetze und Bestimmungen flankiert (z. B. Tarifrecht, Arbeitsschutzrecht).

Energieversorgungsunternehmen können neben der Übertragung von Teilaufgaben an externe Firmen sehr umfassende Dienstleistungsverträge abschließen.

So werden bisweilen spezialisierte Privatunternehmen z. B. mit der kompletten Betriebsführung von Versorgungsanlagen betraut. Als Vorteile sind das spezielle Know-How und dementsprechend besonders effektives und wirtschaftliches Arbeiten zu sehen.

Bestandteile eines Dienstvertrages sollten sein:

- detaillierte Darstellung des Vertragsgegenstands, d. h. welche Tätigkeit in Einzelheiten erbracht werden soll;
- Höhe der Vergütung und nach welchen Modalitäten die Vergütung zu zahlen ist;
- Besonderheiten zur Ausführung der Tätigkeit;
- Fristen und Termine;
- Gewährleistung und Haftung;
- Geheimhaltung / Vertraulichkeit;
- Sonstige Bestimmungen (z. B. Schriftformklausel, Gerichtsstand)

4.1.3 Rechtsbeziehung zu Installationsunternehmen

Die Zusammenarbeit zwischen Versorgungsunternehmen und Installationsunternehmen hat sich in der Praxis bewährt. Es gibt zahlreiche rechtliche und technische Bestimmungen, die die Beziehungen zwischen den beiden Partnern abbilden bzw. prägen. Die wesentlichen fachlichen Voraussetzungen und vertraglichen Regelungen sind nachfolgend beschrieben.

Versorgungsunternehmen zu Installationsunternehmen

Für Installationsarbeiten (z. B. Hausanschlüsse) werden von den Versorgungsunternehmen häufig spezialisierte Installationsunternehmen beauftragt, die ihre Befähigung nachgewiesen haben und zusichern können, dass die Installation nach den anerkannten Regeln der Technik ausgeführt wird.

Nach einer Überprüfung der fachlichen Qualifikation durch eine berechtigte Stelle (z. B. DVGW) werden diese Unternehmen zur Legimitation in ein *„Installateurverzeichnis"* aufgenommen und sind damit berechtigt, an öffentlichen Ausschreibungen teilzunehmen und mit ihrer Qualifikation zu werben (z. B. Werkstattschild).

Die fachgerechte und zeitgemäße Ausführung der Installationsarbeiten muss durch regelmäßige Überprüfungen bestätigt werden.

Installationsunternehmen zum Anlagenbetreiber

Werkvertrag

Die Regelungen zum Werkvertrag finden sich in den §§ 631 ff. BGB. Es handelt sich beim Werkvertrag um einen gegenseitigen Vertrag, durch den sich die eine Partei zur Herstellung des versprochenen Werkes und die andere Partei zur Zahlung der Vergütung verpflichtet. Der Unternehmer hat also ein Werk zu erbringen und schuldet damit rechtstechnisch gesprochen einen Erfolg. Es ist also nicht ausreichend, dass er nur versucht, diesen Erfolg herbeizuführen.

Typische Werkverträge im allgemeinen Rechtsverkehr sind z. B. Bauverträge oder Beförderungsverträge.

Die Rechtsbeziehung von einem Installationsunternehmen zum Anlagenbetreiber ist gewöhnlich in einem Werkvertrag geregelt. Das Installationsunternehmen übernimmt Teile der Herstellung unbeweglicher Sachen (z. B. Bauwerke) oder beweglicher Sachen (z. B. Anlagenteile) im Auftrag des Anlagenbetreibers.

Die Einzelheiten der Zusammenarbeit sollten im Werkvertrag genau geregelt sein. Dabei ist eine schriftliche Fixierung der Inhalte immer besser als mündliche Abreden. Im Streitfall erleichtert dies die Beweisführung, aber auch zur eigenen Information ist die schriftliche Darstellung immer sinnvoll.

Bestandteile eines Werkvertrages sollten sein:
- detaillierte Darstellung des Vertragsgegenstands, d. h. welches Werk in Einzelheiten erstellt werden soll;
- Höhe der Vergütung und nach welchen Modalitäten die Vergütung zu zahlen ist;
- Besonderheiten zur Ausführung der Leistungen und Arbeiten;
- Fristen und Termine, insbesondere zur Fertigstellung des Werkes;
- Vertragsstrafe bei Überschreiten der Fristen;
- Tragen der Gefahr;
- Abnahme des Werkes;
- Gewährleistung und Haftung;
- Sicherheiten (z. B. Bürgschaften);
- Geheimhaltung, Vertraulichkeit;
- Sonstige Bestimmungen (z. B. Schriftformklausel, Gerichtsstand)

VOB Teil B

Im Zusammenhang mit dem Werkvertrag ist die Verdingungsordnung für Bauleistungen (VOB Teil B) zu nennen. Diese enthält zahlreiche Sonderregelungen zum Werkvertragsrecht.

Der Charakter der VOB/B ist dabei nicht der einer gesetzlichen Regelung, sondern vielmehr der von allgemeinen Geschäftsbedingungen. Die VOB/B wurde vom Deutschen Vergabe- und Vertragsausschuss für Bauleistungen (DVA) geschaffen. Im DVA haben die öffentliche Hand und Spitzenorganisationen der Bauwirtschaft an der Entwicklung der VOB/B mitgewirkt mit dem Ziel, Regeln für die Abwicklung von Bauverträgen zu schaffen, die zwischen den Interessen des Bauherrn und des Bauunternehmers einen gerechten Ausgleich herbeiführen.

Da die VOB/B als allgemeine Geschäftsbedingung zu bewerten ist, ist sie nur wirksam, wenn sie in den Vertrag einbezogen wird.

Hinsichtlich des gemeinsamen Marktes in Europa hat die Europäische Union (EU, früher EG – Europäische Gemeinschaft) bereits 1990 u. a. die sogenannte Baukoordinierungsrichtlinie erlassen, die zu einer umfassenden Überarbeitung und Anpassung der VOB führte.

Kaufvertrag

Der Kaufvertrag ist in den §§ 433 ff. BGB geregelt. Er ist ein gegenseitiger Vertrag, bei dem sich die eine Partei verpflichtet, eine Sache oder ein Recht zu übertragen, und die andere Partei sich verpflichtet, für diese Übertragung ein Entgelt zu zahlen.

Typische Kaufverträge sind z. B. der Autokauf oder der Lebensmittelkauf.

Zwischen Anlagenbetreiber und Installationsunternehmen spielt der Kaufvertrag eine eher untergeordnete Rolle. So könnte z. B. ein Anlagenteil erworben werden. Das hat dann in der Praxis aber den Nachteil, dass der Anlagenbetreiber das Teil selbst einbauen würde. Üblicher sind daher Werkverträge.

Bestandteile eines Kaufvertrages sollten sein:
- detaillierte Darstellung der Kaufsache;
- Höhe des Entgelts und nach welchen Modalitäten das Entgelt zu zahlen ist;
- Lieferung der Kaufsache;
- Gefahrübergang;
- Gewährleistung und Haftung;
- sonstige Bestimmungen (z. B. Schriftformklausel, Gerichtsstand).

4.1.4 Rechtsbeziehung zu Kunden und Kommunen

Das Verhältnis des Energieversorgungsunternehmens zum Kunden ist maßgeblich durch das **Energiewirtschaftsgesetz (EnWG)** (Novelle von 2023) und die verschiedenen Verordnungen (bspw. AVBEltV) geprägt.

Dabei hat das EnWG im Vergleich zur vorher geltenden Regelung vielfältige Änderungen gebracht. Durch das neue EnWG wurde z. B. der Bundesnetzagentur die Regulierung im Bereich der Elektrizitäts- und Gasversorgung übertragen. Ziel der Regulierung ist die Schaffung eines wirksamen und unverfälschten Wettbewerbs bei der Versorgung mit Elektrizität und Gas. Die Bundesnetzagentur hat daher unter anderem die Aufgabe, einen diskriminierungsfreien Netzzugang zu gewährleisten und die von den Unternehmen erhobenen Netznutzungsentgelte zu kontrollieren.

Erhebliche Änderungen haben die Energieversorgungsunternehmen auch durch das sogenannte **Unbundling (Entflechtung)** erfahren. Je nach Unternehmensgröße sind die Unternehmen verpflichtet, ein buchhalterisches, informatorisches, personelles und rechtliches Unbundling durchzuführen.

Am größten sind die Auswirkungen des rechtlichen Unbundlings. Bis zum 01.07.2007 mussten die betroffenen Energieversorgungsunternehmen eine eigenständige Netzgesellschaft gründen, die die Netze führt. Es soll sichergestellt sein, dass der Netzbetrieb unabhängig von anderen Tätigkeiten der Energieversorgung ist.

Konzessionsvertrag und Konzession

Konzessionsvertrag / Wegenutzungsvertrag (§ 46 EnWG)

Der Konzessionsvertrag bzw. Wegenutzungsvertrag ist ein Vertrag zwischen der Gemeinde und dem Energieversorgungsunternehmen. Mit diesem Vertrag wird dem Energieversorgungsunternehmen ein Wegenutzungsrecht eingeräumt für den öffentlichen Verkehrsraum der Gemeinde, d. h. die Gemeinde gestattet dem Energieversorgungsunternehmen die Verlegung und den Betrieb von Leitungen im Gemeindegebiet.

Handlungsbereich | Organisation

Für dieses *Wegerecht* zahlt das EVU der Gemeinde eine Konzessionsabgabe.

Der Konzessionsvertrag ist ein privatrechtlicher Vertrag. Seine rechtliche Grundlage findet sich in den §§ 46 ff. EnWG. Die Inhalte sind damit in einigen Teilen frei verhandelbar. Zu beachten ist allerdings, dass die Zahlung der Konzessionsabgabe durch die Konzessionsabgabenverordnung (KAV) begrenzt ist. Dort sind Höchstsätze der Konzessionsabgabe festgelegt, die nicht überschritten werden dürfen. Auch darf ein Konzessionsvertrag nicht über eine längere Dauer als 20 Jahre abgeschlossen werden.

Typische Bestandteile eines Konzessionsvertrages sind:
- Rechte und Pflichten des Energieversorgungsunternehmens;
- Rechte und Pflichten der Gemeinde;
- Zusammenarbeit zwischen dem Energieversorgungsunternehmen und der Gemeinde;
- Regelung zum Bau und Betrieb von Anlagen;
- Regelung zur Änderung von Anlagen mit Beachtung der Folgekosten;
- Haftung;
- Zahlung der Konzessionsabgabe;
- Endschaftsbestimmungen mit Regelung der Anlagenübertragung bei Laufzeitende des Vertrages;
- sonstige Bestimmungen.

Sonstige Konzessionen

Neben dem oben dargestellten Konzessionsvertrag gibt es weitere Konzessionen. Diese beruhen grundsätzlich auf den Regeln des Verwaltungsrechtes. Die Konzession ist eine behördliche Erlaubnis, die entweder personenbezogen ist oder sachmittelbezogen. Man unterscheidet also zwischen Personalkonzession und Sachkonzession. Allerdings gibt es auch Konzessionen, die eine Mischung dieser beiden Arten sind.

Konzessionen gibt es z. B. im Gaststättengewerbe, bei der Personenbeförderung oder für Versicherungsunternehmen.

Einspeisevertrag

Bei der Einspeisung von Energie in das Netz werden häufig Einspeiseverträge geschlossen. Neben den Anlagen der Kraft-Wärme-Kopplung sind die Anlagen, die mit erneuerbaren Energien betrieben werden hervorzuheben. Dieser Bereich hat eine starke Zunahme von Anlagenbetreibern erfahren, was stellenweise zu Problemen bei der Integration der Anlagen in den jeweiligen Netzbereichen führt. Dabei hat der Betreiber einer EEG-Anlage (EEG = Erneuerbare-Energien-Gesetz) einen gesetzlichen Anspruch auf unverzüglichen Anschluss, wie auch auf Abnahme der Energie und deren Vergütung. Kann die Anlage nur gedrosselt an das Netz genommen werden, ist der Netzbetreiber zum Netzausbau verpflichtet.

Zu beachten ist auch, dass der EEG-Anlagenbetreiber mit dem Energieversorgungsunternehmen keinen Vertrag schließen muss, da er Anspruch auf die Vergütung auch kraft Gesetzes hat. Ein Vertrag ist aber zu empfehlen, da dort die vielfältigen organisatorischen Schnittstellen definiert werden.

Energieliefervertrag

Das Energieversorgungsunternehmen schließt mit den Kunden Energielieferverträge. Im Verhältnis zu den Tarifkunden bzw. grundversorgten Kunden gelten dabei die entsprechenden Verordnungen (bspw. AVBEltV, AVBGasV). Mit Kunden, die nicht in diesen Geltungsbereich fallen, werden häufig Verträge vereinbart, die allgemeine Bedingungen enthalten, welche sich an den Verordnungen orientieren.

Im November 2008 sollten die AVBEltV und AVBGasV durch Nachfolgeverordnungen ersetzt werden. Dann gelten für den Gas- und Strombereich jeweils eine Grundversorgungs- und eine Anschlussverordnung. Man bildet dadurch die Trennung der betrieblichen von der vertrieblichen Seite ab.

Gemischte Verträge

Neben den bisher genannten Verträgen, die in ihren „reinen" Formen beschrieben sind, ist es natürlich auch möglich, dass die einzelnen Bestandteile kombiniert werden. So kann ein Vertrag z. B. Komponenten der Erstellung eines Werkes enthalten wie auch diverse Tätigkeiten. Es liegt dann ein sogenannter gemischter Vertrag vor.

Haftung

Unter Haftung versteht man ein Einstehen Müssen für eine Schuld. Die Haftung kann sich aus einem Vertragsverhältnis ergeben, kann aber auch ohne Vertrag gesetzlich begründet sein.

Die vertraglichen Haftungsregelungen findet man üblicherweise als solche bezeichnet in den jeweiligen Vereinbarungen. Dort stehen auch die Bedingungen, die die Haftung begründen.

Als gesetzliche Haftung ist insbesondere die Haftung wegen unerlaubter Handlungen zu erwähnen. Diese ist geregelt in den §§ 823 ff. BGB. Hiernach ist derjenige zu Schadensersatz verpflichtet, der gegenüber einem anderen dessen Leben, Körper, Gesundheit, Freiheit, Eigentum oder sonstiges Recht verletzt. Voraussetzung ist grundsätzlich, dass der Handelnde fahrlässig oder vorsätzlich handelt.

Neben diesen Regelungen gibt es zahlreiche weitere gesetzliche Regelungen zur Haftung. So ist bspw. die Haftung des Tierhalters oder Gebäudebesitzers zu nennen, die im BGB selbst geregelt ist. In vielfältigen Nebengesetzen finden sich weitere Regelungen zur Haftung in speziellen Anwendungsfällen. So ist noch das Produkthaftungsgesetz hervorzuheben. Das **Produkthaftungsgesetz (PHG)** auf der Grundlage der EG-Richtlinie 85/374 schützt private Endverbraucher. Es regelt die Haftung des Herstellers für Folgeschäden aus der Benutzung eines Produktes, und zwar für Personen- und Sachschäden, die infolge eines Fehlers des Erzeugnisses entstehen. Sie betrifft die Sicherheit des Produktes, wie sie von der Allgemeinheit berechtigterweise erwartet werden kann.

In vertraglichen Haftungsbestimmungen findet man häufig Begrenzungen auf eine bestimmte Höhe des *Schadensersatzes*. Auch wird häufig der Maßstab der Fahrlässigkeit verändert, sodass vielfach bereits leichte oder grobe Fahrlässigkeit erfüllt sein muss.

Gewährleistung

Der Begriff Gewährleistung bezieht sich auf die Rechte, die geltend gemacht werden können, wenn z. B. eine Sache einen Fehler hat oder ein Recht nicht vollumfänglich ausgeübt werden kann.

Gewährleistung kann in Verträgen vereinbart werden und besteht darüber hinaus kraft Gesetzes in zahlreichen Regelungen. So ist z. B. die Gewährleistung beim Kaufvertrag und Werkvertrag gesetzlich geregelt. Für den **Kaufvertrag** gilt exemplarisch:

Der Verkäufer haftet gemäß § 438 Abs. 1 BGB für die vertraglich zugesicherten Eigenschaften seiner Leistung innerhalb der Gewährleistungsfrist (gewöhnlich zwei Jahre). Aufgetretene Mängel sind dem Verkäufer unverzüglich mitzuteilen und von diesem auf eigene Kosten zu beheben.

Verjährung

Nicht zu verwechseln mit Gewährleistungsfristen ist die Verjährungsfrist. Die Verjährung tritt nach Ablauf einer bestimmten Frist ein. Ab diesem Zeitpunkt kann man die von der Verjährung betroffene Forderung nicht mehr durchsetzen (aber: der Schuldner muss die Einrede der Verjährung erhoben bzw. geäußert haben, sie tritt nicht automatisch ein!). Die allgemeine Verjährungsfrist beträgt drei Jahre.

4.1.5 Datenschutz

Beim Datenschutz geht es vorrangig um den Schutz des allgemeinen Persönlichkeitsrechts des Bürgers, das verfassungsrechtlich geschützt ist. Der Umgang mit seinen personenbezogenen Daten (§ 3 Abs.1 **BDSG – Bundesdatenschutzgesetz**) unterliegt strengen Vorgaben.

Verpflichtet werden durch das BDSG bzw. die LDSG vorrangig die Behörden, insbesondere diese unterliegen hinsichtlich der Nutzung und Weitergabe von Daten sehr engen Grenzen. Über § 27 BDSG werden jedoch auch nicht-öffentliche Stellen im Umgang mit Daten beschränkt.

Ein Unternehmen ist daher verpflichtet, einen **Datenschutzbeauftragten** zu benennen, der darüber wacht, dass die Vorgaben dieses Gesetzes eingehalten werden (**Bild 4.1**).

Nicht alle Informationen sind gleich schützenswert, der Name, die Anschrift und die Telefonnummer gelten als nicht besonders schutzwürdig und können daher von den jeweiligen Stellen ohne Einwilligung gespeichert werden; nicht erlaubt ist die Speicherung/Nutzung/Weitergabe weiterführender persönlicher Daten ohne zwingenden Grund.

Allerdings kann die Nutzung personenbezogener Daten für bestimmte Zwecke (§ 4 BDSG) durch entsprechende Rechtsvorschriften gesetzlich legitimiert werden (z. B. Straßenverkehrsordnung, Einwohnermeldegesetz, Volkszählungsgesetz).

Daneben besteht in engen Grenzen die Möglichkeit zur Speicherung/Nutzung/Weitergabe, wenn es dafür einen legitimen Grund gibt und der Betroffene kein schützenswertes Interesse an der Geheimhaltung haben kann. Grundsätzlich können auch Informationen an Behörden herausgegeben werden, wenn dies zur Abwehr einer Gefahr notwendig ist.

Beauftragter für den Datenschutz
– gesetzliche Aufgaben –

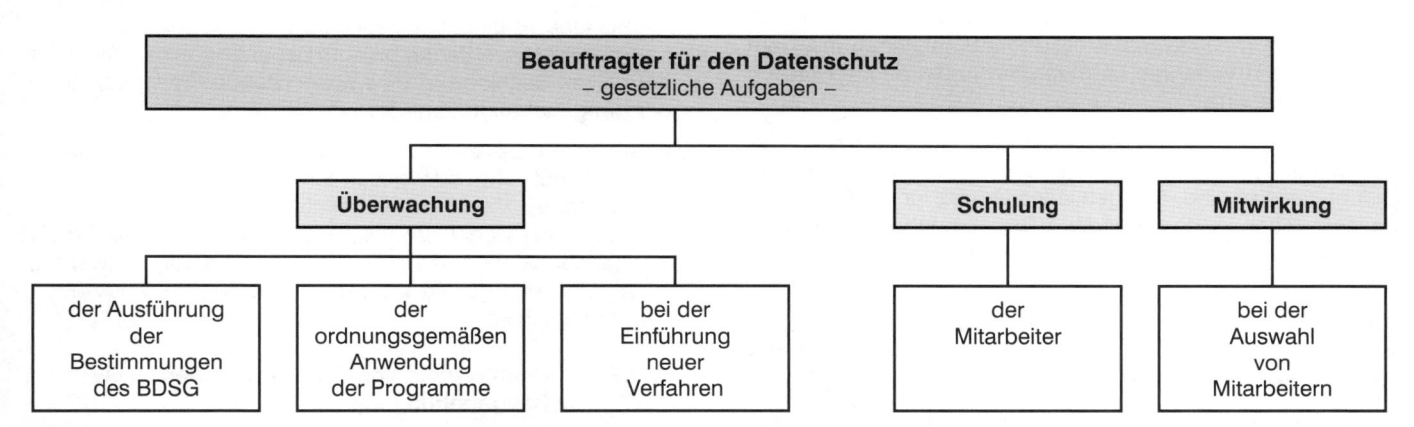

- **Überwachung**
  - der Ausführung der Bestimmungen des BDSG
  - der ordnungsgemäßen Anwendung der Programme
  - bei der Einführung neuer Verfahren
- **Schulung**
  - der Mitarbeiter
- **Mitwirkung**
  - bei der Auswahl von Mitarbeitern

Bild 4.1: Gesetzliche Aufgaben des Beauftragten für Datenschutz

Handlungsbereich | Organisation

4.2 Berücksichtigen baurechtlicher Vorschriften

Das Errichten oder Ändern baulicher Anlagen bedarf grundsätzlich der Genehmigung der zuständigen Bauaufsichtsbehörde. Dabei gibt es mehrere Gründe dafür, warum Baumaßnahmen genehmigt werden müssen. Zum einen soll „Wildwuchs" bzw. Zersiedelung der Landschaft verhindert werden. Zum anderen gibt es auch Anforderungen an Baumaßnahmen, um potenzielle Gefahren einzudämmen.

4.2.1 Bestimmungen zu Baumaßnahmen

Daraus folgt, dass die Prüfung von Baumaßnahmen vorrangig zwei Fragen verfolgt: Wo darf gebaut werden und wie darf gebaut werden?

Bauplanungsrecht

Die Frage des „Wo?" ist im Bauplanungsrecht geregelt.

Das Bauplanungsrecht ist der Bereich des öffentlichen Rechts, der die planerischen Voraussetzungen für die Bebauung einzelner Grundstücke regelt. Es stellt die Regeln für die Erstellung von Bauleitplänen auf, die ihrerseits Regeln über Art und Maß der zulässigen Bebauung im Plangebiet enthalten.

Die **Bauleitpläne** (Raumordnungsplan, Flächennutzungsplan, Bebauungsplan) legen in unterschiedlicher Detailgenauigkeit fest, welche Vorhaben an welcher Stelle und in welcher Form zulässig sind. Die Pläne entstehen in einem komplizierten Verfahren, in dem die die betroffenen Stellen beteiligt werden.

Insbesondere durch den Bebauungsplan wird bereits im Vorfeld deutlich, ob Bauvorhaben in bestimmten Gebieten überhaupt zulässig sind. Maßgebliches Gesetz für die Erstellung solcher Pläne ist das (Bundes-) **Baugesetzbuch (BauGB)**, weitere Regeln enthält auch das *Raumordnungsgesetz (ROG)*.

Daneben kommen häufig verschiedene Baunebenrechtsvorschriften zur Anwendung (z. B. besondere Regeln in der Bebaubarkeit von Flächen gemäß Straßenrecht).

Nach dem Baugesetzbuch haben die Gemeinden genaue Bauleitpläne aufzustellen. Sie sind den Zielen der Raumordnung sowie der Landesplanung anzupassen und in zwei Stufen zu erarbeiten:

– *Flächennutzungsplan*

  Er ist für das gesamte Gemeindegebiet vorzubereiten.

– *Bebauungsplan für Teilflächen des Flächennutzungsplanes*

  Er soll aus dem Flächennutzungsplan abgeleitet werden und ihn konkretisieren, also die Nutzung der Flächen im Einzelnen regeln.

Bei der Aufstellung der Bauleitpläne sind die Träger öffentlicher Aufgaben, also auch die Versorgungsunternehmen, zu hören. Sie haben in ihren Stellungnahmen den eigenen Flächenbedarf (z. B. neue Grundwassererschließungsgebiete, Hochbehälterstandorte) anzumelden und die Grenzen der Ver- und Entsorgungsmöglichkeiten in den geplanten Baugebieten anzuzeigen.

Bauordnungsrecht

Die Frage des „Wie?" wiederum ist im Bauordnungsrecht geregelt. Das Bauordnungsrecht richtet sich nach den jeweiligen Landesbauordnungen und enthält u. a. Vorschriften über die Errichtung, Änderung und den Abbruch von allen baulichen Anlagen, insbesondere von Gebäuden. Es soll vor allem folgende Funktionen erfüllen:

– Gefahrenabwehr (z. B. Standsicherheit, Baumaterialien, Brandschutz, Gesundheitsschutz)
– Gewährleistung der Einhaltung aller einschlägigen öffentlich-rechtlichen Vorschriften bis zur Genehmigung
– Gewährleistung sozialer Mindeststandards (z. B. Zugänglichkeit für Behinderte)
– Verhinderung von Verunstaltungen (architektonische Ausreißer, nicht als Geschmacksverordnung zu verstehen)

Daneben ist in den Bauordnungen auch das Verfahren geregelt, das zur Erteilung der notwendigen Genehmigungen führt. Verschiedene Erlaubnisse und Genehmigungsformen dazu sind nachfolgend aufgeführt.

Bauvoranfrage

Die Voranfrage dient insbesondere der verbindlichen Klärung der rechtlichen Zulässigkeit eines Bauvorhabens. Der Vorbescheid der zuständigen Baubehörde gilt in der Regel zwei bis drei Jahre. Er klärt schon vorab Fragen, die sonst im Rahmen einer Baugenehmigung entschieden werden und bedeutet bereits eine verbindliche Festlegung der Baubehörde innerhalb der Frist (zwei Jahre) bis zum Bauantrag. Hinsichtlich der beurteilten Sachlage ist eine abweichende Entscheidung in der Baugenehmigung nicht mehr möglich.

Eine Voranfrage kommt vor allem dann in Betracht, wenn die Durchführung des gesamten Bauvorhabens von der Entscheidung zu einem bestimmten Problem abhängig ist. Das ist in der Regel der Fall, wenn noch nicht alle Details feststehen, die für einen vollständigen Bauantrag notwendig wären bzw. erst geklärt werden soll, ob ein Vorhaben überhaupt möglich ist.

4.2.2 Beantragung von Genehmigungen – Die Baugenehmigung

Die Baugenehmigung (Bescheid) erfolgt grundsätzlich schriftlich und wird dann ausgestellt, wenn dem Bauvorhaben keine öffentlich-rechtlichen Vorschriften entgegenstehen. Wenn innerhalb von 1 bis 3 Jahren (je nach landesbehördlicher Vorschrift) nicht mit den Bauarbeiten begonnen wird, erlischt die Gültigkeit des Baubescheides.

Teilgenehmigung

Im Wege der Teilgenehmigung können auch Teile eines Bauvorhabens bereits genehmigt werden. Hinsichtlich des genehmigten Teils gilt die gleiche Verbindlichkeit wie bei einer vollständigen Genehmigung. Der Unterschied ist hier aber, dass z. B. von einem Großprojekt jeweils einzelne (abgeschlossene) Teile genehmigt werden.

Drittwiderspruch

Viele Genehmigungen und Erlaubnisse haben nicht nur (positive) Auswirkungen auf den Antragsteller, sondern können auch einen Dritten belasten (Sichteinschränkung, Lärmbelästigung, Geruchsbelästigung). Gegen solche Einschränkungen kann sich der Dritte wenden und versuchen, im Widerspruchverfahren oder Gerichtsverfahren die Entscheidung aufzuheben oder zumindest zu verändern.

Daneben können weitere Genehmigungen notwendig werden:

Zur Wahrung der straßenrechtlichen Erfordernissen ist vor Beginn von Bauarbeiten an Versorgungsleitungen die Einholung einer Aufgrabe- bzw. Schachtgenehmigung des Straßenbaulastträgers (gewöhnlich die Gemeinde) erforderlich, wenn dadurch der öffentliche Verkehrsraum betroffen ist,

Zudem wird die Baugenehmigung nur dann erteilt, wenn alle bauplanerischen Anforderungen erfüllt sind und die Erschließung (z. B. Wasser, Strom, Gas) gesichert ist. Sie kann mit zahlreichen Nebenbestimmungen versehen werden, um die straßenrechtlichen Belange zu gewährleisten, z. B.

– *Sperrgenehmigung*

 Genannt werden die Anforderungen zur Absicherung der Baustelle und zur Verkehrssicherung entsprechend den Bestimmungen der Straßenverkehrsordnung (STVO). Meist wird zur Genehmigung ein detaillierter Verkehrsregelplan (Beschilderung und Baustellenabsicherung) verbindlich vorgeschrieben.

– *Zugang zu Grundstücken innerhalb der Baustelle*

 Der Zugang zu den betroffenen Grundstücken ist möglichst aufrechtzuerhalten. Dabei ist der Grundsatz der Verhältnismäßigkeit zu wahren. Der Versorgungsträger ist verpflichtet, erhebliche Nachteile möglichst durch Ersatzmaßnahmen oder provisorische Maßnahmen zu mindern (z. B. Ausweichparkplätze anbieten, Dauer von Einschränkungen der Zufahrt auf das absolut notwendige Maß begrenzen, Baumaßnahmen bündeln bzw. zeitlich optimieren).

4.2.3 Auflagen

Die Baugenehmigung kann mit zahlreichen, ortsbedingten Auflagen versehen werden, z. B.

– Brandschutzvorkehrungen treffen,
– Fluchtwege schaffen,
– Abstellplätze bereitstellen,
– besondere Ableitung von Niederschlagsgewässern,
– Sicherung der Entwässerungsschächte gegen Rückstau,
– Eingangstor hinter der Straßenfluchtlinie.

4.3 Berücksichtigen des Grundstücks-, Straßenbenutzungs- und Straßenverkehrsrechts

Für das umfangreiche Netz an Betriebsanlagen befindet sich in der Regel nur ein Teil der erforderlichen Grundstücke im Eigentum des Versorgungsträgers. Daher muss das Unternehmen darauf hinwirken, sich den erforderlichen Bedarf an Grundstücken oder die notwendigen Rechte zur Verlegung zu sichern.

4.3.1 Zivilrechtliche Gestattung der Grundstücksbenutzung

Privatgrundstücke

Den Unternehmen stehen nur in bestimmten Fällen Enteignungsrechte für Privatgrundstücke zu. Unter bestimmten Umständen kann aber die Verpflichtung des Grundstückseigentümers bestehen, die Versorgungsanlage auf dem Grundstück oder die Durchführung von Arbeiten daran zu dulden. Grundsätzlich muss versucht werden, in Verhandlungen mit dem Grundstückseigentümer eine einvernehmliche Lösung zu erreichen.

Für die Inanspruchnahme von Privatgrundstücken für öffentliche Energieversorgung kommen folgende Möglichkeiten in Betracht:

– Inanspruchnahme
– Vereinbarung über eine Grundstücksnutzung

Inanspruchnahme gemäß § 12 Niederspannungs-/Niederdruckanschlussverordnung (NAV/NDAV) bzw. § 8 der Allgemeinen Versorgungsbedingungen Wasser/Fernwärme (AVB)

Voraussetzungen:

– Es muss sich um eine örtliche Versorgung handeln.
– Der Grundstückseigentümer muss Anschlussnehmer sein.
– Das zu nutzende Grundstück muss im selben Versorgungsgebiet wie das angeschlossene Grundstück liegen.

 Strom: Mittel- und Niederspannungsnetz
 Gas: Hoch-, Mittel-, Niederdrucknetz

Wenn diese Voraussetzungen vorliegen, hat der Anschlussnehmer das Anbringen und Verlegen von Leitungen zur Zu- und Fortleitung von Energie über seine im selben Versorgungsgebiet liegenden Grundstücke, ferner das Anbringen von Leitungsträgern und sonstige Einrichtungen sowie erforderliche Schutzmaßnahmen unentgeltlich zuzulassen.

Folgende Grundstücke sind von der **Duldungspflicht** nach § 12 NAV/NDAV bzw. § 8 Abs. 1 AVB erfasst:

– Grundstücke, die an die Strom-/Gas-/Wasser-/Fernwärmeversorgung angeschlossen sind. Die Duldungspflicht bezieht sich dabei nicht nur auf die Anschlussleitung selbst, sondern auf alle Leitungen, die zur örtlichen Versorgung anderer Grundstücke notwendig sind.
– Das Grundstück muss vom Grundstückseigentümer im wirtschaftlichen Zusammenhang mit der Versorgung eines angeschlossenen Grundstückes genutzt werden. Darunter fallen alle Grundstücke, für die sinnvoller Weise eine wirtschaftliche Nutzung nur in Verbindung mit der Nutzung der Energieversorgung auf einem angeschlos-

senen Grundstück in Betracht kommt (z. B. Äcker eines Bauernhofes, die von dem versorgten Grundstück aus bewirtschaftet werden).
- Grundstücke, für die die Möglichkeit der Versorgung sonst wirtschaftlich vorteilhaft ist (z. B. Baulücke).

Duldungspflichtige Einrichtungen

Duldungspflichtig sind alle Einrichtungen, die den Zwecken der örtlichen Verteilung dienen, d. h. ohne die ein Verteilernetz weder aufgebaut noch betrieben werden kann, z. B.

- Gas:
  Die Druckstufe ist unerheblich: auch Gashochdruckleitungen können unter NDAV fallen
- Fernwärme:
  Alle Einrichtungen, nicht nur auf dem Grundstück, auch in Gebäuden
- Strom:
  Freileitungen, Kabel, Masten, Trafostationen
- Wasser:
  Schieber, Hydranten, Schächte

Die Grenze der Duldungspflicht ist dann erreicht, wenn die geplante Inanspruchnahme den Grundstückseigentümer mehr als notwendig oder in unzumutbarer Weise belasten würde. Es hat eine Einzelfallprüfung zu erfolgen.

Die Grundstücksinanspruchnahme nach NAV/NDAV bzw. AVB ist unentgeltlich.

Die Verlegung einer Energieversorgungsanlage nach NAV/NDAV bzw. AVB ist für ein Energieversorgungsunternehmen die kostengünstigste Verlegungsmaßnahme.

Vereinbarung über eine Grundstücksnutzung

Eine Grundstücksbenutzung über eine vertragliche Regelung ist immer dann herbeizuführen, wenn die Voraussetzungen des § 12 NAV/NDAV bzw. § 8 AVB **nicht** vorliegen.

Für die dauerhafte Absicherung des Leitungsrechts muss ein „dinglicher Vertrag" abgeschlossen werden. In der Regel handelt es sich hierbei um eine „beschränkte persönliche Dienstbarkeit", die im **Grundbuch** in Abteilung II (Belastungen) eingetragen wird und die das Eigentumsrecht einschränkt.

In Abteilung I werden der Eigentümer und in Abteilung III die Hypotheken, Grundschulden sowie Rentenschulden vermerkt (**Bild 4.2**).

Grundbuch-deckblatt	Amtsgerichtsbezirk, Grundbuchband und Grundbuchblatt
Bestands-verzeichnis	Bezeichnung des Grundstücks nach lfd. Eintragsnummer, Gemarkung, Flurstück, Lage, Wirtschaftsart, Größe
Abteilung I	Lfd. Eintragsnummer, Name der/des Eigentümer(s), Grund der Eintragung
Abteilung II	Lfd. Eintragsnummer, Belastungen (z. B. Dienstbarkeiten, Altenteile, Schenkungsversprechen)
Abteilung III	Lfd. Eintragsnummer, Hypotheken, Grundschulden, Rentenschulden (jeweils mit Betrag)

Bild 4.2: Aufbau des Grundbuches beim Amtsgericht

Beschränkte persönliche Dienstbarkeiten

Eine Energieversorgungsanlage kann durch Eintragung einer beschränkten persönlichen Dienstbarkeit in das Grundbuch gesichert werden (**Bild 4.3**). Auch wenn dem Grundstückseigentümer in diesem Fall ein Verlegungsanspruch zustehen kann, so muss er bei der dinglichen Sicherung der Anlage die Kosten für die Verlegung tragen und vorschießen (§ 1023 BGB).

Bewilligung

Die Bewilligung von beschränkten persönlichen Dienstbarkeiten ist erforderlich für alle Leitungen, die nicht unter § 12 NAV/NDAV bzw. § 8 AVB fallen, d. h.

- Leitungen, die nicht der örtlichen Versorgung dienen;
- Leitungen, die zwar der örtlichen Versorgung dienen, bei denen aber eine andere Voraussetzung des § 12 NAV/NDAV bzw. § 8 AVB nicht vorliegt (z. B. Gasleitungsverlegung über ein Grundstück, dessen Eigentümer nicht Gasabnehmer ist).

Für die Bewilligung einer beschränkten persönlichen Dienstbarkeit sind die Vordrucke des jeweiligen Energieversorgungsunternehmens zu verwenden.

Entschädigung

Bei der Eintragung einer beschränkten persönlichen Dienstbarkeit ist eine Entschädigung zu zahlen.

Ablaufplan zur Einholung einer beschränkten persönlichen Dienstbarkeit:

- Ermittlung der in Anspruch zu nehmenden Flurstücke
- Ermittlung der Eigentümer/Pächter, Grundbuchblattnummer
- Einholen des Verkehrswertes (Katasteramt bzw. Landesamt für Vermessung und Geoinformation, evtl. Gutachterausschuss)
- Eventuell Abschluss eines Gestattungsvertrages – nicht unbedingt erforderlich
- Übergabe des ausgefüllten Dienstbarkeitsformulars an den Eigentümer mit dem Hinweis, dass die Unterschrift vor einem Notar zu leisten ist

Merke: **Die Eintragung einer beschränkten persönlichen Dienstbarkeit in das Grundbuch ist die optimale Sicherung für eine Energieanlage.**

Bauerlaubnis

Vor der Inanspruchnahme eines fremden Grundstücks ist der Grundstückseigentümer auf die geplante Baumaßnahme hinzuweisen.

Bei der Inanspruchnahme des Grundstücks nach § 12 NAV/NDAV bzw. § 8 AVB ist der Grundstückseigentümer/Kunde von der bevorstehenden Maßnahme lediglich zu informieren (§ 12 Abs. NAV/NDAV, § 8 Abs. 2 AVB); es bedarf keiner Zustimmung des Grundstückseigentümers.

In allen anderen Fällen, wenn also § 12 NAV/NDAV bzw. § 8 AVB nicht greift, ist eine Zustimmung des Grundstückseigentümers von der Inanspruchnahme des Grundstücks notwendig. Zwar reicht es aus, wenn der Grundstückseigentümer mündlich zustimmt (Gesprächsnotiz anfertigen), zu Beweissicherungszwecken empfiehlt es sich aber, auf eine schriftliche Zustimmung des Grundstückseigentümers hinzuwirken.

Schuldrechtlicher Vertrag

Wird die Grundstücksinanspruchnahme lediglich durch schuldrechtlichen Vertrag gestattet, kann der Grundstückseigentümer diesen kündigen und dann einen Anspruch auf Entfernung der Energieversorgungsanlage nach § 1004 BGB geltend machen.

Beschränkte persönliche Dienstbarkeit

Auch wenn eine beschränkte persönliche Dienstbarkeit im Grundbuch eingetragen ist, kann der Grundstückseigentümer die Umverlegung der Energieanlage auf eine für ihn besser geeignete Stelle des Grundstückes verlangen. Der Grundstückseigentümer hat in diesem Fall aber alle damit verbundenen Kosten zu tragen und vorzuschießen (§ 1023 Abs. 1 BGB).

Flurschadensregulierung

Die bei der Grundstücksinanspruchnahme entstehenden Flurschäden sind zu beseitigen bzw. zu entschädigen. Anspruchsberechtigt ist der Nutzer des Grundstücks (Pächter) bzw. der selbst wirtschaftende Grundstückseigentümer.

Zur Ermittlung der Schadenshöhe ist ggf. ein vereidigter landwirtschaftlicher Sachverständiger einzuschalten. Die Kosten hierfür trägt das Energieversorgungsunternehmen.

Kauf des in Anspruch zu nehmenden Grundstücks

Auch wenn für Schaltstationen, Gasübernahmestationen, Gasdruckregelstationen und Transformatorenstation in der Regel eine Duldungspflicht nach § 12 Abs. 11 NAV/NDAV bzw. § 8 Abs. 11 AVB besteht, ist der Kauf des für die Aufstellung derartiger Anlagen benötigten Grundstücks dann anzuraten, wenn Anlagen mit hohen Investitionskosten verbunden sind.

**Bewilligung
einer beschränkten persönlichen Dienstbarkeit**

- Gasleitungen -

Projekt:

Als Eigentümer bewillige/n und beantrage/n ich/wir

Name(n)   Vorname(n)   Straße, Haus-Nr.   PLZ   Ort

hiermit, zu Lasten meines/unseres nachstehend aufgeführten Grundbesitzes

Gemarkung   Flur   Flurstück(e)   Grundbuch   Blatt

zu Gunsten der ... *Energieversorgungsunternehmen* ... folgende beschränkte persönliche Dienstbarkeit einzutragen:

„Die ... *Energieversorgungsunternehmen* ... ist berechtigt, in einem Schutzstreifen von ....m Breite eine Gasleitung sowie Fernwirkkabel und Nebeneinrichtungen (Anlage) zu bauen, dort dauernd zu belassen, zu betreiben, zu unterhalten und auszuwechseln und das/die Flurstück(e) zur Ausführung dieser Arbeiten jederzeit von ihren Beauftragten im erforderlichen Umfang zu benutzen.

Im Bereich des Schutzstreifens dürfen für die Dauer des Bestehens der Anlage weder Baulichkeiten errichtet noch den Bestand, den Betrieb oder die Unterhaltung der Anlage beeinträchtigende Einwirkungen vorgenommen werden.

Die Grenzen des Schutzstreifens werden bestimmt durch die Lage der Leitung, deren Achse – soweit möglich - unter der Mittellinie des Schutzstreifens liegt.

Die Ausübung der Dienstbarkeit kann Dritten übertragen werden."

...., den ....
                                                                                              ....
                                                                                              Unterschrift(en) d. Grundeigentümer(s)

Der Wert des Rechts beträgt ....EUR.

Die Kosten der Beglaubigung und Eintragung in das Grundbuch trägt die ... *Energieversorgungsunterneh-*

Bild 4.3: Bewilligung einer beschränkten Dienstbarkeit für Gasleitungen (Muster)

Handlungsbereich | Organisation

4.3.2 Straßen und andere öffentliche Grundstücke

Straßen

Der öffentliche Verkehrsraum betrifft alle dem öffentlichen Verkehr gewidmeten Straßen, Wege und Plätze in Höhe und Breite, insbesondere genutzt durch Kraftfahrzeuge, Radfahrer und Fußgänger. Jede über den Gemeingebrauch hinausgehende Nutzung der Straße ist eine Sondernutzung oder sonstige Benutzung.

Gesetzliche Grundlage für alle Arbeiten im öffentlichen Verkehrsraum ist das **Straßenverkehrsgesetz (StVG)**, nach dem der Bundesminister für Verkehr, mit Zustimmung des Bundesrates, einzelne Rechtsverordnungen erlassen kann. Die wichtigsten Festlegungen ergeben sich aus folgenden Vorschriften:

- Straßenverkehrs-Ordnung (StVO)
- Allgemeine Verwaltungsvorschrift zur Straßenverkehrs-Ordnung (VwV-StVO)
- Richtlinien für die Sicherung von Arbeitsstellen an Straßen (RSA 95) und Einführungserlasse der Bundesländer zur RSA 95
- Zusätzliche Technische Vertragsbedingungen und Richtlinien für Sicherheitsmaßnahmen an Arbeitsstellen an Straßen (ZTV-SA 97)
- Allgemeine Bestimmungen für die Benutzung von Straßen durch Leitungen und Telekommunikationslinien (ATB-BE-Stra)

Wenn die Versorgungsanlagen im öffentlichen Verkehrsraum gelegen oder vorgesehen sind, müssen die Bestimmungen des öffentlichen Straßen- und Straßenverkehrsrechts beachtet werden, z. B.

- Anforderungen an die Sicherheit und Ordnung der Straßen,
- Straßenreinigung,
- Aufstellen von Verkehrsregelplänen,
- Befugnisse zum Aufstellen von Verkehrszeichen und Verkehrseinrichtungen,
- Haftung bei unsorgfältigen Baumaßnahmen.

Bei Arbeiten an Straßen- und Bahnkreuzungen entstehen meist besonders hohe Anforderungen an die Absperrungen und die verkehrsrichtenden Maßnahmen.

Darüber hinaus müssen die verwendeten Baumaterialien die außerordentlich hohe und schwere Verkehrsbelastung aufnehmen können. Dazu werden gewöhnlich besonders widerstandsfähige Schutzrohre verlegt, die eine undicht werdende Leitung gegen unkontrollierten Abfluss sichern und Unterspülungen vermeiden. Darüber hinaus ist oftmals der Einbau zusätzlicher Abschieber erforderlich.

Beantragung von Genehmigungen

Vor der Durchführung von Leitungsverlegungen (unterirdisch oder oberirdisch) und sonstigen Arbeiten im Bereich von Straßen hat das Energieversorgungsunternehmen folgende Genehmigungen einzuholen (**Bild 4.4**).

- *Nutzungserlaubnis*
  Einzuholen bei den Straßenbauämtern, Kreisverwaltungen oder Ordnungsämtern der Städte und Gemeinden.

- *Straßenverkehrsrechtliche Anordnung*
  Einzuholen bei der Straßenverkehrsbehörde.

Der Antrag auf Genehmigung (**Bild 4.5**) bei der zuständigen Behörde muss folgende Angaben enthalten:

- Großräumige Beschreibung der Örtlichkeit.
- Nähere Angaben zur Lage der Arbeitsstelle.
- Breiten der Straßenteile, die von den Arbeiten direkt oder indirekt betroffen sind (insbesondere Breiten von Behelfsfahrstreifen und Restbreiten von eingeschränkten Fahrbahnteilen).
- Angaben zum zeitlichen Rahmen der Arbeiten mit Detailangaben zum zeitlichen Ablauf.
- Beschilderung einschließlich erforderlicher Beleuchtungseinrichtungen, Markierungen und Absperrgeräte.

	Bundes- / Landesstraßen		Kreisstraßen		Gemeindestraßen
	innerhalb OD	außerhalb OD	innerhalb OD	außerhalb OD	
Vertragliche Regelungen:	Rahmenvertrag		Konzessionsvertrag oder Einzelgestattungsvertrag		Konzessionsvertrag oder Einzelgestattungsvertrag
Baulastträger:	Bund / Land		Kreis		Gemeinde
	Gehweg: Gemeinde		Gehweg: Gemeinde		
Trassengenehmigung erteilt:	Straßenbauamt		Kreisbauamt		Gemeinde
	Gehweg: Gemeinde		Gehweg: Gemeinde		
straßenverkehrsrechtliche Anordnung erstellt:	Verkehrsbehörde beim Ordnungsamt des Kreises bzw. der Gemeinde				
Anzeige Baubeginn/ Bauende geht an:	Straßenbauamt		Kreis		Gemeinde
	Gehweg: Gemeinde		Gehweg: Gemeinde		

OD = Ortsdurchfahrt (Anhaltspunkt geben die Ortseingangs- und -ausgangsschilder)

Bild 4.4: Zuständigkeiten für Genehmigungen bei Leitungsverlegungen in Straßen

Antragsteller: (Bau-) Unternehmer

Ort, Datum

Telefon- Nr. des Antragstellers

Telefax-Nr. des Antragstellers

☐ **Antrag**

☐ **Antrag - vereinfachtes Verfahren[3] -**
auf verkehrsrechtliche Anordnung
zur Sicherung einer Arbeitsstelle an Straßen
(§ 45 Abs. 6 StVO)[3]

Anlagen:

☐ Regelplan Nr. mit Änderungen	☐ Signallageplan mit Signalzeitenplan
☐ Verkehrszeichenplan Nr.	☐ Umleitungsplan
☐ Lageplan	☐

1), 2) Zuständigkeit 3) Hinweise siehe Rückseite Satz 1

I. Antrag

Der oben genannte (Bau-) Unternehmer plant

☐ Arbeiten im Straßenraum (§ 45 Abs. 1 Satz 2 Nr. 1 StVO)[1]

☐ Straßenbauarbeiten (§ 45 Abs. 2 Satz 1 StVO)[2].

Diese wirken sich auf den Straßenverkehr aus.

Zur **Sicherung der Arbeitsstelle** (Arbeitsbereich) sowie zur **Sicherung und Ordnung des Verkehrs** (Verkehrsbereich) wird deshalb eine verkehrsrechtliche Anordnung beantragt (§ 45 Abs. 6 StVO).

☐ Dazu werden die anliegenden Pläne vorgelegt.

☐ Dazu wird kein Verkehrszeichenplan vorgelegt. Der Regelplan Nr. ______ ist **ohne** Änderung geeignet.

II. Angaben zur Arbeitsstelle

1. Art der Arbeitsstelle ☐ ortsfest ☐ beweglich

Beschreibung der Arbeiten

z.B. Markierungsarbeiten

2. Lage der Arbeitsstelle ☐ innerorts ☐ außerorts

PLZ, Stadt / Gemeinde, Stadtteil / Gemeindeteil, Straßenname

Straßenklasse und Nummer (z.B. B 27) sowie Lage (z.B. südlich von- Stadt)

Genaue Länge der Arbeitsstelle mit genauer Ortsangabe (ggf. getrennt nach Bauphasen)

z.B. von Hausnummer x bis y, von km x bis y, von Straße x bis Straße y

Beschreibung der betroffenen Straßenteile

z.B. gesamte Straße, (Richtungs-) Fahrbahn, Seitenstreifen, Parkstreifen, Radweg, Gehweg

Breiten der betroffenen Straßenteile

verbleibende Breiten

insbesondere Breiten von Behelfsfahrstreifen, Restbreiten von eingeschränkten Fahrbahnteilen

3. Dauer der Arbeitsstelle

Errichtung der Arbeitsstelle

Geplanter bzw. frühester Beginn der Arbeiten

Geplantes bzw. spätestes Ende der Arbeiten

Weitere Detailangaben zum zeitlichen Ablauf

z.B. einzelne Bauphasen, arbeitsfreie Tage

Verteiler:

Bild 4.5: Antrag auf Anordnung von Verkehrszeichen und Verkehrseinrichtungen

- Besondere Einzelheiten über zu ändernde Verkehrszeichen im Verlauf der Arbeiten (Änderungen an arbeitsfreien Tagen sind konkret zu benennen, z. B. vorübergehende Aufhebung von Geschwindigkeitsbeschränkungen).
- Ggf. vorhandene Beschilderung und Markierung mit Angaben über erforderliches Abdecken, Entfernen oder Ungültigmachen.
- Name, Vorname, Anschrift und Telefonnummer des Verantwortlichen für die Verkehrssicherung während und nach der Arbeitszeit.
- Vorgesehener Signallageplan, Signalzeitenplan mit Einsatzzeiten (soweit eine verkehrsabhängige Steuerung für erforderlich gehalten wird – Handsteuerung oder automatische Steuerung über Detektoren – sind deren Einsatzzeiten zu benennen).
- Name, Vorname und Anschrift des Verantwortlichen für den Betrieb der Signalanlage und für die Störungsbeseitigung während und nach der Arbeitszeit.
- Wenn eine Umleitung eingerichtet werden muss: Lageplan über die Umleitungsstrecken mit der zusätzlichen Beschilderung im Verlauf der Umleitungsstrecke und den Änderungen der vorhandenen Beschilderung (Umleitungsplan bzw. Verkehrslenkungsplan).

Autobahnen, Bundes- und Landesstraßen

In Zusammenarbeit mit den Verbänden der Versorgungswirtschaft wurden unterschiedliche Musterverträge entwickelt, die z. B. beim Bundesverband der Energie- und Wasserwirtschaft (bdew) angefordert werden können.

Es werden keine beschränkten persönlichen Dienstbarkeiten bewilligt. Sollten aber bereits Dienstbarkeiten im Grundbuch eingetragen sein, ruhen diese während der Vertragslaufzeit.

Folgepflicht und Folgekosten

Werden durch Verlegung, Verbreiterung oder sonstige Änderung der Straße eine Änderung der Energieversorgungsanlagen notwendig, hat das Energieversorgungsunternehmen diese durchzuführen (Folgepflicht).

Die Folgekostenverteilung bestimmt sich nach dem abgeschlossenen Mitbenutzungsvertrag.

Kreis- und Gemeindestraßen

In einem *Konzessionsvertrag* (s. Abschnitt 4.1.4) ist neben dem ausschließlichen Recht des Energieversorgungsunternehmens zur Versorgung der Bevölkerung mit Energie auch das alleinige Recht zur Straßen- und Wegebenutzung enthalten.

Straßenbenutzungsvertrag

Sofern kein Konzessionsvertrag existiert, ist ein Straßenbenutzungsvertrag abzuschließen.

Ungewidmete Wege von Gemeinden

Energieversorgungsanlagen in ungewidmeten Wegen – also Wegen, die nicht dem öffentlichen Verkehr zur Verfügung gestellt sind (z. B. Feldwege) – werden durch die Bewilligung von beschränkten persönlichen Dienstbarkeiten gesichert.

Wasserstraßen

Rechtsgrundlage ist das ***Bundeswasserstraßengesetz*** vom 02.04.1968. Hiernach wird unterschieden zwischen Seewasserstraßen, die grundsätzlich im Eigentum des Bundes stehen, und Binnenwasserstraßen, die nur dann im Eigentum des Bundes stehen, wenn sie dem allgemeinen Schiffsverkehr dienen.

Für Kreuzungen der Bundeswasserstraßen mit Anlagen der Energie- und Wasserversorgung gelten:

- Wasserstraßen-Kreuzungsvorschriften für fremde Starkstromanlagen (WKV)
- Vorschriften über die Kreuzung von Reichswasserstraßen durch fremde Rohrleitungen (Rohrkreuzungsvorschriften)

Die Genehmigung wird erteilt, wenn durch die beabsichtigte Maßnahme eine Beeinträchtigung des Zustandes der Bundeswasserstraße oder der Sicherheit und Leichtigkeit des Schiffsverkehrs nicht zu erwarten ist.

Es wird ein Gestattungs-/Nutzungsvertrag (Mustervertrag) abgeschlossen. Nach diesem Vertrag treffen das Energieversorgungsunternehmen die Folgepflicht und Folgekostenpflicht.

4.3.3 Sonstige Grundstücke

Forstgrundstücke

Für Kirchen- und Forstgrundgrundstücke (auch Privatforst) sind Gestattungsverträge mit beschränkten persönlichen Dienstbarkeiten anzustreben.

Kreuzungen von Anlagen der Deutschen Bahn AG

Die Deutsche Bahn (DB AG) verfügt im Bereich des Schienennetzes über zahlreiche Grundflächen, die in ihrem Eigentum stehen oder an denen der DB AG ein Nutzungsrecht zusteht. Grundlage für die Verlegung und Aufstellung von Anlagen auf dem Gelände der DB AG – diese ist Rechtsnachfolgerin der früheren Deutschen Bundesbahn und der früheren Reichsbahn – sind die jeweiligen Kreuzungsrichtlinien.

- Stromleitungskreuzungsrichtlinien SKR 2016
- Gas- und Wasserleitungskreuzungsrichtlinien 2012
- Regelwerke des DVGW und des VDE

4.4 Energierecht

4.4.1 Energiewirtschaftsgesetz (EnWG)

Grundlegende Veränderung des energiewirtschaftlichen Ordnungsrahmens im Sommer 2005. Auslöser: die beiden EU-Richtlinien zur Schaffung eines einheitlichen Binnenmarktes für Strom und Gas.

Das EnWG trennt die Versorgung in drei Bereiche auf:
- Netzanschluss
- Netznutzung
- Energielieferung

Bei der Energielieferung an Letztverbraucher unterscheidet man:
- Belieferung von Haushaltskunden der Grundversorgung
- Belieferung von Haushaltskunden außerhalb der Grundversorgung
- Belieferung sonstiger Letztverbraucher

Verordnungen über AGB zur Versorgung von Tarifkunden
- AVBEltV (abgelöst) -> heute StromNAV und StromGVV
- AVBGasV (abgelöst) -> heute GasNDAV und GasGVV
- AVBWasserV
- AVBFernwärmeV

NAV und GVV
- NAV (Verordnung über Allgemeine Bedingungen für den Netzanschluss und dessen Nutzung für die Elektrizitätsversorgung in Niederspannung / Niederspannungsanschlussverordnung – NAV)
- GVV (Verordnung über Allgemeine Bedingungen für die Grundversorgung von Haushaltskunden und die Ersatzversorgung mit Elektrizität aus dem Niederspannungsnetz / Stromgrundversorgungsverordnung – StromGVV)

NAV und GVV sind auf Grundlage des Energiewirtschaftsgesetz als Rechtsverordnung erlassen worden; sie bilden den neuen entflochtenen Regelungsrahmen ab und lösen die „integrierte" Welt der AVBs ab.

4.4.2 Wesentliche Regelungen der NAV

- Haftung bei Störung der Anschlussnutzung (Haftungsbegrenzung nach Art und Höhe)
- Duldung der Grundstücksbenutzung
- Baukostenzuschüsse
- Netzanschluss (Bezeichnung in AVB früher Hausanschluss)
- Anschlussnutzung
- Kundenanlage / „Elektrische Anlage" (Errichtung, Inbetriebsetzung, Recht zur Überprüfung)
- Zutrittsrecht zu den Räumen des Kunden
- Messung und Nachprüfung der Messung sowie Ablesung
- Unterbrechung des Anschlusses und der Anschlussnutzung
- Kündigung des Netzanschlussverhältnisses

4.4.3 Wesentliche Regelungen der GVV

- Grundversorgung / Ersatzversorgung in Niederspannung / Niederdruck
- Art und Umfang der Versorgung (Qualität)
- Erweiterung und Änderung von Verbrauchsgeräten
- Zutrittsrecht
- Vertragsstrafe
- Abrechnung der Energielieferung
- Unterbrechung der Versorgung
- Kündigung des Lieferverhältnisses

4.4.4 Einspeiseverträge

Einspeiseverträge kommen aufgrund gesetzlicher Vorgaben oder aufgrund vertraglicher Regelungen zustande:
- gesetzliche Regelungen, z. B. EEG, KWKG – in diesen beiden Fällen besteht schon gesetzliche Abnahmepflicht der Energie;
- vertragliche Regelung, z. B. bei Abnahme konventioneller Energie – Einigung ist notwendig, da keine gesetzliche Abnahmeverpflichtung.

Handlungsbereich | Organisation

4.5 Berücksichtigen des Wasserrechts

Wasser ist die wichtigste Voraussetzung für die Entwicklung und den Fortbestand aller Lebewesen. Es ist eine natürliche Lebensgrundlage. Als Getränk oder zur Zubereitung von Speisen und Getränken ist Wasser für den Menschen nicht nur das „Lebensmittel Nr. 1", es ist darüber hinaus ebenso wichtig für die Körperpflege, für Reinigungszwecke, für die Land- und Forstwirtschaft, als Energiequelle, als Verkehrsträger und nicht zuletzt auch für die Erholung. Darüber hinaus hat der Wasserhaushalt auch Auswirkungen auf das kleinräumige Klima, die Vegetation und das Landschaftsbild.

Als natürliche Lebensgrundlage ist das Wasser bereits durch Art. 20 a des *Grundgesetzes* geschützt. Danach „*schützt der Staat auch in der Verantwortung künftiger Generationen die natürlichen Lebensgrundlagen im Rahmen der verfassungsmäßigen Gesetzgebung und nach Maßgabe von Gesetz und Recht durch die vollziehende Gewalt und die Rechtsprechung*".

Da die Allgemeinheit und die Volkswirtschaft immer auf die Nutzung von Wasser angewiesen sind, muss die Nutzung dieser Ressource durch das Wasserrecht geregelt werden. Dabei wird insbesondere auf eine schonende Bewirtschaftung und nachhaltige Nutzung unter Berücksichtigung der jeweiligen Dringlichkeit geachtet und dafür Sorge getragen, dass keine Verunreinigungen eintreten. Zudem muss das Wasserrecht den Gefahren wie z. B. Überschwemmungen begegnen, die vom Wasser ausgehen können.

4.5.1 Wasserhaushaltsgesetz

Das *Gesetz zur Ordnung des Wasserhaushaltes (Wasserhaushaltsgesetz – WHG)* regelt die Nutzung von

- oberirdischen Gewässern,
- Küstengewässern sowie von
- Grundwasser

und soll deren umfassenden Schutz gewährleisten. Nach § 1a (1) WHG sind die Gewässer „als Bestandteil des Naturhaushalts und als Lebensraum für Tiere und Pflanzen zu sichern. Sie sind so zu bewirtschaften, dass sie dem Wohl der Allgemeinheit und im Einklang mit ihm auch dem Nutzen Einzelner dienen, vermeidbare Beeinträchtigungen ihrer ökologischen Funktionen und der direkt von ihnen abhängenden Landökosysteme und Feuchtgebiete im Hinblick auf deren Wasserhaushalt unterbleiben und damit insgesamt eine nachhaltige Entwicklung gewährleistet wird. Dabei sind insbesondere mögliche Verlagerungen von nachteiligen Auswirkungen von einem Schutzgut auf ein anderes zu berücksichtigen; ein hohes Schutzniveau für die Umwelt insgesamt, unter Berücksichtigung der Erfordernisse des Klimaschutzes, ist zu gewährleisten."

Die Hauptziele des Wasserrechts sind demnach:

- Die Gewässer schützen und als Lebensraum für Tiere und Pflanzen sichern
- Den Menschen eine verantwortungsvolle und nachhaltige Nutzung der Gewässer sichern
- Vor Gefahren des Wassers schützen

Das WHG des Bundes stellt eine Rahmengesetzgebung dar, die jedoch zahlreiche Bestimmungen enthält, die unmittelbar anwendbar sind. Die einzelnen Länder haben mit ihren jeweiligen Wassergesetzen das WHG umgesetzt und in verschiedenen Verordnungen (z. B. Anlagenverordnung) spezifiziert.

Für die Wasserversorgungsunternehmen ist demnach neben dem WHG zudem das sie betreffende Landeswassergesetz maßgebend.

Um den Schutz der Gewässer und deren nachhaltige Nutzung zu gewährleisten, enthält das WHG zahlreiche Regelungen. Die wichtigsten sind:

- Entnehmen von Wasser
- Einleiten von Abwasser
- Aufstauen von Wasser
- Herstellen, Ändern oder Beseitigen eines Gewässers
- Umgang mit wassergefährdenden Stoffen

Für die Wasserversorgung sind insbesondere die Regelungen zum Entnehmen von Wasser und Einleiten von Abwasser, z. B. Schlammwässer aus Filterspülungen, wichtig. Diese Art der Gewässernutzung stellt nach § 3 WHG eine „Benutzung" dar. *Benutzungen* im Sinne des WHG sind:

- Entnehmen und Ableiten von Wasser aus oberirdischen Gewässern
- Aufstauen und Absenken von oberirdischen Gewässern
- Entnehmen fester Stoffe aus oberirdischen Gewässern, soweit dies auf den Zustand des Gewässers oder auf den Wasserabfluss einwirkt
- Einbringen und Einleiten von Stoffen in oberirdische Gewässer
- Einbringen und Einleiten von Stoffen in Küstengewässer
- Einleiten von Stoffen in das Grundwasser
- Entnehmen, Zutagefördern, Zutageleiten und Ableiten von Grundwasser
- Aufstauen, Absenken und Umleiten von Grundwasser durch Anlagen, die hierzu bestimmt oder hierfür geeignet sind
- Maßnahmen, die geeignet sind, dauernd oder in einem nicht nur unerheblichen Ausmaß schädliche Veränderungen der physikalischen, chemischen oder biologischen Beschaffenheit des Wassers herbeizuführen

Diese Gewässerbenutzungen bedürfen einer Gestattung in Form einer behördlichen *Erlaubnis* oder einer *Bewilligung.*

- Erlaubnis (§ 7 WHG):
  Befugnis zur Benutzung eines Gewässers zu einem bestimmten Zweck in einer bestimmten Art und in einem bestimmten Umfang
- Bewilligung (§ 8 WHG):
  Befugnis zur Benutzung eines Gewässers, die über die Erlaubnis hinaus das Recht gewährt, fremde Gegenstände in Gebrauch zu nehmen, wobei die Bewilligung nicht für das Einbringen und Einleiten von Stoffen in ein Gewässer erteilt werden darf

Bei Bau, Betrieb und Instandhaltung sind insbesondere folgende Maßnahmen als Benutzungen im Sinne des WHG zu verstehen und damit gestattungspflichtig:

- *Bau*
- Wasserhaltungen
- Brunnenbau
- Bohrlochverfüllung

- *Betrieb*
- Entnahme von Grund- oder Oberflächenwasser
- Einleiten von Schlammwasser z. B. aus Filterspülungen

- Einleiten von Reinigungswasser z. B. aus der Trinkwasserbehälterreinigung
- Einleiten von Schlammwasser aus Netzspülungen

- *Instandhaltung*
- Brunnenregenerierung

4.5.2 Wasserschutzgebiete

Die Wassergesetze enthalten auch Regelungen für Wasserschutzgebiete. Soweit es das Wohl der Allgemeinheit erfordert, können Wasserschutzgebiete nach § 19 WHG festgesetzt werden, um:

- Gewässer im Interesse der derzeit bestehenden oder künftigen öffentlichen Wasserversorgung vor nachteiligen Einwirkungen zu schützen,
- das Grundwasser anzureichern,
- das schädliche Abfließen von Niederschlagswasser sowie das Abschwemmen und den Eintrag von Bodenbestandteilen, Dünge- oder Pflanzenbehandlungsmitteln in Gewässer zu verhüten.

In den Wasserschutzgebieten können bestimmte Handlungen verboten oder für nur beschränkt zulässig erklärt werden und die Eigentümer und Nutzungsberechtigten von Grundstücken zu bestimmten Handlungen oder zur Duldung bestimmter Maßnahmen verpflichtet werden. Dazu gehören auch Maßnahmen zur Beobachtung des Gewässers und des Bodens.

Die DVGW-Arbeitsblätter W 101 (Schutzgebiete für Grundwasser) und W 102 (Schutzgebiete für Talsperren) beinhalten als Technische Regeln Richtlinien für die Abgrenzung von Trinkwasserschutzgebieten und Hinweise auf Gefährdungspotenziale für das Trinkwasser. Danach ist es sinnvoll, sowohl für Grundwasser als auch für Talsperren Schutzgebiete in drei *Schutzzonen* zu untergliedern (**Bild 4.6**):

- Fassungsbereich (Zone I),
- Engere Schutzzone (Zone II) und
- Weitere Schutzzone (Zone III).

In den verschiedenen Zonen können Gefahrenquellen liegen, denen mit entsprechenden Maßnahmen begegnet werden muss.

Schutzgebiete werden nach bestimmten Verfahren von der jeweils zuständigen Kreisverwaltungsbehörde oder Bezirksregierung durch Rechtsverordnung festgesetzt. Die Unterlagen hierfür werden vom Wasserversorgungsunternehmen vorgelegt. Dieses bedient sich für die Ausarbeitung in der Regel eines Fachbüros. Die Verfahren sind in den einzelnen Bundesländern unterschiedlich geregelt. Sie enthalten jedoch mindestens die Schritte:

- Vorschlag und Prüfung des Wasserschutzgebietes
- Ausarbeitung eines Verbotskataloges
- Auslegung des Verordnungsentwurfes
- Anhörung der Betroffenen
- Erlass der Schutzgebietsverordnung durch die Kreisverwaltungsbehörde

Nach Erlass der Schutzgebietsverordnung kann als Rechtsmittel Normenkontrollklage erhoben werden.

Um nachteilige Einflüsse auf das gewonnene Trinkwasser zu verhindern, werden nach der Schutzgebietsverordnung oftmals bestimmte Handlungen gänzlich verboten, z. B. Abwasserversickerung, Bau von Kläranlagen oder Abfalldeponien, Erdarbeiten. Sie enthält meist auch Duldungsgebote wie z. B. das Anlegen von Grundwassermessstellen, das Anbringen von Hinweisschildern oder die Beseitigung von Anlagen. Die Verordnung kann zudem bestimmte Handlungspflichten enthalten wie z. B. das Überwachen von Anlagen oder das Führen einer Schlagkartei zum Düngemittelgebrauch.

Nach §§ 19 und 20 WHG müssen Vermögensschäden und wirtschaftliche Nachteile, die mit dem Erlass einer Schutzgebietsverordnung eintreten können, entschädigt oder ausgeglichen werden. Die Kosten hat dabei das Wasserversorgungsunternehmen, das durch die Festsetzung des Schutzgebietes unmittelbar begünstigt ist, zu tragen. In einigen Bundesländern wird der Ausgleich für Beschränkungen der land- und forstwirtschaftlichen Nutzung über den sog. „Wasserpfennig" vom Staat geleistet.

Zone I – Fassungsbereich	Dieser Bereich soll den Schutz der Wassergewinnungsanlage und ihrer unmittelbaren Umgebung vor jeglichen Verunreinigungen und Beeinträchtigungen gewährleisten und umfasst allseitig vom Brunnen mindestens 10 m, von einer Quellfassung oder Sickerleitung mindestens 20 m in Richtung des zuströmenden Grundwassers. In diesem Bereich ist jede Art von Bodennutzung untersagt. Der Fassungsbereich soll eingezäunt sein und möglichst im Eigentum des Wasserversorgungsunternehmens stehen, zumindest aber gepachtet werden.
Zone II – Engere Schutzzone	Dieser Bereich soll den Rückhalt von pathogenen Mikroorganismen gewährleisten. Die Ausdehnung entspricht in der Regel der Fließzeit des Grundwassers von 50 Tagen, mindestens jedoch 100 m. Bestimmte Nutzungen sind in diesem Bereich möglich, jedoch z. B. keine größeren Bodeneingriffe, keine Bebauung und kein Ausbringen von Wirtschaftsdünger, der pathogene Mikroorganismen enthalten kann.
Zone III – Weitere Schutzzone	Dieser Bereich soll vor weitreichenden Beeinträchtigungen schützen, insbesondere vor nicht oder schwer abbaubaren chemischen und radioaktiven Verunreinigungen. Seine Ausdehnung reicht im Idealfall bis zur Grenze des unterirdischen Einzugsgebietes. Die Weitere Schutzzone kann in die Zonen IIIA und IIIB unterteilt werden, falls die Ausdehnung des Schutzgebietes sehr groß ist. In diesem Bereich dürfen Anlagen, die besondere Gefahrenquellen darstellen – wie z. B. chemische Betriebe, Tanklager, Kläranlagen – nicht errichtet werden.

Bild 4.6: Richtlinien für die drei Zonen in Wasserschutzgebieten

Handlungsbereich | Organisation

Schutzgebiete müssen nach § 14 (2) TrinkwV 2023 und in der Regel nach den jeweils länderspezifischen Eigenüberwachungsverordnungen regelmäßig besichtigt werden. Bei der regelmäßigen Begehung der Schutzgebietszonen durch das Wasserversorgungsunternehmen ist auch die Einhaltung der Verbote und Beschränkungen zu kontrollieren.

4.5.3 Wasserentnahme

Das Entnehmen oder Ableiten von Wasser z. B. mittels Pump- oder Schöpfanlagen, Gräben, Röhren oder sonstiger technische Hilfsmittel ist im Sinne des § 3 (1) Nr. 1 WHG eine genehmigungspflichtige Benutzung, die nach § 2 WHG behördlich in Form einer Erlaubnis oder Bewilligung gestattet werden muss. Um eine Erlaubnis oder Bewilligung zu erhalten, muss das Wasserversorgungsunternehmen einen entsprechenden Antrag bei der zuständigen Wasserbehörde stellen. Meist ist dies die Untere Wasserbehörde, die durch die Kreisverwaltungsbehörde repräsentiert wird. Falls jedoch die Entnahme mit einem Vorhaben verbunden ist, für das ein Planfeststellungsverfahren durchgeführt wird, entscheidet die zuständige Planfeststellungsbehörde über den Antrag. In der Regel ist eine Bewilligung anzustreben und zu beantragen, da diese Form der Gestattung dem Wasserversorgungsunternehmen die größtmögliche Sicherheit bietet. Durch die Bewilligung erhält das Wasserversorgungsunternehmen das Recht, über einen bestimmten Befristungszeitraum und unter bestimmten Benutzungsbedingungen und Auflagen Wasser zu entnehmen. Demgegenüber kann die Erlaubnis jederzeit widerrufen werden.

Im **Bild 4.7** sind beispielhaft wichtige Informationen dargestellt, die in den Antragsunterlagen „Gestattung einer Entnahme" enthalten sein sollten und auf deren Grundlage die Behörden entscheiden.

Die zuständige Wasserbehörde prüft die Anträge und holt Stellungnahmen weiterer Behörden wie z. B. Gesundheit, Wasserwirtschaft oder Naturschutz ein. Die wasserrechtliche Gestattung ergeht schließlich in Form eines Bescheides. Darin sind wichtige Angaben enthalten, z. B.

- zum Bewilligungszeitraum (i. d. R. max. 30 Jahre),
- zur maximalen Entnahmemenge (Momentanentnahme; tägliche, monatliche bzw. jährliche Entnahme; maximale Absenkung bei Brunnen, minimale Restwassermenge bei Quellen),
- zur Verwendung des entnommenen Wassers.

Die zuständige Behörde kann zudem Vorgaben festsetzen wie z. B.

- zur Einrichtung eines Wasserschutzgebietes,
- zur Benutzung geeichter Wasserzähler für die Entnahme von Wasser,
- zur sparsamen Verwendung des Wassers (z. B. durch Begrenzung von Wasserverlusten),
- zum Betrieb und zur Instandhaltung der Anlagen nach den allgemein anerkannten Regeln der Technik,
- zum Einsatz von ausreichendem und geeignetem Personal oder
- zu besonderen Berichtspflichten.

Meist können sich die Behörden dabei auf Regelungen in länderspezifischen Eigenüberwachungsverordnungen beziehen.

4.5.4 Einleiten in ein Gewässer

Im Betrieb eines Wasserversorgungsunternehmens können verschiedene Abwässer anfallen, z. B. Schlammwässer aus der Filterspülung und Rohrnetzspülung oder Wasser aus der Entleerung oder Reinigung von Trinkwasserbehältern. Da manche Wässer oftmals wenig verunreinigt sind und die entsprechenden Vorschriften und Grenzwerte hinsichtlich der direkten Einleitung von Wasserwerksrückständen erfüllen, ist in diesen Fällen eine direkte Einleitung in ein Gewässer vorzuziehen. Das Einleiten von Stoffen in Oberflächengewässer und in das Grundwasser ist nach § 3 WHG eine Benutzung, die behördlich gestattet werden muss. Da das WHG gleichzeitig eine Bewilligung einer Einleitung von Abwasser ausschließt [§ 8 (1) WHG], muss hierfür bei der zuständigen Wasserbehörde eine Erlaubnis beantragt werden (s. Abschnitt 4.1.1).

Nach § 7a WHG darf eine Erlaubnis für das Einleiten von Abwasser in ein Gewässer nur erteilt werden, wenn die Schadstofffracht des Abwassers so gering gehalten wird, wie dies bei Einhaltung der jeweils in Betracht kommenden Verfahren nach dem Stand der Technik möglich ist.

Auf Grundlage von § 7 a (1) WHG wurden die „Verordnung über Anforderungen an das Einleiten von Abwässern in Gewässer *(Abwasserverordnung – AbwV)"* erlassen. In ihr sind die Mindestanforderungen festgelegt, die an eine Schadstofffracht zu stellen sind. Für die einzelnen Herkunftsbereiche wurden in der Abwasserverordnung in den Anhängen 1 bis 57 weitgehende Regelungen getroffen. Für Wasserversorgungsunternehmen ist der Anhang 31 maßgeblich. Die Vorgaben der Abwasserverordnung stellen jedoch nur Mindestanforderungen dar. Deshalb werden in den wasserrechtlichen Bescheiden die Anforderungen teilweise erhöht und so an die örtlichen Gegebenheiten, z.B. die Leistungsfähigkeit des Gewässers, angepasst.

A. Erläuterungsbericht
1. Vorhabensträger
2. Anlass/Zweck
3. Kurzbeschreibung des Fließweges von der Entnahme zum Wasserabnehmer
4. Nachweis des Wasserbedarfs
   - Entwicklung des Bedarfs in den letzten 3 Jahren (max. Q_d, Q_a) mit Gegenüberstellung Wasserentnahme – Wasserverkauf
   - Prognosen für die Entwicklung des zukünftigen Bedarfs in einem Zeitraum von 20 Jahren hinsichtlich
     - der allgemeinen Bedarfsentwicklung
     - der vorhandenen/geplanten Baugebietsausweisungen/Flächennutzungsplanungen
     - besonderer Verbraucher (Gewerbe/Industrie)
   - Nachweis des sparsamen Umganges mit dem Wasser
     - Reduzierung der Rohrnetzverluste
     - weitere Einsparpotentiale
5. Festlegung der Entnahmemengen unter Berücksichtigung noch vorhandener Wasserbezugsmöglichkeiten
   - sonstige Wasserbezugsmöglichkeiten
     Bescheid vom ....; genehmigte Entnahme (max. l/s; max. m³/d;
   - beantragte Entnahmemenge
     - größte momentane Entnahme (Q_{max}) in l/s
     - größte tägliche Entnahme (max. Q_d) in m³/d
     - Jahresentnahme (Q_a) in m³/a
6. Nachweis des nutzbaren Wasserdargebotes durch hydrologische Beurteilung
   - Grundwassereinzugsgebiet
   - Grundwasserneubildung
   - Grundwasserbilanz unter Beachtung der beantragten und bereits vorhandener Nutzungen

B. Datenblatt der Wasserfassung
mit Angaben insbesondere zu
- Bezeichnung
- Kennzahl
- Genaue Lage
- Ausbau
- Pumpenaggregat
- Ruhewasserspiegel und abgesenkter Wasserspiegel bei Entnahme Q
- Pumpversuch

C. Pläne
- Lageplan M.: 1:25.000, mit Eintragung der wesentlichen Anlageteile der Wasserversorgung
- Lageplan M.: 1:5.000, mit Eintragung der baulichen Einrichtungen im Wassergewinnungsgebiet sowie der Wasserschutzgebietsgrenzen
- bei Brunnen Ausbauplan, mit Darstellung des geologischen Profils und des Pump-versuchs
- bei Quellen Fassungsplan, mit Aufzeichnung der langjährigen Schüttungsmessung
- Bauzeichnungen, Anschlussbauwerke der Wassergewinnung
  (Pumpenhaus bzw. Quellsammelschächte)

D. Untersuchungen der Wasserbeschaffenheit mit Beurteilungen der Befunde
- Physikalisch-chemische Untersuchungsbefunde
- Mikrobiologische Untersuchungsbefunde

Bild 4.7: Antragsunterlagen für Trinkwassernutzungen (Beispiel)

Handlungsbereich | Organisation

4.6 Berücksichtigen des Gesundheits- und Lebensmittelrechts, insbesondere der Trinkwasserverordnung

4.6.1 Erhalt der Trinkwassergüte

Durch verunreinigtes Trinkwasser können eine Vielzahl von Erkrankungen verursacht werden. Dabei geht von Krankheitserregern die größte akute Gefahr aus, aber auch chemische Stoffe wie z. B. Schwermetalle oder toxische organische Verbindungen können zu einer Gefährdung der menschlichen Gesundheit führen.

Die grundlegende Gesetzgebung zum Erhalt der Trinkwassergüte geht vom § 37 (1) des **Infektionsschutzgesetzes (IfSG)** aus.

§ 37 (1) Wasser für den menschlichen Gebrauch

„Wasser für den menschlichen Gebrauch muss so beschaffen sein, dass durch seinen Genuss oder Gebrauch eine Schädigung der menschlichen Gesundheit, insbesondere durch Krankheitserreger, nicht zu besorgen ist."

Nach § 38 (1) des IfSG regelt eine Verordnung des Bundesgesundheitsministeriums, wie dieses Ziel erreicht werden kann. Die hierdurch begründete „Verordnung über die Qualität von Wasser für den menschlichen Gebrauch **(Trinkwasserverordnung – TrinkwV 2023)**" liegt mittlerweile in der fünften Novellierung seit 1975 vor, ist gleichzeitig die nationale Umsetzung der EU-Trinkwasserrichtlinie 98/83/EG über die Qualität von Wasser für den menschlichen Gebrauch und stützt sich zudem auf das frühere Lebensmittel- und Bedarfsgegenständegesetz, das inzwischen durch das **„Lebensmittel-, Bedarfsgegenstände- und Futtermittelgesetzbuch (LFGB)"** ersetzt wurde.

Die Trinkwasserverordnung (TrinkwV) gibt Vorgaben für die Genusstauglichkeit und Reinheit des Trinkwassers und schützt somit die menschliche Gesundheit vor Gefährdungen, die sich aus dem Gebrauch von verunreinigtem Wasser ergeben würden (§ 1). Die Vorgaben gelten dabei nicht nur für das Wasser zum Trinken und zur Zubereitung von Speisen und Getränken, sondern auch für andere häusliche Zwecke, insbesondere für die Körperpflege und Reinigung, für die Reinigung von Gegenständen, die bestimmungsgemäß mit Lebensmitteln in Berührung kommen und Reinigung von Gegenständen, die bestimmungsgemäß nicht nur vorübergehend mit dem menschlichen Körper in Kontakt kommen (§ 3).

Die TrinkwV regelt sowohl die Trinkwasserqualität als auch deren Überwachung und Einflussmöglichkeiten zur deren Veränderung wie z.B. Trinkwasseraufbereitung oder Eigenschaften zu Materialien, die mit dem Trinkwasser in Kontakt kommen. Sie gilt sowohl für große Wasserversorgungsanlagen und Kleinanlagen mit einer Wasserabgabemenge von weniger als 1 000 m³/a als auch für Anlagen der Hausinstallation. Dadurch ergeben sich auch für die Besitzer von Hausinstallationen besondere Pflichten. Beispielsweise müssen zentrale Erwärmungsanlagen der Hausinstallation, aus denen Wasser für die Öffentlichkeit wie z. B. Schulen, Kindergärten, Krankenhäuser sowie Gaststätten oder sonstige Gemeinschaftseinrichtungen bereitgestellt wird, mindestens einmal pro Jahr auf Legionellen zu untersucht werden.

Trinkwasserqualität

Der Abschnitt 2 „Beschaffenheit des Wassers für den menschlichen Gebrauch" der TrinkwV 2023 regelt mit den §§ 4 bis 10 in Verbindung mit den Anlagen 1 bis 3 (**Bilder 4.8** bis **4.10**) die Trinkwasserqualität, die Stelle der Einhaltung, Maßnahmen im Falle der Nichteinhaltung von Grenzwerten und Anforderungen sowie besondere Abweichungen für Wasser für Lebensmittelbetriebe.

In § 4 sind allgemeine Anforderungen formuliert:

§ 4 Allgemeine Anforderungen

„(1) Wasser für den menschlichen Gebrauch muss frei von Krankheitserregern, genusstauglich und rein sein. Dieses Erfordernis gilt als erfüllt, wenn bei der Wassergewinnung, der Wasseraufbereitung und der Verteilung die allgemein anerkannten Regeln der Technik eingehalten werden und das Wasser für den menschlichen Gebrauch den Anforderungen der §§ 5 bis 7 entspricht.

(2) Der Unternehmer und der sonstige Inhaber einer Wasserversorgungsanlage dürfen Wasser, das den Anforderungen des § 5 Abs. 1 bis 3 und des § 6 Abs. 1 und 2 oder den nach § 9 oder § 10 zugelassenen Abweichungen nicht entspricht, nicht als Wasser für den menschlichen Gebrauch abgeben und anderen nicht zur Verfügung stellen.

(3) Der Unternehmer und der sonstige Inhaber einer Wasserversorgungsanlage dürfen Wasser, das den Anforderungen des § 7 nicht entspricht, nicht als Wasser für den menschlichen Gebrauch abgeben und anderen nicht zur Verfügung stellen."

Der Satz 1 im Absatz 1 entspricht im Wesentlichen § 37 des IfSG und setzt darüber hinaus Standards zur Trinkwassergüte. Der darauf folgende Satz 2 erklärt, wie diese Anforderungen eingehalten werden können. Dabei ist wichtig, dass neben der Einhaltung von bestimmten Anforderungen zu Wasserinhaltsstoffen auch die Einhaltung der allgemein anerkannten Regeln der Technik bei Wassergewinnung, Wasseraufbereitung und Wasserverteilung zählt.

Die vorsätzliche oder fahrlässige Nichteinhaltung des § 4 Abs. 2 wird nach dem IfSG strafrechtlich verfolgt und kann mit Freiheitsstrafen bis zu 2 Jahren oder mit Geldstrafe, bei Vorsatz und, falls dabei Krankheitserreger verbreitet werden, sogar mit Freiheitsstrafen bis zu 5 Jahren geahndet werden.

Die §§ 5 bis 7 der TrinkwV 2023 geben in Verbindung mit den Anlagen 1 bis 3 konkrete Vorgaben für die Qualitätsanforderungen und beinhalten Grenzwerte für mikrobiologische und chemische Parameter sowie Indikatorparameter.

§ 5 Mikrobiologische Anforderungen

„(1) Im Wasser für den menschlichen Gebrauch dürfen Krankheitserreger im Sinne des § 2 Nr. 1 des Infektionsschutzgesetzes nicht in Konzentrationen enthalten sein, die eine Schädigung der menschlichen Gesundheit besorgen lassen.

(2) Im Wasser für den menschlichen Gebrauch dürfen die in Anlage 1 Teil I festgesetzten Grenzwerte für mikrobiologische Parameter nicht überschritten werden.

(3) Im Wasser für den menschlichen Gebrauch, das zum Zwecke der Abgabe in Flaschen oder sonstige Behältnisse abgefüllt wird, dürfen die in Anlage 1 Teil II festgesetzten Grenzwerte für mikrobiologische Parameter nicht überschritten werden.

(4) Soweit der Unternehmer und der sonstige Inhaber einer Wasserversorgungs- oder Wassergewinnungsanlage oder ein von ihnen Beauftragter hinsichtlich mikrobieller Belastungen des Rohwassers Tatsachen feststellen, die zum Auftreten einer übertragbaren Krankheit führen können, oder annehmen, dass solche Tatsachen vorliegen, muss eine Aufbereitung, erforderlichenfalls unter Einschluss einer Desinfektion, nach den allgemein anerkannten Regeln der Technik erfolgen. In Leitungsnetzen oder Teilen davon, in denen die Anforderungen nach Absatz 1 oder 2 nur durch Desinfektion eingehalten werden können, müssen der Unternehmer und der sonstige Inhaber einer Wasserversorgungsanlage eine hinreichende Desinfektionskapazität durch freies Chlor oder Chlordioxid vorhalten." (**Bild 4.8**)

§ 6 Chemische Anforderungen

„(1) Im Wasser für den menschlichen Gebrauch dürfen chemische Stoffe nicht in Konzentrationen enthalten sein, die eine Schädigung der menschlichen Gesundheit besorgen lassen.

(2) Im Wasser für den menschlichen Gebrauch dürfen die in Anlage 2 festgesetzten Grenzwerte für chemische Parameter nicht überschritten werden. Die lfd Nr. 4 der Anlage 2 Teil I tritt am 1. Januar 2008 in Kraft. Vom 1. Januar 2003 bis zum 31. Dezember 2007 gilt der Grenzwert von 0,025 mg/l. Die lfd. Nr. 4 der Anlage 2 Teil II tritt am 1. Dezember 2013 in Kraft, vom 1. Dezember 2003 bis zum 30. November 2013 gilt der Grenzwert von 0,025 mg/l; vom 1. Januar 2003 bis zum 30. November 2003 gilt der Grenzwert von 0,04 mg/l.

(3) Konzentrationen von chemischen Stoffen, die das Wasser für den menschlichen Gebrauch verunreinigen oder seine Beschaffenheit nachteilig beeinflussen können, sollen so niedrig gehalten werden, wie dies nach den allgemein anerkannten Regeln der Technik mit vertretbarem Aufwand unter Berücksichtigung der Umstände des Einzelfalles möglich ist."
(**Bilder 4.9** und **4.10**)

§ 7 Indikatorparameter

„Im Wasser für den menschlichen Gebrauch müssen die in Anlage 3 festgelegten Grenzwerte und Anforderungen für Indikatorparameter eingehalten sein. Die lfd. Nr. 19 und 20 der Anlage 3 treten am 23. Juni 2023 in Kraft."
(**Bilder 4.11** und **4.12** auf den Seiten 116-117)

Die Grenzwerte müssen nach § 8 TrinkwV 2023 an den jeweiligen Zapfstellen eingehalten werden, aus denen Wasser für den menschlichen Gebrauch entnommen wird. Wasserversorgungsunternehmen müssen deshalb über eine ausreichende Anzahl von Zapfstellen im Versorgungsnetz verfügen, um die Einhaltung der Grenzwerte dokumentieren zu können. Üblicherweise werden dazu geeignete Probenahmestellen in öffentlichen Gebäuden eingerichtet.

Regelmäßige Kontrollen

Die Wasserversorgungsunternehmen müssen durch regelmäßige Kontrollen nachweisen, dass die Anforderungen und Grenzwerte eingehalten sind. Umfang und Häufigkeit der Untersuchungen sind in der Anlage 4 der TrinkwV vorgeschrieben (**Bilder 4.13** und **4.14** auf den Seiten 118-119).

Die Untersuchungspflichten beinhalten neben den in den Anlagen 1 bis 4 genannten Parametern und Häufigkeiten auch Untersuchungen zur Feststellung, ob die nach § 9 zugelassenen Abweichungen eingehalten werden, und Untersuchungen zur Feststellung, ob die Anforderungen des § 11 eingehalten werden. Auf besondere Anordnung der Behörden können die Wasserversorgungsunternehmen verpflichtet werden, weitere Parameter zu untersuchen oder untersuchen zu lassen.

Eigenüberwachung

Wasserversorgungsunternehmen haben mindestens einmal jährlich, kleine Unternehmen mit höchstens 1 000 m³ Wasserabgabe pro Jahr mindestens alle drei Jahre, Untersuchungen zur Bestimmung der Säurekapazität sowie des Gehalts an Calcium, Magnesium und Kalium durchzuführen oder durchführen zu lassen.

Regelmäßige Besichtigungen der zur Wasserversorgungsanlage gehörenden Schutzzonen oder, wenn solche nicht festgesetzt sind, der Umgebung der Wasserfassungsanlage, soweit sie für die Gewinnung von Wasser für den menschlichen Gebrauch von Bedeutung ist, sind vorzunehmen oder vornehmen zu lassen. Dadurch sollen etwaige Veränderungen erkannt werden, die Auswirkungen auf die Beschaffenheit des Wassers für den menschlichen Gebrauch haben können. Soweit nach dem Ergebnis der Besichtigungen erforderlich, sind Untersuchungen des Rohwassers vorzunehmen oder vornehmen zu lassen.

Beauftragung von zugelassenen Untersuchungsstellen

Wasserversorgungsunternehmen dürfen nur solche Untersuchungsstellen mit der Untersuchung beauftragen, die nach den allgemein anerkannten Regeln der Technik arbeiten, über eine entsprechende interne und externe Qualitätssicherung verfügen, ausreichend qualifiziertes Personal beschäftigen und akkreditiert sind. Die entsprechenden Untersuchungsstellen werden in einer Liste der jeweils zuständigen obersten Landesbehörde bekannt gemacht. Diese Listen können aus dem Internet heruntergeladen werden.

Die Ergebnisse dieser Untersuchungen sind unverzüglich schriftlich oder auf Datenträgern aufzuzeichnen, dabei sind der Ort der Probenahme nach Gemeinde, Straße, Hausnummer und Entnahmestelle, die Zeitpunkte der Entnahme sowie der Untersuchung der Wasserprobe und das bei der Untersuchung angewandte Verfahren anzugeben. Eine Kopie dieser Niederschrift ist dem Gesundheitsamt innerhalb von zwei Wochen nach dem Zeitpunkt der Untersuchung zu übersenden und das Original vom Zeitpunkt der Untersuchung an mindestens zehn Jahre lang aufzubewahren.

Wasser für Lebensmittelbetriebe

Das zuständige Gesundheitsamt kann für Wasser für Lebensmittelbetriebe, insbesondere für landwirtschaftliche Betriebe, Ausnahmen von den Qualitätsanforderungen der §§ 5 bis 7 zulassen, wenn dadurch keine Gesundheitsgefährdungen entstehen.

Handlungsbereich | Organisation

Mikrobiologische Parameter

Teil 1 Allgemeine Anforderungen

Lfd. Nr.	Parameter	Grenzwert (Anzahl / 100 ml)
1	Escherichia Coli (E. coli)	0
2	Enterokokken	0
3	Coliforme Bakterien	0

(...)
In einem zweiten Teil der Anlage 1 sind weitere Anforderungen formuliert, die bei der Abfüllung von Wasser für den menschlichen Gebrauch in Flaschen oder sonstige Behältnisse zu beachten sind.

Bild 4.8: Anlage 1 (zu TrinkwV § 4 Abs 2 und 3)

Chemische Parameter

Teil I
Chemische Parameter, deren Konzentration sich im Verteilungsnetz einschließlich der Hausinstallation in der Regel nicht mehr erhöht

Lfd. Nr.	Parameter	Grenzwert in mg/l	Bemerkungen
1	Acrylamid	0,000 10	Der Grenzwert bezieht sich auf die Restmonomerkonzentration im Wasser, berechnet auf Grund der maximalen Freisetzung nach den Spezifikationen des entsprechenden Polymers und der angewandten Polymerdosis
2	Benzol	0,001 0	
3	Bor	1	
4	Bromat	0,010	
5	Chrom	0,025	Zur Bestimmung wird die Konzentration von Chromat auf Chrom umgerechnet
6	Cyanid	0,050	
7	1,2-Dichlorethan	0,003 0	
8	Fluorid	1,5	
9	Nitrat	50	Die Summe aus Nitratkonzentration in mg/l geteilt durch 50 und Nitritkonzentration in mg/l geteilt durch 3 darf nicht größer als 1 mg/l sein
10	Pflanzenschutzmittel und Biozidprodukte	,000 1	Pflanzenschutzmittel und Biozidprodukte bedeutet: organische Insektizide, organische Herbizide, organische Fungizide, organische Nematizide, organische Akarizide, organische Algizide, organische Rodentizide, organische Schleimbekämpfungsmittel, verwandte Produkte (u. a. Wachstumsregulatoren) und die relevanten Metaboliten, Abbau- und Reaktionsprodukte. Es brauchen nur solche Pflanzenschutzmittel und Biozidprodukte überwacht zu werden, deren Vorhandensein in einer bestimmten Wasserversorgung wahrscheinlich ist. Der Grenzwert gilt jeweils für die einzelnen Pflanzenschutzmittel und Biozidprodukte. Für Aldrin, Dieldrin, Heptachlor und Heptachlorepoxid gilt der Grenzwert von 0,00003 mg/l
11	Pflanzenschutzmittel und Biozidprodukte insgesamt	0,000 5	Der Parameter bezeichnet die Summe der bei dem Kontrollverfahren nachgewiesenen und mengenmäßig bestimmten einzelnen Pflanzenschutzmittel und Biozidprodukte
12	Quecksilber	0,001	
13	Selen	0,01	
14	Tetrachlorethen und Trichlorethan	0,01	Summe der für die beiden Stoffe nachgewiesenen Konzentrationen

Bild 4.9: Anlage 2 (zu TrinkwV § 6 Abs. 2), Teil 1) (Auswahl einiger Parameter)

Chemische Parameter

Teil II
Chemische Parameter, deren Konzentration im Verteilungsnetz einschließlich der Hausinstallation ansteigen kann

Lfd. Nr.	Parameter	Grenzwert in mg/l	Bemerkungen
1	Antimon	0,005 0	
2	Arsen	0,010	
3	Benzo-(a)-pyren	0,000 010	
4	Blei	0,010	Grundlage ist eine für die durchschnittliche wöchentliche Wasseraufnahme durch Verbraucher repräsentative Probe; hierfür soll nach Artikel 7 Abs. 4 der Trinkwasserrichtlinie ein harmonisiertes Verfahren festgesetzt werden. Die zuständigen Behörden stellen sicher, dass alle geeigneten Maßnahmen getroffen werden, um die Bleikonzentration in Wasser für den menschlichen Gebrauch innerhalb des Zeitraums, der zur Erreichung des Grenzwertes erforderlich ist, so weit wie möglich zu reduzieren. Maßnahmen zur Erreichung dieses Wertes sind schrittweise und vorrangig dort durchzuführen, wo die Bleikonzentration in Wasser für den menschlichen Gebrauch am höchsten ist
5	Cadmium	0,003 0	Einschließlich der bei Stagnation von Wasser in Rohren aufgenommenen Cadmiumverbindungen
6	Epichlorhydrin	0,000 10	Der Grenzwert bezieht sich auf die Restmonomerkonzentration im Wasser, berechnet auf Grund der maximalen Freisetzung nach den Spezifikationen des entsprechenden Polymers und der angewandten Polymerdosis
7	Kupfer	2,0	Grundlage ist eine für die durchschnittliche wöchentliche Wasseraufnahme durch Verbraucher repräsentative Probe; hierfür soll nach Artikel 7 Abs. 4 der Trinkwasserrichtlinie ein harmonisiertes Verfahren festgesetzt werden. Die Untersuchung im Rahmen der Überwachung nach § 19 Abs. 7 ist nur dann erforderlich, wenn der pH-Wert im Versorgungsgebiet kleiner als 7,4 ist
8	Nickel	0,020	Grundlage ist eine für die durchschnittliche wöchentliche Wasseraufnahme durch Verbraucher repräsentative Probe; hierfür soll nach Artikel 7 Abs. 4 der Trinkwasserrichtlinie ein harmonisiertes Verfahren festgesetzt werden
9	Nitrit	0,50	Die Summe aus Nitratkonzentration in mg/l geteilt durch 50 und Nitritkonzentration in mg/l geteilt durch 3 darf nicht höher als 1 mg/l sein. Am Ausgang des Wasserwerks darf der Wert von 0,1 mg/l für Nitrit nicht überschritten werden
10	Polyzyklische aromatische Kohlenwasserstoffe	0,000 10	Summe der nachgewiesenen und mengenmäßig bestimmten nachfolgenden Stoffe: Benzo-(b)-fluoranthen, Benzo-(k)-fluoranthen, Benzo-(ghi)-perylen und Indeno-(1,2,3-cd)-pyren
11	Trihalogenmethane	0,050	Summe der am Zapfhahn des Verbrauchers nachgewiesenen und mengenmäßig bestimmten Reaktionsprodukte, die bei der Desinfektion oder Oxidation des Wassers entstehen: Trichlormethan (Chloroform), Bromdichlormethan, Dibromchlormethan und Tribrommethan (Bromoform); eine Untersuchung im Versorgungsnetz ist nicht erforderlich, wenn am Ausgang des Wasserwerks der Wert von 0,01 mg/l nicht überschritten wird
12	Vinylchlorid	0,000 50	Der Grenzwert bezieht sich auf die Restmonomerkonzentration im Wasser, berechnet auf Grund der maximalen Freisetzung nach den Spezifikationen des entsprechenden Polymers und der angewandten Polymerdosis

Bild 4.10: Anlage 2 (zu TrinkwV § 6 Abs. 2), Teil 2 (Auswahl einiger Parameter)

Handlungsbereich | Organisation

			Indikatorparameter	
Lfd. Nr.	**Parameter**	**Einheit, als**	**Grenzwert / Anforderung**	**Bemerkungen**
1	Aluminium	mg/l	0,200	
2	Ammonium	mg/l	0,50	Geogen bedingte Überschreitungen bleiben bis zu einem Grenzwert von 30 mg/l außer Betracht. Die Ursache einer plötzlichen oder kontinuierlichen Erhöhung der üblicherweise gemessenen Konzentration ist zu untersuchen
3	Chlorid	mg/l	250	Das Wasser sollte nicht korrosiv wirken (Anmerkung 1)
4	Clostridium perfringens (einschließlich Sporen)	Anzahl/100 ml	0	Dieser Parameter braucht nur bestimmt zu werden, wenn das Wasser von Oberflächenwasser stammt oder von Oberflächenwasser beeinflusst wird. Wird dieser Grenzwert nicht eingehalten, veranlasst die zuständige Behörde Nachforschungen im Versorgungssystem, um sicherzustellen, dass keine Gefährdung der menschlichen Gesundheit auf Grund eines Auftretens krankheitserregender Mikroorganismen, z. B. Cryptosporidium, besteht. Über das Ergebnis dieser Nachforschungen unterrichtet die zuständige Behörde über die zuständige oberste Landesbehörde das Bundesministerium für Gesundheit
5	Eisen	mg/l	0,200	Geogen bedingte Überschreitungen bleiben bei Anlagen mit einer Abgabe von bis zu 1000 m³ im Jahr bis zu 0,5 mg/l außer Betracht
6	Färbung (spektraler Absorptionskoeffizient Hg 436 nm)	m^{-1}	0,5	Bestimmung des spektralen Absorptionskoeffizienten mit Spektralphotometer oder Filterphotometer
7	Geruchsschwellenwert		2 bei 12 °C 3 bei 25 °C	Stufenweise Verdünnung mit geruchsfreiem Wasser und Prüfung auf Geruch
8	Geschmack		für den Verbraucher annehmbar und ohne anormale Veränderung	
9	Koloniezahl bei 22 °C		ohne anormale Veränderung	Bei der Anwendung des Verfahrens nach Anlage 1 Nr. 5 TrinkwV a. F. gelten folgende Grenzwerte: 100/ml am Zapfhahn des Verbrauchers; 20/ml unmittelbar nach Abschluss der Aufbereitung im desinfizierten Wasser; 1000/ml bei Wasserversorgungsanlagen nach § 3 Nr. 2b sowie in Tanks von Land-, Luft- und Wasserfahrzeugen. Bei Anwendung anderer Verfahren ist das Verfahren nach Anlage 1 Nr. 5 TrinkwV a. F. für die Dauer von mindestens einem Jahr parallel zu verwenden, um entsprechende Vergleichswerte zu erzielen. Der Unternehmer oder sonstige Inhaber einer Wasserversorgungsanlage hat unabhängig vom angewandten Verfahren einen plötzlichen oder kontinuierlichen Anstieg unverzüglich der zuständigen Behörde zu melden
10	Koloniezahl bei 36 °C		ohne anormale Veränderung	Bei der Anwendung des Verfahrens nach Anlage 1 Nr. 5 TrinkwV a. F. gilt der Grenzwert von 100/ml. Bei Anwendung anderer Verfahren ist das Verfahren nach Anlage 1 Nr. 5 TrinkwV a. F. für die Dauer von mindestens einem Jahr parallel zu verwenden, um entsprechende Vergleichswerte zu erzielen. Der Unternehmer oder sonstige Inhaber einer Wasserversorgungsanlage hat unabhängig vom angewandten Verfahren einen plötzlichen oder kontinuierlichen Anstieg unverzüglich der zuständigen Behörde zu melden

Bild 4.11: Anlage 3 (zu TrinkwV § 7), Teil 1 (Auswahl einiger Parameter)

	Indikatorparameter (Fortsetzung)			
Lfd. Nr.	Parameter	Einheit, als	Grenzwert / Anforderung	Bemerkungen
11	Elektrische Leitfähigkeit	µS/cm	2790 bei 25 °C	Das Wasser sollte nicht korrosiv wirken (Anmerkung 1)
12	Mangan	mg/l	0,050	Geogen bedingte Überschreitungen bleiben bei Anlagen mit einer Abgabe von bis zu 1000 m³ im Jahr bis zu einem Grenzwert von 0,2 mg/l außer Betracht
13	Natrium	mg/l	200	
14	Organisch gebundener Kohlenstoff (TOC)		ohne anormale Veränderung	Bei Versorgungssystemen mit einer Abgabe von weniger als 10 000 m³ pro Tag braucht dieser Parameter nicht bestimmt zu werden
15	Oxidierbarkeit	mg/l O_2	5,0	Dieser Parameter braucht nicht bestimmt zu werden, wenn der Parameter TOC analysiert wird
16	Sulfat	mg/l	250	Das Wasser sollte nicht korrosiv wirken (Anmerkung 1). Geogen bedingte Überschreitungen bleiben bis zu einem Grenzwert von 500 mg/l außer Betracht
17	Trübung	nephelometrische Trübungseinheiten (NTU)	1,0	Der Grenzwert gilt am Ausgang des Wasserwerks. Der Unternehmer oder sonstige Inhaber einer Wasserversorgungsanlage hat einen plötzlichen oder kontinuierlichen Anstieg unverzüglich der zuständigen Behörde zu melden.
18	Wasserstoffionen-Konzentration	pH-Einheiten	$\geq 6,5$ und $\leq 9,5$	Das Wasser sollte nicht korrosiv wirken (Anmerkung 1). Die berechnete Calcitlösekapazität am Ausgang des Wasserwerks darf 5 mg/l $CaCO_3$ nicht überschreiten; diese Forderung gilt als erfüllt, wenn der pH-Wert am Wasserwerksausgang $\geq 7,7$ ist. Bei der Mischung von Wasser aus zwei oder mehr Wasserwerken darf die Calcitlösekapazität im Verteilungsnetz den Wert von 20 mg/l nicht überschreiten. Für in Flaschen oder Behältnisse abgefülltes Wasser kann der Mindestwert auf 4,5 pH-Einheiten herabgesetzt werden. Für in Flaschen oder Behältnisse abgefülltes Wasser, das von Natur aus kohlensäurehaltig ist oder das mit Kohlensäure versetzt wurde, kann der Mindestwert niedriger sein.

Anmerkung 1   Die entsprechende Beurteilung, insbesondere zur Auswahl geeigneter Materialien im Sinne von § 17 Abs. 1, erfolgt nach den allgemein anerkannten Regeln der Technik.

Bild 4.12: Anlage 3 (zu TrinkwV § 7), Teil 2 (Auswahl einiger Parameter)

Handlungsbereich | Organisation

Teil I Umfang der Untersuchung	
1. Routinemäßige Untersuchungen	
Folgende Parameter sind routinemäßig zu untersuchen*:	– Aluminium (Anmerkung 1) – Ammonium – Clostridium perfringens (einschl. Sporen) (Anmerkung 2) – Coliforme Bakterien – Eisen (Anmerkung 1) – elektrische Leitfähigkeit – Escherichia coli (E. coli) – Färbung – Geruch – Geschmack – Koloniezahl bei 22 °C und 36 °C – Nitrit (Anmerkung 3) – Pseudomonas aeruginosa (Anmerkung 4) – Trübung – Wasserstoffionen-Konzentration
* Die Einzeluntersuchung entfällt bei Parametern, für die laufend Messwerte bestimmt und aufgezeichnet werden.	
Anmerkung 1	Nur erforderlich bei Verwendung als Flockungsmittel **
Anmerkung 2	Nur erforderlich, wenn das Wasser von Oberflächenwasser stammt oder von Oberflächenwasser beeinflusst wird **
Anmerkung 3	Gilt nur für Wasserversorgungsanlagen im Sinne von § 3 Nr. 2 Buchstabe b und c
Anmerkung 4	Nur erforderlich bei Wasser, das zur Abfüllung in Flaschen oder andere Behältnisse zum Zwecke der Abgabe bestimmt ist
** In allen anderen Fällen sind die Parameter in der Liste für die periodischen Untersuchungen enthalten.	
2. Periodische Untersuchungen	
Alle gemäß Anlagen 1 bis 3 festgelegten Parameter, die nicht unter den routinemäßigen Untersuchungen aufgeführt sind, sind Gegenstand der periodischen Untersuchungen, es sei denn, die zuständigen Behörden können für einen von ihnen festzulegenden Zeitraum feststellen, dass das Vorhandensein eines Parameters in einer bestimmten Wasserversorgung nicht in Konzentrationen zu erwarten ist, die die Einhaltung des entsprechenden Grenzwertes gefährden könnten. Der periodischen Untersuchung unterliegt auch die Untersuchung auf Legionellen in zentralen Erwärmungsanlagen der Hausinstallation nach § 3 Nr. 2 Buchstabe c, aus denen Wasser für die Öffentlichkeit bereitgestellt wird. Satz 1 gilt nicht für die Parameter für Radioaktivität, die vorbehaltlich der Anmerkungen 1 bis 3 in Anlage 3 überwacht werden.	

Bild 4.13: Anlage 4 (zu TrinkwV § 14 Abs. 1), Teil 1 „Umfang der Untersuchungen"

Aufbereitungsstoffe und Desinfektionsverfahren

Nach § 11 TrinkwV 2023 dürfen nur Aufbereitungsstoffe und Desinfektionsverfahren eingesetzt werden, die in einer Liste des Bundesministeriums für Gesundheit veröffentlicht wurden. Die Liste wird vom Umweltbundesamt geführt und regelmäßig überarbeitet. Sie kann in der jeweils gültigen Fassung aus dem Internet unter www.umweltbundesamt.de heruntergeladen werden. Verstöße gegen § 11 TrinkwV werden strafrechtlich verfolgt [§ 24 (1) TrinkwV 2023]. In der Liste sind insbesondere Einsatzbereiche, Reinheitsanforderungen und Handlungsanweisungen beim Umgang mit Aufbereitungsstoffen und Desinfektionsverfahren, z. B. Messung von Desinfektionsmittelkonzentrationen, enthalten.

Die verwendeten Aufbereitungsstoffe und ihre Konzentrationen sind nach § 16 (4) aufgezeichnet und mindestens 6 Monate für die die Anschlussnehmer und Verbraucher zugänglich zu halten. Werden Aufbereitungsstoffe erstmalig verwendet, müssen diese unverzüglich den Abnehmern durch Veröffentlichung in örtlichen Tageszeitungen bekannt gemacht werden. Bei regelmäßiger Verwendung werden die Kunden einmal jährlich informiert. Besitzer von Hausinstallationen müssen diese Informationen unverzüglich durch Aushang oder schriftliche Mitteilung bekannt geben.

Aufbereitung in besonderen Fällen

Nach § 12 TrinkV 2023 ist in besonderen Fällen eine Aufbereitung durch Zugabe von Tabletten möglich:

– Im Verteidigungsfall im Auftrag des Bundesministeriums des Inneren sowie
– in Katastrophenfällen bei ernsthafter Gefährdung der Wasserversorgung mit Zustimmung der für den Katastrophenschutz zuständigen Behörden

können Tabletten zur Desinfektion (Wirkstoff Dichlorisocyanurat) bzw. zur Oxidation und Desinfektion (Wirkstoff Hypochlorit) eingesetzt werden. Dies ist ebenfalls zulässig zur Versorgung der Bundeswehr im Auftrag des Bundesministeriums der Verteidigung.

Teil II
Häufigkeit der Untersuchungen

Mindesthäufigkeit der Probenahmen und Analysen bei Wasser für den menschlichen Gebrauch, das aus einem Verteilungsnetz oder einem Tankfahrzeug bereitgestellt oder in einem Lebensmittelbetrieb verwendet wird.

Die Proben sind an der Stelle der Einhaltung nach § 8 zu nehmen, um sicherzustellen, dass das Wasser für den menschlichen Gebrauch die Anforderungen der Verordnung erfüllt. Bei einem Verteilungsnetz können jedoch für bestimmte Parameter alternativ Proben innerhalb des Versorgungsgebietes oder in den Aufbereitungsanlagen entnommen werden, wenn daraus nachweislich keine nachteiligen Veränderungen beim gemessenen Wert des betreffenden Parameters entstehen.

Menge des in einem Versorgungsgebiet abgegebenen oder produzierten Wassers in m³/Tag (Anmerkungen 1 und 2)	Routinemäßige Untersuchungen Anzahl der Proben/Jahr (Anmerkungen 3 und 4)	Periodische Untersuchungen Anzahl der Proben/Jahr (Anmerkungen 3 und 4)
≤ 3	1 oder nach § 19 Abs. 5 und 6	1 oder nach § 19 Abs. 5 und 6
> 3 und ≤ 1 000	4	1
> 1 000 und ≤ 1 333	8	1 zuzüglich jeweils 1 pro 3 300 m³/Tag (kleinere Mengen werden auf 3 300 aufgerundet)
> 1 333 und ≤ 2 667	12	
> 2 667 und ≤ 4 000	16	
> 4 000 und ≤ 6 667	24	
> 6 667 und ≤ 10 000	36	
> 10 000 und ≤ 100 000	36 zuzüglich jeweils 3 pro weitere 1 000 m³/Tag (kleinere Mengen werden auf 1 000 aufgerundet)	3 zuzüglich jeweils 1 pro 10 000 m³/Tag (kleinere Mengen werden auf 10 000 aufgerundet)
> 100 000		10 zuzüglich jeweils 1 pro 25 000 m³/Tag (kleinere Mengen werden auf 25 000 aufgerundet)

Anmerkung 1	Ein Versorgungsgebiet ist ein geographisch definiertes Gebiet, in dem das Wasser für den menschlichen Gebrauch aus einem oder mehreren Wasservorkommen stammt und in dem die Wasserqualität als nahezu einheitlich im Sinne der anerkannten Regeln der Technik angesehen werden kann.
Anmerkung 2	Die Mengen werden als Mittelwerte über ein Kalenderjahr hinweg berechnet. Anstelle der Menge des abgegebenen oder produzierten Wassers kann zur Bestimmung der Mindesthäufigkeit auch die Einwohnerzahl eines Versorgungsgebiets herangezogen und ein täglicher Pro-Kopf-Wasserverbrauch von 200 l angesetzt werden.
Anmerkung 3	Bei zeitweiliger kurzfristiger Wasserversorgung wird das in Tankfahrzeugen bereitgestellte Wasser alle 48 Stunden untersucht, wenn der betreffende Tank nicht innerhalb dieses Zeitraums gereinigt oder neu befüllt worden ist.
Anmerkung 4	Nach Möglichkeit sollte die Zahl der Probenahmen im Hinblick auf Zeit und Ort gleichmäßig verteilt sein.

Bild 4.14: Anlage 4 (zu TrinkwV § 14 Abs. 1), Teil 2 „Häufigkeiten der Untersuchungen"

Handlungsbereich | Organisation

4.6.2 Einbeziehung des Gesundheitsamtes

Maßnahmen im Falle der Nichteinhaltung von Grenzwerten und Anforderungen

Grenzwertüberschreitungen sind vom Wasserversorgungsunternehmen unverzüglich dem Gesundheitsamt zu melden. Dieses entscheidet dann auf Grundlage des § 9 TrinkwV 2023, ob dadurch eine Gesundheitsgefährdung vorliegt, welche Abhilfemaßnahmen ergriffen werden müssen oder ob ggf. Abweichungen von den Anforderungen zugelassen werden können, wenn keine Gesundheitsgefährdungen vorliegen. Bei dieser Beurteilung wird auch berücksichtigt, dass beispielsweise mit einer eventuellen Unterbrechung der Wasserversorgung ebenso Gefahren verbunden wären. Das Gesundheitsamt unterrichtet nach der Beurteilung das Wasserversorgungsunternehmen und ordnet ggf. die erforderlichen Maßnahmen zur Gefahrenabwehr an. Dies kann auch die Umstellung auf eine andere Wasserversorgung sein oder im Extremfall die sofortige Unterbrechung der Wasserversorgung, wenn Krankheitserreger oder chemische Stoffe in Konzentrationen enthalten sind, die eine akute Schädigung der menschlichen Gesundheit besorgen lassen.

Wenn mit der Grenzwertüberschreitung keine Gesundheitsgefährdungen verbunden sind und die Abweichung innerhalb von höchstens 30 Tagen wieder behoben werden kann, legt das Gesundheitsamt einen zulässigen Wert und eine entsprechende Frist fest. Ist die Behebung nicht innerhalb von 30 Tagen möglich, können Zulassungen einer Abweichung für 2 x 3 Jahre, in außergewöhnlichen Fällen und mit Zustimmung der EU-Kommission für 3 x 3 Jahre ausgesprochen werden. Diese Zulassungen von Abweichungen sind jedoch an strenge Auflagen geknüpft, z. B. Zeitpläne für Abhilfemaßnahmen und geeignete Überwachungsprogramme.

Anzeige- und Handlungspflichten

Der Wasserversorger hat dem Gesundheitsamt anzuzeigen:

Unverzüglich
– Überschreitung von Anforderungen und Grenzwerten gemäß § 5 (1, 2), § 6 (1, 2), § 7, in Verbindung mit den Anlagen 1 bis 3.
– Überschreitungen von Grenzwerten, Mindestanforderungen oder zugelassenen Höchstwerten, die vom Gesundheitsamt gemäß § 9 (6, 7, 8) (Zulassung von Abweichungen) oder § 20 (4) (Untersuchung weiterer Parameter) zugelassen werden können.
– Wenn Belastungen des Rohwassers bekannt werden, die zu einer Überschreitung der Grenzwerte führen können.
– Grobsinnlich wahrnehmbare Veränderungen des Wassers.
– Außergewöhnliche Vorkommnisse in der Umgebung der Wassergewinnung oder an der Wasserversorgungsanlage, die Auswirkungen auf die Beschaffenheit des Wassers haben können.

Die unverzügliche Anzeige an das Gesundheitsamt ist sehr wichtig, da danach bis zur Entscheidung des Gesundheitsamtes die Nichteinhaltung von Grenzwerten als erlaubt gilt, solange keine akute Gefährdung durch Krankheitserreger oder chemische Stoffe vorliegt. Die unverzügliche Meldung hat der Wasserversorger durch entsprechende Maßnahmen, z. B. vertragliche Regelungen mit den Untersuchungsstellen, Meldeketten etc. sicherzustellen. Die unverzügliche Meldung entbindet ihn jedoch nicht von der Pflicht, unverzüglich Untersuchungen zur Aufklärung der Ursachen und Sofortmaßnahmen zur Abhilfe durchzuführen oder durchführen zu lassen.

Vier Wochen vorher
– Errichtung einer Wasserversorgungsanlage
– Erstmalige oder Wiederinbetriebnahme einer Wasserversorgungsanlage
– Bauliche oder betriebstechnische Veränderungen an wasserführenden Teilen mit Auswirkungen auf die Wasserbeschaffenheit
– Übergang von Eigentum oder Nutzungsrecht an einer Wasserversorgungsanlage

Dabei sind im Falle einer Neuerrichtung einer Wasserversorgungsanlage Pläne der Schutzzonen bzw. der Umgebung der Wassergewinnung vorzulegen. Zudem kann das Gesundheitsamt die Vorlage weiterer technischer Pläne verlangen.

Innerhalb von 3 Tagen
– Stilllegung oder teilweise Stilllegung einer Wasserversorgungsanlage

Maßnahmeplan

Nach § 16 (6) müssen Wasserversorgungsunternehmen ein Maßnahmeplan aufstellen, aus dem hervorgeht,
– wie im Falle einer notwendigen Unterbrechung der Wasserversorgung auf eine andere Wasserversorgung umgestellt werden kann und
– welche Stellen im Falle einer festgestellten Abweichung zu informieren sind und wer zur Übermittlung dieser Information verpflichtet ist.

Der Maßnahmeplan muss dem Gesundheitsamt übermittelt werden und bedarf dessen Zustimmung.

Unterstützung der Maßnahmen des Gesundheitsamtes

Das Gesundheitsamt ist für die Überwachung der Wasserversorgungsunternehmen zuständig. Die Überwachung erfolgt durch entsprechende Prüfungen. Hierfür ist es beispielsweise berechtigt, Grundstücke und Einrichtungen zu betreten, Proben zu entnehmen und Unterlagen einzusehen. Die Wasserversorgungsunternehmen müssen das Gesundheitsamt hierbei unterstützen, insbesondere ihnen auf Verlangen die Räume, Einrichtungen und Geräte zu bezeichnen, Räume und Behältnisse zu öffnen und die Entnahme von Proben zu ermöglichen und die verlangten Auskünfte zu erteilen. Der zur Auskunft Verpflichtete kann jedoch die Auskunft auf solche Fragen verweigern, deren Beantwortung ihn selbst oder einen der in § 383 Abs. 1 Nr. 1 bis 3 der Zivilprozessordnung bezeichneten Angehörigen der Gefahr strafgerichtlicher Verfolgung oder eines Verfahrens nach dem Gesetz über Ordnungswidrigkeiten aussetzen würde.

Berichtspflichten

Die Wasserversorgungsunternehmen haben nach § 21 TrinkwV den Verbraucher durch geeignetes und aktuelles Informationsmaterial über die Qualität des ihm zur Verfügung gestellten Wassers für den menschlichen Gebrauch auf der Basis der Untersuchungsergebnisse zu informieren. Dazu gehören auch Angaben über die verwendeten Aufbereitungsstoffe und Angaben, die für die Auswahl geeigneter Materialien für die

Hausinstallation nach den allgemein anerkannten Regeln der Technik erforderlich sind. Die Information erfolgt in der Regel durch Veröffentlichung in örtlichen Mitteilungsblättern oder Tageszeitungen, durch Aushang oder im Internet. Betreiber von Hausinstallationen haben diese Informationen ihren Verbrauchern in geeigneter Weise zur Kenntnis zu geben.

Bekanntmachungspflicht gemäß Wasch- und Reinigungsmittelgesetz

Nach § 8 des Wasch- und Reinigungsmittelgesetzes sind die Wasserversorger verpflichtet, einmal jährlich den Härtebereich des abgegebenen Wassers den Verbrauchern mitzuteilen. Der Verbraucher kann dadurch seiner Pflicht nachkommen, Wasch- und Reinigungsmittel nur in der entsprechend notwendigen Dosierung einzusetzen und damit unnötige Umweltbelastungen zu vermeiden.

Handlungsbereich | Organisation

5 Personalführung

Eine gut organisierte Personalführung setzt voraus, dass sie fester Bestandteil einer umfassenden Unternehmensplanung ist. Auf sich allein gestellt besteht die Gefahr, dass sie ihre Wirkung verfehlt, denn zweifellos werden personelle Entscheidungen von anderen Unternehmensteilplanungen wesentlich beeinflusst.

Damit ein Unternehmen erfolgreich sein kann, muss es ständig seine Unternehmensplanung und Unternehmensstrategie an die Markterfordernisse anpassen. Der Bereich Personal kann hierfür wertvolle Arbeit im Hinblick auf die Umsetzung der dazu erforderlichen Personalstrategie und Personalpolitik leisten. Dazu ist es aber erforderlich, dass die Unternehmensleitung und die Führungskräfte eine situationsbedingte und zeitgemäße Personalführung praktizieren (**Bild 5.1**).

Eine Führungskraft hat die Aufgabe, ihre Mitarbeiter zu einem vorbildlichen Verhalten zu veranlassen, das sich an den Grundsätzen des Unternehmens orientiert und den jeweilig zugewiesenen Aufgabenstellungen entspricht.

Jede Führungskraft braucht umfassende Kompetenzen, um die vielfältigen Aufgaben der Personalführung zu erledigen. Sie basieren auf dem Sozialverhalten, das durch verschiedene Einflüsse ausgeprägt wird. Neben der menschlichen Entwicklung ist auf beruflicher Ebene der Wissensbereich entscheidend. Mit ihm werden kognitive (erkenntnismäßige) Fähigkeiten erworben und Wissen zu den verschiedensten Themen angesammelt.

Schritt	Maßnahme	Fragestellung
1	Zielvorstellung / Visionen	Wo wollen wir hin?
2	Strategische Planung der Organisation, Zieldefinition und Vereinbarung	Wie kommen wir dahin, wo wir hin wollen?
3	Kommunikation, Transparenz, Visualisierung	Wissen wir genau, wo wir stehen?
4	Individualisierung der Zielvereinbarungen in Mitarbeiter- und Vorgesetztengesprächen	Wer kann persönlich zur Zielerreichung beitragen?
5	Entwicklungsanweisung	Was müssen wir verändern, um unsere Ziele zu erreichen?
6	Controlling und Beurteilung	Sind wir noch auf dem richtigen Weg?

Bild 5.1: Schritte einer Personalentwicklungsstrategie

5.1 Ermitteln und Bestimmen des qualitativen und quantitativen Personalbedarfs unter Berücksichtigung technischer und organisatorischer Veränderungen

Ein zielorientiertes *Personalplanungssystem* (**Bild 5.2**) ist ein auf die Zukunft gerichtetes Planungssystem zur Umsetzung der Unternehmensplanung und -strategie. Die Zusammensetzung der zukünftigen Personalstruktur erfordert eine ständige Orientierung an die laufend wechselnden Anforderungen zu den anderen Planungsbereichen, z. B. Finanzplanung, Produktionsplanung etc. Dieses Planungssystem ist auch ein wichtiger Faktor zur Umsetzung der Personalpolitik. Es dient schwerpunktmäßig dem Ziel, die Verfügbarkeit von Mitarbeitern sicherzustellen, und zwar

- in wirtschaftlicher Weise,
- in der erforderlichen Anzahl,
- mit den erforderlichen Qualifikationen,
- zum richtigen Zeitpunkt und
- am richtigen Ort.

5.1.1 Personalbedarfsermittlung

Ziele der Personalbedarfsermittlung

Ziel der Personalbedarfsermittlung ist es, über den optimalen Personalbedarf nach Art der notwendigen Qualifikationen und der Anzahl der Stellen zu verfügen. Daraus ergeben sich die Aufgaben für die Personalplanung. Sie muss in erster Linie den quantitativen und den qualitativen Personalbedarf planen. Dazu müssen die Anforderungen einer bestimmten Stelle benannt und in einem Anforderungsprofil zusammengefasst werden.

Aber auch Maßnahmen zur Personalbeschaffung sind vorzubereiten und zu steuern. Schließlich gehören auch Maßnahmen der Personalentwicklung und -förderung zu diesen Aufgaben, denn das können wichtige Voraussetzungen für den Personaleinsatz sein. Personal kostet Geld und so fällt auch die Planung der Personalkosten in diesen Bereich. Mitunter ist auch zu viel Personal im Unternehmen, dann muss auch der Personalabbau geplant werden.

Im Idealfall ist der Personalbedarf des Unternehmens gedeckt, das heißt, dass alle Stellen mit dem richtigen Personal besetzt sind. Für eine Führungskraft kann sich Handlungsbedarf ergeben, wenn Personal fehlt (Personalunterdeckung) oder überzähliges Personal nicht mehr eingesetzt werden kann (Personalüberdeckung).

Liegt eine Personalunterdeckung vor, muss der Bedarf nach quantitativen und qualitativen Gesichtspunkten ermittelt werden.

Die *quantitative Personalbedarfsermittlung* bestimmt das zahlenmäßige Mengengerüst der Planung (Anzahl der Mitarbeiter je Bereich). Hier ist nur die Anzahl der Mitarbeiter von Bedeutung, die für die entsprechenden Aufgaben benötigt werden. Dabei unterscheidet man:

1. Einsatzbedarf: der Bedarf an Mitarbeitern, der zur Aufgabenerfüllung erforderlich ist.
2. Reservebedarf: der Bedarf an zusätzlichen Mitarbeitern zur Sicherstellung des Arbeitsprozesses bei besonderen

Handlungsbereich | Führung und Personal

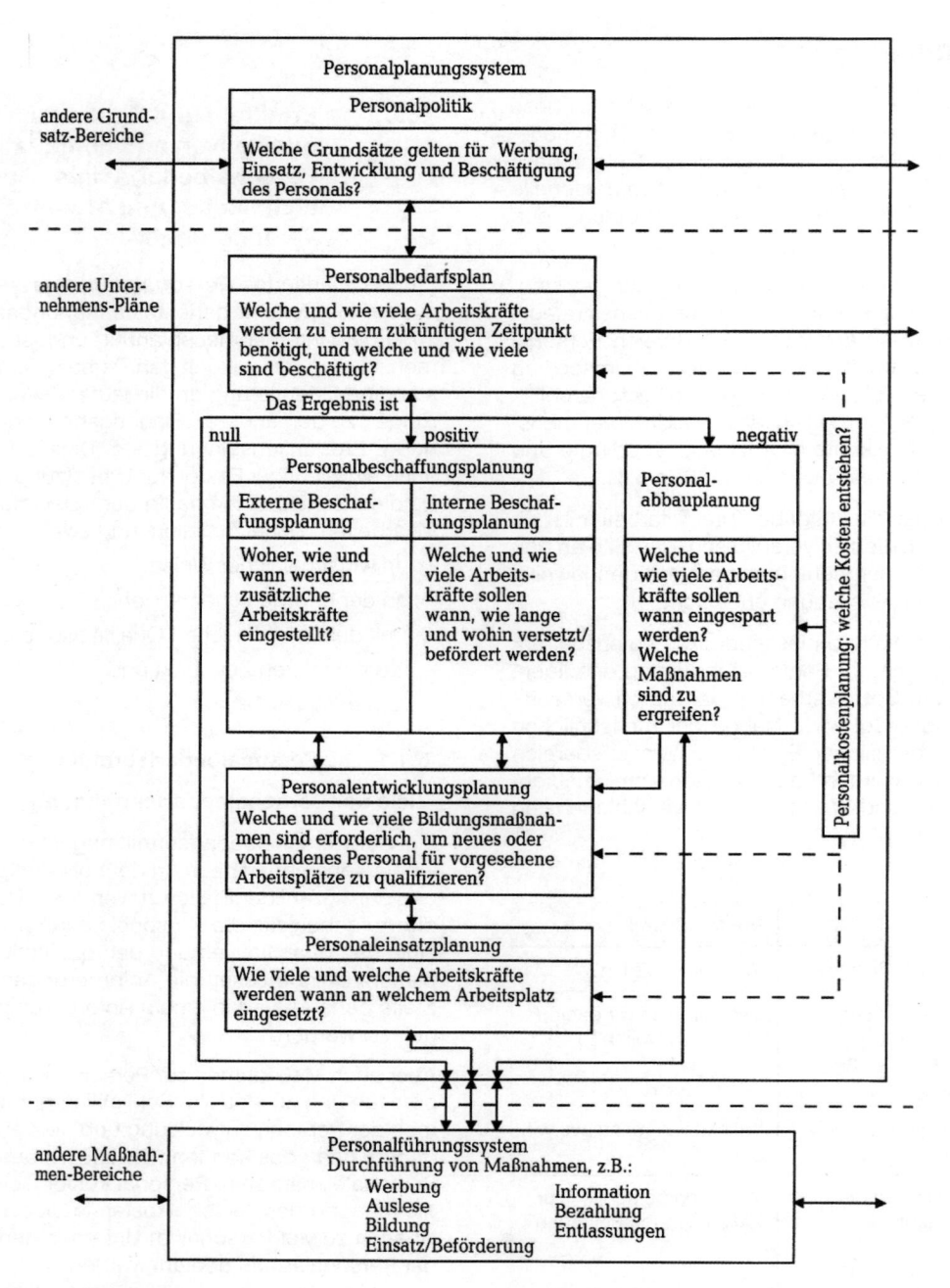

Bild 5.2: Personalplanungssystem

Situationen (Abwesenheit, Krankheit, Urlaub, Fehlzeiten usw.).

3. Neubedarf: der Bedarf für neues Personal durch eine Erweiterung der Produktion, die Erschließung neuer Aufgabengebiete.
4. Ersatzbedarf: der Bedarf, um ausscheidende Mitarbeiter (Kündigung, Elternzeit, Ruhestand usw.) zu ersetzen.
5. Freistellungsbedarf: der Bedarf an Mitarbeitern, die nach Rationalisierungsmaßnahmen oder im Ergebnis einer mangelnden Produktionsauslastung abzubauen sind.

Bei der **qualitativen Personalbedarfsermittlung** geht es um die Qualifikationserfordernisse des festgestellten Mitarbeiterbedarfs. Hier spielen die Qualifikationen der Mitarbeiter die entscheidende Rolle. Ziel der qualitativen Personalbedarfsermittlung ist es, die Gegenüberstellung der gegenwärtigen und der zukünftigen Anforderungen der Arbeitssysteme mit der Eignung des Personals abzugleichen. Dabei wird auch der eventuell notwendige Qualifizierungsbedarf ersichtlich. Darüber hinaus kann die Eignung oder eben Nichteignung eines Mitarbeiters für einen bestimmten Arbeitsplatz festgestellt werden.

Qualifikationsmerkmale

Die **Eignung** ist die Summe derjenigen Qualifikationsmerkmale, die einen Mitarbeiter dazu befähigen, eine bestimmte Tätigkeit erfolgreich ausüben zu können. Somit ist der Begriff Eignung immer in Relation zu den Anforderungen eines Arbeitsplatzes zu sehen. Der Begriff Eignung darf nicht mit der Qualifikation gleichgesetzt oder verwechselt werden.

Ein Mitarbeiter ist in dem Maße geeignet, wie seine für den Arbeitsplatz relevanten Qualifikationsmerkmale mit den Anforderungsmerkmalen übereinstimmen. Die Eignung ist veränderbar. Sie kann sich durch Übung, Erfahrung und Weiterbildung verbessern. Sie kann sich aber auch aufgrund mangelnder Praxis oder gesundheitlicher Einschränkungen verschlechtern.

Daraus ergibt sich die Frage, wie die Eignung eines Mitarbeiters für eine bestimmte Stelle ermittelt werden kann. Dafür sind Merkmale einer bestimmten Stelle zu benennen und eine Skalierung dieser Merkmale vorzunehmen.

Beispiel:

Fachliche Merkmale	notwendig	wünschenswert
Berufsabschluss		
AEVO-Prüfung		
Schweißerpass		
Branchenkenntnisse		

So wird es möglich, *Eignungs- und Anforderungsprofile* zu vergleichen. Dazu können unterschiedliche Verfahren eingesetzt werden:
- Tests
- Beurteilungen
- Gespräche mit dem Mitarbeiter
- Assessment-Center usw.

Qualifikation ist das individuelle Arbeitsvermögen eines Mitarbeiters zu einem bestimmten Zeitpunkt. Qualifikationsmerkmale sind:
- Kenntnisse:
  Was weiß der Mitarbeiter?
- Fähigkeiten und Eigenschaften:
  Was kann der Mitarbeiter?
- Motivation:
  Was will der Mitarbeiter?
- Einstellungen und Meinungen

Bei den *Fähigkeiten* handelt es sich um eine Teilmenge der Qualifikation, sie sind nur ein Teil der Qualifikation. Unterschieden werden geistige und körperliche Fähigkeiten.

Personalplanung

Die Personalplanung ist kein starres System. Die Markterfordernisse, die äußeren Umwelteinflüsse sowie die Politik unterliegen einem stetigen Wandel. Diese fortwährend neuen Erfordernisse machen dementsprechend verschiedene Planungsschritte erforderlich, z. B.:

- *Personalbedarfsplanung*

  Sie hat die Aufgabe, den zukünftigen Personalbedarf zu ermitteln, und zwar in quantitativer, qualitativer, zeitlicher und örtlicher Hinsicht.

- *Personalbeschaffungsplanung*

  Sie hat dafür zu sorgen, dass der geplante Personalbedarf rechtzeitig gedeckt wird.

- *Personaleinsatzplanung*

  Sie hat die Aufgabe, die Mitarbeiter den verschiedenen Arbeitsplätzen bestmöglich zuzuordnen.

- *Personalentwicklungsplanung*

  Sie hat die Aufgabe, dem zukünftigen Bildungsbedarf der Mitarbeiter eine angemessene Aus- und Fortbildung gegenüberzustellen.

- *Personalabbauplanung*

  Die Personalfreisetzung umfasst alle Maßnahmen, mit denen Personal abgebaut wird. Wichtig: Personalfreisetzung ist kein Synonym für betriebsbedingte Kündigung. Alternative Möglichkeiten der Personalfreisetzung stellen innerbetriebliche Versetzung, Maßnahmen der Personalentwicklung (Weiterbildung, Umschulung) sowie Verkürzung der Arbeitszeiten (Urlaubsplanung, Kurzarbeit) dar.

- *Personalkostenplanung*

  Die Personalkosten sind in der Regel die höchsten Kosten an den Gesamtkosten jedes Unternehmens. Die Planung ist daher als sehr wichtig anzusehen, zeigt sie doch die kostenmäßigen Auswirkungen der einzelnen Planungsschritte auf.

Ausgehend von den anstehenden Aufgaben, wird der Personalbedarf (nach Art der notwendigen Qualifikationen und der Anzahl der ermittelten Stellen für einen bestimmten Zeitraum) ermittelt und dem aktuellen Personalbestand gegenüber gestellt. Daraus ergibt sich eine
- Personaldeckung,
- Personalüberdeckung oder
- Personalunterdeckung.

Liegt eine Personalüberdeckung bzw. eine Personalunterdeckung vor, besteht seitens der Führungskraft und der Personalabteilung unbedingt Handlungsbedarf. Auch bei ausreichendem Personalbestand muss eine innerbetriebliche Anpassung des quantitativen Personalbedarfs erfolgen, nämlich proportional in Abhängigkeit zu der produzierten bzw. abgesetzten Menge eines Erzeugnisses.

Bestimmungsfaktoren für den Personalbedarf

Die Bestimmungsfaktoren für eine genaue Personalbedarfsermittlung orientieren sich an verschiedenen Einflussgrößen, z. B.:
- personalbedingte Veränderungen (z. B. Fluktuation, Altersstruktur, Fehlzeiten),
- aufgabenbedingte Veränderungen (z. B. Produktionserweiterung, Veränderung der Arbeitssysteme, umfangreiche Daueraufträge),
- marktbedingte Veränderungen (z. B. Arbeitslosigkeit, Preispolitik, Qualität),
- arbeitsrechtliche Veränderungen,
- technischer Fortschritt.

Personalstruktur nach Qualifikation im Vergleich zum Anforderungsprofil

Ermittelt werden die in Zukunft (kurz-, mittel- oder langfristig) notwendigen Qualifikationen bzw. Fähigkeitsprofile. Daher wird von einer qualitativen Personalbedarfsermittlung gesprochen.

Bei der qualitativen Planung werden Anforderungsprofile erstellt, die die geistigen und körperlichen Anforderungen für eine bestimmte Stelle enthalten. Naturgemäß gibt es Stellen, an denen relativ ungelernte Mitarbeiter eingesetzt werden können und andere Stellen wiederum, die nur ein spezialisierter und hoch qualifizierter Mitarbeiter ausfüllen kann. Auch hier lässt sich der oft verwendete Spruch einsetzen: „Der richtige Mann / die richtige Frau am richtigen Ort."

Handlungsbereich | Führung und Personal

Beim Entwurf der *Personalbedarfsstrukturen* sind z. B. folgende Kriterien zu beachten:

- Steht körperliche oder geistige Arbeit im Vordergrund?
- Müssen nur Maschinen aus- und eingeschaltet werden?
- Herrscht am Arbeitsplatz extreme Kälte oder Hitze?
- Wie groß ist die Verantwortung, die der Mitarbeiter tragen muss?
- Unterliegt der Mitarbeiter einer nervlichen Belastung durch Lärm?
- Wird in Gruppen gearbeitet?
- Ist eine Zusatzausbildung aufgrund der technischen Spezialisierung erforderlich?
- Steht dem Mitarbeiter ein bestimmtes Budget zur freien Verfügung?
- Wird besondere Mobilität (z. B. häufiges Reisen) gefordert?

Um die bestmögliche Personalstruktur für die anstehenden Aufgaben zu erreichen, wird in der Regel die Profilmethode mittels Stellenbeschreibungen eingesetzt. Ergänzend werden Anforderungsprofile erstellt, um genaue Auskunft über die Anforderungen an den individuellen Arbeitsplatz zu erhalten. Daraus lässt sich ableiten, über welches Qualifikationsprofil die einzelnen Stelleninhaber verfügen sollten. Mit demselben Merkmalkatalog wird die Ausführbarkeit durch in Frage kommende Mitarbeiter abgefragt.

Aus dem Vergleich des Anforderungsprofils mit dem Fähigkeitsprofil lassen sich Aussagen darüber gewinnen, inwieweit Arbeitsplatz und Mitarbeiter zusammenpassen (**Bild 5.3**).

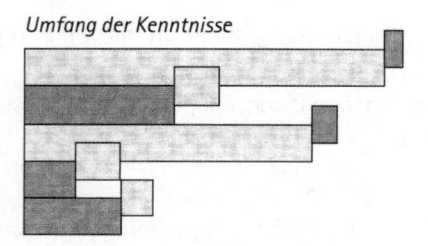

Bild 5.3: Beispiel für den Abgleich von Anforderungs- und Fähigkeitsprofil
(hell = Anforderung, dunkel = Fähigkeit)

Aus dem Abgleich der Anforderungen mit den Fähigkeiten des Mitarbeiters im Beispiel geht hervor, dass in einigen Bereichen eine Überqualifikation besteht (evtl. wäre zu überlegen, ob der Mitarbeiter an anderer Stelle besser eingesetzt ist). In einigen Bereichen besteht allerdings eine nicht ausreichende Qualifikation, sodass gezielte Maßnahmen zur Fortbildung eingeleitet werden sollten.

Personalbedarf nach Tätigkeiten unter Berücksichtigung der technischen und organisatorischen Rahmenbedingungen

Die technischen und organisatorischen Rahmenbedingungen beeinflussen ganz wesentlich die benötigte Anzahl der Mitarbeiter für die anstehenden Aufgaben, d. h., festzustellen ist der quantitative Personalbedarf. Überwiegend treten folgende Fälle des Personalbedarfs ein:

- *Einsatzbedarf*
  Der Bedarf, der effektiv und unmittelbar zur Erfüllung der Aufgaben erforderlich ist.

- *Reservebedarf*
  Zusätzlicher Personalbedarf auf Grund von Abwesenheiten (z. B. Urlaub, Krankheit, sonstige Fehlzeiten).

- *Minderbedarf*
  Personaleinschränkung, d. h. Rückgang des Personalbedarfs (Gründe sind: Rationalisierungsmaßnahmen, Strukturkrisen, Rezession).

- *Neubedarf*
  Entsteht z. B. bei Produktionserweiterung oder Erschließung neuer Aufgaben- bzw. Arbeitsgebiete.

- *Zusatzbedarf*
  Kurzfristiges zusätzliches Personal (Gründe sind z. B. saisonale Konjunkturschwankungen wie z. B. die Weinernte im Herbst).

- *Ersatzbedarf*
  Wird meist erforderlich bei Kündigungen oder sonstigem Ausscheiden aus dem Betrieb (z. B. Ruhestand, Elternzeit).

- *Freistellungsbedarf*
  Ergibt sich, wenn ein Überschuss an Mitarbeitern zur Verfügung steht (z. B. durch geringe Produktionsauslastung, Rationalisierungsmaßnahmen).

5.1.2 Methoden der Bedarfsermittlung

Die jeweilige Organisationsstruktur eines Unternehmens bildet die Grundlage für die quantitative Ermittlung des Personalbedarfs. Zur Ermittlung des quantitativen Personalbedarfs müssen zwei unterschiedliche Bereiche analysiert werden.

1. Wie entwickelt sich die Anzahl der Stellen?
   (Ermittlung des *Bruttopersonalbedarfs*)
2. Wie entwickelt sich die Anzahl der Mitarbeiter?
   (Ermittlung des *fortgeschriebenen Personalbedarfs*)

Der Vergleich beider Antworten ergibt den Nettopersonalbedarf, also den künftigen Personalbedarf im eigentlichen Sinne (**Bild 5.4**).

Die Größe der Aufbauorganisation eines Unternehmens findet somit zum größten Teil ihre Abhängigkeit von der Anzahl des Personals. Das notwendige Zusammenwirken der einzelnen Unternehmensteilbereiche, also die Ablauforganisation, wird überwiegend durch die Qualität der Mitarbeiter geprägt.

Die Qualifikation und die Anzahl des notwendigen Personals sind eng miteinander verknüpft. Die Bedarfsermittlung kann auf drei besonders bewährte Methoden zurückgreifen.

Arbeitsplatzbezogene Methoden

Wenn keine Vorgabezeiten für die zu erledigenden Arbeitsaufgaben vorliegen, wird gewöhnlich die Stellenplanmethode zur Ermittlung des Personalbedarfs eingesetzt. Sie basiert auf der Aufgabenanalyse, bei der die generell zu erfüllenden Aufgaben erfasst und gegliedert werden. Daraus können ggf. Teilaufgaben ausgewählt und zu neuen Stellen zusammengefügt werden.

Wenn also der Personalbedarf bezüglich der zu verrichtenden Tätigkeit ermittelt werden soll, kann folgende Rechnung aufgestellt werden:

```
                    Methoden der quantitativen Bedarfsermittlung
                    ┌──────────────────┴──────────────────┐
              Betrachtung der                       Betrachtung der
                  Stellen                              Mitarbeiter
                      ↓                                     ↓
            Bruttopersonalbedarf                  Fortgeschriebener
                                                    Personalbedarf
                      └──────────→ Nettopersonalbedarf ←─────┘
```

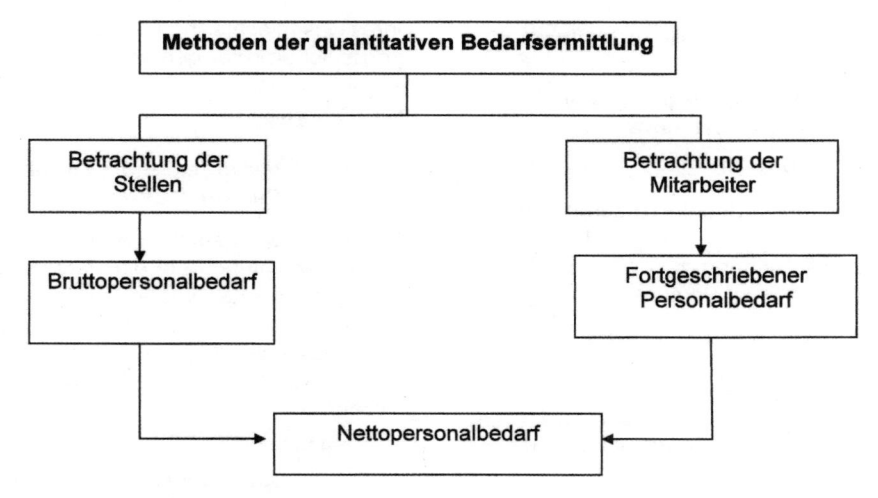

Bild 5.4: Methoden der quantitativen Bedarfsermittlung

Durchschnittliche Arbeitsmenge
- durchschnittliche Bearbeitungszeit pro Stück
- Verteilzeitfaktor Personalbedarf der Stelle
= durchschnittliche Arbeitsstunden

Der Personalbedarf kann auch durch Schätzungen, der sogenannten Delphi-Methode, festgestellt werden. Diese Methode ist ein systematisches, mehrstufiges Befragungsverfahren bzw. eine Schätzmethode, die dazu dient, zukünftige Ereignisse, Trends, technische Entwicklungen und dergleichen möglichst gut einschätzen zu können. Dazu wird einer Gruppe von Experten ein Fragenkatalog des betreffenden Fachgebietes vorgelegt. Die schriftlich erhaltenen Antworten, Schätzungen, Ergebnisse etc. werden aufgelistet und mit Hilfe einer speziellen Mittelwertbildung zusammengefasst. Dementsprechend kann davon ausgegangen werden, dass derartige Schätzungen auf recht zuverlässigen Analysen beruhen und schlüssig begründet werden können.

Auftragsbezogene (deterministische) Methoden

Bei der deterministischen Methode werden die Bedarfe exakt nach Menge und Termin auf der Basis konkreter Aufträge oder des Produktionsprogramms ermittelt.

Typische Einsatzfelder: Bei Kundenaufträgen muss die erforderliche Beschaffungs- und Durchlaufzeit kleiner sein als die geforderte Lieferzeit. Bei der Planung nach dem auf einem Absatzplan basierenden Produktionsprogramm ist dies zu vernachlässigen. Die deterministische Methode wird bei hochwertigen bzw. kundenspezifischen Gütern angewendet, die teilweise eine lange Wiederbeschaffungszeit haben. Prinzipiell ist die deterministische Bedarfsermittlung anzustreben, weil dadurch der Lagerbestand niedrig gehalten werden kann. In der betrieblichen Praxis ist sie weitgehend unproblematisch, weil heute alle gängigen Produktionsplanungs- und -steuerungssysteme (PPS-Systeme) in der Lage sind, auf der Basis von Erzeugnisstrukturdaten (z. B. durch Stücklistenauflösung) den Bedarf exakt zu ermitteln.

Hierbei wird von den einzelnen Arbeitsaufgaben ausgegangen, die von Mitarbeitern mit entsprechenden Qualifikationen erfüllt werden sollen. Die Berechnung erfolgt mit den zur Erfüllung der Arbeitsaufgaben notwendigen Vorgabezeiten aus dem Arbeitsplan.

Beispiel:

Die Vorgabezeit für einen Auftrag beträgt 700 Stunden. Die Mitarbeiter leisten täglich acht Stunden bei 22 Arbeitstagen im Monat. Zu berechnen ist die notwendige Anzahl der Mitarbeiter.

Lösung:

Bei acht Stunden täglich und 22 Arbeitstagen im Monat leistet ein Mitarbeiter 176 Stunden im Monat. 700 Stunden : 176 Std./Mitarbeiter = 3,98. Zur Erledigung des Auftrages werden vier Mitarbeiter benötigt.

Prozessbezogene (stochastische) Methoden

Stochastische Methoden betrachten die Parameter als Ausgangsbasis, die bei der Abwicklung der Arbeitsprozesse in der Vergangenheit angefallen sind. Bei der Berechnung wird unterstellt, dass sich der zukünftige Personalbedarf weiterhin an diesen Einflussgrößen orientieren wird. Die wichtigsten Anwendungen im Rahmen der stochastischen Methoden sind:

- *Kennzahlen*

  Leistungsbeschreibung eines Systems. Es wird versucht, aus der Vergangenheit bekannte Daten zur Prognose des künftigen Personalbedarfs zu nutzen.

- *Regressionsanalyse*

  Strukturprüfendes, statistisches Analyseverfahren mit dem Ziel, Beziehungen zwischen einer oder mehreren Kenngrößen festzustellen.

- *Korrelationsanalyse*

  Untersucht werden Zusammenhänge zwischen gleichwertigen Messgrößen anhand einer Stichprobe.

- *Exponentielle Glättung*

  Zeitreihenanalyse zur kurzfristigen Prognose aus einer Stichprobe mit wiederkehrenden Vergangenheitsdaten.

Handlungsbereich | Führung und Personal

5.2 Auswahl und Einsatz der Mitarbeiter unter Berücksichtigung der betrieblichen Anforderungen sowie ihrer persönlichen Interessen, Eignung und Befähigung

Die bestmögliche *Personalauswahl* ist im Zusammenhang mit dem Zielerreichungsprozess im Unternehmen zu verstehen. Sie gehört dementsprechend zu den wichtigsten Aufgaben der Verantwortlichen in der Personalabteilung und in den Fachbereichen.

Dies bedeutet, dass sämtliche Abläufe im Unternehmen von der Personalsuche über bestehende Arbeitsverhältnisse bis hin zur Entlassung auf eine mögliche Benachteiligung hin überprüft werden müssen – einschließlich etwaiger Betriebsvereinbarungen.

Der sinnvolle Einsatz der Mitarbeiter – unter Beachtung des *Allgemeines Gleichbehandlungsgesetzes (AGG)* – fällt in den Bereich des Meisters als dem für Auftragsdurchführung, Qualität und Arbeitssicherheit verantwortlichen Vorgesetzten. Neben der fachlich angemessenen Stellenbesetzung (der richtige Mann/die richtige Frau am richtigen Platz) sind Vertretungsregelungen (z. B. Krankheit, Urlaub) und die sinnvolle Delegation von Aufgaben sicherzustellen.

Zusammenfassend muss der Meister als Führungskraft folgende Kompetenzen entwickeln:
- die jeweilige Unternehmenskultur und Unternehmensphilosophie leben,
- die individuelle Persönlichkeitsentwicklung berücksichtigen,
- zur Kooperation und Integration beitragen,
- den Personalbedarf ermitteln und die Mitarbeiter auswählen und entsprechend ihres Könnens einsetzen,
- Anforderungsprofile erstellen und Stellen beschreiben,
- die Qualifizierung der Mitarbeiter fördern,
- zur Motivation der Mitarbeiter beitragen,
- Aufgaben mit der entsprechenden Verantwortung delegieren,
- Mitarbeiter anweisen und unterweisen,
- die Regeln der Kommunikation beherrschen und anwenden,
- Führungsmittel gekonnt situationsgerecht einsetzen,
- Konflikte erkennen und bearbeiten,
- Ergebnisse kontrollieren und Mitarbeiterleistungen beurteilen,
- Besprechungen vorbereiten und leiten,
- Arbeitsgruppen moderieren.

Merke: *Führung heißt, Mitarbeiter erfolgreich machen!*

Am 18.08.2006 ist das „Allgemeine Gleichbehandlungsgesetz (AGG)" mit weitreichenden Folgen u. a. im Bereich des Personalwesens in Kraft getreten. Das bisher schon geltende Verbot der geschlechtsbezogenen Benachteiligung wurde um zahlreiche weitere Benachteiligungsgründe ergänzt: Arbeitnehmer, Auszubildende, aber auch arbeitnehmerähnliche Selbstständige sowie unter bestimmten Umständen Organmitglieder wie Geschäftsführer oder Vorstandsmitglieder dürfen nicht wegen ihrer Rasse oder ethnischen Herkunft, ihres Geschlechts, ihrer Religion oder Weltanschauung, einer körperlichen oder geistigen Behinderung, ihres Alters oder sexuellen Identität unmittelbar oder mittelbar benachteiligt werden.

5.2.1 Verfahren und Instrumente der Personalauswahl

Nachdem der Personalbedarf ermittelt ist, erfolgt die Personalbeschaffung. Ziel der Personalauswahl muss es sein, den richtigen Kandidaten zu finden, der möglichst schnell die geforderten Leistungen bringt und außerdem auch noch ins Unternehmen „passt". In der Praxis haben sich einige Grundsätze bewährt, die bei der Personalauswahl beachtet werden sollten:
- Den idealen Kandidaten gibt es nicht.
- Personalauswahl ist immer ein subjektiver Bewertungsvorgang.
- Wenn kein Anforderungsprofil vorliegt, ist keine vernünftige Auswahl von Bewerbern möglich.
- Das Umfeld der zu besetzenden Stelle analysieren und berücksichtigen.
- Immer nach höchstmöglicher Objektivität streben.
- Aufwand und Zeitpunkt der Auswahl der Bedeutung der Stelle anpassen.
- Fehlentscheidungen kosten Zeit und Geld.
- Den Betriebsrat rechtzeitig und angemessen einbeziehen.

Die *Personalbeschaffung* kann intern oder extern erfolgen, z. B.:

- *interne Personalbeschaffung*
- Interne Stellenausschreibung
- Aushang am Schwarzen Brett
- Intranet

- *externe Personalbeschaffung*
- Zeitungsanzeige
- Personalberater („head-hunter")
- Arbeitsamt / Arbeitsagenturen
- Homepage

Darüber hinaus sind für die Personalbeschaffung folgende Kriterien von Bedeutung:
- Aufzeigen von Vor- bzw. Nachteilen der verschiedenen Beschaffungswege, um in der Praxis die Entscheidung für den besten Beschaffungsweg zu erleichtern.
- Schildern von Abhängigkeiten zwischen Beschaffungskanal und möglichem Bewerberkreis.
- Rechtliche Rahmenbedingung im Zusammenhang mit der Ausschreibung von Stellen in Verbindung mit dem Betriebsrat (§ 93 Betriebsverfassungsgesetz).
- Unterstützende Personalmarketingmaßnahmen.
- Arbeitnehmerüberlassung.

Inner- und außerbetriebliche Personalbeschaffung

Die **innerbetriebliche** Personalbeschaffung ist ein bewährtes Verfahren, das viele Vorteile bietet:
- Eröffnung von Aufstiegschancen (erhöht Bindung an den Betrieb, verbessert Betriebsklima)
- geringe Beschaffungskosten

- Betriebskenntnis
- Kennen des Mitarbeiters, Kenntnis seines Könnens
- Einhaltung des betrieblichen Entgeltniveaus (bei externer Einstellung ggf. überhöhtes Marktgehalt)
- Schnellere Stellenbesetzungsmöglichkeit
- Anfangsstellungen für Nachwuchs werden frei (Nachfolge)
- Transparente Personalpolitik

Allerdings sind auch einige Nachteile zu beachten:
- weniger Auswahlmöglichkeit
- ggf. Fortbildungskosten
- mögliche Betriebsblindheit
- ggf. interne Spannungen mit Kollegen
- der quantitative Bedarf wird nicht gelöst

Für die **außerbetriebliche** Personalbeschaffung sprechen folgende Vorteile:
- breite Auswahlmöglichkeiten
- neue Impulse für den Betrieb
- der „Externe" bringt Kenntnisse anderer Betriebe mit
- die Einstellung löst den Personalbedarf direkt

Dabei können jedoch einige Nachteile eintreten:
- größere Beschaffungskosten
- keine Betriebskenntnis (grundlegende Einführung erforderlich, was Kosten und Zeit verursacht)
- Stellenbesetzung ist zeitaufwändiger
- u. U. höheres Gehaltsniveau
- Blockierung von Aufstiegsmöglichkeiten bewährter Mitarbeiter
- hohe externe Einstellungsquote kann fluktuationsfördernd wirken und negative Auswirkungen auf das Betriebsklima verursachen.

Bei der Entscheidung, über welchen Weg die Beschaffung erfolgen soll, ist die Frage nach dem gewünschten Bewerberkreis mitentscheidend. Soll eine externe Ausschreibung durchgeführt werden, hat im Vorfeld eine Abstimmung mit dem Betriebsrat zu erfolgen, denn nach § 93 Betriebsverfassungsgesetz kann dieser eine Ausschreibung innerhalb des Betriebes verlangen.

§ 93 Betriebsverfassungsgesetz

„Der Betriebsrat kann verlangen, dass Arbeitsplätze, die besetzt werden sollen, allgemein oder für bestimmte Arten von Tätigkeiten vor ihrer Besetzung innerhalb des Betriebes ausgeschrieben werden."

Im Vorfeld des eigentlichen Prozesses zur Personalbeschaffung ist ein gezieltes Personalmarketing hilfreich. Folgende Maßnahmen können hier stützend durchgeführt werden:
- Kontaktpflege zu Schulen, Fachschulen, Hochschulen und Universitäten
- Präsenz auf Ausbildungs- bzw. Abschlussmessen
- Angebot von Praktika und Diplomarbeitsthemen
- Kontaktpflege zu Verbänden, Innungen etc.
- Anbieten von Betriebsbesichtigungen, „Tagen der offenen Tür" etc.
- Inserieren in Fachzeitschriften, Hochschulführern oder anderen öffentlichkeitswirksamen Printmedien

Eine weitere Möglichkeit qualifiziertes und motiviertes Personal zu finden, wurde in den letzten Jahren immer häufiger angewendet. Hierbei wurden Mitarbeiter, die über **Arbeitnehmerüberlassung („Leiharbeitnehmer")** bereits im Unternehmen tätig waren, in befristete bzw. unbefristete Beschäftigungsverhältnisse übernommen. Ein großer Vorteil dieses Beschaffungsweges ist die sehr gute Kenntnis über die fachliche und persönliche Eignung des neuen Mitarbeiters.

Das Verfahren der Personalauswahl ist auf Grund von Veränderungen innerhalb und außerhalb des Unternehmens ständig zu überprüfen und an neue Gegebenheiten anzupassen, also auch ein flexibles Personalmarketing zu betreiben. Dazu gehören z. B. frühzeitige Kontakte mit fachlich kompetenten, aber noch nicht an das Unternehmen gebundene Personen, Praktikantenprogramme oder Angebote zur Vergabe von Diplomarbeiten.

Es reicht nicht, feste Systeme oder Regelungen anzuwenden. Vielmehr müssen aktuelle Anforderungen berücksichtigt werden, z. B.
- aus der Unternehmenskultur,
- aus dem Führungsleitbild,
- aus dem technischen Fortschritt,
- aus der modernen Kommunikation.

Auch das Allgemeine Gleichbehandlungsgesetz (AGG) hat hierauf großen Einfluss.

Anforderungen an die Formulierung von Stellenanzeigen

Stellenanzeigen dürfen grundsätzlich keine Hinweise darauf enthalten, dass Bewerber mit einem bestimmten persönlichen Merkmal gesucht, bevorzugt oder nicht gewünscht werden, z. B.
- Ausschreibungen nur für männliche oder nur für weibliche Bewerber,
- mit der entsprechenden geschlechtsspezifischen Berufsbezeichnung,
- für Bewerber ab einem bestimmten Lebensalter oder nicht über einem bestimmten Alter,
- mit langjähriger Berufserfahrung,
- nur für Deutsche oder Studenten.

Derartige Vorgaben sind unzulässig, weil sie benachteiligen.

Bild 5.5 zeigt in einer Übersicht, wie die erforderlichen Qualifikationen in der Stellenausschreibung so formuliert werden können, dass sie mit dem Allgemeinen Gleichbehandlungsgesetz (AGG) konform gehen.

Nur wenige Ausnahmen sind erlaubt

Ausnahmen sind grundsätzlich nur zulässig, wenn das erwünschte persönliche Merkmal auf Grund der Art der Tätigkeit oder der Rahmenbedingungen ihrer Ausübung eine wesentliche bzw. entscheidende berufliche Anforderung darstellt und verhältnismäßig ist. Lediglich positive Maßnahmen, wie zum Beispiel die bevorzugte Einstellung von Frauen (Frauenquoten) erlauben unmittelbare Diskriminierungen ausnahmsweise zu Gunsten der Gleichstellung einer bestimmten Gruppe von Arbeitnehmern.

Wird in der Stellenanzeige nur mittelbar an ein persönliches Merkmal angeknüpft, so muss dieses Kriterium durch ein

Handlungsbereich | Führung und Personal

So nicht	Besser so
Muttersprache / Nationalität	Machen Sie nur Angaben zu den erforderlichen Sprachkenntnissen für die spezielle Tätigkeit. Gesucht wird z. B. ein Mitarbeiter für die Beschwerdestelle für türkisch-sprachige Kunden: „fließend Türkisch in Wort und Schrift"
Altersangabe	Angaben zur für die Tätigkeit erforderliche Berufserfahrung
„Für unser junges Team suchen wir ..."	„Für unser harmonisches/engagiertes/kollegiales Team suchen wir ..."
„eine Sekretärin/Assistentin"	„eine Sekretärin/Assistentin oder einen Sekretär/Assistenten"
„Wir suchen: Bauingenieur"	„Wir suchen: Bauingenieur m/w" oder „Wir suchen: Bauingenieur/-in"
„jungen Kollegen"	„flexible/-n Kollegin/Kollegen mit Bereitschaft zur Fort- und Weiterbildung"

Bild 5.5: Empfehlungen für AGG-konforme Formulierungen in Stellenausschreibungen

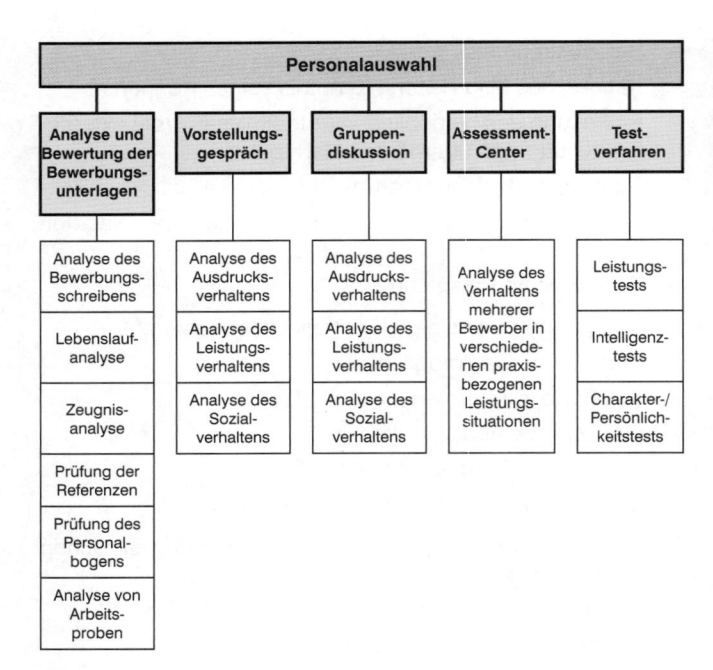

Bild 5.6: Analysen und Tests bei der Personalauswahl

Personalauswahl
- Analyse und Bewertung der Bewerbungsunterlagen: Analyse des Bewerbungsschreibens; Lebenslaufanalyse; Zeugnisanalyse; Prüfung der Referenzen; Prüfung des Personalbogens; Analyse von Arbeitsproben
- Vorstellungsgespräch: Analyse des Ausdrucksverhaltens; Analyse des Leistungsverhaltens; Analyse des Sozialverhaltens
- Gruppendiskussion: Analyse des Ausdrucksverhaltens; Analyse des Leistungsverhaltens; Analyse des Sozialverhaltens
- Assessment-Center: Analyse des Verhaltens mehrerer Bewerber in verschiedenen praxisbezogenen Leistungssituationen
- Testverfahren: Leistungstests; Intelligenztests; Charakter-/Persönlichkeitstests

rechtmäßiges Ziel sachlich gerechtfertigt sein: Das Mittel zur Erreichung dieses Ziels muss angemessen und erforderlich sein. Ein Beispiel hierfür ist die Stellenanforderung der körperlichen Belastbarkeit, die behinderten Bewerbern oder Frauen gegebenenfalls per se abgesprochen wird. Entsprechendes gilt bei dem Erfordernis einer bestimmten Berufserfahrung, ein Kriterium, das typischerweise nur von Angehörigen bestimmter Altersgruppen erfüllt werden kann.

Konsequenzen eines Verstoßes

Ein Verstoß gegen die Verpflichtung zur neutralen Stellenausschreibung wird vom Gesetzgeber nicht unmittelbar sanktioniert. Eine nicht AGG-neutral formulierte Stellenanzeige stellt aber ein Indiz dar, dass ein abgelehnter Bewerber im Streitfall zum Beweis seiner Ansprüche nach dem AGG benutzen kann. Dies hat weit reichende Konsequenzen. Das AGG enthält nämlich eine Beweiserleichterung zu Gunsten des Bewerbers, wonach es im Streitfall genügt, wenn er Indizien – so genannte Hilfstatsachen – beweist, die eine Benachteiligung wegen eines durch das AGG geschützten Merkmals vermuten lassen. Sodann kehrt sich die Beweislast um und der Arbeitgeber muss beweisen, dass kein Verstoß gegen das AGG vorgelegen hat.

Wird daher eine Stelle beispielsweise nur für Frauen ausgeschrieben, weil die männliche Stellenbezeichnung oder der Zusatz „(m/w)" fehlt, und daraufhin auch mit einer Bewerberin besetzt, so begründet die Stellenanzeige die vor Gericht verwendbare Vermutung, dass die Ablehnung eines Bewerbers wegen seines Geschlechts erfolgt ist. Der Arbeitgeber trägt dann die volle Beweislast dafür, dass er bei seiner Auswahlentscheidung nicht gegen das AGG verstoßen hat.

Kriterien der Personalauswahl

Die Personalauswahl muss mit großer Sorgfalt erfolgen, denn die Auswirkungen einer getroffenen Personalentscheidung werden erst nach einer gewissen Zeit deutlich (**Bild 5.6**). Zeigt der neue Mitarbeiter wirklich die notwendige Kompetenz, den erforderlichen Erfahrungsschatz und die erwartete Motivation? Meistens ist es danach zu spät, um die getroffene Entscheidung widerrufen zu können.

Daher sind die Eignungsmerkmale des Bewerbers für eine bestimmte Aufgabe von besonderem Interesse. Die eindeutige Definition der erwünschten Kenntnisse, geistigen und körperlichen Fähigkeiten sowie der persönlichen Eigenschaften lassen eine recht sichere Analyse zu. Die **Bilder 5.7** und **5.8** zeigen beispielhaft die Inhalte und Wertigkeiten von Anforderungs- und Eignungsprofilen.

Probleme in der Praxis ergeben sich dann, wenn die Zuordnung zur betroffenen Aufgabe nicht eindeutig möglich ist. In Tests oder Interviews ist zu prüfen, ob die Aufgabe erfüllbar bleibt, wenn ein bestimmtes Merkmal fehlt (z. B. durch ergänzendes Training oder Fortbildung).

Analyse und Bewertung von Bewerbungsunterlagen

Nach einer ersten Sichtung der Bewerbungsunterlagen wird eine Vorauswahl getroffen. Die **Bewerbervorauswahl** sollte standardisiert oder evtl. sogar automatisiert werden. Im Ergebnis werden die Bewerbungsunterlagen bewertet und in drei Kategorien unterteilt:

– Die Bewerbung entspricht den **Anforderungen** des Unternehmens und denen der ausgeschriebenen Stelle.

– Die Bewerbung erfüllt die Anforderungen der konkreten Ausschreibung nicht, ist jedoch grundsätzlich interessant, bleibt im Unternehmen und wird gezielt anderen Fachstellen zugeführt. Dabei ist auf eine Gleichbehandlung aller Bewerber zu achten.

– Der Kandidat erfüllt die Anforderungen des Unternehmens nicht.

Bei der Analyse geht es zunächst darum, das äußere Erscheinungsbild zu beurteilen. Darunter fallen Kriterien wie Vollständigkeit und Übersichtlichkeit der Unterlagen, Sauberkeit, Lesbarkeit (Schriftbild) und ein gutes Bewerbungsfoto (ordentliche Qualität, nicht älter als ein Jahr, seriöse Kleidung). Die formal richtige und fehlerfreie Bewerbung gibt Rückschlüsse auf die Ernsthaftigkeit der Anfrage; sie ist sozusagen die Visitenkarte des Bewerbers.

Anforderungsprofil	
Stelle	Benennung: Netzmeister Stellennummer: 1234 Abteilung: Fertigung
Schul- und Berufsbildung	Realschule, Industriemeister-Prüfung beziehungsweise gleichwertiges Qualifikationsniveau
Berufliche Fortbildung	berufs- und arbeitspädagogische Qualifikation gem. § 2 AEVO
Fachwissen	+ Planung und Organisation + Methoden der Personalführung + Grundzüge der Arbeitspsychologie und + Betriebssoziologie + Arbeitsrecht
Berufserfahrung	im Anschluss an die Meisterprüfung mind. 3 Jahre im Betrieb
Geistige Anforderungen	± technisches Verständnis ++ Urteilsfähigkeit + Kreativität + sprachlicher Ausdruck
Verhaltensmerkmale	± Problembewusstsein + Entscheidungsvermögen + Selbstständigkeit ++ Kontaktfähigkeit ++ Kooperationsbereitschaft + Durchsetzungsvermögen

Bild 5.7: Anforderungsprofil (Beispiel)

Eignungsprofil		
Stelle:	Netzmeister	
Bewerber/-in:	*Horst Schmitz*	
Bewertungsbasis	Anforderung	Eignung mit Quellenangabe
Schul- und Berufsbildung	Realschule Industriemeister-Prüfung	o. k. Industriemeister
Berufliche Fortbildung	Ausbildereignung	o. k. vorhanden
Fachwissen	Planung und Organisation Personalführung Kostenwesen Handlungsfeld Technik Arbeitsrecht	− keine Kenntnisse ++ Meisterprüfung: sehr gut + Meisterprüfung: gut + Meisterprüfung: gut + Meisterprüfung: gut
Berufserfahrung	3 Jahre im Betrieb	*o.k. vorhanden*
Geistige Faktoren	technisches Verständnis Urteilsfähigkeit Kreativität sprachlicher Ausdruck	++ Zeugnisse, Anschreiben + Zeugnisse, Anschreiben ++ Form der Bewerbung + Anschreiben
Verhaltensmerkmale	Problembewusstsein Entscheidungsvermögen Selbstständigkeit Kontaktvermögen Kooperationsbereitschaft Durchsetzungsvermögen	+ Anschreiben ++ Anschreiben ++ Hobby Sportübungsleiter ++ Praktikumszeugnis ++ Anschreiben ++ Hobby Sportübungsleiter

Bild 5.8: Eignungsprofil (Beispiel)

Unter Hinweis auf das AGG sollte ein besonderes Augenmerk auf die Dokumentation aller Personalentscheidungen gelegt werden. Alle Unterlagen sollten dokumentiert, Bewerbungen ggf. kopiert und für mindestens zwei Monate ab Zugang des Absageschreibens aufbewahrt werden, da diese Frist für die Geltendmachung etwaiger Ansprüche gilt und ein vermeintlich Benachteiligter lediglich Indizien für eine vermutete Diskriminierung vortragen muss.

Ein wichtiger Teil der Bewerbung ist das individuelle Anschreiben. Hier ist der Bewerber gefordert, kurz und prägnant den Hintergrund seiner Bewerbung zu begründen. Dabei kann er auch seine Motivation sowie besondere Einsatzbereitschaft (z. B. Mobilität) verdeutlichen und die Bitte um ein persönliches Gespräch formulieren. Bei der Überprüfung, ob die An-

Handlungsbereich | Führung und Personal

gaben im Anschreiben vollständig sind, kann eine **Checkliste** mit z. B. folgenden Positionen eingesetzt werden:
- korrektes Anschreiben
- tabellarischer Lebenslauf
- Qualifikationsnachweise
- Arbeitszeugnisse usw.

Der vollständige **Lebenslauf**, der folgende Inhalte abdecken sollte, gibt weitgehenden Aufschluss über den Bewerber:
- familiäre Situation
- Schul- und Berufsausbildung
- Berufserfahrung
- besondere Qualifikationen
- besondere Leistungen
- Auslandsaufenthalte
- Spezialkenntnisse
- besondere Interessen

Auf Grund der Angaben im Lebenslauf können exakte Analysen erstellt werden (**Bild 5.9**).

Wesentliche Anhaltspunkte bieten zusätzlich die beigefügten Arbeitszeugnisse. Zu unterscheiden sind:

- **einfaches Arbeitszeugnis**
  Es enthält nur Angaben über Art und Dauer der Beschäftigung.

- **qualifiziertes Arbeitszeugnis**
  Es enthält zusätzlich eine Beurteilung der Leistung und Führung.

Ein qualifiziertes Zeugnis sollte zumindest folgende Bestandteile enthalten:
- Personalien (Name Vorname, Geburtsname, Geburtsdatum etc.)
- Dauer der Tätigkeit, persönliche „Agenda" im Unternehmen
- durchgeführte Tätigkeiten
- Bewertung der Leistung und des Verhaltens
- Austrittsgrund mit Schlussformulierung

Der Anspruch auf ein Arbeitszeugnis leitet sich aus dem Gesetz ab. Demnach können alle Arbeitnehmer gemäß § 630 Bürgerliches Gesetzbuch (BGB) und § 109 Gewerbeordnung (GewO) bei Beendigung des Arbeitsverhältnisses ein Zeugnis fordern, das Auskunft über die Dauer des Arbeitsverhältnisses und der Aufgaben gibt (einfaches Arbeitszeugnis). Auf Verlangen muss das Zeugnis auch eine Beurteilung der Leistung und der Führung im Dienst (Sozialverhalten) enthalten (qualifiziertes Arbeitszeugnis).

Der Gesetzgeber schreibt das Wahrheitsgebot und das Offenheitsgebot vor. Darüber hinaus sorgt das Gebot des Wohlwollens dafür, dass Zeugnisinhalte eine berufliche Weiterentwicklung nicht unnötig erschweren dürfen.

Dennoch werden Zeugnisinhalte oftmals codiert. Die gebräuchlichsten Verschlüsselungen gehen aus **Bild 5.10** hervor.

Auch der wahre Grund für eine ausgesprochene **Kündigung** wird im Zeugnis in der Regel nicht offen genannt. Hinter den Formulierungen stecken allerdings die tatsächlichen Begründungen:
- „... verlässt uns auf eigenen Wunsch ...":
  Arbeitnehmerkündigung,
- „... verlässt uns zum ...":
  Arbeitgeberkündigung,
- „... im gegenseitigen Einvernehmen ...":
  Aufhebungsvertrag.

Testverfahren

Eignungstests

Eine bewährte Möglichkeit, unter mehreren Bewerbern zu selektieren, ist die Durchführung eines Testverfahrens. Eignungstests teilen sich auf in Fähigkeitstests, mit deren Hilfe die allgemeine Leistungsfähigkeit, spezielle Begabungen, die spezielle Leistungsfähigkeit sowie charakterliche Eigenschaften und innere Einstellungen untersucht werden. Hierzu gehören insbesondere
- Leistungstest,
- Intelligenztest,
- Persönlichkeitstest.

Die Aussagekraft von Eignungstests ist allerdings begrenzt und sollte nur von erfahrenen Fachleuten vorbereitet und eingesetzt werden. Insbesondere Persönlichkeitstests werden von den Bewerbern häufig als Eingriff in die private Sphäre empfunden. Generell können Eignungstests nur unterstützend wirken und sind – allein angewendet – nicht aussagekräftig. Daher sollten mehrere Auswahlverfahren eingesetzt werden, um die Entscheidung abzusichern.

Assessment-Center (AC)

Das Assessment-Center ist ein Kombinationsverfahren aus verschiedenen Auswahlinstrumenten (**Bild 5.11**). Etwa 6 bis 10 Bewerber werden in eintägigen oder mehrtägigen Veranstaltungen mit möglichst praxisnahen Aufgabenstellungen und Situationen konfrontiert und bei ihren Lösungen von Experten beobachtet. Die Organisation liegt in den Händen der Beobachter oder Moderatoren.

Vorgang	Zeitfolgeanalyse	Entwicklungsanalyse	Branchen- und Firmenanalyse
Prüfung	Vollständigkeit der Angaben; Blick auf die Zahl der Stellenwechsel	Schlüssigkeit der beruflichen Entwicklung	Fachliche oder dimensionale Vergleichbarkeit
Folgerung	Zahlreiche Wechsel lassen auf einen nicht erfolgreichen Werdegang schließen.	Vertikale Zusammenhänge (Karriere); Breite, logische Entwicklung (zunehmende Verantwortung)	Bewerber aus Großunternehmen können evtl. in Familienunternehmen schwer zurecht kommen.

Bild 5.9: Analysen zur Eignung eines Bewerbers

Note Bezeichnung	Sehr gut	Gut	Befriedigend	Ausreichend	Mangelhaft	Ungenügend
Arbeitsleistung	Er hat die ihm übertragenen Arbeiten zu unserer vollsten Zufriedenheit erledigt.	Er hat die ihm übertragenen Arbeiten stets zu unserer vollen Zufriedenheit erledigt.	Er hat die ihm übertragenen Arbeiten zu unserer vollen Zufriedenheit erledigt.	Er hat die ihm übertragenen Arbeiten zu unserer Zufriedenheit erledigt.	Er hat die ihm übertragenen Arbeiten im Großen und Ganzen zu unserer Zufriedenheit erledigt.	Er hat sich bemüht, die ihm übertragenen Arbeiten zu unserer Zufriedenheit zu erledigen.
Arbeitserfolg	Er fand und realisierte stets sehr gute, kostengünstige Lösungen.	Er fand und realisierte sehr gute, kostengünstige Lösungen.	Er fand und realisierte gute, kostengünstige Lösungen.	Er zeigte stets eine zufrieden stellende Arbeitsqualität.	Er arbeitete insgesamt zufrieden stellend.	Er bemühte sich um sinnvolle Lösungen.
Arbeitsweise	Seine Aufgaben erledigte er stets mit äußerster Sorgfalt und größter Genauigkeit.	Seine Aufgaben erledigte er stets mit großer Sorgfalt und Genauigkeit.	Seine Aufgaben erledigte er stets mit Sorgfalt und Genauigkeit.	Seine Aufgaben erledigte er mit Sorgfalt und Genauigkeit.	Seine Aufgaben erledigte er im Allgemeinen mit Sorgfalt und Genauigkeit.	Er bemühte sich, seine Aufgaben mit Sorgfalt zu erledigen.
Verhalten	Sein Verhalten zu Vorgesetzten und Mitarbeitern war stets einwandfrei/vorbildlich.	Sein Verhalten zu Vorgesetzten und Mitarbeitern war einwandfrei/vorbildlich.	Sein Verhalten zu Vorgesetzten und Mitarbeitern war gut.	Sein Verhalten zu Vorgesetzten und Mitarbeitern war stets befriedigend.	Er hat alle Arbeiten ordnungsgemäß erledigt (Bürokraft ohne Eigeninitiative). Sein Verhalten im Dienst war angemessen.	Er war stets um ein gutes Verhältnis zu Kollegen und Vorgesetzten bemüht.
Führungsqualität	Er verstand es, seine Mitarbeiter so zu überzeugen und zu motivieren, dass er alle ihm übertragenen Aufgaben mit großem Erfolg verwirklichen konnte.	Er überzeugte seine Mitarbeiter und förderte die Zusammenarbeit. Er informierte sein Team, regte Weiterbildung an und delegierte Aufgaben und Verantwortung und erreichte so ein hohes Abteilungsergebnis.	Er führte seine Mitarbeiter zielbewusst zu überdurchschnittlichen Leistungen.	Er motiverte seine Mitarbeiter und erreichte so stets voll befriedigende Leistungen.	Er war seinen Mitarbeitern jederzeit ein verständnisvoller Vorgesetzter.	Er koordinierte die Arbeit seiner Mitarbeiter und gab klare Anweisungen. Er führte straff demokratisch (pflegte einen autoritären Führungsstil).

Bild 5.10: Codierung von Zeugnissen (Beispiele)

Instrument zur Ermittlung des „passenden Typs" aus einer Reihe geeigneter Kandidaten:

Assessment-Center können betriebsspezifisch aufgebaut sein, bestehen meist aus einer Mischung von Psychotests, Kandidaten werden permanent beobachtet

Inhalte
- Intelligenztests
- Konzentrationstests
- Gruppendiskussionen
- Gruppenaufgaben
- Rollenspiele
- Einzelgespräche

Bewertungskriterien
- Aktivität
- Lässt jemand alles mit sich machen?
- Kreativität
- Werden Argumente überzeugend vorgebracht?
- Kann jemand planen?

Prüfbereiche
- Persönlichkeit
- Leistungsmotivation
- Fachliche Kompetenz

Bild 5.11: Assessment-Center – ein Instrument zur Ermittlung des „passenden" Mitarbeiters

Handlungsbereich | Führung und Personal

Die Teilnehmer haben vielfältige Gelegenheiten, ihre fachlichen und sozialen Kompetenzen entweder allein oder in der Gruppe unter Beweis zu stellen. Die Ergebnisse der einzelnen Test werden mit den Kandidaten einzeln ausgewertet. So erhält jeder Teilnehmer auch Empfehlungen für seine weitere berufliche Entwicklung. Das AC ist eine optimale und ganzheitliche Methode zur Personalauswahl.

Die Durchführung von AC ist sehr zeit- und kostenintensiv. Viele Unternehmen setzen diese Form daher nur in berechtigten Ausnahmefällen ein.

Weitere Testverfahren

Andere Testverfahren sind:
- **Persönlichkeitstests** erfassen Interessen, Neigungen, charakterliche Eigenschaften, soziale Verhaltensmuster, innere Einstellungen.
- **Leistungstests** messen die Leistungs- und Konzentrationsfähigkeit der Bewerber in einer bestimmten Situation.
- **Intelligenztests** erfassen die Intelligenzstruktur in ausgewählten Bereichen: Sprachbeherrschung, Rechenfähigkeit, räumliches Vorstellungsvermögen usw.
- **Spezielle Fähigkeitstests** messen technische Begabungen, Fingerfertigkeit oder Geschicklichkeit.

Testverfahren können – bei professioneller Anwendung – ein Bewerberbild abrunden oder auch Hinweise auf Unstimmigkeiten geben, die dann im persönlichen Gespräch zu hinterfragen sind. Der hohe Aufwand ist nur dann gerechtfertigt, wenn eine große Bewerbergruppe zu beurteilen ist.

In der betrieblichen Praxis gibt es eine Reihe weiterer Auswahlverfahren, die sich an die bekannten Prüfungsverfahren anlehnen (Fragen zum Allgemeinwissen, Rechenaufgaben, Diktate usw.).

Biografischer Fragebogen

Das Testverfahren mit einem biografischen Fragebogen (**Bild 5.12**) versucht vor allem aus der Vergangenheit des Bewerbers entsprechende Schlüsse zu ziehen und ist daher nur zum Einsatz bei Berufserfahrenen sinnvoll.

Neben objektiven Daten (z. B. Familie, Schulabschluss) werden subjektive Rückmeldungen (z. B. Einschätzung der eigenen Leistungsfähigkeit) gesammelt. Zusammen mit den Fremdeinschätzungen (z. B. Vorgesetzte, Zeugnisse) sollen Merkmale herausgearbeitet werden, die zwischen erfolgreichen und weniger erfolgreichen Mitarbeitern unterscheiden.

Der biografische Fragebogen ist ein gutes Auswahlinstrument; zu beachten ist das AGG 2006 (siehe Seite 135). Speziell kleine und mittlere Unternehmen, die dennoch nicht auf professionelle und vor allem sichere Identifikation von geeigneten Bewerbern verzichten wollen, erhalten damit ein einfaches, praktisches und bewährtes Verfahren in die Hand.

Vorstellungsgespräch

Das Vorstellungsgespräch ist immer noch das zentrale Mittel zur Personalauswahl. Dabei werden unterschieden

- **Freies Vorstellungsgespräch**

  Gesprächsinhalt und Gesprächsablauf sind nicht vorgegeben.

- **Strukturiertes Vorstellungsgespräch**

  Es ist ein Rahmen vorgegeben, der sich insbesondere auf unbedingt zu klärende Fragen beziehen kann, den Gesprächsablauf und sonstige Gesprächsinhalte aber noch nicht festlegt.

- **Standardisiertes Vorstellungsgespräch**

  Sowohl Gesprächsinhalt als auch Gesprächsablauf sind vorgegeben.

Trotz der hohen Einsatzbreite ist die Prognosefähigkeit von Personalauswahl-Gesprächen starken Schwankungen unterworfen. Wichtige Gründe sind z. B. das subjektive Empfinden oder mangelhafte Vorbereitung des Bewertenden. Der Einsatz mehrerer Beobachter und eine sorgfältige, stellenbezogene Vorbereitung können Abhilfe schaffen. Das Erstellen einer Checkliste bringt für den organisatorischen und inhaltlichen Ablauf des Gesprächs deutliche Entlastung. Zudem helfen geeignete Interviewtechniken – wie z. B. das strukturierte

Themen	Beispiele
– Allgemeine Informationen	• Alter • Geschlecht • Familienstand
– Herkunft	• Ausbildung der Eltern • Geschwister
– Eigene Familie	• Partner • Kinder
– Kindheit/Jugend	• Wichtige Erfahrungen
– Schulischer Werdegang	• Leistungen • Lieblingsfächer
– Ausbildung	• Gründe für Fehlleistungen
– Berufserfahrung	• Besondere Kenntnisse
– Freizeit/Interessen	• Hobbys
– Selbsteinschätzung	• Stärken und Schwächen
– Ziele	• Persönliche Ziele • Zukunftseinschätzung

Bild 5.12: Biografischer Fragebogen

Vorstellungsgespräch – den Faden nicht zu verlieren und die erhofften Antworten zu bekommen.

Nachfolgend einige Grundsätze, die bei der Durchführung von Vorstellungsgesprächen zu beachten sind:
- Der Hauptanteil des Gesprächs liegt beim Bewerber (er soll sich präsentieren und empfehlen).
- Vor allem öffnende Fragen (W-Fragen) stellen.
- Suggestivfragen („Sind Sie auch der Meinung, dass ...") vermeiden.
- Zuhören, Nachfragen, Beobachten, Notizen machen.
- Keine ausführliche Fachdiskussion mit dem Bewerber führen.
- Die Gesprächsdauer der zu besetzenden Position anpassen.
- Äußere Störungen (Telefonate) vermeiden, insgesamt für eine angenehme Atmosphäre sorgen.

Zusätzlich sind einige Vorgaben durch das AGG zu erfüllen. Die Vorstellungsgespräche sind rechtssicher zu führen und zu dokumentieren. Hilfreich kann es hierbei sein, ein kurzes Protokoll des Gesprächs zu erstellen, worin die Fragen und Antworten stichwortartig notiert werden. Entscheidend ist aus Beweisgründen aber vor allem, dass mindestens zwei Mitarbeiter das Bewerbungsgespräch führen. Zumindest einer dieser Mitarbeiter sollte sich intensiv mit den Inhalten des AGG befasst haben und entsprechend geschult sein.

Soweit es den Inhalt des Vorstellungsgesprächs angeht, bleibt der Arbeitgeber immer dann auf der sicheren Seite, wenn sich die gestellten Fragen am Anforderungsprofil der zu besetzenden Stelle orientieren. Nicht nur im Vorstellungsgespräch, sondern im gesamten Auswahlverfahren sollte auf Fragen verzichtet werden, die persönlichen Eigenschaften betreffen und irrelevant für die spätere Tätigkeit sind. Etwas anderes gilt, wenn der Bewerber diese Informationen ungefragt offenbart. Konkrete Fragen nach unnötigen persönlichen Informationen wie Familienstand, Kindern oder entsprechenden Plänen erhöhen hingegen die Wahrscheinlichkeit, dass
- die Auswahlentscheidung durch überflüssige Informationen erschwert und verlängert wird;
- die Auswahlentscheidung (unbewusst) beeinflusst wird;
- der Bewerber den Eindruck bekommt, der Arbeitgeber neigt zur Diskriminierung.

Einzelgespräch

Es gibt verschiedene Weisen, wie ein Einzelgespräch ablaufen kann:
- Im Idealfall findet ein Informationsaustausch statt.
- Der Bewerber wird nur befragt und antwortet darauf.
- Der Bewerber fragt und ihm wird geantwortet.

In der ersten Phase des Einzel- bzw. Vorstellungsgespräches wird meistens versucht, dem Bewerber die Aufregung zu nehmen, indem z. B. gefragt wird: „Haben Sie gut hergefunden?", „Wie geht es Ihnen?", „Möchten Sie etwas trinken" usw. Es macht auch gar nichts, wenn der Bewerber seine Nervosität zugibt und z. B. sagt: „Das ist für mich ein ganz wichtiges Vorstellungsgespräch, ich bin sehr aufgeregt." Das ist ehrlich und macht sympathisch.

In der zweiten Phase kann das Unternehmen vorgestellt werden und warum die Position ausgeschrieben wurde. Das nimmt dem Bewerber etwas die Nervosität und er kann sich erst mal an die Situation gewöhnen.

In der dritten Phase wird auf die Bewerbung eingegangen und deren Inhalt. Neben den typischen Fragen, wie zum Lebenslauf, den Zeugnissen oder anderen Referenzen, können z. B. auch folgende Fragen gestellt werden: „Warum bewerben Sie sich für diese Position?", „Warum sollten wir gerade Sie einstellen?", „Welche Stärken bzw. Schwächen haben Sie?" oder auch „Was machen Sie in Ihrer Freizeit?". Es können aber auch Situationen angesprochen werden, wie z. B. : „Was würden Sie machen, wenn...?" Hier gilt: Erst denken, dann reden! Die Antwort muss nicht wie aus der Pistole geschossen kommen.

In der vierten Phase bekommt der Bewerber die Gelegenheit, seine Fragen zu stellen. Es macht keinen guten Eindruck, wenn der Bewerber keine Fragen parat hat, da dieses Desinteresse zeigt. Der Bewerber könnte z. B. fragen: „Wer ist für die Einarbeitung zuständig?", „Wie viele Auszubildende stellen Sie in diesem Jahr ein?", oder „Wann bekomme ich Bescheid über meine Bewerbung?".

Die fünfte Phase umfasst die Verabschiedung. Auf keinen Fall schnell rausrennen, weil ein Stein vom Herzen gefallen ist, dass das Gespräch vorbei ist. Der Bewerber sollte das Gespräch so ruhig beenden, wie er es angefangen hat. Freundlich lächeln, seinem Gegenüber in die Augen gucken und sich verabschieden.

Um ein möglichst umfassendes Bild von einem Bewerber zu erlangen, ist es bei der Gesprächsführung besonders wichtig, den Bewerber mit „offenen Fragen" (W-Fragen) zu lenken. Auf eine offene „W-Frage" kann ein Bewerber nie nur mit einem „Ja" oder „Nein" antworten, sondern wird automatisch in eine aktive Rolle geleitet.

Beispielfragen, die immer wieder gestellt werden

- Wieso bewerben Sie sich gerade für diese Position?
- Wo sehen Sie Ihre Stärken bzw. Schwächen?
- Warum bewerben Sie sich bei unserem Unternehmen?
- Warum sollten wir gerade Sie als neuen Mitarbeiter in unserem Unternehmen begrüßen?
- Haben Sie sich noch für andere Stellen beworben?
- Was machen Sie in Ihrer Freizeit?
- Stellen Sie sich vor, ein Kunde kommt zu Ihnen und beschwert sich lautstark. Was würden Sie tun bzw. wie würden Sie in dieser Situation reagieren?

Gruppengespräch

Neben den Einzelgesprächen fordern viele Unternehmen auch ein Gruppengespräch (nicht so ausführlich wie beim Assessmentcenter, s. Seite 132).

Mehrere Bewerber sind gleichzeitig eingeladen. Es werden besonders Kommunikationsfähigkeit, Durchsetzungsvermögen und allgemeines Verhalten in der Gruppe getestet. Ein Gruppengespräch ersetzt jedoch im seltensten Fall das Einzelgespräch. Beispielsweise erscheinen mehrere Bewerber zu einem Gesprächstermin, wo sie in der Gruppe unter Beobachtung bestimmte Themen diskutieren oder planen sollen. Solche Gespräche dauern in der Regel max. 15 Minuten. Hierbei werden bestimmte Themen vorgegeben, die die Bewerber dann in der Gruppe diskutieren müssen. Dabei gibt es meistens einen Diskussionsleiter und einen Protokollanten.

Handlungsbereich | Führung und Personal

Ein *Diskussionsleiter* sollte das Gespräch führen und
- darauf achten, dass jeder zu Wort kommt,
- sinnige Argumente bringen,
- das Gespräch vorantreiben,
- den Zeitplan einhalten,
- Unstimmigkeiten klären.

Der *Protokollant* sollte das Gespräch schriftlich festhalten und
- das Gespräch kurz und stichwortartig mitschreiben,
- selbstständig die wichtigsten Punkte heraushören,
- das Protokoll nach dem Gespräch vortragen,
- gleichzeitig schreiben und diskutieren.

Die *Themen*, die zu diskutieren sind, können aus verschiedenen Bereichen stammen:

- **Aktuelle Themen**
  z. B. Themen, die derzeit in den Nachrichten diskutiert werden
- **Berufsbezogene Themen**
  z. B. wirtschaftliche Themen (Konjunktur, Wettbewerb)
- **Planspiele**
  z. B. müssen die Bewerber zusammen eine Tagung oder Verkaufsveranstaltung in Eckpunkten vorausplanen
- **Ranking**
  Hierbei wird den Bewerbern eine fiktive Situation vorgegeben, z. B. landen sie auf einer einsamen Insel. Dann muss jeder Bewerber einzeln eine Liste aufstellen von Dingen, die er mitnehmen würde (sortiert von wichtig nach unwichtig).
  Danach muss sich die Gruppe auf eine Sortierung einigen. Hierbei muss der Bewerber versuchen, seine eigene Liste durchzubringen, aber auch andere Meinungen gelten lassen.

Einstellungsentscheidung

Wenn ein Bewerber ausgewählt wird, muss er sich zunächst einer **ärztlichen Eignungsprüfung** unterziehen. Die ärztliche Eignungsprüfung überprüft, ob der Bewerber den Anforderungen der Tätigkeit physisch und psychisch gewachsen ist. Die Untersuchung wird in der Regel vom Betriebsarzt durchgeführt. Er kennt die Anforderungen, die mit einer bestimmten Tätigkeit verbunden sind. Der Vorteil besteht darin, dass ein Fachmann die gesundheitliche Tauglichkeit für eine bestimmte Tätigkeit überprüft. So können mögliche gesundheitliche Schäden schon im Vorfeld vermieden werden. Außerdem ist für bestimmte Tätigkeiten die ärztliche Untersuchung gesetzlich vorgeschrieben. Auch für Jugendliche gelten besondere Regelungen.

Eine *Absage* sollte kurz und ohne Aussage ausfallen, z. B.:
„Wir müssen Ihnen leider mitteilen, dass wir uns für einen anderen Bewerber entschieden haben. Für Ihre Bewerbung bedanken wir uns und reichen als Anlage Ihre Bewerbungsunterlagen zurück." Bei schwerbehinderten Bewerbern ist jedoch eine Begründung der Absage vorgeschrieben.

Der Zeitpunkt der Absage (Eingang beim Bewerber) muss dokumentiert werden, denn nach § 15 Abs. 4 AGG müssen evtl. Ansprüche auf Schadenersatz oder Entschädigung innerhalb von zwei Monaten nach Zugang der Ablehnung schriftlich beim Arbeitgeber geltend gemacht werden.

5.2.2 Einsatz der Mitarbeiter

Unter dem Oberbegriff „Einsatz der Mitarbeiter" lassen sich alle Maßnahmen und Vorhaben verstehen, die von der Einstellung, über die Einführung, dem konkreten Einsatz, evtl. Versetzungen bis zum Ausscheiden aus dem Unternehmen verbunden sind. Es ist anzustreben, eine ständige Optimierung der eingesetzten Mitarbeiter zu erreichen. Dies geht von der Ausschöpfung aller Anlagen und Fähigkeiten der Mitarbeiter bis hin zu Fragen des Einsatzes für gesundheitlich eingeschränkte Mitarbeiter.

Einführung neuer Mitarbeiter

Jeder neue Mitarbeiter kommt mit bestimmten Erwartungen zu seinem Arbeitgeber. Diese Erwartungen entwickeln sich aus eigenen Erfahrungen, den Kontakten während der Bewerbungsphase wie Telefonaten, Briefen und Bewerbungsgesprächen und den Informationen, mit denen sich das Unternehmen in der Öffentlichkeit präsentiert. Die Einführung eines neuen Mitarbeiters sollte demnach gut vorbereitet und in der ersten Zeit begleitet werden. Hierfür kann eine im Vorfeld erstellte Checkliste von Vorteil sein.

Checkliste für Vorgesetzte

- **Vor dem ersten Arbeitstag ...**

Bevor ein neuer Mitarbeiter die neue Stelle antritt, sollte er über alle für ihn wichtigen Dinge im Zusammenhang mit seinem Arbeitsantritt informiert werden. Ebenfalls sollte der zukünftige Arbeitsplatz eingerichtet und ausgestattet sein.

Checkliste „Informationen Arbeitsantritt"
- Datum und Uhrzeit des Arbeitsbeginns
- Wegbeschreibung
- Parkmöglichkeit
- Ansprechpartner mit Telefonnummer

Checkliste „Einrichtung des Arbeitsplatzes"
- Organisation des Raumes
- Grundausstattung an Arbeitsmittel
- Namensschild anbringen
- Schlüssel organisieren
- Telefon bereitstellen
- PC und E-Mail einrichten
- Kollegen im Vorfeld informieren

- **Die ersten Arbeitstage ...**

In den ersten Arbeitstagen sind eine Menge neuer Informationen zu verarbeiten. Um dem Mitarbeiter den Einstieg zu erleichtern, sollten die Informationen dosiert erfolgen.

- Begrüßung durch den/die Vorgesetzten
- Information zu den Themen Arbeitsschutz, Datenschutz etc.
- Schlüsselübergabe (mit Unterschrift)
- Arbeitsplatz zeigen
- Vorstellen der Kollegen, Betriebsrat etc.
- Ggf. Vorstellen eines „Paten" (Startbegleiter)

Als günstig hat sich in der Praxis erwiesen, dem neuen Mitarbeiter einen erfahrenen *„Paten"* zur Seite zu stellen, der ihm in der Einarbeitungszeit hilft, alle Anfangsschwierigkeiten zu überwinden. Je schneller sich der neue Mitarbeiter in seinem persönlichen Umfeld und im Gesamtunternehmen wohlfühlt, desto geringer ist das Risiko eines Fehlschlages. Wenn der Einführung bzw. dem „Anlernprozess" keine Bedeutung geschenkt wird, ist immer wieder festzustellen, dass neue Mitarbeiter gerade in der Anfangsphase ihres Arbeitsverhältnisses oftmals nicht in der Lage sind, den Erwartungen zu entsprechen.

- *Die ersten drei Monate …*

In der ersten Zeit sollte versucht werden, den neuen Kollegen schrittweise und systematisch an sein neues Aufgabengebiet heranzuführen. Dazu gehört nicht nur die Einführung in die inhaltlichen Aufgaben, sondern auch die Einweisung in die Abläufe im Betriebsalltag.
- Einarbeitung in den Aufgabenbereich
- Bürogeräteeinweisung inkl. der Nennung der Ansprechpartner bei technischen Problemen (PC, Telefonanlage, Fax, Kopierer etc.)
- Falls vorhanden: Organisation des Ablagesystems
- Nennung von Informationsquellen (schwarzes Brett, Intranet etc.)
- Vorstellung anderer Abteilungen (Poststelle, Vervielfältigung, Haus- und Betriebstechnik etc.)

Beispiel:

Sören Krause ist 35 Jahre alt, glücklich verheiratet und hat zwei Söhne: Tim ist 9 und Tom 7 Jahre alt. Seine Frau arbeitet halbtags im Büro eines Handwerksbetriebes.

Sören Krause ist Meister in einem großen Energieversorgungsunternehmen. Zu seinem Meisterbereich gehören acht Monteure und zwei Auszubildende, die ihm fachlich und disziplinarisch unterstellt sind. Zu den wichtigsten Aufgaben des Meisterbereiches gehören der Netzbetrieb und die Betreuung der ansässigen Sonder- und Privatkunden. Im Bedarfsfall können Aufträge auch an Fremdfirmen vergeben werden.

Schon sein Vater, Thomas Krause (63), hat in diesem Unternehmen als Meister gearbeitet. Heute genießt er seinen Ruhestand.

Aufgabe:

Bitte beschreiben Sie Ihre konkrete berufliche Situation, in der Sie üblicherweise tätig sind!
- Wie viele Mitarbeiter gibt es und wer ist ihnen überstellt?
- Welche Aufgaben haben diese Mitarbeiter?
- Welche Aufgaben hat die Führungskraft?
- Wie ist die Arbeit organisiert?
- Welche Qualifizierungsangebote gibt es?

5.3 Berücksichtigen der rechtlichen Rahmenbedingungen beim Einsatz von Fremdpersonal und Fremdfirmen

Wenn die Unternehmen für die termin- und ordnungsgemäße Abwicklung von Aufträgen in Einzelfällen personell und/oder fachlich nicht über ausreichende Ressourcen verfügen, werden externe Dienstleistungen (Fremdleistungen) in Anspruch genommen; der Hauptunternehmer lässt also bestimmte Teilprojekte oder Teilleistungen von anderen Firmen erbringen. Dies kann z. B. bei einem sehr speziellen Auftrag oder bei einem sehr großen Auftrag der Fall sein.

Für einzelne Aufgaben und Tätigkeitsfelder stehen den Unternehmen spezialisierte, externe Anbieter zur Verfügung, u. a.:
- Beratungen (z. B. Planen oder Vermessen von Rohrleitungen)
- Reparaturarbeiten (z. B. Störungsbeseitigung)
- Handelsvertretung (z. B. Lagerhaltung)
- Serviceleistungen (z. B. Lecksuche, Rohrreinigung)

Bisweilen werden spezialisierte Privatunternehmen sogar mit der kompletten Betriebsführung von Versorgungsanlagen betraut. Als Vorteile sind das spezielle Know-how und dementsprechend besonders effektives und wirtschaftliches Arbeiten zu sehen.

5.3.1 Rechtliche Rahmenbedingungen beim Einsatz von Fremdpersonal

Nach dem Arbeitnehmerüberlassungsgesetz eingesetztes Fremdpersonal muss die gleichen Qualifikationsanforderungen erfüllen, wie sie für die Ausübung dieser Tätigkeit an das eigene Personal gestellt werden.

Das Unternehmen ist gegenüber den Mitarbeitern des Vertragspartners, mit dem ein Werkvertrag abgeschlossen wurde, nicht weisungsbefugt. Ausgenommen hiervon sind betriebsspezifische Hinweise, z. B. durch Einweisungen in die Betriebsgefahren und zum Schutz vor besonderen Gefahrenquellen, sowie Hinweise zur Auftragsausführung. Das gilt ebenfalls bei offensichtlich erkennbaren Verstößen dieser Mitarbeiter gegen die Vorschriften zum Arbeitsschutz und zur Unfallverhütung sowie zur Verhinderung sicherheitswidriger Zustände.

Die rechtlichen Rahmenbedingungen bestimmen insbesondere die folgenden **Gesetze** und **Vorschriften:**
- Gesetz zur Regelung der gewerbsmäßigen Arbeitnehmerüberlassung (Arbeitnehmerüberlassungsgesetz – AÜG)
- Gesetz über zwingende Arbeitsbedingungen bei grenzüberschreitenden Dienstleistungen (Arbeitnehmer-Entsendegesetz – AEntG)
- Berufsgenossenschaftliche Vorschriften (BGV) für Sicherheit und Gesundheit bei der Arbeit
- Sozialgesetzbuch (SGB), Siebtes Buch (VII), Gesetzliche Unfallversicherung (SGB VII § 1 Prävention, Rehabilitation, Entschädigung)
- Arbeitszeitgesetz (ArbZG)
- Vertragsrecht (z. B. als Verdingungsverträge wie Dienstvertrag oder Werkvertrag)
- Haftungsrecht (Leistungspflicht und ggf. Ausgleichsansprüche)

Handlungsbereich | Führung und Personal

- Gewerberecht
  (z. B. Normierung nach Gewerbeordnung oder Handwerksordnung einschließlich Mitgliedschaft bei Industrie- und Handelskammer oder Handwerkskammer)

5.3.2 Rechtliche Rahmenbedingungen beim Einsatz von Fremdfirmen

Bei der Auswahl von Fremdfirmen und vor der Beauftragung muss das Unternehmen prüfen, ob der Vertragspartner geeignet ist, die angebotene Leistung zu erbringen. Es ist festzustellen, ob das Unternehmen

- die erforderlichen organisatorischen, gesetzlichen und materiellen Anforderungen erfüllt,
- Überwachung und Kontrolle der eigenen Tätigkeiten sicherstellen kann,
- für die auszuführenden Arbeiten ausreichend Personal mit der notwendigen Sach- und Fachkunde sowie Zuverlässigkeit und Leistungsfähigkeit besitzt.

Davon kann bei Vorliegen spezifischer Zertifizierungen (z. B. nach DVGW-Richtlinien, Sicherheitsdienstleister nach DIN 77200) entsprechend den übertragenen Aufgaben und Tätigkeitsfeldern ausgegangen werden. Deren Gültigkeit ist in angemessenen Zeitabständen zu prüfen.

Generell bieten beim Einsatz von Fremdfirmen folgende Gesetze die wesentliche Grundlage:

- *Bürgerliches Gesetzbuch (BGB)*

  insbesondere Recht der Schuldverhältnisse – enthält Regelungen für verpflichtende Verträge wie Kaufverträge, Mietverträge oder Dienstverträge.

- *Handelsgesetzbuch (HGB)*

  Es regelt die Rechtsverhältnisse der Kaufleute.

Darüber hinaus sind auch hier die BGV, das Vertragsrecht, das Haftungsrecht und das Gewerberecht maßgebend (s. Abschnitt 5.3.1).

Die an einen Vertragspartner vergebenen Aufgaben und Tätigkeitsfelder sind in erforderlichem Umfang zu überwachen. Die Überwachung kann auch durch geeignete Dritte durchgeführt werden. Die Überwachung ist zu dokumentieren. Die Beseitigung festgestellter Mängel ist innerhalb einer angemessenen Frist zu verlangen und zu dokumentieren.

Verträge

Bei der Übertragung von Teilaufgaben an externe Firmen werden in der Regel umfassende Dienstleistungs- bzw. Kooperationsverträge abgeschlossen.

Bestandteile eines Vertrages sollten sein:

- detaillierte Darstellung des Vertragsgegenstands, d. h., welche Tätigkeit in Einzelheiten erbracht werden soll;
- Höhe der Vergütung und nach welchen Modalitäten die Vergütung zu zahlen ist;
- Besonderheiten zur Ausführung der Tätigkeit;
- Fristen und Termine;
- Gewährleistung und Haftung;
- Geheimhaltung / Vertraulichkeit;
- sonstige Bestimmungen (z. B. Schriftformklausel, Gerichtsstand).

Haftung

Unter Haftung versteht man ein Einstehen müssen für eine Schuld. Die Haftung kann sich aus einem Vertragsverhältnis ergeben, kann aber auch ohne Vertrag gesetzlich begründet sein.

Die vertraglichen Haftungsregelungen findet man üblicherweise als solche bezeichnet in den jeweiligen Dienstleistungsverträgen bzw. besonderen Vereinbarungen. Dort stehen auch die Bedingungen, die die Haftung begründen.

Als gesetzliche Haftung ist insbesondere die Haftung wegen unerlaubter Handlungen zu erwähnen. Diese ist geregelt in den §§ 823 ff. BGB. Hiernach ist derjenige zu Schadensersatz verpflichtet, der gegenüber einem anderen dessen Leben, Körper, Gesundheit, Freiheit, Eigentum oder sonstiges Recht verletzt. Voraussetzung ist grundsätzlich, dass der Handelnde fahrlässig oder vorsätzlich handelt.

In vertraglichen Haftungsbestimmungen findet man häufig Begrenzungen auf eine bestimmte Höhe des Schadensersatzes. Auch wird häufig der Maßstab der Fahrlässigkeit verändert, so dass vielfach bereits leichte oder grobe Fahrlässigkeit erfüllt sein muss.

Gewährleistung

Der Begriff Gewährleistung bezieht sich auf die Rechte, die geltend gemacht werden können, wenn z. B. eine Sache einen Fehler hat oder ein Recht nicht vollumfänglich ausgeübt werden kann.

Gewährleistung kann in Verträgen vereinbart werden und besteht darüber hinaus kraft Gesetzes in zahlreichen Regelungen. So ist z. B. die Gewährleistung beim Kaufvertrag und Werkvertrag gesetzlich geregelt.

5.4 Erstellen von Anforderungsprofilen, Stellenplanungen sowie von Funktions- und Stellenbeschreibungen

Die Ausarbeitung von Anforderungsprofilen und Stellenbeschreibungen ist für die Unterstützung von Arbeitsabläufen im Unternehmen unerlässlich. In der Praxis hat sich gezeigt, dass fehlende oder unvollständige Vorbereitung von Stellenbesetzungen vermeidbare Probleme hervorrufen, z. B.
- unzureichende Vertretungsregelungen,
- nicht kommunizierte Firmenziele,
- undefinierte Schnittstellenbeziehungen.

5.4.1 Anforderungsprofile

Das Anforderungsprofil legt neben den fachlichen Anforderungen auch die persönlichen Eigenschaften und deren Ausprägung fest. Entscheidende Voraussetzung für eine optimale Stellenbesetzung ist die Kenntnis der Anforderung jedes Arbeitsplatzes. Die Stellenbeschreibung ist die Grundlage für das Anforderungsprofil. Es folgt eine Anforderungsanalyse. Dabei werden harte „Mussanforderungen" (wichtig für die Vorauswahl der Bewerber) und weiche „Wunschanforderungen" (für die endgültige Entscheidung interessant) unterschieden.

Zur Systematisierung der betrieblichen Anforderungen wurden nach dem *„Genfer Schema"* verschiedene Kataloge entwickelt, die ursprünglich zur Arbeitsbewertung eingesetzt wurden. Nach entsprechenden Modifikationen wurde diese Systematik auch für die Personaleinsatzplanung verwendbar. Als äußerer Rahmen dienen vier *Merkmalgruppen* (Bild 5.13).

Merkmalgruppen	Mitarbeitermerkmale
Allgemeine Merkmale	- Personaldaten (z. B. Geschlecht, Familienstand, örtliche Gebundenheit)
Merkmale zur Erfassung der erforderlichen Kenntnisse	- Schulausbildung - Berufsausbildung - Berufserfahrung (ergänzend definiert durch die erforderliche Übung wie z. B. Geschicklichkeit oder Arbeitsqualität)
Physiologische Merkmale	- z. B. Muskelkraft, Sehvermögen, Hörvermögen
Psychologische Merkmale	- überprüfbare Eigenschaften (z. B. logisches Denkvermögen, sprachliche Ausdrucksfähigkeit, Belastbarkeit, Auffassungsgabe) - Erwartungen (z. B. Verhalten, Verantwortungsbewusstsein, Einsatzbereitschaft, Loyalität)

Bild 5.13: Mitarbeitermerkmale nach dem „Genfer Schema"

Mit Hilfe dieser Merkmale lässt sich jeder Arbeitsplatz gut beschreiben. Für die Mitarbeiter werden Persönlichkeitsprofile entworfen. Anschließend werden das Anforderungsprofil der Stelle und das Persönlichkeitsprofil von Mitarbeitern übereinander gelegt. Jetzt können diejenigen herausgesucht werden, bei denen die größte Deckungsgleichheit vorliegt.

Es ist nicht gesagt, dass ein Mitarbeiter für eine Stelle nicht geeignet ist, weil er ein Kriterium nicht erfüllt. Mangelt es ihm z. B. an Fachkenntnissen, so kann er diese durch entsprechende Qualifizierungsmaßnahmen erwerben. Reicht hingegen seine Körperkraft für eine bestimmte Stelle nicht aus, so ist dies kaum durch Schulungsmaßnahmen auszugleichen.

Das Eignungsprofil eines Mitarbeiters wird im Normalfall zum ersten Mal bei der Bewerbung erstellt. Es sollte dann im Laufe der Betriebszugehörigkeit immer wieder aktualisiert werden. Jeder Mitarbeiter entwickelt sich weiter – sowohl positiv als auch negativ – und damit kann das Eignungsprofil auch als Grundlage für Versetzungen genommen werden.

Ausgangspunkt für das Erstellen von Anforderungsprofilen ist die **Arbeitsplatzanalyse**. Sie gliedert sich in drei Teilanalysen:

- *Aufgabenanalyse*
  Dabei wird die Gesamtaufgabenstellung in Teilaufgaben zerlegt, die spezifische Anforderungen verlangen.

- *Bedingungsanalyse*
  Hier werden die sachlichen Arbeitsbedingungen, auch die Umwelteinflüsse untersucht.

- *Rollenanalyse*
  Sie beschreibt die erforderlichen Beziehungen zwischen unterschiedlichen Stellen.

Aus diesen Teilanalysen wird die **Anforderungsanalyse** abgeleitet. Damit ergeben sich die Anforderungen, die an die Qualifikation eines Stelleninhabers gestellt werden. Dabei wird in der Praxis oft auf spezifische Anforderungsarten zurückgegriffen. Eine Variante dafür ist das „Genfer Schema". Es unterscheidet vier **Anforderungsarten:**

- Können
- Verantwortung
- Belastung
- Arbeitsbedingungen

Beispiel zur Anforderungsanalyse:

Anforderungsart	Anforderungsanalyse: Der Stelleninhaber muss ...
Fachkönnen	- die sachgerechte Durchführung aller Montagearbeiten erbringen - die Bedienung eines Hubwagens beherrschen
Körperliche Belastung	- Lasten bis zu 50 kg bewegen können
Geistige Belastung	- die Sicherheitsbestimmungen kennen und einhalten - Anweisungen einhalten - mit Kollegen einfache Abläufe besprechen können - auch unter Stress termin- und sachgerecht arbeiten
Umwelteinflüsse	- gesundheitlich robust sein, da die Arbeit meist im Freien stattfindet

In der betrieblichen Praxis muss zwischen den Soll-Anforderungsprofilen und den Ist-Anforderungsprofilen unterschieden werden. Das Soll-Anforderungsprofil *(Anforderungsprofil)* entsteht im Ergebnis der **Arbeitsplatzanalyse.**

Handlungsbereich | Führung und Personal

Das Ist-Anforderungsprofil *(Eignungsprofil)* ergibt sich aus der Analyse und Bewertung der Kandidaten für eine bestimmte Stelle nach den festgelegten Anforderungsarten. Je geringer die Abweichungen zwischen den beiden Profilen, desto geeigneter erscheint ein Kandidat für eine bestimmte Stelle.

Beispiel:

Eine Mussanforderung verlangt, dass ein Mitarbeiter nicht nur Schweißen „kann", sondern legt fest, dass er die Schweißberechtigung gemäß DIN/DVS besitzen „muss".

Neben der fachlichen Kompetenz sind Methoden-, Sozial- und Führungskompetenz gefragt. Festzustellen ist, dass diese „außerfachlichen Qualifikationen" an Bedeutung gewinnen, je höher die zu besetzende Position in der Hierarchie angesiedelt ist. Gegenüber der fachlichen Kompetenz, die selbstverständlich weiterhin notwendig ist, rücken Eigenschaften wie z. B. Führungsfähigkeit, Kreativität und Entscheidungssicherheit in den Vordergrund.

Aufgabenanalyse

Die Aufgabenanalyse besteht aus einer Arbeitsuntersuchung, in der alle Arbeitsabläufe in Teilarbeiten zerlegt werden. Durch Beobachtung bzw. durch Befragung wird festgehalten, welche einzelnen Verrichtungen anfallen. Eine sorgfältige Aufgabenanalyse hilft der Personalorganisation und kann z. B. einer angemessenen Stellenbewertung (Arbeitsentgeltdifferenzierung) dienen.

Die Aufgabenanalyse muss folgende Fragen klären:
- Wer kann die erforderlichen Informationen aufbereiten?
- Wer kennt die zu besetzende Stelle?
- Mit welchen Methoden soll die Arbeitsplatzanalyse durchgeführt werden?

Rahmenbedingungen der Aufgabenerledigung

Im Idealfall steht der derzeitige – aber nur der erfolgreiche – Stelleninhaber für die Erstellung des Anforderungsprofils zur Verfügung.

Bei neu geschaffenen Stellen kann nur der Vorgesetzte die Anforderungen beschreiben. Dabei kann er seine Sicht nach dem „Wie" der Aufgabenerfüllung einbringen und definiert damit bereits die gewünschte fachliche Qualifikation sowie die erwartete soziale Kompetenz. Je genauer und aktueller die Sollqualifikation beschrieben ist, umso tragfähiger wird die zukünftige Entscheidung ausfallen.

Zur Ermittlung der erforderlichen fachlichen Qualifikation sollten alle angefallenen Tätigkeiten über einen definierten Zeitraum mitgeschrieben werden. **Bild 5.14** zeigt die Methoden für eine systematische Datenerhebung.

Methoden zur systematischen Datenerhebung	
unstandardisiert	– vorliegende Arbeitsplatzbeschreibung – Dokumentenanalysen – freie Berichte von Stelleninhabern und Analytikern
halbstandardisiert	– Methode der kritischen Ereignisse – Beobachtung – Interview
standardisiert	– Fragebogen – Beobachtungsinterviews

Bild 5.14: Methoden zur Mitschrift von Aufgaben des Berufsalltags

Anforderungs- und Eignungsprofil

Neben der fachlichen Qualifikation gilt es, ein soziales Anforderungsprofil zu erstellen. Dabei sind z. B. Begriffe wie Führungskompetenz oder Kommunikationsfähigkeit zu bewerten. Für alle Merkmale gilt, dass sie entsprechend der ausgeschriebenen Stelle gewählt werden. Dann erfolgt die Einschätzung, ob das geforderte Merkmal niedrig (weniger wichtig) oder hoch (wichtig) eingestuft wird. Damit entsteht das eigentliche Sollprofil als Messlatte für alle Bewerber (**Bild 5.15**).

Ein Anforderungsprofil von bestehenden Stellenbeschreibungen abzuleiten, wäre eine qualitativ ungenügende Lösung. Bekannte Gegebenheiten sollten einfließen, insbesondere müssen jedoch aktuelle Einflüsse und die zukünftigen Anforderungen berücksichtigt werden.

Anforderung	niedrig 1	2	3	4	hoch 5
Kommunikation					
• Überzeugungskraft				X	
• Sprachsicherheit				X	
• Kontaktfreude					X
Führung					
• Motivation				X	
• Delegation				X	
• Kontrolle				X	
Zwischenmenschliche Fähigkeiten					
• Unterstützung				X	
• Respekt				X	
Arbeitsverhalten					
• Ausdauer				X	
• Motivation				X	
• Begeisterung				X	

Bild 5.15: Soziales Anforderungsprofil

5.4.2 Stellenplanung und -beschreibung

Der *Stellenplan* zeigt alle Stellen eines Unternehmens, unabhängig davon, ob die Stellen besetzt sind oder nicht. Er kann in Form eines Organigramms oder einer Tabelle erstellt werden.

Bei der Stellenplanung wird der Weg der Entwicklung von Stellen über eine Bedarfsermittlung an benötigten Mitarbeitern geplant. Wegen der größeren Flexibilität, z. B. begründet durch Fluktuation, Umstrukturierungen oder technischen Fortschritt, bietet sich die Stellenplanung als Alternative zur Stellenbeschreibung an. Bei den Stellenplanmethoden ist zu unterscheiden zwischen

- qualitativen Gesichtspunkten
  (bezieht sich auf die Fähigkeiten der Mitarbeiter),
- quantitativen Gesichtspunkten (der gegenwärtige und der geplante Personalbestand werden gegenübergestellt, um bei Abweichungen reagieren zu können),
- zeitlichen Gesichtspunkten (zu erwartende Fehlzeiten werden erfasst).

Die *Stellenbeschreibungen* definieren genauer, was der Mitarbeiter zu tun, welche Kompetenzen oder Vollmachten er besitzt oder wie seine Stelle in die Unternehmensorganisation eingebettet ist. Die wesentlichen Merkmale sind gewöhnlich in Arbeitsplatzbeschreibungen, Tätigkeitsbeschreibungen, Aufgabenbeschreibungen oder Positionsbeschreibungen festgehalten.

Stellenbeschreibungen dienen z. B. der Stelleneinstufung, der Abgrenzung von Kompetenzen oder auch dem Mitarbeiter als Orientierungshilfe. Sie müssen jedoch unter dem Aspekt sich verändernder Arbeitsprozesse betrachtet und in relativ kurzen Zeitabständen überprüft werden.

Prozessorientierte Stellenplanung

Bei der prozessorientierten Stellenplanung wird festgelegt, welche Aufgaben zu erfüllen sind. Die kalkulierte Gesamtzeit wird durch die durchschnittliche Einsatzzeit einer Arbeitskraft geteilt (s. auch Abschnitt 5.1.2) und damit die Anzahl der benötigten Mitarbeiter ermittelt, um den prognostizierten Aufwand zu bewältigen.

Es wäre jedoch wenig sinnvoll, den Personalbedarf ohne Unterscheidung der benötigten Qualifikationen auszuweisen. Daher müssen die Tätigkeiten in bestimmte Anforderungsprofile zusammengefasst werden, um optimale Stellenbesetzungen vornehmen zu können.

Arbeitsplatz-, Tätigkeits-, Aufgaben- und Positionsbeschreibung

- Die *Arbeitsplatzbeschreibung* verdeutlicht dem Mitarbeiter, welche Tätigkeiten am jeweiligen Arbeitsplatz auszuführen sind, wie er organisatorisch eingegliedert ist und welche Befugnisse er hat.
- Die *Tätigkeitsbeschreibung* bildet meist die Grundlage des tarifvertraglich festgeschriebenen Bewertungs- und Eingruppierungsverfahrens zur Arbeitsbewertung.
- Die *Aufgabenbeschreibung* besagt, für welchen Bereich dem Mitarbeiter die Verantwortung und Kompetenz übertragen wird.
- Die *Positionsbeschreibung* legt fest, welche Anforderungen an die übertragene Position gestellt werden.

5.4.3 Funktionsbeschreibung

Die Funktionsbeschreibung bietet sich zur Strukturierung eines Unternehmens an, da man gleiche Aufgaben oder zusammenpassende Stellen erkennen kann. Die Grundlagen von Funktionsbeschreibungen können durchaus unterschiedlich sein, z. B. leistungsorientiert, nach technischen Funktionen oder nach Führungsfunktionen.

Die Funktionsbeschreibung basiert auf dem Verfahren der Wertanalyse, deren Grundgedanken ein entscheidungsorientierter Ablauf, die systematische Analyse von Funktionen und die Nutzung von Kreativitätspotenzialen sind. Die Funktionen werden unterteilt in Funktionsarten und Funktionsklassen (**Bild 5.16**).

Sinn und Zweck der Funktionsbeschreibung ist es, die Zusammenhänge zwischen den Aufgaben der operativen Funktionsbereiche und den daran beteiligten Personen darzustellen.

Funktionen sind unterschiedliche Elemente eines Systems. Betriebliche Funktionen beanspruchen Ressourcen und Zeit. Sie können hierarchisch (Hauptfunktion, Unterfunktion) gegliedert sein. Hinsichtlich des Beitrages zur Wertschöpfung werden operative Funktionsbereiche (Produktion) und Servicebereiche (Personalwesen) unterschieden.

Funktionsbeschreibungen stellen den Leistungsbeitrag einer betrieblichen Funktion dar. Meist werden nicht alle einzelnen Funktionen beschrieben, sondern gleichartige *Funktionstypen* zusammengefasst.

Beispiele für Funktionstypen:
- Außendienstmonteur
- Facharbeiter Fertigung

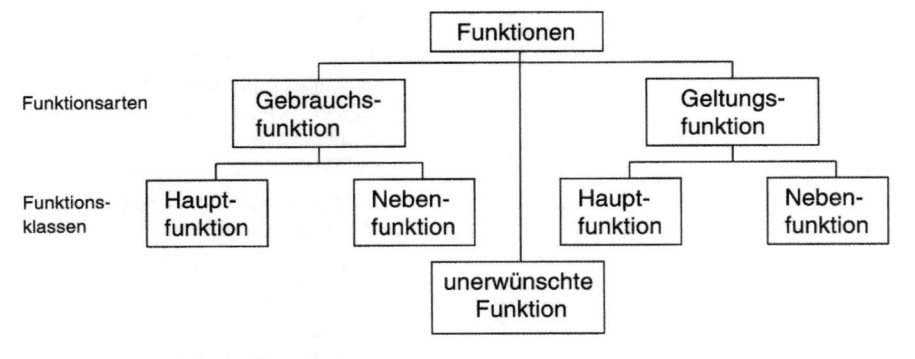

Bild 5.16: Funktionsarten und -klassen im Sinne der Wertanalyse

Handlungsbereich | Führung und Personal

So können gleichartige Aufgaben gebündelt standardisiert werden. Funktionsbeschreibungen zeigen die Schwerpunktaufgaben und die zu verantwortenden Ergebnisse. Damit kann die Funktionsbeschreibung mit einer Stellenbeschreibung gleichgesetzt werden.

Ein weiteres Instrument ist die **Arbeits(platz)bewertung**. Sie dient der Lohnfindung, der Personalorganisation und der Arbeitsgestaltung. Mit der Arbeitsbewertung werden zwei Fragen beantwortet:
- Mit welchen Anforderungen wird ein Mitarbeiter konfrontiert?
- Wie hoch ist der Schwierigkeitsgrad einer Arbeit im Verhältnis zu einer anderen?

Hier geht es mehr um die Bewertung des Arbeitsplatzes, weniger um die Bewertung der persönlichen Leistungsfähigkeit eines Stelleninhabers. Dazu wird die Gesamtaufgabe an einem bestimmten Arbeitsplatz in Teilaufgaben zerlegt. Auf dieser Grundlage können dann Anforderungsprofile erstellt werden.

5.5 Delegieren von Aufgaben und der damit verbundenen Verantwortung

Das Tätigkeitsfeld und die Verantwortung von Führungskräften sind vorwiegend auf die Entwicklung und Überprüfung von Unternehmensstrategien ausgerichtet. Damit Führung wirksam funktioniert, müssen mehrere **Grundsätze** (nach F. Malik: Führen, leisten, leben) beachtet werden.

Erster Grundsatz: **Resultatorientierung**

Erfolgreiche Führung muss darauf abzielen, Resultate zu erreichen. Es kommt darauf an, welche Ergebnisse und Resultate eine Führungskraft (und ihre Mitarbeiter) erzielt, nicht wie viele Stunden sie am Arbeitsplatz zugebracht hat.

Zweiter Grundsatz: **Beitrag zum Ganzen**

Erfolgreiche Mitarbeiterführung muss sich daran messen lassen, welche Beiträge zum angestrebten Ganzen erbracht werden.

Dritter Grundsatz: **Konzentration auf Weniges**

Es kommt für die Führungskraft darauf an, sich auf wesentliche Schwerpunkte zu konzentrieren, um die zur Verfügung stehenden Ressourcen (begrenzte Zeit und Energie) zielgerichtet einzusetzen.

Vierter Grundsatz: **Stärken nutzen**

Der Erfolg gründet sich auf die zielgerichtete Nutzung von Stärken und nicht auf die Beseitigung von Schwächen. Das gilt nicht nur für Führungskräfte selbst, sondern auch für den Einsatz der Mitarbeiter. Wer Mitarbeiter nach ihren Stärken einsetzt, produziert Erfolgserlebnisse und somit Motivation.

Fünfter Grundsatz: **Vertrauen**

Führungskräfte können nur auf einer festen Vertrauensbasis, in einem positiven Betriebsklima erfolgreich sein. Sie muss durch die Führungskraft in einem längeren Prozess erarbeitet und immer wieder gepflegt werden. Auch das ist ein Beitrag zur Mitarbeitermotivation.

Sechster Grundsatz: **Positiv denken**

Wichtig ist das Erkennen und Umsetzen von Chancen, die sich beim Auftreten von Problemen in der Regel ergeben. Die vordergründige Konzentration auf die Problemlösung lässt Chancen unberücksichtigt und somit auch Möglichkeiten zur Motivation ungenutzt.

Führungsaufgaben des Vorgesetzten

Aus den Grundsätzen wirksamer Führung ergeben sich die Aufgaben, die die Führungskraft zu erfüllen hat. Führen heißt, einen Mitarbeiter, eine Mitarbeitergruppe unter Berücksichtigung der jeweiligen Situation auf ein gemeinsames Ziel hin zu beeinflussen. Daraus ergeben sich die Führungsaufgaben wie z. B.:

- Das Bewusstsein der Mitarbeiter für die Ziele der ganzen Abteilung bewirken.
- Anerkennung aussprechen, wenn einer besonders gute Arbeit leistet.
- Bemühen um ein gutes Verhältnis zwischen den Mitarbeitern und den höheren Vorgesetzten.
- Tadel für mangelhafte Arbeit.

- Eintreten für die Mitarbeiter.
- Mitarbeiter gleichberechtigt behandeln.
- Darauf bestehen, über Entscheidungen der Mitarbeiter unterrichtet zu werden.
- Auf das Einhalten von Terminen besonderen Wert legen.
- Gute Vorschläge der Mitarbeiter in die Tat umsetzen und zu Änderungen bereit sein.
- Von Mitarbeitern mit geringer Leistung verlangen, mehr aus sich herauszuholen.
- Sich durch eigene Vorschläge an der Lösung von Problemen beteiligen.
- Darauf achten, dass die Mitarbeiter ihre Arbeitskraft voll einsetzen.
- Freundlichkeit und leichte Zugänglichkeit.

Durch die zunehmend komplexen Aufgabenbereiche kann der Vorgesetzte heute nicht mehr jede Aufgabe selbst erledigen und alle notwendigen Entscheidungen allein treffen. Selten verfügt er über alle notwendigen Kenntnisse und Fertigkeiten bzw. hat direkten Zugriff auf vollständige Informationen, um Entscheidungen ohne fachliche Beratung differenziert treffen zu können.

Darüber hinaus streben gut ausgebildete Mitarbeiter mehr denn je nach eigenen Arbeitsbereichen, die ihnen Entscheidungs- und Handlungsspielräume gewähren. Daher ist es eine der wichtigsten Aufgaben von Führungskräften, die zu erfüllenden Aufgaben sinnvoll auf die Mitarbeiter zu verteilen bzw. zu übertragen. Das Übertragen von Aufgaben wird als **Delegieren** bezeichnet. Delegiert wird in der Regel aus folgenden Gründen:

- Der Vorgesetzte kann aufgrund der komplexen Vorgänge nicht alle Informationen selbst aufnehmen und verarbeiten.
- Die Aufgabe wird dort erledigt, wo sie hingehört, d. h., es kann schneller reagiert werden.
- Delegation wirkt motivationssteigernd auf Mitarbeiter, da sie weitgehend eigenverantwortlich arbeiten können.

Die ausgewählten Mitarbeiter brauchen zunächst die Motivation und das Selbstvertrauen, um die ihnen übertragenen Aufgaben zu erfüllen. Der Mitarbeiter erhält keine Einzelaufträge, sondern muss selbstständig im Rahmen der Gesamtzielsetzung des Unternehmens tätig werden. Dadurch wird das Potenzial des Mitarbeiters stärker genutzt und er identifiziert sich besser mit den betrieblichen Zielen. Auch für den Vorgesetzten wirkt sich Delegation positiv aus, denn er wird von Spezialaufgaben entlastet.

Allerdings kann nur an Mitarbeiter delegiert werden, die über entsprechende Kenntnisse und Fähigkeiten verfügen. An dieser Stelle erlangen vorgegebene Berufsbilder oder erforderliche Qualifikationen, die z. B. durch Prüfungen und Zeugnisse nachzuweisen sind, Bedeutung. Liegen die notwendigen Voraussetzungen nicht vor, handeln sowohl der Beauftragende als auch der Beauftragte unkorrekt, im Fall von Rechtsverstößen sogar rechtswidrig, denn auch der Beauftragte darf den „Auftrag" nur annehmen, wenn er die erforderlichen Qualifikationen mitbringt. Entsteht aus einer fehlerhaften Aufgabenübertragung ein Schaden – Beispiel: Ein Mitarbeiter begeht mangels technischer Qualifikation bei der Arbeitsausführung einen technischen Fehler, der zu einem Gasunfall mit Personenschaden führt – dann drohen rechtliche Konsequenzen sowohl für den Beauftragenden als auch für den unmittelbar Durchführenden.

Möglichkeiten des Delegierens

Es gibt verschiedene Möglichkeiten, das Delegieren von Aufgaben zu praktizieren. Nach Kurt Lewin gibt es drei klassische *Führungsstile:*

- *Autoritärer Führungsstil*

Durch klare Anordnungen wissen alle Mitarbeiter, was zu tun ist. Es findet eine klare Trennung statt: Der Vorgesetzte entscheidet und kontrolliert, die Mitarbeiter führen aus. Die Verantwortung liegt allein beim „Befehlsgeber" und er kann leicht überfordert werden. Auf Dauer stößt dieser Führungsstil in der modernen Arbeitswelt zu einem distanzierten Verhältnis zwischen der Führungskraft und den Mitarbeitern.

- *Kooperativer Führungsstil*

Sobald der Vorgesetzte seine Mitarbeiter am Betriebsgeschehen beteiligt, sie regelmäßig informiert, zu Anregungen und Vorschlägen ermuntert, Ergebnisse mit ihnen bespricht und die erforderliche Unterstützung gewährt, handelt es sich um einen kooperativen Führungsstil. Die Fremdkontrolle wird (teilweise) durch Eigenkontrolle ersetzt. Die Mitarbeiter entwickeln ein besseres Verständnis für die Zusammenhänge und eine größere Motivation. Dieser Führungsstil wird heute überwiegend praktiziert und gilt insbesondere auch für die Zusammenarbeit in Arbeitsgruppen.

- *Laissez-faire-Führungsstil*

Die Mitarbeiter haben volle Freiheit, Entscheidung und Kontrolle liegt bei der Gruppe. Dieser Führungsstil ist sicher nicht erfolgsorientiert, denn für den Mitarbeiter genügen minimale Anstrengungen zur Erledigung der geforderten Aufgaben.

5.5.1 Delegieren als Führungsaufgabe und als Entwicklungsmöglichkeit des Mitarbeiters

Delegation bzw. Delegieren bedeutet **Übertragung.** Die Notwendigkeit zur Delegation von Kompetenzen und Verantwortungsbereichen ergibt sich aus der Tatsache, dass die Führungskräfte arbeitsteiliger Unternehmen nicht alle Aufgaben alleine bewältigen können. Diese Delegation sollte so erfolgen, dass jede Teilaufgabe von der untersten dazu noch fähigen Stelle in der jeweiligen Hierarchie gelöst werden kann. Bei der Übertragung von Aufgaben/Verantwortung sollte darauf geachtet werden, dass möglichst vollständige Aufgaben oder Prozessschritte übertragen werden. Die ausführenden Personen sollten dabei umfassend informiert und eingewiesen werden.

Neben dem unerlässlichen persönlichen Gespräch sind Unterweisungs- und Informationshilfsmittel vor allem Führungsanweisungen, Stellenbeschreibungen, (übergeordnete) Regelwerke und Verfahrensanweisungen. Diese Hilfsmittel werden häufig in **Handbüchern** (z. B. Organisationshandbuch, Betriebssicherheitshandbuch, Personalhandbuch etc.) zusammengefasst und in geeigneten Medien wie dem Intranet oder Fachbereichsbibliotheken zur Verfügung gestellt.

Aus **Bild 5.17** geht hervor, in welchem Maße auf den einzelnen Führungsebenen das Delegieren von Aufgaben einen immer größeren Raum einnimmt.

Delegation sollte vom Mitarbeiter als Anerkennung seiner Kompetenz verstanden werden. Je qualifizierter ein Mitarbeiter, je größer sein persönliches Verständnis ist und je fortgeschrittener sein Entwicklungsstand, desto mehr Aufgaben können an ihn delegiert werden. Effektive und erfolgreiche

Handlungsbereich | Führung und Personal

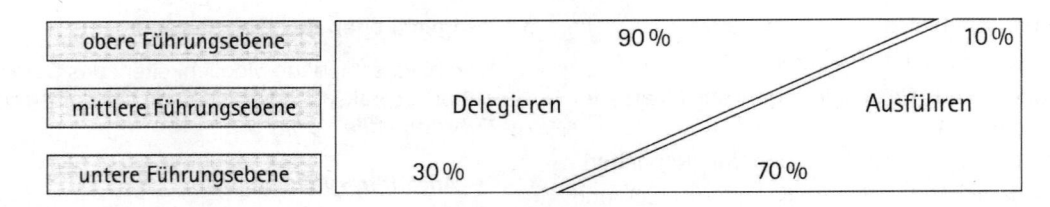

Bild 5.17: Verhältnis von Delegieren und Ausführen auf den einzelnen Führungsebenen

Delegation setzt allerdings voraus, dass eine Führungskraft grundsätzlich bereit ist, zu delegieren. Dabei stellen sich folgende Fragen:
- Was soll delegiert werden (Aufgaben/Verantwortung)?
- Wer soll die Aufgaben wahrnehmen?
- Warum soll gerade dieser Mitarbeiter die Erledigung wahrnehmen?
- Wie soll der Mitarbeiter die Aufgaben erledigen?

Die übertragenen Entscheidungsbefugnisse müssen aber dennoch zusätzlich überwacht werden, da der jeweils Vorgesetzte trotz der Delegation die Gesamtverantwortung trägt.

Die *Grundregeln für die Delegation* sind demnach:
- Berücksichtigung der Fähigkeiten der Mitarbeiter
- Dauerhafte Delegation gleichartiger Aufgaben
- Übertragung vollständiger Aufgaben / Prozesse / Verantwortlichkeiten
- Klare Aufgaben- und Kompetenzabgrenzung
- Umfassende Information und Unterweisung

Die **Vorteile** einer Übertragung von Verantwortungsbereichen – wenn die grundlegenden Regeln des Delegierens beachtet werden – liegen auf der Hand, z. B.:
- Bessere Nutzung des vorhandenen Fachwissens
- Verkürzung von Entscheidungswegen
- Förderung / Stärkung des eigenverantwortlichen Handelns (Unternehmergeist)
- Entlastung der Führungskräfte, damit mehr Zeit für eigentliche Führungsaufgaben
- Vertrauensbeweis für den Mitarbeiter
- Vertrauen in die Führungskräfte

Die genannten Vorteile können allerdings durch folgende **Nachteile** wieder zunichte gemacht werden:
- Die Führungskraft delegiert nur ganz unwichtige Aufgaben
- Erhöhter Koordinationsaufwand
- Gefahr von Fehlentscheidungen (z.B. bei unklaren Zielvorgaben)
- Mangelnde Bereitschaft der Mitarbeiter zur Übernahme von Verantwortung

Grundsätzlich ist zu beachten, dass nicht jede Aufgabe auf einen Mitarbeiter (der selbst keine Führungskraft ist) übertragen werden kann. *Nicht delegierbare Aufgaben* sind z. B.:
- Zielsetzung und Planung
- Besetzung von Stellen
- Abgrenzung von Kompetenzen
- Mitarbeiterführung
- Leistungsbeurteilung
- Erfolgskontrolle

Checkliste für das erfolgreiche Delegieren
- Steht fest, welches Ziel mit der jeweiligen Aufgabe erreicht werden soll?
- Sollten vielleicht Zwischenziele festgelegt werden (umfangreiche Aufgabe)?
- Sind alle Voraussetzungen und Rahmenbedingungen geschaffen, damit die Aufgabe ordnungsgemäß erledigt werden kann?
- Hat die Person, die die Aufgabe erledigen soll, alle nötigen Informationen und weiß sie, welche Bedeutung die Aufgabe im Gesamtzusammenhang hat?
- Wurden bekannte Schwierigkeiten oder Fehlerquellen angesprochen, um diese schon im Vorfeld zu vermeiden?
- Ist sichergestellt, dass die Aufgabe von demjenigen, der sie ausführen soll, auch tatsächlich verstanden wurde?
- Wurde deutlich gemacht, dass man für Rückfragen oder bei Schwierigkeiten zur Verfügung steht?
- Ist für alle klar kommuniziert, bis wann die Aufgabe erfüllt sein muss?
- Weiß der Betreffende, was zu tun ist, falls er/sie merkt, dass die Aufgabe nicht in der vorgesehenen Zeit zu erledigen ist?
- Sind Sie darauf vorbereitet, dass Ihre Mitarbeiterin oder Ihr Kollege zum Beispiel durch Krankheit ausfallen kann? Wer übernimmt dann die Aufgabe?

Auswahl der Mitarbeiter

Bei der Auswahl der Mitarbeiter muss die Führungskraft insbesondere den Entwicklungsstand und die Erfahrungsebene des Mitarbeiters berücksichtigen:

- *Unerfahren*
  Hat bisher keine Erfahrung mit der entsprechenden bzw. einer ähnlichen Aufgabe.

- *Grundkenntnisse vorhanden*
  Verfügt über eine geringe Erfahrung mit entsprechenden Aufgaben und hat einige weitere Grundkenntnisse.

- *Relativ erfahren*
  Benötigt nur noch gelegentlich Unterstützung der Führungskraft.

- *Erfahren*
  Verfügt über ebenso viele Kenntnisse und Erfahrungen wie die Führungskraft.

Das Delegieren von klar definierten Aufgaben setzt voraus, dass die Mitarbeiter mit den notwendigen Kompetenzen und der der damit verbunden Verantwortung ausgestattet werden. Dementsprechend ist es notwendig, die Mitarbeiter in Bezug auf folgende Eigenschaften richtig einschätzen zu können:
- Kenntnisse
- Fähigkeiten

- Motivation
- Selbstvertrauen

Die ausgewählten Mitarbeiter durchlaufen einen Prozess der Vertrauensbildung, weil sie im Rahmen ihrer Handlungsverantwortung auch Entscheidungen treffen. Mitarbeiter können besser eingeschätzt werden, wenn sie in der Hierarchie allmählich nach oben steigen. Die Bedürfnisse nach Persönlichkeitsentfaltung werden erfüllt. Durch die stärkere Identifikation mit dem Unternehmen wird kreatives Potenzial freigesetzt.

Es gibt aber wesentliche Voraussetzungen, die ein Mitarbeiter mitbringen muss, um *delegationsfähig* zu sein, z. B.:

- Er muss Freude daran haben, Verantwortung zu übernehmen.
- Er muss über die notwendigen Ressourcen verfügen.
- Er muss den Willen zum selbstständigen Handeln und zur Zusammenarbeit mit seinem Vorgesetzten und anderen Mitarbeitern haben.
- Er braucht die Fähigkeit zur sachgerechten und wirtschaftlichen Erledigung der ihm übertragenen Arbeiten.
- Er muss eigene Entscheidungen treffen können.
- Er muss bereit sein, sich dem gemeinsamen Unternehmensziel trotz seiner Selbstständigkeit unterzuordnen.
- Er muss bereit sein, für eigene Fehler einzustehen.
- Er muss die für die Aufgaben und Entscheidungen notwendige Belastbarkeit mitbringen.

Allerdings liegt es nicht nur am Mitarbeiter, ob Delegation funktioniert, auch der Vorgesetzte muss seinen Teil dazu beitragen. Effektive und erfolgreiche Delegation setzt voraus, dass die Führungskraft grundsätzlich bereit ist, zu delegieren und sich zunächst folgende Fragen stellt:

- Was soll delegiert werden?
- Wer soll die Aufgaben erledigen?
- Warum solle gerade dieser Mitarbeiter die Erledigung wahrnehmen?
- Wie soll der Mitarbeiter die Aufgaben erledigen?

Vorgaben für den Vorgesetzten

Wenn ein Mitarbeiter ausgewählt worden ist, muss der Vorgesetzte klare Vorgaben treffen, z. B.

- Er muss den Verantwortungsbereich klar abgrenzen.
- Das Aufgabengebiet muss überschaubar sein.
- Er muss den Mitarbeiter aufgrund seiner fachlichen Voraussetzungen, seines Temperaments und seiner Veranlagung sorgfältig auswählen.
- Er muss wissen, dass nicht jeder Mitarbeiter schöpferische Leistungen erbringen und kritisches Denken von ihm erwartet werden kann.
- Er muss sich um die erforderliche Qualifikation seiner Mitarbeiter eventuell durch Schulungsmaßnahmen kümmern.
- Er muss für rechtzeitige und ausreichende Information sorgen.
- Er muss die Qualität der Arbeit kontrollieren und das Ergebnis mit dem Mitarbeiter besprechen.
- Er muss den Mitarbeiter selbstständig arbeiten lassen. Nur wenn er Fehler bemerkt, muss er korrigierend eingreifen.
- Er muss die Fähigkeit haben, Wichtiges von Unwichtigem zu unterscheiden, um zu erkennen, wann er eingreifen muss.
- Er muss zu einer fairen Zusammenarbeit bereit sein und dem Mitarbeiter auch zugestehen, dass dieser auf seinem Gebiet kompetenter ist als er selbst.
- Er muss die Verantwortung für Fehler nach oben selbst tragen.

Positive Konsequenzen des Delegierens

Insgesamt ist das Übertragen von Aufgaben wünschenswert, denn es ergeben sich daraus viele positive Aspekte sowohl für die Mitarbeiter als auch für den Vorgesetzten (**Bild 5.18**).

Vorteile durch Delegieren	
für die **Führungskraft**	– Entlastung und dadurch Zeit für die eigentlichen Führungsaufgaben – Fachkenntnisse und Erfahrungen der Mitarbeiter werden genutzt
für die **Mitarbeiter**	– Akzeptanz als Partner – Vertrauensbeweis – Steigerung der Handlungsverantwortung – Selbstverwirklichung und Motivation

Bild 5.18: Wesentliche Vorteile durch Delegieren für Führungskräfte und Mitarbeiter

Negative Konsequenzen des Delegierens

Werden Aufgaben nicht richtig delegiert, kann es zu erheblichen Problemen zwischen Führungskraft und Mitarbeiter kommen, z. B.

- der Mitarbeiter wird überfordert,
- die Führungskraft delegiert nur ganz unwichtige Aufgaben,
- Terminvorgaben werden nicht eingehalten,
- der Mitarbeiter erhält mangelhafte oder fehlerhafte Informationen,
- die Führungskraft gibt keine genauen Zielvorgaben.

Grenzen der Delegation

Handlungsverantwortung, also die Verantwortung für Sachaufgaben, ist delegierbar. Die Führungsaufgaben und die Führungsverantwortung müssen jedoch in der Hand des Vorgesetzten bleiben, z. B.

- Zielsetzung und Planung
- Besetzung von Stellen
- Abgrenzung von Kompetenzen
- Mitarbeiterführung
- Leistungsbeurteilung
- Erfolgskontrolle

Handlungsbereich | Führung und Personal

5.5.2 Prozess- und Ergebniskontrolle

Delegierte Aufgaben müssen vom Meister kontrolliert werden, um die korrekte Durchführung des Prozesses zu sichern. Die Kontrolle darf sich nicht nur auf die Ergebniskontrolle beschränken, sondern muss im Laufe des Prozesses von laufenden Kontrollen (Fortschrittskontrollen) begleitet werden.

Bewährt haben sich vorab festgelegte *Prüfzeitpunkte (Checkpoints)* mit klar definierten Teilzielen. So können Fehlentwicklungen rechtzeitig erkannt und ggf. Gegenmaßnahmen eingeleitet werden.

Folgende Fragestellungen sind hilfreich:
– Wurde die Aufgabe zufriedenstellend erledigt?
– Fiel es der Person leicht oder schwer, die Aufgabe zu erfüllen?
– Konnten Punkte gesammelt werden, die es in Zukunft leichter machen können, dass die Aufgabe effektiv erledigt wird?
– Wurde der Mitarbeiter für die gute Erledigung der Aufgabe gelobt?

Als prozessbegleitende Aktivität ist eine fortlaufende Dokumentation der Prozessabläufe und -ergebnisse sicherzustellen.

5.6 Fördern der Kommunikations- und Kooperationsbereitschaft

Kommunikationsbereitschaft als Grundlage zur Informationsweitergabe ist die Voraussetzung für Partizipation und Kooperation der Mitarbeiter. Beim betrieblichen Informationsaustausch, z. B. Gesprächen, Besprechungen und Konferenzen, ist eine angenehme Kommunikation erstrebenswert.

Hier greift die weithin bekannte Aussage: Man kann nicht „nicht kommunizieren". Nicht nur Worte stellen Kommunikation dar, sondern auch *Verhalten.* Jedes Verhalten in einer zwischenmenschlichen Situation hat Mitteilungscharakter. Das gilt nicht nur für verbale Äußerungen, sondern auch für nonverbales Verhalten wie z. B. Körperhaltung, Mimik und Gestik (**Bild 5.19**).

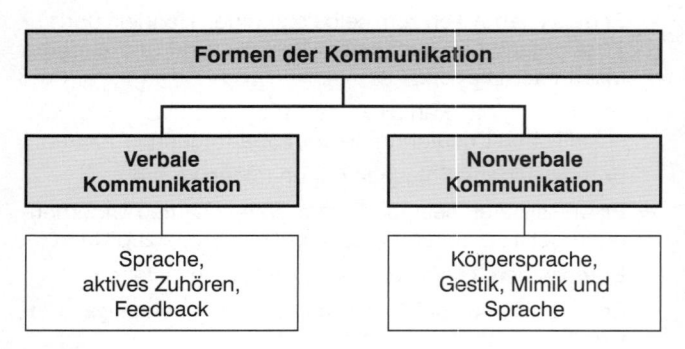

```
            Formen der Kommunikation
           /                        \
   Verbale                         Nonverbale
 Kommunikation                   Kommunikation
      |                                |
   Sprache,                       Körpersprache,
 aktives Zuhören,                 Gestik, Mimik und
   Feedback                           Sprache
```

Bild 5.19: Formen der Kommunikation

Auch Schweigen ist eine Art von *Kommunikation,* wenn mindestens eine andere Person davon betroffen ist. Jede Kommunikation hat einen Inhalt und jede Kommunikation schafft eine Beziehung. Bei der Weitergabe von Informationen können gleichzeitig eine oder mehrere der folgenden Informationsarten übermittelt werden:

– Sachinformationen
– Einstellungsinformationen
– Beziehungsinformationen
– Persönliche Informationen

Gute, gezielte Kommunikation ist Bestandteil der Führung. Untersuchungen haben gezeigt, dass Führungskräfte täglich zwischen 50 und 80 % ihrer Zeit für kommunikative Aktionen aufwenden, z. B.:

– Telefonieren
– Gespräche führen
– Konferenzen beiwohnen
– Informationen einholen
– Aufträge verteilen
– Konflikte lösen
– Kontrollen durchführen

Im Berufsalltag tauchen bisweilen Probleme auf, weil einzelne Führungspersonen zwar mit Führungstechniken und Ausführungen zum Führungsstil vertraut sind, aber über keine ausreichenden Kenntnisse zur Kommunikation mit unterstellten Mitarbeitern verfügen.

5.6.1 Bedingungen der Kommunikation und Kooperation im Betrieb

Eine gute Kommunikation spiegelt die Qualität der Führung wider. Einerseits muss die Kommunikation rational-sachliche Aspekte verfolgen, andererseits emotional-soziale Gesichtspunkte berücksichtigen. Kommunikation darf nicht nur dazu dienen, Wissen zu vermitteln, beispielsweise um Entscheidungen zu erleichtern, sondern Kommunikation dient der Leistungsorganisation. Außerdem dient sie dazu, zwischenmenschliche Beziehungen zu entwickeln, die Sozialorganisation zu bilden oder zu festigen – also die Voraussetzungen für Kooperation im Betrieb zu schaffen.

Kommunikation nimmt im beruflichen Alltag einen Großteil der Arbeitszeit in Anspruch, das gilt insbesondere für Führungskräfte. Sie können nur durch Kommunikation ihre Mitarbeiter führen.

Merke: *Die Kommunikation ist das zentrale Instrument, andere zu erreichen und selbst erreicht zu werden.*

Führung ohne Kommunikation und ohne wirksames Gesprächsverhalten ist undenkbar.

Kommunikation ist die Übermittlung von sprachlichen und nichtsprachlichen Signalen durch einen Sender an einen Empfänger. Diese Signale werden durch subjektive Filter und Wertungen erst beim Empfänger zur Botschaft. („Wir hören nur, was wir auch hören wollen.")

An der Kommunikation ist nicht nur die Sprache beteiligt, sondern die gesamte Person. Daraus ergibt sich auch, dass es keine objektive Kommunikation gibt, immer spielen subjektive Elemente eine Rolle. Die Information (egal zu welchem Thema) entsteht erst in den Ohren des Empfängers. Die Voraussetzungen für eine gute Kommunikation zwischen Vorgesetzten und Mitarbeitern sind geschaffen, wenn über den reinen Sachinhalt hinaus auch die Weitergabe zusätzlicher, persönlicher Inhalte funktioniert.

Ein anerkanntes Modell hat Friedemann Schulz von Thun entwickelt. Er geht von dem Grundprinzip aus, dass bei der Kommunikation eine Person (Sender) verschlüsselte Zeichen als Nachricht übermittelt, die eine andere Person (Empfänger) entschlüsseln kann. Damit ist im Berufsleben das eigentliche Ziel erreicht. Doch außerhalb des offenen Aspekts einer Nachricht – der rein inhaltlichen Vermittlung – erfolgt in der Regel unbewusst und verborgen die Weitergabe anderer, zusätzlicher Inhalte wie Selbstoffenbarung, Beziehung und Appell (**Bild 5.20**).

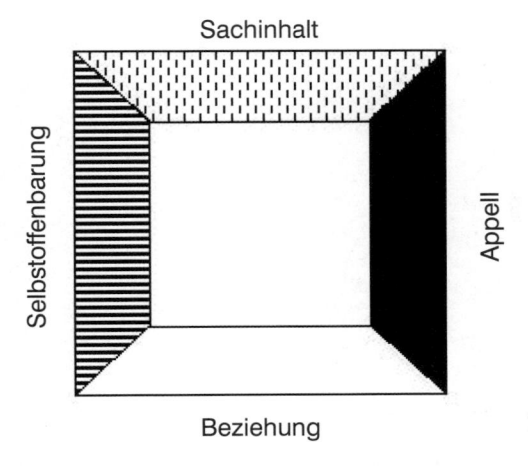

Bild 5.20: Die vier Seiten einer Nachricht (nach Schulz von Thun)

1. Der **Sachinhalt** zeigt die sachliche Information: worüber ich informiere?
2. Der **Appell** ist der Teil, mit dem der Sender auf den Empfänger Einfluss ausüben will: wozu ich veranlassen will?
3. Die **Beziehung** zeigt, wie der Sender zum Empfänger steht, was er von ihm hält: was ich von dir halte, wie wir zueinander stehen?
4. Die **Selbstmitteilung** zeigt (freiwillig und bewusst oder unfreiwillig und unbewusst) Informationen über den Sender selbst: was ich von mir selbst kundgebe?

Ein **Mangel an Kommunikation** kann zu erheblicher Unsicherheit und Motivationsproblemen bei den Mitarbeitern führen. Das selbstständige Denken und Handeln der Mitarbeiter im Rahmen gegenseitigen Vertrauens ist zu fördern. Dabei sind die verborgenen Aspekte der „vier Seiten einer Nachricht" von wesentlicher Bedeutung.

Selbstoffenbarung

Zu den verborgenen Aspekten einer Nachricht gehört die Selbstoffenbarung. Wenn der Sender seine persönlichen Ziele über die Sachziele stellt, wird der Empfänger verunsichert. Es findet keine Annäherung statt, das Misstrauen bleibt dauerhaft bestehen.

Fragt z. B. im Laufe einer Besprechung der Sender nach der Zeit, ist die Frage grundsätzlich eindeutig. Doch wie urteilt der Empfänger? Folgende Gedanken liegen nahe:

– Der Sender steht wohl unter Zeitdruck.
– Die Frage ist vielleicht berechtigt – der aktuelle Redner hat seine Zeit schon überschritten.
– Der Sender scheint sich zu langweilen.

Damit beschäftigt sich auch der Sender und er ist beunruhigt. Die Interpretationsmöglichkeiten des Empfängers versucht er durch den Einsatz bestimmter Techniken in seinem Sinne zu beeinflussen:

- *Imponiertechnik*

  Manche „Kollegen" sind bei bestimmten „Heimspielen" kaum zu bremsen, weil sie glauben, auf ihrem Fachgebiet glänzen zu können. Sie wollen sich von der besten Seite zeigen, übertreiben und versuchen, Eindruck zu schinden. Sie machen überflüssige Bemerkungen über den eigenen Bildungsstand oder den Besitz, geben lockere Sprüche von sich oder verunglimpfen Kollegen.

- *Fassadentechnik*

  Alles Persönliche – vor allem Gefühle – sollen draußen bleiben. Der Sender versucht zu verbergen oder zu tarnen. Er setzt z. B. den Begriff „man" ein, anstatt zu sagen, was „Er" als konkrete Person empfindet. Ebenso sollen Fragen wie z. B. „Ist das die einzig denkbare Lösung?" die tatsächliche Meinung verdecken. Warum sagt „Er" nicht, was er denkt?

Beziehung

Die Beziehung als weitere, verborgene Komponente einer Nachricht stellt das „gefährlichste" Attribut dar, da an dieser Stelle der Adressat selbst betroffen ist. Eine Nicht-Kommunikation kann es nicht geben, da sogar Schweigen vom

Handlungsbereich | Führung und Personal

Empfänger gewertet wird – er kann sich missbilligt oder nicht beachtet vorkommen.

Entscheidende Begriffe in diesem Zusammenhang sind Wertschätzung und Lenkung bzw. Bevormundung. Wenn der Sender eine verbindliche Formulierung wählt, vermittelt er beim Empfänger den Eindruck, eine gleichberechtigte Person zu sein. Das heißt nicht, dass Konflikte oder Auseinandersetzungen von vornherein ausgeschlossen sind.

Eine kompromisslose, harte Formulierung löst gewöhnlich Gegenreaktionen aus, denn der Empfänger fühlt sich bevormundet. Zwar kann er die Situation durch eine relativ freundliche Erwiderung grundsätzlich akzeptieren oder die Kommunikation durch ein klares „Nein" noch aufrechterhalten. Mit einer eindeutigen Zurückweisung (z. B. „Geht dich nichts an") kann er die Beziehungsebene aber durchaus für gescheitert erklären.

Appell

Beim Appell ist zwischen ausdrucksorientiertem und wirkungsorientiertem Überbringer (Sender) einer Nachricht zu unterscheiden; im Berufsalltag sind diese beiden Typen als „Ehrliche" und „Opportunisten" vielleicht treffend bezeichnet.

Der „Ehrliche" bringt allein das, was ihn aktuell bewegt, in die Nachricht ein; das damit zu erreichende Ergebnis ist zweitrangig. Der „Opportunist" formuliert vor dem Hintergrund, ein bestimmtes Ziel erreichen zu wollen; sein tatsächlicher Hintergrund bleibt verborgen (z. B. wenn ein Chef lobt, obwohl er mit dem Ergebnis nicht ganz zufrieden ist – er möchte zu einer Leistungssteigerung motivieren).

Ein Ausgleich zwischen beiden Orientierungen scheint der beste Weg zu sein. Es geht nicht um gut oder schlecht, sondern um angebracht oder nicht angebracht.

Verbale und nonverbale Kommunikation

Bei einer Begegnung zwischen Menschen ist es nicht möglich, keine Mitteilung zu machen. Selbst wenn jemand nichts sagt und tut, so hat auch das einen Mitteilungscharakter.

Die Bestandteile einer jeden Kommunikation sind nicht bloß Worte. Auch der Tonfall der Stimme, die Geschwindigkeit des Sprechens, Lachen oder Seufzer, aber auch Signale wie die Körperhaltung, jegliche Gestik und Mimik gehören dazu. Selbst der Geruchsinn und der Geschmacksinn spielen insgesamt im zwischenmenschlichen Bereich eine Rolle.

Folglich setzt sich Kommunikation aus verbalen (sprachlichen) und nonverbalen (nicht-sprachlichen) Merkmalen zusammen. Im **Bild 5.21** sind die wichtigsten sprachlichen (= verbalen) und nicht-sprachlichen (= nonverbalen) Kommunikationsmerkmale dargestellt.

Die *Gesten* eines Menschen können sich z. B. ausdrücken in

- *Verlegenheitsgesten*

  Diese Gesten (wie Nase putzen, Kratzen) sind unbewusst und treten besonders in Situationen auf, in denen man sich erst zurechtfinden muss.

- *Hinweisgesten*

  Sie sind häufig unabsichtlich, lenken aber z. B. ein Gespräch in eine bestimmte Richtung, und zwar durch Augenbewegungen oder Nicken.

- *Unterstützungsgesten*

  Dies sind Bewegungen, die Gesprochenes akzentuieren und als Unterstreichungssystem eingesetzt werden.

Deutliche Erkennungszeichen sind auch **paraverbale Signale**, die durch die Sprechweise bestimmt sind. Sie werden

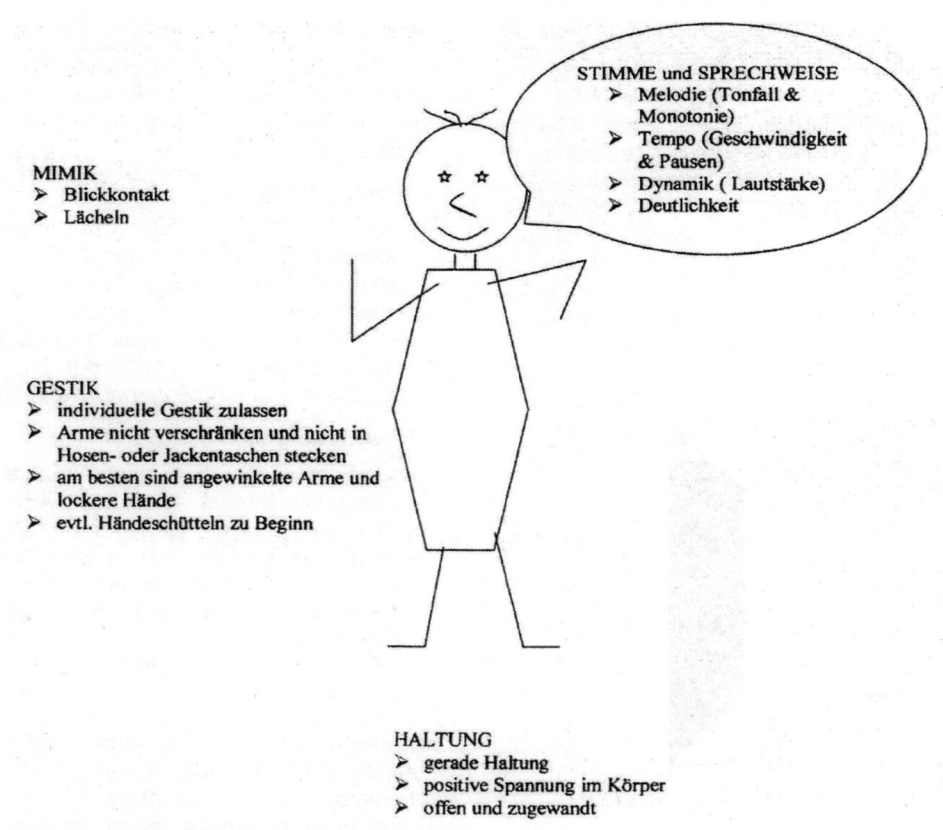

STIMME und SPRECHWEISE
- Melodie (Tonfall & Monotonie)
- Tempo (Geschwindigkeit & Pausen)
- Dynamik (Lautstärke)
- Deutlichkeit

MIMIK
- Blickkontakt
- Lächeln

GESTIK
- individuelle Gestik zulassen
- Arme nicht verschränken und nicht in Hosen- oder Jackentaschen stecken
- am besten sind angewinkelte Arme und lockere Hände
- evtl. Händeschütteln zu Beginn

HALTUNG
- gerade Haltung
- positive Spannung im Körper
- offen und zugewandt

Bild 5.21: Merkmale verbaler und nonverbaler Kommunikation

mit der Stimme gemacht, ohne dass es sich um Worte im eigentlichen Sinne handelt. Dazu zählen z. B. Sprechgeschwindigkeit, Lautstärke und Stimmhöhe. Einige dieser nonverbalen Signale haben auch ohne gesprochenes Wort eine Eigenbedeutung wie z. B.:
- Räuspern = Verlegenheit, jemand auf etwas aufmerksam machen wollen
- äh = Überbrückung einer Sprechpause; man sucht nach Worten, spricht unkonzentriert
- Seufzen = Leiden, Langeweile

Kommunikation in der betrieblichen Praxis

In der täglichen Zusammenarbeit wird es darauf ankommen, sich ehrlich und natürlich zu verhalten. Sollte es dennoch zu Störungen in der Kommunikation kommen, sind diese vorrangig zu bearbeiten. Jeder darf sagen, was er meint, denkt und fühlt. Nur so erhält der Empfänger auch ehrliche Botschaften.

Reden und Handeln, also „Wort und Tat", sollten eine Einheit bilden. Werden Zusagen nicht eingehalten, führt das zur Frustration, zur Verärgerung und Aggression beim Empfänger. Gehen Reden und Handeln häufig auseinander, nimmt das Vertrauensverhältnis deutlichen Schaden. So stellt die Kultur der Kommunikation und Zusammenarbeit einen Wert an sich dar. Sie muss vom Meister vorgelebt und von allen Mitarbeitern eingefordert werden.

Nachfolgend die wichtigsten **Regeln der Kommunikation** in der Zusammenfassung:

1. Regel
Das Gespräch ist das zentrale Instrument, andere zu erreichen und selbst erreicht zu werden. Führung ist ohne Kommunikation nicht möglich.

2. Regel
Es gibt keine objektive Information oder Nachricht.

3. Regel
Jede Nachricht enthält 4 Seiten (Sachinhalt, Appell, Beziehungsaspekt und die Selbstmitteilung).

4. Regel
In der Kommunikation muss neben der Sachebene vor allem auch die Beziehungsebene beachtet werden.

5. Regel
Bei Missstimmungen kommt es darauf an, erst die Beziehungsebene zu bearbeiten, bevor auf der Sachebene Ergebnisse erzielt werden können.

6. Regel
Der Sender ist für das Verständnis und das Gelingen der Kommunikation verantwortlich. Er muss sich so ausdrücken, dass sein Gegenüber ihn versteht.

7. Regel
An der Kommunikation sind immer verbale und nonverbale Element beteiligt.

8. Regel
Je echter verbale und nonverbale Elemente eingesetzt werden, desto glaubwürdiger und authentischer wird die Umwelt ihn wahrnehmen.

9. Regel
Störungen in der Kommunikation haben Vorrang!

10. Regel
Reden und Handeln müssen übereinstimmen. Das schafft eine Atmosphäre des Vertrauens und der Zuverlässigkeit.

Die Sicherstellung und ständige Überprüfung guter Rahmenbedingungen für eine funktionierende Kommunikation und Kooperation im Betrieb ist abhängig von der ausgewogenen Nutzung persönlicher und technischer Ressourcen, z. B.
- Bereitschaft zur Arbeitsteilung,
- Fähigkeit zu konstruktiver Teamarbeit,
- optimaler Einsatz moderner, technischer Hilfsmittel (z. B. IT),
- Identifikation mit den unternehmerischen Zielen,
- Aufgeschlossenheit für neue Wege,
- Aufbau und Pflege von zwischenmenschlichen Beziehungen.

Fördernde und hemmende Betriebsstrukturen

Viele Einzel- und Gruppengespräche im Betrieb verlaufen erfolgreich: Der Sender transportiert seine Nachrichten, Botschaften, Informationen zum Empfänger und erreicht sein Ziel. Wenn die Kommunikation aber nicht zum gewünschten Ergebnis führt, ist es hilfreich, sich mit der Sachebene und der Beziehungsebene zu befassen.

Oft liegen die Ursachen für Missverständnisse nicht auf der Sach-, sondern auf der Beziehungsebene. Ist die Beziehungsebene der Kommunikation gestört, wird es auf der Sachebene schwierig, sachliche Informationen zu transportieren. Dann hilft nur, die Sachebene zu verlassen und zunächst die Beziehungsebene zu analysieren, indem die Ursachen für die Störung aufgearbeitet werden. Allerdings ist diese Aufarbeitung der Störungen ohne Vorwurf an den Gesprächspartner vorzunehmen. Hier kommt es vor allem darauf an, konsequent Ich-Botschaften einzusetzen. Wenn die Beziehungsebene geklärt ist, kann auf der Sachebene zielführend weiterargumentiert werden.

Damit sind die latent vorhandenen, unsachlichen Einflüsse wie z. B. Selbstrechtfertigung, Wortgefechte, Frustration oder die Unfähigkeit, mehrheitlichen Entscheidungen zuzustimmen, gemeint. Die Meinungsunterschiede steigern sich nicht selten zu persönlichen Kämpfen, obwohl alle Beteiligten beteuern, dass es nur „um die Sache" geht. Die zwischenmenschlichen Probleme können nur mit offensiver, fairer Diskussion überwunden werden.

Die **Verständlichkeit** der formulierten Inhalte (mit Fremdwörtern gespickt) können ein weiteres Problem darstellen. Dazu ist anzumerken: Bildung hat etwas damit zu tun, sich allgemein verständlich auszudrücken sowie kurz und prägnant zu argumentieren.

Die Menge an Informationen, die die Mitarbeiter im Betrieb erreichen, sind allerdings oft unzureichend. So haben Untersuchungen ergeben, dass
- 44 % der Mitarbeiter kein Feedback (Rückmeldung) zu ihrer Leistung bekommen;
- 77 % keine Detailinformationen zur persönlichen Karriereplanung erhalten;
- 35 % der Mitarbeiter mit ihren Vorgesetzten noch kein Gespräch über ihre Leistung geführt haben;
- 50 % keine Rückmeldung zu Arbeitsmethoden oder Verhaltensweisen erhalten.

Handlungsbereich | Führung und Personal

Darüber hinaus haben die betrieblichen Rahmenbedingungen manchmal einen negativen Einfluss auf eine angemessene Kommunikation, z. B.

- räumliche Trennung durch weit auseinanderliegende Arbeitsplätze,
- Schichtarbeit mit wenigen anwesenden Mitarbeitern,
- starke Lärmentwicklung, die eine Kommunikation während der Arbeit fast unmöglich macht.

5.6.2 Optimierung der Kommunikation und Kooperation im Betrieb

Durch Standardtermine oder situationsbedingte Sonderrunden können ausreichend Kommunikationsmöglichkeiten im Unternehmen geschaffen werden. Dabei müssen Empfindungen offen thematisiert werden können, ein intensives Feedback – sowohl positiv als auch negativ – ist unbedingt zu fördern.

Die Gesprächsteilnehmer sollten durch entsprechende Moderation unterstützt werden. Damit bei der Besprechung jederzeit Klarheit und Akzeptanz im Vordergrund steht, ist das nonverbale Verhalten zu beachten, z. B. Blickkontakte, Nicken oder Kurzwiederholungen einzelner Ausführungen. **Bild 5.22** verdeutlicht den Wirkungszyklus des besseren Zuhörens durch persönliche Verhaltensänderungen.

Die ergebnisorientierte Zusammenarbeit der Mitarbeiter ist auch von deren Identifikation mit dem Unternehmen abhängig. Identifikation heißt, dass die Mitarbeiter die Einstellungen und Verhaltensmuster einer Organisation übernehmen, somit eine emotionale Bindung an das Unternehmen haben.

Jedes Unternehmen muss durch seine Führungskräfte auch dafür Sorge tragen, dass die Identifikation der Mitarbeiter erhalten bleibt. Wenn z. B. ein Mitarbeiter das Gefühl hat, dass sein Leistungsbeitrag nicht ausreichend gewürdigt wird, ist das Arbeitsverhältnis in seinem ausgewogenen Gleichgewicht gestört. Die innere Bindung des einzelnen Mitarbeiters an das Unternehmen geht verloren; es kommt zu einem Identifikationsverlust.

Maßnahmen

Die meisten Mitarbeiter erledigen innerhalb des Unternehmens die verschiedenen Aufgaben weitgehend selbstständig, sind aber dennoch voneinander abhängig, z. B.

- als Glieder in der Prozesskette,
- als Vertreter von zentralen oder dezentralen Stellen,
- an einem oder verschiedenen Arbeitsorten.

Aus diesem Grund ist es unerlässlich, eine gute Kooperationsbereitschaft – sowohl bezüglich des eigenen Verhaltens als auch in der Sicherstellung des betrieblichen Informationsflusses – der Mitarbeiter zu fördern. Sie werden insgesamt bessere Leistungen bringen, wenn sie sich mit ihrem betrieblichen Umfeld identifizieren können. Dazu müssen sowohl die vertikale (hierarchische) als auch die laterale (seitliche) Kooperation ineinandergreifen.

Die *Kommunikationsstrukturen* innerhalb eines Unternehmens sind recht komplex. **Bild 5.23** zeigt die drei wichtigsten Kommunikations-Grundstrukturen.

Struktur I   *Routinemäßige Aufgaben*

- Zentrale Steuerung,
- kurzer Kommunikationsweg,
- ungleiche Machtverteilung,
- geringe Zufriedenheit der Mitarbeiter.

Struktur II   *Komplexe Aufgaben*

- Dezentrale Steuerung,
- Kommunikationsweg indirekt und zeitintensiv,
- gleiche Machtverteilung,
- zufriedene Mitarbeiter.

Struktur III   *Sehr komplexe, neuartige Aufgaben*

- Dezentrale Steuerung, große Freiräume,
- kurze, direkte Kommunikationswege,
- erheblicher Koordinations- und Steuerungsaufwand,
- gleiche Machtverteilung,
- hohe Zufriedenheit der Mitarbeiter.

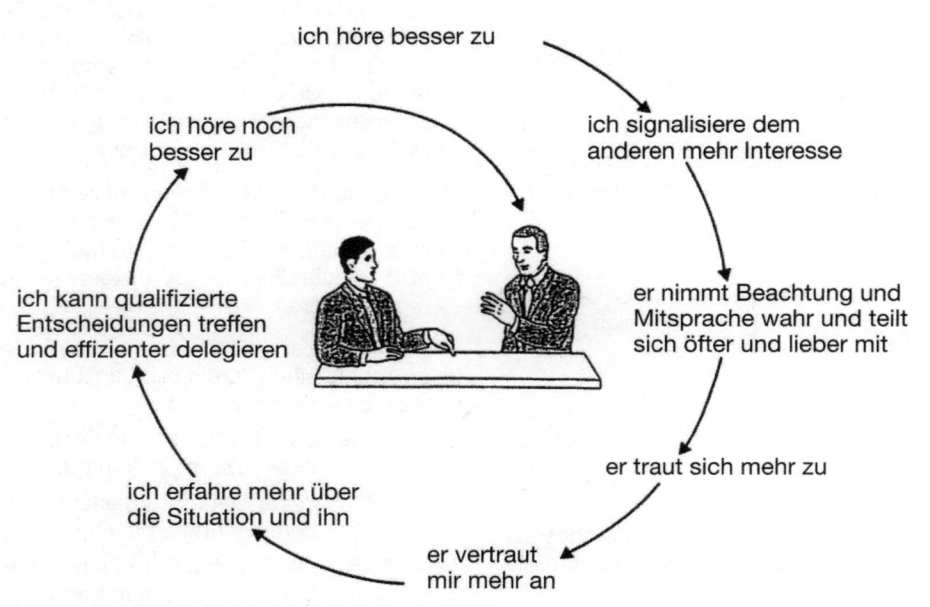

Bild 5.22: Wirkungszyklus von Verhaltensänderungen in Besprechungen

Struktur I Struktur II Struktur III

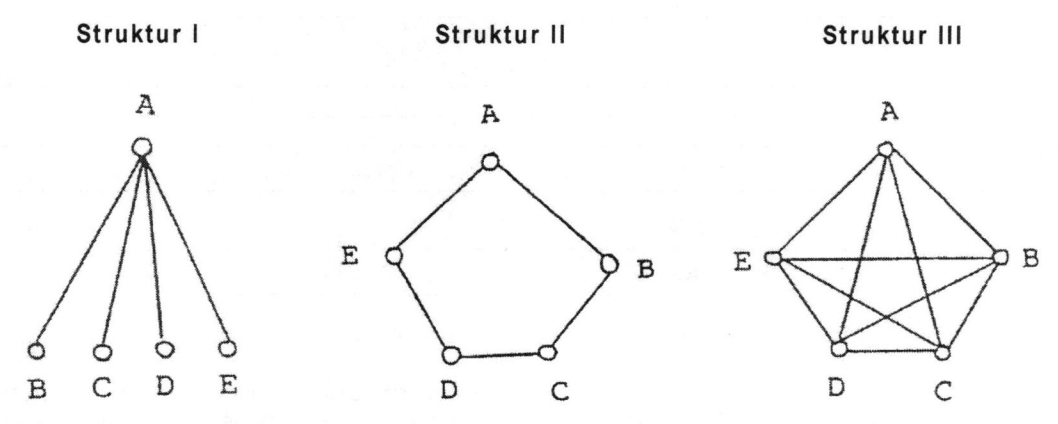

Bild 5.23: Kommunikationsgrundstrukturen

Gesprächsführung als Mittel zur Förderung der Kooperation und Kommunikation

Im betrieblichen Alltag gibt es eine Vielzahl von Situationen, in denen die Kommunikation eine wichtige Rolle spielt. Dabei werden sowohl Gruppengespräche als auch Einzelgespräche zu führen sein.

Zu den Gruppengesprächen zählen Arbeitsbesprechungen, Besprechungen zum Schichtwechsel, Abteilungsbesprechungen, Themenkonferenzen, Projektmeetings, Workshops usw.

Die Gesprächsarten werden gemäß **Bild 5.24** unterschieden:

Gruppengespräche

Jede Führungskraft ist gehalten, Gruppengespräche so vorzubereiten, dass sie erfolgreich durchgeführt und nachbereitet werden können. Die Verbesserung von Besprechungen ist eine ständige Herausforderung für jede Führungskraft. Der Erfolg von Besprechungen wird an drei Kriterien gemessen (**Bild 5.25**).

- Der *Zielerfolg* stellt sich dann ein, wenn das Thema oder die Tagesordnung erfolgreich bearbeitet worden ist. Allerdings muss dabei auch der Zeit- und Kostenaufwand berücksichtigt werden.
- Der *Erhaltungserfolg* ist dann eingetreten, wenn mit dem Gruppengespräch die Zusammenarbeit innerhalb der Gruppe verbessert und stabilisiert werden konnte. Das Wir-Gefühl der Gruppenmitglieder wird gestärkt.
- Der *Individualerfolg* setzt voraus, dass jedes einzelne Gruppenmitglied respektiert und geachtet wird. Das heißt auch, dass die einzelnen Fragen von Gruppenmitgliedern vollständig beantwortet werden müssen.

Der Erfolg von Gruppengesprächen oder Besprechungen wird aber von verschiedenen Faktoren beeinflusst (**Bild 5.26**).

Bevor ein Gruppengespräch einberufen wird, sind einige grundlegende Fragen zu klären:

– Wen lade ich ein?

(Horizontale und/oder vertikale Ebene, evtl. Hinzuziehen eines Fachmannes)

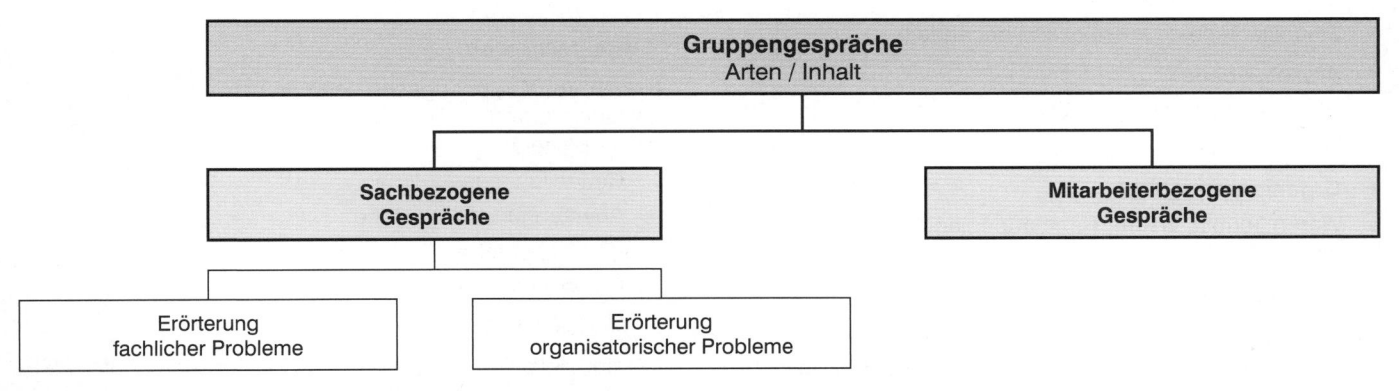

Bild 5.24: Gesprächsarten von Gruppengesprächen

Bild 5.25: Bewertungskriterien für Gruppengespräche

Handlungsbereich | Führung und Personal

```
                    Einflussgrößen
                    für Besprechungen
    ┌───────────────┬──────────┴──────┬─────────────────┐
 Vorbereitung   Durchführung      Nachbereitung    Organisation
                    │
              ┌─────┴─────┐
           Moderator   Teilnehmer
```

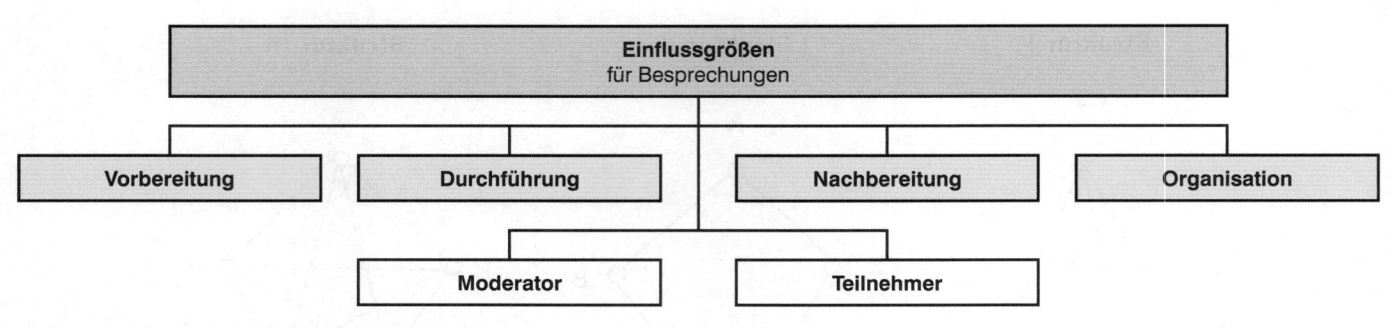

Bild 5.26: Einflussgrößen von Gruppengesprächen

- Thematische und zeitliche Vorbereitung
  (z. B. Tagesordnung, Dauer der Besprechung, Klärung von Redezeit, Protokollführung)
- Hilfsmittel bereitstellen
  (z. B. Beamer, Mikrofon, vorbereitete Arbeitsunterlage)
- Gesprächsleitung
  (z. B. Begrüßen/Bekannt machen, Diskussion steuern, Ergebnisse zusammenfassen)

Der erfolgreiche Verlauf von Gruppengesprächen setzt folgende Schritte voraus:

- Begrüßung, Atmosphäre und Kontakte schaffen
- Thema und Gesprächsziel benennen
- Analyse des Problems
- Sammeln und Bewerten von Lösungsvorschlägen
- Entscheiden
- Umsetzung vereinbaren
- Reflexion über die Besprechung

Die Auswertung der Gespräche ist nach vier Schwerpunkten vorzunehmen:

- **Sachebene**
- Sind alle Ziele erreicht worden?
- Sind alle Aspekte ausreichend behandelt?

- **Prozessebene**
- War die Vorbereitung zielführend?
- War der Ablauf systematisch?

- **Organisationsebene**
- Waren Termin, Raum, Rahmenbedingungen usw. angemessen?

- **Interaktionsebene**
- Wie haben die Teilnehmer den Moderator erlebt?
- Wie war die Zusammenarbeit zwischen den Teilnehmern?
- Wie gestalteten sich die Beziehungen zwischen den Teilnehmern und der Gruppe?

Grundsätzlich sind Gruppengespräche dann erfolgreich verlaufen, wenn die beabsichtigten Ziele erreicht, der Zusammenhalt der Gruppe gestärkt und die persönlichen Bedürfnisse der Teilnehmer berücksichtigt wurden.

Zum Abschluss des Meetings sollten alle Teilnehmer in die Auswertung einbezogen werden. Zeigen sich bei dieser Rückschau eindeutige Schwachstellen, so müssen sie zur Sprache kommen, um den Verlauf künftiger Gruppengespräche zu verbessern.

Offene Worte oder kritische Argumente einzelner Mitarbeiter dürfen nicht aus dem Gesprächskreis herausgetragen oder gar später gegen jemanden verwendet werden (Vertrauensmissbrauch).

In Gruppengesprächen bzw. Besprechungen sollte der Verlauf möglichst visualisiert werden (z. B. Flipchart). Das zeigt den Teilnehmern den Stand der Ergebnisse und erleichtert die Konzentration auf ein Thema. So kann jeder Teilnehmer bei Unstimmigkeiten sofort nachfragen. Außerdem wird es leichter Übereinstimmungen zu finden und vor allem zu einem gemeinsamen Ergebnis zu kommen.

Die **Visualisierung** ist auch eine gute Vorbereitung für das Protokoll. In ihm werden die Ergebnisse der Besprechung festgehalten (Ergebnisprotokoll). Darüber hinaus gehört die Festlegung von Verantwortlichkeiten und die Terminsetzung für die Realisierung dazu. Beschlüsse sind unmittelbar weiterzuleiten und sowohl „nach oben" als auch „nach unten" zu vertreten.

Aufgaben:

- Erarbeiten Sie eine Checkliste für die organisatorische Vorbereitung von Dienstbesprechungen.
- Erarbeiten Sie ein Musterformular für ein Ergebnisprotokoll von regelmäßigen Dienstbesprechungen.

Einzelgespräche

Neben den Gruppengesprächen stehen aus aktuellem Anlass auch Einzelgespräche mit den Mitarbeitern an. Themen dieser Einzelgespräche können sein:

- Beurteilungsgespräche
- Anerkennungsgespräche
- Kritikgespräche
- Rückkehrergespräche
- Delegationsgespräche

Es gibt vielfältige Situationen, die Einzelgespräche mit Mitarbeitern notwendig machen. Sie gehören zu den zentralen Führungsaufgaben, denn Mitarbeiter zu führen heißt auch, sie durch Kommunikation zielgerichtet zu beeinflussen. Sie finden auf Wunsch des Vorgesetzten oder des Mitarbeiters (oder auf beidseitigen Wunsch) statt. Neben wichtigen betrieblichen Fragen können rein persönliche Dinge zur Debatte stehen.

Die **Anerkennung** für die Leistungen der Mitarbeiter ist die beste Motivation, wenn sie aufrichtig gemeint ist und überzeugend vorgetragen wird. Die Anerkennung soll das positive Verhalten eines Mitarbeiters bestätigen. Außerdem schafft es für den Mitarbeiter ein Erfolgserlebnis und stärkt somit positives Verhalten für die Zukunft. Im Mittelpunkt des

Anerkennungsgespräches steht die konkrete Leistung des Mitarbeiters. Sie muss zeitnah erfolgen und sich mit Fakten begründen lassen.

Alle Mitarbeiter sollten deutlich mehr Anerkennung erhalten als Kritik. Das Spektrum reicht vom „Schulterklopfen" bis zum zielorientierten Gespräch. Dabei können Einzelleistungen anerkannt werden, aber auch kollektive Leistungen, die eine Mitarbeitergruppe erbracht hat. In der Regel sollten Anerkennungsgespräche Vier-Augen-Gespräche sein. Die anderen Mitarbeiter sind aber angemessen darüber zu informieren. Das erhöht die positive Wirkung beim anerkannten Mitarbeiter. Immer sollte das Anerkennungsgespräch mit dem aufrichtigen Dank für den Mitarbeiter beendet werden.

Merke: Nicht ausgesprochene Anerkennung ist wie vorenthaltener Lohn!

Materielle Zuwendungen sollten dem Mitarbeiter aber nur in Aussicht gestellt werden, wenn sie schon genehmigt sind. Vage Andeutungen oder leere Versprechungen führen zu nachträglichen Enttäuschungen beim Mitarbeiter.

Kritikgespräche sind *Feedbackgespräche,* die die Zusammenarbeit mit dem Mitarbeiter festigen sollen. Dabei wird ein fehlerhaftes oder unerwünschtes Verhalten des Mitarbeiters mit dem Ziel konkret angesprochen, diesen Fehler zu korrigieren und ihn für die Zukunft auszuschließen. Dabei sind zwei Unterziele zu beachten: Erstens muss in dem Gespräch die Ursache für das fehlerhafte Verhalten geklärt werden und zweitens muss beim Mitarbeiter Einsicht erzeugt werden.

Das Kritikgespräch muss gut vorbereitet sein, sonst kommt es beim Mitarbeiter nicht zu der gewünschten Verhaltensänderung. Ein erfolgreiches Kritikgespräch ist nur möglich, wenn es Normen und Maßstäbe gibt, die dem Mitarbeiter bekannt sind, die von ihm akzeptiert werden und die er deutlich verletzt hat. Das Kritikgespräch zielt nicht darauf ab, den Mitarbeiter besserwisserisch zu belehren, sondern bei ihm Einsichten zu erzeugen, an denen er sich künftig orientieren kann. Dazu kann es auch notwendig sein, die Konsequenzen seines negativen Verhaltens aufzuzeigen.

Bedingungen für Kritik

- *begründet:*

    Die ausgesprochene Kritik muss berechtigt und für den Mitarbeiter nachvollziehbar sein. Sie richtet sich immer auf die Leistung, nie auf die Person des Mitarbeiters.

- *konkret:*

    Die ausgesprochene Kritik muss sich mit Fakten begründen lassen. Es muss klar sein, was und weshalb kritisiert wird.

- *aktuell:*

    Die ausgesprochene Kritik muss unmittelbar erfolgen, sonst wird die angestrebte Wirkung nicht erzielt. Andererseits ist ein Kritikgespräch nicht geeignet „alte Geschichten" wieder aufzuwärmen.

- *unter vier Augen:*

    Kritik wird immer als unangenehm empfunden. Sie öffentlich vor anderen auszusprechen, macht sie noch unangenehmer.

In der betrieblichen Praxis gibt es einige Sonderformen für Kritikgespräche, die ihre Grundlagen in arbeitsrechtlichen Zusammenhängen haben. Folgende Mittel stehen zur Verfügung:

– Ermahnung
– Abmahnung
– Verweis
– Betriebsbuße

Es versteht sich von selbst, dass gerade dieses Gespräch einen positiven Abschluss braucht. Mit dem Gesprächsabschluss und – gegebenenfalls der Unterzeichnung eines Gesprächsprotokolls – wird gewissermaßen der Startschuss zur weiteren Zusammenarbeit mit dem Mitarbeiter gegeben.

Am Ende werden die Gesprächsergebnisse zusammengefasst. Durch gezielte Rückfragen an den Mitarbeiter können so Missverständnisse ausgeschlossen werden.

Abschließend sollten auch die Konsequenzen und/oder die nächsten notwendigen Schritte besprochen werden. Vielleicht hat Führungskraft in dem Gespräch konkrete Hinweise dafür erhalten, was im unmittelbaren Arbeitsumfeld zu verändern ist. Der Mitarbeiter muss nach dem Gespräch erleben, dass seine Hinweise und Vorschläge ernst genommen werden. Damit leistet der Chef auch einen direkten Beitrag zu seiner Glaubwürdigkeit als Führungskraft.

Aufgabe:

Einer Ihrer Mitarbeiter hat über seinen Bereitschaftsdienst hinaus am Wochenende gearbeitet, um eine Störung, von der 1 350 Kundenhaushalte betroffen waren, zu beheben.

Bereiten Sie ein Anerkennungsgespräch mit dem Mitarbeiter vor!

Aufgabe:

Einer Ihrer Mitarbeiter kommt in letzter Zeit häufig zu spät. Sie müssen ihn zu diesem Fehlverhalten ansprechen.

Entwickeln Sie einen Leitfaden für ein Kritikgespräch!

Regeln für die Gesprächsführung

Unabhängig vom jeweiligen Thema oder Anlass, gibt es allgemeingültige Regeln, die bei der Gesprächsführung zu beachten sind. Dazu gehört nicht nur die inhaltliche, sondern auch die organisatorische Vorbereitung. So muss der Mitarbeiter rechtzeitig eingeladen werden und auch das Thema kennen, damit er sich vorbereiten kann. Die räumliche Situation sollte Störungen usw. ausschließen.

Durch eine gute inhaltliche Vorbereitung kann sich der Meister im Gespräch sowohl zielorientiert als auch mitarbeiterorientiert verhalten. Er sollte sich auf den Mitarbeiter einstellen und evtl. Widerstände nicht als Kampfansage zu verstehen. Widerstände sind vielmehr deutliche Anzeichen für Konflikte. Eine erfolgreiche Gesprächsführung verlangt auch, sich auf die Erfahrungswelt und die Sprache des Mitarbeiters einzustellen.

Die inhaltliche Gesprächsvorbereitung sollte immer schriftlich erfolgen. Dazu ist das jeweilige Gesprächsziel zu notieren, aber auch ein „roter Faden" für die Gesprächsführung zu entwickeln. Alle thematischen Mitarbeitergespräche gliedern sich in die drei Hauptteile: Einleitung, Hauptteil und Abschluss.

Mit der *Einleitung* sind eine positive Stimmung zu schaffen und mögliche Ängste beim Mitarbeiter zu reduzieren.

Handlungsbereich | Führung und Personal

Im *Hauptteil* wird das eigentliche Thema besprochen und ergebnisorientiert bearbeitet. Der *Abschluss* sollte die Gesprächsergebnisse zusammenfassen und einen positiven Ausblick geben.

Besonders Erfolg versprechend ist ein Gespräch, wenn es nach der *BAR-Regel* geführt wird:

B **Beteiligung:**
Sich selbst und auch den Mitarbeiter angemessen am Gespräch beteiligen.

A **Anteil nehmen:**
Sich für die Belange des Mitarbeiters wirklich interessieren.

R **Respekt:**
Jeder Mensch verdient Respekt.

Von der Qualität der Argumente und Einwände, aber auch vom persönlichen Verhalten (Umgangston, Fairness) hängt der Erfolg des Gespräches ab. **Bild 5.27** zeigt beispielhaft die Voraussetzungen für den guten Verlauf eines Gespräches zur Lösung einer aufgetretenen Problemsituation.

Die Gesprächsführung kann durch die Anwendung der richtigen *Fragetechniken* erleichtert werden. Grundsätzlich wird zwischen offenen oder öffnenden Fragen und geschlossenen oder schließenden Fragen unterschieden.

Zu den *offenen Fragen* gehören alle *W-Fragen*, die den Gesprächspartner zu zusammenhängenden Antworten ermuntern.

Beispiel: „Warum haben Sie mich nicht gleich angerufen?"

Geschlossene Fragen dagegen sind solche, die nur mit einem Ja oder Nein beantwortet werden können. Sie sind dann geeignet, wenn ein Mitarbeiter nur wenig Gesprächsbereitschaft zeigt.

Beispiel: „Haben Sie versucht mich anzurufen?"

Dann gibt es die **wiederholende Frage**, mit der die Aussage des Mitarbeiters inhaltlich wiederholt werden kann.

Beispiel: „Sie meinen also, dass ich telefonisch nicht erreichbar war."

Mit **richtungsweisenden Fragen** kann der Gesprächsverlauf in eine bestimmte gewünschte Richtung geführt werden.

Beispiel: „Was würden Sie sagen, wenn ..."

Und nicht zuletzt müssen hier **Suggestivfragen** genannt werden, die mit der Fragestellung schon eine bestimmte Antwort provozieren. Diese Fragenart sollte in Mitarbeitergesprächen allerdings nur im Notfall zum Einsatz kommen.

Beispiel: „Sie haben also genau gesehen, wie der Wagen vom Hof gefahren ist?"

Im **Bild 5.28** sind die wichtigsten Grundsätze für ein erfolgreiches Gespräch zusammengefasst.

Grundsatz	Erläuterung
Zuhören	– ganze Aufmerksamkeit widmen – ausreden lassen
Beobachten	– Reaktion des Gesprächspartners beachten (Sachlichkeit, Einsicht)
Partner sprechen lassen	– möglichst wenig eingreifen – zu näheren Ausführungen ermuntern
Wesentliches klären und zwanglos plaudern	– Gesprächsfreudigkeit im Auge behalten – Plaudern fördert Kontakt und Vertrauen

Bild 5.28: Grundsätze für ein erfolgreiches Gespräch

Gesprächsschritte	Eigenes Verhalten	Partnerverhalten
1. Begrüßen, „Anwärmen", Kontakt schaffen, Atmosphäre lockern	– sich auf den Partner einstellen – nicht mit der Tür ins Haus fallen – selbst locker sein	– kommt zu freiem Sprechen – entspannt sich – sieht Möglichkeit, eigene Probleme offen vorzutragen und auf Gehör zu stoßen
2. Problemvorbereitung	– mit Positivem beginnen – auf den Zweck des Gespräches eingehen	– es wird keine Gegenposition aufgebaut – das Selbstgefühl ist nicht getroffen
3. Ist-Zustand gemeinsam feststellen, Lösungsmöglichkeiten erörtern	– sachliche Problemdarstellung – Einzelheiten erfragen – nicht sofort Stellung nehmen – zu freien Äußerungen auffordern	– Möglichkeit zu offener Darlegung der Tatsachen – Bereitschaft zum Abgeben konstruktiver Vorschläge und zu sachlicher Prüfung von Einwänden
4. Maßnahmen formulieren	– gemeinsames Festlegen anstreben – niemanden „überfahren"	– „Wir-Erlebnis" – aktiver Anteil am Ergebnis wird deutlich – Freude über das Erreichte
5. „Motivieren"	– Durchführungsbereitschaft beim Partner stärken – Ausblick mit Angebot auf Hilfe	– Bereitschaft und Entschlossenheit zur Lösung der Aufgabe
6. Ziel festlegen	– konkrete Zahlen und Angaben festhalten	– eigene Mitwirkung liegt fest – Ausschluss von Missverständnissen
7. Abschluss	– Dank sagen – Überprüfung des Ergebnisses zusichern (Rückmeldung)	– Befriedigung, auch wenn nicht alle Ziele erreicht werden konnten

Bild 5.27: Voraussetzungen für ein erfolgreiches Gespräch zur Lösung einer Problemsituation

5.7 Anwenden von Führungsmethoden und -instrumenten

Definition von Führung

Führung ist die zielgerichtete Einflussnahme auf das Verhalten anderer Personen, um gemeinsam gute Arbeitsergebnisse im Sinne des Unternehmens zu erreichen.

(durch Dr. H. Fuhrmann verkürzte Formulierung in Anlehnung an Oswald Neuberger, Rolf Wunderer und Lutz von Rosenstiel)

Dieser Definition folgend kann festgestellt werden, dass Führungsverhalten – d. h. die Anwendung von Führungsmethoden und der Einsatz von Führungsmitteln – veränderbar und (er)lernbar ist bzw. situationsabhängig eingesetzt werden kann.

Eine starre Abgrenzung verschiedener **Führungsstile** kann es in der betrieblichen Wirklichkeit kaum geben. Nicht nur die technischen und rechtlichen Bedingungen der Arbeit, sondern auch die Einstellung und Erwartungen der Mitarbeiter sind einem ständigen Wandel unterworfen. Dem trägt der **situative (situationsbedingte) Führungsstil** Rechnung, der berücksichtigt, dass Führung immer im Spannungsfeld von Führungskraft und Mitarbeitern und Aufgabenstellung/Situation stattfindet. Daraus ergibt sich für jede Führungskraft die Notwendigkeit, die jeweilige Führungssituation schnell zu erfassen und angemessen zu reagieren. Es gibt z. B. Mitarbeiter, die an der „langen Leine" hervorragende Ergebnisse erzielen. Dann gibt es Mitarbeiter, die an der „kurzen Leine" geführt werden müssen und dann auch zu guten Ergebnissen kommen.

Die individuelle Ausgestaltung der Führungsaufgabe wird als **persönlicher Führungsstil** bezeichnet. Er bezieht sich auf Grundmuster des Verhaltens, welches typisch für die Führungskraft ist. Dieser persönliche Führungsstil hängt also unmittelbar mit der persönlichen Haltung und Einstellung der Führungskraft und dessen Werten zusammen. Aus der Summe von persönlichen Führungsstilen lassen sich typische Stile ableiten (**Bild 5.29**).

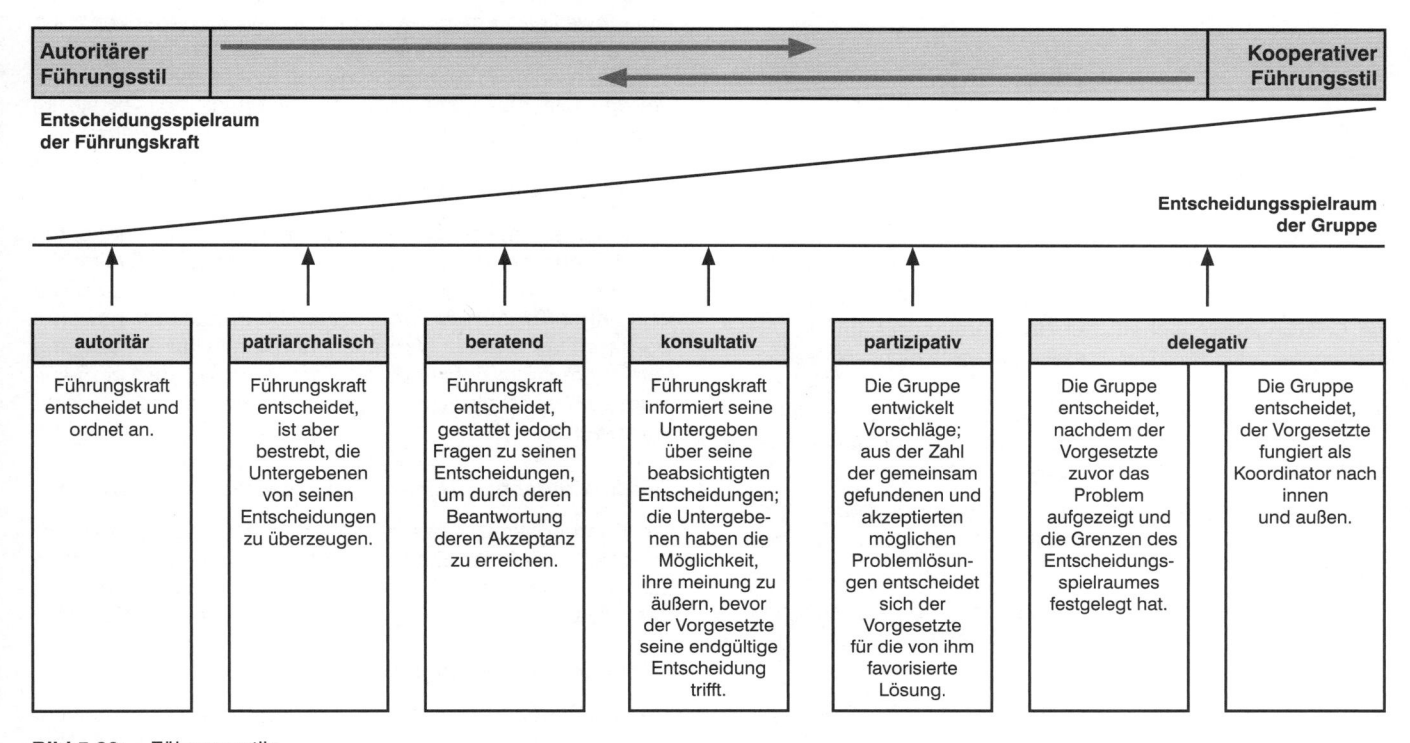

Führungsstile unterliegen außerdem geschichtlichen und gesellschaftlichen Entwicklungen – so war in den Anfängen industrieller Gesellschaften ein autoritärer Führungsstil häufiger anzutreffen. Heute werden kooperative und situative Führungsstile als erfolgreicher angesehen.

Es gibt in der Praxis nicht den einen – zu bevorzugenden – Führungsstil. Wichtig ist in erster Linie, dass Führungskräfte situationsgerecht reagieren.

Im **Bild 5.30** sind beispielhaft Vor- und Nachteile eines autoritären und partizipativen Führungsstils gegenübergestellt.

	autoritärer Stil	partizipativer Stil
Vorteile	– Druck auf einer Person – klare Entscheidungen, Transparenz – flexibel, schnell (z. B. in Krisensituationen)	– Meinungsvielfalt – Machtverteilung – motivierend – mehr Fachkompetenz und Praxisbezug
Nachteile	– Druck auf einer Person – Machtmissbrauch – Beschränktheit der Fachkompetenz (Anmaßung von Allwissenheit)	– Koordinationsschwierigkeiten – unflexible und langsame Entscheidungen

Bild 5.30: Vor- und Nachteile von autoritärem und partizipativem Führungsstil

---

Autoritärer Führungsstil ←——————————→ **Kooperativer Führungsstil**

Entscheidungsspielraum der Führungskraft

Entscheidungsspielraum der Gruppe

autoritär	patriarchalisch	beratend	konsultativ	partizipativ		delegativ
Führungskraft entscheidet und ordnet an.	Führungskraft entscheidet, ist aber bestrebt, die Untergebenen von seinen Entscheidungen zu überzeugen.	Führungskraft entscheidet, gestattet jedoch Fragen zu seinen Entscheidungen, um durch deren Beantwortung deren Akzeptanz zu erreichen.	Führungskraft informiert seine Untergeben über seine beabsichtigten Entscheidungen; die Untergebenen haben die Möglichkeit, ihre meinung zu äußern, bevor der Vorgesetzte seine endgültige Entscheidung trifft.	Die Gruppe entwickelt Vorschläge; aus der Zahl der gemeinsam gefundenen und akzeptierten möglichen Problemlösungen entscheidet sich der Vorgesetzte für die von ihm favorisierte Lösung.	Die Gruppe entscheidet, nachdem der Vorgesetzte zuvor das Problem aufgezeigt und die Grenzen des Entscheidungsspielraumes festgelegt hat.	Die Gruppe entscheidet, der Vorgesetzte fungiert als Koordinator nach innen und außen.

Bild 5.29: Führungsstile

Handlungsbereich | Führung und Personal

5.7.1 Führungsmethoden und -mittel

Nicht nur Sachprobleme, auch Führungsprobleme können das Überleben eines Unternehmens gefährden. Mitarbeiterführung ist nicht nur in wirtschaftlich guten Zeiten wichtig, wenn es gilt, qualifizierte Mitarbeiter zu bekommen, sie im Unternehmen zu halten und am richtigen Platz einzusetzen. Dies gilt besonders auch in schlechteren Zeiten, weil dann mit weniger Mitarbeitern mehr geleistet werden muss. Eine derartige Talsohle kann sicher nur mit zufriedenen Angestellten überbrückt werden.

Optimales Führen bedeutet, einen Mitarbeiter unter Berücksichtigung der jeweiligen betrieblichen Situation auf ein gemeinsames Ziel hin zu beeinflussen. Außerdem ist die Zusammenarbeit und der Bestand der Gruppe herbeizuführen und aufrechtzuerhalten und die Gruppe zum Gruppenziel zu führen.

Methoden und Mittel der Führung

Führungserfolg hängt nicht nur von der Person des Vorgesetzten ab, sondern wird von situativen Elementen entscheidend mitbestimmt. Jeder Vorgesetzte muss das Führungswissen, das man sich theoretisch aneignen kann, individuell angepasst umsetzen.

Ein lern- und entwicklungsförderndes Klima kann z. B. geschaffen werden durch Arbeitserweiterung (engl.: „job enlargement"), indem der Mitarbeiter zusätzliche neue Arbeitsaufgaben, die ihn motivieren, erhält. Auch „job rotation" (Arbeitswechsel) ist geeignet, da der Mitarbeiter mit wechselnden Arbeitsaufgaben konfrontiert und dadurch seine Flexibilität gefördert wird. Bei der dritten Möglichkeit, der Arbeitsbereicherung („job enrichment"), wird der Handlungsspielraum mit mehr Verantwortung und Entscheidungsbefugnis vergrößert.

Einige *Führungsmittel* sind:
– Information
– Kommunikation
– Kooperation
– Partizipation
– Beurteilung
– Lob
– Kritik
– Entgelt

Ein wichtiges Mittel ist die *Information.* Korrekte Information wirkt sich positiv auf die Arbeitsleistung, das Betriebsklima, die Leistungsbereitschaft, auf das Verständnis für die Arbeitsumwelt usw. aus. Der Vorgesetzte sollte nicht vergessen, dass Information eine Führungsaufgabe ist. Wenn Sie Ihre Mitarbeiter über Geplantes und Umzusetzendes nicht informieren, dürfen Sie sich nicht wundern, wenn die Mitarbeiter nicht bereit sind, auf Veränderungen zu reagieren.

Ein weiteres Führungsmittel ist die *Kommunikation.* Zur Kommunikation zählen Gespräche, Besprechungen, aber auch Konferenzen.

Durch *Kooperation* werden Mitarbeiter in das Geschehen einbezogen. Die Zusammenarbeit zwischen Vorgesetzten und Mitarbeitern wird verstärkt.

Durch *Partizipation* nehmen Mitarbeiter am Entscheidungsprozess teil, indem ihnen Verantwortung übertragen wird.

Auch die *Beurteilung* darf als Führungsmittel nicht unterschätzt werden. Die Mitarbeiter werden anhand klarer Kriterien bewertet und die Ergebnisse dann mit ihnen besprochen.

Kritik zählt ebenfalls zu den Führungsmitteln. Nicht zu vergessen ist die positive Kritik, nämlich das *Lob.*

Als bedeutendes Führungsmittel muss auch das *Entgelt* genannt werden. Die Höhe des Entgelts sollte zum einen nachvollziehbar sein und darüber hinaus in regelmäßigen Abständen ein Thema in Gesprächen zwischen Mitarbeiter und Vorgesetzten sein. Über Akkord- oder Prämienlohn können besondere Anreize geschaffen werden.

Anwenden von Führungsmethoden und -mitteln

Für die Anwendung von Führungsmethoden und -mitteln müssen einige Aufgaben erfüllt werden.

Erste Aufgabe: *Für Ziele sorgen*

Diese Aufgabe kann nur in enger Zusammenarbeit mit den Mitarbeitern erfüllt werden. Es kommt darauf an, mit ihnen gemeinsam Ziele zu vereinbaren. Das kostet Zeit, schafft aber Motivation, weil der Mitarbeiter in die Zielfindung eingebunden wurde und sich identifizieren kann.

Zweite Aufgabe: *Organisieren*

Mit der jeweiligen Organisation werden die Rahmenbedingungen geschaffen, in denen Mitarbeiter tätig sind. Sie gewähren Freiräume für die eigenverantwortliche Gestaltung der Stelle, sie schaffen aber auch Zwänge für den Einzelnen. Die Kernfrage lautet: Wie müssen wir uns organisieren, damit bestmögliche Resultate erzielt werden können?

Dritte Aufgabe: *Entscheiden*

Entscheiden ist das eigentliche Kerngeschäft von Führungskräften, es muss sorgfältig vorbereitet werden. Dafür sind immer alle Alternativen zu prüfen und die Konsequenzen einer jeweiligen Entscheidung im Vorfeld zu bedenken. Hier können gravierende Fehler gemacht werden. Werden Entscheidungen nicht rechtzeitig getroffen, entsteht Stagnation. Werden falsche Entscheidungen getroffen, müssen sie im Nachhinein mit einem großen Aufwand korrigiert werden.

Vierte Aufgabe: *Kontrollieren*

Kontrolle ist notwendig, nicht im Sinne einer permanenten Fehlersuche, sondern als Orientierungshilfe für den Mitarbeiter. Der Mitarbeiter muss wissen, wo er steht und wie seine Leistungen/Ergebnisse von seiner Führungskraft bewertet werden. Das braucht Vertrauen und einen fairen Umgang miteinander. Die notwendigen Kontrollen sind auf ein Minimum zu beschränken und in jedem Falle mit dem Mitarbeiter auszuwerten.

Fünfte Aufgabe: *Mitarbeiter entwickeln und fördern*

Die Führungskraft muss auf den Entwicklungsprozess der Mitarbeiter steuernd Einfluss nehmen. Das heißt auch, dem richtigen Mitarbeiter die richtige Aufgabe anzuvertrauen, an der er wachsen kann, ohne sich zu über- oder unterfordern.

Probleme im Führungsverhalten

Wenn Leistungen von Mitarbeitern/Arbeitsgruppen schlechter werden, persönliche und zwischenmenschliche Konflikte auftreten, eine allgemeine Unzufriedenheit und Demotivation droht und die Ziele des Bereiches nicht mehr erreicht werden, kann die Ursache im Verhalten der Führungskraft liegen. Typische Fehler im Führungsverhalten können z. B. sein:

- Konflikte fördern
- Die Meinung des Mitarbeiters nicht ernst nehmen
- Übergehen des zuständigen Mitarbeiters bei Entscheidungen
- Keine oder unzureichende Übertragung von Kompetenzen (aber von komplexen Aufgaben)
- Generelles autoritäres Verhalten
- Fehlende oder unzureichende Information
- Ständige Kontrolle (demotivierend, da keinerlei Vertrauensvorschuss)

Verbesserungsmaßnahmen – Lernen aus Führungsproblemen

Führung ist eine komplexe Aufgabe, die die regelmäßige Reflexion über das eigene Verhalten notwendig macht. Dies kann auch mit Unterstützung von persönlichen Beratern oder durch die Teilnahme an Personalentwicklungsmaßnahmen für Führungskräfte geschehen. Wesentlicher Erfolgsfaktor für Verbesserungen des persönlichen Führungsverhaltens ist die Analyse des eigenen Verhaltens in konkreten (Problem-)Situationen und das Erkennen, welche alternativen Handlungsweisen möglich sind und welche ggf. wirkungsvoller und besser sind.

Für diesen Prozess ist darüber hinaus die Auseinandersetzung mit dem Bild, daa andere von der Führungskraft haben, hilfreich. Feedback spielt auch bei der Optimierung von Führungsverhalten eine wesentliche Rolle, dieses Feedback kann durch Mitarbeiter, Kollegen oder andere Personen gegeben werden.

Problemlösung durch Partizipation

Generell versteht man unter Partizipation die **Beteiligung von Mitarbeitern** an Entscheidungsprozessen des Managements. Diese Beteiligung kann **formaler** (z. B. Mitbestimmung qua Gesetz, Tarifvertrag oder Betriebsvereinbarung) oder **informeller** (z. B. persönlicher Führungsstil, Delegation) Art sein.

Für Führungskräfte birgt Partizipation die Chance, Mitarbeiter, die sicher über eine eigene Urteilsfähigkeit und ein hohes Bedürfnis an Selbstbestimmung verfügen, an der Lösungsfindung zu beteiligen, um zu erreichen, dass

- das spezifische Wissen des Mitarbeiters genutzt wird,
- der Mitarbeiter die Ziele des Vorgesetzten teilt,
- die Akzeptanz der Entscheidung durch den Mitarbeiter erreicht wird und somit Konflikten vorgebeugt werden kann.

Selbsttest – Bin ich ein guter Chef?

- Ich bleibe auch in sehr schwierigen und belastenden Situationen ruhig und gelassen (immer / oft / selten / nie).
- Ich bin gut gelaunt (immer / oft / selten / nie).
- Ich lobe meine Mitarbeiter und gebe ihnen Anerkennung (immer / oft / selten / nie).
- Ich gebe auch eigene Fehler zu und stehe dafür ein (immer / oft / selten / nie).
- Ich kenne und fördere die Stärken meiner Mitarbeiter (ja / nein).
- Ich kann mich über die Erfolge meiner Mitarbeiter freuen (ja / nein).
- Ich kenne die Hobbys und Interessen meiner Mitarbeiter (ja / nein).
- Ich kenne die Familienverhältnisse meiner Mitarbeiter (ja / nein).
- Ich bleibe in jeder Situation den Mitarbeitern gegenüber diplomatisch (immer / oft / selten / nie).
- Ich kann meine Begeisterung auf meine Mitarbeiter übertragen (immer / oft / selten / nie).

Die Rolle des Meisters und seine Aufgaben

Der Meister muss mit seinen Mitarbeitern zur Erreichung der vorgegebenen Unternehmensziele beitragen und zugleich die Interessen und Bedürfnisse der Mitarbeiter berücksichtigen. Der Meister fungiert als Schnittstelle zwischen der Unternehmensleitung und den Mitarbeitern. Daraus erwächst seine **Rolle** als:

- Vorgesetzter der Mitarbeiter,
- Koordinator und Mittler zu anderen Unternehmensbereichen,
- Coach und Berater seiner Mitarbeiter.

Aus den unterschiedlichen Funktionen ergeben sich für den Meister fachspezifische, organisatorische und personelle Aufgaben. Zu diesen **Aufgaben** gehören:

- die Planung, Vorbereitung und Verteilung der Arbeit,
- die Unterweisung und Anweisung für Mitarbeiter,
- die Delegation von Aufgaben und Verantwortung,
- die Kontrolle der Arbeiten,
- das Fördern, Einsetzen, Informieren und Beurteilen der Mitarbeiter,
- das Fördern des Gruppenzusammenhalts,
- der Einsatz für die Belange der Mitarbeiter.

Der Meister ist in seiner verantwortlichen Position in vielen Bereichen besonders gefordert. Sein Erfolg wird gemessen an den Erfolgen seiner Mitarbeiter. Dafür braucht er eine vertrauensvolle Zusammenarbeit, aber auch **Autorität.**

Echte, tragfähige Autorität, die auch von den Mitarbeitern erlebt wird, zeigt sich in der Konsequenz in seinem Handeln: Der Meister ist verlässlich, sein Wort gilt und er steht auch zu seinem Wort. Außerdem muss er Durchsetzungsstärke und kommunikative Fähigkeiten besitzen. Das heißt auch, dass der Meister sowohl „Strenge" als auch „Milde" an den Tag legen muss, wenn die Situation es verlangt.

Falsche Autorität, die nur auf der Macht der Führungsposition beruht oder durch kumpelhafte Annäherungsversuche an die Mitarbeiter erzwungen wurde, ist auf die Dauer nicht tragfähig.

Die Mitarbeiter erwarten:

- klare Anweisungen,
- fachliche Qualifizierungsmöglichkeiten,
- Gerechtigkeit und Vertrauen,
- Menschenkenntnis,
- Beteiligung an der Lösung betrieblicher Probleme,
- Anerkennung und Achtung ihrer Leistungen und Bedürfnisse.

Handlungsbereich | Führung und Personal

Auch die Unternehmensleitung hat eine Reihe von Erwartungen. Dazu gehört zunächst, dass die Unternehmensziele durchgesetzt werden sowie eine Einstellung zu kostenbewusstem Denken und Handeln. Außerdem wird vorausgesetzt, dass alle Entscheidungen verantwortungsbewusst getroffen werden. Nicht zuletzt liegt es im Interesse der Unternehmensleitung, dass der Meister und seine direkt zugeordneten Mitarbeiter zum günstigen Betriebsklima durch gute Gruppenbeziehungen und Umgangsformen beitragen. Jeder Meister ist also klug beraten, wenn er dem Sozialverhalten seiner Mitarbeiter größte Aufmerksamkeit schenkt und beständig an seiner Verbesserung arbeitet. Dazu bieten sich ihm verschiedene Möglichkeiten:

Antipathie/Sympathie zwischen seinen Mitarbeitern

Antipathien zeigen sich in der Abneigung von bestimmten Personen oder Verhalten. Der Meister kann ggf. vermittelnd eingreifen.

Aggression

Aggressionen sind nicht selten das Ergebnis von Unzufriedenheiten oder Frustrationen. Aggressive Handlungen, die auf die Verletzung anderer zielen, muss der Meister rigoros unterbinden.

Mobbing

Mobbing liegt vor, wenn einzelne Mitarbeiter von Kollegen und/oder Führungskräften über einen längeren Zeitraum systematisch verfolgt, schikaniert und ausgegrenzt werden. Damit umschreibt Mobbing eine negative kommunikative Handlung gegen eine Person, die von mehreren Personen ausgeht. Tricks, Intrigen und Gemeinheiten vergiften das Arbeitsleben und stören das Betriebsklima. Mobbing kann in verschiedenen Variationen zum Tragen kommen:

- Der betroffene Mitarbeiter hat keine Chance mehr, sich mitzuteilen, er wird ständig unterbrochen und kritisiert.
- Die sozialen Beziehungen und das Ansehen werden systematisch untergraben.
- Der Mitarbeiter wird von einer angemessenen Leistungserbringung ausgeschlossen. Er bekommt nur noch Arbeiten, die sonst keiner machen will, oder Aufgaben, die überfordern.

Wer täglichen Gemeinheiten und Kränkungen ausgesetzt ist, wird seelisch krank. Mobbingopfer klagen über psychosomatische Beschwerden, Schlaflosigkeit, Migräne, Magenbeschwerden, Niedergeschlagenheit usw. Wenn es zu Anzeichen von Mobbing kommt, muss der Meister sofort handeln.

Rechtliche Hinweise

Die Verantwortlichkeit des Meisters für seine Mitarbeiter ergibt sich aus dem Umfang seiner arbeitsvertraglichen Verpflichtungen nach § 831 Abs. 1 BGB. Das bedeutet, dass er als Vorgesetzter für Fehler aller Mitarbeiter nachgeordneter Hierarchiestufen einzustehen hat. Damit ist klargestellt, dass die Übertragung von Aufgaben nicht von Verantwortung befreit, sondern im Gegenteil diese erweitert. Sie trifft nämlich den unmittelbar tätigen Mitarbeiter und den Vorgesetzten.

Das Gesetz gibt jedoch die Möglichkeit einer Entlastung (sog. Exkulpation), ansonsten würde sich wohl niemand mehr bereit finden, Personalverantwortung zu übernehmen. Gemäß § 831 Abs.1 BGB tritt die Ersatzpflicht des Vorgesetzten nicht ein, wenn er bei der Auswahl der bestellten Personen, der Vorrichtungen und Gerätschaften „die im Verkehr erforderliche Sorgfalt beobachtet".

Tut er dies nicht, handelt er fahrlässig im Sinne von § 276 Abs. 2 BGB. Diese haftungsrechtliche Fahrlässigkeit wäre dann gegeben, wenn ein eingetretener Schaden vorhersehbar und vermeidbar war.

Im Hinblick auf den Mitarbeitereinsatz fordert die Rechtsprechung neben der sorgfältigen Auswahl auch eine Überwachung. Als Faustregel kann gelten, dass die Intensität der Überwachung vom Verhalten der Mitarbeiter in der Vergangenheit (persönliche Eignung, Zuverlässigkeit) und von der Gefährlichkeit der Tätigkeit abhängt.

Dem Meister als personalverantwortlicher Führungskraft sind auch Fürsorgepflichten des Unternehmens für die ihm unterstellten Mitarbeiter übertragen. Somit besteht für ihn die Verpflichtung, seine Mitarbeiter vor Schaden zu bewahren. In erster Linie muss er darauf achten, dass alle Vorkehrungen für sichere Arbeitsbedingungen unter Berücksichtigung der gesetzlichen Vorschriften und Arbeitsschutzbestimmungen getroffen werden.

5.7.2 Konfliktmanagement

Konfliktmanagement begreift sich als systematische Vorgehensweise, um Konflikte zu erkennen, zu analysieren und zu bewältigen.

Die Ursachen von Konflikten in Organisationen liegen (nach L. Mullins) in:

- **individuellen Wahrnehmungsunterschieden**

  Je nach individueller Vorgeschichte, Kenntnisstand, Erfahrungen, Laune und Charakter wird eine Situation unterschiedlich wahrgenommen.

- **seltene oder begrenzte Ressource**

  Wenn die Mittel zur Erreichung der jeweiligen Ziele von mindestens zwei Parteien benötigt werden, wird die Einschränkung der Verfügung durch andere zum Konflikt führen.

- **Zergliederung der Organisation**

  Die Zergliederung der Organisation durch Abteilungsnamen, Verantwortlichkeiten, Weisungsbefugnissen usw. trennt die Mitglieder der Organisation. Allein diese Trennung kann zu Konflikten führen, da in einer Stellvertreterfunktion die Interessen dieser organisatorischen Einheit gegenüber anderen vertreten werden.

- **voneinander abhängiger Arbeitsumwelt**

  Wenn die Ausführung einer Arbeitstätigkeit von der vorherigen Arbeit eines anderen abhängt.

- **Rollenkonflikte**

  Ein Mensch übernimmt verschiedene Rollen, deren Ausübung mit den Rollen anderer in Konflikt treten kann, beispielsweise beurteilt ein Qualitätsmitarbeiter die Arbeit eines anderen.

- **unfaire Behandlung**

  Unfaire Behandlung kann aus allen möglichen Gründen, Geschlecht, Sprache, Aussehen, Alter, Gesundheit, Rasse, Religion, Herkunft, Abstammung zu Konflikten führen. Dabei ist es wesentlich zu erkennen, dass Fairness und Gleichheit nicht austauschbar sind; ein Gehbehinderter kann nicht gleich wie ein Nichtbehinderter behandelt werden, sehr wohl aber gleich fair.

- *Verletzung des Territoriums*

    Jede wahrgenommene Verletzung von tatsächlichem oder ideellem Territorium wird als Konflikt wahrgenommen. Wenn also eine Person in den persönlichen Bereich einer anderen eindringt – zu dicht an diese herangeht oder sich in dessen ideellen Bereich begibt – dann ist ein Konflikt wahrscheinlich.

- *Veränderung der Umwelt*

    Veränderungen der Umwelt führen zu Veränderungen in der Organisation. Abgesehen von vorgenannten Konfliktursachen führt die Veränderung der Umwelt zu Unsicherheit und Stress, der allein die Wahrscheinlichkeit von Konflikten in der Organisation erhöht.

Selten ist eine Ursache allein der Grund für einen ausgetragenen Konflikt. Oft finden sich kumulative Effekte über die Zeit, sodass die Analyse der Ursachen für die Konfliktlösung oder das Management des Konfliktes wesentlich sein kann.

Betriebliche Konflikte entstehen aus gegensätzlichen Interessen bezüglich der Arbeitsaufgaben (z. B. Herstellung und Endkontrolle, Maschinenbedienung und Reparatur) oder der Orientierungen (z. B. fortschrittliches Experimentieren auf der einen Seite, vorsichtig-traditionelles Verhalten auf der anderen Seite). Darüber hinaus liegt das Konfliktpotenzial nicht selten im zwischenmenschlichen Bereich (z. B. Antipathie, mangelnde Hilfsbereitschaft, ungerechtfertigte Privilegien).

Führungskräfte erhalten automatisch die Aufgabe übertragen, Konflikte zu analysieren und zu regulieren. Ein guter Vorgesetzter sollte in der Lage sein, Maßnahmen zur Vermeidung und zum bewussten Umgang mit Konflikten zu ergreifen. Mit Hilfe von Konfliktmanagement hat er dafür zu sorgen, dass Konflikte nicht eskalieren, sondern zu einer friedlichen Lösung geführt werden.

Lösungsmöglichkeiten von Interessenkonflikten

Gezielte Umfragen in ca. 1 200 Unternehmen unterschiedlicher Struktur haben eindeutig gezeigt, dass innerbetriebliche Interessenkonflikte überwiegend durch nicht optimale, laterale Kooperation in der Zusammenarbeit entstehen. Die laterale (seitlich ausgerichtete bzw. gleichrangige) Kooperation findet außerhalb eines geordneten Rahmens statt, während die vertikale Kooperation über die Hierarchie ausgedrückt wird.

Gestellt wurde die Frage: „Wo treten für Sie persönlich – insgesamt gesehen – die stärksten Konflikte auf?" Das durchschnittliche Ergebnis geht aus **Bild 5.31** hervor.

Beziehung	Anteil der Konflikte in %
Zusammenarbeit mit direkten Vorgesetzten oder Mitarbeitern	28
Kooperationsbeziehungen zu Kollegen, die demselben Vorgesetzten unterstellt sind	18
Kooperationsbeziehungen zu anderen Organisationseinheiten	55

Bild 5.31: Konflikte in der Zusammenarbeit

Dabei sind die Ursachen für mögliche Fehlentwicklungen zu analysieren. Als konsequente Maßnahme hat die Hierarchie strukturelle Verbesserungen als Voraussetzung für eine bessere Kooperation zu schaffen, indem ausreichend Informationen zur Verfügung gestellt werden und Anreize, aber auch Sanktionen bei Verstößen geschaffen werden.

Die erhöhten Ansprüche an den Arbeitsplatz – mehr Selbstverantwortung, gestiegene Herausforderungen an die Fähigkeiten, mehr Handlungsfreiheiten – lassen sich ausgezeichnet mit den Anforderungen an einen „kooperationsfähigen" Mitarbeiter verbinden, die von folgenden Faktoren abhängig ist:

– Offenheit
– Vertrauen
– Hilfsbereitschaft
– Mut

Offenheit und Vertrauen

Offenheit und Vertrauen stehen in einer wechselseitigen Beziehung zueinander. Daher wird sich ein Kooperationspartner nur dann öffnen, wenn er darauf vertrauen kann, dass die von ihm preisgegebenen Informationen nicht gegen ihn verwendet werden. Das Verhalten, unmittelbaren Nutzen aus der Offenheit anderer zu ziehen, erklärt sich von selbst. Der entstandene Vertrauensverlust ermöglicht zukünftig nur noch erzwungene, nicht erstrebenswerte Kooperation.

Hilfsbereitschaft

Wirkliche Hilfsbereitschaft heißt, nicht nur bedarfsorientiert (nach Aufforderung) zu unterstützen, sondern im unternehmensinternen Zusammenhang aktiv und uneigennützig in die Prozesse einzugreifen.

Mut

Zu einer überzeugenden Kooperationsfähigkeit gehört zweifellos der Mut, sich zu öffnen und unpopuläre Meinungen kritisch, weil verantwortlich, zu vertreten.

Fazit

Den Rahmen für eine gut funktionierende Kooperation und die Vermeidung von Interessenkonflikten bildet grundsätzlich der gegenseitige Umgang. Er kann allerdings nicht nur durch die operative Ebene gelebt werden, sondern muss als Unternehmenskultur auch von den Hierarchien unterstützt werden. Kooperation zum Schein wäre das Minimalprinzip – damit lässt sich kein (ökonomisches) Maximum erreichen.

Konfliktebenen

Folgende Konfliktebenen sind zu unterscheiden:

- *Individuelle Ebene*

    Dazu sind mindestens zwei Menschen notwendig. Innerhalb einer Gruppe wird das als Intra-Gruppenkonflikt bezeichnet. Ein Teil der Gruppe möchte eine Aufgabe auf eine bestimmte Weise lösen, der andere Teil der Gruppe hat seine eigenen Vorstellungen.

- *Organisationsebene*

    Intragruppen- oder Organisationskonflikt, bei dem es sich um Streitigkeiten zwischen Gruppen, Abteilungen oder Bereichen handelt.

- **Umwelt- oder Gesellschaftsebene**

  Dabei handelt es sich um politische, ökonomische, soziale und kulturelle Konflikte. Arbeitgeber und Gewerkschaften sind nicht der gleichen Meinung oder ein Unternehmen steht im Wettbewerb mit einem anderen.

Konflikte als Ausdruck von Gegensätzen und Widersprüchen

Wissenschaftliche Untersuchungen zeigen, dass Konflikte in der Natur des Menschen liegen. Ein konfliktfreies Zusammenleben kann es nicht geben. Konflikte können z. B. auftreten aufgrund knapper Ressourcen, strittiger Entscheidungen, Unsicherheit über die eigene Position oder die unmittelbaren Arbeitsbedingungen. Meist handelt es sich um konkrete, aufgabenbezogene Konflikte von Arbeits- und Projektgruppen:

- **Bewertungskonflikt**

  Es besteht keine Übereinstimmung über Ziele und deren Erreichbarkeit.

- **Beurteilungskonflikt**

  Zwei Mitarbeiter streiten sich, auf welchen Wegen ein Ziel erreicht werden kann.

- **Verteilungskonflikt**

  Finanzielle oder technische Ressourcen müssen auf mehrere Gruppen verteilt werden. Jede möchte natürlich für sich das meiste beanspruchen.

Ganz allgemein gilt, dass bei Konflikten zuerst der andere Mensch gesehen wird, jedoch nicht die Sache selbst. Man reagiert sich am Menschen ab, obwohl es sachliche Zusammenhänge sein können, die sein Verhalten bestimmen und dieser objektiv Recht hat (was bei näherer Betrachtung auch einzusehen ist).

Die **Konfliktentstehung** stellt sich als das Zusammentreffen von Meinungen, Interessen und Wünschen mehrerer Parteien dar. Da jede Partei ihre Interessen durchsetzen will, ist der Konflikt eine logische Folgerung aus der Situation. Meist bereitet in der Folge nicht der eigentliche Konflikt, sondern die Unfähigkeit, den Konflikt zu bewältigen, die größten Probleme. Um den Konflikt beherrschen zu können, muss also bewusst gemacht werden, was bei Konfliktsituationen eigentlich vor sich geht. Alle Konflikte (unabhängig von Zeitdauer, sachlicher oder persönlicher Ebene) haben einen allgemein gültigen Ablauf (**Bild 5.32**).

Eine Konfliktsituation wird begleitet von menschlichen Reaktionen wie z. B. Gereiztheit oder innerem Rückzug vor dem Ausbrechen. Um diese Reaktionen wahrnehmen zu können, sollte der erfahrene Mitarbeiter diese Signale seines Körpers in einer „ruhigen Minute" aufnehmen und über die Ursachen nachdenken. Unser Körper nimmt oft schon vor unserem Verstand wahr, ob es uns gut geht oder nicht. Werden die Signale richtig gedeutet, lässt sich eine spätere Eskalation im frühen Stadium vermeiden.

Darüber hinaus gibt es recht sichere, **äußerliche Anzeichen**, die auf einen möglichen Konflikt schließen lassen, z. B.

- Desinteresse,
- Förmlichkeit,
- Kommunikationsstörungen,
- Widerstand,
- Verharren auf dem eigenen Standpunkt.

Führungskräfte erhalten automatisch die Aufgabe übertragen, Konflikte zu analysieren und zu regulieren. Ein guter Vorgesetzter sollte in der Lage sein, Maßnahmen zur Vermeidung und zum bewussten Umgang mit Konflikten zu ergreifen. Mit Hilfe von Konfliktmanagement hat er dafür zu sorgen, dass Konflikte nicht eskalieren, sondern zu einer friedlichen Lösung geführt werden.

Strategien zur Konfliktlösung

Die Lösung eines Konflikts ist primär vom Verhalten der Beteiligten abhängig (**Bild 5.33**). In der Mehrzahl wird eine *friedliche Beilegung* angestrebt. In diesem Idealfall wird ein Konflikt von den Beteiligten besprochen und im Konsens beigelegt *(Win-Win-Strategie)*.

Häufig ist ein solcher Weg im persönlichen Bereich allerdings schwer zu unterscheiden von Vermeidungsstrategien aus Angst-, Schuld-, Scham- oder Minderwertigkeitsgefühlen gegenüber einer offenen Auseinandersetzung mit dem Konfliktthema oder dem Konfliktpartner. Auch Tabus können dabei im Spiel sein. Die Grenzen zu einer Scheinbeilegung durch Verdrängung sind dann fließend. Ein „reinigendes Gewitter" kann demgegenüber viel konstruktiver sein.

Da Konflikte ihre Ursache in einem Widerspruch haben, wird häufig der Stärkere versuchen, den Widerspruch zugunsten seiner eigenen Sichtweise aufzulösen. Dies kann den Konflikt jedoch nicht beheben, weil der Schwächere mit der scheinbaren Lösung einem erneuten Konflikt ausgesetzt wird. Ent-

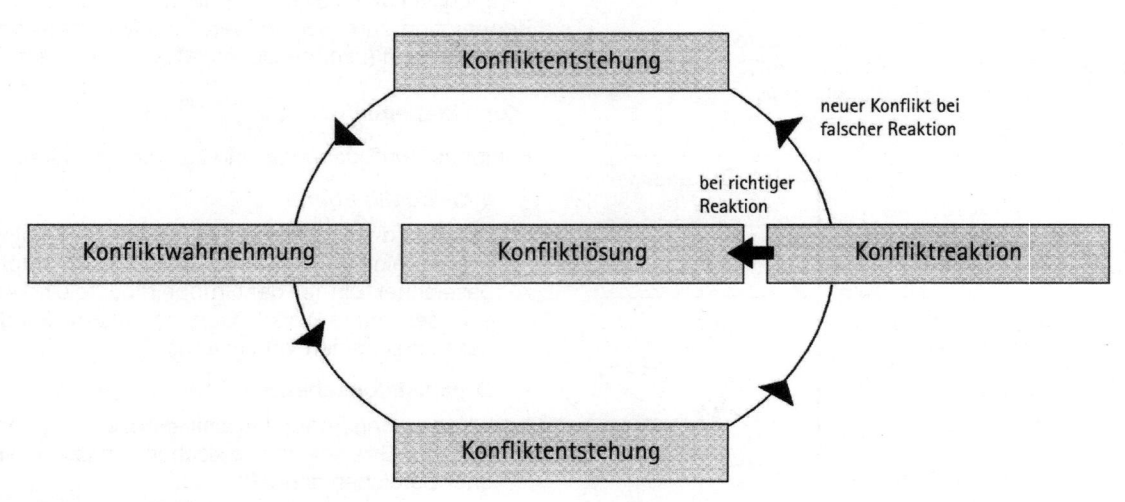

Bild 5.32: Ablauf von Konflikten

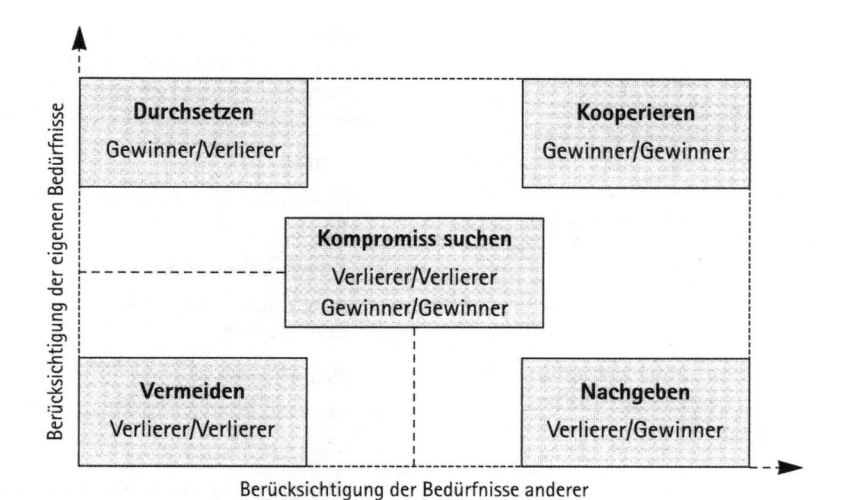

Bild 5.33: Konfliktstrategien

scheidend für den angemessenen Umgang mit einer Konfliktsituation ist die Frage, ob nach der Klärung eine konstruktive Fortsetzung des Kontakts mit dem anderen erwünscht ist, oder nicht.

Jeder Konfliktpartner sollte erkennen, dass ein Lösungsweg angestrebt werden muss, der keine Partei zum Verlierer macht. Zunächst ist eine Analyse des Konflikts angebracht. Dabei sollten die Ursachen des Konflikts noch einmal reflektiert werden. Wenn andere Standpunkte akzeptiert und in den Lösungsansatz einbezogen werden, lassen sich über unterschiedliche Blickwinkel die Antworten auf folgende Fragen erkennen:

- Worum geht es?
- Wie ist der Konflikt entstanden (Verlauf)?
- Wodurch wurde der Konflikt letztendlich ausgelöst?

Für den Vorgesetzten sind einige Verhaltensweisen unerlässlich, z. B.:

- Kontrolle der Erregung, nicht provozieren lassen, ruhig bleiben,
- Kritik möglichst nur unter vier Augen,
- Vertrauen herstellen, eigene Fehler eingestehen, offen sein für Problemlösungen,
- für Kommunikation offen sein, im Gespräch zugänglich sein,
- Lösung des Konfliktes, Treffen von persönlichen Vereinbarungen, Erzielen einer Einigung.

Ein wesentlicher Bestandteil aller **Konfliktstrategien** ist die Berücksichtigung fremder Bedürfnisse (**Bild 5.34**).

Es bieten sich grundsätzlich folgende Möglichkeiten an, mit Konflikten umzugehen:

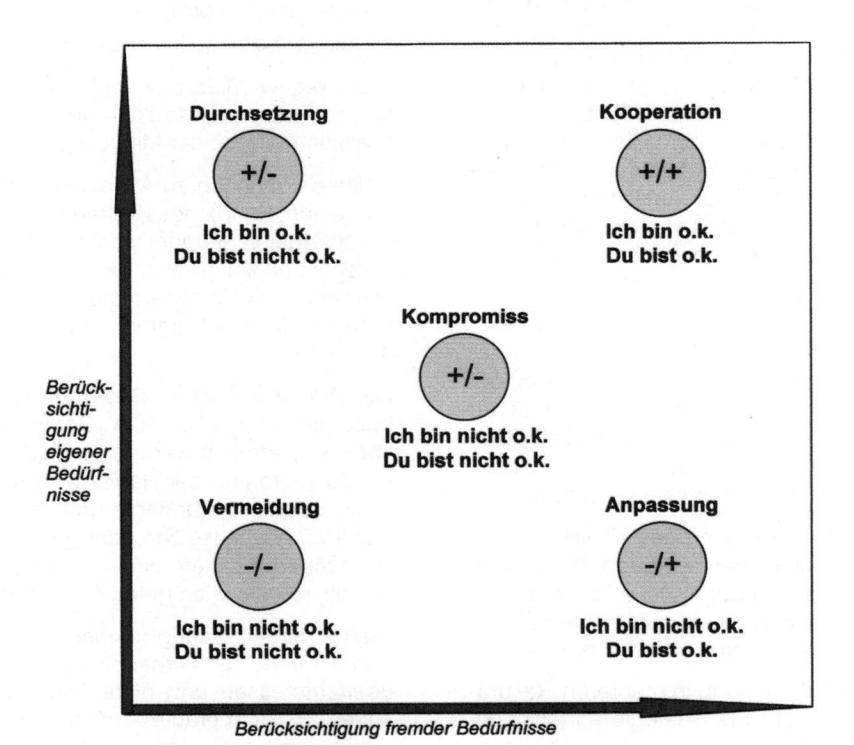

Bild 5.34: Berücksichtigung fremder Bedürfnisse – Konfliktstrategien und o.k.-Positionen (nach H.-J. Nötges)

Vermeidung

Flucht, Rückzug, Konflikte unter den Teppich kehren – auf den ersten Blick scheint dies keine Konfliktlösung zu sein. Gerade bei den kleinen Konflikten des Arbeitsalltags kann diese Strategie jedoch gelegentlich zum Erfolg führen. Tatsächlich regeln sich manchmal Konflikte auch ohne das Zutun des Vorgesetzten. Wenn das „Aussitzen" aber die grundsätzliche Strategie einer Führungskraft ist, können in einer Arbeitsgruppe auf Dauer unlösbare Konflikte entstehen.

Anpassung

Harmonie, sich unterwerfen, auf eigene Ziele verzichten – diese Konfliktstrategie führt zwar dazu, dass der Konflikt gelöst wird, aber die Position verloren *(„Loose-Win")* geht.

Durchsetzung

Drohung, Macht einsetzen, „Ich oder Du" – diese Strategie hat den Vorteil einer schnellen Regelung, die bei kleineren Interessenskonflikten durchaus angemessen sein kann. Das gilt allerdings nur, wenn die Konfliktparteien die Lösung akzeptieren. Im entgegengesetzten Fall kann sich der Vorgesetzte mit dieser Strategie unversöhnliche Feinde schaffen.

Kompromiss

Jede Partei rückt von seinen Maximalforderungen ab – damit kann gelegentlich ein Erfolg erzielt werden. Allerdings kennt die Alltagssprache auch die Grenze eines solchen Vorgehens. Wenn der Kompromiss „faul" ist, dann wird der Konflikt weiterschwelen und bei der nächsten Gelegenheit umso heftiger ausbrechen. Daher bleibt häufig nur der zeitaufwendige und nervenaufreibende Weg einer kooperativen Konfliktlösung.

Kooperation

Kreative Zusammenarbeit; optimale Lösung erarbeiten – bei diesem (ohne Zweifel anspruchsvollsten) Versuch der Konfliktlösung muss daran gedacht werden, dass keine Gesprächsstrategie die vollständige Lösung von Konflikten garantieren kann. Es gibt nur einige Empfehlungen für das Vorgehen bei Konfliktlösungsgesprächen, die eine Lösung wahrscheinlicher machen. Voraussetzung für eine kooperative Konfliktlösung ist die Bereitschaft der Konfliktparteien, sich im Gespräch zu öffnen. Diese Bereitschaft kann bereits dann vorausgesetzt werden, wenn die Konfliktparteien den Vorgesetzten um Unterstützung bei der Lösung bitten.

Weitere Hinweise zur Konfliktlösung

Die Konfliktlösung durch Gespräche verlangt sehr viel Zeit und noch mehr Geduld. Der Vorgesetzte muss ausdauernd zuhören können. Seine Rolle ist es nicht, ein Urteil zu fällen oder gute Ratschläge zu verteilen. Er muss vielmehr im Konfliktlösungsgespräch zwischen den Parteien vermitteln.

Am schnellsten ist eine Abschwächung des Konflikts zu erreichen, wenn eine Partei ihr Verhalten verändert. Damit kann sie am ehesten auf ein Einlenken der anderen Seite hoffen. Ob damit allerdings eine wirklich zufriedenstellende Konfliktlösung zu erreichen ist, muss die reale Situation ergeben.

Es ist meist günstig, die Konfliktlösung in mehreren Gesprächen zu suchen. Es sollte nicht die Strategie angewendet werden: „Wir bleiben hier so lange sitzen, bis Sie sich wieder vertragen." Dies führt leicht zu **Scheinlösungen.** Es kann durchaus sinnvoll sein, zunächst in Einzelgesprächen mit den Beteiligten deren Sicht der Probleme genauer kennenzulernen. Auf dieser Basis können dann die gemeinsamen Gespräche geplant werden. Ein möglicher Ablauf der Gesprächsschwerpunkte könnte so aussehen:

- *Erstes Gespräch*

  Austausch der jeweiligen Erwartungen an die Konfliktlösung

- *Zweites Gespräch*

  Austausch von jeweiligen Vorschlägen zur Bewältigung des Konflikts

- *Drittes Gespräch*

  Versuch einer kooperativen Lösung

- *Viertes Gespräch*

  Überprüfung, ob die gemeinsame Lösung sich bewährt hat

Zusammenfassend ist festzustellen, dass vernünftige Konfliktlösungen nur über einen Kompromiss oder Konsens (übereinstimmende Abmachung) erreicht werden können. Untaugliche Konfliktstrategien – wie z. B. Flucht, Weg des geringsten Widerstandes, Vernichtung des Gegners oder Unterordnung – sollte keine Partei in Kauf nehmen. Es handelt sich um Scheinlösungen, denn der Konflikt wird nur aufgeschoben.

Ein Konflikt ist dann gelöst, wenn die Konfliktparteien mit der Lösung einverstanden sind.

Maßnahmen zur Konfliktvermeidung

Zunächst sollten alle Beteiligten immer jene Regeln beachten, um die Entstehung eines Konfliktes nach Möglichkeit zu verhindern. Dazu gehören vor allem

- das Beachten und Einhalten von Zuständigkeiten und des Dienstweges,
- der faire persönliche Umgang,
- die rechtzeitige Information über alles Wesentliche.

Auch regelmäßige oder anlassgebundene Besprechungen lassen Raum zur Aufklärung und verhindern allgemeine Missstimmungen der Mitarbeiter.

Sollte es dennoch zu Auseinandersetzungen kommen, gibt es keinen Handlungsspielraum. Konflikte dürfen nicht verdrängt oder verleugnet werden, sondern müssen – wenn sie als echt und aktuell anerkannt werden – wirklich ausgetragen werden. Das wird nur erreicht durch die Aufarbeitung zusammen mit allen Beteiligten, so schwer das im Einzelfall auch sein mag.

Der *„Harvard-Würfel"* (**Bild 5.35**) zeigt auf, dass durch sachbezogenes Verhalten eine *„Gewinner-Gewinner-Strategie" (win-win)* erreicht werden kann. Dieses Konzept wurde vor ca. 30 Jahren an der Harvard-Universität in den USA entwickelt. Bei dieser Strategie geht es nicht darum, die eigene Position durchzusetzen oder gezwungenermaßen Abstriche zu machen, sondern eine dauerhafte Lösung zu finden, die von allen Beteiligten getragen und akzeptiert wird.

Hierbei ist es wichtig, Mensch und Probleme zu trennen. Kernelement der Verhandlung ist die Auseinandersetzung über Interessen und nicht über Positionen oder gar Personen. Es gilt herauszuarbeiten, was jeder Beteiligte ohne große Schwierigkeiten aufgeben kann. Die Frage nach den besten Alternativen muss beantwortet und anhand neutraler Beurteilungskriterien bewertet werden.

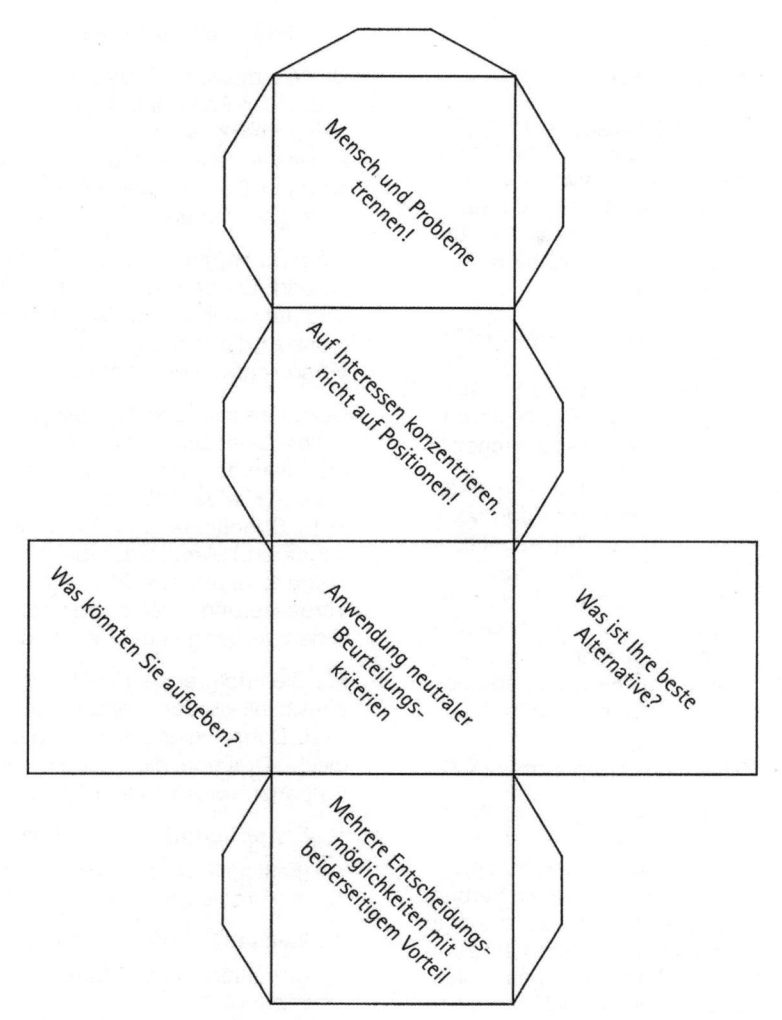

Bild 5.35: Der „Harvard-Würfel"

Dies bedeutet gleichzeitig, dass die Konfliktbeteiligten eine Diskussion auf der Sachebene führen müssen und sich nicht in ihren Ängsten und Befürchtungen, den gegenseitigen Kränkungen und Schuldzuweisungen verwickeln sollten. Gleichzeitig sollen die Erwartungen, das Vertrauen und die Befürchtungen der Beteiligten gewürdigt werden. Die Konfliktbeteiligten müssen den Konflikt oder das zu lösende Problem gemeinsam angehen und sich nicht gegenseitig bekämpfen.

Abschließend können in der Regel mehrere Entscheidungsmöglichkeiten mit beiderseitigem Vorteil aufgezeigt werden.

Beispiel:

Wenn man sich über einen Kollegen ärgert, weil er nachlässig ist und Dinge versäumt, kann man klassisch reagieren und ihn deshalb angreifen. Bei Anwendung der Harvard-Strategie wird dagegen versucht, herauszufinden:

– Warum ist er nachlässig?
– Hat er privaten Stress?
– Geht es ihm gesundheitlich nicht gut?
– Hat er Sorgen, die ihn ablenken?

Der verärgerte Kollege kann nachfragen, zuhören, die eigene Betroffenheit thematisieren und gemeinsam Möglichkeiten zur Verbesserung der Situation finden. Wenn er es von dieser Seite versucht, findet kein Angriff statt. Der Kollege hat die Möglichkeit, sich zu erklären, und es gibt gute Chancen, eine Lösung zu finden, die allen Betroffenen hilft.

Konfliktkompetenzen

Test: Wozu neige ich eher? (Skala 1 – 5)

- Konflikte helfen mir, neue Wege zu finden ⇔ Konflikte machen mich mutlos
- Ich stelle mich Konflikten ⇔ Ich vermeide Konflikte
- Ich nehme meine Bedürfnisse wahr ⇔ Ich richte mich nach den Bedürfnissen anderer
- In Konflikten respektiere ich den Gegenüber ⇔ In Konflikten werte ich den Partner ab
- Ich spreche Konflikte von mir aus an ⇔ Ich warte, dass der andere den Konflikt anspricht
- In Konflikten nehme ich mich zurück ⇔ In Konflikten mache ich meinen Standpunkt klar
- In Konflikten höre ich dem anderen zu ⇔ In Konflikten rede ich viel
- Ich löse Konflikte sofort ⇔ Ich „sitze" Konflikte aus
- Konflikte löse ich allein ⇔ Konflikte löse ich durch Einbeziehung aller Beteiligten
- In Konflikten reagiere ich ruhig/kontrolliert ⇔ In Konflikten reagiere ich impulsiv/spontan

Handlungsbereich | Führung und Personal

5.8 Beteiligungen der Mitarbeiter an Verbesserungsprozessen

In früheren Jahren war aus Sicht der Hierarchie ein Mitarbeiter grundsätzlich nicht bereit und in der Lage, einen Beitrag zur Verbesserung der innerbetrieblichen Methoden und Prozesse zu erbringen. Deshalb mussten (externe oder interne) Spezialisten bemüht werden, Optimierungen zu suchen und einzuführen. Die Lösungen wurden stets am grünen Tisch gefunden, also weitab von den Betroffenen.

Dagegen erhält der gut ausgebildete Mitarbeiter in modernen Betriebsstrukturen die zentrale Aufgabe des Experten. Ihm wird das Erkennen der Probleme, das Entwickeln alternativer Lösungen und deren Umsetzung zugetraut. Die Hierarchie übernimmt lediglich die Aufgabe, den „Weg freizumachen".

Eine partnerschaftliche Unternehmenskultur lebt von einem gemeinsam getragenen Leitbild, umfassender Information und offener Kommunikation. Es laufen partnerschaftliche Zielvereinbarungsprozesse, die Führung ist kooperativ und partizipativ. Die Produktions- und Arbeitsformen sind beteiligungsoffen (Teamarbeit, Gruppenarbeit). Mitarbeiter werden am Gewinn und/oder am Kapital beteiligt, sind konfliktfähig, bereit zu lernen und sich zu verändern. Die Unternehmenskultur, Visionen und Werte werden mit einbezogen.

5.8.1 Kontinuierlicher Verbesserungsprozess (KVP)

Der Kontinuierliche Verbesserungsprozess hat primär die ständige Optimierung der betrieblichen Prozesse im Hinblick auf Qualität, Kosten und Zeit zum Ziel. Unter derartigen Gesichtspunkten ist die Notwendigkeit zu immer neuen Verbesserungsmaßnahmen gegeben. Dieser Weg wurde zuerst in der Massenproduktion von Autos sowohl in Japan als auch in den USA gegangen. Wichtige Bestandteile eines umfassenden KVP gehen aus **Bild 5.36** hervor. Vielfach wird auch der japanische Begriff *„Kaizen"* (wörtlich übersetzt: Wandel zum Guten) verwendet.

In das System der Willensbildung sollen möglichst viele Mitarbeiter einbezogen werden. Sie werden sich allerdings am kontinuierlichen Verbesserungsprozess nur dann dauerhaft beteiligen, wenn sich dadurch ihre persönliche Arbeitssituation zum Positiven ändert und/oder sich eine monetäre Verbesserung einstellt.

Bild 5.36: Leistungsspektrum eines umfassenden KVP

Betriebliche Einführung

Das *betriebliche Vorschlagswesen* ist ein wertvolles Hilfsmittel der Personalführung. Darum müssen attraktive Bedingungen geschaffen werden, die den Mitarbeiter in seiner Arbeitsweise fördern und zu Verbesserungsvorschlägen anspornen. Der Mitarbeiter muss wissen, dass seine Vorschläge ernst genommen und honoriert werden.

Ein Beauftragter für das betriebliche Vorschlagswesen muss ernannt werden. Er ist Ansprechpartner und verwaltet den Begutachtungs- und Bewertungsprozess. In seiner Funktion muss er die Initiative ergreifen, ständig für das betriebliche Vorschlagswesen werben und Impulse geben.

Der Einreicher des Verbesserungsvorschlags kann ein normales Belegschaftsmitglied sein, aber auch Aushilfskräfte, Praktikanten und Auszubildende können eingeschlossen werden. Selbst Leiharbeiter oder betriebsfremde Personen, z. B. Spediteure oder Wartungsmitarbeiter, können in besonderen Fällen in den prämienberechtigten Personenkreis aufgenommen werden. Außenstehende erkennen häufig Verbesserungsansätze im Unternehmen, weil sie die betrieblichen Vorgänge unvoreingenommen betrachten.

Für die erfolgreiche Einführung von KVP sollte ein Leitfaden entwickelt werden, der unternehmensspezifisch angewendet wird. Dabei bestimmt nicht das Detail, sondern das strategische Optimum die Blickrichtung. Grundsätzlich ist folgende Vorgehensweise zu empfehlen:

- *Erster Schritt:*   *Problemfindung*
  (Feststellen der Problembereiche, Auswahl und Analyse der Probleme)
- *Zweiter Schritt:*   *Lösungsfindung*
  (Ermittlung von Lösungen, Auswahl und Planung einer Lösung)
- *Dritter Schritt:*   *Genehmigung*
- *Vierter Schritt:*   *Umsetzung*
  (Aufgabenverteilung, Bewertung der Lösung, Ursachenbeseitigung)

Im Grundgedanken muss die traditionelle Ausrichtung der Organisation weitgehend aufgegeben werden. Folgende zentrale Ansatzpunkte sind erkennbar:

- Der Mitarbeiter ist nicht mehr nur Ausführender, sondern Mittelpunkt der Optimierung.
- Vertikale Kommunikation und Kooperation werden seitlich (lateral) ausgerichtet.
- Standards werden in kleinen Schritten ständig verbessert und erhöht.

Förderung

Die Förderung von KVP ist durch folgende Maßnahmen möglich:

- Aktuelle Unternehmensziele werden offen kommuniziert und unterstützt
- Verbesserungspotenziale sollen aufgespürt und umgesetzt werden
- Rahmenbedingungen für echte Gruppenarbeit werden geschaffen
  (z. B. Übertragung von Verantwortung für Struktur und Organisation)

Die *Erfolgsbeteiligung der Mitarbeiter* spielt eine zentrale Rolle, wie z. B.:

- *monetäre Anreize*

  Akkord- oder Prämienlohn. Durch Leistungsbeurteilung kann jemand in eine andere Gehaltsklasse aufsteigen. Aber auch betriebliche Sozialleistungen bieten einen Anreiz, z. B. die betriebliche Altersversorgung.

- *nicht monetäre Anreize*

  Der Mitarbeiter wird stärker in das Betriebsgeschehen eingebunden. Die Arbeitsaufgabe wird aufgewertet; damit verbundene Statussymbole und Privilegien haben starken Motivationscharakter.

- *Entwicklungschancen*

  Dem Mitarbeiter wird dargelegt, welche Karrieremöglichkeiten er im Unternehmen hat.

5.8.2 Bewertung von Verbesserungsvorschlägen

Als Verbesserungsvorschläge gelten Ideen, die die Steuerung des Betriebsablaufs betreffen, mit deren Hilfe Arbeitsmethoden und Arbeitsverfahren vereinfacht werden. Diese betreffen die Gestaltung der Produkte und sparen Material und Arbeitszeit ein.

Gutachter für die Bewertung von Verbesserungsvorschlägen sind Fachleute aus den verschiedenen Disziplinen. Meist muss aber nicht nur die technische Umsetzbarkeit beachtet werden, sondern auch die organisatorische, sicherheitstechnische und wirtschaftliche, sodass es sich anbietet, Gutachterteams zu installieren. Kleinere Unternehmen greifen oft auch auf externe Spezialisten zurück.

Die Bewertungskommission setzt sich aus neutralen Fachleuten zusammen; es handelt sich um eine ehrenamtliche Zusatzaufgabe.

Kriterien der Bewertung

Die Bewertung der Vorschläge soll wohlwollend erfolgen unter Beachtung der wirtschaftlichen Interessen des Unternehmens. Zunächst einmal ist es unerheblich, ob es sich um eine vielversprechende Idee mit Lösungsansatz handelt oder ob „nur" Ansätze für Verbesserungen ohne Lösungsvorschlag gemacht werden. Beide Modelle bieten Chancen zur Verbesserung und folgen dem *„Kaizen-Ansatz"*. Die Aufgabe der Hierarchie ist dann, die betroffenen Prozesse näher zu untersuchen und eventuell einen vollständigen Verbesserungsvorschlag (VV) zu formulieren.

In der Regel ist der Ablauf so, dass der Mitarbeiter den VV direkt bei der innerbetrieblich zuständigen Stelle einreicht und dafür eine Eingangsbestätigung erhält. Danach wird der Vorschlag an den (die) Gutachter zur Bewertung weitergegeben; das kann der Vorgesetzte des Mitarbeiters oder ein anderer, ausgebildeter Gutachter sein.

Eine Bewertung der eingereichten Vorschläge sollte in jedem Fall erfolgen. Sonst wird die Bereitschaft der Mitarbeiter, sich weiterhin am Verbesserungsprozess zu beteiligen, allmählich zerstört. Schließlich ist es erstrebenswert, die allgemeinen *Ziele des betrieblichen Vorschlagswesens* zu pflegen, wie z. B.

- Steigerung der Produktivität und Rentabilität
- Verbesserung der Produkte
- Vermeidung von Fehlern
- Schaffung verbesserter Arbeitsbedingungen

Für jeden Gutachter gilt, dass er alle positiven Inhalte unabhängig davon bewerten muss, ob an eine nur teilweise oder vollständige Umsetzung des Verbesserungsvorschlages gedacht ist. Außerdem hat er dafür zu sorgen, dass der Durchlauf durch die Instanzen zügig erfolgt und ein Gutachten die folgenden Fragen klärt:

- Ob und bis wann wird der Vorschlag umgesetzt?
- Welche Einsparungen werden erzielt?
- Welche Prämie ist zu erwarten?

Die Berechnung des Nutzens von Verbesserungsvorschlägen ist nach folgendem Schema aufgebaut:

- Beschreibung des bisherigen Zustandes
- Beschreibung des Verbesserungsvorschlages
- Meinung des Gutachters
- Betriebsdaten
- Einsparungs- und Prämienrechnung (s. Beispiel)

Beispiel:
Jahreseinsparung (nach Aufnahme der Betriebsdaten)

– Materialwert	€ 5.600,–
– Gesparte Transportkosten	€ 1.400,–
	€ 7.000,–
– Prämie (30 % der Jahreseinsparung)	€ 2.100,–

Bei der Prämiengestaltung hat jedes Unternehmen sein eigenes spezifisches Bewertungsverfahren. Überall wird es Bewertungsmethoden für Vorschläge mit einer errechenbaren Ersparnis und für solche, deren Wert sich nicht in Geld ausdrücken lässt, geben. Typische Bewertungsfaktoren sind z. B. auch die Originalität, die den Grad der schöpferischen Leistung ausdrückt, die Durchführbarkeit, die sich auf die Umsetzung des Vorschlags bezieht, und der Reifegrad, der anzeigt, wie weit der Vorschlag bereits in Richtung Umsetzbarkeit entwickelt ist.

Stellungnahme

Am Ende wird das Ergebnis der Bewertung dem Mitarbeiter persönlich mitgeteilt. Es soll damit vermieden werden, dass eine Rückmeldung – insbesondere wenn sie negativ ist – nicht anonym durch ein Schreiben erfolgt. Außerdem sollte der persönliche Kontakt dazu genutzt werden, Anerkennung auszusprechen und den Mitarbeiter zu weiteren Verbesserungsvorschlägen anzuspornen.

Handlungsbereich | Führung und Personal

5.9 Einrichten, Moderieren und Steuern von Arbeits- und Projektgruppen

Durch die ständig wachsende Komplexität der Prozessabläufe in der modernen Arbeitswelt gewinnt die Gruppenarbeit zunehmend an Bedeutung. Die Verflachung der Hierarchieebenen hat veränderte Techniken der Zusammenarbeit zur Folge. Viele Mitarbeiter erhalten an ihrem Arbeitsplatz nicht nur Anweisung und Kontrolle, sondern zusätzlich erhebliche Freiräume. Diese Möglichkeit zur Eigeninitiative wird durch die weitgehend eigenverantwortliche Mitwirkung in Arbeits- und Projektgruppen deutlich gestärkt.

Gruppenarbeit

Bezogen auf das Leistungsverhalten und die Beziehungen der Gruppenmitglieder untereinander durchläuft jede Gruppe grundsätzlich vier Entwicklungsstadien (**Bild 5.37**).

1. *Forming*

   Es wird Sicherheit geschaffen in Bezug auf die Problemdefinition und die Zielformulierung.

2. *Storming*

   Die Gruppe sucht sich selbst und entwickelt Teilnahme. Es wird ein Sicherheitsgefühl im gegenseitigen Vertrauen geschaffen.

3. *Norming*

   Die Gruppe schafft sich eine Struktur. Sie organisiert sich.

4. *Performing*

   Selbstregulierung der Gruppenfunktionen. Höchste Stufe der Gruppenleistung.

Ein besonderer Vorteil der Arbeit in Gruppen ist, dass durch den Kontakt mit den anderen Gruppenmitgliedern ein „Blick über den Tellerrand" erfolgt. Die Gruppe arbeitet zusammen, erkennt und beseitigt Schwierigkeiten und nutzt das Feedback, um sinnvolle Änderungen herbeizuführen.

Erfolgreiche Gruppenarbeit hängt von verschiedenen Faktoren ab. Wichtige Voraussetzungen sind:

- Die gemeinsame Arbeitsaufgabe muss für alle Gruppenmitglieder überschaubar sein, ebenso wie der Zusammenhang der notwendigen Teilaufgaben.
- Die Zusammensetzung und Größe der Arbeitsgruppe soll der Arbeitsaufgabe angepasst sein.
- Die Arbeitsgruppe muss die Möglichkeit haben, eigene Regeln für die sachliche Problemlösung und die Zusammenarbeit sowie den flexiblen Mitarbeitereinsatz zu entwickeln.
- Das Zusammengehörigkeitsgefühl der Gruppe, deren Mitglieder in einer engen Wechselbeziehung zueinander stehen, muss sich entwickeln können, d. h., dass sozial funktionierende Gruppen über längere Zeit zusammenbleiben können.

Diese Form der Arbeitsorganisation ist nicht nur mit einer Aufgabenbereicherung, sondern auch mit einer Umverteilung von betrieblichen Funktionen verbunden. Es ergeben sich daher auch Auswirkungen auf die Organisationsstruktur des Betriebes, vor allem in Hinblick auf Reduzierung der Hierarchiestufen, kooperativen Führungsstil und Übereinstimmung von Aufgaben, Kompetenz und Verantwortung.

5.9.1 Einrichtung von Arbeitsgruppen und Projektgruppen

Im Allgemeinen ist die gemeinsame Aufgabenstellung gemäß eines bestimmten Arbeitsauftrages der Anlass für die Einrichtung von Arbeits- und Projektgruppen. Die gemeinsame Zielsetzung gilt es im Team zu entwickeln, zu verhandeln und zu vereinbaren.

Zunächst sind geeignete Mitarbeiter herauszufinden, die den Kern der entsprechenden Arbeits- oder Projektgruppe bilden können. Entscheidend sind die fachlichen und persönlichen Merkmale, die beruflichen Kenntnisse, Kooperationsbereitschaft sowie evtl. Erfahrungen in der Gruppenarbeit. Insge-

---

4. Performing
- Vertrauensvolle Beziehungsgestaltung und Zusammenarbeit
- wertschätzende Akzeptanz und Integration von Gegensätzen
- Kommunikations- und Konfliktlösungsmuster

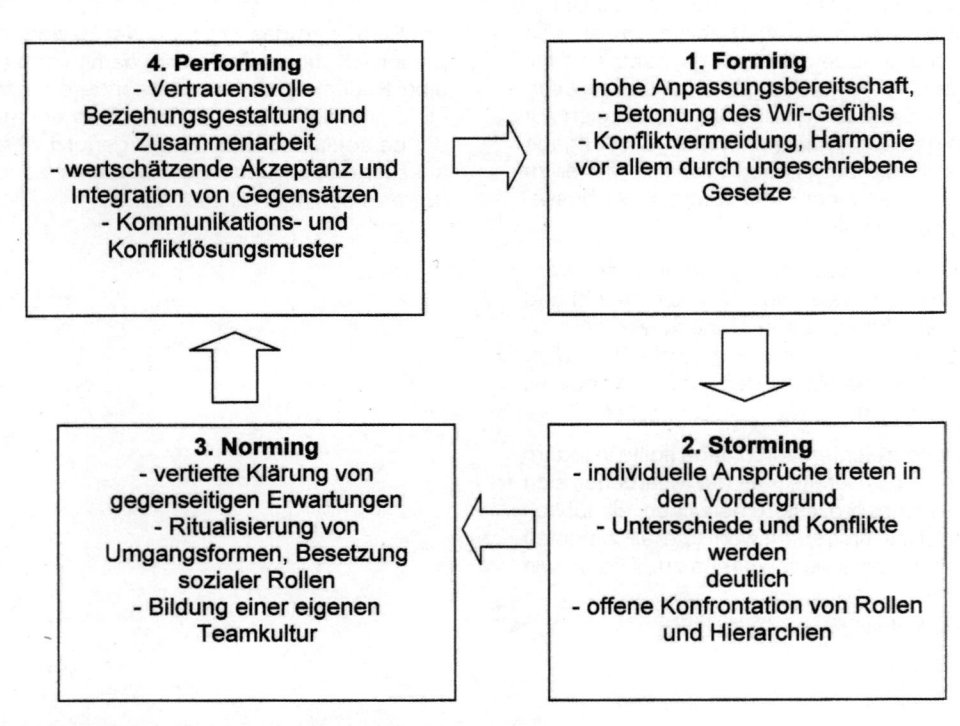

1. Forming
- hohe Anpassungsbereitschaft,
- Betonung des Wir-Gefühls
- Konfliktvermeidung, Harmonie vor allem durch ungeschriebene Gesetze

3. Norming
- vertiefte Klärung von gegenseitigen Erwartungen
- Ritualisierung von Umgangsformen, Besetzung sozialer Rollen
- Bildung einer eigenen Teamkultur

2. Storming
- individuelle Ansprüche treten in den Vordergrund
- Unterschiede und Konflikte werden deutlich
- offene Konfrontation von Rollen und Hierarchien

Bild 5.37: Vier Entwicklungsstadien beim Prozess der Gruppenbildung

samt wirkt sich Gruppenarbeit in der Regel positiv auf die Teammitglieder aus, vor allem hinsichtlich:
- Motivation
- Ansporn
- zusätzlichen Entfaltungs- und Entwicklungsmöglichkeiten (Lerneffekt aus Diskussionen für jüngere Teammitglieder)
- der Verminderung bestehender Hemmungen einzelner Mitglieder

Allgemein gilt, dass eine Gruppe zentrale menschliche Bedürfnisse zu erfüllen vermag: das Bedürfnis nach Kontakt, Nähe, Geborgenheit, Sicherheit, Anerkennung und Wertschätzung durch andere, was positive Auswirkungen auf die Aufgabenerfüllung und das Betriebsklima hat.

Auch für den Betrieb (die Organisation) ergeben sich positive Folgeerscheinungen. Neben den sachlichen Vorteilen schafft die Gruppenarbeit günstige Voraussetzungen für ein gutes Betriebsklima. Sie fördert die Bereitschaft und Fähigkeit zur Zusammenarbeit, kann aber auch erzieherisch wirken, da sie Disziplin verlangt und den Aufbau positiven Sozialverhaltens wie Toleranz, Höflichkeit, Anerkennung anderer Meinungen usw. fördert.

Folgende *Gruppenarten* lassen sich unterscheiden:

- *nach der Größe:*
  - *Großgruppen*   (20 – 25 Personen)
  - *Kleingruppen*   (3 – 6 Personen)
- *nach der Entstehung:*
  - *Formelle Gruppen* entstehen durch Planung und Organisation. Die Verhaltensweisen in der Gruppe sind von außen vorgegeben und durch Abläufe normiert.
  - *Informelle Gruppen* können sich innerhalb oder neben formellen Gruppen bilden. Sie entstehen durch das menschliche Bedürfnis nach Kontakt, Freundschaft, Anerkennung und Orientierung.
- *nach der Nähe des Kontakts:*
  - *Primärgruppen* sind Kleingruppen mit besonders stabilen, langdauernden intensiven Kontakten. So entsteht eine emotionale Bindung für die Gruppenmitglieder.
  - *Sekundärgruppen* sind nicht organisch gewachsen, sondern bewusst extern vorgegeben und organisiert. Daher fehlt in diesen Gruppen oft auch die emotionale Bindung.

Neben den inhaltlichen Aspekten ist das organisatorische Moment zu beachten. Im Unternehmen gibt es vielfältige Bezeichnungen für Gruppen, z. B.

- Lernstattgruppen
- Bedienergruppen
- Fertigungsinseln
- Schichtgruppen
- Kolonnen
- Montagegruppen
- Qualitätszirkel

Hierbei ist zu hinterfragen, ob es sich nur um geschaffene organisatorische Einheiten innerhalb des Unternehmens oder um wirklich weitgehend selbstständige Arbeitsgruppen handelt.

Gruppendynamik, Gruppendruck, Gruppennormen

Bei der Einrichtung von Gruppen sind die Entwicklung der Gruppendynamik und die Wirkungen des Gruppendrucks besonders zu beachten.

Mit der **Gruppendynamik** werden die Kräfte innerhalb von Gruppen bezeichnet, die Veränderungen verursachen.

Der **Gruppendruck** kann zu ähnlichen Verhaltensweisen der Gruppenmitglieder führen. Wenn es z. B. innerhalb einer Gruppe üblich ist, immer absolut pünktlich zu erscheinen, wird es sich der Einzelne aufgrund des Gruppendrucks gar nicht trauen, zu spät zu kommen. Damit liegt auch auf der Hand, dass der Gruppendruck das Arbeitsverhalten in der Gruppe nachhaltig beeinflussen kann.

Dafür sind auch die **Gruppennormen** entscheidend. Sie regeln das Verhalten in der Gruppe. Diese Normen können die Zusammenarbeit innerhalb der Gruppe erleichtern, aber für den Einzelnen auch Zwänge (Gruppendruck) schaffen. Die Einhaltung von Gruppennormen wird von der Gruppe belohnt, die Verletzung von Normen innerhalb der Gruppe auch durchaus negativ sanktioniert.

Eine gebildete Gruppe (auch eine Projektgruppe) erbringt nicht automatisch mit ihrer Gründung sofort positive Arbeitsergebnisse. Die Zusammenarbeit in Arbeits- und Projektgruppen muss gefördert und erarbeitet werden. Jede Gruppe braucht Zeit und Unterstützung, um die volle Arbeitsfähigkeit zu erreichen. Dabei geht es nicht nur um die Vorgaben zur Zielerreichung, eine klare Aufgabenbeschreibung und die Zuweisung von Kompetenzen und Ressourcen. Hier geht es vor allem auch darum, dass die Gruppenmitglieder entsprechende, die Zusammenarbeit und den Zusammenhalt fördernde Verhaltensweisen lernen und trainieren.

Dabei haben sich **Grundsätze der Zusammenarbeit** in Gruppen bewährt:

- Es gilt das Prinzip: Nicht jeder für sich allein, sondern alle gemeinsam und gleichberechtigt.
- Jedes Mitglied muss die Balance zwischen der Zielstellung, der Gruppe und dem einzelnen Mitglied anstreben.
- Jedes Teammitglied respektiert die anderen Gruppenmitglieder nach dem Grundsatz: „Ich bin o.k. – du bist o.k."
- Fehler dürfen gemacht werden, aber nur einmal, denn es herrscht das Null-Fehler-Prinzip.
- Jedes Teammitglied arbeitet aktiv daran mit, dass Regeln für die Zusammenarbeit entstehen und eingehalten werden.
- Jedes Teammitglied ist bereit, gemeinsam beschlossene Vereinbarungen/Veränderungen mitzutragen.

Beispiel:

Regeln für die Gruppenmitglieder können sein:
- Jeder ist für den Erfolg mitverantwortlich!
- Vereinbarte Termine und Zusagen werden eingehalten!
- Jeder hat das Recht auszureden!
- Jede Meinung ist gleichberechtigt!
- Jeder spricht zu den Anwesenden, nicht über sie!
- Keine langen Monologe!

Handlungsbereich | Führung und Personal

Vorteile der Arbeit in Gruppen

Durch den Kontakt mit den anderen Gruppenmitgliedern erfolgt ein „Blick über den Tellerrand", d. h. weitsichtiges oder auch interdisziplinäres (fachübergreifendes) Denken und Handeln werden gefördert. Die Gruppe arbeitet zusammen, erkennt und beseitigt Schwierigkeiten und nutzt das Feedback, um sinnvolle Änderungen herbeizuführen.

Die Arbeit in Gruppen hat sowohl organisatorische als auch individuelle Vorteile. Nachfolgend einige Beispiele:

Organisatorische Vorteile

- Erledigung von Aufgaben, die ein Einzelner nicht schaffen könnte.
- Die Fähigkeiten und Talente von Mitarbeitern werden zusammengefasst, um komplexe Probleme zu lösen.
- Die Sozialisation (Einordnung in die Gesellschaft) neuer Mitarbeiter wird gefördert.
- Entscheidungen werden kollektiv getroffen.

Individuelle Vorteile

- Der Mitarbeiter gewinnt an Selbsterfahrung.
- Neue Fähigkeiten können leichter mit Hilfe der anderen Gruppenmitglieder erlernt werden.
- Das Bedürfnis nach sozialen Kontakten wird erfüllt.

Durch die vielen, zusammengetragenen Ideen wird eine größere Vielfalt und Ausgewogenheit der Ergebnisse, die alle auf eine Verbesserung der Produktivität des Arbeitssystems ausgerichtet sind, überaus wahrscheinlich. Der Findungsprozess zur bestmöglichen Lösung geht zügig voran. Die vereinbarten Ziele können insgesamt besser erreicht werden.

Bildung von Arbeits- und Projektgruppen

Unter Berücksichtigung der speziellen, betrieblichen Aufgabenstellung gilt in jedem Fall, zunächst geeignete Mitarbeiter herauszufinden, die den Kern der entsprechenden Arbeits- oder Projektgruppe bilden können. Entscheidend sind die fachlichen und persönlichen Merkmale, die beruflichen Kenntnisse, Kooperationsbereitschaft sowie evtl. Erfahrungen in der Gruppenarbeit. Die wichtigsten Formen von Arbeits- und Projektgruppen sind nachfolgend beschrieben:

Fertigungsteam

Hierbei übernimmt eine Gruppe (ca. zehn Personen) mindestens drei Arbeitsstationen und stellt sicher, dass jeder Mitarbeiter alle Stationen seines Arbeitsbereichs beherrscht. Damit wird eine höchstmögliche Flexibilität erreicht, der Mitarbeiter erfährt neben der Aufgabenerweiterung eine zusätzliche Anreicherung seiner Arbeitsinhalte (z. B. Qualitätsprüfung oder Logistik). Insgesamt ist er zufriedener und dementsprechend besser motiviert.

Teilautonome Gruppen

Es findet eine weitgehend selbstständige Arbeitsdurchführung innerhalb von Arbeitsgruppen statt. Mehrere Mitarbeiter wirken bei einer größeren Arbeitsaufgabe zusammen, wobei anzustreben ist, dass einzelne Arbeitsschritte abwechselnd übernommen werden. Damit wird eine breite Qualifikation der Mitarbeiter gesichert, die Arbeitsplätze können untereinander ausgetauscht werden. Durch die hohe Flexibilität lassen sich organisatorische Vorteile wie z. B. unkomplizierte Vertretung bei Urlaub oder Krankheit unmittelbar nutzen. Die Abstimmung mit dem Vorgesetzten, der bei dieser Gruppenform deutlich von Kleinaufgaben entlastet wird, kann durch einen Gruppensprecher erfolgen. Insgesamt bietet die Bildung von teilautonomen Gruppen sowohl für das Unternehmen als auch für die Mitarbeiter eine ganze Reihe deutlicher Vorteile, die in **Bild 5.38** zusammengefasst sind.

Vorteile teilautonomer Arbeitsgruppen	
für das Unternehmen	für die Mitarbeiter
– Die Produktion wird flexibler und lässt sich rascher umstellen.	– Die Arbeitszufriedenheit steigt.
– Die Produktion steigt.	– Monotone Tätigkeiten werden geringer.
– Fehlzeiten werden geringer.	– Die Freude an der Teamarbeit steigt.
– Die Qualität nimmt zu.	– Es ergeben sich Möglichkeiten der Höherqualifizierung.
– Die Mitarbeiter denken mehr mit und fühlen sich eher mitverantwortlich.	– Die Verdienstmöglichkeiten erhöhen sich durch Mehrfachqualifizierung.

Bild 5.38: Vorteile teilautonomer Arbeitsgruppen

Gruppen außerhalb der regulären Arbeitsorganisation

Diese Gruppen sind meist als Ergänzung zu den organisatorischen Einheiten zu verstehen. Über die Zusammensetzung bestimmt mehr oder weniger die Problemstellung. Entsprechend der Arbeitsaufgabe stellt sich der Projektleiter sein Wunschteam zusammen. Mit dieser Personalplanung tritt er an den fachverantwortlichen Vorgesetzten heran, der darüber entscheidet, ob der Mitarbeiter für die Projektdauer ins Projekt „wandert" oder nur Unterstützungsleistung beisteuert. Eine Gruppensituation ist hier nur bedingt vorhanden, denn es findet meist nur zu bestimmten Terminen eine Zusammenarbeit statt.

Teams als Sonderform von Arbeits- und Projektgruppen

Umgangssprachlich werden die Begriffe Arbeitsgruppe und Team kaum unterschieden. Dem entgegen stehen jedoch Kriterien, die wesentliche Unterschiede aufzeigen (**Bild 5.39**).

Eine Arbeitsgruppe ist fest organisiert, hat also einen Chef, der letztendlich auch die Entscheidung vornimmt. Beim Team besteht die Besonderheit darin, dass es keinen Einzelentscheider gibt.

Insgesamt wirkt sich Gruppenarbeit positiv auf die Mitglieder aus, z. B.:

- Motivationseffekt,
- Ansporneffekt,
- zusätzliche Entfaltungs- und Entwicklungsmöglichkeiten (Lerneffekt aus Diskussionen),
- Bestehende Hemmungen einzelner Mitglieder können vermindert, Sicherheit aufgebaut werden.

Allgemein gilt, dass eine Gruppe zentrale menschliche Bedürfnisse zu erfüllen vermag: das Bedürfnis nach Kontakt, Nähe, Geborgenheit, Sicherheit, Anerkennung und Wertschätzung durch andere, was positive Auswirkungen auf die Aufgabenerfüllung und das Betriebsklima hat.

Auch für den Betrieb (die Organisation) ergeben sich positive Folgeerscheinungen. Neben den sachlichen Vorteilen schafft

Merkmal	Arbeitsgruppe	Team
Zusammensetzung	für einen bestimmten Zeitraum: Aufgabenerledigung arbeitsteilig, wiederkehrend gleich	für einen temporären Fall: es wird analysiert, bewertet, besprochen und beschlossen
Organisation	fester Bestandteil	ohne organisatorischen Rahmen
Funktion / Qualifikation	Homogenität, Vorbildung auf vergleichbarem Level	Spezialwissen der Fachabteilungen
Hierarchie	identisch (bis auf persönliche Rangstufen)	alle Rangstufen sind vertreten

Bild 5.39: Unterschiede zwischen Arbeitsgruppe und Team

die Gruppenarbeit günstige Voraussetzungen für ein gutes Betriebsklima. Sie fördert die Bereitschaft und Fähigkeit zur Zusammenarbeit, kann aber auch erzieherisch wirken, da sie Disziplin verlangt und den Aufbau positiven Sozialverhaltens wie Toleranz, Höflichkeit, Anerkennung anderer Meinungen usw. fördert.

5.9.2 Moderation von Arbeits- und Projektgruppen

Moderation ist die Lenkung von Gesprächsgruppen. Moderation (von „moderatio") bedeutet: das „rechte Maß finden" oder „Harmonie schaffen". Der Begriff findet in der betrieblichen Praxis Anwendung, wenn es darum geht, Gespräche oder Besprechungen zu leiten.

Der **Moderator** einer Besprechung steuert mit Methodenkompetenz den Prozess der Problemlösung in der Gruppe und nicht den Inhalt. Ihm fällt die Aufgabe zu, die Redebeiträge und Informationen der Teilnehmer zu steuern und zu einer Meinungsbildung bzw. Entscheidungsfindung zusammenzufassen.

Damit wird der Moderator zum Diener der Gruppe. Er ist „Primus inter Pares (Erster unter Gleichen)". Er beherrscht die Methoden, um den Problemlösungsprozess der Gruppe zu unterstützen. Er beherrscht Methoden der Gesprächsführung und die Visualisierung von Gruppenergebnissen. Er muss in fachlicher Hinsicht nicht jedes Detail kennen. Er braucht nur einen Überblick über die Gesamtzusammenhänge (**Bild 5.40**).

Eine besondere Schwierigkeit für den Moderator besteht darin, seine eigenen Vorstellungen den Gruppenvorstellungen unterzuordnen, sich selbst zurückzunehmen und absolute Neutralität zu wahren.

Organisatorische und methodische Vorbereitung

Rechtzeitig werden Zeit, Raum, Form und Zielgruppe der Einladung festgelegt. Die optimale Gruppengröße liegt bei fünf bis neun Teilnehmern.

Die Sitzordnung ist festzulegen. Die typische Sitzordnung für eine Moderation ist die Halbkreisform ohne Tische. Jeder kann jeden sehen und kann aktiv teilnehmen. Außerdem kann jedes Gruppenmitglied leicht nach vorne kommen und dort seine Aufgabe erfüllen.

Auch die Frage der Medien muss geklärt werden. Werden Pinnwände oder Flipcharts gebraucht? Ist Packpapier vorhanden? Sind Moderationskarten und Stifte da? Werden ein oder mehrere Overhead-Projektoren benötigt? Kann der Raum verdunkelt werden? Auch an Ersatzmaterial sollte gedacht werden.

Danach wird der inhaltliche Rahmen abgesteckt. Ist von einer „Problemlösebesprechung" auszugehen, muss die Fragestellung allen Teilnehmern vor Beginn der Besprechung eindeutig klargemacht werden. Unter Berücksichtigung der Aufnahmebereitschaft der Anwesenden (erfahrungsgemäß knapp eine Stunde) sind lang andauernde Termine zu splitten.

Der Moderator muss jeden Moderationsschritt möglichst genau planen, um seine Ziele zu erreichen. Er überlegt sich, welche Hilfsmittel er einsetzen möchte und schätzt den Zeitbedarf. Er kann sich einen **Moderationsplan** aufstellen. Dieser könnte z. B. folgendes Aussehen haben:

– Einstieg
 Eröffnung, gutes Arbeitsklima schaffen, zum Thema hinführen
 (Hilfsmittel: vorbereitetes Plakat)
 Zeit: ca. 30 Minuten
– Sammeln
 Aspekte, über die gesprochen werden muss
 Zeit: ca. 20 Minuten
– Auswählen, Bearbeiten und Planen
 Zeit ca. 1 Stunde
– Abschluss
 Zusammenfassung der Gruppenarbeit, Stimmungsbarometer,
 Zeit ca. 30 Minuten

Persönliche Vorbereitung des Moderators

Der Moderator muss seine geistigen und körperlichen Potenziale zum richtigen Zeitpunkt zur Verfügung haben. Es fördert die Konzentration, wenig zu essen und keinen Alkohol zu trinken. Der Moderator sollte sich in den Pausen von den Teilnehmern zurückziehen, um Zeit zur Reflexion zu haben. Außerdem kann er sich einen Heimvorteil verschaffen, indem er sich vorher mit den Örtlichkeiten vertraut macht. Es fördert die Arbeitsatmosphäre, wenn vorher alle Gerätschaften überprüft wurden und die Funktionsfähigkeit festgestellt wurde.

Der Moderator sollte seine Vorbereitung auch an den dokumentierten Schwachstellen aus der Praxis orientieren, z. B.

– der Zeitaufwand nimmt ab, je weniger Teilnehmer anwesend sind,
– nach 45 Minuten nimmt die Konzentration der Teilnehmer deutlich ab,
– die Zufriedenheit sinkt bei längeren Sitzungen,
– nur ein Drittel ist ausreichend vorbereitet.

Unter Berücksichtigung dieser nachgewiesenen Erkenntnisse lassen sich die wichtigsten Verhaltensweisen kurz zusammenfassen:

– Einladung rechtzeitig vor der Besprechung verteilen (Ort, Themen, Zeitplan)

Handlungsbereich | Führung und Personal

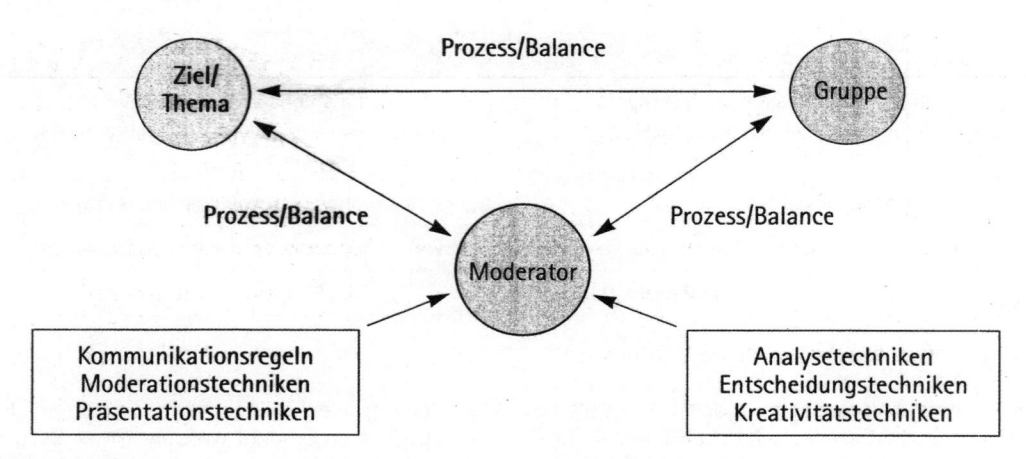

Bild 5.40: Die Rolle des Moderators

- Teilnehmer- und Umfeldinformationen (z. B. Problemlösebesprechung s. o.) berücksichtigen
- Besprechung so kurz wie möglich halten
- An die biologische Leistungskurve denken (ggf. Pausen vorsehen)

Auf personenbezogene Konfliktsituationen sollte der Moderator eingestellt sein, kann sich darauf aber nicht speziell vorbereiten. Vielmehr sollte er auf Grund seiner Erfahrung in der Lage sein, flexibel mit einer Konfliktsituation umgehen (s. auch Abschnitt „Konfliktmanagement" sowie Lehr- und Handbuch „Fachübergreifende Qualifikationen" für Netzmonteure).

Durchführung einer Moderation

Der Moderator einer Besprechung steuert mit Methodenkompetenz den Prozess der Problemlösung in der Gruppe und nicht den Inhalt. Er beherrscht Methoden der Gesprächsführung und die Visualisierung von Gruppenergebnissen. In fachlicher Hinsicht muss er nicht jedes Detail kennen, sondern braucht nur einen Überblick über die Gesamtzusammenhänge. Ein guter Moderator wird seine eigenen Vorstellungen den Gruppenvorstellungen unterordnen, sich selbst zurücknehmen und absolute Neutralität wahren.

Der Moderator sollte zu Beginn seines Einsatzes einige *Spielregeln* verkünden, z. B.

- es redet immer nur eine Person,
- die Redezeit beträgt maximal drei Minuten,
- ich erwarte Kritik und die Entwicklung von Alternativen,
- Meinungen bitte klar artikulieren,
- die Gruppe sollte Meinungen möglichst hinterfragen.

Die Zielerreichung kann der Moderator z. B. mit dem *Vier-Phasen-Modell* im Prozesslösungsprozess (**Bild 5.41**) sichern.

Die vier Phasen einer effektiven Moderation	
Phase 1	Problemdefinition und Zielformulierung
Phase 2	Problemanalyse
Phase 3	Sammeln und Bewerten von Problemlösungen
Phase 4	Beschluss

Bild 5.41: Vier-Phasen-Modell der effektiven Moderation (nach Stroebe)

Übung:

Bereiten Sie eine einfache, routinemäßige Besprechung mit Ihren Mitarbeitern vor. Beachten Sie eine straffe Gesprächsführung und eine vollständige Ergebnissicherung.

Kreativitätstechniken

Nachfolgend wird eine kleine Auswahl von Kreativitäts- und Entscheidungstechniken erläutert.

Brainstorming

Übersetzt bedeutet Brainstorming so viel wie Gedankensturm oder Ideenflut. In einer Brainstorming-Sitzung soll eine große Menge an Ideen hervorgebracht werden, die später grundlegend zur Problemlösung dienen. Die Ideenfindung sollte im Team stattfinden, d. h., eine Gruppe versucht die Lösung eines Problems durch spontan hervorgebrachte Ideen zu finden, da die Wissensbreite eines Teams dem Einzelnen überlegen ist. Diese Methode stellt eine Sammlung von Geistesblitzen dar und erfordert Kreativität jedes Teammitglieds.

Das Problem ist klar benannt, ein Gruppenmitglied schreibt Ideen mit, alle anderen sagen, was ihnen zu diesem Thema einfällt. Während des Brainstormings gibt es keine Diskussion und Kritik. Die Ideen anderer Teilnehmer können weiterentwickelt werden. Nach 20 Minuten werden die gesammelten Einfälle ausgewertet und besprochen. Folgende Fragen sollten beantwortet werden:

- Lässt sich die Idee sofort umsetzen?
- Wie weit muss die Idee ausgebaut werden?
- Kann die Idee überhaupt umgesetzt werden?

Das Brainstorming eignet sich sehr gut für Gruppenprozesse und Lösungen eines klar definierten Problems, ist allerdings wenig geeignet für umfangreiche Problemstellungen.

Brainwriting-Methode

Diese Methode stellt eine Variante des Brainstormings dar. Zwar findet hierbei ebenfalls eine gemeinsame Ideenfindung unter der Leitung eines Koordinators statt, doch es werden die Ideen im Gegensatz zum Brainstorming in schriftlicher Form zum Ausdruck gebracht. Ein Team erhält die Aufgabe, drei Vorschläge zur Lösung eines gegebenen Problems auf einem Blatt Papier festzuhalten. Dieses wird dann an ein anderes Team weitergegeben. Jedes Team soll das Blatt um bis zu drei weitere Ideen ergänzen, möglichst in Anlehnung an der darauf vorgegebenen Idee. Wie beim Brainstorming werden Synergieeffekte ausgenutzt und eine Verbesserung des Wirkungsgrads der Gruppe erreicht.

Sind alle Vorschläge abgegeben, werden von jeder die besten/interessantesten herausgeschrieben und diskutiert. Der Vorteil dieser Methode liegt in einer Fülle von Ideen in kurzer Zeit, jeder Teilnehmer kann selbstständig arbeiten und sich von den Ideen der anderen anregen lassen.

Mindmapping

Die Grundidee ist, dass Informationen nicht vertikal von links oben nach rechts unten aufgeschrieben werden, sondern sich von einem zentralen Begriff in der Mitte des Blattes weiterentwickeln lassen.

Das Thema, um das geht, wird als Wort in die Mitte geschrieben und eingekreist. Es soll nur in Großbuchstaben geschrieben werden; es sind nur Stichwörter zu verwenden. Die Druckschrift erleichtert es dem Gedächtnis, die Wörter als Bilder aufzunehmen und zu behalten. Von diesem Zentrum aus werden Linien (Hauptäste) zu weiteren Gedankenverknüpfungen (Assoziationen) gezogen. Von den Hauptästen gehen Seitenäste ab, auf denen weitere Unterpunkte notiert werden können.

Für die verschiedenen Ebenen können auch unterschiedliche Farben benutzt werden. So ist auf den ersten Blick zu erkennen, welche Bereiche sich auf einem Gedankenbaum befinden. Schreiben Sie alles auf, was Ihnen zu dem Thema einfällt.

Methode 635

6 Personen entwickeln 3 Lösungsvorschläge in 5 Minuten, die in ein Formular eingetragen und jeweils an die Nachbarn weitergereicht werden. Jeder greift die Vorschläge seines Nachbarn auf, kombiniert und trägt möglichst 3 weitere Vorschläge ein. So kommen in 30 Minuten max. 108 Vorschläge zu Stande (= 6 Teilnehmer · 3 · 6).

Pinnwand-Kartentechnik

Es handelt sich um eine sehr einfache, aber häufig eingesetzte Methode für Gruppenarbeit. Sie kann vielseitig angewendet werden und jedes Gruppenmitglied kann mitarbeiten. Für diese Technik ist keine besondere Vorbildung nötig. Zur Durchführung benötigt man nur einfache Werkzeuge: Karten, Klebepunkte, Stecknadeln, Packpapier, eine Pinnwand und Filzschreiber. Bei den Karten gibt es verschiedene Formen, z. B. lange Karten für Überschriften, große runde Karten für das Hervorheben von Aussagen und Wolken für Themen. Die Teilnehmer schreiben ihre Argumente mit Filzschreiber auf Karten, die an die Pinnwand gesteckt werden. Die Karten werden geordnet und Überschriften dazu gesucht. Durch Klebepunkte können die Gruppenteilnehmer ihre Prioritäten kundtun. Auf diese Weise bildet sich eine gewisse Reihenfolge und die Gruppe kann sich mit der Lösung des Problems beschäftigen.

Kombinationstechnik

Die genannten Methoden lassen sich in der Gruppe auch miteinander verbinden. Es werden mehrere, plakatgroße Blätter an die Wand geheftet. Alle Teilnehmer erstellen ohne Zeitplan eine oder mehrere Mind-maps auf den Plakaten. Durch das Herumwandern entwickelt sich eine zusätzliche Dynamik; die Sichtweise auf das Problem wird immer wieder verändert.

Durch die gemeinsame Arbeit an den Problemstellungen entstehen neue Assoziationen und Lösungsmöglichkeiten.

Nachbereitung

Nach Abschluss der Veranstaltung reflektiert der Moderator den Verlauf der Arbeit entweder allein oder mit einem Co-Moderator. In einem Rückblick stellt er sich z. B. folgende Fragen:
– Ist die Zielsetzung erreicht?
– Bin ich mit dem Ergebnis zufrieden?
– War ich gut genug vorbereitet?
– Was ist besonders gut gelungen?
– Wie war meine Wirkung?
– Was muss ich zukünftig verändern?

Anschließend dokumentiert er die Ergebnisse und Verantwortlichkeiten in einem Protokoll. So werden evtl. Zeitverluste minimiert und die Voraussetzungen für eine zügige Umsetzung der Beschlüsse geschaffen. Der Abarbeitungsgrad bis zur nächsten Sitzung wird vom Moderator begleitet, seine weiteren Überlegungen sollten sich auf die zukünftige Entwicklung beziehen.

5.9.3 Steuerung von Arbeits- und Projektgruppen

Die erfolgreiche Arbeit innerhalb einer Projekt- oder Arbeitsgruppe kann nicht sofort starten. Menschen, die sich zu neuen Gruppen zusammenfinden, brauchen Zeit. Der Prozess der **Gruppenbildung** lässt sich – wie bereits erwähnt – in die vier Phasen „Forming – Storming – Norming – Performing" unterteilen (s. auch Bild 5.37).

Der Moderator muss diese Entwicklungsphasen kennen, weil jede Gruppe diese Phasen auf dem Weg zur Arbeitsfähigkeit durchläuft und dafür Zeit benötigt. Es kann auch passieren, dass eine Gruppe über die Phasen „Forming und Storming" nicht hinauskommt. Dann können nur schwer Ergebnisse und Ziele der gemeinsamen Arbeit erreicht werden. Es kann notwendig werden, eine Gruppe neu zu bilden.

Aus den unterschiedlichen Phasen ergeben sich für den Meister oder Moderator verschiedene Möglichkeiten zur Unterstützung der Gruppe in den einzelnen Phasen:

- *Forming*
  Das Kennenlernen und den Kontakt fördern.

- *Storming*
  Ursachen und Hintergründe der unterschiedlichen Sichtweisen bewusst machen und die Konsensbildung fördern.

- *Norming*
  Fortschritte in der Kooperation verdeutlichen und bei der Formulierung von Regeln für die Zusammenarbeit helfen.

- *Performing*
  Der Gruppe mehr Freiräume zugestehen, also die Selbststeuerung zulassen. Allerdings die Gruppe nun auch fordern, Sachziele realisieren und Erfolge erleben lassen.

Wichtig ist die Stellung einer Gruppe im Gesamtgefüge eines Unternehmens. Üblicherweise beurteilen Menschen die Normen und Verhaltensweisen innerhalb der eigenen Gruppe positiver und wohlwollender als in fremden Gruppen. Ebenso werden die Leistungen von Fremdgruppen geringer bewertet als die Leistungen der eigenen Gruppe.

Handlungsbereich | Führung und Personal

Auch Störungen innerhalb der Gruppe sind eine normale Erscheinung. Sie können sich äußern in häufigen Beschwerden über andere Gruppenmitglieder, verbale Aggressionen, Rückzug oder Fehlzeiten. Solche **Störungen** muss der Meister rechtzeitig erkennen, die Ursachen diagnostizieren und gegensteuern. Zunehmende Störungen und nachlassende Zusammenarbeit kosten viel Energie für alle Beteiligte und mindern so die Leistungsfähigkeit. Unbearbeitete Störungen innerhalb der Gruppe können auch zum völligen Zerfall der Gruppe führen.

Störungen innerhalb der Gruppe zeigen sich an:
- Alles dauert länger
- Die Produktivität sinkt
- Die Qualität sinkt
- Beschwerden der Gruppenmitglieder
- Äußerungen von Unzufriedenheit
- Verbale Aggression und offener Streit
- Cliquenbildung

Phasen bei der Steuerung von Gruppen

Bei der Steuerung von Gruppen muss zwischen Sachphasen und emotionalen Phasen unterschieden werden.

Bei den **Sachphasen** unterscheidet man z. B. Einstieg in das Thema, Sammeln von Informationen, Auswählen von Lösungsalternativen, Bearbeiten von Themen und Abschluss der Arbeiten.

Bei den **emotionalen Phasen** wird wie folgt differenziert:

- *Orientierungsphase*

  In jeder (neuen) Gruppe besteht für den Einzelnen zunächst Unsicherheit darüber, welche Rolle er im Gruppengefüge einnimmt. Der Moderator steht als erster Ansprechpartner jederzeit zur Verfügung.

- *Arbeitsphase*

  Die Gruppenmitglieder haben ihren Platz in der Gruppe gefunden. Jetzt können Sachaufgaben gelöst werden. Der Moderator gibt Kommunikations- und Interaktionshilfen.

- *Abschlussphase*

  Wenn die Teilnehmer merken, dass es dem Ende zugeht, entwickeln sie eine gewisse Abschiedsstimmung. Es sollen keine offenen Fragen zurückbleiben. Die Teilnehmer sollen die Veranstaltung in positiver Stimmung und mit dem festen Vorsatz verlassen, die beschlossenen Maßnahmen in die Tat umzusetzen. Der Moderator reflektiert mit der Gruppe den Prozess, dankt den Teilnehmern und verabschiedet sich in positiver Stimmung.

Diese offenbar erfolgreiche Darstellung einer Problemlösung durch eine Arbeits- oder Projektgruppe lässt zunächst den Schluss zu, dass dahinter eine gute Gruppenarbeit und somit das Idealbild der Zielerreichung steckt. Das hervorragende Ergebnis kann so stehen bleiben, wenn es jeder kritischen Betrachtung standhält.

Im Verborgen kann es allerdings Fakten geben, die dennoch eine erreichte Problemlösung anzweifeln lassen, z. B.
- offensichtliche Bequemlichkeit der Gruppe,
- Hartnäckigkeit des Meinungsführers,
- fehlende Alternativen.

Unberücksichtigte Meinungen und Argumente bei zweifelnden Gruppenmitgliedern bewirken, dass sie die Entscheidung innerlich nicht mittragen oder deren Umsetzung im eigenen Bereich sogar boykottieren (z. B. Dienst nach Vorschrift, Mauertaktik, Schuldzuweisungen).

Einen gefährdenden Einfluss auf die Entscheidungsfindung können ebenso Spezialisten oder Hierarchien ausüben; deren überlegenes Fachwissen oder allzu resolutes Auftreten verhindern bisweilen fruchtbare Diskussionen.

Mit einem **Ergebnis** des „kleinsten gemeinsamen Nenners" kann sich kein Moderator zufriedengeben, sondern sollte ggf. eine erneute Überprüfung einleiten. Dabei darf er evtl. Konflikte nicht scheuen, denn auch daraus lässt sich durchaus Nutzen ziehen. Es entspricht der Realität, dass gut gemanagte Konflikte oftmals völlig neue Perspektiven eröffnen. Daraus können Ideen und Lösungsvorschläge entstehen, die ansonsten niemals aufgeworfen worden wären.

9 Personalentwicklung

Mit **Personalentwicklung (PE)** werden in der Regel systematisch und oft langfristig angelegte Maßnahmen bezeichnet, mit denen die Qualifikationen der Mitarbeiter verbessert werden.

Neben der Vermittlung von Kenntnissen und Fähigkeiten steht häufig im Mittelpunkt der PE die Förderung der Bereitschaft der Mitarbeiter, auf neue fachliche und soziale Herausforderungen im Unternehmen oder am Arbeitsplatz flexibel zu reagieren (z. B. Erfordernis des lebenslangen Lernens oder die Bereitschaft zur Job-Rotation). In der Praxis setzt sich die Personalentwicklung aus vielen verschiedenen sowie häufig kombinierten und aufeinander abgestimmten Maßnahmen zusammen.

Zielrichtung aller Personalentwicklungsmaßnahmen ist es, die Mitarbeiter rechtzeitig auf veränderte Arbeitsbedingungen und -anforderungen vorzubereiten. Dazu muss zunächst der Status quo der Personalentwicklung im Unternehmen ermittelt und analysiert werden. Ebenso müssen Veränderungen an den Arbeitsplätzen verlässlich prognostiziert werden. Den ermittelten Entwicklungsbedarf gilt es, durch geeignete Maßnahmen zu decken. Zeitgemäße Personalentwicklung wird sich aber niemals nur an den betrieblichen Notwendigkeiten orientieren, sondern sich auch immer als Chance zu einer individuellen Persönlichkeitsentwicklung für den einzelnen Mitarbeiter begreifen.

Für jedes Unternehmen ist der Erhalt oder die Schaffung eines optimalen, leistungsfähigen Mitarbeiterpotenzials die entscheidende Voraussetzung zur Wettbewerbsfähigkeit, zur Entwicklung oder zur Erschließung neuer Märkte. Schließlich hängt der wirtschaftliche Erfolg eines Unternehmens wesentlich vom gezielten Einsatz, von der Qualifikation und Motivation geeigneter Mitarbeiter ab *(Skill-Management)*.

Eine moderne Personalentwicklung unterscheidet sich von der gewöhnlichen Personalverwaltung: sie ist weitaus umfassender, wirkt unmittelbar auf die Mitarbeiter ein, erfasst und entwickelt deren Qualifikationen. Personalentwicklung ist somit ein Planungs- und Entwicklungsprozess, der über die reine Bildung hinausgeht und sich über alle Planungshorizonte der unternehmerischen Planung hinzieht (**Bild 6.1**).

Bei allen Personalentwicklungsmaßnahmen sollten der Arbeitgeber und die Arbeitnehmervertretung (Betriebsrat, Personalrat) kooperativ und vertrauensvoll in einem ständigen Prozess zusammenarbeiten.

In den §§ 92 bis 98 des **Betriebsverfassungsgesetzes (BetrVG)** wird die notwendige Zusammenarbeit der Nutzung und Entwicklung des Wissens sowie der Leistungsfähigkeit der Beschäftigten geregelt.

Die Bildung einer „Kommission für Personalentwicklung und Qualifizierung" aus Arbeitgeber- und Arbeitnehmervertretern kann dazu wesentliche Impulse liefern. Über folgende Fragestellungen könnte diese Kommission z. B. beraten:

- Bedarfsermittlung
- Konzipierung, Durchführung und Steuerung der anstehenden Maßnahmen
- Bewertung bisheriger Maßnahmen
- Planung für das Folgejahr

Die Grundlage einer kooperativen und vertrauensvollen Zusammenarbeit zwischen Unternehmen und Arbeitnehmervertretung basiert auf der rechtzeitigen Bereitstellung aller Informationen und (schriftlichen) Unterlagen z. B. über die folgenden, geplanten Maßnahmen:

- Interne und externe Seminare
- Projektaufgaben
- Coachings und Trainings
- Auswahl- und Bewertungsverfahren

Die Teilnahme der Mitarbeiter an Qualifizierungs- und Personalentwicklungsmaßnahmen sollte grundsätzlich freiwillig sowie die Rahmenbedingungen wie z. B. Ort, Zeit und Dauer zumutbar sein; über die Teilnahme entscheidet die zuständige betriebliche Stelle. Kommt es zu Meinungsverschiedenheiten, hat jede Seite das Recht, eine Einigungsstelle nach § 76 BetrVG bzw. § 98 BetrVG Abs. 4 und 5 anzurufen.

Personalentwicklung unterstützt ...

- die Beschaffung
- das Skill-Management
- den Einsatz
- die Bedarfsplanung
- die Führung
- das Kostenmanagement
- die Qualifikationen

Bild 6.1: Vielfältige Bedeutung der Personalentwicklung

Handlungsbereich | Führung und Personal

6.1 Ermitteln des Personalentwicklungsbedarfs sowie Festlegen der Ziele für eine kontinuierliche und innovationsorientierte Personalentwicklung sowie der Erfolgskriterien

Auf der Grundlage einer qualitativen und quantitativen Personalplanung kann ein systematisches Personalentwicklungskonzept erstellt werden. Es vollzieht sich in den meisten Fällen in fünf Phasen (**Bild 6.2**).

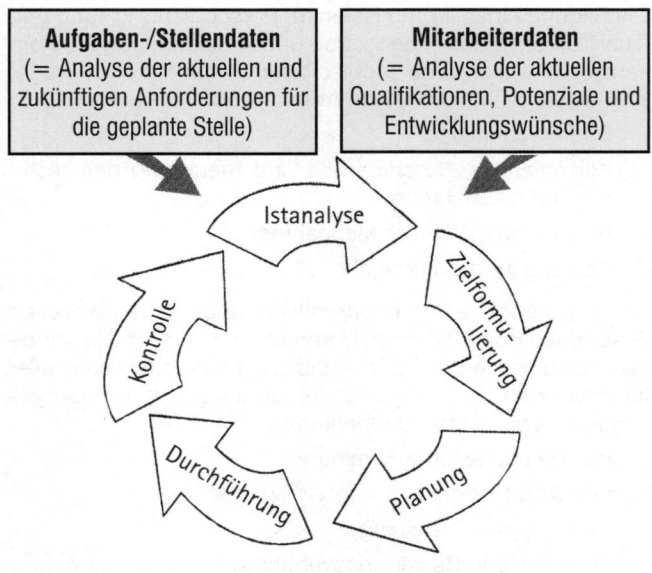

Bild 6.2: Phasen der Personalentwicklungskonzeption

Dabei müssen
- die Personalentwicklungspotenziale realistisch eingeschätzt werden,
- Personalentwicklungs- und Qualifikationsziele festgelegt werden,
- geeignete Maßnahmen geplant und realisiert werden,
- die Ergebnisse überprüft werden,
- die Umsetzungen im Betrieb sichergestellt werden.

Die Fähigkeit des Unternehmens, sich in der Summe aller individuellen Qualifikationen flexibel auf die Dynamik der Veränderungsprozesse einzustellen und Synergien zu nutzen, bewirkt zweifelsfrei einen Wettbewerbsvorteil und wird als strategisches Management bezeichnet.

Strategisches Management befasst sich mit der Gestaltung des Unternehmens und seinen langfristigen Beziehungen zur Umwelt. Daraus leiten sich einzelne Maßnahmen im Unternehmen ab, insbesondere
- zur Formulierung von Strategien,
- zur Gestaltung der Organisation (Struktur),
- zur Schaffung einer zeitgemäßen Unternehmenskultur,
- zur zielgerichteten Weiterentwicklung der Rahmenbedingungen (z. B. Sachmittel allgemeiner oder technischer Art).

Die Unternehmen müssen dabei insbesondere folgende drei Ziele verfolgen:
- Entwicklungsziele
- Erhaltungsziele
- Optimierungsziele

Der Komplex *„Entwicklungsziele"* hat unter verschiedenen Gesichtspunkten besondere Bedeutung, denn er greift entscheidend in fast alle unternehmerischen Vorgänge ein:
- Qualitätsmanagement: Ergebnisqualität auf Grund durchdachter, zielgerichteter Prozesse
- Changemanagement (die Umsetzung von geschäftlichen Prozessen) als gesteuerte Anpassungen an sich immer schneller verändernde Rahmenbedingungen
- Personalentwicklung, nicht nur die rückwirkende Anpassung, sondern die vorbereitende und übergreifende Qualifizierung

Die *„Erhaltungsziele"* beziehen sich auf die persönlichen Erwartungen und Entwicklungen der Mitarbeiter, während die *„Optimierungsziele"* auf eine Verbesserung der Prozesse und der Kostensituation ausgerichtet sind.

Unternehmen werden langfristig nur erfolgreich sein, wenn das Management aussichtsreiche Geschäftsfelder erkennt und konsequent das Unternehmen auf die Bedienung dieser Geschäftsfelder ausrichtet. Dazu wird zunächst einmal eine Marktsegmentierung vorgenommen, d. h. eine Aufteilung des Gesamtmarktes in Teilmärkte z. B. nach folgenden **Merkmalen:**

- Verhaltensorientierte Merkmale
  (z. B. Mediennutzung, Preisverhalten, Einkaufsstättenwahl der Konsumenten),
- Psychografische Merkmale
  (z. B. allgemeine Persönlichkeitsmerkmale, produktspezifische Merkmale),
- Soziodemografische Merkmale
  (z. B. Geschlecht, Alter, Beruf, Einkommen etc.)
- Geografische Merkmale
  (z. B. Stadt/Land, Ortsteil/Wohngebiet)

Weiterhin gilt es, die strategischen *Erfolgsfaktoren* (Schlüsselgrößen) zu ermitteln und zu analysieren. Je nach Anspruchsniveau bzw. Genauigkeitsgrad der Diagnose kann die Auswahl der Erfolgsfaktoren in Bezug auf Kreativität, Intuition, Plausibilitätsüberlegungen oder auf Grund empirischer Untersuchungen erfolgen. Dazu stehen verschiedene Analyseverfahren zur Verfügung, wie z. B.

- Voraussichtliche Gewinnauswirkung der angewendeten Marktstrategie durch Zusammenfassung der fünf hauptsächlichen Schlüsselfaktoren für den Erfolg (*„PIMS-Konzept"*, engl. für „Profit Impact of Market Strategies", Gewinnauswirkung von Marktstrategien)
- Messung des wirtschaftlichen Ertrages durch das Du-Pont-Kennzahlensystem zur Bilanzanalyse und Ermittlung der Gesamtkapitalrendite (*„Return on Investment – ROI")*
- Ermittlung des Überschusses durch betriebswirtschaftliche Kennzahlen (Gegenüberstellung von Einnahmen und Ausgaben) sowie Beurteilung des verfügbaren Finanzierungspotenzials (*„Cashflow")*

Danach kann eine recht zuverlässige Einschätzung des Managements bezüglich der Marktchancen und -risiken vorgenommen werden. Die Unternehmensplanung kann allerdings nur dann erfolgreich sein, wenn die strategischen Erfolgsfaktoren identifiziert und deren Wirkungsweise bekannt sind. Insofern lassen sich langfristig erfolgreiche von weniger erfolgreichen Unternehmen unterscheiden. Empirische Untersuchungen haben unterschiedliche Erfolgsfaktoren identifiziert.

6.1.1 Bedeutung der Personalentwicklung für den Unternehmenserfolg

Neue Verfahren und Prozessabläufe verändern kontinuierlich die Arbeitsanforderungen an die Mitarbeiter. Auf Grund absehbarer Entwicklungen – also die Dynamik der technischen, wirtschaftlichen und gesellschaftlichen Veränderungen – hat die Qualifikation der Mitarbeiter und die Erstausbildung von Nachwuchskräften erhebliche Bedeutung. Die Anpassung der Mitarbeiterqualifikation an die technischen Innovationen enthält die Chance, Märkte zu halten und neue Einnahmequellen zu erschließen. Die Leistungsfähigkeit eines Unternehmens hängt also unter anderem stark von den Mitarbeitern und der Flexibilität der Organisation ab.

Die Gesamtleistung des Mitarbeiters setzt sich aus folgenden **Leistungsfaktoren** zusammen:

- Leistungsanforderungen
  (Arbeitsteilung, Arbeitsorganisation, Arbeitsstruktur etc.)
- Leistungsangebot
  (Arbeitseinstellung, Motivation, Betriebsklima etc.)
- Leitungsmöglichkeit
  (Leistungsvermögen, Ergonomie, Arbeitsfluss etc.)

Die Personalentwicklung setzt traditionell an bei der Verbesserung des Leistungsvermögens, inzwischen erweitert um die Erhöhung des Leistungsangebotes. Dabei spielen die Einstellung zur Arbeit, die Identifikation mit dem Unternehmen und den Produkten, die Eigenmotivation, die guten Beziehungen innerhalb der Arbeitsgruppe und der Gesamtbelegschaft eine wesentliche Rolle.

Die Unternehmen können also die Chance moderner Personalarbeit nutzen und sich mittelfristig einen hoch motivierten und ausgezeichnet qualifizierten Mitarbeiterstamm aufbauen. Mit verändertem Blick, weniger Kosten, orientiert mit stärkerem Fokus auf den nachhaltigen Nutzen, können es die Unternehmen schaffen, ihre Attraktivität für qualifizierte Fach- und Führungskräfte durch systematisches Eröffnen von Entwicklungschancen zu steigern. Wenn es ihnen gelingt, Mitarbeiter durch geeignete Instrumente besonders zu motivieren, erfolgt eine starke Bindung an das Unternehmen.

Damit die Personalentwicklung zu einem messbaren Unternehmenserfolg führen kann, muss sie

- systematisch vorbereitet und durchgeführt werden,
- die Förderung von persönlichen Fähigkeiten und Neigungen kontrollieren,
- eine Abstimmung auf die jeweiligen Erwartungen und Arbeitsumfelder im Unternehmen erfolgen lassen.

Somit ist Personalentwicklung ein Planungs- und Entwicklungsprozess, der sich über alle Planungshorizonte der unternehmerischen Planung hinzieht. Jeder der im **Bild 6.3** dargestellten Bereiche ist Teilmenge eines größeren Entwicklungsprozesses.

Die Entwicklungsprozesse in den Unternehmen sind zunehmend komplex, d. h. es gehen immer mehr betriebliche Funktionen und Aufgaben mit in die Planung ein. Die weitverzweigten Zusammenhänge und Interaktionen zwischen den betroffenen Abteilungen oder Unternehmenseinheiten haben zur Folge, dass sich die Personalentwicklung nicht darauf beschränken kann, einfach nur Seminare zu planen und durchzuführen, sondern logisch in den großen Zusammenhang der Unternehmensentwicklung eingebettet sein muss. Die zunehmende Komplexität ist in einem Stufenkonzept (**Bild 6.4**) dargestellt.

Bild 6.3: Teilbereiche eines unternehmerischen Entwicklungsprozesses (Beispiel)

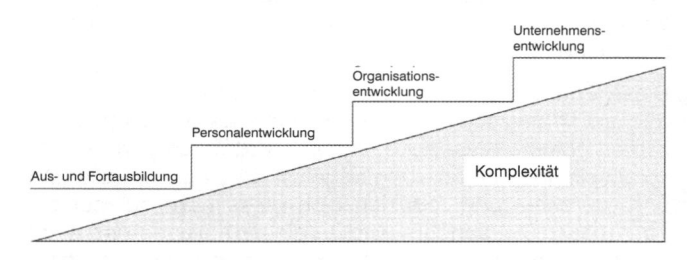

Bild 6.4: Stufenkonzept – Zunahme der Komplexität und Vernetzung

Durch die effektive Vorbereitung und die dadurch optimierte Arbeitsleistung der Mitarbeiter wird der Unternehmenserfolg zweifellos positiv beeinflusst. Insofern ist Personalentwicklung nicht nur eine Investition für die Zukunft, sondern auch ein wirkungsvolles Steuerungsinstrument.

Personalentwicklung als Steuerungsinstrument

Ausgangspunkt für alle Überlegungen der Personalentwicklung bildet die Bedarfssituation des Unternehmens. Gemeinsam mit der Fachabteilung ist zunächst der tatsächliche Personalbedarf für die nächste Planperiode zu ermitteln. Die Anforderungen an den Arbeitsplätzen sind dabei einem ständigen Veränderungsprozess unterworfen.

Zur Ermittlung des quantitativen Personalbedarfs bedient sich die Personalabteilung verschiedener Bemessungsverfahren. Strategische Personalentwicklung zielt ab auf zukünftige Anforderungen in den Funktionen und Feldern; es geht dabei also um die Identifizierung von Veränderungsprozessen an den Arbeitsplätzen und deren Auswirkungen auf das Anforderungsprofil.

Personalentwicklung basiert immer auch auf dem Qualifikationsstand der Mitarbeiter („Wo hole ich die Lernenden ab?"). Für die Mitarbeiter müssen also aktuelle Fähigkeitsprofile erstellt und mögliche, noch nicht ausgeschöpfte Potenziale zunächst erkannt, später dann durch geeignete Maßnahmen erschlossen werden. Dabei sind die individuellen Bedürfnisse der Mitarbeiter zu beachten.

Handlungsbereich | Führung und Personal

Aus dem Anforderungs-Eignungs-Vergleich ergeben sich konkrete Ansätze zur individuellen Personalentwicklung: Das Instrumentarium der Personalentwicklung – kombiniert mit sonstigen Förder- und Bildungsmaßnahmen – verhilft dem Mitarbeiter zur persönlichen Weiterentwicklung.

Mit der Bewährung am Arbeitsplatz schließt sich das Konzept der Personalentwicklung.

Fortschritte in der Personalentwicklung

Früher hatte die Personalentwicklung lediglich die Aufgabe, die durch die Leistungsbeurteilung ermittelten Qualifikationslücken zwischen den aktuellen oder zukünftigen Anforderungen des Arbeitsplatzes und den aktuellen Qualifikationen des Mitarbeiters zu schließen.

Bei allen zeitgemäßen, fortschrittlichen Denkansätzen über die Bedeutung und Rolle der Personalentwicklung wird immer wieder deutlich, dass der Mensch (= Human Resources) an Bedeutung für die langfristige Existenzsicherung des Unternehmens gewonnen hat. Somit kommt dem Unternehmen die Aufgabe zu, den Mitarbeitern zu helfen, „strategisches Bewusstsein" zu entwickeln; diese sollen für die Bedeutung ihrer täglichen Arbeit sensibilisiert werden und so eigenverantwortlich und selbst gesteuert an der Umsetzung eingeschlagener Strategien mitwirken.

Diese Erkenntnis hat in den Betriebswirtschaften zu zahlreichen strategisch orientierten Personalentwicklungskonzepten geführt. Klassische Planung wird durch permanente vorauseilende Veränderung abgelöst. Strategieformulierung und -durchsetzung reduziert sich nicht mehr nur auf die Führungsspitze, sondern wird zu einem Anliegen und einer Aufgabe aller Mitarbeiter aller Hierarchieebenen. In letzter Konsequenz wird angesichts immer schnellerer Umweltveränderungen jede Zukunftsplanung überflüssig und durch die Anpassungsfähigkeit bei Menschen und Organisationsstrukturen und -prozessen ersetzt.

Der Stand der Personalentwicklung ist ein wichtiges Merkmal zur Feststellung der Unternehmensphilosophie. Personalentwicklung setzt z. B. an bei der Lernkultur im Unternehmen und bei den vorhandenen Möglichkeiten, d. h. den zur Verfügung gestellten Ressourcen an Menschen, Geldmitteln und Organisation. Eine wichtige Kenngröße ist dabei die Höhe der Investitionen für Personalentwicklung im Vergleich zu den anderen Investitionen im Unternehmen oder denen von Mitbewerbern. Weiterhin lassen die inhaltlichen Schwerpunkte der Weiterbildung deutliche Rückschlüsse auf den Stellenwert dieser Personalfunktion im Unternehmen zu.

Zusammenfassend kann festgestellt werden, dass sich traditionelle Weiterbildung insbesondere auf die Verbesserung/Weiterentwicklung von Fachkompetenz und Produktwissen konzentrierte, während zeitgemäß-fortschrittliche Weiterbildung ein größeres Gewicht auf Persönlichkeits-, Sozial- und Methodenkompetenz legt.

Einführung der Personalentwicklung im Unternehmen

Es gibt drei Wege, Personalentwicklung im Unternehmen einzuführen:

- Man entwickelt, beschließt, druckt und verteilt eine Konzeption, nach der sich alle richten müssen.
- Man beginnt einmal dort mit Maßnahmen, wo „die Not am größten ist", im Lauf der Zeit wird daraus dann schon eine systematische Personalentwicklung entstehen.
- Man entwickelt ein grobes Konzept, bespricht dieses mit den Führungskräften, beschließt das Konzept und leitet Schritt für Schritt Maßnahmen ein, die von allen getragen werden, die niemanden überfordern und human wie ökonomisch sinnvoll sind.

Der aufgezeigte Weg im letzten Abschnitt erbringt die besten Ergebnisse. Nachfolgend eine kurze Zusammenstellung der wichtigsten Aufgabenkomplexe:

- Voraussetzungen schaffen durch systematische Planung, Umsetzung und Kontrolle,
- Personalentwicklungsprogramm erstellen,
- zu fördernde Mitarbeiter auswählen,
- Leitlinien entwickeln,
- Umfang und Inhalt festlegen,
- Instrumente entwickeln und einsetzen (z. B. Pläne, Funktionsbeschreibungen, Beurteilungen),
- institutionelle Verankerung im Unternehmen sicherstellen,
- konkrete Maßnahmen erarbeiten (z. B. Handlungskompetenz entwickeln, gezielte Förderung).

6.1.2 Ziele der Personalentwicklung

Ziel der strategischen Personalentwicklung ist es, die Kompetenzen der Mitarbeiter auf die aktuellen und künftigen Anforderungen des Unternehmens vorzubereiten. Die Maßnahmen lassen sich in drei groben Oberzielen formulieren (**Bild 6.5**).

- *Leistungsziele*

  Sie haben einen unmittelbaren Bezug zu den Mitarbeitern.

- *Prozessziele*

  Hierbei stehen sachliche Erwägungen für durchzuführende Maßnahmen im Vordergrund.

- *Ressourcenziele*

  Sie haben statischen Charakter und nehmen direkt Einfluss auf die natürlichen, technischen und zeitlichen Ressourcen.

In der Praxis sind dementsprechend die Rahmenbedingungen für eine systematische, bedarfs- und zielorientierte

```
                        PE-Ziele
        ┌──────────────────┼──────────────────┐
  Leistungsziele      Prozessziele       Ressourcenziele
  • Kompetenz         • Welche Maßnahmen • Dauer, Zeitpunkt
  • Leistungsfähigkeit• Verantwortlichkeit• Träger, Dozenten
  • Leistungsbereitschaft • Zielgruppen   • Kosten
```

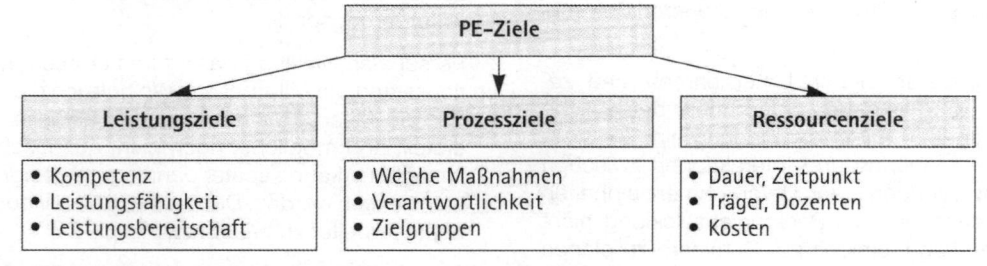

Bild 6.5: Oberziele bei der Festlegung von Personalentwicklungsmaßnahmen

Förderung der Qualifikation und Motivation aller Führungskräfte sowie der Mitarbeiter zu schaffen, z. B. durch

- *Sicherung des Fach- und Führungskräftebedarfs*

  Neben der Sicherung des aktuellen Bedarfs sind auch Maßnahmen zur Deckung des Neubedarfs zu ergreifen. Ein Teil dieses Personalbedarfs kann sicher über den externen Arbeitsmarkt gedeckt werden. Die Berufsausbildung im Unternehmen sollte jedoch besondere Priorität einnehmen, denn es eröffnet die Chance, junge förderungswürdige Talente zu erkennen. Durch die Eröffnung guter Perspektiven entwickeln die jungen Mitarbeiter besonderes Engagement und Motivation, können ihre unternehmensspezifischen Kenntnisse einbringen und stehen dem Unternehmen in den meisten Fällen auch längerfristig zur Verfügung.

- *Anpassung der Kenntnisse der Mitarbeiter an die aktuellen und zukünftigen Anforderungen des Aufgabengebietes*

  Die Anpassungsfortbildung kann durch technische, wirtschaftliche oder organisatorische Veränderungen notwendig werden. Darüber hinaus können auch ganz persönliche Gründe des Mitarbeiters gezielte Qualifikationsmaßnahmen erforderlich machen.

- *Förderung des allgemeinen beruflichen Aufstiegs*

  Typisch ist der hierarchische Aufstieg durch die Übernahme von Führungsfunktionen. Daneben sollten in jedem Unternehmen verschiedene Fachlaufbahnen definiert werden, die jedem Mitarbeiter (auf jeder Ebene) attraktive Möglichkeiten einer fachlich und persönlich ausfüllenden Tätigkeit anbieten.

- *Förderung und Motivation aller Führungskräfte und Mitarbeiter*

  Die Persönlichkeitsentwicklung und der Wertewandel in unserer Gesellschaft erfordern ein Zusammenwirken zwischen Führungskräften, Fachabteilungen, Mitarbeitern und Arbeitnehmervertretungen. Eine aktive, vertrauensvolle und kreative Zusammenarbeit trägt entscheidend zur Zufriedenheit und Motivation aller Beteiligten bei.

Im **Bild 6.6** sind Beispiele für die Entwicklung von Mitarbeiterpotenzial bezüglich Kompetenzen und Schlüsselqualifikationen auf fachlicher und sozialer Ebene aufgeführt.

Der betriebswirtschaftliche Erfolg eines Unternehmens basiert auf der Weiterentwicklung der vorhandenen Mitarbeiter und auf einer gezielten Rekrutierung geeigneten, ggf. auch externen Personals. In diesem Punkt kommt es nicht selten zu Fehlentscheidungen, weil neues externes Personal rekrutiert worden ist und das vorhandene, vielleicht auch bessere Mitarbeiterpotenzial, nicht gefördert wurde. Dies führt zu Verstimmungen und Demotivierung bei der Belegschaft und einer Abnahme der Leistungsfähigkeit des gesamten Unternehmens.

Es kann natürlich auch der umgekehrte Fall eintreten. Das vorhandene Mitarbeiterpotenzial wird falsch eingeschätzt und speziell gefördert. Doch nach der Förderung und weiteren Qualifikation des Mitarbeiters stellt sich heraus, dass dieser auf dem für ihn vorgesehenen Posten überfordert ist. Dies sind zwei Szenarien, wie sie nicht selten in der betrieblichen Praxis vorkommen und enorme Fehlinvestitionen (z. B. Einarbeitungs-, Weiterbildungs- sowie Entlassungs- und evtl. Abfindungskosten) beinhalten können.

Fachliche Fähigkeiten	Soziale Fähigkeiten
– Berufsspezifisches Wissen – Arbeitstempo – Kostenbewusstsein – Unternehmerisches Denken – Allgemeine Planungs- und Ordnungskenntnisse – Kenntnisse zur Qualitätserreichung – Organisation des Projektmanagements – Handhabung von Hilfsmitteln und Werkzeugen – Analytisches Denken – Räumliches Vorstellungsvermögen	– Selbstbewusstsein – Selbstmotivation – Selbstmanagement – Engagement in der Gruppe – Empathie (Einfühlungsvermögen) – Führungskompetenz – Qualitätsbewusstsein – Leistungsbereitschaft – Ausdrucksfähigkeit – Fremdsprachen – Innovationsfreude – Kooperationsfähigkeit – Motivationsfähigkeit (aktiv und passiv) – Konflikt- und Kritikfähigkeit (aktiv und passiv) – Präsentationsfähigkeit / verkäuferisches Verhalten – Fairness

Bild 6.6: Entwicklung fachlicher und sozialer Fähigkeiten der Mitarbeiter (Beispiele)

Eine Zusammenfassung wesentlicher Inhalte und weiterer Unterziele der Personalentwicklung ist **Bild 6.7** zu entnehmen.

6.1.3 Erfolgskriterien für Qualifizierung und Entwicklungsprozesse

Erhöhung der Wettbewerbsfähigkeit

Grundsätzlich zielt die Personalentwicklung darauf ab, die individuelle Leistung der Mitarbeiter zu erhöhen. Zu dieser Leistung gehört insbesondere die erforderliche Kompetenz für bestimmte Aufgaben, die in ihrer Gesamtheit eine Erhöhung der Wettbewerbsfähigkeit sowohl unter persönlichen

Grundsätzliche Ziele	Unterziele
Beeinflussung von Verhalten	Qualifiziertes Personal entwickeln
Durchsetzung der Geistes- und Denkhaltung bei Führungsverantwortlichen	Innovation auslösen und systematisch fördern
Vorbereitung von ausgewählten Mitarbeitern auf Führungsaufgaben	Zusammenarbeit fördern
Gegenwärtige Anforderungen an den Arbeitsplatz bestmöglich gestalten	Organisations- und Arbeitsstrukturen motivierend gestalten
Zukünftige Anforderungen an Mitarbeiter und Arbeitsplatz analysieren und vorbereiten	Lernbereitschaft und Lernfähigkeit der Mitarbeiter erhöhen
	Mitarbeiterpotenziale erkennen (wer kann was?)
	Flexibilität und Mobilität erhöhen
	Individuellen und sozialen Wertewandel berücksichtigen

Bild 6.7: Ziele und Unterziele der Personalentwicklung

Handlungsbereich | Führung und Personal

als auch unter unternehmerischen Aspekten bedeuten (**Bild 6.9**).

Steigerung der Effizienz

Die Mitarbeiter sollen für das Unternehmen einen möglichst hohen Leistungsbeitrag erbringen. Das individuelle Leistungsangebot setzt sich aus folgenden Komponenten zusammen:

- Leistungsfähigkeit:
  Kenntnisse und Fähigkeiten
- Leistungswilligkeit:
  Arbeitseinstellung, Motivation, Betriebsklima etc.
- Leistungsmöglichkeit:
  Arbeitsteilung, Arbeitsorganisation, Arbeitsstruktur, Ergonomie etc.

Leistungsfähigkeit

Die Leistungsfähigkeit des Mitarbeiters wird bestimmt durch seine Handlungskompetenz. Darunter sind alle fachlichen, methodischen, sozialen und persönlichen Fähigkeiten zu verstehen, die dem Mitarbeiter ermöglichen, die ihm übertragenen Aufgaben zufriedenstellend zu bewältigen.

Leistungswilligkeit

Die Leistungswilligkeit ist das Ergebnis der individuellen Motivation des Mitarbeiters. Transparente Leitbilder und nachvollziehbare Grundsätze ermöglichen es dem Mitarbeiter, sich unternehmenskonform zu verhalten.

Leistungserbringung

Entscheidend für die Umsetzung im Arbeitsalltag ist die situative Ermöglichung der Leistungserbringung. Führung und Organisationskultur müssen hierfür gerüstet sein. Durch das Erleben eines kooperativen und unterstützenden Führungsstils, der dem Mitarbeiter eigene Entscheidungsspielräume lässt und einer Fehlerkultur, die den Lernprozess fördert, wird eine Lernkultur geschaffen. Durch Schulung der Führungskräfte erlebt der Mitarbeiter einen kooperativen Führungsstil, der ihm genügend eigenen Entscheidungsspielraum lässt. Durch Mitwirkung an Entscheidungsfindungsprozessen (in Arbeitsgruppen, durch Beratung seiner Führungskraft) wird weitreichendes Verständnis für Unternehmensentscheidungen entwickelt (**Bild 6.8**).

Die erfolgreich umgesetzten Kompetenzen der Mitarbeiter führen im Ergebnis zu einer Effizienzsteigerung, d. h. das Verhältnis von Leistung zu Kosten wird verbessert (**Bild 6.10**).

Kenntnis der Leistungs- und Entwicklungspotenziale der Belegschaft

Das Instrument des Personalportfolios ist Bestandteil der Unternehmensanalyse. Es versucht die Stärken und Schwächen innerhalb der Belegschaft systematisch zu ermitteln und zusammenfassend nach Leistungsverhalten und Entwicklungspotenzial der vorhandenen Mitarbeiter darzustellen. Das Potenzial wird in vier Gruppen zusammenfasst und die weitere, individuelle Förderung festgelegt:

- Besonders talentierte Mitarbeiter
  (Investieren)
- Hoch motivierte Mitarbeiter
  (Erhalten)
- Unzufriedene Mitarbeiter
  (Investieren oder Deinvestieren)
- Unentschlossene Mitarbeiter, sog. Mitläufer
  (Leistung fordern, ggf. Entlassung/Outplacement)

Die in der Belegschaft vorhandenen Potenziale werden summarisch zusammengefasst und in der Portfoliomatrix eingeordnet, sodass eine anschauliche Bestandsaufnahme entsteht. Die Auswertung des Personalportfolios legt der Geschäftsführung unterschiedliche Strategien nahe:

- Personalentwicklungsstrategie oder Neubesetzungsstrategie (= Ersetzung/Austausch)
- Verstärkung (quantitativ) oder Reduzierung der Mitarbeiter in bestimmten Organisationseinheiten

Gibt es im Unternehmen nur wenig unzufriedene oder unentschlossene Mitarbeiter, so empfiehlt sich eine Intensivierung der Nachfolgeplanung, die auch bei veränderten Rahmenbedingungen in der Zukunft eine hohe Leistungsfähigkeit der gesamten Belegschaft sichert.

Werden jedoch viele Mitarbeiter als unzufrieden eingeschätzt, so müssen diese mit schnell wirksamen Bildungsmaßnahmen in bessere Positionen gebracht werden.

Bei Mitläufer-Mitarbeitern ist zu ergründen, ob das niedrige Leistungsverhalten durch mangelndes Können oder niedrige Motivation begründet ist.

Kompetenzfelder	Problemlösung
Fachkompetenz	Das Beherrschen der unmittelbar zum Fachlichen gehörenden Themengebiete
Methodenkompetenz	Die Fähigkeit, sich systematisch Wissen anzueignen, um bestimmte Methoden einzusetzen und zu vermitteln
Sozialkompetenz	Die Fähigkeit, im Umgang mit anderen praktikable Lösungen zu erarbeiten, Konflikte zu bewältigen und mit der eigenen Gefühlswelt souverän umzugehen

Bild 6.8: Übersicht der drei Kompetenzfelder für eine umfassende Problemlösung

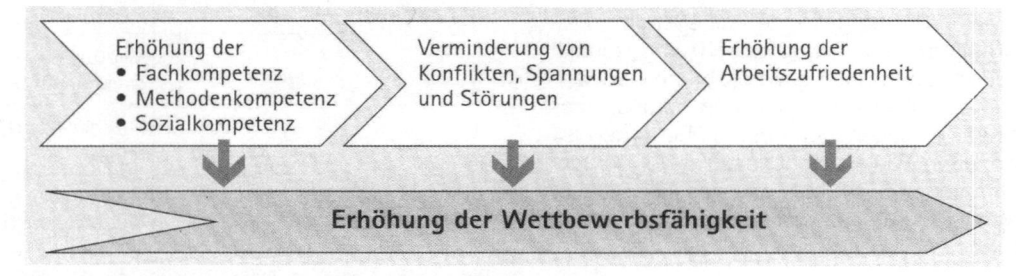

Bild 6.9: Erhöhung der Wettbewerbsfähigkeit durch Qualifikation der Mitarbeiter

```
                    EFFIZIENZSTEIGERUNG
              Effizienz = Verhältnis Leistung zu Kosten
                    /                              \
            Leistungssteigerung              Kostensenkung
           /        |        \                     |
  Leistungs-   Leistungs-   Leistungs-       Optimierung
  fähigkeit   bereitschaft  möglichkeit      Personalaufwand
   „Können"    „Wollen"      „Dürfen"
```

Sicherung des Mitarbeiterpotenzials	Führung und Zusammenarbeit	Personalsysteme und -strukturen	Optimierung Personalaufwand
– Ausgewogene Mitarbeiterstruktur – Qualifizierung – Entwicklung Managementpotenzial – Internationale Personalentwicklung	– Team- und prozessorientierte Zusammenarbeit – Führung – Neue Anforderungen an die Mitarbeiter – Information und Kommunikation	– Neue Arbeitsstrukturen – Entgelt und Zusatzleistungen – Arbeitszeit – Führungskräftestruktur und Bewertung	

Bild 6.10: Effizienzsteigerung durch kompetente Mitarbeiter

Motivationssteigerung bei den Mitarbeitern

Mitarbeiter sind grundsätzlich viel motivierter, wenn sie genau wissen, was der Vorgesetzte eigentlich will. Nichts ist für einen Mitarbeiter frustrierender, als eine Aufgabe ohne eine klare Zielvorgabe übertragen zu bekommen. Wer nicht genau weiß, was getan werden soll bzw. was das Ziel und Resultat sein soll, wird sich mit der Arbeit schwertun.

Hier kann das Mitarbeitergespräch zur Steigerung der Motivation durch Ziel- und Sinngebung beitragen. Durch die Vereinbarung von Erfolgskriterien wissen die Mitarbeiter, welche Ergebnisse erwartet und woran sie gemessen werden. Wenn die Mitarbeiter dann entsprechend öfter für die gute Arbeit gelobt werden, wirkt das motivierend, erhöht die Arbeitszufriedenheit und spornt zu weiterer Leistung, guten Ergebnissen und hoher Arbeitsqualität an.

Verbesserung der Zusammenarbeit

Die Zusammenarbeit innerhalb von Abteilungen bzw. Teams, aber auch innerhalb von Prozessketten, wird durch die Klärung der unterschiedlichen Rollen in der Organisation und durch die Festlegung von Spielregeln der Zusammenarbeit verbessert. Es geht insbesondere um die Frage, wie die Fähigkeiten und das Wissen Einzelner gemeinsam genutzt werden können.

6.1.4 Ermitteln des Personalentwicklungsbedarfs

Begriffsbestimmung

Bedarf beschreibt aus qualitativer Sicht die Soll-Ist-Differenz als Abweichung eines tatsächlichen (Ist-)Zustandes von einem gewünschten (Soll-)Zustand. Qualifikationslücken bestehen im Hinblick auf Wissen, Können und Verhalten von Mitarbeitern. Sie manifestieren sich als Differenz zwischen *Soll-* und *Ist-Qualifikation.*

Der Personalentwicklungsbedarf eines Unternehmens wird bestimmt durch den betrieblichen und den gesellschaftlichen Entwicklungsbedarf sowie die individuellen Entwicklungsbedürfnisse der Mitarbeiter.

Ebenen der Bedarfsanalyse

Es sind die strategische, die operative und die individuelle Ebene zu analysieren

Die *strategische Bedarfsanalyse* erfolgt auf der Ebene des Unternehmens und der Funktionsbereiche und leitet sich aus der Unternehmensstrategie ab. Expansion, Konsolidierung, Internationalisierung, der Eintritt in neue Märkte, die Entwicklung neuer Produkte etc. bestimmen als Unternehmensstrategie den Basistrend zukünftiger Tätigkeiten und Anforderungen. Die strategische Personalentwicklungsbedarfsanalyse ist transitorisch auf künftige Unternehmensrealitäten ausgerichtet. Der Zeithorizont ist mittel- bis langfristig angelegt.

Die strategische Bedarfsanalyse klärt, wie das Humanvermögen eines Unternehmens quantitativ, qualitativ und zeitlich so zu gestalten ist, dass die Basisziele des Unternehmens erreicht werden können. Sie geht von hypothetischen Lücken aus und stellt vorlaufend fest, welche Aufgaben und Anforderungen in der Zukunft wahrscheinlich zu bewältigen sind und welche Fähigkeiten und Fertigkeiten benötigt werden.

Die *operative Bedarfsanalyse* erfasst die Tätigkeiten und Anforderungen der Gegenwart. Die operative Bedarfsanalyse klärt situations- und personenbezogen, welche Mängel im Können und Wollen vorliegen. Sie ist auf unmittelbare Verwertung angelegt. Was ein Mitarbeiter können müsste, aber nicht kann, das lernt er und wendet es an.

Führungskräfte und Mitarbeiter verantworten die operative Bedarfsanalyse. Ein leistungsfähiges Instrument der operativen Bedarfsanalyse ist das strukturierte Mitarbeitergespräch. Aber auch Arbeitsanalysen, Fremdleistungsanalysen, Expertengespräche und persönliche Verhaltens- und Leistungsauditierungen dienen der operativen Bedarfsanalyse.

Handlungsbereich | Führung und Personal

Die *individuelle Bedarfsanalyse* geht vom Mitarbeiter aus und fragt nach persönlichen Entwicklungserfordernissen und Entwicklungswünschen im Hinblick auf die persönliche Berufs- und Karriereplanung. Die Eigenverantwortung für die Personalentwicklung nimmt zu. Fluide Beschäftigungsverhältnisse und die rasche Entwertung von Qualifikationen durch technischen Fortschritt, veränderte Kundenwünsche und internationalen Wettbewerb verstärken die Pflicht, eigenverantwortlich die persönliche Beschäftigungsfähigkeit durch gezielte Entwicklung zu erhalten. Eine persönliche Bestandsaufnahme steht am Anfang der Forderung nach lebenslangem Lernen.

Um den Personalwicklungsbedarf erfolgreich zu ermitteln, bedarf es einer langfristig angelegten Strategie. Einerseits müssen zwar kurzfristige Probleme zeitnah gelöst werden, andererseits muss langfristig durch gezieltes Handeln eventuellen personellen Engpässen des Unternehmens vorgebeugt werden (Prävention). Dabei ist Offenheit für neue Denkansätze gefordert.

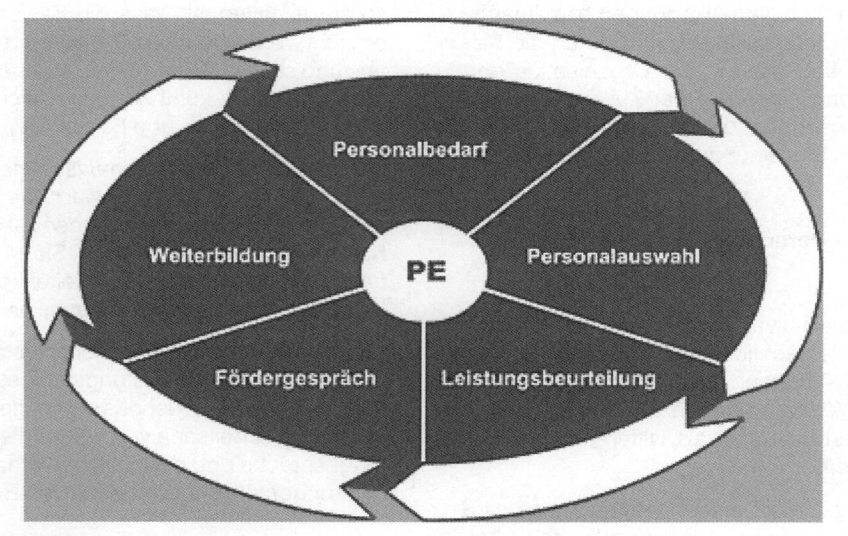

Eine *strategische Personalentwicklung* ist in die unternehmerische Gesamtplanung eingebettet. Der Weg von strategischer Unternehmensplanung und strategischer Personalentwicklung zur operativen Unternehmensplanung ist als Prozess zu verstehen (**Bild 6.11**).

Bei der strategischen Personalentwicklung (**Bild 6.12**) entstehen zunächst folgende Fragen:

– In welchen Geschäftsbereichen bestehen welche Anforderungen (qualitativ und quantitativ)?
– Welche Schlüsselqualifikationen stehen im Vordergrund?
– Welche Erfolgsfaktoren sind vorrangig (z. B. Service, technisches Qualitätsmanagement, Prozessorientierung)?
– Welche persönlichen Anforderungen sind zu stellen (z. B. Teamfähigkeit, Selbstmotivation, Sprachkenntnisse)?

Der Personalentwicklungsbedarf ist sowohl aus der Sicht des Unternehmens als auch aus der Sicht der Mitarbeiter zu analysieren.

Keine Veränderung

Liegen keine Veränderungen im Stellengefüge und in der Stellenbesetzung vor, so müssen trotzdem permanent die aktuellen Anforderungen des Arbeitsplatzes mit der aktuellen Eignung des Stelleninhabers verglichen werden. Eine optimale Stellenbesetzung ist nur dann möglich, wenn die Anforderungen der Stelle bekannt und dokumentiert sind. In den meisten Unternehmen liegen dazu Stellenbeschreibungen vor, aus denen dann unter Berücksichtigung der Anforderungsanalyse sogenannte Anforderungsprofile erstellt werden. Bisweilen sind diese Anforderungsprofile sogar integrierter Bestandteil dieser Stellenausschreibung.

Die im Rahmen umfassender Zertifizierung aktuell erstellten Stellenbeschreibungen – die ISO 9000 verlangt z. B. klare Dokumentationen von Strukturen, Zuständigkeiten und Prozessen – sind eher kurz und allgemein gehalten. Ihre Auswertung lässt nur sehr „oberflächliche" Anforderungsprofile entstehen. Diese beinhalten im Gegensatz zu früher auch

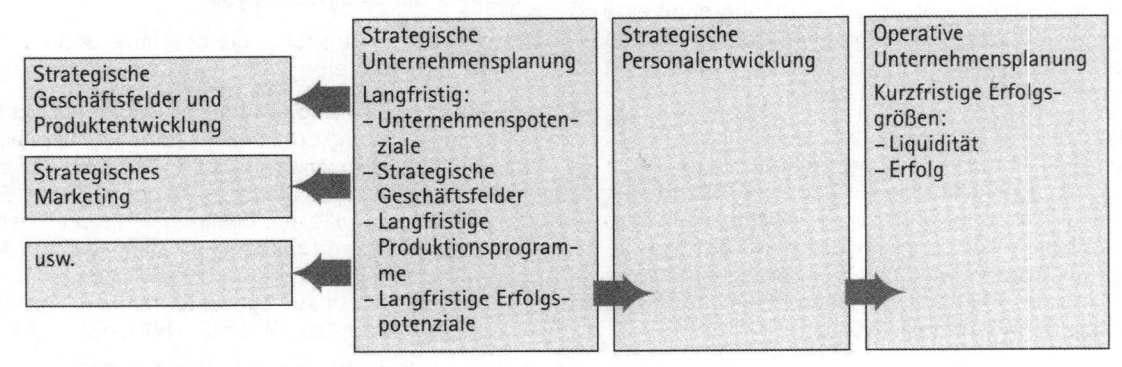

Bild 6.11: Prozess strategischer und operativer Planung

Bild 6.12: Strategische Personalentwicklung

eher Schlüsselqualifikationen und Methodenkompetenzen, weniger Fachkompetenzaufzählung. Bildungsmaßnahmen kommen hier zur Erhaltung der Leistungsfähigkeit oder zur Anpassung des Mitarbeiters an veränderte Arbeitsweisen in Betracht.

Neue Aufgaben

Es kann die Absicht bestehen, dem Mitarbeiter neue Aufgaben zu übertragen. Dies geschieht durch

- **horizontale Versetzung**
  d. h. der Mitarbeiter übernimmt ähnliche oder andere Aufgaben auf gleicher Hierarchieebene, ähnlichen Schwierigkeitsgrades und/oder unveränderter tariflicher Einstufung,

- **vertikale (= förderliche) Versetzung**
  bei der ein geeigneter Mitarbeiter zukünftig mehr Managementaufgaben als reine Ausführungsaufgaben wahrnimmt.

Existieren diese Stellen bereits im Unternehmen, so gibt es auch ein entsprechendes Anforderungsprofil. Werden derartige Stellen jedoch neu geschaffen, so sind Arbeitsanalysen vorzunehmen, Tätigkeitsinhalte zu definieren, Anforderungsmerkmale zu bestimmen und Bewertungen vorzunehmen. Dazu werden Informationen aus verschiedenen Informationsquellen verarbeitet. Bildungsmaßnahmen sind hier notwendig, denn nur so wird der Mitarbeiter die auf ihn zukommenden neuen Aufgabenstellungen bewältigen können.

Technisch-organisatorische Veränderungen

Technische und organisatorische Veränderungen vollziehen sich entweder in Sprüngen oder aber in vielen kleinen Entwicklungsschritten. Gerade im zweiten Fall muss jede Stelle in kürzeren Abständen einer Bestandsaufnahme unterzogen werden, um festzustellen, ob und inwieweit die Stellenbeschreibungen noch aktuell und die Anforderungen noch relevant sind (Organisationsüberprüfung). Qualifikationsmaßnahmen machen es erst möglich, Produktivitätsverbesserungen wirklich zu realisieren.

Fazit

Wenn die vielfältigen Aspekte gründlich geprüft sind, kann eine systematische, vorausschauende und zukunftsorientierte Personalplanung vorgenommen werden. Die Mitarbeiter sind dem Unternehmen unter folgenden Aspekten zur Verfügung zu stellen:

- Wie viele Mitarbeiter sind erforderlich?
- Was müssen die Mitarbeiter können?
- Wann werden die Mitarbeiter benötigt?
- Wo (an welchem Ort) sind die Mitarbeiter einzusetzen?

Weiterhin müssen die zahlreichen Ansatzpunkte und Maßnahmen der Arbeitsmedizin im Betrieb auch bei allen Personalentwicklungsmaßnahmen berücksichtigt werden. Zu gestalten ist auf einer organisationsbezogenen Ebene beispielsweise die Einführung und Ausgestaltung von Qualitäts- und Gesundheitszirkeln, von Gruppenarbeit und mitarbeiterorientierten Arbeitzeitregelungen.

Die notwendigen, spezifischen Schulungen der Mitarbeiter im Bereich des Arbeits-, Unfall- und Gesundheitsschutzes sind zu organisieren. Sie beinhalten beispielsweise spezifische Maßnahmen zur Sicherheit am Arbeitsplatz, die Vermeidung besonderer Gefährdungen oder die Bereitstellung bedarfsgerechter Arbeitsmittel. Zudem vermitteln sie arbeitsplatz- und betriebsspezifisch adäquate Lösungen bezüglich der Einführung gesundheitsverträglicher Schichtsysteme und Pausenregelungen. All diese Maßnahmen dienen dem Erhalt der Arbeitskraft bzw. der Steigerung der Leistungsfähigkeit der Beschäftigten (**Bild 6.13**).

Der systematische Einsatz von Instrumenten zur Arbeitssicherheit und Gesundheitsförderung sowie deren Verknüpfung mit Organisationsentwicklungsprozessen hilft, weitere Ressourcen zu erschließen und trägt so ebenfalls zu Effektivitätsgewinnen bei.

In jedem Unternehmen sollte darauf geachtet werden, dass der notwendige Innovationsprozess möglichst mit den vorhandenen Mitarbeitern umgesetzt werden kann und das zur Verfügung stehende Personal rechtzeitig auf neue Aufgaben vorbereitet wird. Durch systematische, qualitativ anspruchsvolle Ausbildungsmaßnahmen, deren erfolgreicher Abschluss in der Regel durch Zertifikate bescheinigt wird, kann professionelle Kompetenz erreicht werden.

Personalbeschaffung erfolgt vielfach durch inner- oder zwischenbetriebliche Versetzung. Personalentwicklung schafft die Voraussetzungen für Besetzung aus den eigenen Reihen, die meist kostengünstiger ist als eine Einstellung von außen.

Dennoch kann durch besondere Umstände eine Personalunterdeckung entstehen, sodass externe Mitarbeiter durch Neueinstellungen bzw. durch Vermittlung von Zeitarbeitsfirmen zur Verstärkung herangezogen werden müssen. Das Vorhandensein einer systematischen Personalentwicklung macht ein Unternehmen am externen Arbeitsmarkt attraktiv; die Personalsuche wird erleichtert. Dabei lassen sich grundsätzlich zwei verschiedene Handlungsprinzipien unterscheiden:

Unternehmen der Zukunft: Arbeitssicherheit → ← Arbeitsmedizin → betriebliche Gesundheitsförderung → Kommunalentwicklung → Qualitätssicherung → (betrieblicher) Umweltschutz

Bild 6.13: Aspekte des Arbeits-, Unfall- und Gesundheitsschutzes im Betrieb

Handlungsbereich | Führung und Personal

- Es wird zeitlich befristet von außen ein Mitarbeiter eingestellt, der genau oder nahezu den Anforderungen der zu besetzenden Stelle genügt. Entwicklungspotenzial ist nicht gefordert, persönliche Karrierevorstellungen des Mitarbeiters sind nicht erwünscht.
- Der von außen eingestellte Mitarbeiter hat Entwicklungspotenzial und auch Karriereerwartungen. Bereits beim Eintritt ist abzusehen, dass der Mitarbeiter bald in eine anspruchsvollere Position versetzt werden könnte. Bei Bedarf wird der Mitarbeiter gezielt Bildungsmaßnahmen unterworfen, die ihn auf die Übernahme einer höherwertigen Aufgabe vorbereiten (Aufstiegsfortbildung).

Die Zusammenhänge von betrieblichen Eigenleistungen und Fremdleistungen (*In-* und *Outsourcing*) sind im **Bild 6.14** verdeutlicht.

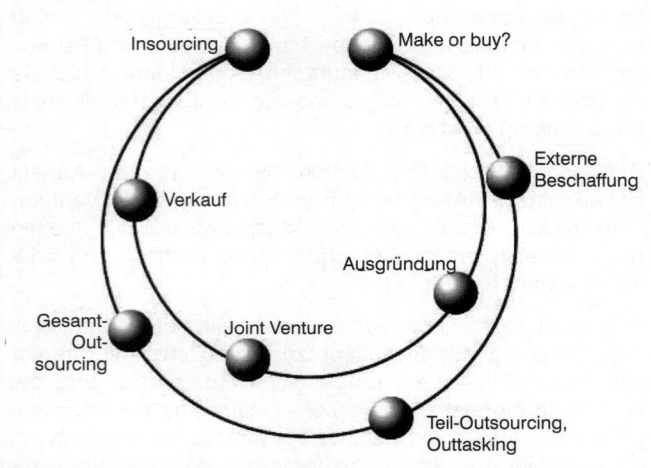

Bild 6.14: Zusammenhänge von In- und Outsourcing

Grundsätzlich sollten quantitative Fremdleistungen in der Regel auf Arbeitsspitzen oder auf zeitlich begrenzte Projekte beschränkt werden. Aus Kostengründen, wegen begrenzter Einsatzmöglichkeiten und fehlender arbeitszeitlicher Flexibilität sollten Fremdleistungen frühestmöglich wieder zurückgefahren werden.

Nicht zum Kerngeschäft des Unternehmens gehörende Leistungen (z. B. Reinigung, Wäscherei, Catering) können aus Kostengründen ggf. dauerhaft an externe Dienstleister vergeben werden.

6.2 Durchführung von Potenzialeinschätzungen nach vorgegebenen Kriterien

Potenzialanalysen dienen immer der Zukunftssicherung des Unternehmens. Hierbei gibt es sowohl kurzfristige wie auch langfristige Perspektiven:

– Schnelle Information über das zukünftige Leistungspotenzial von Führungskräften.
– Förderung einer offenen Unternehmenskultur, da einige Bausteine des Verfahrens beispielsweise Teamarbeit und Kooperation fördern.
– Passgenaue Auswahl von zukünftigen Führungskräften.
– Bindung der Führungskräfte, durch Aufzeigen von Karrieremöglichkeiten im Unternehmen.
– Vermeidung von Fehlbesetzungen
– Individuelle und passgenaue Personalentwicklung mit Hilfe eines Stärken-Schwächen-Profils
– Transparenz und damit Akzeptanz von Personalentscheidungen durch Objektivierung der Personalauswahl anhand von nachvollziehbaren Kriterien und somit Vermeidung von emotionalen Faktoren.

Die Führungskräfte sollten aufbauend auf den Mitarbeitergesprächen individuelle Potenzialeinschätzungen ableiten und bündeln. Dies ist zwingend erforderlich, damit die potenzialanalytischen Instrumente zweckgerichtet und strategieorientiert eingesetzt werden können (**Bild 6.15**).

Bild 6.15: Grundlagen von Potenzialeinschätzungen

Der Grad der Ausschöpfung der individuellen Entwicklungspotenziale des Mitarbeiters ist abhängig von seiner bereits erworbenen Qualifikation, bezogen auf die Anforderungen an seinem aktuellen Arbeitsplatz; daneben werden absehbare Entwicklungen am jeweiligen Arbeitsplatz prognostiziert und daraus mögliche Anforderungsveränderungen abgeleitet.

Zusätzlich werden Überlegungen darüber angestellt, für welche anderen Tätigkeiten im Unternehmen der Mitarbeiter mittel- und langfristig ebenfalls in Betracht kommt. Die Anforderungsveränderungen an diesen Arbeitsplätzen werden genauso in mögliche Karriereüberlegungen einbezogen.

Je höher die derzeitige Position des Mitarbeiters in der Hierarchieebene bereits angesiedelt ist, desto wichtiger wird die Beachtung seiner grundsätzlichen Leistungsbereitschaft. Die Betriebe fordern unternehmerisches Denken und Handeln von allen Mitarbeitern. In besonderem Maße sind diese Eigenschaften zweifellos bei Mitarbeitern mit Führungsaufgaben oder in wichtigen Spezialistenfunktionen gefordert.

Für Unternehmen mit mehreren Standorten spielt die Mobilität der Mitarbeiter ebenfalls eine große Rolle; die Bereitschaft, zumindest zeitweise oder gar dauerhaft seinen Wohnort zu wechseln, ist insbesondere für Unternehmen mit überregionalen Standorten oder Geschäftsverbindungen ins Ausland ein wesentliches Kriterium zur Identifizierung noch nicht ausgeschöpfter Potenziale bei den Mitarbeitern.

6.2.1 Kriterien der Potenzialeinschätzungen

Ein gut organisiertes, systematisches Personalentwicklungskonzept kann sich nicht darauf beschränken, lediglich Mitarbeiterpotenziale zu diagnostizieren und anschließend die zukünftigen Leistungsträger „ins kalte Wasser" zu werfen. Es ist darauf zu achten, dass der ausgewählte Mitarbeiter auf seinen neuen Arbeitsplatz durch angemessene Förderung und Qualifizierung vorbereitet wird.

Nachfolgend sind die wichtigsten Kriterien von Potenzialeinschätzungen beispielhaft aufgeführt:

- Erfassung des Bedarfs für mögliche Neu- oder Nachbesetzungen
- Festlegung der Selektions- und Potenzialkriterien, zum Beispiel in den Feldern Fach-, Sozial-, Methoden- und Persönlichkeitskompetenz
- Abklären des individuellen Potenzials der Mitarbeiter für Kernpositionen
- Gemeinsame Bewertung der von Führungskräften vorgeschlagenen Kandidaten für weiterführende Positionen
- Erstellen einer Vorschlagsliste für Personalentwicklungs-Seminare, Assessments (psychologische Eignungstests) und Fördergespräche
- Festlegen von Rahmenbausteinen für individualisierte Förder- und Entwicklungsprogramme

Bild 6.16 zeigt als Beispiel die Struktur einer Potenzialbeurteilung, die als Instrument zur Personalentwicklung in der unteren und mittleren Führungsebene eingesetzt wird.

Anhand des vorstehenden Schemas können im Detail z. B. folgende Eigenschaften beurteilt werden:

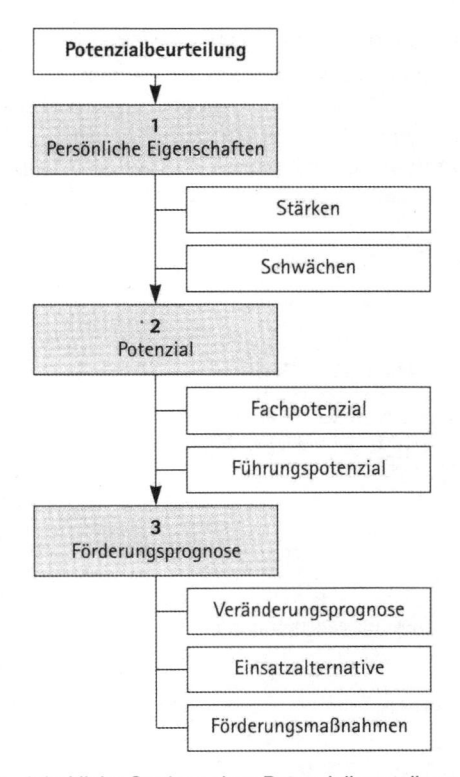

Bild 6.16: Inhaltliche Struktur einer Potenzialbeurteilung (Beispiel)

- Stärken, Neigungen
- Schwächen, Abneigungen
- Lernfähigkeit, Lernbereitschaft
- Mobilität
- Fachliche Kenntnisse
- Führungspotenzial
- Methodenkompetenz (die Fähigkeit, sich unterschiedliche Arbeitsbereiche selbstständig zu erschließen)
- Arbeitsplatzanalyse
- Einsatzalternativen
- Förderungsmaßnahmen

Eine sorgfältige Potenzialbeurteilung erfüllt die Kriterien einer realistischen Potenzialeinschätzung.

Verantwortung

Gemeinsam mit dem internen Servicebereich „Personalentwicklung" trägt der Vorgesetzte die Verantwortung dafür, dass ein realistisches Personalentwicklungskonzept ausgearbeitet und zeitnah umgesetzt wird. Dieses enthält keineswegs nur Seminare, sondern vor allem auch Maßnahmen am Arbeitsplatz oder im jeweiligen Arbeitsumfeld, die geeigneten bzw. vorgesehenen Mitarbeiter auf die möglichen zukünftigen Funktionen systematisch vorbereiten.

Die Potenzialanalyse (**Bild 6.17**) ermöglicht unter Berücksichtigung vorgegebener Schritte ein systematisches Personalentwicklungskonzept.

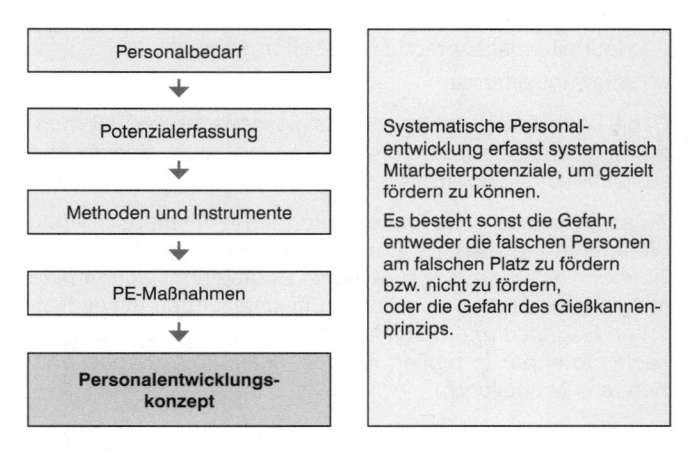

Bild 9.17: Die einzelnen Schritte der Potenzialanalyse

Die Potenzialermittlung kann sich auf interne oder externe Kandidaten beziehen. Grundsätzlich sollte in der Praxis ein interner Kandidat möglichst dem externen Kandidaten vorgezogen werden. Bei dieser Entscheidung spielt selbstverständlich die fachliche Qualifikation eine zentrale Rolle; die innerbetrieblichen Vorkenntnisse sind jedoch nicht zu unterschätzen.

6.2.2 Instrumente und Methoden

Definition „Potenzial"

Die Gesamtheit aller Fähigkeiten, Kenntnisse und Begabungen, die für die zukünftige Leistung eines Mitarbeiters oder für sein Leistungsvermögen relevant, möglicherweise zur Zeit aber noch nicht aktiviert sind, die aber bei entsprechender Entwicklung zur Entfaltung gebracht werden können.

Handlungsbereich | Führung und Personal

Der Vorgesetzte beurteilt in „spekulativ-prognostischer" Absicht das Entwicklungspotenzial des Mitarbeiters in Bezug auf die „nächstbeförderbare Position" und „aus derzeitiger Sicht höchstens erreichbare Position".

Die Einschätzung bildet die Grundlage für Aufstiegsfortbildung und flankierende Fördermaßnahmen. Sie werden weder regelmäßig noch für alle Mitarbeiter durchgeführt, sondern sporadisch für einen ausgewählten Mitarbeiterkreis. Ziel ist es, rechtzeitig systematisch besonders entwicklungsfähige Mitarbeiter zu entdecken, praktisch die Leistungsträger von morgen.

Dazu könnte z. B. jeder Abteilungsleiter aufgefordert werden, zwei förderungsfähige Mitarbeiter aus seinem Bereich oder auch aus angrenzenden Abteilungsbereichen zu benennen, die ihm positiv aufgefallen sind. Dadurch werden die verantwortlichen Führungskräfte in ihrem Bemühen um eine personelle Vorsorge unterstützt sowie die Daten förderungswürdiger Mitarbeiter für das ganze Unternehmen systematisch ermittelt und erfasst.

Dabei werden andere bzw. erweiterte Beurteilungskriterien zugrunde gelegt als bei der Leistungsbeurteilung. Schließlich geht es um die zukünftige Besetzung höherwertiger Positionen, in denen die Mitarbeiter bislang noch nicht tätig waren.

Die wesentlichen Instrumente und Methoden der **Potenzialerfassung** sind

– Personalkarteien/-dateien
– Biografischer Fragebogen
– Testverfahren
– Leistungsbeurteilung
– Beurteilungsgespräch / Mitarbeitergespräch
– Auswahlverfahren

Dabei ist zu berücksichtigen, dass die menschliche Wahrnehmung grundsätzlich den drei Merkmalen „aktiv, selektiv und subjektiv" unterliegt (**Bild 6.18**).

Zwischenmenschliche Prozesse können in der menschlichen Wahrnehmung niemals einen objektiven Charakter haben. Dennoch ist eine angemessene Beurteilung weitgehend möglich, wenn die individuellen Einschätzungen mit einheitlichen Begriffen und damit für alle Mitglieder des Gremiums nachvollziehbar formuliert werden (intersubjektiv nachvollziehbare Beurteilung).

Merkmal	Wahrnehmung
aktiv	nur Inhalte, die als relevant erachtet werden
selektiv	nebensächliche Reize werden „ausgefiltert"
subjektiv	gleicher Sachverhalt wird von verschiedenen Menschen unterschiedlich wahrgenommen

Bild 6.18: Die drei Merkmale menschlicher Wahrnehmung

Durch unterschiedliche menschliche Wahrnehmungen können allerdings deutliche Fehlerquellen in der Beurteilung von Mitarbeiterpotenzialen entstehen (**Bild 6.19**). Daher ist es wichtig, in Gesprächen die Wahrnehmung für sich selbst und für andere zu schärfen und von persönlichen Motiven freizumachen.

Folge:

Um die eigene Beurteilung zu objektivieren, muss die Führungskraft die eigene Wahrnehmung stets kritisch überprüfen und sich auch mit dem Bewusstsein um diese möglichen Fehler sorgfältig auf das Mitarbeitergespräch vorbereiten und Regeln der Gesprächsführung beachten.

Mögliche Beurteilungsfehler

Aus folgenden Ereignissen können sich Beurteilungsfehler ergeben:

- **Situation**

  Der Beurteiler verhält sich (bewusst oder unbewusst) in der Beobachtungssituation anders, als er das normalerweise würde (z. B. Ängste, Unsicherheit, Selbstdarstellung).

- **Wahrnehmung**

  Jeder Mensch unterliegt den gleichen Wahrnehmungsproblemen:

  – Menschen erkennen nicht alle Tage gleich gut.
  – Menschen sehen nur, was sie kennen.
  – Menschen sehen andere Menschen nicht als gleich zuverlässig.

  Die Wahrnehmungsfähigkeit in starkem Maße von den Vorinformationen über den Beurteilten abhängig.

Fehlerquellen

Wahrnehmungsfehler	Maßstabsfehler
z. B. durch Selektion nicht wahrgenommener Aspekte	z. B. unterschiedliche Bewertung desselben Sachverhalts bei unterschiedlichen Mitarbeitern

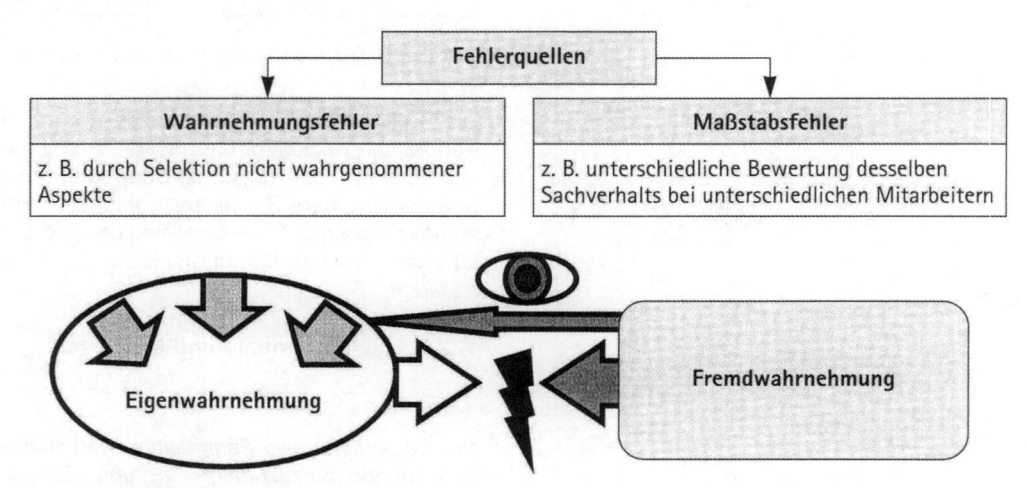

Eigenwahrnehmung ↔ Fremdwahrnehmung

Bild 6.19: Fehlerquellen durch unterschiedliche Wahrnehmungen

- *Erster / letzter Eindruck*
  Der erste und letzte Eindruck prägen erwiesenermaßen die Einschätzung eines anderen Menschen sehr nachhaltig und lassen sich erst durch eine Vielzahl gegenteiliger Eindrücke berichtigen.

- *Sympathie / Antipathie*
  Dieses Phänomen entsteht unbewusst aus Ähnlichkeiten bzw. Andersartigkeiten (z. B. auch auf Grund von Ideologien) und beeinträchtigt die objektive Wahrnehmung.

- *Merkmalzusammenhänge*
  Es werden falsche Zusammenhänge hergestellt, z. B. wird „Ordnung halten" als Beleg für „systematisches Denken" angesehen oder „freundlich sein" mit einem hohen Maß an „emotionaler Intelligenz" gleichgesetzt.

- *Halo-Effekt*
  Besonders wichtig gehaltene Eigenschaften überstrahlen andere, weniger wichtig erachtete Eigenschaften.

- *Datenfehler*
  Es liegen schlichtweg falsche oder falsch interpretierte Sachverhalte zugrunde.

- *Objektivitätsfehler*
  Als Objektivitätsfehler sind die bewusste Begünstigungs- oder Bestrafensabsicht oder unbewusste (zu nachsichtig, zu streng, zu vorsichtig) Einschätzung der Führungskraft gegenüber dem Mitarbeiter zu sehen.

Die Einflussfaktoren auf Beurteilungsfehler sind im **Bild 6.20** zusammengefasst.

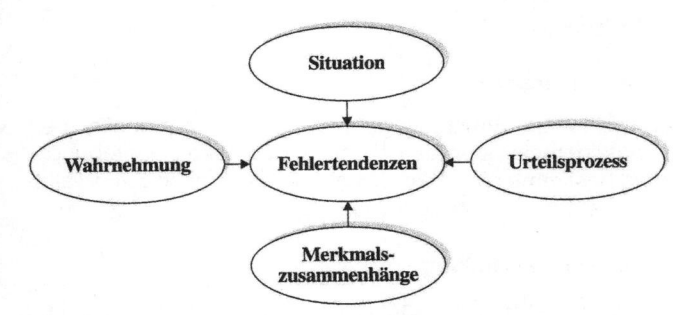

Bild 6.20: Einflussfaktoren bei Beurteilungsfehlern

Verfahren der Potenzialeinschätzung

Nachfolgend werden die wichtigsten Verfahren zur Potenzialeinschätzung näher behandelt.

Personalakte

In der Personalakte sind sämtliche über den Mitarbeiter im Unternehmen vorhandenen Daten zusammengetragen und systematisch geordnet. Sie wird mit Eintritt des Mitarbeiters angelegt und enthält zunächst die Bewerbungsunterlagen und den begleitenden Schriftverkehr, den Arbeitsvertrag sowie die Ergebnisse möglicher Auswahlverfahren. Im Laufe des „Mitarbeiterlebens" wird sie um alle möglichen Dokumente ergänzt, z. B. um Beurteilungsergebnisse, Teilnahmebestätigungen an Weiterbildungsmaßnahmen oder Gehaltserhöhungen. Nach Austritt des Mitarbeiters wird ihr Inhalt (auszugsweise) bis zu 30 Jahre archiviert.

Für die Personalentwicklung sind z. B. wichtige Informationen:
– Schulische Ausbildung,
– Berufsausbildung,
– berufliche Weiterbildungen (formale mit Zeugnis und auch „nicht belegbare"!),
– besondere Kenntnisse und Fähigkeiten,
– bisherige berufliche Tätigkeiten,
– berufliche Entwicklung, auch in früheren Arbeitsverhältnissen,
– besondere Interessensgebiete (auch Hobbys bzw. geäußerte Arbeitswünsche).

Personalkarteien/-dateien

Personalkarteien (= traditionelle Erscheinungsform) und -dateien (= computerunterstützt) sind auf einen speziellen Zweck zugeschnittene Datensammlungen. Idealerweise verfügt das Unternehmen über sogenannte Personalinformationssysteme, die es ermöglichen, die eingespeicherten Daten in beliebiger Form zu kombinieren und damit jeweils flexibel zu immer wieder neuer Informationsgewinnung auszuwerten. Wesentliche Bestandteile sind z. B. die Personalstammdatei, die Beurteilungsdatei, die Nachwuchskräftedatei und insbesondere die Personalentwicklungsdatei.

Personalstammdatei

Sie enthält als Verdichtung der wesentlichen Inhalte der Personalakte neben den Grunddaten (persönliche Daten, Schule und Berufsausbildung, Funktionen im Betrieb usw.) sämtliche Veränderungsmeldungen (z. B. Versetzungen, Änderung der Bezüge oder der Tarifgruppe).

Beurteilungsdatei

Sie dient z. B. zur Speicherung der Beurteilungsergebnisse, zum leichteren Vergleich der Ergebnisse verschiedener Mitarbeiter sowie zur Überwachung und Steuerung der Beurteilungstermine.

Nachwuchskräftedatei

Sie verschafft der Personalabteilung rasch einen guten Überblick über die Anzahl und die Qualifikation der im Unternehmen vorhandenen Nachwuchskräfte.

Personalentwicklungsdatei

Sie stellt ein wesentliches Element eines Personalentwicklungskonzeptes dar: Sie erfasst alle förderungswürdigen Mitarbeiter und enthält dazu wesentliche ergänzende Informationen.

Biografischer Fragebogen

Der Einsatz dieses Instrumentes beruht auf der Annahme, dass zukünftiges Verhalten des Mitarbeiters auf der Grundlage bereits früher gezeigter Verhaltensmuster mit hinreichender Sicherheit vorausgesagt werden kann. Der Bewerber gibt auf einem Fragebogen genaue Informationen zu seinen vergangenen und gegenwärtigen, zum Teil höchst persönlichen Lebensumständen; Benachteiligungen sind unbedingt zu vermeiden (AGG 2006).

Handlungsbereich | Führung und Personal

Dabei geben z. B. demografische Gesichtspunkte, Meinungen und Einstellungen wichtige Hinweise:

- Familiäres Milieu, aus dem er stammt: Berufe der Eltern, Anzahl und Zusammensetzung der Geschwister, Erziehungsstil im Elternhaus etc.;
- eigener Familienstand, Verhältnis zum Partner und zu den Kindern, zu Geschwistern des Partners;
- Wohnverhältnisse: Wohnorte, Häufigkeit des Wohnort-/Wohnungswechsels, Beweggründe dazu;
- Finanzlage: Vermögensverhältnisse, Versicherungen, Kreditverhalten etc.;
- Gesundheitszustand: sowohl eigener und als auch der von Angehörigen;
- Ausbildung, Weiterbildung, Zusatzqualifikationen;
- Berufswahlmotive, Einstellung zur Arbeit, zur Freizeit, zum „Leben" etc.;
- Arbeits- und Berufserfahrungen, Arbeitslosigkeit (und die Einstellungen dazu);
- Mitgliedschaften in Clubs oder Vereinen und dazu den Grad des persönlichen Engagements.

Die Vielzahl und auch die Intimität der erfragten Sachverhalte führen in der Praxis zu großen Akzeptanzproblemen. Da der Bewerber/Mitarbeiter sich praktisch nicht weigern kann, derartige Fragen zu beantworten, wenn er die ausgeschriebene Position oder den anvisierten Karrierepfad unbedingt anstrebt, sind die gegebenen Antworten mit äußerster Vorsicht zu interpretieren. Die Angaben werden oftmals mit denen von bereits erfolgreichen Mitarbeitern verglichen. Gibt es viele Übereinstimmungen, so wird unterstellt, dass der Bewerber wahrscheinlich ebenfalls erfolgreich sein wird.

Dazu ein Zitat aus der Zeitschrift für Arbeits- und Organisationspsychologie: „*Hinsichtlich der Aussagekraft von biographischen Fragebögen ist festzuhalten: Die Betrachtung zutreffender Einzelmerkmale lässt zur Zeit noch kein festes biographisches Muster erkennen, das überzeugend mit anforderungsbezogenen Überlegungen in Verbindung gebracht werden könnte.*"

Testverfahren

Testverfahren finden Anwendung sowohl bei der Auswahl externer Bewerber als auch zur Sichtung der Potenziale im Unternehmen. Der Sinn derartiger Verfahren wird bisweilen in Frage gestellt angesichts des enormen Aufwandes (an Zeit und Geld), der mit ihrer Durchführung und Auswertung verbunden ist. Andererseits haben Personalauswahlentscheidungen langfristige Auswirkungen und sind mit z. T. erheblichen Folgeinvestitionen verbunden, z. B. Bildungsmaßnahmen für aufzubauende Nachwuchskräfte. Das Risiko einer Fehlbesetzung steigt mit der Hierarchieebene; das trifft sowohl für externe als auch für interne Bewerber zu. Die geläufigsten Testverfahren sind Persönlichkeitstests, Leistungstests oder Intelligenztests (**Bild 6.21**).

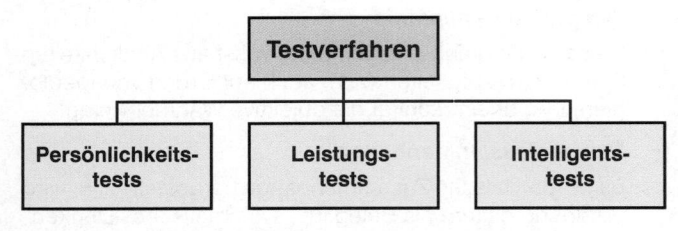

Bild 6.21: Überblick über die geläufigsten Testverfahren

Persönlichkeits- oder Charaktertests

Sie sollen feststellen, wie sich die Testperson in bestimmten Situationen verhält: die beobachteten Reaktionen geben Aufschluss über individuelle Einstellungen, Interessen oder charakteristische Persönlichkeitsmerkmale.

Leistungstests

Sie sollen die Leistung der Testperson in Bezug auf eine ganz bestimmte berufliche Anforderung ermitteln, z. B.:

- Motorischer Bereich: Fingerfertigkeit, Handgeschicklichkeit (z. B. Drahtbiegetest),
- sensorischer Bereich: Farbempfinden,
- psychischer Bereich: Ausdauer, Belastbarkeit, Konzentrationsfähigkeit,
- Wissenstests.

Intelligenztests

Sie dienen zur Ermittlung der Intelligenzstruktur der Testperson, allgemein oder als Begabungstest zum Ausprägungsgrad bestimmter im Zusammenhang mit angestrebten Tätigkeiten stehender Intelligenzfaktoren.

Leistungsbeurteilung

Die realistische Einschätzung der Leistung und des Leistungsvermögens eines Mitarbeiters bildet die Grundlage für Maßnahmen der „heranführenden Weiterbildung" bei erkannten Defiziten und Maßnahmen der Anpassungsfortbildung. Bewährte Beurteilungsverfahren (**Bild 6.22**) liefern wichtige Erkenntnisse zur Steuerung und Kontrolle von Personalentwicklungsmaßnahmen.

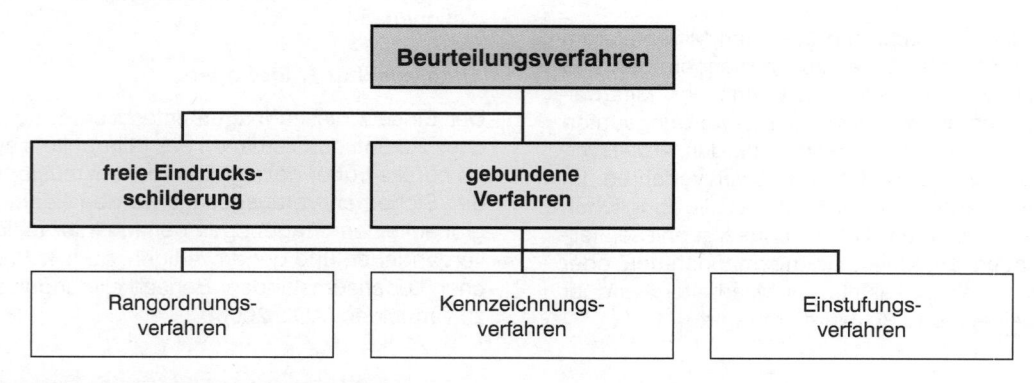

Bild 6.22: Überblick der bewährten Beurteilungsverfahren

Freie Eindrucksschilderung

Der Beurteiler ist an keinerlei Vorgaben (Schema oder Formulare) gebunden; er entscheidet, welche Vorgänge er beim Mitarbeiter beobachten möchte, welches die Kriterien für seine Einschätzung sind und nach welchem Maßstab er seine Beurteilung vornehmen möchte. Er ist ebenfalls frei in der Wahl der Beurteilungsintervalle.

Neben dem geringen Verwaltungs- und Vorbereitungsaufwand wird die sehr individuelle Einschätzung des Mitarbeiters als Vorteil dieser Methodik angesehen. Andererseits bietet sie viel Freiraum für Willkür. Die Aussagen und Ergebnisse verschiedener Führungskräfte sind ggf. nur schwer miteinander vergleichbar, sodass eine einheitliche Auswertung kaum möglich ist. Der Aussagewert der Beurteilung hängt stark von der „Sprachgewandtheit" und der Formulierungsfreude des Beurteilers ab.

Gebundene Verfahren

Im Interesse einer neutralen Leistungsbeurteilung sind in deutschen Unternehmen eher sogenannte „gebundene Verfahren" üblich. Die Verfahrensregeln sind in eindeutigen Beurteilungsgrundsätzen geregelt. Der Gestaltungsspielraum für die einzelnen Führungskräfte wird eingeengt. Somit wird der subjektiven Einschätzung der Führungskraft durch ein homogenes System entgegengewirkt.

Rangordnungsverfahren

Alle zu beurteilenden Mitarbeiter werden miteinander verglichen. Bei analytischer Vorgehensweise werden zunächst Verhaltensmerkmale definiert (z. B. Pünktlichkeit, Kreativität, Sorgfalt). Dann werden die Mitarbeiter pro Verhaltensmerkmal in eine Rangordnung gebracht.

Kennzeichnungsverfahren

Es existiert eine Checkliste möglicher Eigenschaften und Verhaltensbeschreibungen für die Mitarbeiter, wobei für unterschiedliche Mitarbeitergruppen durchaus unterschiedliche Merkmalskataloge vorliegen können. Die Führungskraft dokumentiert durch Ankreuzen, ob und ggf. in welcher Ausprägung das angesprochene Verhalten von Mitarbeitern (z. B. Kreativität, Pünktlichkeit, außergewöhnliche Qualitäten) gezeigt oder das angestrebte Ergebnis erreicht wurde.

Einstufungsverfahren (Skalenverfahren)

Alle für die Mitarbeitergruppe bedeutsamen Leistungsmerkmale sind auf einem Formular aufgeführt. Auf einer Skala vermerkt der Vorgesetzte durch Ankreuzen, in welchem Ausprägungsgrad dieses Merkmal vom jeweiligen Mitarbeiter erfüllt wird.

Anforderungen an Beurteilungsverfahren

An dieser Stelle sollen ganz pragmatisch einige Forderungen von Praktikern aufgeführt werden, die erfüllt sein müssen, damit diese mit dem Instrument im Betriebsalltag arbeiten können. Demnach sollten Verfahren zur systematischen Leistungsbeurteilung folgende Anforderungen erfüllen:

- Nur für die Leistung wichtige Verhaltensmerkmale erfassen,
- ausschließlich tätigkeitsbezogen sein,
- zuverlässige Zukunftsprognosen ermöglichen,
- zwischen verschiedenen Merkmalen eindeutig differenzieren (= Eindeutigkeit),
- zwischen Mitarbeitergruppen differenzieren,
- letztlich vergleichbare Beurteilungsergebnisse ermöglichen,
- für alle Betroffenen verständlich sein, transparent und informativ (= Einfachheit),
- eindeutige Ursachenbeschreibungen ermöglichen,
- ökonomisch sinnvoll sein,
- verhaltenssteuernd wirken,
- ein Verhaltens-/Leistungs-Feedback unterstützen.

Grundsätze zur Leistungsbeurteilung

Damit Leistungsbeurteilung im Unternehmen systematisch erfolgt, müssen Vorgehensweise und Elemente eindeutig festgelegt sein. Dies geschieht in den Beurteilungsgrundsätzen. Die in der Praxis häufig angewendeten Verfahren sind nachfolgend beispielhaft aufgeführt.

Beurteilungsanlässe

Beurteilungen finden regelmäßig statt, üblicherweise im jährlichen Turnus, seltener im Halb- oder Zweijahresrhythmus. Daneben gibt es eine Reihe von aktuellen Anlässen (die aber eindeutig festgelegt werden müssen), zu denen ebenfalls eine Beurteilung vorgenommen wird:

- Ablauf der Probezeit,
- im Zusammenhang mit einer Versetzung bzw. Beförderung,
- bei Wechsel des Vorgesetzten, häufig verbunden mit dem Wunsch des Mitarbeiters nach einem Zwischenzeugnis,
- bei nichttariflichen Entgelterhöhungen,
- nach Abschluss abgrenzbarer Aus-/Weiterbildungsabschnitte bzw. -schritte im Unternehmen,
- bei Austritt des Mitarbeiters zur Formulierung eines qualifizierten Arbeitszeugnisses.

Person des Beurteilers – Person des Beurteilten

- **Vorgesetzter beurteilt Mitarbeiter**

  Dieses Verfahren von Leistungsbeurteilung im Unternehmen ist der Normalfall.

- **Kollegen beurteilen Kollegen**

  Diese Variante der Beurteilung wird in Zukunft an Bedeutung gewinnen. Kollegen können am besten beurteilen, inwieweit der Einzelne seine Aufgaben im Team erfüllt. Dies gilt natürlich insbesondere für Projekte und Gruppenarbeitsplätze.

  Bei dieser Variante ist als problematisch anzusehen, dass

  - die Kollegen möglicherweise zu wenig Einblick in die Aufgabenfelder und die Persönlichkeit des zu Beurteilenden haben;
  - persönliche Rivalitäten zu Fehlurteilen führen können;
  - das Arbeitsklima belastet werden kann, weil sich die Mitarbeiter ständig beobachtet fühlen.

  Dadurch können in den Unternehmen zunächst große Konflikte ausgelöst werden. Die Mitarbeiter werden veranlasst, sich offen über die gegenseitigen Erwartungen auszutauschen und Rückmeldung über deren Erfüllung zu geben; dies geschieht in moderierten Beurteilungskonferenzen. Diese Maßnahmen bewirken eine neue Qualität von Kommunikation und Zusammenarbeit.

- *Mitarbeiter beurteilt sich selbst*

  Die übliche Leistungsbeurteilung in Unternehmen sieht vor, dass der Mitarbeiter auch eine Selbsteinschätzung abgibt. Weichen Fremdbild des Vorgesetzten und Selbstbild des Mitarbeiters stark voneinander ab, so geht die Personalabteilung dem nach und moderiert ein klärendes Gespräch.

- *Aufwärtsbeurteilung*

  Die ersten Versuche mit dieser Variante der Leistungsbeurteilung fanden in der zweiten Hälfte der 80er-Jahre statt. Ziel war es, der Führungskraft darüber Rückmeldung zu geben, welche Wirkung ihr Verhalten auf die Mitarbeiter hat. Wünschenswerte Änderungen aus der Sicht der Mitarbeiter sollten zu einer (noch) besseren Zusammenarbeit führen.

An den zunächst auf freiwilliger Basis vollzogenen Beurteilungen beteiligten sich erwartungsgemäß nur diejenigen Führungskräfte, die sich sicher waren, zeitgemäße und mitarbeiterorientierte Personalführung zu betreiben. Allerdings wurde dadurch ein derartiger Gruppendruck erzeugt, dass sich zunehmend auch weniger „erfolgreiche" Führungskräfte an diesen Verfahren beteiligten.

Üblich ist folgende Vorgehensweise:

Die Mitarbeiter füllen anonym einen Beurteilungsbogen aus. Die ausgefüllten Beurteilungsbögen werden gesammelt und alle wichtigen Angaben zusammengefasst. Damit ist sichergestellt, dass der einzelne Mitarbeiter sich ehrlich und offen äußert, ohne Angst vor Repressalien seines Chefs haben zu müssen.

Diese Auswertung wird der betroffenen Führungskraft zugestellt. Zur Wahrung der Vertraulichkeit ist es der Führungskraft freigestellt, die Ergebnisse für sich auszuwerten. Üblich ist es allerdings, die Zusammenfassungen in Abteilungsbesprechungen aufzugreifen und gemeinsam Konsequenzen zu ziehen.

Beurteilungskriterien / -merkmale

Meistens werden viele Einzelkriterien aus Gründen der Übersichtlichkeit unter Hauptbeurteilungsmerkmalen zusammengefasst wie z. B.:

- Arbeitsquantität
- Arbeitsqualität
- Arbeitseinsatz
- Arbeitssorgfalt
- Betriebliches Zusammenwirken

Eine zu hohe Anzahl von Merkmalen geht zu Lasten der Übersichtlichkeit und Transparenz. Eine zu geringe Anzahl von Merkmalen führt tendenziell zu einer summarischen Beurteilung mit der Konsequenz einer sehr groben „Schubladeneingruppierung". Definierte Verhaltensweisen und Beurteilungsmerkmale sollten von Zeit zu Zeit auf ihre Aktualität hin überprüft werden. Beurteilung ist kein dauerhaft institutionalisiertes Werkzeug, sondern sollte ein sich weiterentwickelnder Prozess bleiben.

Rechtlicher Rahmen der Leistungsbeurteilung

Der Mitarbeiter hat gem. § 82 BetrVG einen höchstpersönlichen Anspruch darauf, dass er bei betrieblichen Angelegenheiten und Maßnahmen, die auch seine Person betreffen, von den nach Maßgabe des organisatorischen Aufbaus des Betriebes hierfür zuständigen Personen gehört wird; er kann Stellung dazu nehmen und Vorschläge machen (Abs. 1).

Er kann ferner verlangen, „... dass mit ihm die Beurteilung seiner Leistung sowie die Möglichkeiten seiner beruflichen Entwicklung im Betrieb erörtert werden", dies insbesondere, wenn sich das auf die Zusammensetzung seines Arbeitsentgeltes auswirkt. Er kann dazu ein Betriebsratsmitglied seiner Wahl hinzuziehen (Abs. 2). Außerdem erfährt er etwas über die Einschätzung seiner Leistung durch einen Blick in seine Personalakte (Abs. 3).

Nach § 94 Abs.2 BetrVG hat der Betriebsrat ein Zustimmungsverweigerungsrecht bei der Aufstellung allgemeiner Beurteilungsgrundsätze (kein Initiativrecht!); haben Beurteilungen Auswirkungen auf das Entgelt der Mitarbeiter, hat der Betriebsrat zusätzlich ein Mitbestimmungsrecht nach § 87 Abs.1 Ziffer 11 BetrVG.

Eine Reihe von Tarifverträgen enthalten verbindliche Vorschriften zur Leistungsbeurteilung für die Unternehmen. An vielen Arbeitsplätzen lässt sich die Leistung des Mitarbeiters nicht genau messen; vielmehr sind die ermittelbaren Ergebnisse auch von einer Reihe anderer Faktoren abhängig, z. B.:

- Talente des Mitarbeiters
- Allgemeine Motivation und Wille zur Bewältigung einer Aufgabe im Einzelfall
- Wahrgenommene Chancen und Entwicklungsperspektiven
- Arbeitsklima in der Gruppe (Unterstützung durch die Kollegen oder Mobbing)

In den meisten Veröffentlichungen zum Instrument Leistungsbeurteilung wird der stark motivierende Charakter der regelmäßigen Rückmeldung durch die Führungskraft hervorgehoben. Allerdings darf nicht übersehen werden, dass es durch Information über die eigenen Schwächen durchaus auch zu Entmutigung, Frustration und Ablehnung kommen kann.

Auswahlverfahren

Die drei wichtigsten Personal-Auswahlverfahren sind:

- Eignungstest (für einzelne Mitarbeiter)
- Assessment-Center (werden gruppenweise durchgeführt)
- Profilvergleichsmethode

Eignungstest

Ein Test ist ein Verfahren zur Eigendiagnostik und dient der Prüfung bestimmter Eigenschaften oder Fähigkeiten (**Bild 6.23**). Die Aufgaben sollten in der Regel für den Getesteten typisch sein (z. B. Hobeln beim Tischler, Schweißen beim Schlosser).

In der Praxis sollen oftmals sogenannte Intelligenztests die Potenziale von Menschen beurteilen. Dabei wird meist nur die logische Intelligenz getestet und unterstellt, dass ein bestimmter Intelligenzquotient vorhanden sein muss, um die Voraussetzung für die Bewältigung unterschiedlicher Aufgaben zu erfüllen.

Neuere Konzepte von *Intelligenztests* sind jedoch wesentlich umfassender und berücksichtigen weitere Intelligenzfelder wie z. B.

- logische Intelligenz,
- emotionale Intelligenz,
- soziale Intelligenz,

Eignungstests

Fähigkeitstests
- Aufmerksamkeit
- Konzentration
- Intelligenz
- spezielle Begabung

Persönlichkeitstests
- Interessen
- Werte
- Neigungen
- Verhaltensmuster
- persönliche Eigenschaften

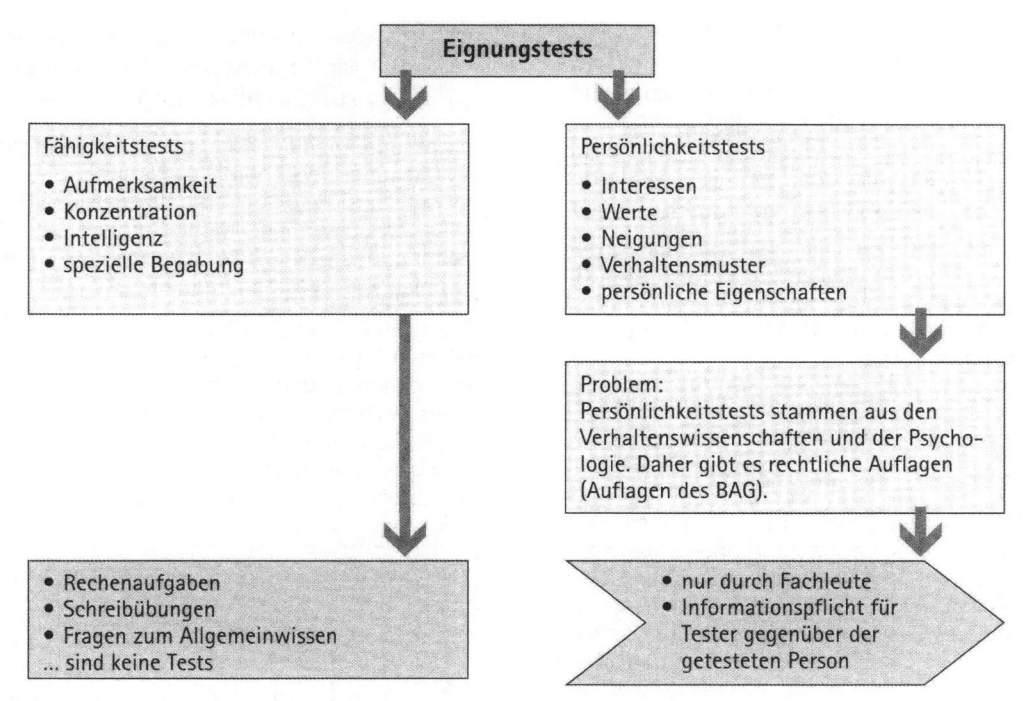

Problem:
Persönlichkeitstests stammen aus den Verhaltenswissenschaften und der Psychologie. Daher gibt es rechtliche Auflagen (Auflagen des BAG).

- Rechenaufgaben
- Schreibübungen
- Fragen zum Allgemeinwissen
... sind keine Tests

- nur durch Fachleute
- Informationspflicht für Tester gegenüber der getesteten Person

Bild 6.23: Mögliche Schwerpunkte von Eignungstests

— kreative Intelligenz.

Fast jeder Mensch besitzt auf einem dieser Intelligenzfelder besondere Fähigkeiten und kann durch die differenzierteren Testergebnisse wesentlich gezielter eingesetzt werden.

Assessment-Center

Bei diesem Auswahlverfahren (**Bild 6.24**) werden die verschiedenen Bewerber durch ein Expertenteam gruppenweise beobachtet und bewertet; es handelt ich um eine Simulationsmethode. Darunter ist eine Aneinanderkettung von Spiel- und Testsituationen zur Erkundung des Potenzials von externen Bewerbern und internen Mitarbeitern zu verstehen.

Für die Teilnehmer werden spezielle, möglichst betriebsspezifische Übungen entwickelt und z. B. die Durchführung von gestellten Situationen, gruppendynamischen Prozessen oder Simulationen gefordert.

Mehrere Kandidaten werden von mehreren **Beobachtern (Assessoren)** in den unterschiedlichen Spiel- und Testsituationen über meist mehrere Tage nach vorher festgelegten Beobachtungsmerkmalen gemustert, anschließend eingeschätzt und dahingehend beurteilt, ob sie die in Aussicht genommene Aufgabe werden bewältigen können.

Für die Besetzung von Führungspositionen sollen z. B. folgende Kriterien beurteilt werden:
- Führungsfähigkeit/-stil
- Entscheidungsfähigkeit
- Durchsetzungsvermögen
- Initiative und Selbstständigkeit
- Kreativität und Flexibilität
- Organisationsgeschick
- Verhalten in Stresssituationen
- Kommunikations- und Kooperationsfähigkeit

Die Kandidaten haben meist schon vorher verschiedene Verfahren der Vorauswahl durchlaufen und kommen praktisch alle in die engere Wahl. Praxisphänomene werden künstlich nachgestellt. Aus der Art und Weise, wie sich der Testkandidat damit zurechtfindet, zieht man Schlüsse, wie er sich im Tagesgeschäft an dem zu besetzenden Arbeitsplatz bewähren wird.

Einzel-Übungen
- Einzelvortrag
- Persönliche Vorstellung
- Postkorbübung
- Organisationsübung

Gruppen-Übungen
- Gruppenarbeit
- Rollenspiel
- Gruppendiskussion

Bild 6.24: Inhalte von Assessment-Centern (Beispiele)

Handlungsbereich | Führung und Personal

Weiterhin können wichtige Erkenntnisse aus folgenden Maßnahmen gewonnen werden:
- Einzel- und Gruppeninterviews sollen die Meinungen und Einstellungen, Motive und Werte erkennbar machen.
- Gruppendiskussionen zu vorgegebenen oder selbst ausgewählten Themen sollen zeigen, ob und wie der Einzelne sich in einer Gruppe integriert oder durchsetzt.
- Den Gruppen werden gemeinsame Aufgabenstellungen übertragen (z. B. Gruppenarbeiten, Fallstudien). Bei der Bewertung zählt sowohl das Ergebnis als auch der Prozess, wie diese Aufgabe von Einzelnen oder der ganzen Gruppe angegangen wurde.
- Rollenspiele simulieren praxistypische Gesprächssituationen.

Assessment-Center als Analyseinstrument

Das Verfahren „Assessment-Center" hat den Vorteil, dass durch den Einsatz mehrerer Beobachter eine größere Objektivität bei der Personalauswahl erreicht wird. Die „Trefferquote", also der Anteil der ausgewählten Kandidaten, die dann später auch tatsächlich den Prognosen entsprachen, ist relativ hoch. Zwischen verschiedenen Kandidaten ist ein direkter Vergleich möglich, da sie alle zur selben Zeit den selben Aufgabenstellungen unterliegen.

Als Nachteil sind die hohen Kosten sowie der erhebliche Vorbereitungs- und Durchführungsaufwand zu nennen.

Auswertung

Die Auswertung beinhaltet die Phasen
- Erstellung eines Gutachtens durch die Beobachterkonferenz
- Endabstimmung/-auswahl
- Feedback gegenüber den Teilnehmern
- Reflexion des gesamten Verfahrens

Von jedem Mitglied des Expertenteams wird eine getrennte Beurteilung der einzelnen Teilnehmer zu den verschiedenen Inhalten vorgenommen und die besonderen Beobachtungen dargelegt. Am Ende erfolgt ein Auswertungsgespräch mit jedem einzelnen Teilnehmer.

Profilvergleichsmethode

Dabei werden die Ergebnisse der Anforderungsermittlung zu einer ausgeschriebenen Position anschaulich in einem sogenannten **Anforderungsprofil** zusammengetragen, bestehend aus verbalen Beschreibungen der Einzelmerkmale und numerischer bzw. grafischer Aufbereitung des jeweiligen Ausprägungsgrades je Merkmal (Skalen, Säulen).

Das Gleiche geschieht mit den ermittelten Kompetenzen und Eigenschaften des Mitarbeiters: Das Ergebnis heißt **Fähigkeitsprofil.** Es enthält die Summe aller Kenntnisse, Fertigkeiten, Begabungen und sein Verhaltensrepertoire, die für die Leistung und das Leistungsvermögen relevant sind.

Durch den unmittelbaren Vergleich von Anforderungsprofil und Fähigkeitsprofil ergibt sich das Eignungsprofil. Je größer die Übereinstimmung zwischen beiden Profilen ist, desto besser ist der Mitarbeiter für die zu besetzende Position geeignet.

Starke Abweichungen stellen entweder eine Überqualifizierung des Mitarbeiters dar oder bieten Hinweise auf einen Qualifizierungsbedarf.

6.3 Veranlassen und Überprüfen von Maßnahmen der Personalentwicklung zur Qualifizierung

Alle Maßnahmen der Personalentwicklung sind das Ergebnis strategischer und operativer Planung. Sie dienen dazu, vorher definierte Ziele der Personalentwicklung zu erreichen und beziehen sich auf bestimmte Bereiche eines Unternehmens, die Planungsfelder genannt werden (z. B. Planungsfeld kaufmännische Verwaltung, Marketing usw.).

Das größte Spannungsfeld bei Personalentwicklungsmaßnahmen besteht darin, die Unternehmensziele und den daraus entstehenden qualitativen wie quantitativen Bedarf in Übereinstimmung mit individuellen Wünschen und Vorstellungen betroffener Mitarbeiter zu bringen. Insofern haben die möglichen Maßnahmen der Personalentwicklung eine große Bandbreite und Tiefenwirkung (**Bild 6.25**).

Bild 6.25: Bandbreite möglicher Personalentwicklungsmaßnahmen

Nachfolgend einige Beispiele von denkbaren Problemstellungen bei Personalentwicklungsmaßnahmen:
- Neue Mitarbeiter sind in den ersten Wochen orientierungslos und wenden sich häufig an die Personalabteilung. Die Einarbeitung läuft in Abhängigkeit vom jeweiligen Vorgesetzten in stark unterschiedlicher Qualität ab. Nach Monaten stellt sich häufig heraus, dass grundlegende Informationen in der Einarbeitungsphase nicht kommuniziert wurden und dass wichtige Ansprechpartner nach wie vor unbekannt sind. Neu eingestellte Führungskräfte sind häufig überfordert und werden von ihren Mitarbeitern nicht respektiert.
- Für Teamleiter im operativen Bereich wurden seit Jahren keine Trainingsmaßnahmen durchgeführt. Die Anforderungen an diese Zielgruppe sind jedoch kontinuierlich gestiegen. Vom Kunden wird sehr viel stärker Beratung im Hinblick auf fachliche und methodische Fragestellungen verlangt. Die Bereichsleiter bemängeln, dass die Teamleiter diese Beratungen sowie Reklamationen unprofessionell durchführen bzw. entgegennehmen.
- Die Führungsmannschaft besteht ausschließlich aus Herren fortgeschrittenen Alters. Im Unternehmen sind auf der Ebene der Teamleiter und Abteilungsleiter qualifizierte Führungskräfte vorhanden, jedoch fehlt der Überblick, wer für höhere Positionen geeignet sein könnte.

6.3.1 Maßnahmen der Personalentwicklung

Die Planung von **Qualifizierungsmaßnahmen** zur Personalentwicklung muss folgende Bestandteile berücksichtigen:

- Festlegung der Lernziele
- Festlegung der Zielgruppe bzw. des konkreten Teilnehmerkreises
- Definition des Bildungsinhaltes
- Auswahl der Methoden
- Terminierung und Zeitbudget
- Finanzierung
- Evaluation (Bewertung)

Grundsätzlich bestehen Maßnahmen der Personalentwicklung in internen und externen Bildungsmaßnahmen sowie Trainingsprogrammen. **Bild 6.26** zeigt die in der Praxis am häufigsten angewendeten Maßnahmen.

Anpassungsqualifizierung

Durch die Anpassungsqualifizierung sollen einmal erworbene berufliche Qualifikationen auf dem neuesten Stand wissenschaftstechnologischer, produktions- und dienstleistungstechnischer sowie arbeitsorganisatorischer Entwicklungen gehalten (bzw. darauf gebracht) werden, sie fördern also die horizontale Mobilität der Mitarbeiter.

Die Anpassungsqualifizierung gilt als „spezifisch", wenn sie vorwiegend am aktuellen oder künftigen Arbeitsplatz des Arbeitnehmers verwendbar ist, oder als „allgemein", wenn sie Befähigungen vermittelt, die auf breiter Basis in anderen Unternehmen oder Arbeitsbereichen verwendbar sind.

Aufstiegsqualifizierung

Mit Aufstiegsqualifizierung sind Bildungsmaßnahmen gemeint, die zur Übernahme höherwertiger Positionen im Unternehmen befähigen sollen, also die vertikale Mobilität des Mitarbeiters fördern.

Neueinstellung

In bestimmten, meist positiven betrieblichen Situationen (z. B. Expansion, neue Aktionsfelder) muss der Personalbestand über die internen Personalentwicklungsmaßnahmen hinaus durch Neueinstellungen erweitert werden.

Das Personalwachstum stärkt die betroffenen Firmenbereiche (z. B. Management und Vertrieb, Produktentwicklung, Projektmanagement). Die Abdeckung von weiteren Kapazitätsspitzen oder ergänzenden Kompetenzen kann ggf. über den Einsatz freier Mitarbeiter bzw. Partnerfirmen erfolgen.

Lernziele

Die Qualifizierungsmaßnahmen können spezielle oder tätigkeitsübergreifende Ziele haben:

Funktionale Qualifikation

Darunter versteht man alle auf die Erfüllung der konkreten Arbeitsaufgabe ausgerichteten Qualifikationen (nicht die formale Berufsbezeichnung).

Extrafunktionale Qualifikation

Darunter versteht man die tätigkeitsübergreifende Qualifikationen, also Qualifikationen, die für die Durchführung verschiedener Aufgaben geeignet sind.

Vor der Planung von Qualifizierungsmaßnahmen ist eine genaue Festlegung der Lernziele vorzunehmen. Dabei ist zu unterscheiden zwischen zwei grundsätzlichen Vorgaben:

- *Potenzialorientierte Lernziele*

  Pflege und Ausbau vorhandener Eignungspotenziale unter schwerpunktmäßiger Berücksichtigung von persönlichen Neigungen und Interessen des Mitarbeiters, ohne dass bereits über dessen präzisen Einsatz entschieden ist.

- *Positionsorientierte Lernziele*

  Sie sind ausgerichtet auf eine ganz konkrete Position oder Positionenabfolge.

Darüber hinaus sind die Lernziele nach dem Detaillierungsgrad (= Umfang, Genauigkeit) zu unterscheiden (**Bild 6.27**).

Die Dominanz der nachfolgend aufgeführten Lernzielarten bestimmt letztlich die Wahl der Lehrmethoden und der Lehrmedien:

- *Richtziele*

  Grobe Orientierung dessen, was angestrebt wird, z. B. Vermittlung beruflicher Qualifikation

- *Groblernziele*

  Erste Strukturierung bezüglich der Lernbereiche (Was soll erreicht werden?)

Maßnahmen			
Ausbildung	Fort- und Weiterbildung	Aufgabenstrukturierung	Karriereplanung
Beispiele			
• Berufsausbildung • Trainee • Einarbeitung • usw.	• Seminare • Coaching • Beratung • Förderung • usw.	• Bildung von Gruppen • Projektarbeit • Sonderaufgaben • Qualitätszirkel • Stellvertretung • Auslandseinsatz • usw.	• Versetzung • Nachfolgeplanung • Laufbahnplanung • innerbetriebl. Stellenausschreibung • usw.

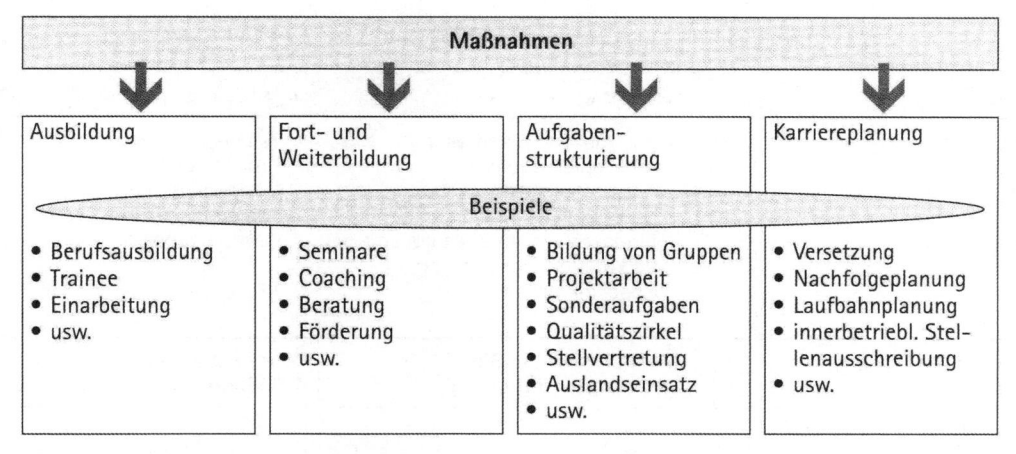

Bild 6.26: Die häufigsten Maßnahmen der Personalentwicklung

Handlungsbereich | Führung und Personal

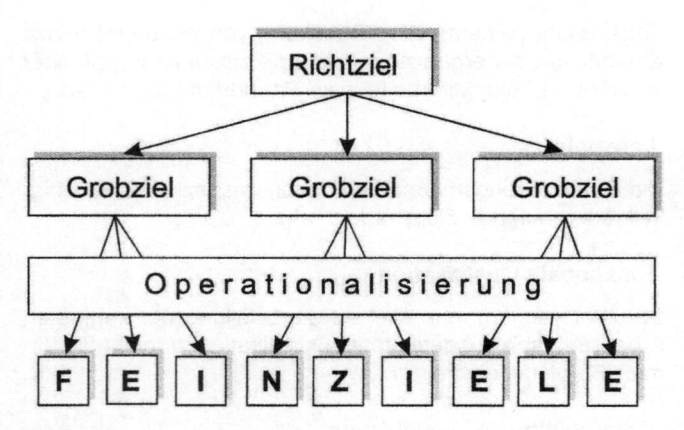

Bild 6.27: Hierarchie der Lernziele

Beispiel:
Kenntnisse zum Arbeits- und Gesundheitsschutz vermitteln

- *Feinlernziele*

  Festlegung eines eindeutigen Endverhaltens und unter welchen Bedingungen dies geschehen soll (Welche Ziele haben einzelne Lernabschnitte?)

  Beispiel:
  Grundsätze des Arbeits- und Gesundheitsschutzes nennen können

Lernziele müssen in die Praxis übertragbar sein. Deshalb gelten folgende Kriterien für die Formulierung von Lernzielen:

- sie müssen ein angestrebtes Endverhalten eindeutig festlegen,
- sie müssen die Bedingungen festlegen, unter denen der Lernende das Verhalten zeigen soll,
- sie müssen den Maßstab, an dem erfolgreiches Endverhalten gemessen wird, festlegen.

6.3.2 Entwicklungsmaßnahmen nach Vereinbarung

Die Umsetzung der Maßnahmen ist mit dem jeweiligen Mitarbeiter abzusprechen. Zunächst müssen die Vorkenntnisse geprüft und evtl. Befangenheit überwunden werden. Der konkrete Ablauf kann z. B. nach folgender Checkliste abgeklärt werden:

- Wer? Teilnehmer
- Was? Inhalte
- Wie? Methoden, welcher Trainer/Dozent/Lehrer
- Wo? Ort (intern/extern)
- Wann? Dauer und Zeitpunkt
- Wozu? Ergebnisplan

Alle Personalentwicklungsmaßnahmen haben gemeinsam das Ziel, die erforderliche Handlungskompetenz sicherzustellen (**Bild 6.28**).

Nachfolgend eine kurze Erläuterung der einzelnen **Kompetenzfelder.**

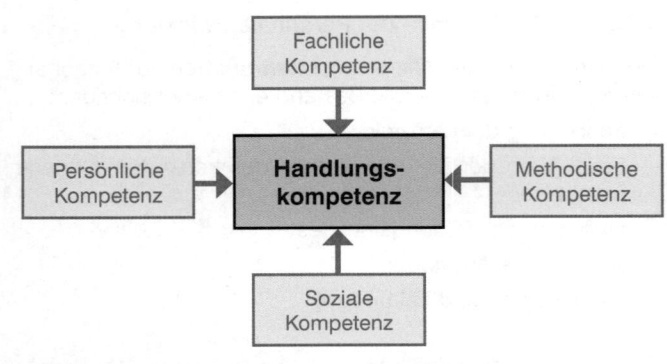

Bild 6.28: Sicherstellung von Handlungskompetenz

Fachkompetenz

Darunter versteht man das auf das Berufsfeld bezogene Wissen und Können; Anhaltspunkte für die Fachkompetenz bilden die Ausbildungsart und die (einschlägige) Berufserfahrung.

Methodenkompetenz

Darunter versteht man die Beherrschung von Methoden und Verfahren, die den Arbeitsprozess professionalisieren und beschleunigen sowie das Arbeitsergebnis verbessern.

Sozialkompetenz

Darunter versteht man die Fähigkeit, mit dem Mitmenschen erfolgreich auszukommen, umzugehen und sich dabei zu behaupten und zu entwickeln.

Das Beherrschen dieser Kompetenzfelder bildet zusammengefasst die persönliche Kompetenz und – übertragen auf Entscheidungsprozesse – die Handlungskompetenz.

Die Personalentwicklung kann durch betriebliche oder durch selbstständige Maßnahmen (sowohl intern als auch extern) erfolgen. In jedem Fall ist eine hohe Motivation und Eigeninitiative des Mitarbeiters gefordert (**Bild 6.29**).

Bildung	Förderung	Organisationsentwicklung (OE)
– Berufsausbildung – Weiterbildung – Führungsbildung – Anlernung – Umschulung – ...	– Auswahl und Einarbeitung – Arbeitsplatzwechsel – Auslandseinsatz – Nachfolge- und Karriereplanung – Strukturiertes Mitarbeitergespräch und Leistungsbeurteilung – Coaching und Mentoring – ...	– Teamentwicklung – Projektarbeit – Sozio-technische Systemgestaltung – Gruppenarbeit – ...
PE im engeren Sinn **= Bildung**	**PE im erweiterten Sinn** **= Bildung + Förderung**	**PE im weiten Sinn** **= Bildung + Förderung + OE**

Bild 6.29: Inhalte und Maßnahmen der Personalentwicklung

Einmal erlernte, auf den Arbeitsplatz bezogene Fachkenntnisse haben auf Grund der laufenden technischen Veränderungen eine zeitlich deutlich begrenzte Bedeutung. Deshalb spielen die **Schlüsselqualifikationen** eine besondere Rolle. Darunter versteht man bestimmte generelle **Verhaltensqualifikationen,** die langfristig bedeutsam sind. Sie haben keinen unmittelbaren Bezug zur Tätigkeit, erlauben es aber dem Menschen, sich schnell in neue Aufgaben einzuarbeiten und auch in bislang völlig unbekannten Prozessen vernünftig, innovativ und flexibel zu (re-)agieren, z. B.:

- psychische und physische Belastbarkeit,
- Kreativität und Flexibilität,
- Initiative, Selbstständigkeit und Verantwortungsbereitschaft,
- Lernmethodik und Arbeitstechnik,
- Planungstechnik,
- Kommunikationsfähigkeit und Kooperationsbereitschaft.

6.3.3 Erreichen der Qualifizierungsziele

Wie jeder Fachbereich im Unternehmen muss sich auch die Personalentwicklung nach der Wirksamkeit der eingesetzten Mittel fragen lassen. Bildungsmaßnahmen müssen dementsprechend professionell gesteuert, d. h. nicht nur sorgfältig geplant, sondern auch wirksam durchgeführt und kontrolliert werden. Das betriebswirtschaftliche Steuerinstrumentarium dazu liefert das Controlling (**Bild 6.30**).

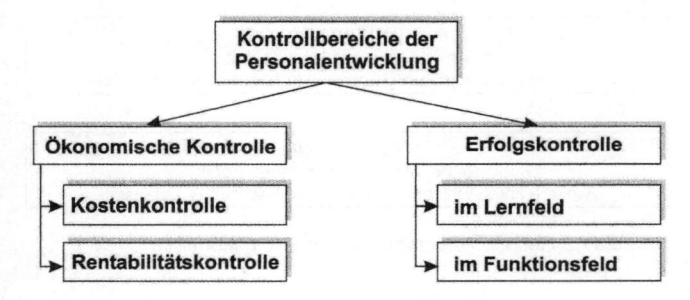

Bild 6.30: Kontrollbereiche der Personalentwicklung

Das Einhalten der „klassischen Mindestanforderungen" an Erfolgskontrolle ist im Bildungsbereich allerdings recht schwierig:

- Messen des Eingangsniveaus zu Beginn einer Qualifizierungsmaßnahme,
- zeitlich versetztes Messen des umgesetzten Lernerfolges nach der Durchführung der Qualifikationsmaßnahme,
- die Einrichtung einer Kontrollgruppe zu Vergleichszwecken,
- die Ausschaltung von sonstigen erfolgswirksamen Einflussfaktoren.

Dennoch findet das Controlling eine Reihe von Anknüpfungspunkten für eine sinnvolle Steuerung von Qualifikationsaktivitäten:

Konzeptionserstellung und Ziele der Weiterbildungsarbeit

- Geschieht Weiterbildungsarbeit im Unternehmen nach einer einheitlichen Konzeption oder handelt es sich um eine Anzahl unabgestimmter Insellösungen?
- Sind Personalentwicklungsgrundsätze vorhanden?
- Sind die Konzeptionen und Zielsetzungen auf das Unternehmensleitbild abgestimmt und sind die Umweltbedingungen hinreichend berücksichtigt?
- Wie sind die Konzeptionen und die Vorgaben für die Weiterbildungsaktivitäten zu Stande gekommen?

Evaluierung (= Bewertung, Beurteilung) des Lern- und Transfererfolges der Teilnehmer

- Werden Lernerfolge der Teilnehmer (einschließlich möglicher Nebeneffekte) nach einem funktionsfähigen System ermittelt?
- Gibt es im Funktionsfeld der Teilnehmer systematische Transferhilfen?

Evaluierung der Seminarleiter

- Nach welchem System wird die Trainerleistung bewertet?
- Gibt es Entwicklungsmaßnahmen für die Trainer, die auf Evaluierungsinformationen basieren?
- Gibt es ein Auswahl-, Einsatz- und Förderkonzept für die Trainer (z. B. ein Train-the-trainer-Programm)?

Evaluierung einzelner Weiterbildungsleistungen

- Werden die einzelnen Weiterbildungsleistungen regelmäßig auf ihre Notwendigkeit hin überprüft?
- Welche Grundsätze gelten für die Neuentwicklung von Problemlösungshilfen?

Evaluierung einzelner Rahmenbedingungen für die Weiterbildung

- Gibt es Auswahlkriterien für die Rekrutierung und den Einsatz von unterstützendem Weiterbildungspersonal (z. B. Seminarassistenten etc.)?
- Sind die bislang genutzten Räume auch für zukünftige Maßnahmen zweckmäßig?
- Unterliegt das Budget einer regelmäßigen Überprüfung und trägt es zukünftigen Entwicklungen angemessen Rechnung?

Evaluierung der Unterstützung der Weiterbildung durch das Management

- Wie unterstützt die Geschäftsführung aktiv die Weiterbildungsaktivitäten?
- Was könnte sie noch mehr bzw. Wirkungsvolleres tun?
- Werden die Führungskräfte wirkungsvoll in das System der Qualifizierung eingebunden?

Evaluierung der Außenbeziehungen

- Mit welchen wichtigen Institutionen und Personen außerhalb des Unternehmens werden förderliche Beziehungen aufgebaut und unterhalten?
- Wer könnte im Unternehmen durch welche Aktivitäten in Zukunft verstärkt zum Vorgenannten beitragen?

Evaluierung des eigenen Entwicklungspotenzials

- Gibt es Mechanismen in der Personalentwicklung, die alle eigenen Aktivitäten automatisch überprüfen und selbststeuernd eingreifen und dadurch Veränderungen initiieren?

Handlungsbereich | Führung und Personal

– Macht sich die Weiterbildungsabteilung permanent Gedanken, Lernen und Weiterbildung im Unternehmen zu optimieren?

Wirtschaftliche Kontrolle

Der Zusammenhang zwischen den Kosten bzw. Investitionen einerseits und dem Nutzen einer Bildungsmaßnahme andererseits ist nur schwer zu ermitteln. Die Qualität der Maßnahme bleibt dabei gänzlich unberücksichtigt, ebenso die erst langfristig wirksamen Ergebnisse von Personalentwicklungsaktivitäten und mögliche positive Nebenwirkungen (z. B. bessere Motivation, allgemeines Arbeitsklima etc.). Dennoch unterliegen Personalentwicklungsmaßnahmen wie alle anderen Maßnahmen im Unternehmen dem Prinzip der Wirtschaftlichkeit.

Idealerweise werden zuerst die Bildungsbedarfe im Unternehmen identifiziert. Dann werden mögliche Maßnahmen zur Deckung dieser Bedarfe konzipiert bzw. angedacht. Jede Maßnahme wird durchkalkuliert, eine Kosten-Nutzen-Analyse durchgeführt und verschiedene Alternativen werden bezüglich ihrer Wirtschaftlichkeit (und auch möglicher qualitativer Kriterien) miteinander verglichen. Die Maßnahmen werden in eine Prioritätenrangfolge gebracht, die sich an ihrer Unterstützung für die Unternehmensstrategie orientiert. Die Kosten aller Maßnahmen ergeben als Summe das erforderliche Budget.

Insgesamt gesehen kann im Zusammenhang zwischen Bildungsinvestitionen und Unternehmensnutzen folgende Feststellung getroffen werden: Erfolgreiche Unternehmen haben die Qualifikation der Mitarbeiter als strategischen Wettbewerbsvorteil erkannt und setzten diese gezielt als Problemlösungsstrategie ein.

Lernerfolg

Neben der Beschreibung der erforderlichen Kompetenzen stellt sich zwingend die Frage nach ihrer Umsetzung im Weiterbildungsprozess, d. h. ob diese Kompetenzen tatsächlich vermittelt und erworben wurden.

Von Erfolg im Zusammenhang mit einer Qualifizierungsmaßnahme kann man dann sprechen, wenn sie für das Unternehmen einen greifbaren zielorientierten Zweck gehabt hat. Dies wird nur erreicht werden, wenn der Mitarbeiter zunächst Lernerfolge im Lernfeld erzielt und es ihm dann gelingt, Transfererfolge im Funktionsfeld zu realisieren. Erfolge im Lernfeld stellen niemals das Ende einer Qualifizierungsmaßnahme dar, sondern sie dokumentieren jeweils ein Niveau (= Zwischenergebnis), von dem aus der Teilnehmer im Funktionsfeld selbstorganisiert weiterlernen kann.

Angesichts der wachsenden Veränderungsdynamik steigt die Erwartung, den Mitarbeiter zum Umgang mit dem Wandel zu befähigen. „Umgang" bedeutet dabei nicht nur: Offenheit und Bereitschaft, sich auf Neues einzulassen, sondern auch: Entwicklung längerfristiger Perspektiven durch Kenntnis und Verständnis für die Kontinuität in der Arbeitswelt sowie die Fähigkeit zum kritischen Hinterfragen von Veränderungsprozessen. Entwicklung endet nicht mit der Erstausbildung. Lernen und Bildung finden nicht nur in klassischen Bildungsinstitutionen statt, informelles Lernen im Betrieb ist stark zu berücksichtigen. Das Verständnis von Lernen als lebenslangem Prozess und die kontinuierliche Veränderung von Lern- und Qualifikationszielen ist dem Mitarbeiter zu verdeutlichen.

Die Wirksamkeit und Nachhaltigkeit der Qualifikationsmaßnahmen kann z. B. durch folgende Handlungen des Unternehmens überprüft werden:

– Befragung (schriftlich, mündlich, strukturiert oder frei)
– Bericht des Mitarbeiters (mündlich, schriftlich)
– Beurteilungsgespräch
– Rollenspiel, Übungen
– Nutzung der erworbenen Qualifikationen in der Praxis

Der mögliche Ablauf einer zuverlässigen Kontrolle des Anwendungserfolges ist im **Bild 6.31** zusammengefasst.

Zielformulierung
Festlegung der Lernziele
↓
Vorbereitungsgespräch, Lernzielvereinbarung
Besprechung über Anlass und Hintergrund der Maßnahme;
Erwartung des Unternehmens, der Vorgesetzten usw.;
Vermittlung der Lernziele
↓
Durchführung der Maßnahme
intern, extern usw.
↓
Nachbearbeitungsgespräch
Evaluierung des Lernerfolges, Beurteilung des Lernerfolges,
Planung des Transfers in die Praxis
↓
Praxis
Anwendung und Umsetzung;
Erfahrungsaustausch, Gespräche mit Kollegen und Vorgesetzten
↓
Folgegespräch
Kontrolle der Umsetzung, Nachbearbeitung,
weitere unterstützende Maßnahmen; Erfahrungsaustausch

Bild 9.31: Gesprächsleitfaden für die Erfolgskontrolle

6.4 Beraten, Fördern, Beurteilen und Unterstützen der Mitarbeiter hinsichtlich ihrer beruflichen Entwicklung

Noch vor etwa zwei Jahrzehnten konnte davon ausgegangen werden, dass eine einmal abgeschlossene Ausbildung oder Weiterbildung einen Kenntnis- oder Wissensstand dokumentierte, der für einen großen Teil des Arbeitslebens in bestimmten Positionen ausreiche. Diese Voraussetzungen sind heute nicht mehr gegeben, denn durch die Entwicklung von neuen Technologien in kurzen Zeitabständen – insbesondere mit Einsatz von Computern und den rasant steigenden Wissenszuwachs (das „Wissen der Welt" verdoppelt sich etwa alle fünf Jahre) – werden die Mitarbeiter der Unternehmen vor immer neue Aufgaben gestellt.

Die Entwicklung von gemeinsamen Werten und Kompetenzen und die Begleitung in kontinuierlichen Veränderungsprozessen auf dem Weg zum „Wertvollen Erfolg" basieren auf einer ganzheitlichen Herangehensweise, die sowohl die dynamischen Strukturen und Prozesse des Unternehmens als auch die Kompetenzen und Erfahrungen seiner Mitarbeiter einbezieht. Die tragende Säule ist die gemeinsame Wert- und Zielorientierung (**Bild 6.32**).

Schon bei der Entwicklung von Weiterbildungsmaßnahmen sollte bedacht werden, dass der Mitarbeiter seinen Lernerfolg im Lernfeld später auch durch einen Umsetzungserfolg im Funktionsfeld verlängern kann. Dazu gibt es einige bewährte Strategien wie z. B.:

- *Reduzierung der Distanz zwischen Lernfeld und Funktionsfeld*

  Die Trainingsinhalte sollten an den aktuellen Problemen der Teilnehmer ausgerichtet sein.

- *Ausrichtung an den bisherigen Erfahrungen und an den Erwartungen des Mitarbeiters*

  Eine Verknüpfung des neuen Lehrgangsstoffes mit bereits vorhandenem Wissen und den Erwartungen erleichtert, neue Lernerfahrung mit altem Erfahrungsbestand zu vernetzen, reduziert Lernhemmnisse und beugt vorhersehbaren Übertragungsschwierigkeiten vor.

- *Lernmotivation*

  Die Lernmotivation des Mitarbeiters kann durch Anreize und Belohnungen unterstützt werden.

- *Analyse persönlicher Möglichkeiten*

  Persönliche Stärken sollen identifiziert, ausgebaut und für die spätere Umsetzung gezielt herangezogen werden.

- *Erfahrungsaustausch*

  Nach Beendigung der eigentlichen Qualifizierungsmaßnahme soll das geknüpfte Netzwerk erhalten bleiben durch regelmäßige Kontakte.

Es ist also für jeden Mitarbeiter erforderlich, sich auf die Veränderungen in technischer oder sozialer Hinsicht einzustellen und mit ihnen zu leben. Entscheidende Voraussetzung ist die Bereitschaft, ein Leben lang zu lernen und die eigene Persönlichkeit als niemals abgeschlossen anzusehen.

6.4.1 Faktoren der beruflichen Entwicklung

Die Wahrnehmung von Möglichkeiten zur Förderung der beruflichen Entwicklung von Mitarbeitern ist abhängig von folgenden Faktoren:

- Berufliche und schulische Ausbildung
- Individuelle Motivation und Lernbereitschaft zur persönlichen Weiterentwicklung
- Neigungen und Begabungsschwerpunkte
- Berufliche und persönliche Erfahrungen
- Bisher erreichte Wissensinhalte und berufliche Ziele

Um auf die zyklischen Bewegungen des Marktes rasch reagieren zu können, müssen die Unternehmen eine hohe operative Flexibilität aufrechterhalten und einen qualifizierten Mitarbeiterbestand bereithalten. Sie beschäftigen meist Menschen mit den unterschiedlichsten Kompetenzen und aus verschiedenen Berufen. Sie müssen alle entsprechend ihren Aufgaben und den spezifischen Anforderungen des Unternehmens geschult werden. Die Grundlage für eine qualifizierte Belegschaft sind maßgeschneiderte Aus- und Fortbildungsprogramme auf allen Hierarchiestufen.

Grundsätzlich muss es der Anspruch jedes Unternehmens sein, den Mitarbeitern vielseitige Tätigkeiten in einem angenehmen Arbeitsumfeld zur Verfügung zu stellen. Das Umfeld ist durch ständigen Wandel gekennzeichnet und stellt dementsprechend hohe Anforderungen an die Mitarbeiter. Ergänzend zur beruflichen Qualifikation ist deshalb großer Wert auf persönliche Fähigkeiten wie Flexibilität, Kreativität und Teamgeist zu legen.

Eng verbunden mit der Mitarbeiterzufriedenheit ist die Identifikation mit dem Unternehmen und seiner Kultur. Persönliche Motivation, Innovationsgeist, fachliche Kompetenz und unternehmerisches Denken müssen gefördert und honoriert werden. Darüber hinaus kommt der internen Kommunikation eine Schlüsselaufgabe zu. Kontinuierliche Information der Mitarbeiter festigt nicht nur die Identifikation mit den Unternehmenszielen, sie sorgt auch dafür, dass die Mitarbeiter unternehmerische Entscheidungen nicht nur verstehen und mittragen, sondern sich durch ihre eigene berufliche Weiterentwicklung aktiv einbringen.

6.4.2 Fördergespräche

Ein Unternehmen muss daran interessiert sein, die **Persönlichkeitsentwicklung** seiner Mitarbeiter bestmöglich zu fördern. Darin liegt nicht nur eine soziale Verpflichtung, sondern auch die Perspektive, durch qualifiziertere Mitarbeiter die wirtschaftliche Situation (Gewinnerzielung) des Unternehmens mittel- und langfristig positiv zu beeinflussen (**Bild 6.33**).

Bild 6.32: „Wertvoller Erfolg" durch Begleitung der kontinuierlichen Veränderungsprozesse

Handlungsbereich | Führung und Personal

```
                    Persönlichkeitsentwicklung
        ┌──────────────────┐      ┌──────────────────┐
   →    │   Personal-      │      │  Mitarbeiter-    │   ←
        │   entwicklung    │      │  förderung       │
        └──────────────────┘      └──────────────────┘
        ┌──────────────────┐      ┌──────────────────┐
        │ Gewinnerzielung  │      │ Soziale          │
        │ des Unternehmens │      │ Verpflichtung    │
        │ durch qualifi-   │      │ des Unternehmens │
        │ ziertere         │      │                  │
        │ Mitarbeiter      │      │                  │
        └──────────────────┘      └──────────────────┘
```

Bild 9.33: Persönlichkeitsentwicklung durch das Unternehmen

Es sollten regelmäßig Fördergespräche (Beratungs-, PE-, Laufbahnberatungs-, Nachfolgegespräche, bisweilen auch als „strukturiertes Mitarbeitergespräch" bezeichnet) stattfinden. Diese Gespräche haben vor allem Bedeutung für Mitarbeiter, die nach Ansicht ihrer Vorgesetzten über das Potenzial für einen beruflichen Aufstieg verfügen. In der Betriebspraxis fällt ein Fördergespräch häufig mit dem klassischen Beurteilungsgespräch zusammen, quasi als Auswertung und Konsequenz einer positiven, vergangenheitsorientierten Rückmeldung zur Leistungsbeurteilung.

Die Fördergespräche zwischen Unternehmen und Mitarbeiter finden unter folgenden Aspekten statt:

- Abgleich der Ziele und Erwartungen
- Förderung der Einsatzbereitschaft
- Förderung der Selbstständigkeit und Eigenverantwortlichkeit
- Förderung des Qualitätsbewusstseins
- Förderung der Teamfähigkeit
- Förderung und Ansporn zur Eigenmotivation

Der Ablauf eines Fördergespräches ist im **Bild 6.34** dargestellt.

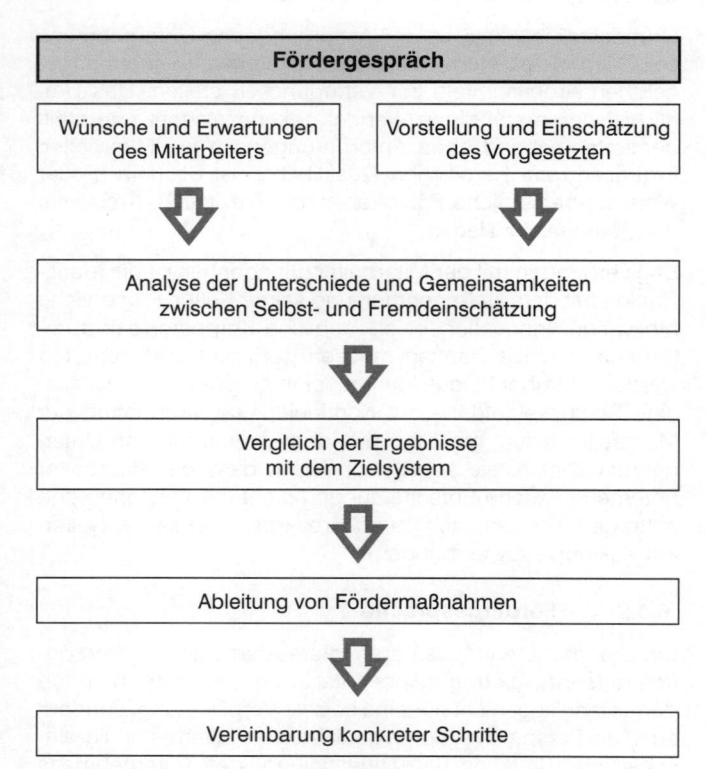

```
                    Fördergespräch
    ┌──────────────────────┐   ┌──────────────────────┐
    │ Wünsche und          │   │ Vorstellung und      │
    │ Erwartungen          │   │ Einschätzung         │
    │ des Mitarbeiters     │   │ des Vorgesetzten     │
    └──────────────────────┘   └──────────────────────┘
               ⇩                         ⇩
    ┌───────────────────────────────────────────────┐
    │ Analyse der Unterschiede und Gemeinsamkeiten  │
    │ zwischen Selbst- und Fremdeinschätzung        │
    └───────────────────────────────────────────────┘
                         ⇩
    ┌───────────────────────────────────────────────┐
    │ Vergleich der Ergebnisse mit dem Zielsystem   │
    └───────────────────────────────────────────────┘
                         ⇩
    ┌───────────────────────────────────────────────┐
    │ Ableitung von Fördermaßnahmen                 │
    └───────────────────────────────────────────────┘
                         ⇩
    ┌───────────────────────────────────────────────┐
    │ Vereinbarung konkreter Schritte               │
    └───────────────────────────────────────────────┘
```

Bild 9.34: Ablauf eines Fördergesprächs

Für den Ablauf aller Förder- bzw. Mitarbeitergespräche gelten die folgenden Regeln:

- Das Gespräch sollte grundsätzlich positiv begonnen werden, um eine motivierende Atmosphäre zu schaffen.
- Durch eine gut vorbereitete Gliederung des Gesprächs ist sicherzustellen, dass nichts Wesentliches vergessen wird.
- Alle Punkte sollten im Dialog besprochen werden (Monologe vermeiden).
- Das Gesprächsziel sollte stets im Auge behalten werden: Zu lange Gespräche ermüden, unangemessen kurze Gespräche transportieren die Botschaft, dass der Mitarbeiter für den Vorgesetzten nicht wichtig ist. Trotzdem: genügend Zeit reservieren, niemals Zeitdruck!
- Negative Aussagen sollten stets sachlich sein und niemals als persönlicher Vorwurf an den Mitarbeiter gerichtet werden.
- Auch Führungskräfte können irren; Fehleinschätzungen sollten sie durchaus zugeben.
- Durch Zusammenfassung von Gesprächsteilen kann über Zwischenergebnisse Einvernehmen verdeutlicht werden.
- Im Verlaufe des Gesprächs sollen nur Konsequenzen versprochen werden, die auch gehalten werden können.
- Der Gesprächsabschluss sollte immer in gutem Einvernehmen erfolgen.

Beurteilungsgespräch / Mitarbeitergespräch

Das Mitarbeitergespräch nimmt bei der Potenzialbeurteilung eine zentrale Position ein. Die individuellen Potenziale der Mitarbeiter müssen deutlich herausgearbeitet werden; sonst bleiben alle weiteren, vorstehend aufgeführten Instrumente und Methoden wirkungslos. **Bild 6.35** zeigt einen gut aufbereiteten Leitfaden für Mitarbeitergespräche.

Selbstverständlich sollte für ein solches Gespräch genügend Zeit eingeplant werden und sich der gesamte Verlauf ohne Störungen von außen (Besucher, Handy) vollziehen.

Es kann sich z. B. um ein Beurteilungsgespräch, ein Beratungsgespräch oder ein Betreuungsgespräch handeln. In jedem Mitarbeitergespräch sollte die Führungspersönlichkeit bemüht sein, eine positive Gesprächsatmosphäre aufzubauen (z. B. durch Lächeln, positive Stimulierung, offene Körperhaltung und Wortwahl). Damit werden die Voraussetzungen geschaffen, durch partnerschaftlichen Dialog die Ziele der Potenzialbeurteilung zu erreichen. **Bild 6.36** zeigt am Beispiel eines Personalbeurteilungsgespräches die wesentlichen Eckpunkte auf.

Jedes Gespräch gibt dem Vorgesetzten die Möglichkeit, seinem Mitarbeiter eine entsprechende Rückmeldung darüber zu geben, wie er dessen Leistung im zurückliegenden Beobachtungszeitraum sieht. Er kann seine Einschätzungen erläutern und illustrieren. Aber auch der Mitarbeiter kann seine Einschätzung abgeben, Begründungen und Hintergrundinformationen dazu liefern.

Typische Gesprächsinhalte sind:

- die Arbeitsleistung, erweitert um die Diagnose (Ursachenforschung) anhand von charakteristischen Beispielen;
- Anerkennung und Bestätigung guter Leistungen;
- Qualifizierungsbedarfe – Qualifizierungsbedürfnisse/-wünsche;

Vorbereitung	Informieren	Erörtern	Lösung	Vereinbarung
■ Thema ■ Ziel ■ Zeitbedarf ■ Lösungsideen ■ Daten sammeln (positive und negative) ■ Mögliche Konflikte überlegen	■ Anlass ■ Vorgehensweise ■ Sachverhalt darstellen ■ Was beobachtet wurde ■ Informieren über Hintergründe ■ Motivation und Interesse wecken ■ Visualisieren	■ MA Sicht darstellen lassen ■ Fragen, fragen, fragen, ■ Hintergründe herausbekommen ■ Aktiv zuhören ■ Zusammenfassen	■ Lösungsideen sammeln ■ Lösung gemeinsam suchen ■ Hilfestellung anbieten ■ Win-win Lösung anstreben ■ Moderation ■ Zusammenfassen ■ Visualisieren	■ Zeitliche und inhaltliche Vereinbarungen ■ Was, wer, bis wann ■ Konsequenzen bei Nicht-Beachtung ■ Zusammenfassen ■ Umsetzung begleiten und kontrollieren ■ Visualisieren
	■ Grund offen darstellen ■ Betroffenheit zeigen	■ Kritik klar anbringen ■ Verhalten ansprechen ■ Konsequenzen darstellen		■ Vertrauen und Zuversicht ■ Stärken hervorheben
	■ Spielregeln vereinbaren	■ Alternativen anbringen ■ Konflikt ausräumen	■ Eigene Lösung, nur wenn Partner keine Lösung entwickeln	
	■ Spielregeln vereinbaren		■ Eigene Lösung im Backup	■ Treffen von Folgevereinbarungen ■ Zusammenarbeit loben
■ Verhandlungsspielraum ausloten ■ Gleiche Augenhöhe	■ Ins Boot holen, gemeinsames Ziel ■ Fehler zugestehen	■ Gemeinsame Interessen	■ Lösungszenarien ■ 3 Wahlmöglichkeiten ■ Visualisieren	■ Ruck provozieren

Bild 6.35: Gesprächsleitfaden für Mitarbeitergespräche

- Anregungen zur Verbesserung der allgemeinen Arbeitssituation, z. B. Informationsverhalten, Arbeitsabläufe, Umgebungseinflüsse, gruppendynamische Prozesse;
- Vereinbarung zur Verbesserung der zukünftigen Zusammenarbeit.

Diese Gespräche finden nicht als Ersatz des täglichen Feedbacks statt, sondern als Ergänzung. Dementsprechend wird die Auseinandersetzung mit Einzelfällen um die zusammenfassende Würdigung erweitert.

Im Kapitel Personalführung, Abschnitt 8.6 sind weitere Anregungen aus diesem Themenbereich zu finden.

Beurteilungsmaßstäbe – Skalen

Über die Anzahl der Abstufungsmöglichkeiten pro Beurteilungsmerkmal wird gesteuert, wie differenziert das beobachtete Leistungsverhalten dargestellt werden kann:

- Bei einer geraden Anzahl von Skalierungsstufen (= bindende Vorgaben in Stufenordnung) gibt es keinen echten Mittelwert, der Beurteiler muss sich im Zweifel für eine Tendenz zum positiven oder zum negativen Extremwert entscheiden.
- Bei einer ungeraden Anzahl von Skalierungsstufen gibt es einen echten Mittelwert; er charakterisiert die vom Mitarbeiter zu erfüllende Normalanforderung an seinem Arbeitsplatz. Unter „Normalanforderung" ist die Leistung zu verstehen, die von einem hinreichend eingearbeiteten Mitarbeiter auf Dauer erwartet werden kann, solange ihn

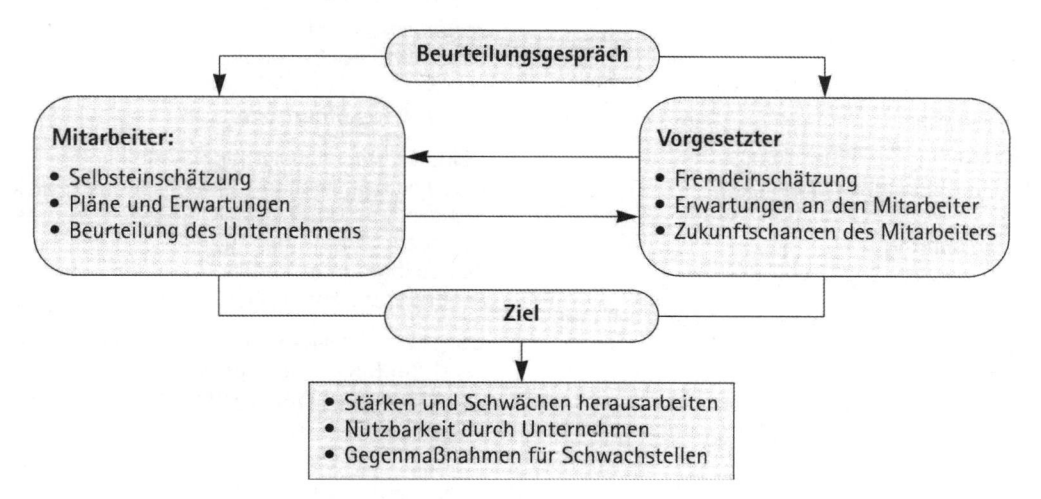

Bild 6.36: Wesentliche Bestandteile eines Personalbeurteilungsgespräches

Beurteilungsgespräch

Mitarbeiter:
- Selbsteinschätzung
- Pläne und Erwartungen
- Beurteilung des Unternehmens

Vorgesetzter
- Fremdeinschätzung
- Erwartungen an den Mitarbeiter
- Zukunftschancen des Mitarbeiters

Ziel
- Stärken und Schwächen herausarbeiten
- Nutzbarkeit durch Unternehmen
- Gegenmaßnahmen für Schwachstellen

nicht erhebliche Umstände (Technik, Organisation) daran hindern.

Es lassen sich drei **Skalenarten** unterscheiden:

- *Nominalskalen*
  Ordnung nach Begriffen, denen jeweils ein Wert zugeordnet ist (z. B. Bildungsabschluss)
- *Ordinalskalen*
  Rangordnung, Abstufung (z. B. Erfüllung der Anforderungen)
- *Intervallskalen*
  Abstände zwischen den Angaben sind gleich (z. B. Geburtsjahre)

Von den Bezeichnungen her gibt es verbale Skalen (= durch Adjektive oder Verhaltensbeschreibungen verdeutlicht) und numerische Skalen (= durch Stufen oder Zahlenwerte festgelegt). Um für die Abstufungen bei allen Beurteilern möglichst ein gleiches Verständnis zu entwickeln, werden diese durch Erläuterungen und Beispiele ergänzt.

Beurteilungsablauf – Phasen des Beurteilungsvorganges

1. *Phase – Beobachten*
   Über einen längeren Zeitraum werden regelmäßig und systematisch Einzelheiten gesammelt und Tatsachen aufgezeigt (= Datenerhebung, -auswahl).
2. *Phase – Beschreiben*
   Wertfreies Protokollieren der beobachteten Sachverhalte.
3. *Phase – Beurteilen*
   Dokumentiertes nach bestimmten Gesichtspunkten und Maßstäben bewerten (= interpretieren und urteilen).
4. *Phase – Konsequenzen ziehen*
   Folgerungen aus dem Urteil ziehen – alle Phasen sind offen gegenüber dem Mitarbeiter durchzuführen.

Beurteilerschulung

Beurteilung ist ein permanenter Prozess. Grundsätzlich bedarf es einer regelmäßigen Schulung der verantwortlichen Führungskräfte, um das Instrument „Leistungsbeurteilung" wirksam zu erhalten.

Inhalte von Beurteilerschulung sind:
- Darstellung der Beurteilungssysteme: Ziele und Inhalte
- Grundsätze – Spielregeln
- Beurteilungstendenzen und -fehler
- Gesprächsführung und Interviewtechniken

Grundsätze der Beurteilung

- Die Persönlichkeit des Mitarbeiters ist zu respektieren.
- Es geht um eine sachliche Auseinandersetzung mit der Leistung des Mitarbeiters im Beurteilungszeitraum, nicht um eine „Abrechnung".
- Förderung heißt nicht automatisch Beförderung.
- Eine gute Beurteilung bedeutet nicht automatisch eine Gehaltsaufbesserung.
- Nicht jede erkannte Schwäche stellt unmittelbar einen Förderbedarf dar.
- Beurteilungen sind keine Alibis, sondern komplizierte zwischenmenschliche Prozesse.
- Eine faire Auseinandersetzung mit der Leistung des Mitarbeiters hat immer einen Motivationseffekt.

Die systematische Vorgehensweise ist unbedingt darzustellen.

Dokumentation

Die Ergebnisse der Gespräche zwischen Unternehmen und Mitarbeiter sind fortlaufend zu dokumentieren. So können die getroffenen Vereinbarungen und deren Umsetzung jederzeit ergebnisorientiert nachvollzogen werden. Weitere wichtige Aufzeichnungen sind z. B.:

Planungsdaten

Darunter versteht man praktisch alle im Unternehmen periodisch anfallenden Informationen, sei es, dass sie als Ist-Daten anfallen oder zu Soll-Daten weiterverarbeitet werden (z. B. Investitions- oder Budgetdaten). Gerade Forschungs- und Entwicklungsdaten führen zwangsläufig zu Anforderungsveränderungen an den Arbeitsplätzen und lösen automatisch einen Personalentwicklungsbedarf aus.

Kennziffernanalyse – Betriebsvergleiche

Kennziffern stellen auf einem aussagefähigen Zahlenwert reduzierte komplexe Vorgänge im Unternehmen dar. Das Controlling hat mittlerweile eine Fülle einschlägiger Kennzahlen und – was die Interpretations- und Auswertungsmöglichkeiten noch steigert – Kennzahlensysteme entwickelt. Typische Beispiele mit Auswirkungen auf den Personal- und Qualifikationsbedarf sind Fluktuation, Fehlzeiten, Unfallzahlen, aber auch Umsätze und deren Entwicklung im Zeitvergleich, Reklamationsaufkommen und -gründe, Kulanzverhalten, Kundenfrequenzen etc. Aufgrund ihres Detaillierungsgrades lassen sich mögliche Schwachstellen identifizieren.

Arbeitsplatzbeobachtungen

Sie finden aus unterschiedlichen Anlässen statt, sei es zur Ermittlung von Vorgabezeiten, zur Ermittlung von Arbeitsschwierigkeiten, zur Arbeitsentgeltbemessung, aus Gründen der „Humanisierung der Arbeitswelt", zu Rationalisierungszwecken etc. Arbeitsproben, Simulation oder Auftretenshäufigkeit bestimmter Verhaltensmuster werden in der Regel durch Beobachtungsraster registriert. Wichtige Dokumentationen sind auch Revisionsberichte oder Protokolle gemeinsamer Betriebsbegehungen.

Auftritt des Mitarbeiters

Selbstverständlich ist jeder ambitionierte Mitarbeiter gefordert, seine Motivation zur beruflichen Entwicklung deutlich zu signalisieren und sich angemessen zu präsentieren. Einige Faktoren für eine erfolgreiche persönliche Darstellung sind beispielhaft unter Verwendung von zutreffenden Zitaten bekannter Autoren im **Bild 6.37** zusammengefasst.

Der „Circulus vitae" (Lebenskreislauf) stellt zusammenfassend die Einleitung, den Ablauf und die weitere Vertiefung von beruflichen Weiterbildungsmaßnahmen dar (**Bild 6.38**).

Bild 6.37: Erfolgreiche Außenwirkung eines motivierten Mitarbeiters

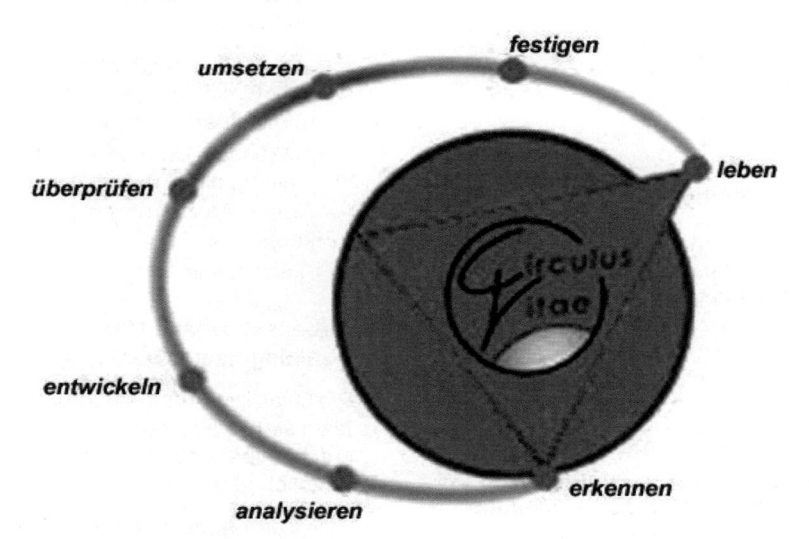

Bild 6.38: Der „Circulus vitae", bezogen auf berufliche Weiterbildungsmaßnahmen

6.4.3 Maßnahmen der Mitarbeiterentwicklung

Die Maßnahmen der Mitarbeiterentwicklung sind fast immer Bestandteil eines größeren Konzeptes (Unternehmensziel). Sie dienen insbesondere

- zur Verbesserung
  z. B. Fachkompetenz, Sozialkompetenz
- zum Erwerb
  z. B. Umschulung, Meister, Fachwirt

Das strategische **Qualifikationskonzept** des Unternehmens muss in funktionsfähige Maßnahmen übersetzt werden. Dazu müssen Zielgruppen identifiziert, Lernziele formuliert und Inhalte definiert werden.

Durch Zusammenstellung eines geeigneten Methodenmix gestaltet sich die Qualifikationsmaßnahme abwechslungsreicher und bekommt so für den Mitarbeiter einen Erlebnischarakter, was die Lernfreude und damit das Lernergebnis erhöht sowie den Behaltenseffekt steigert.

Die Umsetzung der Maßnahmen erfolgt durch Seminare oder Lehrgänge in Vollzeit bzw. in Teilzeit. Sie sind mit dem jeweiligen Mitarbeiter abzusprechen und inhaltlich gezielt vorzubereiten (s. auch Abschnitt 6.3.2). Besondere Sorgfalt sollten dabei der Auswahl des geeigneten Seminarleiters und den eingesetzten Methoden zukommen; zwischen beidem besteht ein enger Zusammenhang. Dabei gibt es keine guten

Handlungsbereich | Führung und Personal

oder schlechten Methoden, sondern nur Methoden, die zur Erreichung der Lernziele gut oder weniger gut geeignet sind.

Im **Bild 6.39** ist der Eintritt in Maßnahmen der beruflichen Weiterbildung in Deutschland von 2001 bis 2012 statistisch ausgewertet.

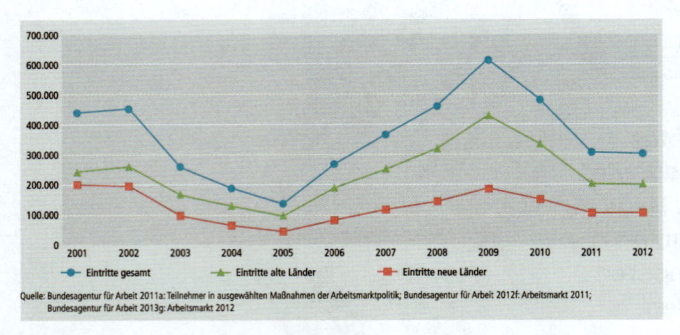

Bild 6.39: Eintritte in Maßnahmen der beruflichen Weiterbildung von 2001 bis 2012 in Deutschland (Quelle: BA – Bundesagentur für Arbeit)

Professionelle Organisation der Maßnahmen gewährleistet eine störungsfreie Durchführung und vermeidet lernhemmende Irritationen bei den Teilnehmern; dies bezieht sich auf die Zeitplanung, die Räumlichkeiten und die eingesetzten Hilfsmittel und Medien.

Personalentwicklungsmaßnahmen und deren Inhalte werden unterteilt in

– Lernen am Arbeitsplatz (training-on-the-job)
– Lernen in der Nähe des Arbeitsplatzes (training-near-the-job)
– Lernen außerhalb des Arbeitsplatzes (training-off-the job)

Arbeitsplatzbegleitende Maßnahmen (training-on-the-job)

Personalentwicklungsmaßnahmen „on the job" werden unmittelbar am Arbeitsplatz im Vollzug der Arbeit durchgeführt. Fallen Arbeits- und Lernsituation zusammen, kann das Gelernte bestmöglich umgesetzt werden – die Transferproblematik der Übertragung des Gelernten aus dem Lernfeld ins Arbeitsfeld ist überwunden.

Die Verantwortung für das On-the-Job-Training trägt der Vorgesetzte. Er ermittelt Art und Umfang des erforderlichen Trainings, bestimmt die zweckmäßige Durchführung, budgetiert und kontrolliert die Kosten sowie den Trainingserfolg.

Die Anleitung und Beratung erfolgt durch den Vorgesetzten, Kollegen, Personalentwickler oder Trainer. Selbstverständlich geschieht das nicht zufällig, sondern geplant und schrittweise:

– Planmäßige Arbeitsunterweisung (job enlargement = Arbeitserweiterung)
– Einarbeitung
– Ausdehnung um gleichartige Arbeitsinhalte durch systematischen Arbeitsplatzwechsel
– Übertragung von Sonderaufgaben
– Coaching durch den Vorgesetzten

Die eingeschränkten pädagogischen Erfahrungen des Lehrenden/Ausbilders und möglicher Zeitdruck können allerdings die Wirksamkeit von arbeitsplatzbegleitenden Maßnahmen einschränken. Dennoch liegen die Vorteile auf der Hand, z. B.:

– Das Verfahren ist sehr anschaulich und relativ kostengünstig,
– neue Erkenntnisse knüpfen an Kenntnissen und Fähigkeiten des Mitarbeiters an,
– Erkenntnisse werden unter realistischen Bedingungen vermittelt; es entsteht ein sicherer Lerntransfer,
– der Mitarbeiter wird schnell mit den wesentlichen Inhalten seiner Aufgabe vertraut gemacht,
– der Lernerfolg ist individuell steuerbar,
– der Lehrstoff wird in sinnvolle Unterweisungsschritte gegliedert, wodurch Überforderung vermieden wird,
– es wird relativ schnell sicheres Arbeiten mit geringer Fehlerquote erreicht,
– der Lernende wird zur eigenen Aktivität angehalten und die Nähe des Lehrenden führt zur Sicherheit.

Damit diese Vorteile zum Tragen kommen, müssen folgende Voraussetzungen erfüllt sein:

– Die Unterweisungsziele sind klar zu formulieren,
– Unterlagen und sonstige Hilfsmittel sind bereitzuhalten,
– dem Lernenden ist ggf. vorab Informationsmaterial zur Verfügung zu stellen,
– die Unterweisung ist zu strukturieren,
– mögliche Störfaktoren sind auszuschalten,
– es sind nur kompetente „Unterweiser" einzusetzen,
– es ist ein größeres Gewicht auf Genauigkeit denn auf Schnelligkeit zu legen.

Die arbeitsplatzbegleitenden Maßnahmen lassen sich mit einfachen Mitteln weiter vertiefen, z. B. durch

– unmittelbare Diskussionen,
– praktische Übungen (z. B. handwerkliche Vorführung, Training am PC),
– eigene Ausführung mit verbaler Begleitung (lautes Denken),
– Rollenspiele.

Arbeitsplatznahe Maßnahmen (training-near-the-job)

Die Qualifizierung „near the job" findet nicht direkt am Arbeitsplatz statt, weist jedoch einen engen Bezug zum Arbeitsfeld auf. Lernfeld und Funktionsfeld sind nicht inhaltlich und/oder räumlich getrennt.

Hier werden Maßnahmen zusammengefasst, die nicht während der unmittelbaren Arbeitstätigkeit und nicht am Arbeitsplatz stattfinden, gleichwohl aber konkrete Probleme der Arbeitstätigkeit sind. Darüber hinaus wird das Arbeitsumfeld zum Gegenstand von Lernprozessen gemacht. Vorteile sind die ungestörte Atmosphäre in einer Lernecke, die mögliche Systematik, aber auch die Möglichkeit, das Gelernte unmittelbar am Arbeitsplatz zu erproben.

Bei near-the-job können nur kurzzyklische Inhalte trainiert werden. Sie bedürfen der fachkundigen Unterstützung durch einen Anlernmeister, einen Lernpaten oder einen Lernkoordinator. Typische Maßnahmen sind:

– Erfahrungsaustauschgruppen
– Qualitätszirkel
– Lernprojekte
– Selbstgesteuertes Lernen

Arbeitsplatzungebundene Maßnahmen (Inhouse = training-off-the-job)

Die Maßnahme „off the job" findet außerhalb des Arbeitsplatzes, aber innerhalb des Unternehmens statt. Lernfeld und Funktionsfeld sind verschieden.

Klassisch geht es hierbei meist um die Vermittlung von Wissen und intellektueller Fähigkeiten. Allerdings stellt sich dabei der Transfer des Gelernten in das Arbeitsfeld als Problem dar. Training-off-the-job findet losgelöst von der eigentlichen Arbeitsaufgabe statt. Die Teilnehmer lernen ungestört. Das erlaubt die Berücksichtigung pädagogischer Prinzipien bei der Vermittlung. Typische Maßnahmen können sein:

- Vortrag
- Rollenspiel
- Fallstudie

Die Entscheidung für oder gegen das Lernen am Arbeitsplatz oder im Lernlabor hängt vom Lernziel und von den Lerngegenständen ab. Es gibt keine optimale, sondern nur eine ökonomisch und pädagogisch geeignete Form der Vermittlung und der Aneignung.

Arbeitsplatzungebundene Maßnahmen (Extern = training-off-the-job)

Die externe Durchführung von Personalentwicklungsmaßnahmen und die Entsendung zu externen Veranstaltungen kann unterschiedliche Ziele verfolgen. Die Erkundung von Trends, der Vergleich mit anderen Verfahren und Standards, der Informationsaustausch und der Aufbau von Netzwerken, die kostengünstige Qualifizierung in Standardthemen nennen Gründe für die externe Durchführung bzw. Entsendung. Folgende Maßnahmen können beispielsweise bei externen Bildungsträgern stattfinden:

- Seminar
- Workshop
- Lehrgang
- Outdoor-Training

Die Vor- und Nachteile interner bzw. externer PE-Maßnahmen sind im **Bild 6.40** zusammengefasst.

Beratung und Unterstützung der Mitarbeiter

Die Beratung und Unterstützung der Mitarbeiter bezieht sich in erster Linie auf betriebliche Projekte, auf unmittelbare Fragen des Arbeitsplatzes und der beruflichen Weiterentwicklung sowie auf konkrete Problemfälle.

Der Ablauf von Beratungen zu betrieblichen Projekten ist im **Bild 6.41** beispielhaft dargestellt.

Dem Beratungsbedarf im unmittelbaren Arbeitsumfeld kann z. B. durch die nachfolgend genannten Formen der Mitarbeiterberatung ausreichend Rechnung getragen werden:

Supervision

Bei „Supervision" handelt es sich um eine spezielle Form zur Klärung von Problemen. Teilnehmer aus gemeinsamen Berufs- und Erfahrungsfeldern treffen sich regelmäßig unter der Leitung eines professionellen und (möglichst) psychologisch und pädagogisch geschulten „Supervisors", um ihr persönliches Erleben darzustellen und ihre Beziehungen zu anderen Menschen (im Betrieb) zu reflektieren. Ziel ist es, ein besseres Verständnis für die eigene Rolle im Betrieb und die Arbeitssituation aus sozialer Sicht zu entwickeln. Wichtig ist die Klärung der Affekte, der Einstellungen, der Stimmungen, der Gefühle.

Team-Teaching – Team-Training – Team-Entwicklung

Beim *Team-Teaching* führen mehrere Trainer gemeinsam Qualifikationsmaßnahmen durch. Für die Teilnehmer gestalten sich derartige Maßnahmen als abwechslungsreich und ergiebig, weil unterschiedliche Meinungen und Sichtweisen sie zu einer aktiven Auseinandersetzung mit dem angebotenen Stoff und den oftmals gegensätzlichen Positionen zwingt. Natürlich bedarf es dazu umfangreicher Vorbereitungsmaßnahmen und Abstimmungsprozesse.

Team-Training beschreibt eine Gruppenschulungsmaßnahme, in der sich Arbeitsgruppen, bestehend aus den Führungskräften und den Mitarbeitern eines Bereiches, gemeinsam über Problemidentifikation, deren Ursachen und Problemlösungen Gedanken machen. Bei diesem Prozess werden sie von einem Moderator begleitet.

Team-Entwicklung will die Kommunikation in der Gruppe verbessern und damit Unzufriedenheit abbauen bzw. Zufrie-

	Interne PE-Maßnahmen	Externe PE-Maßnahmen
Vorteile	- Bessere Berücksichtigung der spezifischen Bedürfnisse, der Voraussetzung, Anforderungen der Teilnehmer - Unternehmensbezogene effiziente Planung und Durchführung der Maßnahmen - Praxisnähe und konkreter Problembezug - Niedrige Hürden für die Transfersicherung	- Beschaffung branchenunabhängigen Wissens - Externe Referenten sind meist Spezialisten auf ihrem Vortragsgebiet und in der Anwendung von Medien und Methoden - Größeres Themenspektrum abdeckbar, Besuch der Veranstaltung kurzfristig möglich - Kostenvorteile, wenn Vorhaltekosten in Unternehmen entfallen - Erweiterte Problemsicht und Benchmarking
Nachteile	- Hohe Investitionskosten - Eingeschränkte Professionalität - Kritische Teilnehmergröße wird nicht erreicht - Betriebsblindheit wird gefördert	- Kaum Einfluss auf Programmplanung, Teilnehmerzusammensetzung, Durchführung - Lernziele der Veranstaltungen stimmen oft nicht mit dem betrieblichen Bedarf überein - Schwierigkeiten beim Transfer

Bild 6.40: Vor- und Nachteile interner bzw. externer PE-Maßnahmen

Handlungsbereich | Führung und Personal

```
Vor-          Betriebs-      Handlungs-     Maßnahmen         Maßnahmen
gespräch      Check          Konzept        im Projekt        im Anschluss
```

- Altersstrukturanalyse
- Kompetenzbilanz und -prognose
- Review vorhandener Instrumente

- Auswahl und Spezifizierung passender Maßnahmen

- Workshops für Führungskräfte
- Personalentwicklungs-Strategie überarbeiten
- Mitarbeiterentwicklungsgespräche einführen

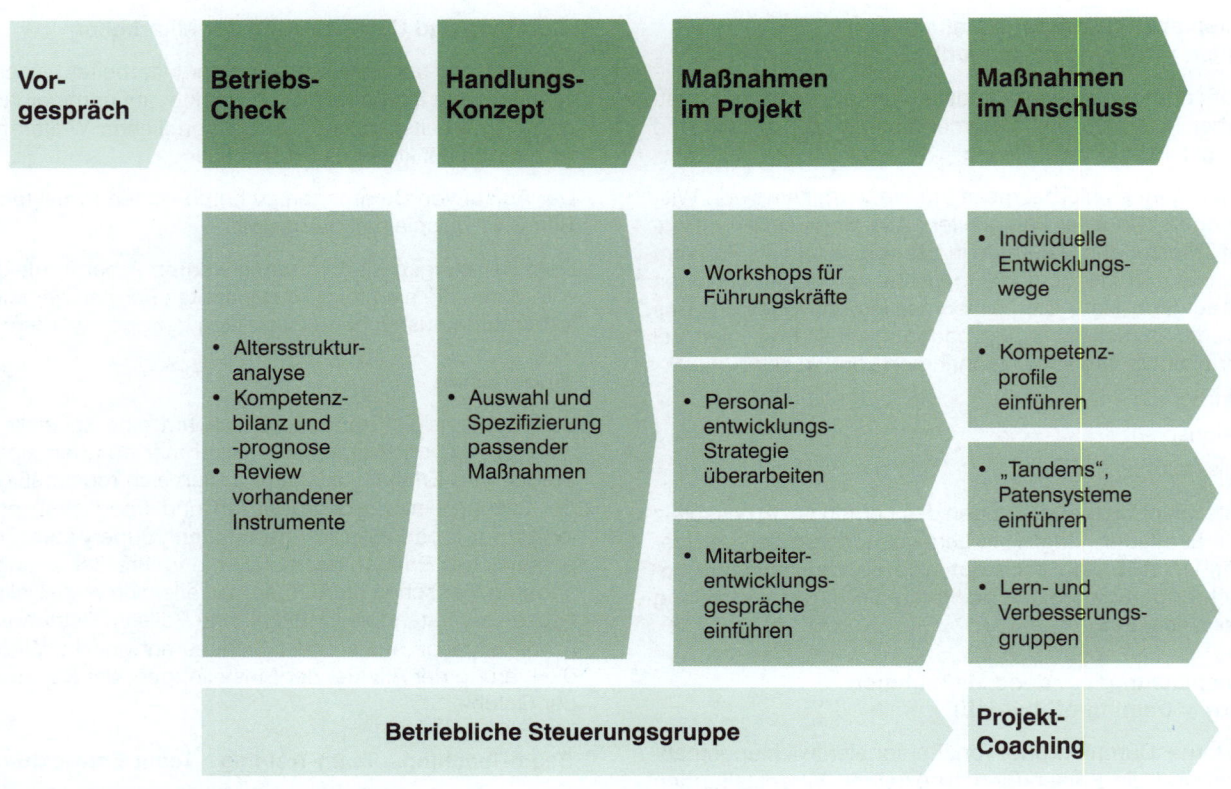

- Individuelle Entwicklungswege
- Kompetenzprofile einführen
- „Tandems", Patensysteme einführen
- Lern- und Verbesserungsgruppen

Betriebliche Steuerungsgruppe | **Projekt-Coaching**

Bild 6.41: Beratung zu betrieblichen Projekten

denheit und Engagement steigern. Hierbei kann es z. B. um die Führung selbst gehen, um Abläufe und Organisation, um Statusdenken und Animositäten, um mangelnde Flexibilität, um mangelhafte oder zu späte Information.

Gruppenberatungsgespräch

Eine kleine Gruppe trifft sich in einem mehrtägigen Workshop, um unter der Anleitung eines (möglichst auch fachlich) qualifizierten Moderators ein für alle bedeutungsvolles Problem zu lösen; diese Maßnahme eignet sich besonders für die Lösung bereichsübergreifender konzeptioneller Probleme.

Gruppendynamisches Training

Ziel ist es, die soziale Wahrnehmungsfähigkeit zu verbessern. Dabei informieren sich die Gruppenmitglieder gegenseitig über ihr eigenes Verhalten und dessen Wirkung auf die Gruppe. Die Teilnehmer lernen ihr Verhalten besser zu beurteilen und ggf. angemessene neue Verhaltensweisen zu entwickeln. Je offener die Diskussion ist und je bereitwilliger die Teilnehmer über ihre Gefühle (z. B. ihre Ängste) sprechen, desto mehr erfahren sie über sich selbst und wie andere Menschen mit ähnlichen Emotionen umgehen.

Darüber hinaus gibt es Situationen, in denen der Vorgesetzte (z. B. Netzmeister) auf Grund konkreter personeller Probleme mit Beratungsgesprächen eingreifen muss, z. B. bei

- Konflikten,
- Mobbing.

Konflikte

Konflikte zwischen Menschen resultieren fast immer aus Situationen, in denen unterschiedliche Bedürfnisse (Wünsche, Vorstellungen, Perspektiven) aufeinandertreffen, die bei einem der Beteiligten nur unzureichend erfüllt werden.

Daraus resultieren Frustrationen und Enttäuschungen, die eine Reihe von weiteren Ereignissen und Problemen nach sich ziehen können.

Für den Vorgesetzten bedeutet das, ständig aufmerksam zu sein, Problemfelder frühzeitig zu erkennen und mit den Beteiligten in eine vernünftige Kommunikation zu treten, um eine Ausweitung des Konfliktes zu vermeiden. Er muss allen Beteiligten das Gefühl vermitteln, dass sie

- respektiert und ernst genommen werden,
- mit ihren Bedürfnissen als gleichberechtigt angesehen werden.

Der Vorgesetzte übernimmt die Aufgabe des Moderators, sollte dementsprechend über genügend soziale Kompetenz verfügen und ggf. entsprechende Schulungen besuchen. Er hat auf eine eigene Wertung der Situation zu verzichten, für einen angemessenen Gesprächsrahmen zu sorgen und die grundsätzlichen Voraussetzungen für eine einvernehmliche Lösung zu schaffen. Im Ergebnis müssen die beteiligten Parteien den Konflikt selbst lösen.

Mobbing

Mobbing ist ein ganz massiver Eingriff in die persönlichen Rechte einzelner Mitarbeiter. Dieses Problemfeld ist rechtlich eindeutig geregelt. Mobbing-Täter haben meist eine unterentwickelte Persönlichkeitsstruktur, die unbedingt professioneller, therapeutischer Hilfe durch einen Psychologen bedarf.

Coaching der Mitarbeiter

Was ist Coaching?

Beim Coaching steht die Beratung anhand konkreter Arbeitssituationen im Vordergrund. In periodischen Einzelsitzungen zu zwei bis vier Stunden hat der Mitarbeiter die Möglichkeit, in der Intimität eines Gesprächs unter vier Augen mit einer qualifizierten Fachperson aktuelle Arbeitsprobleme ausführlich zu besprechen und Lösungsmöglichkeiten zu finden.

Der Coach ist jedoch mehr als ein Experte im Bereich der Kommunikation und der Führung. Er gibt Feedback, fungiert als sozialer Spiegel, ermöglicht damit die Auseinandersetzung mit den eigenen blinden Flecken. Der Coach ermutigt, zielführende Verhaltensweisen nicht aufzugeben und unterstützt dabei, neue Möglichkeiten zu erproben.

Wozu Coaching?

Einsatzbereiche des Coachings sind unter anderem

- Analyse des eigenen Verhaltens, Unterstützung in schwierigen Entscheidungssituationen, Begleitung im Arbeitsalltag (Analyse des Verhaltens in Besprechungen, Wahrnehmen der Delegationsmöglichkeiten, …),
- Bearbeitung von belastenden, heiklen Themen und Problemen, die den Mitarbeiter in seiner Arbeitsleistung oder Lebensfreude beeinträchtigen (z. B. belastende Krankheiten, familiäre Probleme, …).

Neben diesen Bereichen gibt es noch viele weitere Einsatzmöglichkeiten: Für alle Fragestellungen, die die eigene Rolle, Funktion und Persönlichkeit betreffen, ist Coaching sicher die effizienteste Beratungsform.

Die Erfolge professionellen Coachings sind vielfältig. Das Ergebnis der Erfolgskontrolle nach einer umfassenden Coaching-Maßnahme zeigt beispielhaft das **Bild 6.42**.

Positive Effekte des Coachings	Anteil der befragten Teilnehmer
Erhöhte Servicequalität	48 %
Erhöhte Produktivität	51 %
Erhöhte Jobzufriedenheit	53 %
Verbesserte Teamarbeit	65 %
Verbesserte Beziehungen	77 %

Bild 9.42: Erfolge des Coachings

7 Managementsysteme

Ziel von Unternehmen und Organisationen ist es, dem Kunden ein Produkt (oder eine Dienstleistung) zu liefern, das ihm einen guten Nutzen bringt. Das Produkt muss zu einem für beide Seiten akzeptablen Termin geliefert werden und einen vertretbaren Preis erzielen.

Dafür braucht das Unternehmen neben den wertschöpfenden Tätigkeiten und Prozessen zur Herstellung des Produktes oder zur Erbringung der Dienstleistung (Planung, Einkauf, Realisierung) weitere unterstützende Prozesse (Instandhaltung, Dokumentenlenkung, Buchhaltung) und Prozesse zur Führung und Entwicklung des Unternehmens (Unternehmensziele, Controlling, Personalentwicklung).

Zusätzliche Prozesse müssen sich mit gesetzlichen Vorgaben (Arbeits- und Gesundheitsschutz, Schutz der Umwelt, Datenschutz), mit den Unternehmensrisiken und der unternehmerischen Verantwortung beschäftigen.

Diese vielen Geschäftsabläufe (Prozesse) können nur in einem festgelegtem *Managementsystem* reibungslos miteinander funktionieren. Ein solches Managementsystem besteht aus der Unternehmenspolitik mit der Verpflichtung zur Einhaltung der Ziele, den Rahmenbedingungen, damit die Ziele in die Praxis umgesetzt werden können, und der Aufbauorganisation, in der Verantwortungen und Befugnisse klar geregelt sind.

Ein weiterer wichtiger Baustein eines Managementsystems ist die *Ablauforganisation* (s. auch Abschnitt 5.4), in der festgelegt ist, wie einzelne Tätigkeiten und Verfahren auszuführen sind. Die Basis des Managementsystems sind die Mittel, die ein Unternehmen einsetzt, um diese Ziele zu erreichen. Dazu zählen die Mitarbeiter, Finanzen, Einrichtungen und Methoden.

In einem Unternehmenshandbuch legt das Unternehmen fest, wie diese einzelnen Bausteine umzusetzen sind, wie sie ineinandergreifen und wie sie überwacht werden. In diesem Kapitel werden insbesondere die Grundlagen und Tätigkeiten zur Erreichung der Qualität (Qualitätsmanagement nach DIN EN ISO 9001), der Umweltziele (Umweltmanagement nach DIN EN ISO 14001) und des Arbeits- und Gesundheitsschutzes (OHSAS 18001 / Occupational Health and Safety Management System) in einem integrierten Managementsystem vermittelt (**Bild 7.1**).

Eingeführte Managementsysteme sollten in relativ kurzen Zeitabständen auf den Prüfstand gestellt werden, denn sie müssen sich – orientiert am Markt und an der aktuellen Arbeitswelt – lebendig und dynamisch weiterentwickeln, um einen dauerhaften Erfolg sicherzustellen.

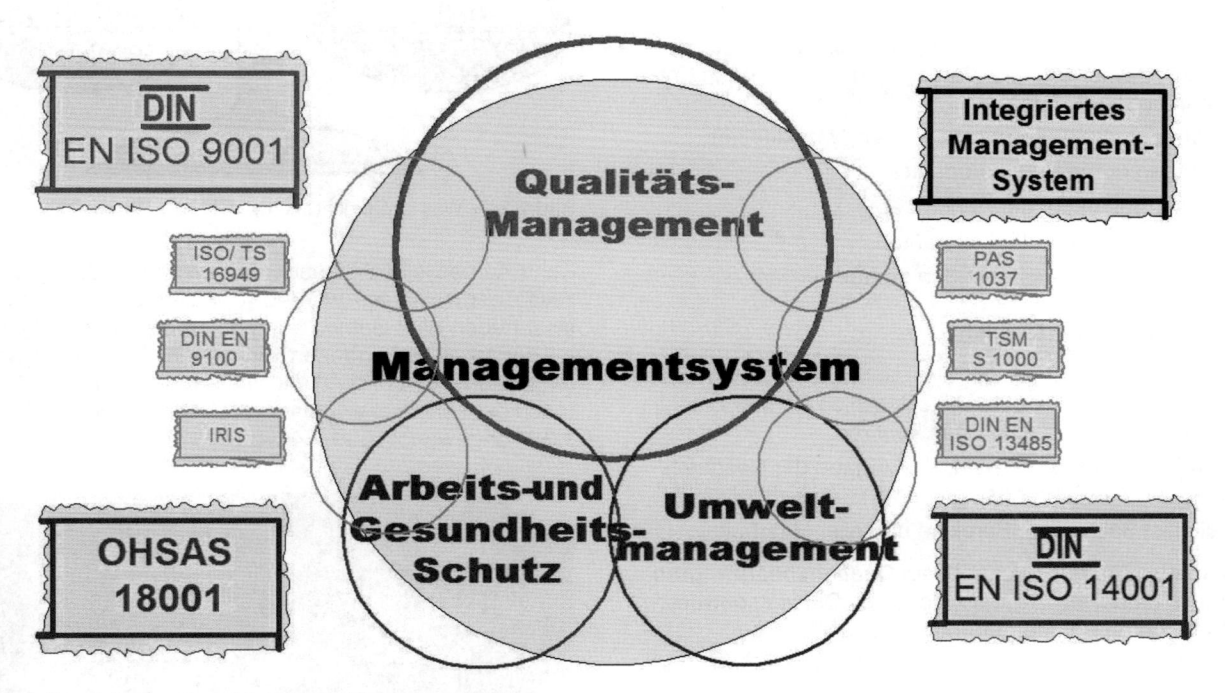

Bild 7.1: Bausteine in einem integrierten Managementsystem

Handlungsbereich | Führung und Personal

7.1 Berücksichtigen des Einflusses von Managementsystemen auf das Unternehmen

Managementsysteme sind als ein allgemeines Konzept für die flexible Gestaltung und Umsetzung von Abläufen im Betrieb zu verstehen. Angestrebt wird das Ziel, den klassischen Wettbewerbsfaktoren Zeit, Kosten und Qualität gerecht zu werden (**Bild 7.2**).

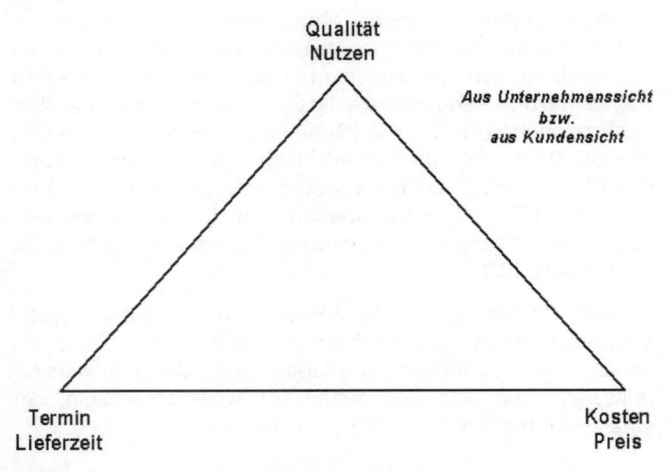

Bild 7.2: Die Zusammenhänge der drei klassischen Wettbewerbsfaktoren Zeit, Kosten und Qualität

Grundsätzlich ist zu berücksichtigen, dass der Stand des Wettbewerbes einer Branche von einigen bedeutenden Entwicklungen abhängt, z. B.

– Bedrohung durch neue Konkurrenten / Markteintritt,
– Bedrohung durch Ersatzprodukte,
– Verhandlungsmacht der Abnehmer,
– Verhandlungsstärke der Lieferanten,
– Rivalität unter den bestehenden Wettbewerbern.

Wer ist zuständig für Qualität?

Für die Qualität sind alle zuständig, die am Entstehungsprozess und Vertrieb der Produkte einschließlich interner Dienstleistungen beteiligt sind. Das heißt konkret:

– *Qualitätsmanagement (QM)* ist Aufgabe der Geschäftsleitung und der Führungskräfte und
– Qualität ist Sache aller Bereiche und aller Mitarbeiter.

Eine besondere Aufgabe kommt dem *Qualitätsbeauftragten* zu. Er muss dafür Sorge tragen, dass das Qualitätsbewusstsein im gesamten Betrieb gefördert wird, und

– Maßnahmen zur Sicherung der Qualität vorschlagen und koordinieren,
– die Ergebnisse analysieren und darüber Bericht erstatten,
– die QM-Maßnahmen (z. B. Audits) auf deren Wirksamkeit und Einhaltung überwachen.

Merke: *Qualität wird nicht nur passiv geprüft oder gesichert, sondern durch geeignete Maßnahmen aktiv beherrscht (gemanagt).*

7.1.1 Bedeutung, Funktion und Aufgaben von Managementsystemen

Managementsysteme sind nicht statisch, sondern unterliegen einem ständigen Wandel auf Grund von internen bzw. externen Anforderungen. In ihren Anliegen und Interessen dienen sie vor allem dem Ziel, die Anforderungen und Erwartungen der Kunden zu erfüllen. Dabei ist zu beachten, dass nicht die objektiv vorhandenen Leistungen, sondern die Einstufung durch den Kunden als Qualität zu bezeichnen ist. Die Sichtweise bezüglich Produkt- und Dienstleistungsqualität unterscheidet sich zwischen Lieferant und Kunden oft ganz deutlich.

Neben der Erfüllung von Kundenerwartungen stehen vor allem die gesetzlichen Anforderungen und internen Ziele im Vordergrund – zusammengefasst: der Qualität (**Bild 7.3**).

Bild 7.3: Was ist Qualität?

Beim Aufbau eines Managementsystems müssen alle Prozesse berücksichtigt werden. Der betrachtete Bereich umfasst neben dem Betrieb auch die unmittelbar und mittelbar mit der Arbeit verbundenen Funktionen und Abläufe. Bei allen relevanten betrieblichen Aktivitäten wird der **PDCA-Zyklus** (nach dem englischen „plan – do – check – act", s. Abschnitt 7.3.3) angewandt (**Bild 7.4**).

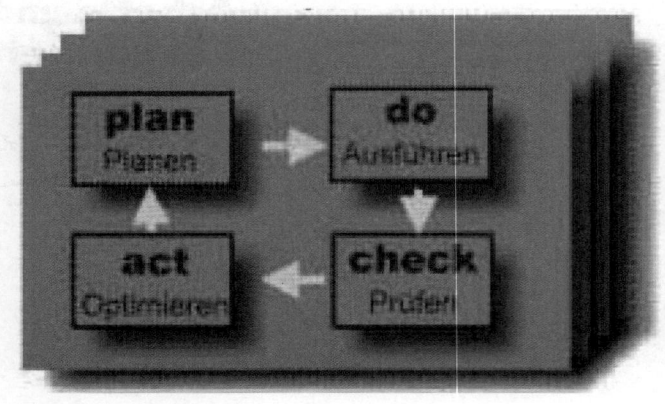

Bild 7.4: Der PDCA-Zyklus

Die Vermittlung kann z. B. unter Einsatz folgender Normen erfolgen:

- DIN EN ISO 9001 — Qualitätsmanagement
- DIN EN ISO 14001 — Umweltmanagement
- OHSAS 18001 — Arbeits- und Gesundheitsschutz

Entwicklung der Managementsysteme

Im Mittelalter unterwarfen sich die Handwerkszünfte einer freiwilligen **Selbstkontrolle;** sie legten Minimalforderungen an ein Produkt fest und prüften selbst (gute Qualität war Ehrensache). Es folgte die Industrialisierung mit Endkontrolle durch besonders geschulte „Kontrolleure".

Anfang des vorigen Jahrhunderts gab es erste Managementkonzepte, die über mehrere Jahrzehnte allerdings nur die Erhöhung der Produktion zum Ziel hatten. 1918 wurde die erste DIN-Norm herausgegeben, 1946 die ISO gegründet (ein weltweiter Zusammenschluss nationaler Normungsorganisationen).

Die geschichtliche Entwicklung der **Qualitäts-Managementsysteme** wurde eingeleitet durch die Qualitätsphilosophen der 50er-Jahre in den USA, die erstmals erkannten, welches Potenzial in der Qualität steckt. Es waren die Gründer der Qualitätsphilosophie wie DEMING, JURAN und CROSBY, die die ersten Theorien in ihren Büchern veröffentlichten. Sie fanden schnell Interesse in Japan.

Es dauerte über 30 Jahre, bis sich diese Denkanstöße auch in Europa durchsetzten. Die europäische Organisation EFQM (European Federation for Quality Management), deren Grundlagen vom Ludwig-Erhard-Preis übernommen wurden, zeigt mit ihrem Modell die Abhängigkeit von neun Basis-Elementen mit Gewichtungen in Prozent (**Bild 7.5**) und macht die Schlüsselrolle der Unternehmensführung deutlich.

Erst seit etwa 20 Jahren gibt es die **„Integrierten Managementsysteme",** die alle Bereiche des Unternehmens erfassen und sich ganzheitlich mit Qualität, Umwelt, Sicherheit, Gesundheit, Kundenorientierung und Mitarbeiterzufriedenheit beschäftigen. Die Unternehmensziele können damit in einem übergreifenden, einheitlichen Verfahren sichergestellt und dokumentiert werden (**Bild 7.6**).

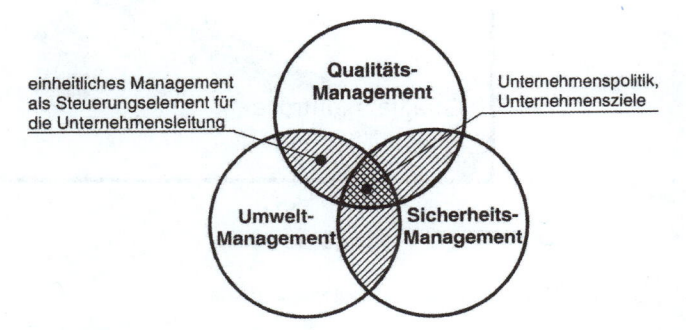

Bild 7.6: Integriertes Managementsystem

Eine besondere Betonung legt der seit 1991 vergebene Qualitätspreis „European Quality Award" (EQA) auf die Selbsteinschätzung des Unternehmens, seiner Bereiche und Mitarbeiter. Bekannt geworden ist dieses System unter dem Namen „Europäisches TQM-Modell" der EFQM (**Bild 7.7**).

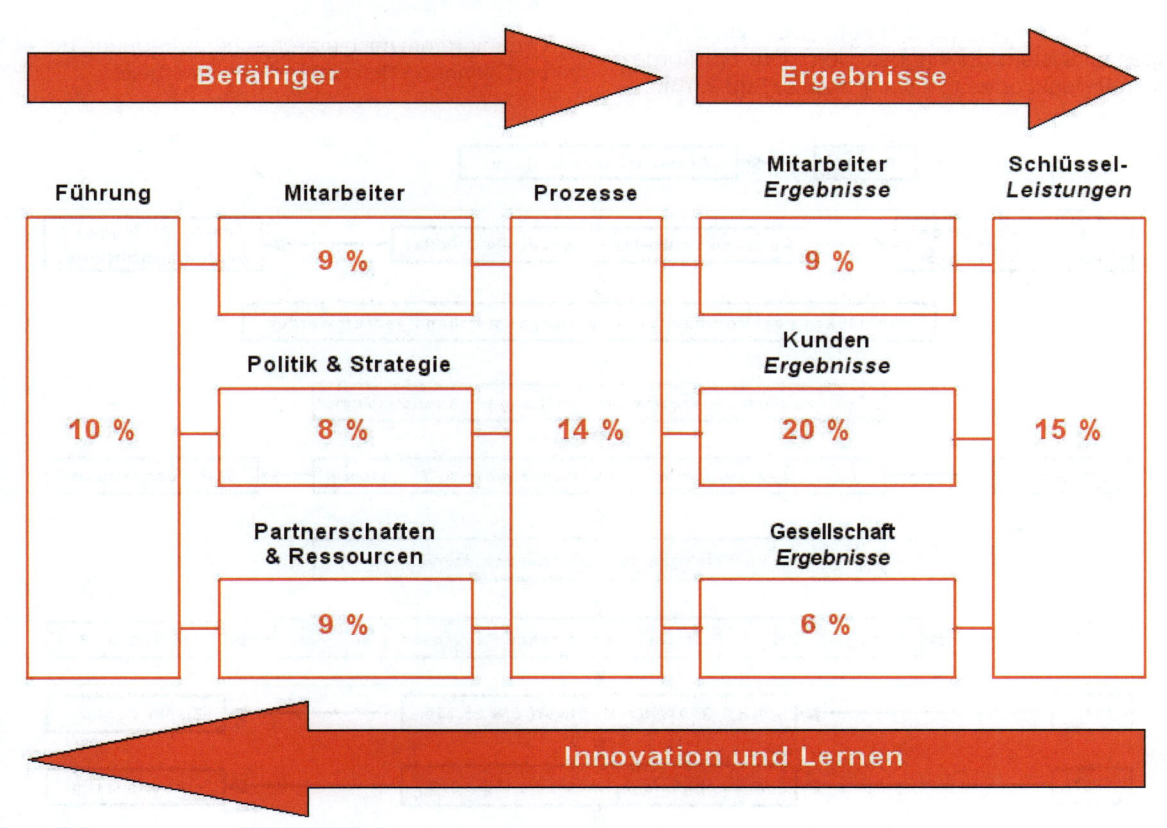

Bild 7.5: Basis-Elemente des EFQM-Modells

Handlungsbereich | Führung und Personal

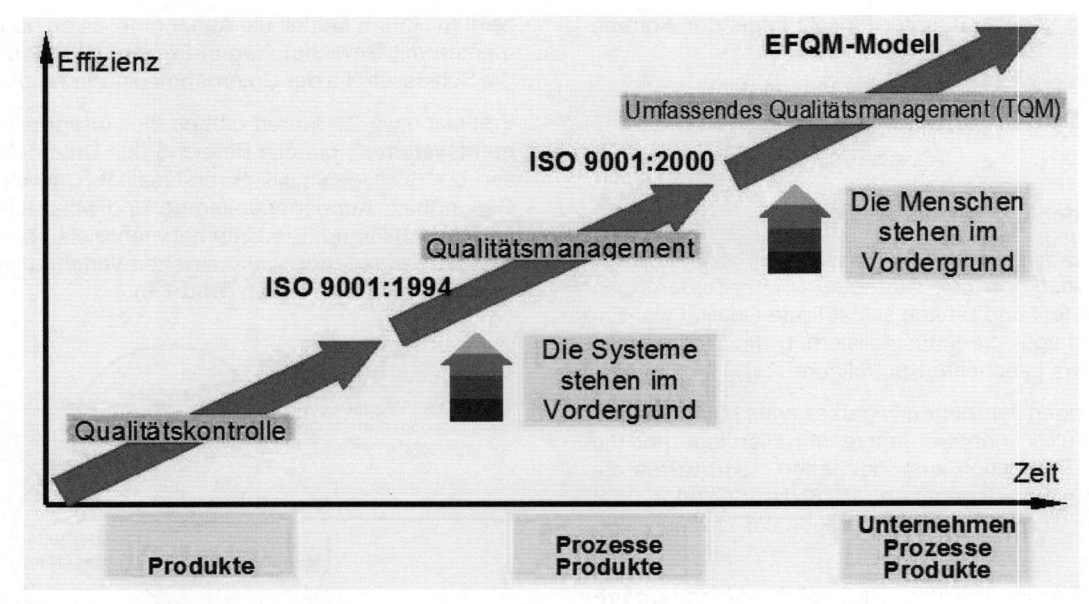

Bild 7.7: Entwicklung des Qualitätsgedankens

Normen für Managementsysteme

Die Entwicklung der **Qualitätsnormenreihe ISO 9000** begann 1963 (**Bilder 7.8** und **7.9**). Viele Unternehmen bemühen sich um das Qualitätszertifikat auf der Basis von DIN EN ISO 9001. Der Anstoß kommt oft von den Kunden, die von ihren Lieferanten den Nachweis der Qualitätsfähigkeit verlangen und/oder aber aus internen Gründen.

Qualitätsanforderungen

Die Qualitätsanforderungen der **ISO 9001** beziehen sich auf das Managementsystem. Es handelt sich nicht um Forderungen an ein Produkt oder an einen Prozess (**Bild 7.10**).

Managementsysteme als betriebliches Erfordernis

Ein Zertifikat für ein geprüftes Managementsystem macht eine verbindliche Aussage über die Qualitätswahrscheinlichkeit und verbessert in erster Linie die Dokumentation im Unternehmen; zudem ist es ein wirksames Werbemittel.

Zunächst muss die Unternehmensführung die Rahmenbedingungen in folgenden Schritten schaffen:

Aufbauorganisation

Organigramm mit hierarchischer Anordnung der Abteilungen und Nennung der zuständigen Mitarbeiter.

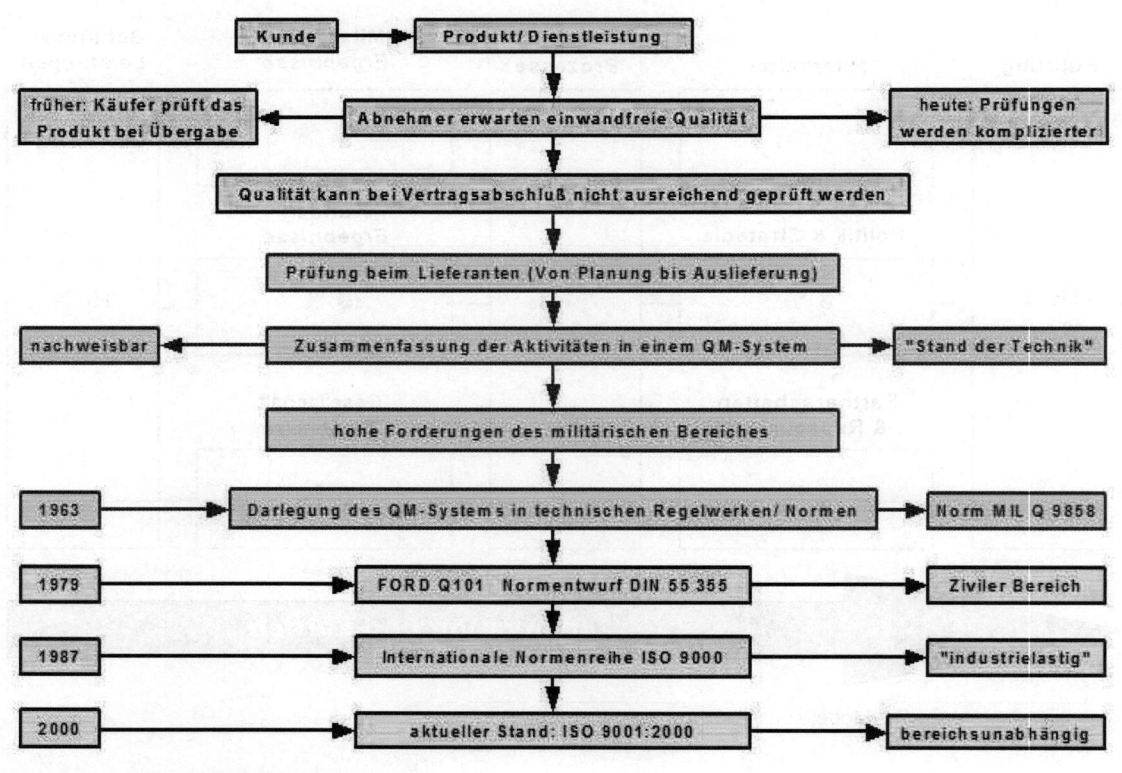

Bild 7.8: Entwicklung der Normenreihe ISO 9000

Bild 7.9: Struktur der ISO 9000er-Reihe

Ablauforganisation / Prozessmodell

- Führungsprozesse (Geschäftsprozesse zur strategischen Planung, Ressourcenbereitstellung, Erfolgskontrolle)
- Leistungsprozesse (Prozesse, die direkt zur Herstellung von Produkten oder zur Erbringung einer Dienstleistung dienen)
- Unterstützungsprozessen (Hilfsprozesse, die Geschäftsprozesse möglich und/oder sicher machen, sie unterstützen bzw. beschleunigen)

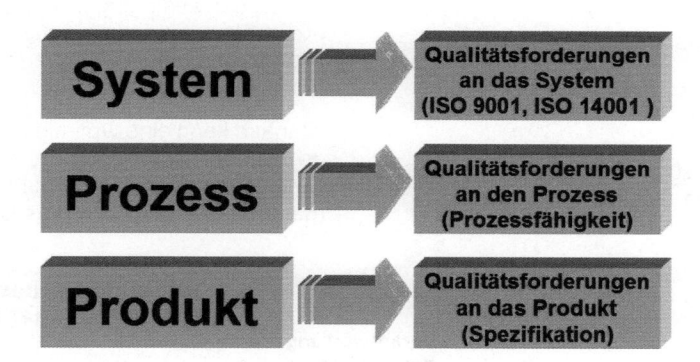

Bild 7.10: Unterschied zwischen system-, prozess- und produktbezogenen Forderungen

Handlungsbereich | Führung und Personal

Qualitätsmanagementsystem nach DIN EN ISO 9000 ff.

Die DIN EN ISO 9000 ff. stellt ein Management-System dar, um die Qualitätspolitik eines Unternehmens transparent darzustellen und Vertrauen bei den Kunden zu schaffen (**Bild 7.11**).

Die wichtigsten Vorteile sind hierbei:
- Bessere Qualität und Kostenoptimierung
- Kosteneinsparung (z. B Ressourcenmanagement, Energiemanagement usw.)
- Qualitätsdenken im Unternehmen, insbesondere der Mitarbeiter, steigern
- Transparente Darstellung betrieblicher Abläufe sowie Zuständig- und Verantwortlichkeiten
- Erreichte Verbesserungen sichern
- Konstruktiver Umgang mit Fehlern
- Verbesserter Marktzugang

Die Mitarbeiter müssen in Bezug auf integrierte **Qualitätsmanagementsysteme (QMS)** insbesondere das Bewusstsein für folgende Vorgänge entwickeln:
- Übereinstimmung mit den Anforderungen, die von den eigenen Abläufen, den Kunden, Vertragspartnern und Lieferanten bestimmt werden
- Fähigkeit und Bereitschaft, auf individuelle Kundenwünsche oder Kundenbedürfnisse einzugehen
- Fehler bereits im Vorfeld vermeiden, anstatt sie nachträglich zu korrigieren
- Alle Bedürfnisse der internen und externen Partner zufriedenstellen
- Aufrechterhaltung und Weiterentwicklung der Kenntnisse und Fähigkeiten
- Beteiligung am Prozess der kontinuierlichen Verbesserung
- Kenntnis der genauen Anweisungen und Verpflichtungen zur Erfüllung der geforderten Qualität im eigenen Tätigkeitsbereich
- Aktive Kommunikation mit Kunden, Vertragspartnern sowie Lieferanten
- Korrektes, höfliches, pünktliches und gepflegtes Erscheinungsbild
- Qualität als einen entscheidenden Wettbewerbsfaktor für den langfristigen Geschäftserfolg wahrnehmen

Umweltmanagementsystem nach DIN EN ISO 14000 ff.

Die Leitung eines Unternehmens ist für die Umweltpolitik verantwortlich und trifft die inhaltlichen Festlegungen für deren Umsetzung. Die nutzbringenden Vorteile eines **Umweltmanagements (UM)** gehen aus **Bild 7.12** hervor.

Bei der Planung eines Umweltmanagementsystems spielen folgende Faktoren eine wesentliche Rolle:

- *Umweltspezifische Aspekte*
  Ermittlung der Umwelteinwirkungen, Einfluss auf die Aufstellung von Zielen

- *Rechtliche und andere Anforderungen*
  Aufstellung aller zutreffenden Umweltgesetze und -verordnungen zum Gewässerschutz, zur Abfallbehandlung und zur Luftreinhaltung

- *Zielsetzungen*
  Konkrete Ziele, Vermeidung von Umweltschäden

- *Verwirklichung der Umweltziele*
  Festlegung von Zeitplänen und Verantwortlichkeiten

In der Durchführungsphase müssen die Organisationsstrukturen (z. B. Zuständigkeiten, Schulung, Bewusstseinsbildung, Kompetenz) geschaffen werden. Darüber hinaus müssen die interne und externe Kommunikation sowie eine Dokumentation sichergestellt werden.

Danach kann eine Optimierung der umweltrelevanten Abläufe und der Notfallvorsorge erfolgen. Durch ständige Überwachung, Korrekturmaßnahmen und UM-Audits wird eine dauerhafte Realisierung der Umweltziele gewährleistet.

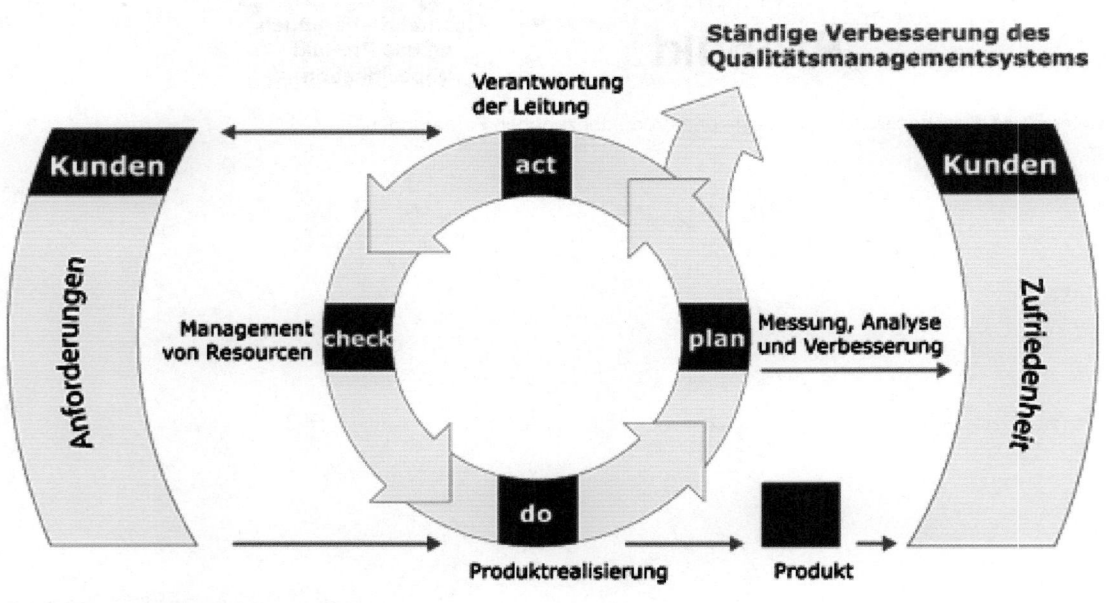

Bild 7.11: Kundenanforderungen und -zufriedenheit

Bild 7.12: Nutzen eines Umweltmanagementsystems

Arbeits- und Gesundheitsschutzsystem nach OHSAS 18001

Für die Gesundheit am Arbeitsplatz sind sowohl der Arbeitgeber als auch die Mitarbeiter verantwortlich. Die Vorteile eines Arbeitsschutzmanagementsystems nach OHSAS 18001 (Occupational Health and Safety Management System) gehen aus **Bild 7.13** hervor.

Als rechtliche Grundlagen der Arbeitssicherheit sind vor allem die EG-Richtlinie 89/391 (Durchführung von Maßnahmen zur Verbesserung der Sicherheit und des Gesundheitsschutzes der Arbeitnehmer bei der Arbeit), das Arbeitsschutzgesetz (ArbSchG), das Sozialgesetzbuch (SGB VII), die gesetzliche Unfallversicherung (Unfallverhütungsvorschriften der Berufsgenossenschaften) zu nennen.

Die Organisation der Arbeitssicherheit fällt in die Zuständigkeit des Unternehmens, das notwendige Sicherheitseinrichtungen beschaffen sowie alle sicherheitstechnischen und arbeitsmedizinischen Maßnahmen koordinieren und überwachen muss. Die Umsetzung erfolgt unter Einsatz von Arbeitsmedizinern und Arbeitsschutz-Fachkräften, die nach Gefährdungsbeurteilung entsprechende Vorschläge für Betriebsanweisungen, Schutzbestimmungen und Alarmpläne erstellen. Dementsprechend wird eine Qualifizierung von Sicherheitsbeauftragten und Aufsichtsführenden eingeleitet. Die Vorschriften und Ergebnisse werden von allen Mitarbeitern umgesetzt und deren Einhaltung vom Arbeitsschutzausschuss sowie vom Betriebsrat überwacht.

Technisches Sicherheitsmanagement (TSM)

Dieses Verfahren wurde 1997 eingeführt und ständig weiterentwickelt, um die Basis zur Gewährleistung einer rechtssicheren Aufbau- und Ablauforganisation in den Versorgungsunternehmen zu schaffen. Kernaufgabe des TSM ist die Stützung des eigenverantwortlichen Handelns und die gleichzeitige Kompetenzstärkung, insbesondere durch Qualifizierung des Personals und durch geprüfte Planungsschritte.

In die Praxis umgesetzt werden die Technischen Rahmenbedingungen durch die Einführung des überbetrieblichen Technischen Sicherheitsmanagements der anerkannten Verbände (DVGW, VDN). Die Durchführung der hierzu erforderlichen Aufgaben und Tätigkeiten hat entsprechend den gesetzlichen und behördlichen Vorschriften, den Unfallverhütungsvorschriften sowie den allgemein anerkannten Regeln der Technik zu erfolgen.

Nach einem Kontaktgespräch mit dem an einer TSM-Qualifizierung interessierten Unternehmen erfolgt in der Regel auf Grundlage der ausgefüllten und vorbereiteten Leitfäden ein Überprüfungsgespräch mit unabhängigen und kompetenten TSM-Experten. Die in den Überprüfungsverfahren nachgewiesene Umsetzung der zu beachtenden Technischen Regeln wird den Unternehmen in Form einer zeitlich befristeten Bestätigung bescheinigt (**Bild 7.14**).

Bild 7.13: Nutzen eines Arbeitsschutzmanagementsystems

Handlungsbereich | Führung und Personal

Bild 7.14: Übergabe einer „TSM-Bestätigung"-Urkunde (Beispiel)

Geprüft werden die personellen, technischen, organisatorischen und wirtschaftlichen Anforderungen für den sicheren und effizienten Betrieb einschließlich der Instandhaltung der Anlagen und Netze; dabei bilden u. a. die DVGW-Arbeitsblätter G 1000 und W 1000 sowie die VDN-Richtlinie S 1000 eine wichtige Grundlage. Alle vorhandenen Sparten (Strom, Gas, Wasser) sollen möglichst gleichzeitig überprüft werden. TSM ist als modulares System zu verstehen, das auf Grundlage der einschlägigen Arbeitsblätter aus folgenden Bausteinen besteht:

– Umsetzung der Anforderungen aller zutreffenden Regelwerke
– Leitfaden zur Organisationsüberprüfung (Checkliste)
– Leitfaden zur Erstellung eines Betriebshandbuches
– Leitfaden für Maßnahmenpläne in den einzelnen Sparten Strom, Gas, Wasser
– Information, Interpretation und Schulung auf der Grundlage des Regelwerkes

In einem ersten Schritt überprüft das Unternehmen anhand der zur Verfügung stehenden Checklisten den Ist-Zustand der Aufbau- und Ablauforganisation und nimmt anschließend eine interne Bewertung vor. Dabei können bereits Schwachstellen aufgedeckt und die technische Sicherheit weitgehend beurteilt werden.

Es folgen ein informelles Vorgespräch und die externe Überprüfung durch ein TSM-Expertenteam auf der Grundlage der ausgefüllten Checkliste. Ergeben sich in Anlehnung an die Anforderungen gemäß Arbeitsblättern bzw. Richtlinien objektive Hinweise auf besonderen Handlungsbedarf (z. B. für die Entwicklung von Betriebshandbüchern), kann in einem zusätzlichen Schritt weitergehende Beratung vereinbart und umgesetzt werden.

Unterschiede und Gemeinsamkeiten von Managementsystemen

Die Wirkungen der vorstehend beschriebenen Managementsysteme sind ganz unterschiedlich. Während sich ein Qualitätsmanagementsystem vornehmlich auf die Beziehung zwischen Lieferung und Kunde konzentriert, hat ein Umweltmanagementsystem direkte Auswirkungen auf die gesamte Gesellschaft. Ein Arbeits- und Gesundheitsschutzsystem bezieht sich auf innerbetriebliche Maßnahmen. Im **Bild 7.15** sind die spezifischen Eigenschaften dieser drei Managementsysteme auf einen Blick erkennbar.

Prozessmanagement – Was ist ein Prozess?

Das Prozessmanagement wird in fünf Stufen organisiert:

Stufe 1: **Prozessverantwortung**

Eine Person sollte als Prozesseigner verantwortlich sein und den lfd. Verbesserungsprozess sowie die Bereitstellung der Ressourcen sicherstellen. Sie tritt als Mittler zwischen Zulieferer und Abnehmer auf.

Stufe 2: **Prozessbeschreibung**

Die Kunden/Lieferantenbeziehung und Dokumentation wird festgelegt. Es werden klare Prozessgrenzen und Schnittstellen vorgegeben.

Norm	Wer?	Was?	Für wen?	Art
ISO 9001	Lieferant	Produkt	Kunde	Qualität
ISO 14001	Organisation	Umweltauswirkungen	Gesellschaft	Umwelt
OHSAS 18001	Arbeitgeber	Gesundheit am Arbeitsplatz	Mitarbeiter	Arbeitssicherheit

Bild 7.15: Eigenschaften von Managementsystemen

Stufe 3: *Prozessmessung*

Die Übereinstimmung des Prozesses mit den Anforderungen ist zu prüfen. Input, Prozess und Output sind zu messen (ein Prozess ist nur dann beherrschbar, wenn er messbar ist).

Stufe 4: *Prozessbeherrschung*

Interne und externe Kundenanforderungen ständig hinterfragen und wesentliche Prozessabweichungen vermeiden; Fehlerursachen beseitigen.

Stufe 5: *Prozessverbesserung*

Durch ständige Verbesserung ein höheres Qualitätsniveau und Kostenreduzierungen anstreben (Ziel: Null-Fehler).

Die Komponenten eines Prozesses sind im **Bild 7.16** dargestellt.

Moderne Managementsysteme beschränken sich nicht nur auf materielle Gegenstände, sondern auf alle Tätigkeiten und Ergebnisse im Zusammenhang mit dem Produkt, wie z. B.
- Fertigungsprozesse,
- Zuverlässigkeit,
- Pünktlichkeit,
- Rahmenbedingungen der Mitarbeiter,
- Qualitätsanforderungen.

Managementhandbuch

Die Anforderungen an die einzelnen Managementsysteme werden in einem Managementhandbuch dokumentiert. Dabei ist nicht der Umfang entscheidend, sondern die Angemessenheit, Funktionalität und Kontinuität. Grundsätzlich soll ein Handbuch schlank und übersichtlich gestaltet sein und lediglich den Handlungsrahmen festlegen. Die enthalten Beschreibungen, Darstellungen und Pläne sind systematisch zu ordnen, stets auf dem aktuellen Stand zu halten und müssen problemlos in die Praxis umsetzbar sein. Damit wird Transparenz und Akzeptanz bei Mitarbeitern und Führungskräften geschaffen.

Es gibt gute Gründe, ein Managementsystem zu dokumentieren, z. B.:
- Schriftliche Darstellung führt zu logischen Ablaufregelungen
- Keine Unterlassungen, Missverständnisse, Doppelarbeit
- Maßnahmen und Zuständigkeiten sind transparenter und abgestimmter
- Absicherung des Know-hows bei Personalwechsel
- System nur nachweisbar, wenn beschrieben (Zertifizierung)
- Nachweis bei Produkthaftungsfällen

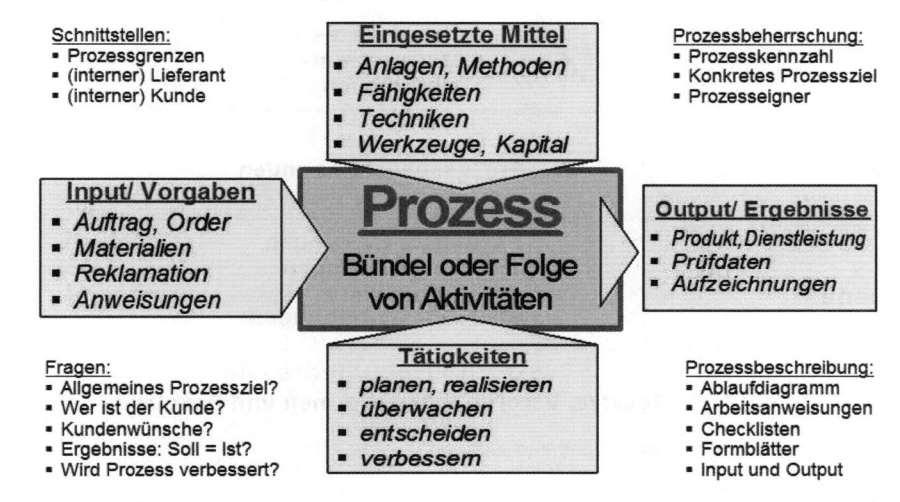

Bild 7.16: Komponenten eines Prozesses

Handlungsbereich | Führung und Personal

Im Unternehmen ist die Dokumentation einschließlich der erforderlichen und zutreffenden Aufzeichnungen festzulegen, die benötigt werden, um das Managementsystem aufzubauen, zu verwirklichen und aufrechtzuerhalten. Die Vorgabedokumentation (**Bild 7.17**) enthält z. B. folgende Bestandteile:

– Einleitung
  (z. B. Unternehmensprofil, Verantwortungen)
– Prozessbeschreibungen
  (z. B. Beschreibung der Prozesse mit Schnittstellen im Unternehmen)
– Arbeitsanweisungen
  (z. B. Ablaufdiagramme, Stellenbeschreibungen)
– Formblätter
  (z. B. Checklisten und standardisierte Formulare)

Darüber hinaus sind weitere Dokumente (z. B. Gesetze, Normen, Bescheide) vorzuhalten. Sie sind aber kein fester Bestandteil des Managementhandbuches.

Während der Produktion und Auslieferung ist für eine systematische Nachweisdokumentation zu sorgen (**Bild 7.18**). Daraus ist im Detail zu ersehen, wie einzelne Prozesse konkret abgewickelt wurden.

Nachfolgend sind die wesentlichen Vorteile eine Managementhandbuches zusammengefasst:

– Transparente Darstellung der Organisation sowie der verschiedenen Funktionen und Abläufe
– Aufdeckung von Schwachstellen und Ermittlung der damit verbunden Auswirkungen
– Klare Zuweisung von Zuständigkeiten, Verantwortlichkeiten, Organisations- und Aufsichtspflichten

Dokumentationspyramide

1. Ebene Qualitäts- und Umweltphilosophie — Mission / Vision / Leitbild

2. Ebene Geschäftsleitung — integriertes Managementhandbuch

3. Ebene Führungsebene — Prozessbeschreibungen

4. Ebene Operative Ebene — Arbeitsanweisungen / Prüfanweisungen / Formulare / Stellenbeschreibungen

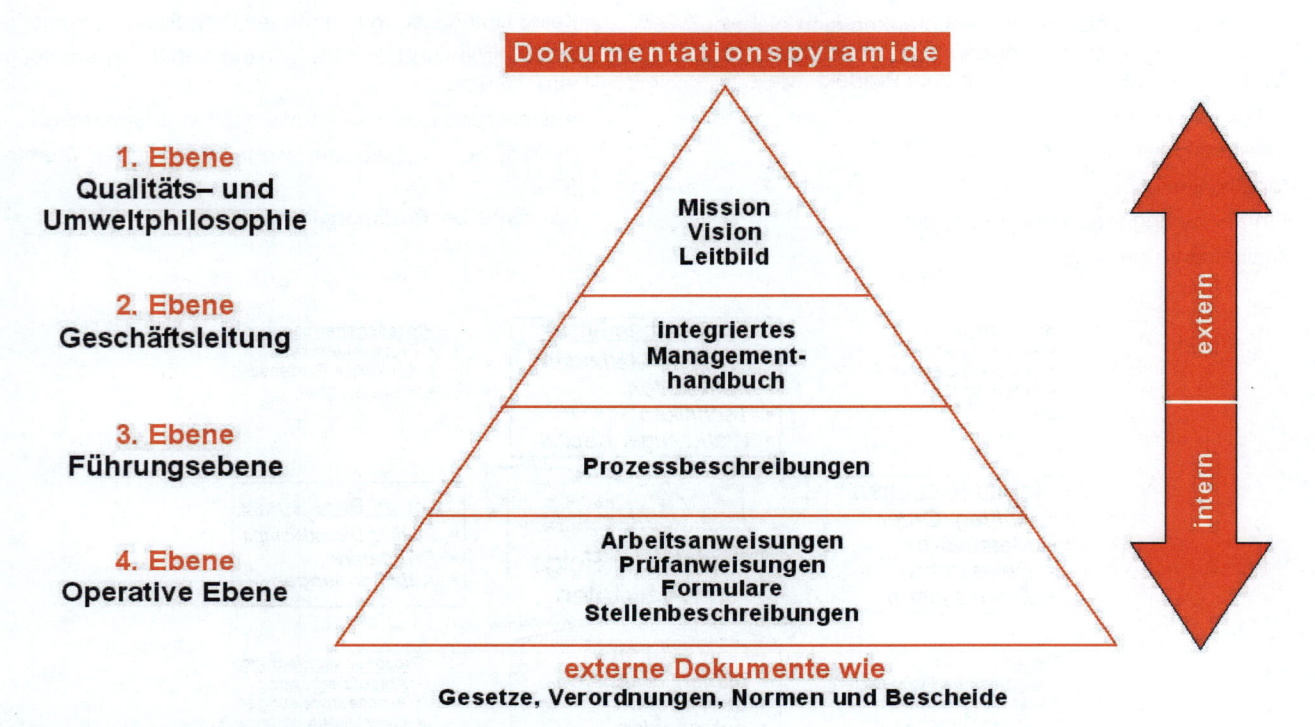

externe Dokumente wie Gesetze, Verordnungen, Normen und Bescheide

(extern / intern)

Bild 7.17: Dokumentationspyramide für ein Managementhandbuch

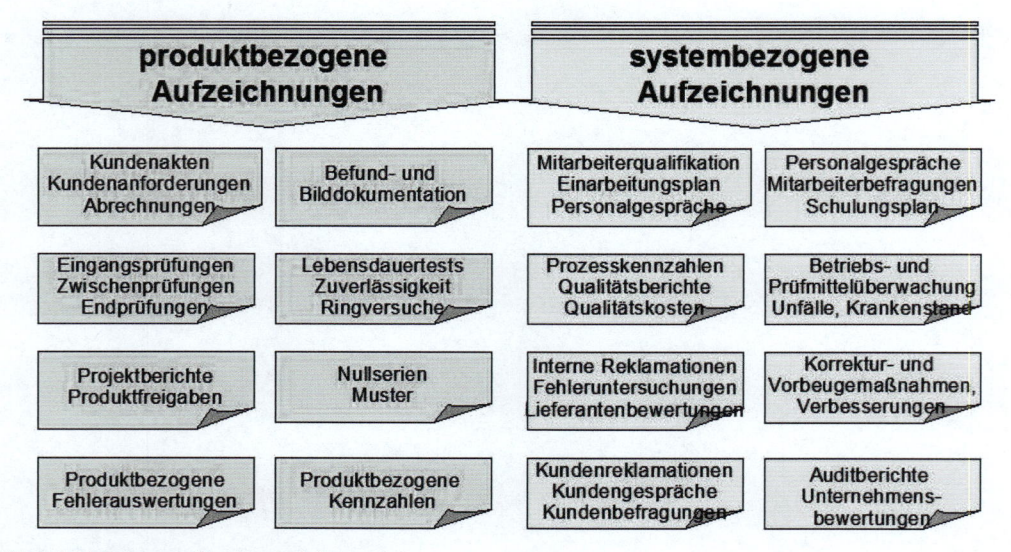

produktbezogene Aufzeichnungen
- Kundenakten / Kundenanforderungen / Abrechnungen
- Befund- und Bilddokumentation
- Eingangsprüfungen / Zwischenprüfungen / Endprüfungen
- Lebensdauertests / Zuverlässigkeit / Ringversuche
- Projektberichte / Produktfreigaben
- Nullserien / Muster
- Produktbezogene Fehlerauswertungen
- Produktbezogene Kennzahlen

systembezogene Aufzeichnungen
- Mitarbeiterqualifikation / Einarbeitungsplan / Personalgespräche
- Personalgespräche / Mitarbeiterbefragungen / Schulungsplan
- Prozesskennzahlen / Qualitätsberichte / Qualitätskosten
- Betriebs- und Prüfmittelüberwachung / Unfälle, Krankenstand
- Interne Reklamationen / Fehleruntersuchungen / Lieferantenbewertungen
- Korrektur- und Vorbeugemaßnahmen, Verbesserungen
- Kundenreklamationen / Kundengespräche / Kundenbefragungen
- Auditberichte / Unternehmensbewertungen

Bild 7.18: Qualitätsaufzeichnungen (Nachweisdokumente)

- Unzweifelhafte Darstellung der Ziele und deren Nachvollziehbarkeit
- Eindeutige Regelung der Durchführung und Bewertung interner Audits
- Senkung der Personalabhängigkeit, weitgehende Erhaltung des Know-hows bei Personalwechsel

Zur Erstellung eines Managementhandbuches eignet sich eine Loseblattsammlung im DIN-A4-Format. So lassen sich Ergänzungen oder Änderungen ohne großen Aufwand durchführen.

7.1.2 Unterschied zwischen internen und externen Audits

In diesem Kapitel werden zunächst alle Auditarten kurz vorgestellt. Es legt die Wichtigkeit von internen Audits als Managementinstrument der Geschäftsleitung dar und der typische Ablauf eines Audits wird beschrieben.

Was ist ein Qualitätsaudit?

Ein Qualitätsaudit ist eine unabhängige, systematische Untersuchung, um festzustellen, ob Tätigkeiten und deren Ergebnisse geeignet sind, Ziele zu erreichen, den geplanten Anordnungen entsprechen und ob sie wirkungsvoll verwirklicht sind. Audits dienen intern der Absicherung und Verbesserung und extern dem Nachweis der Qualitätsfähigkeit des Unternehmens. Wir unterscheiden drei Arten von Audits: System-, Prozess- und Produktaudits (**Bild 7.19**).

Systemaudit

Beim Systemaudit handelt es sich um eine umfassende Beurteilung der Wirksamkeit und der Dokumentation des gesamten Managementsystems, d. h. die gesamte Aufbau- und Ablauforganisation einschließlich deren Ergebnisse.

Prozessaudit

Beim Prozessausdit erfolgt die Prüfung der Übereinstimmung der Prozessqualität mit Arbeits- und Prozess-/Verfahrensanweisungen, Rezepturen, technischen Produktspezifikationen und Kundenforderungen unter Einbeziehung von Systemelementen.

Produktaudit

Schwerpunkt des Produktaudits ist die Prüfung der Übereinstimmung der Produktqualität mit den Kundenforderungen, den technischen Spezifikationen und den Prüf- und Fertigungsunterlagen unter Einbeziehung von Systemelementen.

Je nachdem, welche „Parteien" an einem Audit beteiligt sind, wird unterschieden zwischen First-, Second- und Third-Party-Audits.

First-Party-Audit

Interne Systemaudits („First-Party-Audit") sind Auditierungen des Managementsystems im eigenen Unternehmen. Interne Audits werden durchgeführt, um den derzeitigen Stand und die vorhandenen Verbesserungsmöglichkeiten des QM-Systems zu ermitteln.

Second-Party-Audit

Bei externen Systemaudits („Second-Party-Audit") findet die Auditierung durch einen Partner statt. Auditiert der Kunde seinen Lieferanten, wird dies als Lieferantenaudit bezeichnet.

Third-Party-Audit

Wird das eigene Managementsystem anhand eines Regelwerkes – z. B. ISO 9001 – durch neutrale Dritte auditiert, handelt es sich um ein Zertifizierungsaudit („Third-Party-Audit") durch eine unabhängige, akkreditierte Stelle. Im Weiteren geht es in diesem Abschnitt hauptsächlich um die internen Systemaudits. Sinngemäß treffen die Aussagen aber auch auf die anderen Auditarten zu.

Interne Audits

Interne Audits sind ein Managementinstrument der Geschäftsführung. Audits dienen zunächst als Absicherung des Erreichten. Die Erfahrungen zeigen, dass die Wirksamkeit von Verfahren und Anweisungen im Lauf der Zeit, bei der Durchführung des Tagesgeschäftes, nachlassen. Anweisungen und einmal erreichte Zustände werden nicht mehr mit der gleichen Aufmerksamkeit verfolgt. Das ist ein menschliches Problem, das nur mit regelmäßigen Audits in den Griff

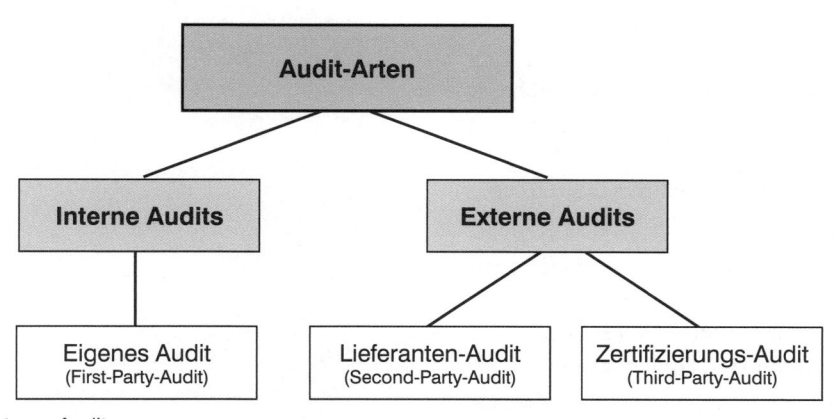

Bild 7.19: Interne und externe Audits

zu bekommen ist. Es wird die Wirksamkeit des Systems im Hinblick auf die Erfüllung der Qualitätspolitik und das Erreichen der Qualitätsziele überprüft. Die Ergebnisse der Audits fließen als Zusammenfassung wiederum in die jährlichen Unternehmensbewertungen der Geschäftsführung mit ein (**Bild 7.20**).

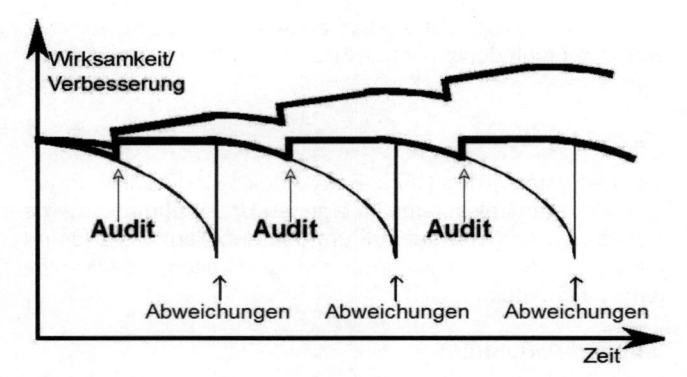

Bild 7.20: Audits als Managementinstrument (Der „Sägezahneffekt")

Praktische Durchführung eines internen Audits

Bei der Prüfung vor Ort ermittelt der Auditor in Interviewtechnik, ob die Vorgaben systematisch geplant und den Betroffenen bekannt sind, ob er sie wirksam umgesetzt hat und ob die erfolgte Durchführung entsprechend nachgewiesen werden kann. Der Auditleiter bewertet die Auditergebnisse z. B. nach folgendem Schema: Forderung erfüllt, Forderung erfüllt mit Hinweis, Forderung noch nicht erfüllt – Nebenfehler, Forderung nicht erfüllt – Hauptfehler. Dabei sind Nebenabweichungen charakterisiert durch Zufälligkeit, vereinzeltes Auftreten, relativ kurzfristige Behebbarkeit. Das Auftreten von Hauptabweichungen ist systematisch, häufig, mit Folgen verbunden. Die Feststellungen des Audits und das Fazit werden in einem Protokoll dokumentiert. Werden bei Audits größere Abweichungen festgestellt, müssen entsprechende Korrekturmaßnahmen eingeleitet und verfolgt werden.

Aufgaben, Verantwortung und Qualifikation der Auditbeteiligten

Auditoren müssen

– unabhängig sein und frei von Einflüssen objektiv urteilen können,
– Audits wirkungsvoll und rationell planen und ausführen,
– Audits lückenlos dokumentieren und Bericht an die Geschäftsführung erstatten,
– die Wirksamkeit der Korrekturmaßnahmen überprüfen.

Die Aufgaben eines Auditors sind

– die Überprüfung der Maßnahmen durch Befragung und Beobachtung,
– das Sammeln von Nachweisen und Belegen,
– die Begutachtung der getroffenen Maßnahmen,
– die Feststellung von Abweichungen und deren Gewichtung,
– die Feststellung der Zielerfüllung und das Erstellen eines Audit-Protokolls.

Auch für den Auditierten gibt es Regeln. Die Auditierten sollten

– keine „Show" abziehen, sondern sich auf den Auditor einstellen,
– die Auditfragen kurz und sachlich beantworten,
– festgestellte Abweichungen bzw. Fehler zugeben und anerkennen,
– keine Ausreden oder Notlügen vorbringen,
– nur typische Beispiele zeigen und keine Sonderfälle,
– die Abläufe und Prozesse kennen und beherrschen,
– den Auditor als Partner sehen.

Externe Audits

Lieferantenaudit

Es wird üblicherweise von dem Managementbeauftragten eines Kunden bei seinem Lieferanten durchgeführt.

Zertifizierungsaudit

Es wird von einem unabhängigen Auditor einer Zertifizierungsstelle (z. B. DVGW) vorgenommen.

7.2 Fördern des Bewusstseins der Mitarbeiter bezüglich der Systemziele

Bei der strategischen Zielsetzung von Unternehmen, so auch bei der Einführung und Umsetzung von Managementsystemen, insbesondere von

- *Qualitätsmanagementsystemen,*
- *Umweltmanagementsystemen und*
- *Sicherheitsmanagementsystemen*

spielt die Mitarbeiterorientierung eine wichtige Rolle. Um auf den einzelnen Mitarbeiter sinnvoll eingehen und ihn erfolgreich in die Prozesse einbinden zu können, müssen seine Verhaltensweisen und Einstellungen berücksichtigt werden.

7.2.1 Qualitäts-, Umwelt- und Sicherheitsbewusstsein

Durch überzeugende Konzepte, die plausible Vermittlung der Sinnzusammenhänge (lückenlose Information, Akzeptanz als Partner) und durch äußere Anreize (z. B. Provisions- bzw. Prämiensystem, Auszeichnung als „Mitarbeiter des Monats") können sowohl das Verhalten (Äußere Motivation) als auch die persönliche Einstellung (Innere Motivation) der Mitarbeiter gefördert werden (**Bild 7.21**).

Nachfolgend sind die wichtigsten Inhalte und Faktoren für das Qualitäts-, Umwelt- und Sicherheitsbewusstsein der Mitarbeiter im Unternehmen beispielhaft zusammengefasst.

Die Qualität von erzeugten Produkten ist ein entscheidender Faktor für den Unternehmenserfolg. Dabei stehen Wettbewerbsfähigkeit, Wirtschaftlichkeit und Unternehmenserfolg im Mittelpunkt des Handelns.

Die Unternehmen müssen in Zeiten ständig zunehmenden Wettbewerbs nicht nur die Forderung ihrer Kunden erfüllen, sondern auch gesellschaftlichen Anforderungen nach Umweltschutz und sozialer Verantwortung gerecht werden.

Die *Qualitätspolitik* eines gut geführten Unternehmens muss folgende Punkte erfüllen:

- Gegenüber dem Auftraggeber für Vertrauen sorgen, dass die beabsichtigte Qualität an zu liefernden Produkten oder der zu erbringenden Dienstleistung erreicht ist oder erreicht werden wird
- Wenn nachträglich verlangt, kann diese Schaffung von Vertrauen die vereinbarten Forderungen zur Darlegung der Qualitätssicherung umfassen
- Die für den Auftraggeber transparente Qualitätspolitik (z. B. Auftragsabwicklung) muss ihn überzeugen
- Alle geplanten und systematischen Tätigkeiten sind zur Erstellung der Produkte oder die dafür erforderlichen Dienstleistungen notwendig und erfüllen die gegebenen Qualitätsanforderungen
- Die Qualitätssicherung erfordert ständige Bewertung aller Faktoren im Sinne eines KVP (Kontinuierlichen Verbesserungsprozesses)

7.2.2 Mitarbeiterbeteiligung an Maßnahmen der Verbesserung

Jedes Unternehmen braucht qualifizierte Mitarbeiter, die kreativ und eigenverantwortlich handeln. Es sind unverzichtbare Leistungsträger; sie gilt es zu pflegen und ständig neu zu motivieren. Die betrieblichen und die individuellen Interessen der Mitarbeiter müssen in Einklang gebracht werden. Wenn dieses Vorhaben gelingt, entstehen wertvolle Synergieeffekte (**Bild 7.22**).

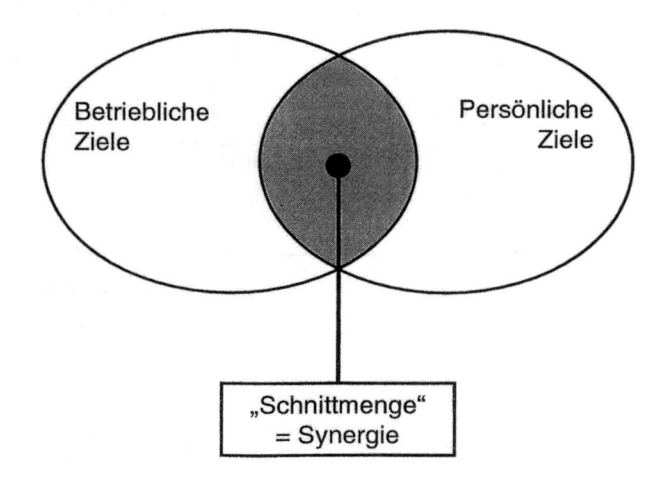

Bild 7.22: Vereinbarung der betrieblichen und persönlichen Ziele

Hiermit setzt sich das sogenannte *Corporate Mind Management (CMM)* auseinander. Ziel ist es, eine Sinn-Gemeinschaft im Unternehmen aufzubauen bzw. zu pflegen und so die Mitarbeiterpotenziale zu erschließen. CMM hat daher als „Leitbild für alle" eine tragende Funktion und stellt die Basis für die Identitätsentwicklung der einzelnen Mitarbeiter dar. Das Handeln und die Motivation der beteiligten Menschen sowie evtl. Schwierigkeiten in der Kommunikation und im Umgang können durch ein gutes CMM verbessert werden. Das bedeutet konkret:

- eine gemeinsame Sprache entwickeln und „Spielregeln" definieren
- die Bereitschaft zur Offenheit fördern und faire Zusammenarbeit ermöglichen,
- sich über Leistungserwartungen unterhalten und Zielkonflikte aussprechen.

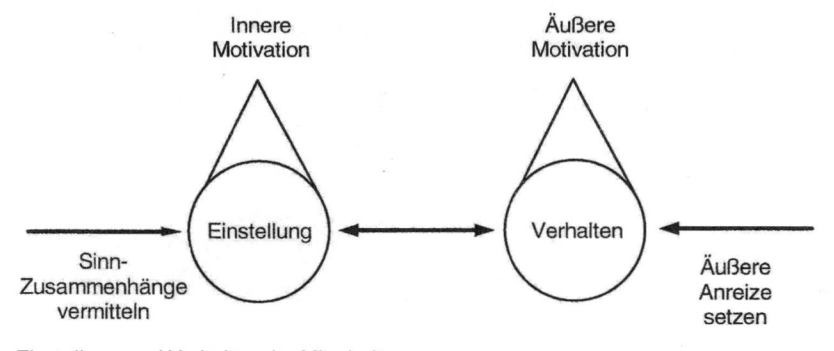

Bild 7.21: Förderung von Einstellung und Verhalten der Mitarbeiter

Handlungsbereich | Führung und Personal

In diesem Zusammenhang muss berücksichtigt werden, dass Überforderung und Unterforderung des Menschen gleichermaßen zur Demotivation führen. Für jeden Menschen gibt es also eine Belastung, bei der er sich nicht nur wohlfühlt (Bedürfnisbefriedigung), sondern bei der er die größte Leistungsfähigkeit entwickelt. Das gilt sowohl quantitativ als auch qualitativ: wer unterfordert ist, „schläft ein", wer überfordert ist, versagt. **Bild 7.23** verdeutlicht die Grenzen menschlicher Leistungsfähigkeit an einem quantitativen Beispiel.

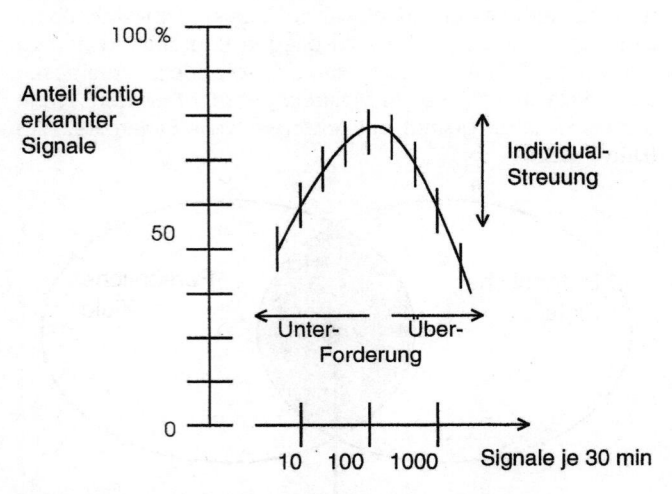

Bild 7.23: Grenzen menschlicher Leistungsfähigkeit (Beispiel nach Schmidtke)

Der Mitarbeiter kennt die Probleme seines Arbeitsplatzes besser als jeder andere. Folglich ist er für Maßnahmen der Verbesserung an dieser Stelle besonders aufgeschlossen, denn die Folgen werden für ihn sofort und unmittelbar deutlich. Wenn also sowohl Mitarbeiter als auch Unternehmen für diese Einsicht offen sind, gibt es keine Zweifel an wirtschaftlichen und personenbezogenen Vorteilen.

In der Folge entsteht daraus beim Mitarbeiter die grundsätzliche Bereitschaft (Innere Motivation), seine Mitwirkung und Verantwortlichkeiten im Unternehmen zu erweitern (z. B. Qualitätszirkel, teilautonome Gruppen). Die erfolgreiche Umsetzung übergeordneter Aufgaben ergibt sich jedoch nicht automatisch (**Bild 7.24**), sondern hat nur Aussicht auf Erfolg, wenn einige Grundvoraussetzungen erfüllt sind, z. B.

- die organisatorische Gestaltung eine situative Mitwirkung ermöglicht,
- eine Vertrauenskultur aufgebaut werden kann,
- der Mitarbeiter und alle Beteiligten zur Teamarbeit fähig und bereit sind (soziales Dürfen),
- das individuelle Können ggf. durch Weiterbildungsmaßnahmen gefördert wird.

Ein zentrale Rolle bei der Mitwirkung von Mitarbeitern an der Verbesserung von Prozessen spielt die **Gruppenarbeit.** Davon berührt ist auch die äußere Motivation (z. B. um Anerkennung zu bekommen, Sicherheit zu haben, Geld zu verdienen etc.). Diese Motivation wirkt als Anreiz durch Erwartung von Vorteilen oder als Druck durch Erwartung von Nachteilen.

Die Zusammensetzung und Arbeitsweise der Gruppen bedürfen in jedem Fall einer professionellen Gestaltung. Sie sind nicht automatisch erfolgreich, wenn nur genügend Spezialisten zusammenkommen, sondern müssen homogen und mit verschiedenen Kompetenzen besetzt sein.

Die Mitwirkung der Mitarbeiter an Entscheidungen ist je nach Unternehmenskultur unterschiedlich ausgeprägt. Sie ist am geringsten in stark hierarchisch orientierten Organisationen, in denen eine vergleichsweise schwache „vertikale Durchlässigkeit" besteht. Es ist jedoch klar, dass Mitarbeiter-Knowhow am besten genutzt wird, wenn eine direkte Mitwirkung am Verfahren ermöglicht wird; dann sind Akzeptanz und Umsetzung kein Problem mehr.

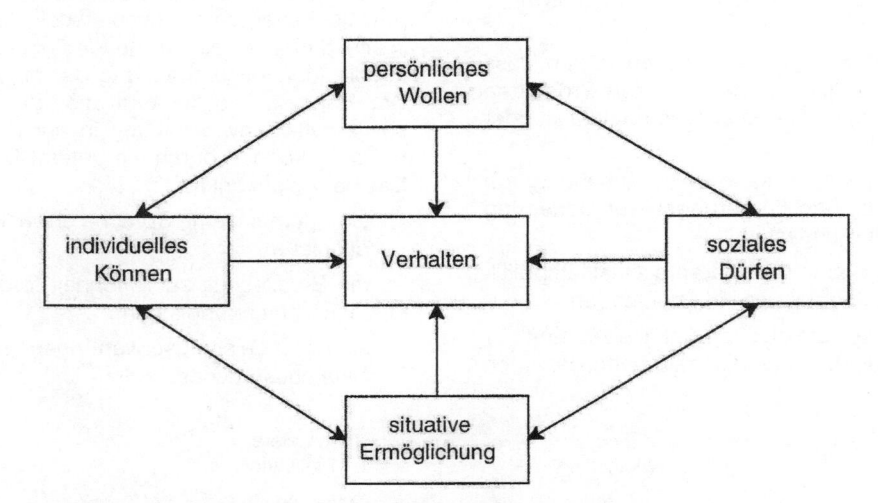

Bild 7.24: Bedingungen des Verhaltens zu weitergehender Mitwirkung (nach Rosenstiel)

7.3 Anwenden von Methoden zur Sicherung, Verbesserung und Weiterentwicklung von Managementsystemen

Beim Einsatz von Managementsystemen wird ein breites Spektrum an Methoden und Werkzeugen entwickelt und angewendet, die sich im Wesentlichen vier Kernkompetenzen zuordnen lassen:

- *Prozessorientierte Integrierte Managementsysteme*

  z. B. für Qualität, Umwelt- und Arbeitsschutz, die zu einem Integrierten Managementsystem vereint werden.

- *Performance-Managementsysteme*

  Performance (engl.) = Durchführung, Aufführung, Darstellung, Leistung

  Mit einem branchenunabhängigen Instrumentarium (Verknüpfung von Unternehmenszielen und Kennzahlen mit den Leistungserstellungsprozessen) werden Leistungspotenziale systematisch festgestellt und ausgeschöpft.

- *Prozessorientiertes und kennzahlenbasiertes Benchmarking*

  Durch branchenexterne und branchenexterne Vergleiche werden Prozesse optimiert und damit die Steigerung der Wettbewerbsfähigkeit unterstützt.

- *Wissensmanagement*

  Das für bestimmte Aufgabenstellungen relevante Wissen wird lokalisiert und gezielt verfügbar gemacht. Die Ressource Wissen wird bewertet und rentabilitätssteigernd ausgeschöpft.

Alle Managementsysteme haben strategisch ein gemeinsames Ziel: durch Analysieren und Optimieren der Arbeitsprozesse die Wettbewerbssituation zu verbessern (**Bild 7.25**).

7.3.1 Werkzeuge und Methoden in Managementsystemen

Unternehmen, die bewährte Analyseverfahren nutzen, können ihre Wettbewerbssituation nachweislich stärken.

Eine effektive Darstellungsform ist die Visualisierung der angewandten Methode, denn lange Text- und Zahlenpassagen verschwinden bald aus dem Gedächtnis. Eine zentrale Rolle spielen die Werkzeuge des Qualitätsmanagements (**Bild 7.26**).

Forecasting (Vorschaurechnung)

Ausgehend von Marktprognosen wird eine gemeinsame Planung eingeleitet, die z. B. Produktion und Lagerhaltung der tatsächlichen Nachfrage anpasst und Warenfluss und Verkaufsförderungsmaßnahmen aufeinander abstimmt. Der Kunde steht dabei im Fokus der Analyse.

Die Unternehmen können durch die Anwendung systematischer Analyseverfahren innovativer und handlungsfähiger am Markt agieren. Die meisten Unternehmen setzen die einzelnen Aktivitäten nicht isoliert um. Vielmehr verfolgen sie einen dreistufigen Prozess. Dabei bauen sie

- in einem ersten Schritt eine solide Basis auf;
- danach wird die Performance mittels Kennzahlen gemessen;
- in der dritten Prozessstufe werden die gewonnenen Informationen zur Verbesserung der gesamten Angebotspalette genutzt.

Datenerfassung

Datenerfassungen werden oft zur Vorbereitung weitergehender Darstellungen angefertigt (z. B. Messung von Verbrauch, Druck, Drehzahl, Temperatur in regelmäßigen Abständen). Die Datensammlung kann im Anschluss nach unterschiedlichen Quellen getrennt und zugeordnet werden; man spricht dann von Schichtung bzw. Stratifikation der Daten (**Bild 7.27**).

Strichliste

Strichlisten sind das wohl simpelste Verfahren zur Erfassung von Daten, aber oft durchaus zweckmäßig. Sie dienen der Erfassung der Anzahl bekannter Fehlerarten und deren Häufigkeit in einem bestimmten Zeitraum (Nachteil: nur Erfassung bekannter Fehler). Sie lassen sich direkt am Arbeitsplatz übersichtlich und mit wenig Zeitaufwand erstellen. Die Strichlisten können in Form einer Tabelle ausgeführt werden (**Bild 7.28**).

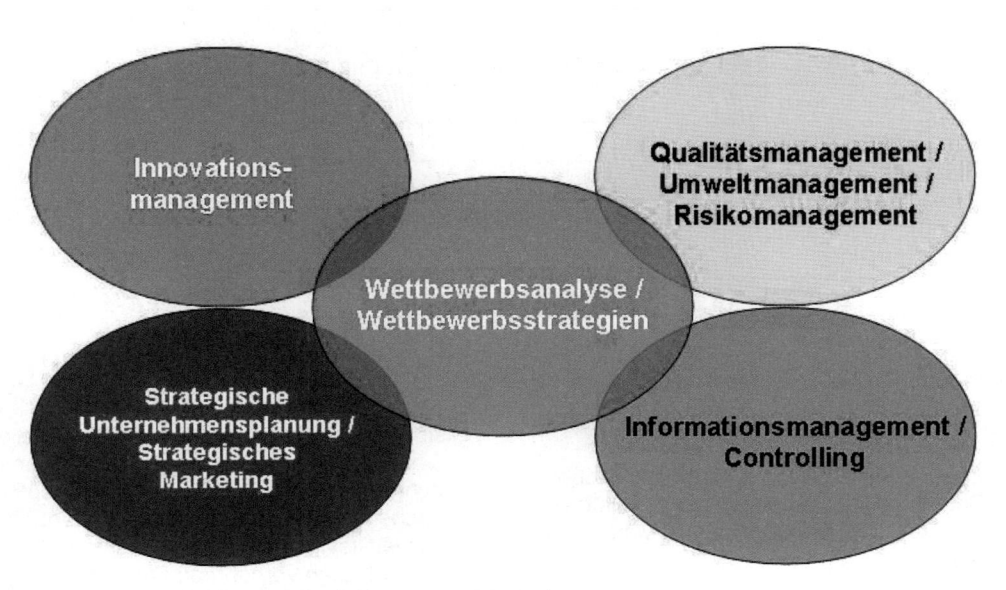

Bild 7.25: Stärkung der Wettbewerbssituation durch Managementstrategien

Handlungsbereich | Führung und Personal

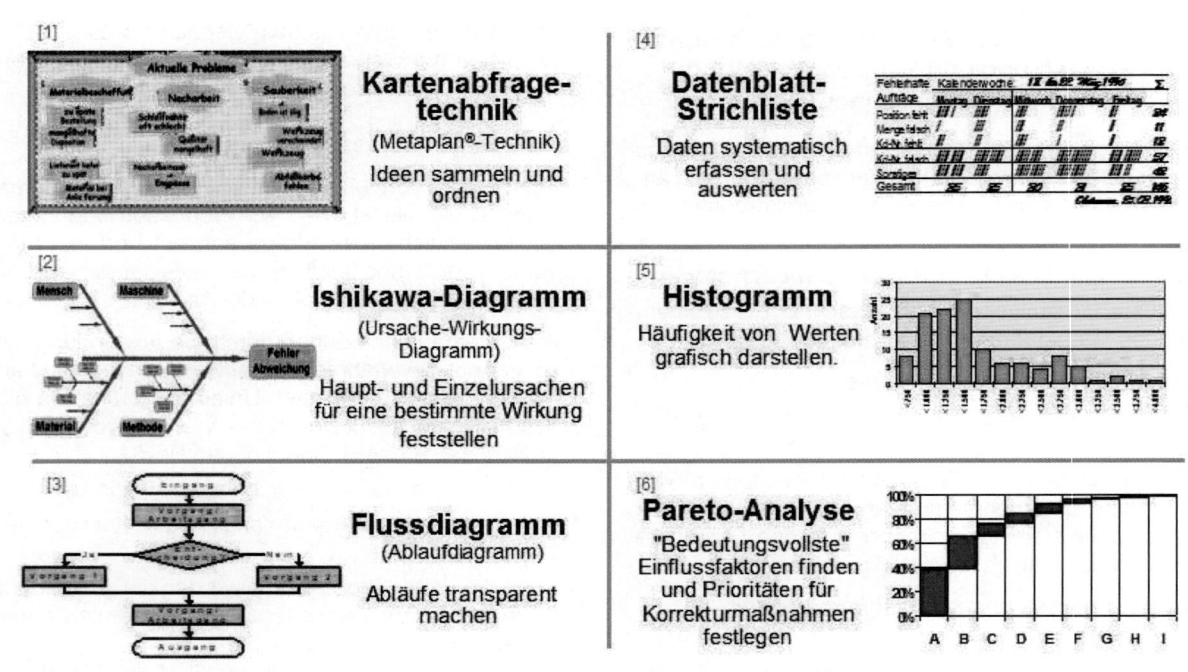

[1] **Kartenabfrage-technik**
(Metaplan®-Technik)
Ideen sammeln und ordnen

[4] **Datenblatt-Strichliste**
Daten systematisch erfassen und auswerten

[2] **Ishikawa-Diagramm**
(Ursache-Wirkungs-Diagramm)
Haupt- und Einzelursachen für eine bestimmte Wirkung feststellen

[5] **Histogramm**
Häufigkeit von Werten grafisch darstellen.

[3] **Flussdiagramm**
(Ablaufdiagramm)
Abläufe transparent machen

[6] **Pareto-Analyse**
"Bedeutungsvollste" Einflussfaktoren finden und Prioritäten für Korrekturmaßnahmen festlegen

Bild 7.26: Werkzeuge des Qualitätsmanagements (Auswahl)

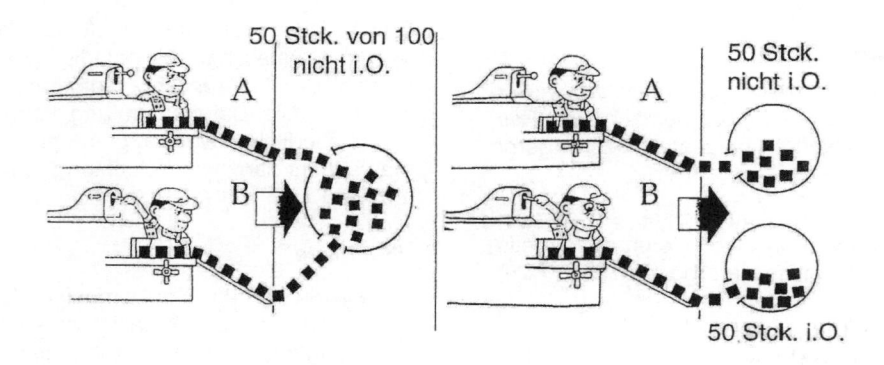

Voraussetzung für richtige Schlüsse:
Daten auf kleinste Einheiten aufschlüsseln → dann gruppieren

Bild 7.27: Schichten bzw. Stratifizieren von Daten (Beispiel)

Fehlerhafte Aufträge	Kalenderwoche: 18. bis 22. März 1996					Σ
	Montag	Dienstag	Mittwoch	Donnerstag	Freitag	
Position fehlt	//////	////	////	/////	///	24
Menge falsch	/	///	///	//	//	11
Kd-Nr. fehlt	///	//	////	/	//	12
Kd-Nr. falsch	//// ////	//// ////	//// ////	//// ////	//// ////	57
Sonstiges	//// ////	////	//// ////	//// ////	//// //	42
Gesamt	35	25	30	31	25	146

Ohrtmann, 25.03.1996

Bild 7.28: Strichliste durch Eintragung in eine Skizze (Beispiel: Fehlerhafte Aufträge)

Histogramm

Histogramme dienen der Klassifizierung und übersichtlichen Darstellung großer Datenmengen, dabei wird die Verteilungsform der Daten (z. B. Lage und Streuung eines Merkmals) festgestellt und untersucht.

Histogramme bauen auf Häufigkeitstabellen auf, die nicht einzelne Messwerte, sondern Messklassen (z. B. Klasse 3 = Durchmesser von 3,375 bis 3,424 cm) enthalten. Dabei wird zunächst die Differenz zwischen dem größten und kleinsten Messwert festgestellt. Danach lässt sich eine sinnvolle Teilung in Klassen vornehmen und eine Häufigkeitstabelle (per Strichliste) erstellen.

Durch die Aufteilung in Klassen für bestimmte Messbereiche (Klassenweite) wird nicht nur eine bessere Übersichtlichkeit erzielt, sondern auch die Voraussetzung für die Darstellung eines aussagefähigen Histogramms in Balkenform geschaffen (**Bild 7.29**).

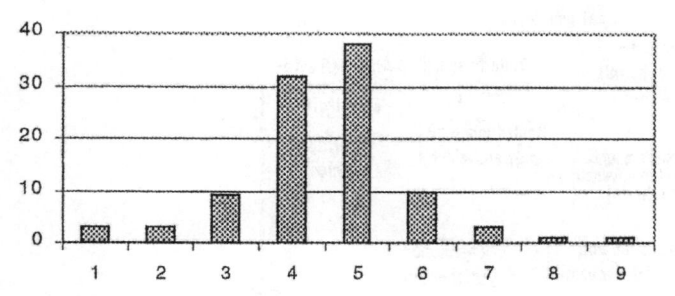

Bild 7.29: Histogramm

Paretodiagramm

Paretodiagramme und -analysen (auch **ABC-Analysen**) sind ein Hilfsmittel, um Erscheinungen nach ihrer Bedeutung visuell darzustellen. Oft erzeugen wenige Ursachen einen Großteil der Wirkung (80:20-Regel). Ein wichtiges Ziel der Pareto-Analyse ist, aus vielen Einflussfaktoren diejenigen herauszufinden, die am wirkungsvollsten sind.

Im **Bild 7.30** wird als Beispiel in einem Paretodiagramm die Anzahl der Störungen in einer Fernsprechanlage angezeigt.

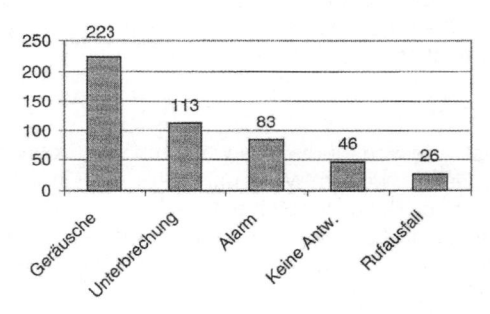

Bild 7.30: Paretodiagramm (Beispiel: Störungen in einer Fernsprechanlage)

Wenn die einzelnen Balken aus diesem Diagramm aneinandergereiht werden, kann eine Summenhäufigkeitskurve abgeleitet werden. Eine Umrechnung der Summe aller Vorfälle auf 100 % erleichtert die Auswertung (**Bild 7.31**).

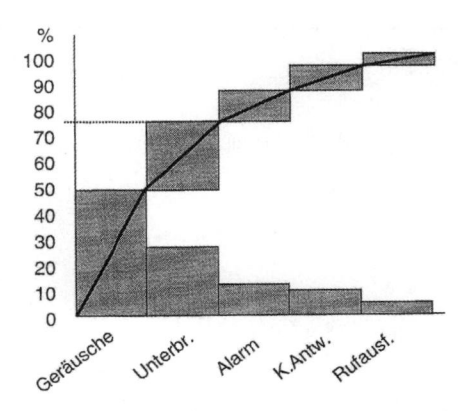

Bild 7.31: Summenhäufigkeitskurve, abgeleitet aus dem Paretodiagramm in Bild 7.30

Ursache-Wirkungs-Diagramm

Das Ursache-Wirkungs-Diagramm (auch **Ishikawa-** oder **Fischgrätendiagramm**) dient dem Zweck, die Ursachen für eine unerfreuliche Erscheinung festzustellen, denn es macht keinen Sinn, sich nur mit Symptomen zu befassen. Am Beispiel eines Fotokopierers zeigt **Bild 7.32** die systematische Feststellung der möglichen Ursachen für eine schlechte Kopierqualität.

Genauso lässt sich der positive Weg – z. B. zur Qualität eines Produktes – mit einem Fischgrätendiagramm darstellen, z. B. durch eindeutige Formulierung von

– Strategie,
– Zielsetzungen, Mission,
– Klärung von Prozessverbesserungen,
– Erreichbarkeit mit den vorhandenen Mitarbeitern.

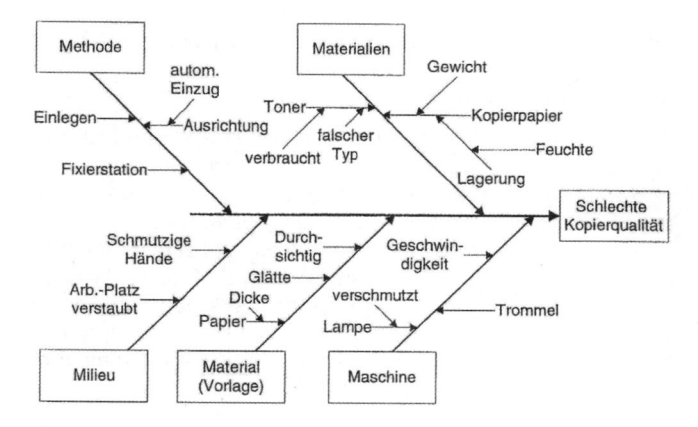

Bild 7.32: Ursachenforschung mit einem Fischgrätendiagramm (Beispiel: Fotokopierer)

Mindmap

Eine Modifikation des Ursache-Wirkungs-Diagramms ist das in der Praxis recht erfolgreiche, so genannte „Mindmapping", das einen frei gestaltbaren Weg aufzeigt, um z. B. gewonnene Ergebnisse aus einem „Brainstorming" (Ideenfindung) visuell darzustellen (**Bild 7.33**).

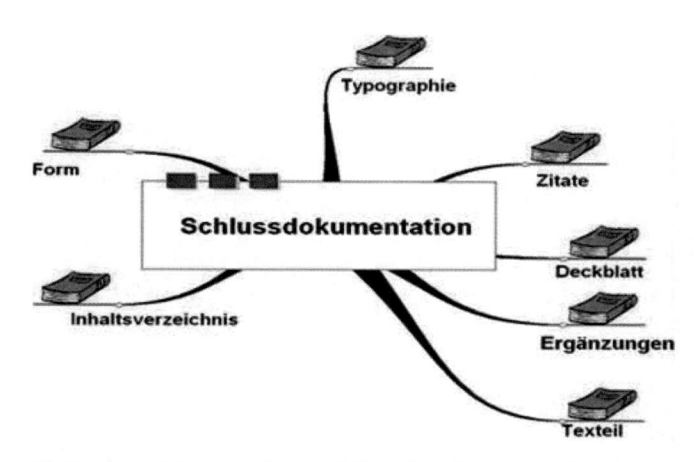

Bild 7.33: Mindmap (Beispiel: Vorgaben für eine Schlussdokumentation)

Handlungsbereich | Führung und Personal

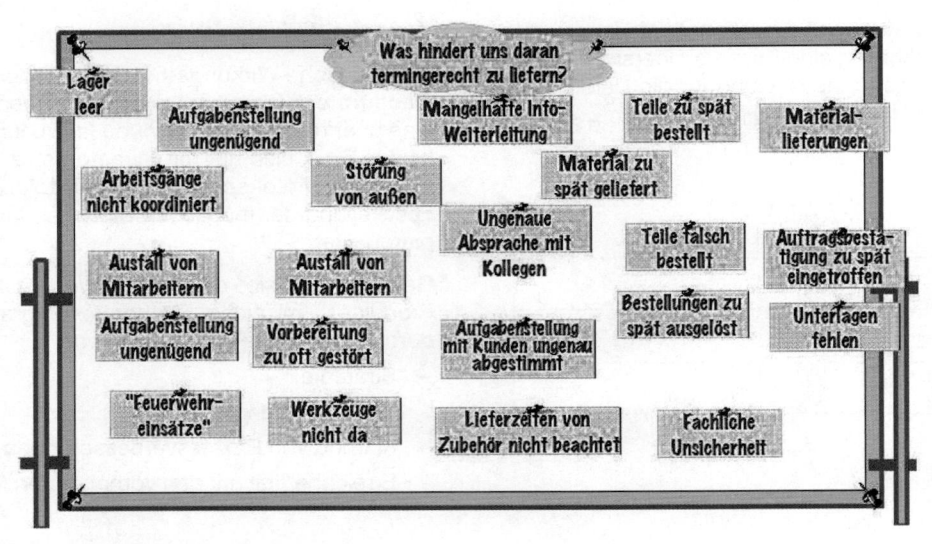

Bild 7.34: Kartenabfrage (Beispiel: Lieferschwierigkeiten)

Kartenabfragetechnik

Auch die Kartenabfragetechnik dient der Ideenfindung und ist als Start einer Problemanalyse auch für bisher wenig bekannte Bereiche besonders geeignet, denn sie liefert Erkenntnisse über Problemschwerpunkte und Lösungsmöglichkeiten. Die Ideen zur Problemstellung werden auf optisch markanten Karten (z. B. lange Streifen für Titel und Thesen, Wolken für Überschriften, rechteckige Karten für Argumente, ovale Scheiben für Ergänzungen) gesammelt und strukturiert. Dabei ist es wichtig, dass pro Idee nur eine Karte mit max. drei Zeilen eingesetzt wird (**Bild 7.34**).

Korrelationsdiagramm

Ein Korrelationsdiagramm (auch Scatter- oder Streudiagramm) eignet sich dazu, einen Zusammenhang zwischen zwei voneinander scheinbar unabhängigen Variablen zu untersuchen und festzustellen. Es zeigt an, ob zwei Variablen miteinander verknüpft sind, und liefert die visuellen sowie statistischen Mittel, um die Stärke (Signifikanz) einer Beziehung zu testen (**Bild 7.35**).

Auf diese Weise kann z. B. untersucht werden, ob in der Abteilung Auftragsbearbeitung ein Zusammenhang zwischen der Anzahl von Bearbeitungsfehlern und geleisteten Überstunden besteht. Wenn die Aussage „stark oder schwach korreliert" zu ungenau erscheint, kann die Signifikanz mit einer weitergehenden Methode ermittelt werden. Dazu werden z. B. vier Korrelationsdiagramme in vier Quadranten aufgeteilt und die Anzahl der Punkte in den einzelnen Quadranten festgestellt. Die Ergebnisse werden in einer Tabelle zusammengefasst und ermöglichen eine Übersicht über die Signifikanz einer Korrelation.

Regelkarte

Die Regelkarte wird für die Überwachung von Prozessen eingesetzt. Darauf werden Merkmalswerte mit einer mittleren Spannweite (z. B. Leistung einer Maschine) vorgegeben und die tatsächliche Leistung eingetragen. Wenn starke Abweichungen auftreten, muss eingegriffen werden (**Bild 7.36**).

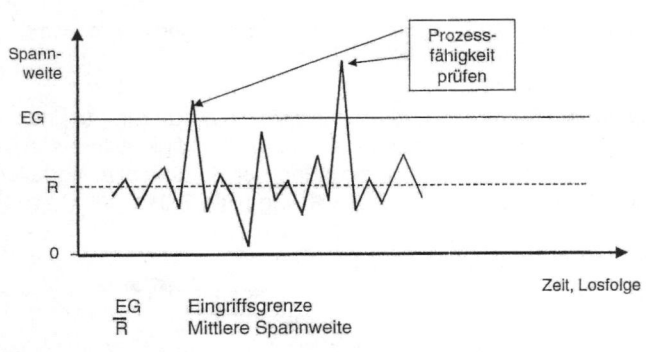

EG Eingriffsgrenze
$\overline{R}$ Mittlere Spannweite

Bild 7.36: Regelkarte (Beispiel)

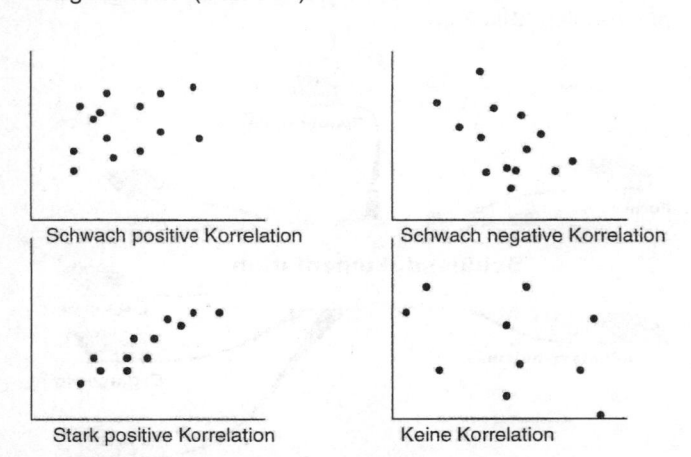

Bild 7.35: Korrelationsdiagramme (Beispiele)

7.3.2 Statistische Methoden in Managementsystemen

Bei Statistiken handelt es sich um die planmäßige Erfassung, Sammlung, Ordnung und Auswertung von Datenmaterial, das für einen bestimmten Zweck zusammengestellt wurde, insbesondere durch

- **Beobachtung**

  Datengewinnung durch Inaugenscheinnahme oder durch gerätegestützte Messung

- **Versuche**

  Praktische Ermittlung der (technischen) Nutzeigenschaften.

Bei jeder statistischen Datenauswertung ist es unbedingt erforderlich, dass ein für die konkrete Problemstellung geeignetes Verfahren zur Anwendung kommt. Die statistische Methodenlehre bedient sich insbesondere zweier übergeordneter Verfahren, der beschreibenden (descriptiven) und der beurteilenden (analytischen oder induktiven) Statistik (**Bild 7.37**), die im Folgenden behandelt werden.

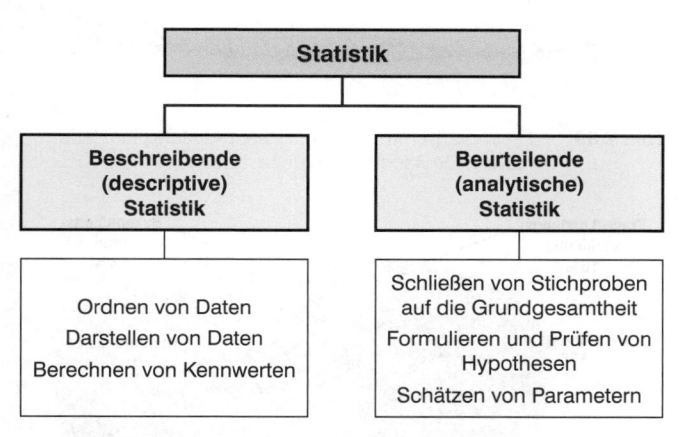

Bild 7.37: Beschreibende und beurteilende Statistik

In der descriptiven (beschreibenden) Statistik wird konkret vorliegendes Datenmaterial geordnet und analysiert. Anhand von charakteristischen Zahlen werden Aussagen über das Datenmaterial getroffen.

Die analytische oder induktive (beurteilende) Statistik möchte anhand von einer zufällig ausgewählten Teilgesamtheit eine Aussage über die Verteilung der Grundgesamtheit treffen.

Descriptive Statistik

Grundbegriffe

- **Merkmale**

  Das Merkmal legt die Eigenschaft zur Unterscheidung von Beobachtungsmerkmalen fest. Unterschieden wird zwischen verschiedenen Merkmalen (abzählbar viele Ausprägungen, exakt bestimmbar), stetigen Merkmalen (in einem vorgegebenem Intervall ist jeder reelle Wert möglich, annähernd bestimmbar) und quasi-stetigen Merkmalen (Merkmal, das wie ein stetiges Merkmal behandelt wird).

- **Merkmalswert**

  Dies ist der Wert, den ein Merkmal angenommen hat.

- **Beobachtungseinheiten**

  Es handelt sich um die Objekte oder Werkstücke (ggf. auch Personen oder Vorgänge), die bei einer statistischen Untersuchung betrachtet werden.

- **Grundgesamtheit**

  Die Gesamtheit aller Beobachtungseinheiten, über die eine statistische Aussage gemacht werden soll, wird ermittelt.

- **Stichproben / Stichprobenumfang**

  Hier wird die zur Aussage herangezogene bzw. zur Prüfung entnommene Menge von Beobachtungseinheiten (Anzahl der Einheiten in der Stichprobe) festgestellt.

Auswertungsmethoden

- **Perzentile**

  Durch Perzentile (lat. „Hundertstelwerte"), auch Prozentränge genannt, wird die Verteilung in 100 gleich große Teile zerlegt; die Splittung erfolgt also in 1 %-Segmente.

- **Summenhäufigkeiten**

  Bei einem bestimmten Merkmal (z. B. Anzahl der Geschwister von 100 Personen) lassen sich die Häufigkeiten, beginnend bei der kleinsten Ausprägung, in aufsteigender Reihenfolge aufaddieren. Dies ergibt die absolute Summenhäufigkeit.

  Daraus lässt sich die **relative Summenhäufigkeit** errechnen, indem die Gesamtsumme durch den Stichprobenumfang (100 Personen) dividiert wird.

Lageparameter

- **Minimalwert**

  Als Minimalwert werden die Ausprägungen bezeichnet, die die geringste Häufigkeit aufweisen.

- **Maximalwert**

  Als Maximalwert werden die Ausprägungen bezeichnet, die die größte Häufigkeit aufweisen.

- **Mittelwert**

  Bei nach der Größe geordneten Merkmalswerten liegt der Mittelwert logischerweise genau in der Mitte.

- **Arithmetisches Mittel**

  Das arithmetische Mittel wird als Durchschnitt aller ermittelten Werte errechnet.

Induktive Statistik

Vorhandenes Datenmaterial wird dazu genutzt, Schätzungen bzw. Vorhersagen über größere Mengen zu treffen. Grundlage ist hier die Wahrscheinlichkeitsrechnung, wie z. B. Hypothesen über Trends und Hochrechnungen bei Wahlen.

- **Diskrete Verteilung**

  Eine Zufallsvariable heißt diskret, falls sie nur endlich oder abzählbar unendlich viele Werte annehmen kann.

- **Stetige Verteilung**

  Eine Zufallsvariable heißt stetig, wenn sie im Intervall jeden Wert annehmen kann.

- **Erwartungswert**

  Der Erwartungswert wird analog zum arithmetischen Mittel einer Häufigkeitsverteilung gebildet. Er wird gebildet

Handlungsbereich | Führung und Personal

durch die Aufsummierung der Produkte der einzelnen Werte und ihrer Häufigkeit.

- *Varianz*

Die Varianz dient als Streuungsmaß und entspricht der mittleren quadratischen Abweichung einer Häufigkeitsverteilung.

- *Normalverteilung*

Die wohl häufigste Form der Verteilung ist die der Normalverteilung, welche von Gauß entwickelt wurde. Die Normalverteilung ist von so großer Bedeutung, weil sie eine annähernde Bestimmung vieler anderer Verteilungen erlaubt.

- *Stichprobenverfahren*

Bei der Endkontrolle von Erzeugnissen hat sich das Stichprobenverfahren bewährt. Daraus können Rückschlüsse auf die Fehlerquote einer ganzen Partie gezogen werden.

Beispiel:

Insgesamt 20 000 Einheiten / 5 Proben zu je 50 Einheiten = 250 Einheiten, davon 5 fehlerhafte Erzeugnisse = 2 %

Lösung:

2 % von 20 000 Einheiten = insgesamt 400 fehlerhafte Erzeugnisse

Problematisch bei Stichproben ist die Größe. Je größer die Stichprobe, desto zuverlässiger ist ihre Aussage.

Grafische Darstellung

Die grafische Darstellung von Kennzahlen erfolgt auch bei den statistischen Methoden in Form von Diagrammen (Beispiele s. **Bilder 7.38** bis **7.42**).

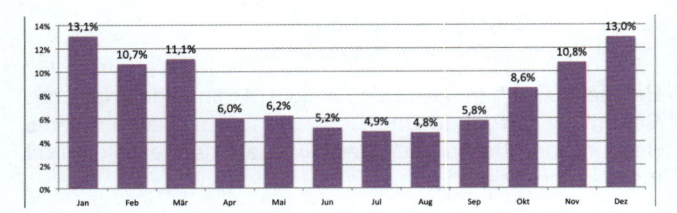

Bild 7.38: Balkendiagramm: monatlicher Erdgas-Verbrauch 2020 in Deutschland (Quelle: bdew)

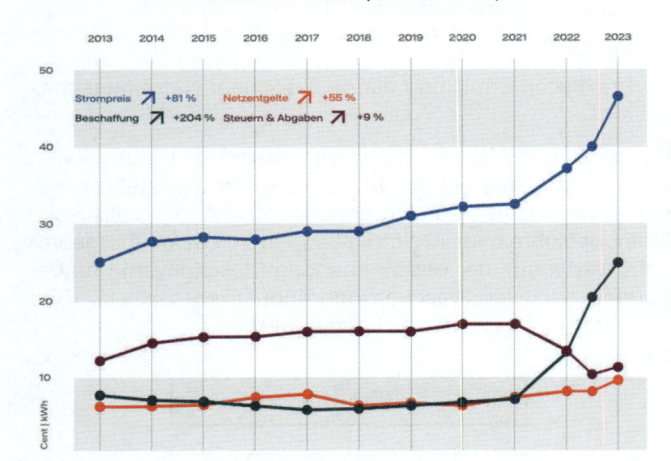

Bild 7.39: Liniendiagramm: Strompreisentwicklung für Haushalte in Deutschland (Quelle: bdew)

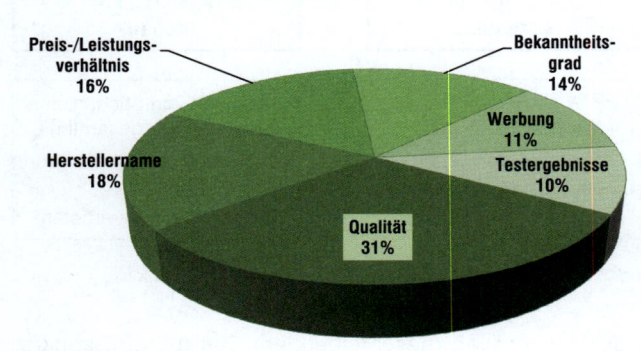

Bild 7.40: Kreisdiagramm

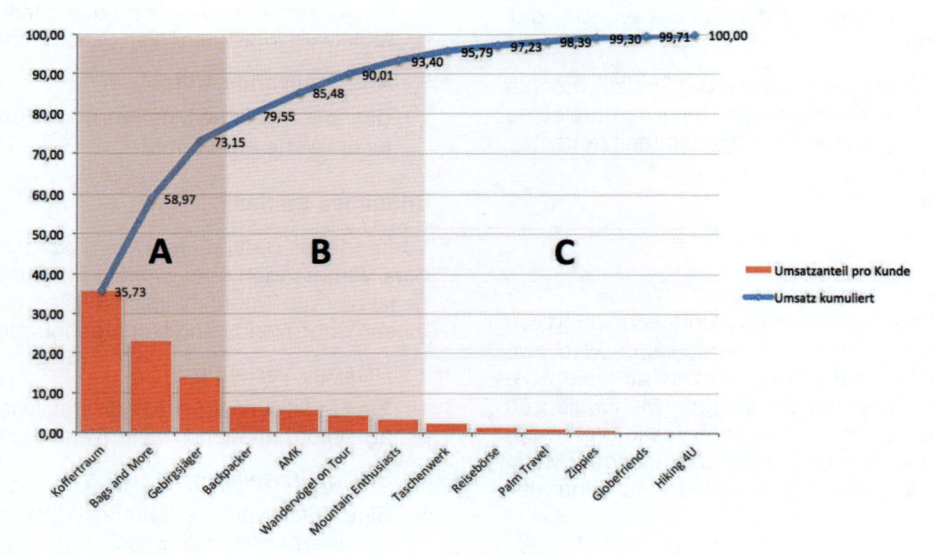

Bild 7.41: ABC-Analyse

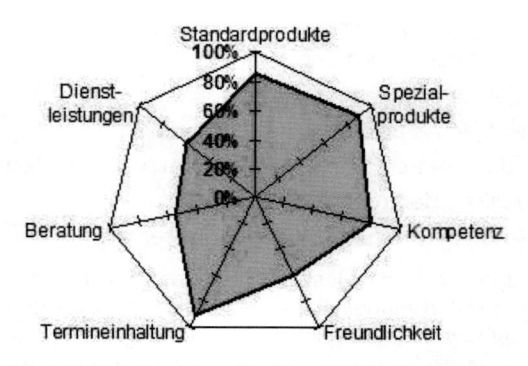

Bild 7.42: Radardiagramm: Kundenzufriedenheitsquote

7.3.3 Maßnahmen zur Verbesserung und Entwicklung

In der DIN EN ISO 9001 ist die Forderung nach „ständiger Verbesserung" festgeschrieben. Unbefriedigende Ergebnisse aus Führungs-, Realisierungs- oder Stützprozessen können ebenso wie Kundenreklamationen jederzeit Handlungsbedarf auslösen. Auch die in internen Audits ermittelten Schwachpunkte erfordern besondere Maßnahmen zur Verbesserung und Entwicklung.

Wenn Abhilfemaßnahmen „vor Ort" nicht möglich sind, können z. B.

- eine Arbeitsgruppe zwecks Fehleranalyse,
- ein Team zur Erarbeitung von Maßnahmen zur Abstellung systematischer Fehler oder
- ein Qualitätszirkel von freiwillig zusammenkommenden Mitarbeitern, um praktische Arbeitsabläufe gezielt zu optimieren,

gebildet werden (s. auch Abschnitt 7.2.2). Jedes Unternehmen sollte sich zum Ziel setzen, eine Spitzenadresse zu sein, was Qualität und die hohen Anforderungen der Kunden betrifft.

Ständige Prozessverbesserung

Die ständige Verbesserung der Prozesse (**Bild 7.43**) kann systematisch geplant und gelenkt werden durch

- Qualitätspolitik und Qualitätsziele,
- Datenanalysen,
- Korrektur- und Vorbeugungsmaßnahmen,
- Auditergebnisse und Managementbewertungen.

Korrekturmaßnahmen zur Beseitigung der Fehlerursachen sind z. B.

- Verfahren zur Fehlererkennung festlegen,
- Fehlerursachen ermitteln,
- Handlungsbedarf zur Vermeidung von Wiederholungsfehlern beurteilen,
- Korrekturmaßnahmen festlegen, verwirklichen und bewerten.

In diesem Zusammenhang taucht der Begriff **„Null-Fehler-Anforderung"** auf. Objektiv kann eine absolute Null-Fehler-Anforderung nicht erfüllt werden, weil Menschen und Einrichtungen diese Perfektion nicht leisten können. Dennoch muss klar sein, dass Fehler nicht „normal" sind, sondern eine schlechte Leistung widerspiegeln.

Folglich ist die Null-Fehler-Anforderung als eine Zielsetzung zu verstehen. Dabei müssen nicht nur die Fehler selbst, sondern insbesondere ihre Ursachen beseitigt werden. Die Fehlervermeidung sollte immer Vorrang vor der Fehlerbeseitigung haben. Für die ständige Verbesserung gibt es verschiedene Regelkreise (**Bild 7.44**), die bei konsequenter Durchsetzung einer Realisierung der Null-Fehler-Anforderung zumindest sehr nahe kommen.

Ein entscheidender Faktor für den Erfolg ist die **Kompetenz** der eingesetzten Arbeitsgruppen. In einem effizienten Team müssen insbesondere folgende Eigenschaften vorhanden sein:

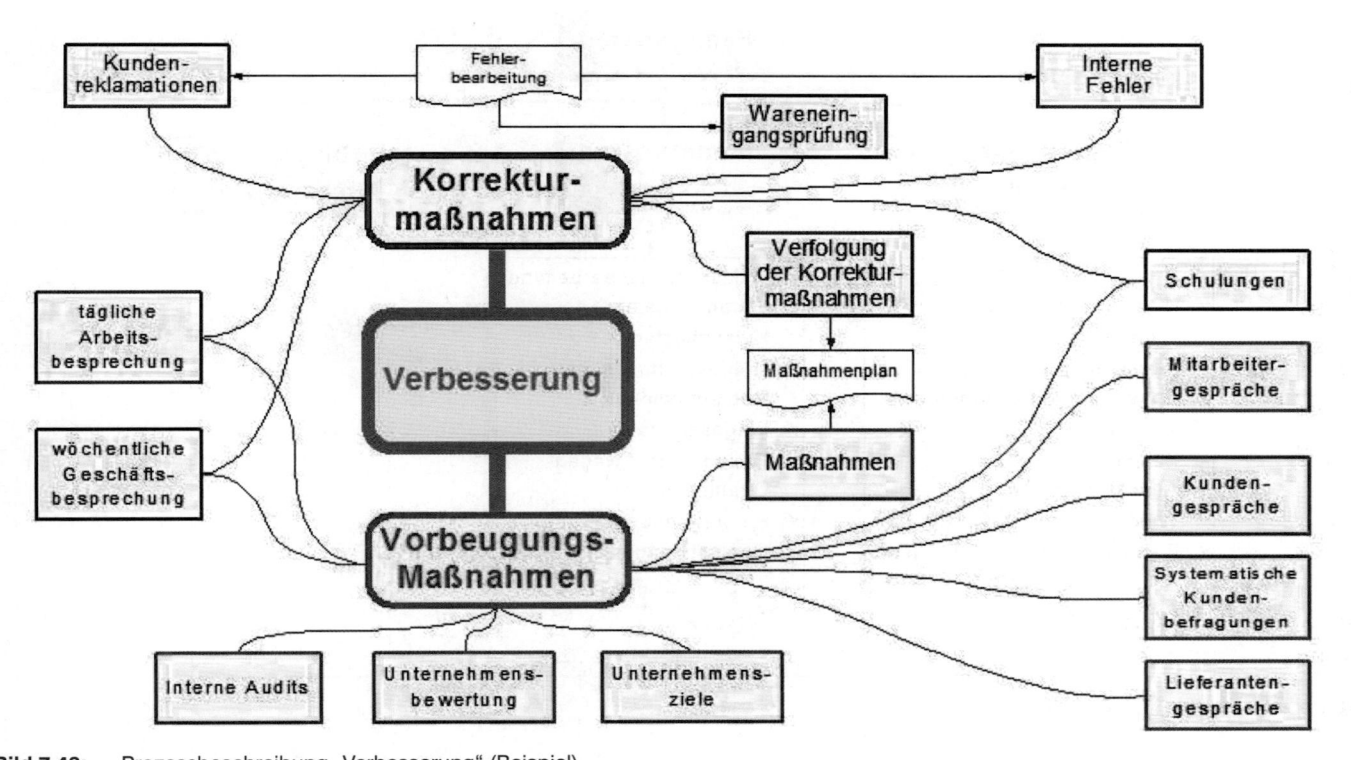

Bild 7.43: Prozessbeschreibung „Verbesserung" (Beispiel)

Handlungsbereich | Führung und Personal

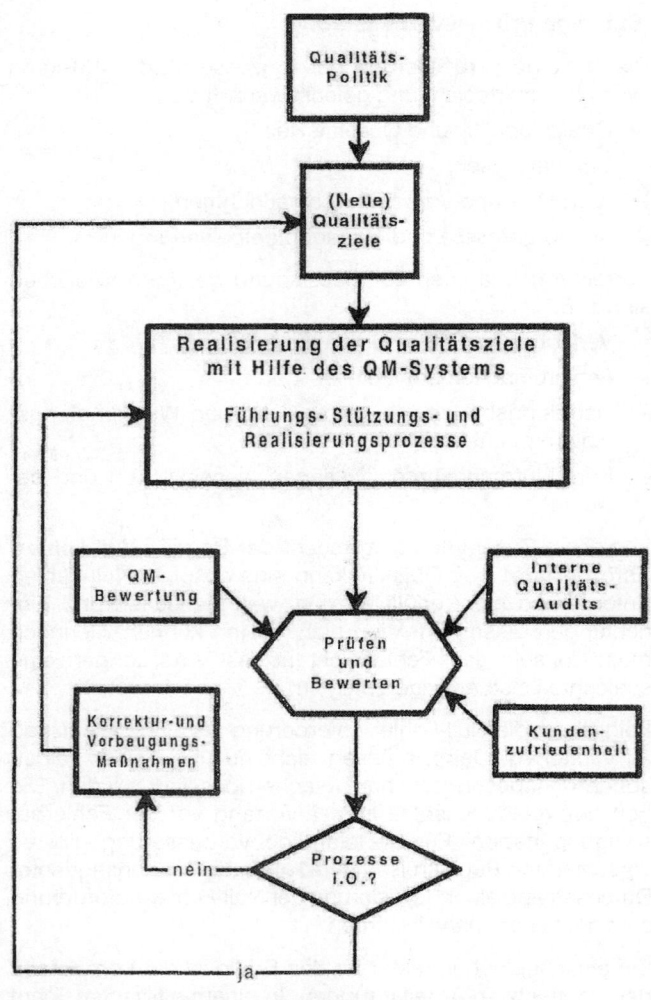

Bild 7.44: Die Regelkreise ständiger Verbesserung

1. Sozial-integrative Kompetenz (Wille zur Zusammenarbeit, keine Selbstprofilierung)
2. Organisatorische Kompetenz
3. Persönlichkeitskompetenz (Souveränität)
4. Moderative Kompetenz (kreative Besprechungsleitung)
5. Fachliche Kompetenz
6. PR-Kompetenz (überzeugende Präsentation)

Zusammenfassend ist festzustellen, dass mit Nachdruck anzustreben ist, die Qualität aller Managementsysteme ständig weiterzuentwickeln, denn

„wer aufhört, besser zu werden, hört auf, gut zu sein".

Fehlleistungskosten

Durch Fehlleistungen entstehen enorme Kosten (**Bild 7.45**), die in der klassischen Kostenrechnung nur teilweise erfasst werden und daher in ihrem ganzen Umfang oft weitgehend ungeklärt bleiben.

Die direkt sichtbaren Kosten sind z. B.

- direkte Reklamations- und Garantiekosten,
- Ausschuss- und Nacharbeitskosten.

Hinzu kommen die meist weitaus größeren, indirekt sichtbaren Kosten wie z. B.:

- Hohe Herstellungskosten und umständliche Prozesse
- Erhöhter Abwicklungsaufwand und Verzögerungen
- Terminverschiebungen und Folgekosten
- Image-Verlust, weniger Aufträge
- Mangelnde Motivation

Um dauerhafte Nachteile zu vermeiden, ist es ganz wichtig, eine „Fehlerkultur" zu entwickeln und offensiv mit Fehlern umzugehen. Denn nicht der Fehler ist das Übel, sondern das

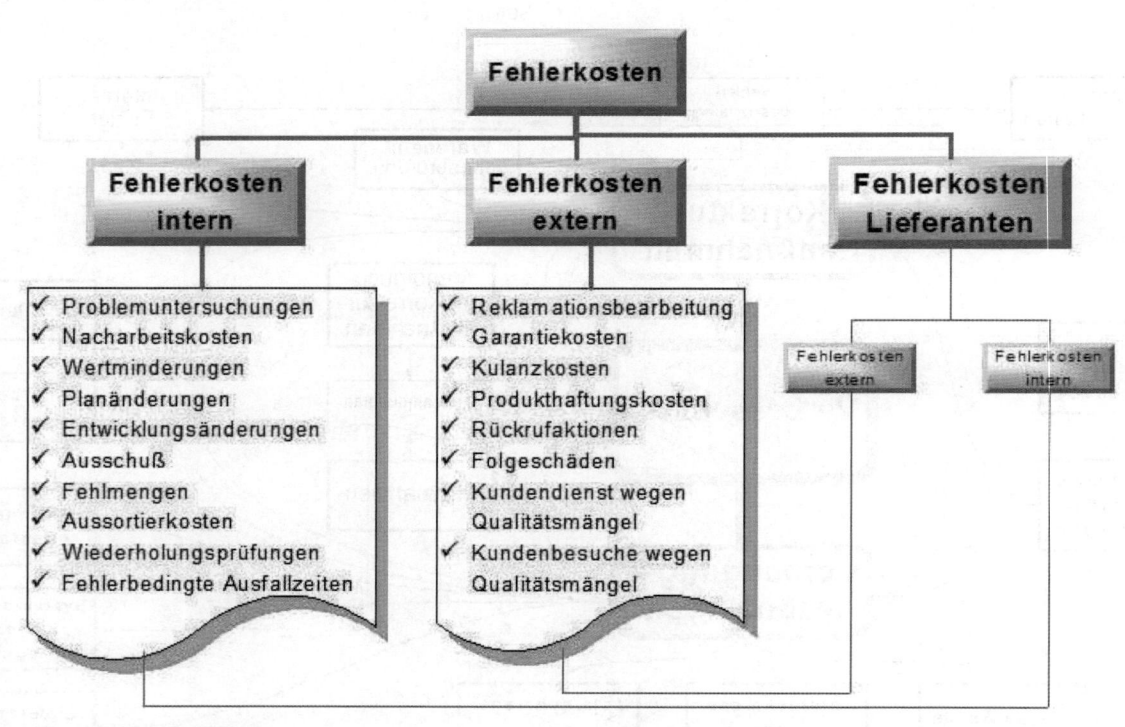

Bild 7.45: Aufteilung der Fehlerkosten

Verschweigen des Fehlers. Er muss als Chance verstanden werden, es zukünftig besser zu machen. Aus einem beseitigten Fehler wird auf Dauer meist sogar ein finanzieller Gewinn erzielt.

Eine Voraussetzung ist allerdings, dass im Unternehmen mit Fehlern souverän umgegangen wird und die betroffenen Mitarbeiter nicht „bestraft", sondern aktiv in die Fehlerbeseitigung eingebunden werden.

PDCA-Zyklus

Der PDCA-Zyklus (nach dem englischen plan – do – check – act) wird bei allen relevanten betrieblichen Aktivitäten und auch für das Managementsystem selbst angewandt (**Bild 7.46**). Das Prinzip nützt der Steuerung von Prozessen; zu den wichtigsten Planungsschritten gehört es, die Grundsätze des Unternehmens in dokumentierten Leitlinien (z. B. Leitlinien zu Qualität, Umwelt- und Arbeitsschutz) festzuschreiben, konkrete Ziele und Maßnahmen zur Zielerreichung festzulegen.

Die Reaktionskette nach Deming beschreibt den Weg zur besseren Wettbewerbsfähigkeit durch Qualität.

Betriebliches Vorschlagswesen (BVW)

Das Betriebliche Vorschlagwesen gewinnt gerade in wirtschaftlich schwierigen Zeiten an Bedeutung, denn in dieser Situation sind innovative Ideen und kreative Lösungsansätze besonders gefragt. Damit wird nicht nur zur Verbesserung der wirtschaftlichen Lage des Unternehmens beigetragen, sondern auch die Motivation, Selbstbestimmung und Eigenverantwortung der Mitarbeiter erhöht. Wenn sich alle Mitarbeiter ständig und in Teamarbeit um Verbesserungen im täglichen Arbeitsfeld bemühen, kann ein kontinuierlicher Verbesserungsprozess realisiert werden.

Der klassische Einreichungsweg bei Verbesserungsvorschlägen sieht folgendermaßen aus:
- Konkrete Beschreibung der Verbesserung und Darstellung der Lösung
- Abgabe beim BVW-Beauftragten (persönlich oder postalisch)
- Bearbeitung durch den Beauftragten, einen weiteren Fachgutachter bzw. eine Kommission
- Information über Annahme/Ablehnung, Prämienhöhe

Qualitätszirkel

Die Einführung von Qualitätszirkeln dient der ständigen Verbesserung z. B. von
- Produktqualität,
- Arbeitsplatzqualität,
- Produktivität,
- Arbeitsabläufen,
- Fehlerkosten.

Der Impuls kommt von der Unternehmensleitung, die zunächst ein Konzept erarbeitet und Moderatoren schult. Danach wird das Vorhaben in den Abteilungen vorgestellt und ein Qualitätszirkel aus vier bis zehn freiwilligen, geeigneten Mitarbeitern gebildet.

Der Leitgedanke eines Qualitätszirkels ist, erkannte Schwierigkeiten auf breiter Basis gemeinsam zu beseitigen und dabei direkt betroffene Mitarbeiter einzubeziehen.

Die ständige Verbesserung durch betriebliche Mitarbeiter erfolgt verständlicherweise in kleinen Schritten, dafür aber permanent und mit geringem Kostenaufwand. Ein wirkungsvoller Verbesserungszyklus kann mit recht einfachen Mittel entwickelt werden. **Bild 7.47** zeigt, wie einem unerfreulichen Zustand – lange Wartezeiten von Kunden am Telefon – mit systematischer Arbeitsweise beizukommen ist.

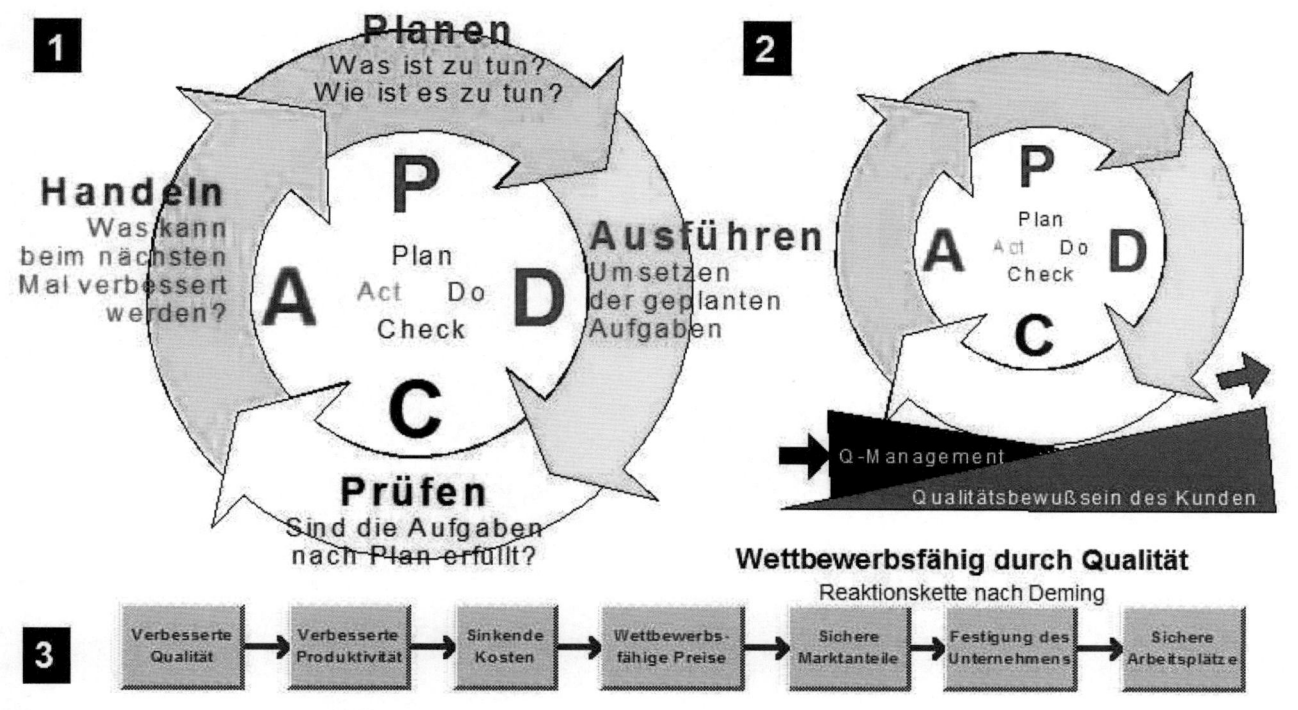

Bild 7.46: Der PDCA-Zyklus (Deming-Rad)

Handlungsbereich | Führung und Personal

	Verbesserungsschritte	Beispiel
1	Festlegung des Bereichs, der verbessert werden soll	Verkürzung der Wartezeiten von Kunden am Telefon (Zentrale)
2	Ermittlung von relevanten Daten	Führen einer Datenblatt-Strichliste zur Ermittlung der Hauptursachen für Wartezeiten
3	Auswerten der Daten	Erstellung einer Pareto-Analyse für die Ursachen der Wartezeiten
4	Ableiten und Festlegen von Prioritäten	Hauptursachen: zeitweise nur ein Telefonist, Empfänger nicht am Platz, ganze Abteilung unbesetzt
5	Analysieren der Probleme	Erstellung eines Ursache-Wirkung-Diagramms (Ishikawa)
6	Festlegung von Zielen	Ziel: Reduktion der Anzahl wartender Kunden auf Null
7	Erarbeitung von Lösungsalternativen	Brainstorming (Kartenabfrage) zur Erarbeitung von Lösungen zu den Hauptursachen
8	Bewertung der Lösungsvorschläge hinsichtlich ihrer Wirkungen und Festlegung von Maßnahmen	Maßnahmen: versetzte Mittagspause, Mitarbeiter geben Aufenthaltsort an, wenn sie den Arbeitsplatz verlassen, Erstellung einer Liste mit Namen und Funktionen
9	Überwachung der Umsetzung der Maßnahmen	Schulung und Unterweisung der Mitarbeiter, Listenerstellung und Umorganisation der Mittagspause
10	Bewerten der Wirksamkeit der Maßnahmen anhand von Daten	Erfassung von Daten (wie Schritt 2) zur Neubewertung der Wartezeiten und Durchführung eines Vorher-Nachher-Vergleichs

Bild 7.47: Verbesserungszyklus in zehn Schritten (Beispiel)

Die ständige Verbesserung ist nicht zu verwechseln mit Innovationen, die meist durch ausgesuchte Spezialisten angeregt und umgesetzt werden. Innovationen verursachen wesentlich deutlichere Entwicklungssprünge, finden aber längst nicht so häufig statt (auch wegen weitaus höherer Investitionen).

7.4 Kontinuierliches Umsetzen geeigneter Maßnahmen zur Erreichung von Managementzielen

Das aktuelle Verständnis, Zielsetzungen und Regeln der Anwendung von Managementsystemen bedürfen der Konkretisierung und Umsetzung in einem klar strukturierten Rahmen. Sowohl auf nationaler als auch auf internationaler Ebene gibt es eine ganze Reihe von eingeführten Systemen, wie z. B.

- für Pharmaprodukte (Arzneimittelgesetz AMG),
- für die Automobilindustrie (ISO/TS 16949),
- für militärische Bereiche (AQAP – Allied Quality Assurance Publication),
- allgemeingültige, branchenunabhängige Leitlinien und Empfehlungen (ISO 9000-Familie).

Ein Managementsystem gemäß der Normenfamilie ISO 9000 kann z. B. gegenüber Kunden und Zertifizierungsstellen zuverlässige und damit vertrauensbildende Qualitätsmerkmale gewährleisten. Allerdings bedarf sie im jeweiligen Unternehmen einer angemessenen Auslegung, Gestaltung und kontinuierlichen Umsetzung. Die ISO 9000 hat weltweit die größte Verbreitung aller Normen und damit den umfassendsten internationalen Einfluss auf die Gestaltung von Geschäftsbeziehungen.

Die Festlegung der Ziele von Managementsystemen und die Lenkung ihrer Durchsetzung ist Teil der Führungsprozesse und somit Aufgabe der Unternehmensleitung mit strategischem Charakter. Die Umsetzung im operativen Bereich darf sich nicht nur auf einen Auftrag an die zuständigen Abteilungen beschränken, sondern es müssen auch die zur Durchführung notwendigen Mittel zur Verfügung gestellt werden.

Wie bereits an anderer Stelle erwähnt, muss zunächst festgelegt werden, wie das Unternehmen strukturiert ist und für welche Bereiche, Standorte und Produkte das Managementsystem angewendet werden soll. Dann werden alle relevanten Prozesse mit ihren Abfolgen ermittelt. Anschließend ist dafür zu sorgen, dass für jeden Prozess geeignete Kriterien und Methoden (insbesondere Kennzahlen) für ein wirksames Lenken der Abläufe entwickelt werden.

Durch gezieltes Führen und Steuern auf der Grundlage eines effektiven Managementsystems, das vor allem auf die Bedürfnisse der Kunden ausgerichtet ist, werden die Voraussetzungen für einen langfristigen Erfolg geschaffen. Dazu müssen die Aufgaben und Abläufe in ihrer Wechselwirkung kontinuierlich überprüft, erkannt und beschrieben werden, um Verbesserungsmöglichkeiten zu erkennen und zu nutzen. Klare, rationelle Abläufe erhalten dauerhaft die Transparenz im Unternehmen und stärken das Vertrauen der externen Partner.

7.4.1 Planung der Erhebung und Verarbeitung qualitäts-, umwelt- und sicherheitsbezogener Daten

Bevor die Planung und Erhebung qualitäts-, umwelt- und sicherheitsbezogener Daten erfolgen kann, sind zunächst einige grundlegende Gegebenheiten zu klären, z. B.

- gesetzliche Vorgaben,
- Grenzwerte,
- Betriebsdaten,
- Soll-Ist-Vergleich.

Gesetzliche Vorgaben

Datenschutzbeauftragte und Betriebs- bzw. Personalrat sind in den Prozess der Datenerhebung mit einzubinden, insbesondere nach den Phasen „Bedarfsfeststellung", „Entscheidungsvorlage" sowie „Feinkonzept und Produktauswahl".

Bei der Erfassung von Daten sind z. B. folgende Gesetze zu beachten:

- *Bundesdatenschutzgesetz (BDSG)*

  Das BDSG bezweckt, den Einzelnen davor zu schützen, dass er durch den Umgang mit seinen personenbezogenen Daten in seinem Persönlichkeitsrecht beeinträchtigt wird. Dazu sind zunächst die Grundsätze der Datenvermeidung und Datensparsamkeit zu beachten: Datenverarbeitungssysteme sollten derart konfiguriert und konzipiert sein, dass so wenig personenbezogene Daten wie möglich erhoben werden.

- *Betriebsverfassungsgesetz (BetrVG)*

  Das BetrVG regelt für nicht-öffentliche oder öffentlich-rechtliche Wettbewerbsunternehmen die Zusammenarbeit zwischen Arbeitgeber und Betriebsrat. Es räumt dem Betriebsrat ein Mitbestimmungsrecht ein, wenn technische Systeme durch die Firmenleitung eingeführt werden sollen, die das Verhalten der Arbeitnehmer überwachen können. Insbesondere hat die Firmenleitung den Betriebsrat über die Planung derartiger technischer Anlagen rechtzeitig und unter Vorlage der erforderlichen Unterlagen in Kenntnis zu setzen, damit eine sinnvolle Mitbestimmung gewährleistet werden kann.

Für einen konkreten Einsatz sind die Maßnahmen mit Rechtsexperten (Juristen, Rechtsabteilung) abzustimmen.

Grenzwerte

Der Grenzwert beschreibt einen gerade noch zulässigen Betriebszustand. In der Regel werden einem Messwert ein oder zwei Grenzwerte zugeordnet:

- ein unterer und ein oberer Grenzwert,
- nur ein oberer oder unterer Grenzwert.

Verschiedene betriebsinterne Ereignisse (z. B. Ausfall und Wiederkehr der Stromversorgung) können aufgezeichnet werden. Zustandsänderungen der programmierten Grenzwerte / Alarmauslösungen werden als Ereignis mit Zeitstempel registriert. Eine Unterschreitung oder Überschreitung der Grenzwerte durch manuelle Steuerung oder bedienerunterstützende Regelung darf nicht zugelassen werden.

Betriebsdaten

Die effektive Erfassung von Betriebsdaten ist eine wichtige Grundlage zum Erreichen von Wirtschaftlichkeit und Produk-

Handlungsbereich | Führung und Personal

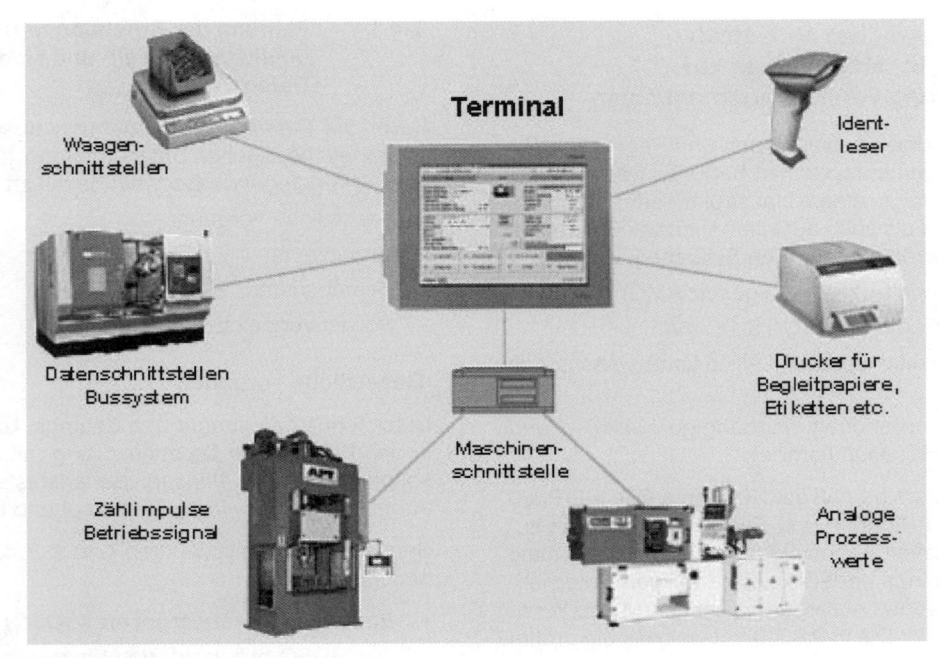

Bild 7.48: EDV-Erfassung von Maschinen-Betriebsdaten

tivität. Erst die Rückmeldung der tatsächlichen Produktionsdaten gestattet eine effiziente Disposition und Arbeitsvorbereitung. Ein gutes Betriebsdaten-Sammelsystem (**Bild 7.48**) sorgt z. B. für Personalzeiterfassung, Betriebsdatenerfassung und die Erfassung von Maschinendaten.

Nachfolgend sind die einzelnen Bestandsteile eines Betriebsdaten-Sammelsystems beispielhaft kurz erläutert:

- **Personalzeiterfassung**
  Buchungsdaten für die Brutto- / Nettolohnberechnung und die Anzeige von Zeitkonten.

- **Betriebsdatenerfassung**
  Beginn, Ende und Unterbrechung von Arbeitsgängen werden gesammelt.

- **Maschinendaten**
  Laufzeiten und Pausen sowie Stückzahlen einer Maschine werden elektronisch erfasst und gesammelt.

Soll-Ist-Vergleich

Der Soll-Ist-Vergleich (**Bild 7.49**) ist das Kernstück der Plankostenrechnung. Dabei werden z. B. die Sollkosten eines Monats mit den später festgestellten Istkosten des entsprechenden Monats verglichen. Die Abweichungen (z. B. Beschäftigungsabweichung, Leistungsabweichung, Preisabweichung, Verbrauchsabweichung) werden ermittelt und die Ursachen der festgestellten Abweichungen überprüft.

In einem Soll-Ist-Vergleich lassen sich durch gezieltes Controlling auch Prozessabweichungen feststellen. Als quantitative Größen können z. B. Zeiten (Durchlaufzeiten, Zykluszeiten) und Mengen (Ausbeute, Ausschuss) herangezogen werden.

Soll-Ist-Vergleich im weiteren Sinn ist der Vergleich der Istwerte und -leistungen mit dem „was hätte sein sollen". Die Hintergründe dieser Abweichungen werden analysiert, damit festgelegt werden kann, wie diese Abweichungen in Zukunft vermieden werden können bzw. welche Korrekturmaßnahmen durchgeführt werden müssen.

Ziele

Wesentliches Ziel der Datenerhebung ist die Feststellung bzw. Sammlung möglichst vollständiger und plausibler Daten für die Aufbereitung. Es beginnt mit der eigentlichen Datensammlung (Feldphase) mit Hilfe von (elektronischen) Fragebögen bzw. mit der Gewinnung von Betriebsdaten.

Danach folgt in der Regel die Datenaufbereitung. Wesentliches Ziel ist die Bereitstellung auswertbarer, (teil-)plausibler Datenbestände für die nachfolgende Analyse. Im Idealfall sollte die Aufbereitung schon im Rahmen der Datengewinnung stattfinden, weil während dieses Vorgangs bereits Vollständigkeits- und Vollzähligkeitskontrollen durchgeführt werden.

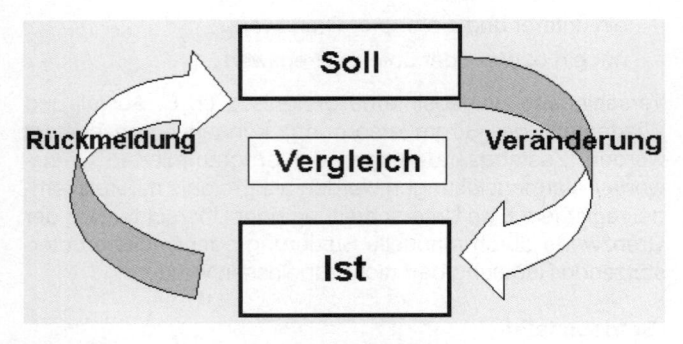

Bild 7.49: Wirkung eines Soll-Ist-Vergleichs

7.4.2 Lenkung von Maßnahmen

Die Lenkung von Maßnahmen wird z. B. durch die Berücksichtigung folgender Aspekte erreicht:
- Formulierung der Ziele
- Festlegung der Abläufe
- Vorbeugende Tätigkeiten
- Überwachende Tätigkeiten
- Korrigierende Tätigkeiten

Bild 7.50 verdeutlicht am Beispiel eines Umweltmanagementsystems den Regelkreislauf und die erforderlichen Maßnahmen.

Formulierung der Ziele

Dabei sind einige grundlegende Fragen von Bedeutung, z. B.:
- Stehen die Managementziele im Einklang mit der Unternehmenspolitik?
- Ist die regelmäßige Überprüfung der Zielerreichung und Fortschreibung sichergestellt?
- Sind die notwendigen Mittel / Ressourcen zur Umsetzung bereitgestellt?
- Sind interne und externe Kommunikation des Managementprogrammes durchlässig?

Festlegung der Abläufe

Bei der Festlegung der Abläufe, die eine optimale zeitliche und räumliche Koordination der Arbeitsabläufe zum Ziel haben, ist „Transparenz" ganz entscheidend. Durch Transparenz der betrieblichen Abläufe (Prozesse) bzw. Organisationsstrukturen kann erreicht werden, Verbesserungspotenziale auszunutzen. Transparenz sorgt dafür, dass
- Verantwortungen klar benannt sind und
- Probleme frühzeitig erkannt werden können.

Vorbeugende Tätigkeiten

Die Lenkung von Maßnahmen bedingt auch vorbeugende (präventive) Tätigkeiten der Mitarbeiter zur Verhinderung und Minimierung von Betriebsstörungen. Die betrieblichen Prozesse, die sicherheits-, qualitäts- oder umweltrelevant sind, müssen ermittelt, analysiert und bei Bedarf mit dem Ziel einer konsequenten Prävention und weiteren Verbesserung modifiziert werden. Dies richtet sich nach den organisationsspezifischen Gegebenheiten.

Für die ermittelten, relevanten Prozesse müssen die bei der täglichen Arbeit zu beachtenden Forderungen definiert, mit den Beteiligten beraten und Verfahren zu deren Beachtung mit den Betroffenen festgelegt und dokumentiert werden.

Vorbeugende Festlegungen können z. B. für folgende Bereiche bzw. durch folgende Maßnahmen getroffen werden und sind vom verantwortlichen Mitarbeiter umzusetzen:
- Personaleinsatz
- Beschaffung
- Gestaltung der Arbeitsorganisation (Arbeitszeit, Arbeitsaufgaben und Arbeitsabläufe)
- Arbeitsstätten und Arbeitsplätze
- die Inbetriebnahme, den Normalbetrieb und die vorübergehende oder dauernde Außerbetriebnahme von Arbeitsmitteln
- die Instandhaltung (Inspektion, Wartung und Instandsetzung) von Arbeitsmitteln
- Betriebsstörungen und Notfälle
- Ermittlung und Bewertung von Gefahren und Gefährdungen
- Sicherheitsbegehungen und Sicherheitsunterweisungen
- Kennzeichnungspflichten

Einen Schwerpunkt kann z. B. die Anwendung und Weiterentwicklung von energie- und wassersparenden, emissions- und abfallarmen Techniken oder Sicherheitsaudits bilden.

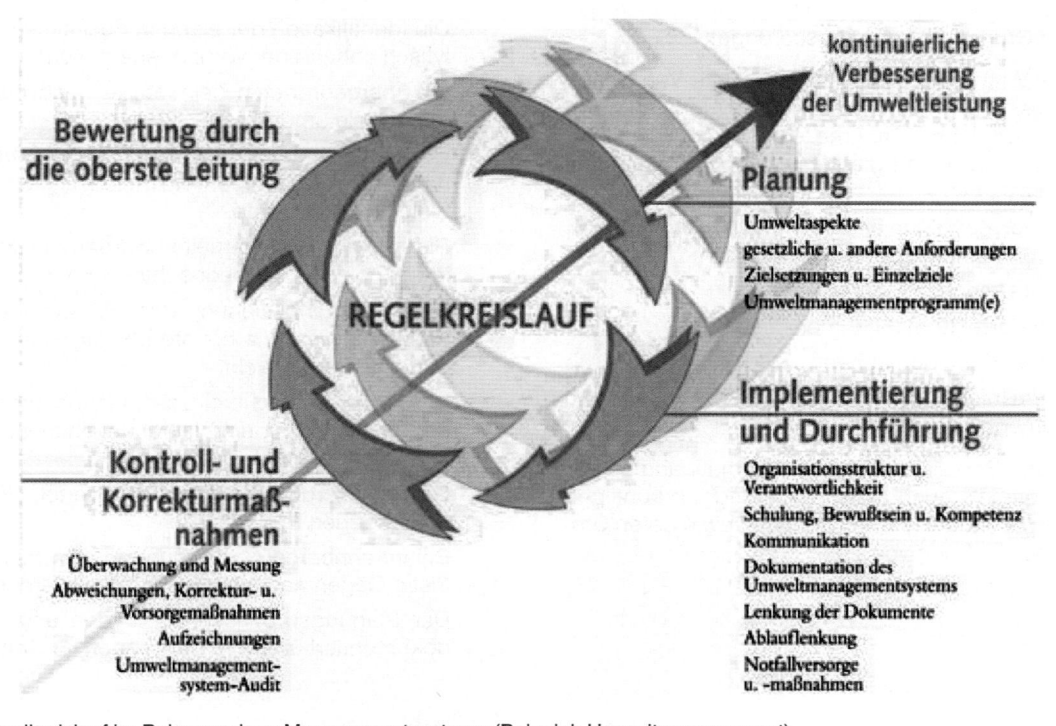

Bild 7.50: Regelkreislauf im Rahmen eines Managementsystems (Beispiel: Umweltmanagement)

Handlungsbereich | Führung und Personal

Der Blick der Mitarbeiter für vorbeugende Tätigkeiten sollte durch regelmäßige Gespräche geschärft und damit die Eigeninitiative bei der Umsetzung gefördert werden.

Überwachende Tätigkeiten

Von den Unternehmen wird gewöhnlich in Form von Überwachungsplänen genau vorgegeben, was zu welchem Zeitpunkt von wem zu überwachen ist. Zumindest für alle genehmigungsbedürftigen Anlagen sind Überwachungspläne zu führen.

Überwachungspläne müssen mindestens folgende Angaben enthalten:

- betroffene Anlage, Einrichtung oder Tätigkeit (Name, technische Daten),
- überwachende Person,
- Überwachungsintervall,
- einzuhaltende Grenzwerte und andere behördliche Auflagen,
- Überwachungsdatum,
- besondere Feststellungen.

Die Organisation der Überwachung betroffener Anlagen, Einrichtungen, Stoffe und Tätigkeiten und die Aufsicht darüber obliegt den Mitarbeitern, auf die das Unternehmen die Verantwortlichkeiten delegiert hat. Die Überwachungslisten und Protokolle sind vom beauftragten Mitarbeiter einzusammeln und auszuwerten. So sind Vollständigkeit und Korrektheit der durchzuführenden Maßnahmen sichergestellt.

Korrigierende Tätigkeiten

Beim Feststellen einer Abweichung aufgrund von Überwachungsmaßnahmen bzw. von allgemeinen Mängeln müssen die Ursachen identifiziert und korrigierende Maßnahmen eingeleitet werden. Grundsätzlich ist festzustellen, dass Abweichungen eine konkrete Chance zur Optimierung darstellen und daher mit dieser Situation offensiv umgegangen werden sollte. Abweichungen und Ausfälle können durch detaillierte Aufzeichnungen einer Zuverlässigkeitsanalyse unterzogen werden und die Grundlage für Verbesserungen bieten.

Der zuständige Mitarbeiter erarbeitet geeignete Vorschläge einschließlich der nötigen Angaben zu Personalaufwand und Dauer der Korrekturmaßnahme. Im Rahmen der korrigierenden Tätigkeiten haben die Mitarbeiter z. B. folgende Aufgaben abzuwickeln:

- Darstellung der Korrekturverfahren (nach Auftreten bzw. Feststellen von Fehlern oder Abweichungen)
- Aussagen zur Ursache
- Auswahl von Korrekturmaßnahmen
- Dokumentation der Maßnahmen
- Aussagen zum Informationsfluss, zur Erfolgskontrolle und zur Management-Bewertung

Durch die intensive Begleitung der Korrekturmaßnahme kann der Mitarbeiter oftmals auch einen Vorschlag zur künftigen Vermeidung vergleichbarer Abweichungen sowie deren Umsetzung und Überwachung vorlegen.

7.4.3 Sicherung der Managementziele

Mit einer strukturierten Methodik können die Managementziele am besten gesichert werden. Im **Bild 7.51** sind einige bewährte *„Management-by-Techniken"* aufgeführt.

Management by ...	Management-Technik
Objectives	**Führen durch Zielvorgabe** Verbindliche Zielvorgaben bei Produktion und Kosten
Delegation	**Führen durch Delegation von Verantwortung** Führen durch Verantwortungsübertragung „nach unten"
Exceptions	**Führen nach dem Ausnahmeprinzip** Eingreifen der Führung nur in Ausnahmefällen, sonst weitgehende Selbstständigkeit der Abteilungen
Results	**Führen durch Vorgabe von Leistungsergebnissen** Teilbereiche eines Unternehmens werden als „Profit-Center" am realisierten Gewinn gemessen
Insight	**Führen durch Einsicht** Jeder Mitarbeiter erhält die Informationen, die seine Einsicht in das Betriebsgeschehen fördern sollen

Bild 7.51: Techniken zur Sicherung der Managementziele

Der Handlungsbedarf wird in einzelnen Schritten festgestellt, z. B.

- Alle vorhandenen und relevanten Informationen werden berücksichtigt.
- Informationslücken können durch Plausibilitätsannahmen gefüllt werden.
- Die Identifikation der eigenen Positionierung erfolgt analytisch anhand der vorhandenen Informationen.
- Die übergeordneten Ziele werden nachvollziehbar in operative Ziele umgesetzt.
- Der Abgleich der erforderlichen Maßnahmen mit den vorhandenen Ressourcen stellt sicher, dass die gesetzten Ziele erreichbar sind.
- Risiken und Unsicherheiten werden deutlich und können in der Folge weiter beobachtet werden.
- Durch die Einbeziehung der Führungskräfte des Unternehmens wird eine höhere Identifikation mit den vereinbarten Zielen erreicht.
- Das Ergebnis wird in einzelne Maßnahmen und Aktionen dargestellt, damit eine laufende Überwachung des Umsetzungsfortschrittes möglich ist.
- Die Priorisierung der Maßnahmen erfolgt im Rahmen des vorhandenen Budgets.
- Bei erkennbaren Abweichungen vom Plan können kurzfristig Gegenmaßnahmen getroffen werden.
- Der Planungsprozess wird in den einzelnen Schritten dokumentiert und wird damit auch für Dritte transparent.

Managementsysteme sind prinzipiell dynamisch angelegt. Es sind nicht nur die Einflussparameter wie Markt, Wettbewerb und Kundenbedürfnisse, die einem dynamischen Wandel unterliegen und immer wieder überprüft werden müssen.

Managementsysteme unterstützen eine objektive Entscheidung über die Umsetzung der Strategie. Letztendlich muss ein Check unter Einbeziehung aller relevanten Bereiche im Unternehmen durchgeführt werden. Sie alle können einerseits ihren Input zur Entscheidungsfindung beitragen und durch die unterschiedlichen Perspektiven die erforderliche kritische Distanz ermöglichen. Generell ist es vorteilhaft, die gesammelten Informationen in mehreren, aufeinander aufbauenden Workshops zu bearbeiten und die erreichten Ergebnisse sorgfältig zu dokumentieren.

7.5 Weiterentwicklung von Managementsystemen

Die Motivation für die Weiterentwicklung von Managementsystemen liegt in den **Kunden-Lieferanten-Beziehungen (KLB)**. Der Kunde erwartet bei den bestellten Waren und Dienstleistungen absolute Perfektion, die der Lieferant aus eigenem Anspruch kritisch hinterfragen muss, z. B.:

– Welche Erwartungen hat mein Kunde (Sollerwartung: Ziele, Messgrößen)?
– Was biete ich ihm jetzt (Ist-Situation: Ware, Dienstleistung, Qualitätsmerkmale)?
– Wo erfülle ich die Erwartungen des Kunden nicht?
– Was kann ich tun, um die Erwartungen des Kunden zu erfüllen?

7.5.1 Total Quality Management – TQM

Das Konzept der Managementmethode TQM steht auf drei Säulen (**Bild 7.52**):

– Sämtliche Abläufe einer Organisation werden am Maßstab Qualität ausgerichtet.
– Mit dem gemeinsamen Ziel der Kundenorientierung wird versucht, eine ständige Verbesserung herbeizuführen.
– Durch Zufriedenstellung der Kunden soll ein langfristiger Geschäftserfolg sowie ein Nutzen sowohl für die konkreten Vertragspartner als auch für die Gesellschaft erzielt werden.

Total Quality Management (TQM)		
Kontinuierlicher Verbesserungsprozess	Konsequente Kundenorientierung (auch intern)	Vorbeugende Qualitätssicherung

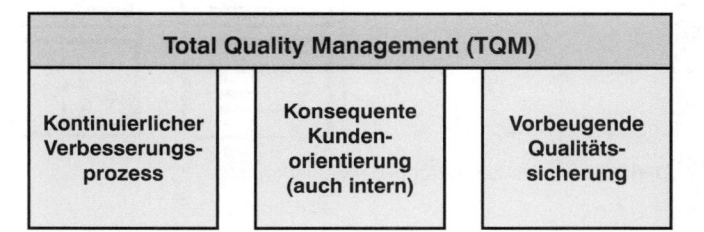

Bild 7.52: Die drei Säulen des TQM

Interne Kunden-Lieferanten-Beziehungen

Bei Umsetzung der TQM-Ziele spielen die internen Kunden-Lieferanten-Beziehungen eine entscheidende Rolle. Jeder Mitarbeiter muss sich selbst auf den Prüfstand stellen: Ist der Kunde mit meiner Arbeit (Teile, Produkte, Informationen) zufrieden? Diese Frage kann er letztlich nur dann positiv beantworten, wenn er

– die Bereitschaft zur Teamarbeit mitbringt,
– bereichsübergreifendes und kundenorientiertes Denken entwickelt,
– den Gesamtprozess beachtet,
– die Schnittstellen klärt,
– qualitätsbewusst arbeitet.

Ermittlung der Kundenzufriedenheit

Die Kundenzufriedenheit kann mit sachlichen Fakten zunächst indirekt überprüft werden, z. B. durch Reklamationsquoten und deren Bearbeitungszeit, Termintreue, Reaktionszeit bei Kundenanfragen.

Eine direkte Überprüfung durch anonyme Befragung bieten weiter reichende Informationen, die eine genaue Auswertung (z. B. mittels Radardiagramm) und entsprechende Rückschlüsse ermöglichen.

7.5.2 Vorbeugende Qualitätssicherung

Bereits in einem frühen Prozessstadium (Entwicklungsphase, Arbeitsvorbereitung, Beschaffung) muss die Verhütung von möglichen Fehlern eine zentrale Rolle spielen. Zu diesem Zeitpunkt kann das Unternehmen noch „agieren" und bewährte Techniken zur gezielten Qualitätsverbesserung anwenden

Allein aus betriebswirtschaftlichen Gründen ist die Intensivierung der Fehlerverhütung von großer Bedeutung. Wenn erst Fehler entstanden sind, kann das Unternehmen einfach nur „reagieren". Untersuchungen haben gezeigt, dass die Kosten der Fehlerbeseitigung rasant steigen, je weiter das Produkt fortgeschritten ist (**Bild 7.53**).

Zusammenfassend kann gesagt werden: Weniger Fehler bedeuten niedrigere Gesamtkosten und bessere Wirtschaftlichkeit; in der Folge entstehen dadurch Wettbewerbsvorteile.

7.5.3 Qualitätspreise

Für die vorbildliche Umsetzung von Managementsystemen werden weltweit Qualitätspreise verliehen, z. B.:

- USA: Malcolm Baldrigde National Quality Award (MBA), seit 1987
- Japan: Deming-Prize, seit 1951
- Europa: European Quality Award (EQA), seit 1992

Nationale Qualitätspreise vergeben u. a. auch fast alle europäischen Staaten. In Deutschland gibt es verschiedene Kategorien von Qualitätspreisen. Die höchste Wertigkeit hat ein EFQM-Preis auf europäischer Ebene (s. auch Abschnitt 7.1.1).

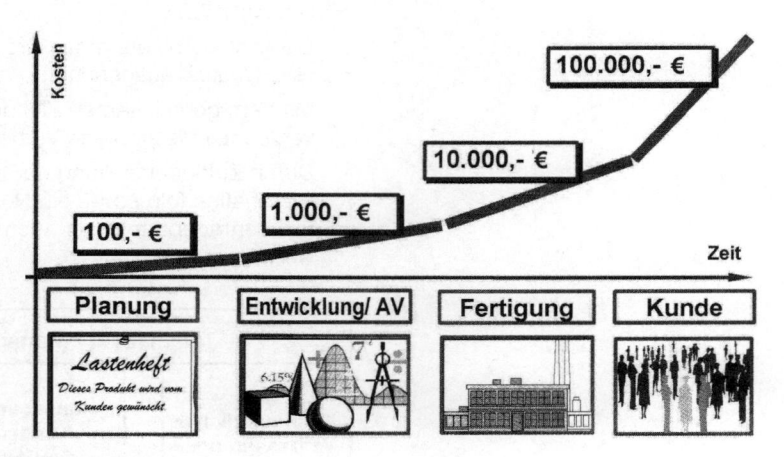

Bild 7.53: Die Zehnerregel der Fehlerkosten

Anhang

A 1   Literaturverzeichnis

- AGE (Arbeitsgemeinschaft Weiterbildung Energie und Wasser)
  Der Kaufmann in der Energie- und Wasserversorgung
  VWEW-Verlag, Frankfurt am Main
- ATV; DELIWA u. a.
  Handbuch Ver- und Entsorger
  Hirthammer Verlag, Oberhaching/München
- Bastian u. a.
  Fachkunde Elektrotechnik
  Verlag Europa-Lehrmittel, Haan
- Bender
  Teamentwicklung
  München, 2002
- Berufsgenossenschaften
  Unfallverhütungsvorschriften (UVV)
- BMFSFJ
  Leitfaden für Qualitätsbeauftragte
- Bruhn
  Kundenorientierung
  Verlag Beck, München
- Chrobok
  Grundbegriffe der Organisation
  Schäffer-Poeschel Verlag, Stuttgart
- Delhees
  Soziale Kommunikation
  Westdeutscher Verlag, Opladen
- DVGW e.V., Berufsbildungswerk
  Meister-Lehrhefte und Seminarunterlagen
- E.ON Avacon AG
  Seminarunterlagen
- Groh; Schröer
  Sicher zum Bürokaufmann
  Merkur Verlag, Rinteln
- Hartwig
  Die Kunst zu Informieren
  Thiemig Verlag, München
- Held; von Bismarck u. a.
  Informelle Kommunikation und betrieblicher Wandel
  Mannheimer Beiträge, Themenheft 1
- IHK Bonn
  Die Weiterbildung für Geprüfte Industriemeister
- Knobbe u. a.
  Kernkompetenzen für Ihren Erfolg
  mvg Verlag, Landsberg
- Krause / Krause
  Die Prüfung der Industriemeister
  Kiehl-Verlag, Ludwigshafen
- Müller
  Der starke Auftritt
  Eichborn Verlag, Frankfurt/M.
- Reichel; Spahl; Lange
  111 Tips zum Arbeitsleben
  Bund-Verlag, Frankfurt/M.
- RWE Rhein-Ruhr AG
  Seminarunterlagen
- Scherer; Müller
  Organisationslehre für Wirtschaftsschulen
  Winkler Verlag, Darmstadt
- Schmettkamp
  Die perfekte Präsentation
  Haufe Verlag, Freiburg
- Schmidt u. a.
  Der Industriemeister
  Feldhaus Verlag, Hamburg
- Schulz von Thun
  Miteinander Reden 1: Störungen und Klärungen
  Weltbild Verlag, Augsburg
- Stöger
  Besser im Team. Stärken erkennen und nutzen.
  Weinheim / Basel, 2000
- Studiengemeinschaft Darmstadt (sgd)
  Lehrhefte 16.01 bis 16.05, 17.01 bis 17.03
- Vahs
  Organisation
  Schäffer-Poeschel Verlag, Stuttgart
- diverse Internetquellen wie z. B.
  www.bdew.de

Anhang | Verzeichnisse

A 2 Sachwortverzeichnis

100 %-Kontrolle 57

A

A-Aufgaben 24
ABC-Analyse 25, 221, 224
Abfall
    -arten 87
    -beauftragter 75
    -entsorgung 85
    -verwertung 87
AbfG 85
Abgaben mit Kostencharakter 3
Abgrenzung zur Vollkostenrechnung ... 28
Ablauf
    -daten 49
    -organisation 55, 205, 209
    -strukturen 37, 41
    eines Fördergesprächs 196
    von Konflikten 160
Abnahme 34, 57
Abrechnung 36
Absage 136
Absatz
    -planung 11
    -programm 11
Abschluss
    -phase 172
    eines Gespräches 154
Abstimmung mit Dritten 56
Absturzsicherung 93
Abwasserverordnung 110
AbwV 110
AC 132
ADR 87
AEVO 81
AFO-Arbeitsfolge 49
AGG 128
    -konforme Formulierungen 130
Aggression 158
Akkordlohn 32
Aktiva 14
Aktivitätenliste 53
aktuelle
    Kritik 153
    Themen 136
Alarmplan 48, 91, 92
allgemeine Anforderungen 112
Allgemeines Gleichbehandlungsgesetz 128
Amortisationsvergleichsrechnung 9
Analyse
    -instrument 190
    bei der Personalauswahl 130
    persönlicher Möglichkeiten 195
    von Bewerbungsunterlagen 130
    zur Eignung eines Bewerbers ... 132
Analysieren von Kosten 1
analytisches Vorgehen 31
Anerkennung 152
Anforderungen 112, 130, 210
    an Beurteilungsverfahren 187
    an die Formulierung von Stellen-
       anzeigen 129
    des Aufgabengebietes 177
    Nichteinhaltung 120
Anforderungs-
    analyse 31, 139
    arten 139
    ermittlung 31
    profil 125, 126, 131, 139, 140, 190
Anfrage 95

Angebotsvergleich 35
Anhörung 95
Anlagen
    -betreiber 96
    -planung 13
Annahme von Reklamationen 69
Anpassung 162
    der Kenntnisse der Mitarbeiter .. 177
Anpassungsqualifizierung 191
Anreize 165
Anteil nehmen 154
Antipathie 158, 185
Antrag 95
    auf Anordnung 105
Antragsunterlagen für Trinkwasser-
    nutzungen 111
Anwenden von Führungsmethoden ... 156
Anwendungs-
    beratung 69
    programme 60
Anzeichen 160
Anzeigepflicht 120
Appell 147, 148
Äquivalenzziffernkalkulation 26
Arbeit in Gruppen 168
Arbeitgeberkündigung 132
Arbeitnehmer
    -kündigung 132
    -überlassung 129
    schutzbedürftige 94
Arbeits-
    anweisung 42
    bereitschaft 45
    beschreibung 141
    bewertung 142
    fortschritt 56
    gruppen 166, 168, 169, 171
    lärm 75
    medizinische Versorgung 94
    medizinische Vorsorge 78
    organisation 23, 37, 168
    phase 172
    plan 11, 49, 51, 57
    plan, Fertigungsindustrie 50
    planung 37, 49
    platz 71
    platzanalyse 139
    platzbegleitende Maßnahmen 200
    platzbeobachtungen 198
    platzbezogene Methoden 126
    platznahe Maßnahmen 200
    platzsteuerung 21
    platzungebundene Maßnahmen ... 201
    prozesse 41
    schutz 71, 72, 78, 79, 81, 87, 181
    schutzgesetz 71, 79
    schutzmanagementsystem 211
    schutzsystem 211
    schutzvorschriften 73
    sicherheit 72, 79, 81
    sicherheit, Fachkraft 73
    sicherheit, Verbesserung 87
    sicherheitsgesetz 71, 72
    stoff 76, 79
    tag, erster 136
    umwelt 158
    unfälle 80
    vertrag 96
    zeitmodelle 23
    zeugnis 132
ArbSchG 71, 79

ArbSichG 71, 72
Archivierung von Störungsmeldungen .. 66
arithmetisches Mittel 223
ärztliche Eignungsprüfung 136
Asbestzementplatten 82
Asbestose 77
Aspekte des Arbeits-, Unfall- und
    Gesundheitsschutzes 181
Assessment-Center 132, 133, 189
    als Analyseinstrument 190
    Inhalte 189
Assessoren 189
Audit 215
    -beteiligte 216
    als Managementinstrument 216
    Definition 215
Aufbau
    -organisation 208
    -strukturen 37
Aufbereitung in besonderen Fällen .. 118
Aufbereitungsstoffe 118
Aufgaben 150
    -analyse 139
    -beschreibung 141
    -erfüllung 40
    der Auditbeteiligten 216
    des Berufsalltags 140
    des Betriebspersonals 39
    des Meisters 72, 157
    neue 181
    von Managementsystemen 206
Aufhebungsvertrag 132
Auflagen 101
Aufsichtsbehörden 95
Aufstieg, beruflicher 177
Aufstiegsqualifizierung 191
Aufteilung der Fehlerkosten 226
Auftragnehmer 95, 96
Aufträge 33
Auftrags-
    abwicklung 32
    bezogene Methoden 127
    erfüllung 32
    synchroner Materialeinsatz 56
    vergabe 34, 95
    verhältnisse 67
    volumen 55
    vorbereitung 49
Auftritt des Mitarbeiters 198
Aufwand 17
Aufwärtsbeurteilung 188
Ausbilder-Eignungsverordnung 81
Ausbildung 80
Ausgangslage 10
Ausnahmen 129
Ausrichtung 195
Ausrüstung 46
Ausschreibung 34, 96
Außen-
    beziehungen 193
    wirkung 199
außerbetriebliche Personalbeschaffung 128
äußerliche Anzeichen 160
Auswahl
    -verfahren 188
    der Mitarbeiter 128, 144
    des Verfahrens 20
Auswertung 190
    von Arbeitsunfällen 80
Auswertungsmethoden 223
Autobahnen 106

Anhang | Verzeichnisse

Automatisieren ... 88
autoritärer Führungsstil ... 143, 155
Autorität ... 157
AVB ... 101
AVO-Arbeitsvorgang ... 49

B

B-Aufgaben ... 24
BAB ... 6, 8
Balkendiagramm ... 224
Bandbreite möglicher Personal-
   entwicklungsmaßnahmen ... 190
BAR-Regel ... 154
Barwertmethode ... 9
Basis-Elemente des EFQM-Modells ... 207
Bau ... 108
   -abläufe ... 55
   -erlaubnis ... 102
   -genehmigung ... 100
   -ordnungsrecht ... 100
   -planungsrecht ... 100
   -rechtliche Vorschriften ... 100
   -stelle ... 101
BauGB ... 100
Baugesetzbuch ... 100
Bauleitpläne ... 100
bauliche Schutzmaßnahmen ... 85
Baumstruktur ... 61, 62
Bausteine in einem integrierten
   Managementsystem ... 205
Bauvoranfrage ... 100
BDSG ... 99, 229
Beachtung ergonomischer Grundsätze ... 88
Beantragung von Genehmigungen ... 100, 104
Bearbeitung
   auf Reklamationen ... 69
   von Kundenaufträgen ... 68
Beauftragte ... 75
   Personen ... 72
Beauftragtenwesen ... 41
Beauftragter für Datenschutz ... 99
Beauftragung von zugelassenen Unter-
   suchungsstellen ... 113
Bebauungsplan ... 100
Bedarfs-
   analyse ... 179
   ermittlung ... 126
Bedeutung von Managementsystemen ... 206
Bedingungen
   der Kommunikation ... 147
   der Kooperation ... 147
   des Verhaltens ... 218
   für Kritik ... 153
Bedingungsanalyse ... 139
Bedürfnisse ... 161
Beeinflussbarkeit der Kosten ... 18
Beeinflussung der Kosten ... 17
Befugnisse des Betriebspersonals ... 39
Begleitung der kontinuierlichen
   Veränderungsprozesse ... 195
Begrenzung der Gefahren ... 88
begründete Kritik ... 153
Behebung von Störungen ... 65
Beilegung ... 160
Beispielfragen ... 135
Beitrag zum Ganzen ... 142
Bekanntmachungspflicht ... 121
Belegschaft ... 178
Beleuchtung ... 76
Benachrichtigungspläne ... 47
Benchmarking ... 32, 219
Benutzung ... 108
Beobachten ... 198

Beobachter ... 189
Beobachtung ... 223
Beobachtungseinheiten ... 223
Beratung
   der Mitarbeiter ... 195, 201
   von Kunden ... 68
   zu betrieblichen Projekten ... 202
Bereitschafts-
   dienst ... 39, 44
   pläne ... 44
Berichtspflichten ... 120
Berücksichtigung
   baurechtlicher Vorschriften ... 100
   des Grundstücksrechts ... 101
   des Straßenbenutzungsrechts ... 101
   des Straßenverkehrsrechts ... 101
   fremder Bedürfnisse ... 161
   von Konstruktionsvorgaben ... 87
berufliche
   Entwicklung ... 195
   Weiterbildungsmaßnahmen ... 199
beruflicher Aufstieg ... 177
Berufs-
   bezogene Themen ... 136
   genossenschaften ... 73
   krankheiten ... 76, 77
   krankheiten-Verordnung ... 77
Beschaffungsbudget ... 12, 13
Beschäftigungsbeschränkungen ... 85
beschränkte
   Ausschreibung ... 96
   persönliche Dienstbarkeit ... 102, 103
beschränkte Ausschreibung ... 34
Beschreiben ... 198
beschreibende Statistik ... 223
Beschwerdemanagement ... 69
besonders schutzbedürftige
   Arbeitnehmer ... 94
Besprechungen ... 150
Bestands-
   kosten ... 20
   veränderung ... 14
Bestandteile eines Personalbeurteilungs-
   gesprächs ... 197
Bestellung von Betriebsbeauftragten ... 41
Bestimmung der Ausgangslage ... 10
Bestimmungen zu Baumaßnahmen ... 100
Bestimmungsfaktoren für den Personalbedarf ... 125
Beteiligung ... 154
   der Mitarbeiter ... 157, 164
Betrieb ... 108
betriebliche
   Einführung ... 164
   Praxis ... 149
   Probleme ... 24
   Projekte ... 202
   Ziele ... 217
betriebliches
   Erfordernis ... 208
   Vorschlagswesen ... 19, 164, 227
Betriebs-
   abläufe ... 20, 55
   abrechnungsbogen ... 6, 7, 8
   anweisung ... 82, 83, 84
   beauftragte ... 41, 75
   beauftragter ... 75
   daten ... 229
   datenerfassung ... 230
   mittel ... 76, 79
   mittelkosten ... 2
   personal ... 39
   stoffe ... 1
   strukturen ... 149

Betriebs-
   system ... 60
   verfassungsgesetz ... 129, 173, 229
   vergleiche ... 198
   wirtschaftliche Bedeutung ... 79
BetrVG ... 173, 229
Beurteilen ... 198
   der Mitarbeiter ... 195
beurteilende Statistik ... 223
Beurteiler ... 187
   -schulung ... 198
Beurteilter ... 187
Beurteilung ... 156, 193
   Grundsätze ... 198
Beurteilungs-
   ablauf ... 198
   anlässe ... 187
   datei ... 185
   fehler ... 184, 185
   gespräch ... 196
   konflikt ... 160
   kriterien ... 188
   maßstäbe ... 197
   merkmale ... 188
   verfahren ... 186, 187
   vorgang ... 198
bewährte Beurteilungsverfahren ... 186
Bewerbervorauswahl ... 130
Bewerbungsunterlagen ... 130
Bewerten von Kosten ... 1
Bewertung ... 16, 33, 95, 193
   von Bewerbungsunterlagen ... 130
   von Verbesserungsvorschlägen ... 165
Bewertungs-
   konflikt ... 160
   kriterien ... 151
Bewilligung ... 102
Bewusstsein der Mitarbeiter ... 217
Beziehung ... 147
BGB ... 138
Bilanz ... 11
   -budget ... 14, 15
Bildung von Arbeits-/Projektgruppen ... 168
biografischer Fragebogen ... 134, 185
BKV ... 77
   -Liste ... 77
Brainstorming ... 170
Brainwriting-Methode ... 170
Brand
   -fall, Verhalten ... 91
   -gefährdung ... 75
   -klassen ... 91, 92
   -schutz ... 91
   -schutzmaßnahmen ... 90
   in elektrischen Anlagen ... 93
Break-even-Point ... 9
Brenn-
   punkt ... 90
   stoffe ... 90
Brennbarkeit ... 90
Bruttopersonalbedarf ... 126
Buchhalterische Kostenartenverteilung ... 6
Budget ... 10
   -arten ... 10
   -gewinnrechnung ... 12, 13
   -kontrolle ... 15
   -ziele ... 11
Budgetierung ... 10
Bundes-
   datenschutzgesetz ... 99, 229
   straßen ... 106
   wasserstraßengesetz ... 106
Bürgerliches Gesetzbuch ... 138
Bürokommunikation ... 63

Sachwortverzeichnis | A 2

Bus-Struktur 60
BVW 22 7

C

C-Aufgaben 24
CAD 64
Cashflow 174
Charaktertest 186
Checkliste 132
    für das erfolgreiche Delegieren 144
    für Vorgesetzte 136
Checkpoints 146
Chef 157
Chemikaliengesetz 85
chemische
    Anforderungen 113
    Parameter 114, 115
Circulus vitae 199
CMM 217
Coaching 203
    der Mitarbeiter 203
Codierung von Zeugnissen 133
Corporate Mind Management 217
CPM 52
    -Netzplan 54
    -System 52
Critical Path Method 52

D

das Magische Viereck 20
Daten 229
    -erfassung 219
    -erhebung 140
    -fehler 185
    -schutz 99
    -schutzbeauftragter 99
Deckungsbeitrag 28
    Ermittlung 29
Deckungsbeitragsrechnung 27, 28
Definition
    Führung 155
    Potenzial 183
    Umweltschutz 74
Delegation 143
    Grenzen 145
    Grundregeln 144
delegationsfähig 145
Delegieren 142, 143, 144
descriptive Statistik 223
Desinfektionsverfahren 118
deterministische Methoden 127
Dienst
    -barkeit 102, 103
    -vertrag 96
Dienstbarkeit 103
Dienstleister 42
Dienstleistungsvertrag 96
Die vier Seiten einer Nachricht ... 147
differenzierte Zuschlagskalkulation 27
DIN EN ISO
    9000 ff. 210
    14000 ff. 210
direkte Zurechnung 7
diskrete Verteilung 223
Diskussionsleiter 136
Distanz 195
Divisionskalkulation 26
Dokumentation 198
    Projekt- 57
    Unterweisungen 81
    von Störungsmeldungen 66
Dokumentationspyramide 214

Drittwiderspruch 100
Duldungs-
    pflicht 101
    pflichtige Einrichtungen 102
Durchführung
    einer Moderation 170
    eines internen Audits 216
Durchführungsphase 17
Durchsetzung 162
dynamische Investitionsrechenverfahren . 9

E

Ebenen der Bedarfsanalyse 179
EDV-Erfassung 230
effektive Moderation 170
Effizienz
    -steigerung 179
    Steigerung 178
EFQM-Modell 207
Eigen-
    kapitalrendite 14
    leistung 20
    überwachung 113
eigenes Entwicklungspotenzial 193
Eigenschaften
    von Gefahrstoffen 86
    von Managementsystemen 212
Eignung 124
    eines Bewerbers 132
Eignungs-
    profil 125, 131, 140
    prüfung 136
    test 188, 189
    tests 132
Einbeziehung
    der Mitarbeiter 24
    des Gesundheitsamtes 120
Eindruck, erster / letzter 185
Eindrucksschilderung 187
einfaches Arbeitszeugnis 132
Einfluss
    -faktoren bei Beurteilungsfehlern ... 185
    -größen 152
    des Managementsystems 206
Einführung 164
    der Personalentwicklung 176
    neuer Mitarbeiter 136
Einhalten des Budgets 10
Einheitspreise 34
Einleiten in ein Gewässer 110
Einleitung 153
Einliniensystem 37, 38
Einrichten 166
Einrichtungszeiten 52
Einrichtung von Arbeits-/Projektgruppen 166
Einsatz
    -bedarf 126
    -plan 47, 48
    der Mitarbeiter 128, 136
    von Handfeuerlöschern 91
    von Wasser 92
Einspeisevertrag 98, 107
Einstellung und Verhalten der
    Mitarbeiter 217
Einstellungsentscheidung 136
einstufige Divisionskalkulation ... 26
Einstufungsverfahren 187
Eintritte in Maßnahmen 200
Einzel-
    beschaffung 56
    fertigung 49
    gespräch 135, 152
Einzelkostenplanung 12

EKR 14
elektrische
    Anlagen 93
    Gefährdungen 94
    Gefahren 88, 93
Elektrounfall 93
emotionale Phasen 172
Energie
    -liefervertrag 98
    -recht 107
    -wirtschaftsgesetz 97, 107
Entflechtung 97
Entgegennahme von Kundenaufträgen .. 68
Entgelt 156
    -management 31
Entschädigung 102
Entscheiden 156
Entscheidung 8, 95
Entscheidungskompetenz 56
Entsorgung von Abfällen 85
Entwicklung
    berufliche 195
    der Managementsysteme 207
    der Normenreihe ISO 9000 208
    des Qualitätsgedankens 208
    fachlicher und sozialer Fähigkeiten 177
Entwicklungs-
    chancen 165
    maßnahmen 192, 225
    potenziale 178, 193
    prozesse 175, 177
    stadien 166
    ziele 174
EnWG 97, 107
Erarbeitung von Lösungsvorschlägen .. 24
erfahren 144
Erfahrungen des Mitarbeiters 195
Erfahrungsaustausch 195
Erfassen von Kosten 1
Erfassung von Maschinen-Betriebs-
    daten 230
Erfolg 195
    des Coachings 203
erfolgreiche Außenwirkung 199
erfolgreiches Gespräch 154
Erfolgs-
    beteiligung 165
    faktor 174
    kontrolle 194
    kriterien 177
Erfordernis 208
Ergebnis 172
    -feststellung 15
    -kontrolle 146
    -rechnung 6, 7
ergonomische Grundsätze 88
Erhaltungs-
    erfolg 151
    ziele 174
Erhalt der Trinkwassergüte 112
Erhebung von Daten 229
Erhöhung der Wettbewerbs-
    fähigkeit 177, 178
erkannte Unfallursachen 93
Erlösdaten 8
Erlöse 17
Ermitteln des Personalentwicklungs-
    bedarfs 179
Ermittlung
    der Gewinnschwelle 9
    der Kundenzufriedenheit 233
Ermüdung 78
Erreichen der Qualifizierungsziele .. 193
Erreichung von Managementzielen .. 229

Ersatzbedarf 126
Erschöpfung 78
Erschütterungen 75
erste drei Monate 137
erster
    Arbeitstag 136
    Eindruck 185
Erwartungen des Mitarbeiters 195
Erwartungswert 223
Evaluierung 193
Explosions-
    gefahr 90
    gefährdung 75
    grenzen 90
    schutzmaßnahmen 90
exponentielle Glättung 127
externe
    Audits 215, 216
    Informationen 68
    Informationswege 47
    Maßnahmen 201
    PE-Maßnahmen 201
    Personalbeschaffung 128
externer Bereich 56
extrafunktionale Qualifikation 191

F

Fach-
    informationssysteme 63
    kompetenz 192
    kraft für Arbeitssicherheit 73
Fachkräftebedarf 177
fachliche
    Fähigkeiten 177
    Merkmale 125
Fähigkeiten 125
Fähigkeits-
    profil 126, 190
    test 134
Faktoren der beruflichen Entwicklung . . 195
Fassadentechnik 147
Feedbackgespräch 153
Fehler
    -kosten 226, 234
    -quellen 184
Fehlleistungskosten 226
Feinlernziele 192
Fern-
    sprechanlage 221
    wirksysteme 63
Fertigungs-
    industrie 50
    kosten 22
    lohn 1, 12
    stoffe 1
    team 168
    verfahren 26
Fertigwarenlager 11
Festlegung der Abläufe 231
Festlegungsphase 17
Feuerlöscher 91
Finanzbudget 14
Finanzierungskosten 2
Firmware 60
First-Party-Audit 215
Fischgrätendiagramm 221
fixe Kosten 3
Flächennutzungsplan 100
Flammpunkt 90
flexible Plankostenrechnung 3, 5
Fluchtwege 92
Flurschadensregulierung 103
Flussdiagramm 42, 73

Folge
    -kosten 106
    -pflicht 106
Fördergespräch 195, 196
förderliche Versetzung 181
Fördern
    der Mitarbeiter 195
    des Bewusstseins 217
fördernde Betriebsstrukturen 149
Förderung 164
    aller Mitarbeiter 177
    der Mitarbeiter 217
    des beruflichen Aufstiegs 177
    des Mitarbeiterbewusstseins 79
Forderungsbestand 15
Forecast 16
Forecasting 219
formale Beteiligung 157
formelle Gruppen 167
Formen der Kommunikation 146
Forming 166, 171
Formulierung
    der Ziele 231
    von Stellenanzeigen 129
Forstgrundstücke 106
Fortbildung 80
fortgeschriebener Personalbedarf 126
Fortschreibungsmethode 5
Fortschritte in der Personalentwicklung . 176
Frage
    -bogen 134
    -bogen, biografischer 185
    -technik 154
freie Eindrucksschilderung 187
freies Vorstellungsgespräch 134
freihändige Vergabe 34, 96
Freistellungsbedarf 126
Fremd-
    firmen 137, 138
    leistung 20
    leistungen 3
    personal 137
fremde Bedürfnisse 161
friedliche Beilegung 160
Führung 128
    Definition 155
Führungs-
    aufgabe 143
    aufgaben des Vorgesetzten 142
    ebenen 144
    instrumente 155
    methoden 155, 156
    mittel 156
    probleme 157
    stil 143, 155
    verhalten 156
Führungskräfte 39
    -bedarf 177
    Förderung und Motivation 177
Funktion von Managementsystemen . . . 206
funktionale
    Organisation 37, 38
    Qualifikation 191
Funktionen
    -kosten 18
    -kostenmatrix 19
Funktions-
    arten 141
    beschreibung 141
    feld 195
    klassen 141
    typen 141
    für Ziele sorgen 156

G

Garantie 34
Gas
    -leitungen 103
    -Störfall 48
Gebührenkalkulation 29
gebundene Verfahren 187
Gefahr
    -gütertransport 87
    -gutverordnung Straße und Eisen-
        bahnen 87
    -quellen 93
    -stellen 93
    -stoffe 75
Gefährdung
    elektrische 94
    thermische 94
    Auszug aus der BG-Liste 88
Gefährdungs-
    analysen 74
    beurteilung 73
    beurteilung, indirekte 74
    faktoren 73
Gefahren
    -potenzial 76, 79
    elektrische 93
Gefahrgutbeauftragter 75
Gefahrstoff
    -eigenschaften 86
    -kataster 85
    -verordnung 84, 85
    -verzeichnis 85
    Betriebsanweisung 82, 83
GefStoffV 85
Gegensätze 160
Gehalt 1
geläufigste Testverfahren 186
Gemeinde
    -straßen 106
    -wege 106
Gemeinkosten 12, 22
    -planung 12
Gemeinsamkeiten von Management-
    systemen 212
gemischte Verträge 98
Genehmigung 164
    Beantragung 100, 104
    bei Leitungsverlegungen 104
Genehmigungsverfahren 95
Genfer Schema 139
Geografische Informationssysteme 61
geplante Maßnahmen 55
Geräteeinsatz 55, 56, 58, 59
geschlossene Fragen 154
gesellschaftliche Verantwortung 71
Gesellschaftsebene 160
Gesetz
    zur Ordnung des Wasserhaushaltes 108
    zur Vermeidung und Entsorgung
        von Abfällen 85
Gesetze 137
Gesetzesebenen 74
gesetzliche Vorgaben 229
Gespräch 162
Gesprächs-
    arten 151
    führung 151, 153
    leitfaden 194, 197
Gestattung 101
Gesten 148
Gesundheits-
    amt 120
    belastungen, Vermeidung 87

Gesundheits-
 gefährdende Stoffe 85
 recht 112
 schutz 71, 76, 78, 79, 81, 87, 181
 schutzsystem 211
Gewährleistung 35, 98, 138
Gewässerschutzbeauftragter 75
Gewinn
 -schwelle 9
 -schwellenermittlung 9
 -vergleichsrechnung 9
Gewinner-Gewinner-Strategie 162
Gewinnung von Daten und Zeiten 30
GGVSE 87
GIS 61, 64
Global Positioning System 65
GPS 65
grafische Darstellung 224
Graphen-Theorie 53
Grenz-
 plankostenrechnung 1, 5
 wert 229
 wert, Nichteinhaltung 120
Grenzen
 der Delegation 145
 menschlicher Leistungsfähigkeit . . . 218
Grund
 -begriffe der Statistik 223
 -buch 102
 -gesamtheit 223
 -gesetz 108
 -kenntnisse vorhanden 144
Grundlagen von Potenzial-
 einschätzungen 182
Grundregeln für die Delegation 144
Grundsätze 142
 der Beurteilung 198
 der Zusammenarbeit 167
 für ein erfolgreiches Gespräch . . . 154
 zur Leistungsbeurteilung 187
Grundstücks-
 benutzung 101
 kauf 103
 nutzung 102
 recht 101
Gruppen
 -arbeit 166, 218
 -arten 167
 -beratungsgespräch 202
 -bildung 166, 171
 -druck 167
 -dynamik 167
 -dynamisches Training 202
 -gespräche 135, 151, 152
 -normen 167
GSM 65
GVV 107
G 1000 39

H

Haftung 98, 138
Halo-Effekt 185
Handbücher 143
Handelsgesetzbuch 138
Handfeuerlöscher 91
Handlingkosten 20
Handlungs-
 kompetenz 192
 pflicht 120
Hardware 59
Harvard-Würfel 162, 163
Häufigkeit der Untersuchungen 119
Hauptteil 154

Hausanschluss 43
Haushaltsplan 10
hemmende Betriebsstrukturen 149
HGB 138
Hierarchie der Lernziele 192
hierarchische Struktur 61, 62
Hilfs-
 bereitschaft 159
 löhne 1
 stoffe 1
Hinaufreichen 93
Hinweisgesten 148
Hinweise zur Konfliktlösung 162
Histogramm 220, 221
horizontale Versetzung 181

I

IfSG 112
Immissionsschutzbeauftragter 75
Imponiertechnik 147
Indikatorparameter 113, 116, 117
indirekte
 Gefährdungsbeurteilung 74
 Zurechnung 7
Individualerfolg 151
individuelle
 Bedarfsanalyse 180
 Ebene 159
 Vorteile 168
 Wahrnehmungsunterschiede 158
induktive Statistik 223
Infektionsschutzgesetz 112
Information 156
 von Kunden 68
Informations-
 systeme 59, 61
 technik 59
Information Technology 59
informelle
 Beteiligung 157
 Gruppen 167
Inhalte
 der Personalentwicklung 192
 von Assessment-Centern 189
inhaltliche Struktur einer Potenzial-
 beurteilung 183
Inhouse-Maßnahmen 201
innerbetriebliche Personalbeschaffung 128
Insourcing 182
Installationsunternehmen 95, 96
Instandhaltung 109
Instrumente 183
 der Personalauswahl 128
integrierte
 Managementsysteme 205, 207, 219
 Terminierung 52
Intelligenztest 134, 186, 188
Interaktionsebene 152
Interessenkonflikte 159
interne
 Audits 215, 216
 Informationen 68
 Kunden-Lieferanten-Beziehungen . . 233
 PE-Maßnahmen 201
 Personalbeschaffung 128
interner
 Bereich 56
 Meldeweg 47
Intervallskalen 198
Inventurmethode 5
Investitions-
 rechenverfahren 8
 rechnung 8

Ishikawa-Diagramm 221
ISO 9000 208
 Entwicklung 208
 Struktur 209
ISO 9001 208
Ist-
 Qualifikation 179
 Zeiten 30
IT 59
 -Netzwerke 60

J

Jahres-
 bereitschaftsplan 45
 planung 55
 überschuss 13
just-in-time 56

K

Kaizen 164
 -Ansatz 165
Kalkulationsverfahren 26
Kapazitäten 51
Kapazitätsplanung 50
Kapital
 -budget 15
 -wertmethode 9
Kartenabfrage 222
 -technik 222
Katalogmethode 17
Kauf des Grundstücks 103
Kaufvertrag 97, 99
keine Veränderung 180
Kennzahlen 127
Kenntnis der Leistungs- und
 Entwicklungspotenziale 178
Kenntnisse der Mitarbeiter 177
Kennzahlen 32
 -basiertes Benchmarking 219
Kennzeichnung
 von Gefahrstoffen 85
 von PSA 89
Kennzeichnungsverfahren 187
Kennziffernanalyse 198
klassische Wettbewerbsfaktoren 206
KLB 233
Klima 75
Kollegenbeurteilung 187
Kombinationstechnik 171
kombinierte Terminierung 52
Kommunen, Rechtsbeziehungen 97
Kommunikation 146, 156
 Bedingungen 147
 in der betrieblichen Praxis 149
 Regeln 149
Kommunikations-
 bereitschaft 146
 grundstrukturen 151
 mittel 80
 strukturen 150
 systeme 59, 63
kompetente Mitarbeiter 179
Kompetenz 225
 -felder 178, 192
komplexe Aufgaben 150
Komplexität 175
Komponenten eines Prozesses 213
Kompromiss 162
Konflikt 159, 160, 202
 -ebenen 159
 -entstehung 160
 -kompetenzen 163

Konflikt
-lösung ... 160, 162
-management ... 158
-strategie ... 161
-vermeidung ... 162
Ablauf ... 160
konkrete Kritik ... 153
Konsequenzen
des Delegierens ... 145
eines Verstoßes ... 130
ziehen ... 198
Konstruktionsvorgaben ... 87
Kontakt ... 167
Kontinuierlicher Verbesserungsprozess ... 164, 195
kontinuierliches Umsetzen ... 229
Kontroll-
bereiche der Personalentwicklung ... 193
phase ... 17
Kontrolle ... 113
der Schutzmaßnahmen ... 85
Kontrollieren ... 156
Konzentration auf Weniges ... 142
Konzepte für Unterweisungen ... 81
Konzeptionserstellung ... 193
Konzession ... 97, 98
Konzessionsvertrag ... 97, 106
Kooperation ... 156, 162
im Betrieb ... 147, 150
Kooperations-
bereitschaft ... 146
prinzip ... 74
kooperativer Führungsstil ... 143
Kopfdaten ... 49
Körperströme ... 93
Korrelationsanalyse ... 127
Korrelationsdiagramm ... 222
korrigierende Tätigkeiten ... 232
Kosten ... 206
-analyse ... 18
-arten ... 6
-artenverteilung ... 6, 7
-beeinflussung ... 17
-beeinflussung, Maßnahmen ... 19
-bereichsgliederung ... 8
-bewertung ... 24
-bewusstsein der Mitarbeiter ... 22
-Engineering ... 19
-erfassung ... 5
-ermittlung nach der Kostenverursachung ... 6
-motivation ... 19, 22
-rechnung ... 1
-rechnung, Ergebnisse ... 17
-senkung ... 17
-senkung, Motivatoren ... 22
-senkungsmaßnahmen ... 17
-senkungsschwerpunkte ... 22, 23
-stellen ... 6
-stellen-Einzelkosten ... 7
-stellen-Gemeinkosten ... 7
-struktur ... 24
-überdeckung ... 15
-unterdeckung ... 15
-vergleichsrechnung ... 8
-verursachung ... 6
-wesen ... 1
für Fremdleistungen ... 3
Kreativitätstechniken ... 170
Kreisstraßen ... 106
Kreisdiagramm ... 224
Kreuzungen von Anlagen der Deutschen Bahn AG ... 106

Kriterien
der Bewertung ... 165
der Personalauswahl ... 130
der Potenzialeinschätzungen ... 183
Kritik ... 156
-gespräch ... 153
Bedingungen ... 153
kritischer Weg ... 54
Kunden
-anforderungen ... 210
-aufträge ... 67, 68
-beratung ... 67
-information ... 67
-Lieferanten-Beziehungen ... 233
-orientierung ... 37, 69
-zufriedenheit ... 210, 233
Rechtsbeziehungen ... 95, 97
Kündigung ... 132
kurzfristige
Materialbereitstellungsplanung ... 58
Personalbedarfsplanung ... 58
kurzfristiger Geräteeinsatz ... 59
KVP ... 164

L

Lageparameter ... 223
Lagerkosten ... 20
Lagerung ... 85
Laissez-faire-Führungsstil ... 143
Landesstraßen ... 106
längerfristige Planung ... 51
langfristige
Materialbereitstellungsplanung ... 59
Personalbedarfsplanung ... 58
langfristiger Geräteeinsatz ... 59
Lärm
-quellen ... 76
-schwerhörigkeit ... 77
Lastenhandhabungsverordnung ... 94
Lebenslauf ... 132
Lebensmittel-, Bedarfsgegenstände- und Futtermittelgesetzbuch ... 112
Lebensmittel
-betriebe ... 113
-recht ... 112
Leiharbeitnehmer ... 129
Leistung ... 34, 52
Leistungs-
beschreibung ... 33
beurteilung ... 186, 187, 188
erbringung ... 178
fähigkeit ... 178, 218
faktor ... 175
grad ... 30
potenziale ... 178
spektrum ... 164
test ... 134, 186
willigkeit ... 178
ziele ... 176
Leitungs-
informationen ... 63
verlegungen in Straßen ... 104
Lenkung von Maßnahmen ... 231
Lern-
erfolg ... 194
feld ... 195
motivation ... 195
und Transfererfolg ... 193
ziele ... 191, 192
Lernen aus Führungsproblemen ... 157
letzter Eindruck ... 185
LFGB ... 112
Lieferschwierigkeiten ... 222

Lieferantenaudit ... 216
Lieferung der Leistung ... 34
Liniendiagramm ... 224
liquide Mittel ... 14
Lob ... 156
Logistikkosten ... 19
logistische Zusammenhänge ... 50
Lohngruppenverfahren ... 31
Loose-Win ... 162
Löschmittel ... 92
Lösung einer Problemsituation ... 154
Lösungs-
findung ... 164
möglichkeiten von Interessenkonflikten ... 159

M

Magisches Viereck ... 20
Management
-handbuch ... 213, 214
-instrument Audit ... 216
-methode ... 17
-strategien ... 219
-systeme ... 71, 205, 206, 212
-systeme, Eigenschaften ... 212
-systeme, Normen ... 208
-systeme, statistische Methoden ... 223
-systeme, Verbesserung ... 219
-systeme, Weiterentwicklung ... 233
-systeme, Werkzeuge und Methoden ... 219
-systeme als betriebliches Erfordernis ... 208
-ziele ... 229
-ziele, Sicherung ... 232
Unterstützung der Weiterbildung ... 193
Management-by-Techniken ... 232
Mangel ... 35
an Kommunikation ... 147
mangelnde Prozesssicherheit ... 20
Maschen-Struktur ... 62
Maschinen
-Betriebsdaten ... 230
-daten ... 230
-einsatz ... 11
-plan ... 11
Massen
-ermittlung ... 34
-fertigung ... 49
Maßnahmeplan ... 120
Maßnahmen ... 16, 55, 150
aufgrund erkannter Unfallursachen ... 93
der beruflichen Weiterbildung ... 200
der Mitarbeiterentwicklung ... 199
der Personalentwicklung ... 191, 192
der Verbesserung ... 217
des Gesundheitsamtes ... 120
Lenkung ... 231
zur Konfliktvermeidung ... 162
zur Verbesserung und Entwicklung ... 225
Material ... 13
-bereitstellung ... 58
-bestände ... 19
-disposition ... 49
-einsatz ... 55, 56, 58
-kosten ... 22
-lagerplanung ... 12
-mengenverbrauch ... 11
mathematische Grundlagen der Netzplantechnik ... 53
Matrixorganisation ... 38
Maximalwert ... 223
Medien ... 80
Mehrliniensystem ... 37, 38

Sachwortverzeichnis | A 2

mehrstufige Divisionskalkulation 26
Meister
    Aufgaben 72
    Verantwortung 72
    Vorbildfunktion 80
Meldeverfahren 65
Mengenermittlung 34
Mensch 76, 79
Menschen, Wirkung von Schallquellen . . 76
menschliche
    Leistungsfähigkeit 218
    Wahrnehmung 184
Merkmal 174, 223
    -gruppen 139
    -wert 223
    -zusammenhänge 185
    (non)verbaler Kommunikation 148
    menschlicher Wahrnehmung 184
Methoden 183
    -kompetenz 192
    der Bedarfsermittlung 126, 127
    der Führung 156
    in Managementsystemen 219
    zur Mitschrift von Aufgaben 140
Methode 635 171
methodische Vorbereitung 169
mikrobiologische
    Anforderungen 112
    Parameter 114
Minderbedarf 126
Mindmap 221
Mindmapping 171
Minimalwert 223
Mitarbeiter 39, 143
    -bewusstsein 79
    -einsatz 136
    -entwicklung 199
    -gespräch 196, 197
    -merkmale 139
    -qualifizierung 20
    Anpassung der Kenntnisse 177
    Auftritt 198
    Außenwirkung 199
    berufliche Entwicklung 195
    Beteiligung 157, 164, 217
    beurteilt sich selbst 188
    Beurteilung 187
    Bewusstsein 217
    Coaching 203
    Einbeziehung 24
    entwickeln und fördern 156
    Erfolgsbeteiligung 165
    fachliche und soziale Fähigkeiten . . 177
    Förderung 217
    Förderung und Motivation 177
    kompetente 179
    Kostenbewusstsein 22
    Motivationssteigerung 179
    Problemlösungen 80
    Qualifikation 178
    Verantwortung und Pflichten 79
Mitschrift von Aufgaben 140
Mittel der Führung 156
Mittelwert 223
mittelfristige Personalbedarfsplanung . . 58
Mobbing 158, 202
Moderation 170
    von Arbeits-/Projektgruppen 169
Moderationsplan 169
Moderator 169, 170
    Vorbereitung 169
Moderieren 166
mögliche Beurteilungsfehler 184
Möglichkeiten, persönliche 195

monetäre Anreize 165
Motivation aller Mitarbeiter 177
Motivationssteigerung 179
Motivatoren 22
Mut 159

N

Nach-
    kalkulation 27
    bereitung 171
    richt 147
    weisdokumente 214
    wuchskräftedatei 185
Nähe des Kontakts 167
NAV 101, 107
NDAV 101
Netz
    -führungssysteme 63
    -plan 54
    -plan, Zeichnen 53
    -plantechnik 53
    -planungssysteme 63
    -werk 60, 61, 62
Neu-
    bedarf 126
    einstellung 191
neue Aufgaben 150, 181
nicht
    delegierbare Aufgaben 144
    monetäre Anreize 165
Nichteinhaltung 120
Nieder-
    druckanschlussverordnung 101
    spannungsanschlussverordnung . . . 101
Nominalskalen 198
nonverbale Kommunikation 148
Normalverteilung 224
Normen
    -reihe ISO 9000 208
    für Managementsysteme 208
Norming 166, 171
Notfall
    -organisation 39, 41
    -pläne 44
    -vorsorgeplanung 46
Notfall
    -koordinator 41
    -schutz-Konzept 41
NPT 53
Null-Fehler-Anforderung 225
Nutzen
    eines Arbeitsschutzmanagement-
        systems 211
    eines Umweltmanagementsystems . 211
Nutzungserlaubnis 104

O

o.k.-Positionen 161
Oberziele 176
Objektivitätsfehler 185
offene Fragen 154
Offenheit 159
öffentliche
    Ausschreibung 34, 96
    Grundstücke 104
    Hand 95
OHSAS 18001 211
Ölzentralheizung 53
operative
    Bedarfsanalyse 179
    Planung 180
optimales Führen 156

Optimierung 21
    der Abläufe 20
    der Kommunikation 150
Optimierungsziele 174
Optimierung der Kommunikation und
    Kooperation 150
Ordinalskalen 198
Organisation 1
    Zergliederung 158
Organisations-
    ebene 152, 159
    strukturen 37
    verschulden 44
organisatorische
    Rahmenbedingungen 126
    Vorbereitung 169
    Vorteile 168
Organisieren 156
Orientierungsphase 172
Ortungssysteme 65
Ottokraftstoff 83
Outsourcing 182

P

paraverbale Signale 148
Paretodiagramm 221
Partizipation 156, 157
partizipativer Führungssti 155
Passiva 14
PC-Netzwerk 61, 62
PDCA-Zyklus 206, 227
PDV 64
PE 173
Performance-Managementsysteme . . . 219
Performing 166, 171
periodische Untersuchungen 118
Person
    des Beurteilers 187
    des Beurteilten 187
Personal 13
    -abbauplanung 125
    -akte 185
    -auswahl 128, 130
    -bedarf 52, 123, 126
    -bedarf, Bestimmungsfaktoren 125
    -bedarfsarten 58
    -bedarfsermittlung 123, 124
    -bedarfsplanung 58, 125
    -bedarfsstrukturen 126
    -beschaffung 128
    -beschaffungsplanung 125
    -beurteilungsgespräch 197
    -dateien 185
    -einsatz 45, 55, 58
    -einsatzplanung 125
    -entwicklung 173, 175, 192, 193
    -entwicklung, Maßnahmen 190
    -entwicklung, strategische 180
    -entwicklung, Ziele 177
    -entwicklungsbedarf 174, 179
    -entwicklungsdatei 185
    -entwicklungskonzeption 174
    -entwicklungs-
        maßnahmen 176, 190, 191, 200
    -entwicklungsplanung 125
    -entwicklungsstrategie 123
    -führung 123
    -karteien 185
    -kosten 1
    -kostenplanung 125
    -planung 125
    -planungssystem 123, 124
    -zeiterfassung 230

Personal
 -stammdatei 185
 -struktur 125
persönliche
 Möglichkeiten 195
 Schutzausrüstung 88, 94
 Schutzmaßnahmen 85
 Vorbereitung 169
 Ziele 217
persönlicher Führungsstil 155
Persönlichkeits-
 entwicklung 195, 196
 test 134, 186
Perzentile 223
Pflichtverletzung 70
Pflichten der Mitarbeiter 79
Phasen 172
 des Beurteilungsvorganges 198
PHG 98
PIMS-Konzept 174
Pinnwand-Kartentechnik 171
Plan
 -kostenrechnung 1, 2, 3
 -kostenrechnung, Kritik 4
 -spiele 136
Planen
 von Bau- und Betriebsabläufen 55
 von Kosten 1
 von Personal, Material, Geräten . . . 58
Planung
 der Einzelkosten 12
 der Erhebung von Daten 229
 der Rahmendaten 1
 des Fertigwarenlagers 11
 strategische und operative 180
 von Aufbau- und Ablaufstrukturen . . 37
 wesentliche Bestandteile 55
Planungsdaten 198
Positions-
 beschreibung 141
 orientierte Lernziele 191
positiv denken 142
Potenzial
 -analyse 182, 183
 -beurteilung 183
 -einschätzung 182, 183, 185
 -erfassung 184
 -orientierte Lernziele 191
 Definition 183
praktische Durchführung 216
Prämienlohn 32
Preiskalkulation 29
Primärgruppen 167
Prinzipien des Umweltrechts 74
Problem
 -analyse 24
 -findung 164
 -lösung 157, 178
 -lösungszyklus 25
 -situation 154
Probleme im Führungsverhalten 156
Problemlösungen durch Mitarbeiter . . . 80
Produkt
 -audit 215
 -bezogene Forderungen 209
 -haftung 36
 -haftungsgesetz 98
Produktions-
 planung 11
 synchrone Beschaffung 50
Profilvergleichsmethode 190
Projektgruppen 166, 168, 171
Protokollant 136
Prozess 41

Prozess 41
 -ablauf 43
 -audit 215
 -beherrschung 213
 -beschreibung 212, 225
 -bewertung 32
 -bezogene Methoden 127
 -ebene 152
 -kennzahlen 33
 -komponenten 213
 -kontrolle 146
 -management 212
 -messung 213
 -modell 209
 -orientiertes Benchmarking 219
 -orientierte Integrierte Managementsysteme 219
 -orientierte Stellenplanung 141
 -sicherheit, mangelnde 20
 -Steckbrief 32
 -und produktbezogene Forderungen 209
 -verantwortung 212
 -verbesserung 213, 225
 -ziele 176
 strategischer und operativer Planung 180
Prüf-
 möglichkeiten 57
 zeitpunkte 146
Prüfung
 der Leistung 34
 der Qualität 57
PSA 88, 94
 Kennzeichnung 89
 Unterteilung in Kategorien 89

Q

QM 206
QMS 210
Qualifikation 125
 der Auditbeteiligten 216
 der Mitarbeiter 178
 Soll- und Ist- 179
Qualifikations-
 konzept 199
 merkmale 124
qualifiziertes Arbeitszeugnis 132
Qualifizierung 190
 Erfolgskriterien 177
Qualifizierungs-
 bedarf 21
 maßnahmen 191
 ziele 193
Qualität 206
 Zuständigkeit 206
qualitative Personalbedarfsermittlung . . 124
Qualitäts-
 anforderungen 52, 208
 audit 215
 aufzeichnungen 214
 beauftragter 206
 bewusstsein 217
 bezogene Daten 229
 gedanke 208
 management 206
 management, Werkzeuge 220
 managementsysteme 207, 210, 217
 normenreihe ISO 9000 208
 politik 217
 preise 234
 prüfung 57
 sicherung 56, 57, 234
 zirkel 227
quantitative Bedarfsermittlung 127

quantitative Personalbedarfsermittlung 123

R

Radardiagramm 225
Rahmen
 -bedingungen für die Weiterbildung 193
 -daten 1
 rechtlicher 188
Rahmenbedingungen 126
 rechtliche 137
Rang
 -folgeverfahren 31
 -reihenverfahren 31
 -ordnungsverfahren 187
Ranking 136
Raumordnungsgesetz 100
Reaktion auf Reklamationen 69
Recht 95
rechtliche
 Anforderungen 210
 Hinweise 158
 Rahmenbedingungen 137
rechtlicher Rahmen der Leistungsbeurteilung 188
Rechts-
 beziehungen 95
 beziehungen zur öffentlichen Hand . . 95
 beziehung zu Auftragnehmern 96
 beziehung zu Installationsunternehmen 96
 beziehung zu Kunden und Kommunen 97
 mittel 95
Reduzierung
 der Distanz 195
 von Unfällen 87
Regel
 -karte 222
 -kreise ständiger Verbesserung . . . 226
 -kreislauf 231
regelmäßige Kontrollen 113
Regeln
 der Kommunikation 149
 für die Gesprächsführung 153
Regressionsanalyse 127
Reklamationen 69
Reklamationsverhalten 69
relationale Datenbank 64
relativ erfahren 144
relative Summenhäufigkeit 223
Rentabilitätsvergleichsrechnung 9
Reservebedarf 126
Respekt 154
Ressourcen 158
 -ziele 176
Resultatorientierung 142
Rettungs-
 kette 94
 wege 92
Return on Investment 174
Richtziele 191
richtungsweisende Frage 154
RID 87
Ring-Struktur 60, 61
Risiko
 -beurteilung 73
 -minderung 87
ROG 100
ROI 174
Rolle
 des Meisters 157
 des Moderators 170
Rollenanalyse 139
Rollenkonflikte 158

routinemäßige
- Aufgaben 150
- Untersuchungen 118

Rückrechnungsmethode 6
Rückwärtsterminierung 52
Rufbereitschaft 45
Rüstzeiten 52

S

Sach-
- ebene 152
- inhalt 147
- mangel 35
- phasen 172

Sägezahneffekt 216
Säulen des TQM 233
Schadenregulierung 69
Schadenersatz 98
Schallpegel 76
Scheinlösung 162
Schichten von Daten 220
Schlussdokumentation 221
Schlüsselqualifikation 193
Schnittstellen 42
Schritte der Potenzialanalyse 183
Schuldrechtlicher Vertrag 103
Schutz
- bedürftige Arbeitnehmer 94
- maßnahmen, Kontrolle 85
- stufenkonzept 85
- zonen 109
- gegen gefährliche Körperströme . . . 93
- gegen Hinaufreichen 93
- vor elektrischen Gefährdungen 94
- vor thermischen Gefährdungen 94

Schwerpunkte von Eignungstests 189
Second-Party-Audit 215
Sekundärgruppen 167
Selbst-
- kontrolle 207
- offenbarung 147
- mitteilung 147
- test 157

Seminarleiter 193
Serienfertigung 49
SGU-Managementsysteme 71
Sicherstellung von Handlungs-
- kompetenz 192

Sicherheit von Steuerungen 93
Sicherheits-
- berater 75
- bewusstsein 217
- bezogene Daten 229
- Check 76
- kennzeichnung 91
- leistung 36
- managementsysteme 217

Sicherung
- der Managementziele 232
- des Fach- und Führungskräfte-
  - bedarfs 177

Situation 184
situationsbedingter Führungsstil 155
situativer Führungsstil 155
Skalen 197
- arten 198
- verfahren 187

Skill-Management 173
Skizze 220
Software 60
Soll-
- Ist-Vergleich 230
- Qualifikation 179

Sozial-
- gesetzbuch VII 71
- kompetenz 192
- kosten 2

soziale
- Bedeutung 79
- Fähigkeiten 177

soziales Anforderungsprofil 140
Spartenorganisation 38
Sperrgenehmigung 101
spezielle Fähigkeitstests 134
spezifische Berufskrankheiten 76
Spielregeln 170
Stab-Linien-System 37
Standard-Hausanschluss 43
standardisiertes Vorstellungsgespräch . 134
ständige
- Prozessverbesserung 225
- Verbesserung 226

Stärken nutzen 142
Stärkung der Wettbewerbssituation . . . 219
starre Plankostenrechnung 3
statische Investitionsrechenverfahren . 8, 9
Statistik, induktive 223
statistische Methoden 223
Steigerung der Effizienz 178
Stellen
- anzeigen 129
- ausschreibung 130
- beschreibung 139, 141
- plan 141
- planung 139, 141

Stellungnahme 165
Stern-Struktur 60, 61
stetige Verteilung 223
Steuern 166
- von Bau- und Betriebsabläufen . . . 55
- von Personal, Material, Geräten . . . 58

Steuerung
- Sicherheit 93
- von Arbeits-/Projektgruppen 171
- von Gruppen 172

Steuerungs-
- instrument 175
- kosten 20

Stichproben 223
- kontrolle 57
- umfang 223
- verfahren 224

Stimulierung 69
stochastische Methoden 127
Störfall 48
- beauftragter 75

Storming 166, 171
Störungen 65, 172
- in einer Fernsprechanlage 221

Störungs-
- bearbeitung 65
- definition 47

Strahlenbelastung 75
Straßen 104
- benutzungsrecht 101
- benutzungsvertrag 106
- verkehrsgesetz 104
- verkehrsrecht 101
- verkehrsrechtliche Anordnung . . 104

Strategie 123
- zur Konfliktlösung 160

strategische
- Bedarfsanalyse 179
- Personalentwicklung 180
- Planung 180

strategisches Management 174
Stratifizieren von Daten 220

Strichliste 219, 220
Strompreiszusammensetzung 29
Struktur
- der ISO 9000er-Reihe 209
- einer Potenzialbeurteilung 183
- strukturiertes Vorstellungsgespräch . 134

Stückliste 11
Stufen
- konzept 175
- wertzahlenverfahren 31

StVG 104
Suggestivfrage 154
summarisches Vorgehen 31
summarische Zuschlagskalkulation 26
Summen
- häufigkeiten 223
- häufigkeitskurve 221

Supervision 201
SvZ 31
Sympathie 158, 185
System
- audit 215
- bezogene Forderungen 209
- kosten 20
- ziele 217

systematische Datenerhebung 140
Systeme vorbestimmter Zeiten 31
S 1000 39

T

Tabellenform 42
Tätigkeitsbeschreibung 141
tatsächliche Kosten 33
Team 168, 169
- Entwicklung 201
- Teaching 201
- Training 201

Techniken zur Sicherung der
- Managementziele 232

technisch-organisatorische Verände-
- rungen 181

Technische-Organisatorische-Persön-
- liche Schutzmaßnahmen 87

technische
- Ausrüstung 46
- Informationen 69
- Rahmenbedingungen 126
- Regeln für Gefahrstoffe 85
- Schutzmaßnahmen 85

technisches Sicherheitsmanagement . . 211
Teil
- genehmigung 100
- kostenbasis 5
- kostenrechnung 1

teilautonome
- Arbeitsgruppen 168
- teilautonome Gruppen 168

Teilnahmewettbewerb 34
Temperaturklassen 90
Termin
- planung 52
- überwachung 49, 52

Terminierung 52
Territorium 159
Testverfahren 132, 134, 186
Tests bei der Personalauswahl 130
Themen 136
thermische Gefährdungen 94
Third-Party-Audit 215
TOP 87
Total Quality Management 233
TQM 233
training-near-the-job 200

training-
    off-the-job ... 201
    on-the-job ... 200
Transfererfolg ... 193
Transport ... 85
    -kosten ... 20
    von Gefahrgütern ... 87
TRGS 220 ... 85
Trinkwasser
    -güte ... 112
    -nutzungen ... 111
    -qualität ... 112
    -verordnung ... 112
TrinkwV ... 112
    Anlage 2 ... 114, 115
    Anlage 3 ... 116, 117
    Anlage 4 ... 118, 119
TSM ... 211
    -Bestätigung ... 212

U

Überdeckung ... 16, 51
Überprüfen von Maßnahmen ... 190
Übersichtskarte ... 63
Übertragung ... 143
Überwachen
    des Budgets ... 10
    von Bau- und Betriebsabläufen ... 55
überwachende Tätigkeiten ... 232
Überwachung von Lagerung und Transport ... 85
UM ... 210
Umfang der Untersuchungen ... 118
umfassende Problemlösung ... 178
Umgang
    mit Beschwerden ... 69
    mit elektrischen Gefahren ... 93
Umsatz
    -budget ... 11
    -ergebnis ... 16
    -planung ... 11
Umsetzen geeigneter Maßnahmen ... 229
Umsetzung ... 164
Umwelt
    -belastende Stoffe ... 85
    -belastungen, Vermeidung ... 87
    -bewusstsein ... 217
    -bezogene Daten ... 229
    -ebene ... 160
    -gefährdungen im Arbeitsbereich ... 75
    -management ... 74, 210
    -managementsystem ... 210, 211, 217
    -recht, Prinzipien ... 74
    -schutz ... 71, 74, 75, 79, 81, 87
    -schutz, Definition ... 74
    -schutzbereiche ... 75
    -spezifische Aspekte ... 210
    -verträglichkeitsprüfung ... 75
    -ziele ... 210
Unbundling ... 97
unerfahren ... 144
unfaire Behandlung ... 158
Unfallschutz ... 181
ungeplante Maßnahmen ... 55
ungewidmete Wege ... 106
Unmöglichkeit ... 70
Unterdeckung ... 16, 51
Unternehmen ... 206
Unternehmens-
    erfolg ... 175
    krisenstab ... 40
unternehmerischer Entwicklungsprozess ... 175

Unterschied zwischen
    internen und externen Audits ... 215
    system-, prozess- und produktbezogenen Forderungen ... 209
Unterschiede von Managementsystemen ... 212
unterschiedliche Wahrnehmungen ... 184
Unterstützung
    der Mitarbeiter ... 195, 201
    der Weiterbildung ... 193
Unterstützungsgesten ... 148
Untersuchungsstellen ... 113
Unterweisungen ... 45, 81
    Konzepte ... 81
Unterweisungs-
    bedarf ... 81
    inhalte ... 81
    pflicht des Unternehmens ... 81
Unterziele der Personalentwicklung ... 177
unter vier Augen ... 153
Unversehrtheit am Arbeitsplatz ... 71
unverzüglich ... 120
Ursachen
    -forschung ... 221
    -Wirkungs-Diagramm ... 221
    von Berufskrankheiten ... 76, 77
UVP ... 75

V

Verbesserung, Prozessbeschreibung ... 225
variable Kosten ... 4
Varianz ... 224
Veränderung der Umwelt ... 159
Veränderungsprozesse ... 195
Veranlassen von Maßnahmen ... 190
Verantwortlichkeiten des Betriebspersonals ... 39
Verantwortung ... 183
    der Mitarbeiter ... 79
    des Meisters ... 72
    gesellschaftliche ... 71
    und Qualifikation der Auditbeteiligten ... 216
Verarbeitung von Daten ... 229
verbale Kommunikation ... 148
Verbesserung ... 225
    der Arbeitssicherheit ... 87
    der Zusammenarbeit ... 179
Verbesserungs-
    maßnahmen ... 157, 217
    prozess ... 164
    vorschläge ... 165
    zyklus ... 228
Verbindlichkeiten ... 15
Verbotszeichen ... 92
    Wasser- ... 93
Verbrennung ... 90
Vereinbarung ... 192
    der Ziele ... 217
    über eine Grundstücksnutzung ... 102
Verfahren
    der Personalauswahl ... 128
    der Potenzialeinschätzung ... 185
    gebundene ... 187
Verfahrensauswahl ... 20
Verfügungskompetenz ... 56
Vergabe
    -recht ... 96
    Freihändige ... 96
Verhalten ... 146
    im Brandfall ... 91
    und Verhalten der Mitarbeiter ... 217
Verhaltensänderungen ... 150
Verhaltensqualifikation ... 193

Verhütung elektrischer Gefahren ... 88
Verjährung ... 99
Verjährungspflicht ... 36
Verkehrs-
    einrichtungen ... 105
    zeichen ... 105
Verlegenheitsgesten ... 148
Verletzung des Territoriums ... 159
vermaschte Struktur ... 61
Vermeidung ... 162
    von Unfällen ... 87
Vermögensbudget ... 15
Vernetzung ... 175
Verordnung über gefährliche Stoffe ... 85
Verordnungen ... 39
    über AGB zur Versorgung von Tarifkunden ... 107
Verpackung von Gefahrstoffen ... 85
Verrechnung der Kostenarten ... 6
Versetzung ... 181
Versorgungsunternehmen ... 96
Verständlichkeit ... 149
Verstoß ... 130
Versuche ... 223
Verteilung ... 223
Verteilungskonflikt ... 160
vertikale (= förderliche) Versetzung ... 181
Verträge ... 138
Vertrags-
    bedingungen ... 33
    verhältnisse ... 67
Vertrauen ... 142, 159
Vertretungsregelungen ... 39
Verursacherprinzip ... 74
Verwaltungs-
    abläufe ... 20
    vorschriften ... 74
Verwirklichung der Umweltziele ... 210
Vier-Phasen-Modell ... 170
Visualisierung ... 152
VOB Teil B ... 97
volkswirtschaftliche Bedeutung ... 79
Voll-
    kostenbasis ... 3, 4
    kostenrechnung ... 1, 28
    prüfung ... 57
Vorkalkulation ... 27
Voranschlag ... 10
Voraussetzungen für ein erfolgreiches Gespräch ... 154
Vorbereitung ... 169
    des Moderators ... 169
vorbestimmte Zeiten ... 31
vorbeugende
    Maßnahmen ... 91
    Qualitätssicherung ... 234
    Tätigkeiten ... 231
Vorbildfunktion des Meisters ... 80
Vorgabezeiten ... 30
Vorgaben
    für den Vorgesetzten ... 145
    gesetzliche ... 229
Vorgangsliste ... 53
Vorgesetzter ... 142
    beurteilt Mitarbeiter ... 187
    Vorgaben ... 145
Vorhersage ... 16
Vorrats-
    budget ... 15
    haltung ... 56
Vorschaurechnung ... 219
Vorschlags-
    phase ... 17
    wesen ... 164, 227

Sachwortverzeichnis | A 2

Vorschriften 137
   zum Umgang mit elektrischen
      Gefahren 93
Vorsorge
   -planung 46
   -prinzip 74
Vorstellungsgespräch 134
Vorteile
   der Arbeit in Gruppen 168
   durch Delegieren 145
   teilautonomer Arbeitsgruppen 168
Vorwärtsterminierung 52

W

W-Frage 154
Wahrnehmung 184
   menschliche 184
   unterschiedliche 184
Wahrnehmungsunterschiede 158
Wasch- und Reinigungsmittelgesetz . . . 121
Wasser 108
   -einsatz 92
   -entnahme 110
   -haushaltsgesetz 108
   -recht 108
   -schutzgebiete 109
   -straßen 106
   -Verbotszeichen 93
   für den menschlichen Gebrauch . . . 112
   für Lebensmittelbetriebe 113
Wege
   -nutzungsvertrag 97
   -recht 98
Weisungskompetenz 56
Weiterbildung, Unterstützung durch das
   Management 193
Weiterbildungs-
   arbeit 193
   leistungen 193
   maßnahmen 199

Weiterentwicklung von Management-
      systemen 233
weitergehende Mitwirkung 218
Werk-
   stoffkosten 1
   vertrag 96
Werkzeuge
   des Qualitätsmanagements 220
   in Managementsystemen 219
Wertanalyse 18, 19, 141
wertvoller Erfolg 195
Wettbewerbs-
   fähigkeit 177, 178
   faktoren 206
   situation 219
WHG 108
Widersprüche 160
wiederholende Frage 154
Win-Win-Strategie 160, 162
Wirkung
   auf den Menschen 76
   eines Soll-Ist-Vergleichs 230
Wirkungszyklus 150
wirtschaftliche Kontrolle 194
Wirtschaftlichkeits-
   berechnung 8
   betrachtung 27
Wissensmanagement 219
W 1000 39

Z

Zehnerregel 234
Zeit 206
   -arten 30
   -grad 30
   -lohn 32
   -studie 30
   -wirtschaft 30
   -wirtschaftliche Verfahren 20
Zergliederung der Organisation 158

Zertifizierungsaudit 216
Zeugnis 133
Ziel 156
   -erfolg 151
   -konflikte 20
   -orientierte Aufgabenerfüllung 40
   -setzungen 210
   einer Datenerhebung 230
Ziele
   der Personalentwicklung 176, 177
   der Weiterbildungsarbeit 193
   des betrieblichen Vorschlagswesens 165
   zivilrechtliche Gestattung 101
Zonen 109
Zugang zu Grundstücken 101
Zünd-
   punkt 90
   quelle 91
   temperatur 90
Zuordnung der Kosten 6
Zusammenwirken von PDV, GIS und CAD 64
Zusammenarbeit 159
   Grundsätze 167
   mit Dienstleistern 42
   Verbesserung 179
Zusammenhang von In- und Out-
      sourcing 182
Zusammenhänge der drei klassischen
      Wettbewerbsfaktoren 206
Zusatz
   -bedarf 126
   -gewinn 33
Zuschlagskalkulation 26
Zuständigkeit 56
   für Genehmigungen 104
Zwischenkalkulation 27

Raum für Notizen

Raum für Notizen

Raum für Notizen

Raum für Notizen

Raum für Notizen

Raum für Notizen

Raum für Notizen

Raum für Notizen

Raum für Notizen